數位邏輯電路實習

陳本源、陳新一、黃慶璋　編著

全華圖書股份有限公司

國家圖書館出版品預行編目資料

數位邏輯電路實習 / 陳本源,陳新一 編著. -- 四版. -- 新北市 : 全華圖書, 2017.12
面 ; 公分
ISBN 978-986-463-723-2(平裝)
1.積體電路 2.實驗

448.62034　　106024004

數位邏輯電路實習

作者 / 陳本源、陳新一、黃慶璋
發行人 / 陳本源
執行編輯 / 張曉紜
出版者 / 全華圖書股份有限公司
郵政帳號 / 0100836-1 號
印刷者 / 宏懋打字印刷股份有限公司
圖書編號 / 0076903
四版一刷 / 2018 年 6 月
定價 / 新台幣 430 元
ISBN / 978-986-463-723-2 (平裝)
全華圖書 / www.chwa.com.tw
全華網路書店 Open Tech / www.opentech.com.tw
若您對書籍內容、排版印刷有任何問題，歡迎來信指導 book@chwa.com.tw

臺北總公司(北區營業處)
地址：23671 新北市土城區忠義路 21 號
電話：(02) 2262-5666
傳真：(02) 6637-3695、6637-3696

南區營業處
地址：80769 高雄市三民區應安街 12 號
電話：(07) 381-1377
傳真：(07) 862-5562

中區營業處
地址：40256 臺中市南區樹義一巷 26 號
電話：(04) 2261-8485
傳真：(04) 3600-9806

preface

作者序

1. 本書著重創造力與解決問題能力的訓練，至於實習中可能發生的問題與困難，則將原因予以分析，並提示讀者應如何解決。爲了適應電子工業發展趨勢，本書編撰費盡心思。各校可斟酌設備與學生程度加以增刪。

2. 本書適合科大電子、電機系「數位邏輯實習」、「數位邏輯設計實習」及「數位邏輯電路實習」課程使用。

3. 本書係利用公餘課畢閒暇執筆而成．不妥或錯誤之處恐所難免，至祈先進專家惠賜指正，俾再版時加以訂正是幸。

編著　陳本源、陳新一　謹識於台中

preface 編輯部序

「系統編輯」是我們編輯方針，我們所提供給您的，絕不只是一本書，而是關於這門學問的所有知識，它們由淺入深，循序漸進。

本書著重創造力與解決問題之能力訓練，內容分數位 IC、邏輯閘、正反器、計數器、多工器等十二章，每章並分目的、相關知識、實驗操作及問題等項，使學生經由實作來驗證原理，而達理論與實際的相互配合，是科大電子、電機系最佳實習教材。

同時，爲了使您能有系統且循序漸進研習邏輯電路實習方面叢書，我們以流程圖方式，列出各有關圖書的閱讀順序，以減少您研習此門學問的摸索時間，並能對這門學問有完整的知識。若您在這方面有任何問題，歡迎來函連繫，我們將竭誠爲您服務。

相關叢書介紹

書號：0529202
書名：最新數位邏輯電路設計(第三版)
編著：劉紹漢
16K/592 頁/520 元

書號：06288007
書名：Xilinx Zynq 7000 系統晶片之軟硬體設計(附範例光碟)
編著：陳朝烈
16K/232 頁/320 元

書號：06241007
書名：數位邏輯設計與晶片實務(Verilog)(附範例程式光碟)
編著：劉紹漢
16K/576 頁/580 元

書號：06001016
書名：數位模組化創意實驗(第二版)(附數位實驗模組 PCB)
編著：盧明智.許陳鑑.王地河
16k/328 頁/490 元

書號：05727047
書名：系統晶片設計－使用 quartus II(第五版)(附系統範例光碟)
編著：廖裕評、陸瑞強
16K/696 頁/720 元

書號：0324501
書名：最新 74 系列 IC 規格表
日譯：高敏雄
橫 20/400 頁/300 元

書號：06149017
書名：數位邏輯設計－使用 VHDL(第二版)(附範例程式光碟)
編著：劉紹漢
16K/408 頁/420 元

◎上列書價若有變動，請以最新定價為準。

流程圖

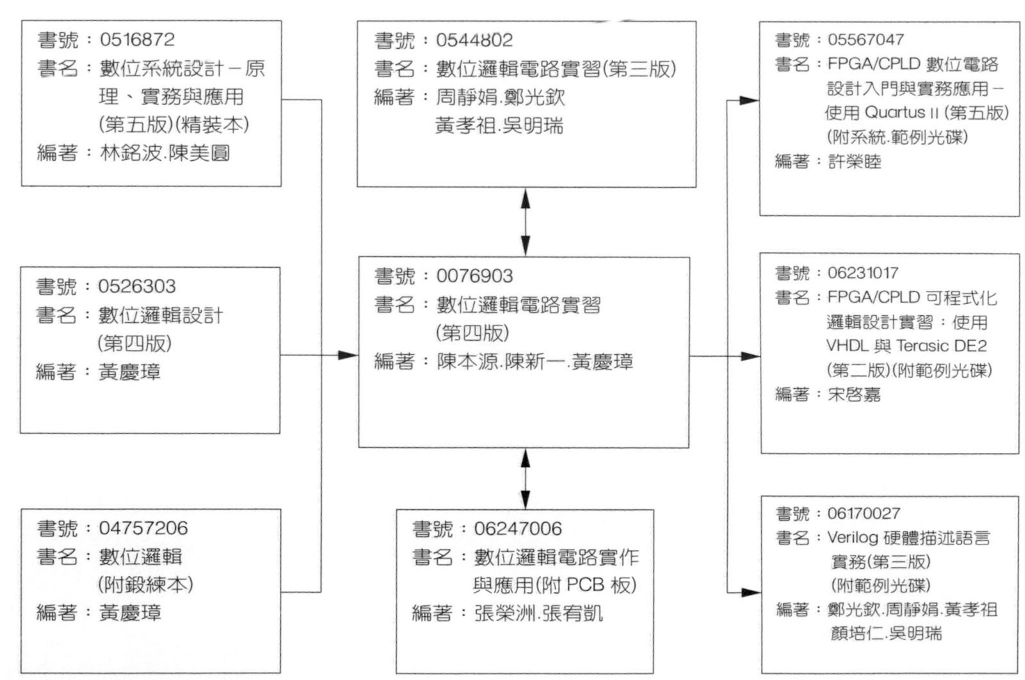

contents 目錄

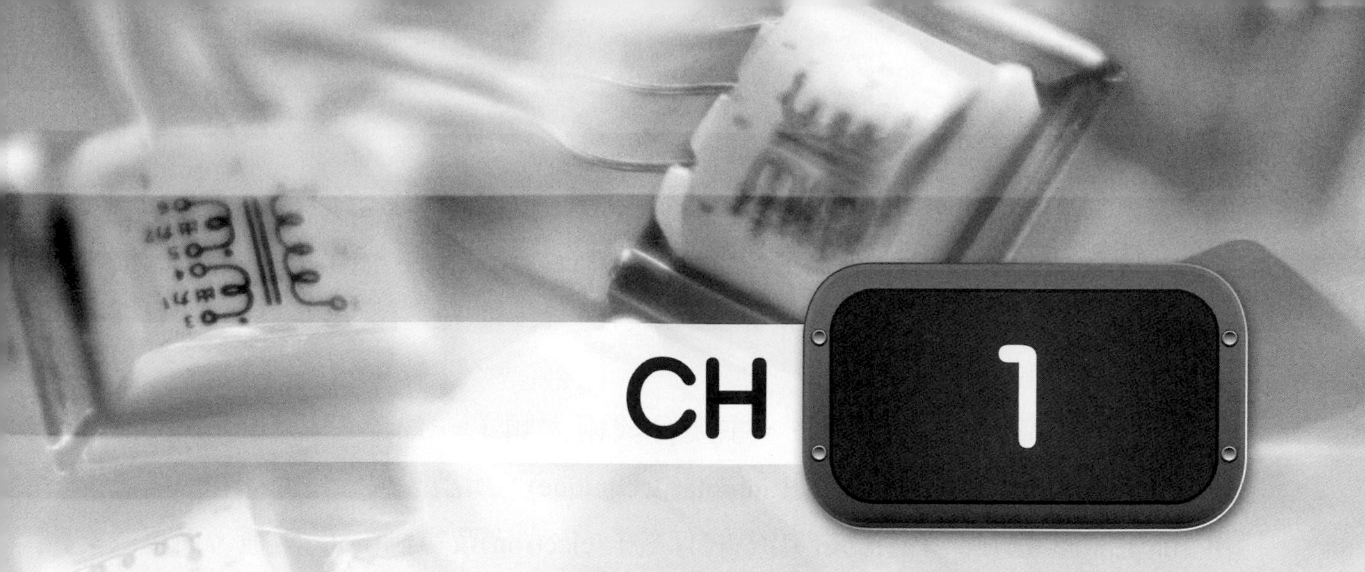

數位 IC 特性之認識

1-1 實習目的

1. 瞭解 TTL IC 的特性
2. 瞭解 CMOS IC 的特性
3. 瞭解 TTL 與 CMOS 之介面技術
4. 瞭解電源供給電路

1-2 相關知識

數位電路可用來執行邏輯運算，是組成電子計算機的基本電路，數位電路可由電晶體、FET 及積體電路等元件構成，僅工作在飽和(saturation)—導通(ON)，或截止— 斷路(OFF)二種狀態中，這是數位電路與線性放大電路的最大差別。

數位電路所處理的信號只有高電壓和低電壓兩種狀態，而類比電路則處理各種連續變化的電壓或電流，數位電路能執行邏輯運算又稱爲邏輯電路，通常以 1 和 0 兩個符號代表信號中的兩個狀態，這兩種狀態剛好可以用代表二進制系統的 0 與 1 表示。

由於電子元件製造技術的突破，加上大量的生產使得價格低廉的數位積體電路(digital integrated circuits)充斥市場，所以現在一談到數位電路便自然而然的只採用 IC 做成的數位電路。

邏輯積體電路的製造程序，主要分成兩大類，一爲雙載子技術(bipolar technique)，另一則爲單載子技術(unipolar technique)。所謂雙載子技術即在積體電路內部電晶體元件中傳遞信號(電流)的有電子(electron)及電洞(hole)兩種，而單載子則僅一種，可爲電子，也可爲電洞，視所用製程而定，但兩者不同時存在。

IC 邏輯閘種類很多，不過大致可分爲表 1-1 所列幾種：

由表中可知，在雙極型的數位 IC 中，又依電晶體的工作狀態而分爲兩類，其一是飽和型，另一是非飽和型，飽和型是工作於飽和導通與截止斷路的兩種狀態，故一般的邏輯電壓變化較大，耗電小，但受儲存電荷的影響，以致交換速度較爲緩慢。非飽和型數位 IC 由於工作在不飽和狀態，所以交換速度迅速，但是邏輯電壓和電力消耗則劣於飽和型。

TTL(transistor-transistor logic)與 CMOS(complementary metal-oxide-silicon)是目前用得最普遍的數位電路。

▼ 表 1-1　數位積體電路的種類

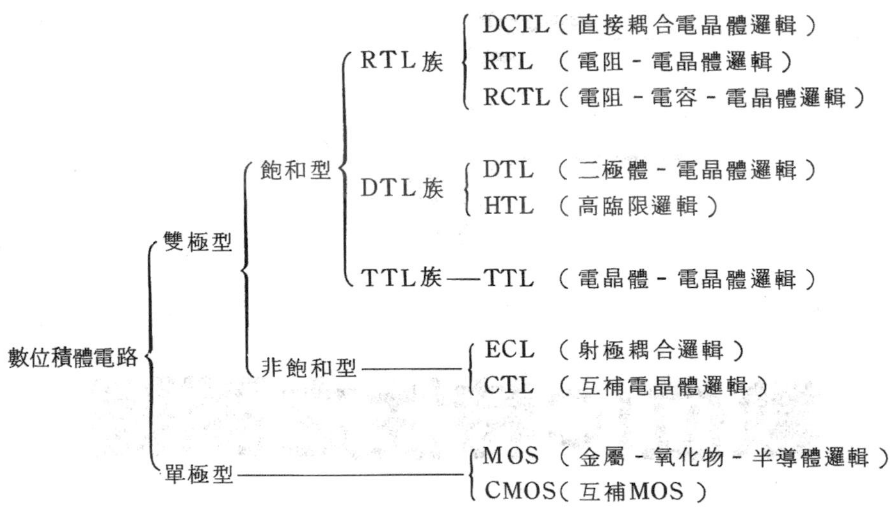

1-2-1　TTL IC 的特性

IC 因內部容量的多寡又被分為四種，其中 SSI 是說內部閘少於 10 個，MSI 是指閘在 10～100 個之間的 IC，而 LSI 則指內部閘大於 100 個以上，目前最新的 VLSI 是指在 1000 個閘以上。

TTL 主要的特點在輸入部分採用"多射極"(multiemitter)的方式，因此生產上只需要在基底擴散一個集極區，然後在集極區中擴散一個基極區，最後在基極區中擴散數片射極區，程序簡單，在輸出端則採用提升(pull-up)電晶體以提高電流增益，因此提供更快的工作頻率以及更好的扇出。

在 TTL 系列使用的電源是直流 5 伏特，而輸入、輸出狀態為"0"或"1"時的電壓則如表 1-2 所示，雜訊免疫力則在 0.4 伏特。

▼ 表 1-2

邏輯狀態	輸入電壓	輸出電壓
0	0.8 伏以下	0.4 伏以下
1	2.0 伏以上	2.4 伏以上

1. 基本 TTL 閘

最基本的二輸入 TTL NAND 閘如圖 1-1 所示，輸入端 A 及 B 為多射極電晶體的一個射極，此為 TTL 的特性，亦即所有 TTL 族的輸入均經由多射極電晶體的射極。

圖 1-1 的輸出狀態是由相位分離電晶體 TR_2 決定，TR_2 推動所謂圖騰式(totem pole)的輸出電晶體，圖中有兩組數字，代表相關的點與兩狀態下的電壓，上面的數字是當輸入為高電位(high level)，即輸入電晶體 TR_1 的 BE 沒有獲得順向偏壓時的各點電壓，電路動作情形如下：

(1) 電流 I_1 流經 4kΩ的電阻，及 TR_1 的 BC，TR_2 的 BE 構成回路。

(2) A 點的電壓為 3 個 P-N 接合順向壓降的和，當每個 P-N 接合壓降 0.7V 時，A 點電壓即為 2.1 V。

(3) 流經 TR_2 的電流，使 TR_2 飽和，V_{CE2} 大約 0.3V，TR_3 不能獲得足夠的順向偏壓而截止。

(4) 流經 TR_2 電流流入 TR_4 的基極，造成 TR_4 的飽和。

(5) 所以當 A、B 兩輸入端都處於高電位時，輸出端即處於低電位(low level)，完成了 NAND 閘的作用。

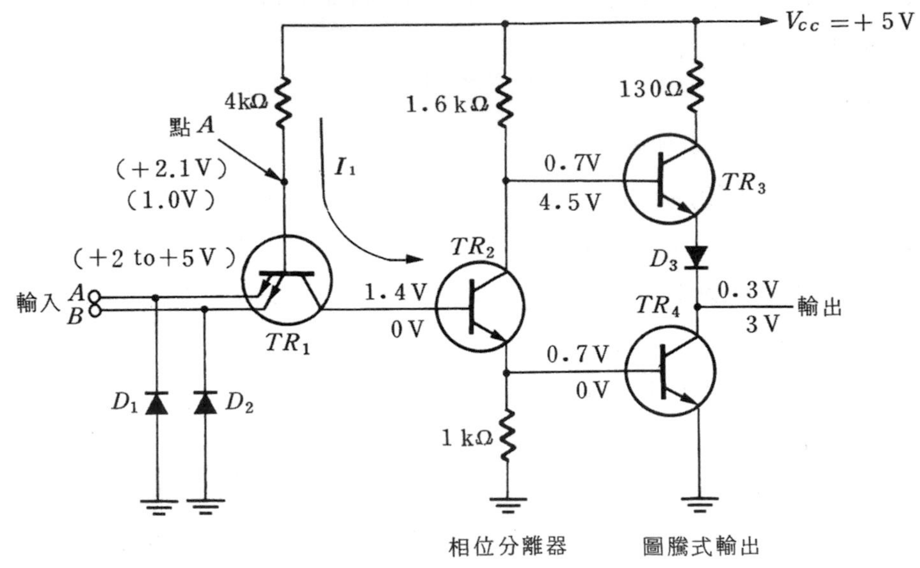

▲ 圖 1-1　TTL NAND 閘

當 TR_4 飽和時，流經 TR_4 的電流並不是由 TR_3 供給的(TR_3 截止)，而是由外接的負載流入的(多射極電晶體 TTL 閘的輸入)。圖 1-1 中若輸入 A 或 B，或 A、B 兩者爲低電位，則電路的動作情形如下：

(1) 電流流經 4kΩ的電阻，TR_1 的 BE 至低電位的輸入端構成電路。

(2) A 點的電壓大約 1V(TR_1 的 V_{BE} 0.7V，加上 TTL 輸出端低電位時飽和電晶體的 $V_{CE(sat)}$ 0.3V)。

(3) 此時 TR_2 沒有順向電流 I_{B2}，故 TR_2 處於截止狀態。

(4) TR_2 的截止使 TR_4 無法獲得順向偏壓而截止。

(5) TR_2 的截止使 TR_2 之集極電壓很高，造成 TR_3 的飽和導電，輸出端被提升到高電位。

(6) 因此任何一個輸入或兩個輸入同時是低電位時，輸出爲高電位，完成 NAND gate 的作用。

在圖 1-1 中，當任何一輸入端爲低電位時，TR_1 的 BE 爲順向偏壓，在此情形下，NPN 電晶體就需要大量電流流入集極去，此電流方向與 TR_2 的順向 I_{B2} 相反，故 I_{C2} 只有 TR_2 的基極逆向電流。當輸入端由高電位轉變爲低電位，即 TR_2 由飽和轉變爲截止。TR_1 的 CE 提供了一低阻抗路徑，可將 TR_2 的基極儲存電荷很快的放電掉，因而大爲降低儲存時間，增進交換速度，此爲 TTL 電路的優點。圖 1-1 輸入端的箝位二極體，將輸入端的負電壓限制在 0.7V 左右，使 TTL 不受到損壞。

在 TTL 之輸出端，TR_3 及 TR_4 組成了所謂的圖騰柱(totempole)或主動提升(active pull-up)輸出。其目的爲提供一個低推動源阻抗。對於輸出爲邏輯 1 狀態時，TR_3 成爲一個射極隨耦器推動電流到各負荷去。當爲邏輯 0 輸出時，由各負荷來的電流僅流過 TR_4 的低飽和電阻。

2. 54/74 系列

54 系數位 IC 爲美國 texas instruments (簡稱 TI)廠在 1964 年從 TTL 數位 IC 中發展出來的標準產品，定名爲半導體網路(semiconductor network)54 系，簡稱 SN54 系，SN54 系數位 IC 原設計考慮是供應軍事上需要，因此在體積、功率損耗、可靠性等特性要求上表現均非常卓越，隨後該廠將此種電路發展爲 SN74 系，成爲低價的工業品，工作特性只保證在 0°～70℃的溫度變化範圍內。SN54 系產品則保證在 －55℃～125℃溫度變化範圍內工作。

目前廣泛被採用的 SN74 系數位 IC，歐、美、日等國已有很多廠商同時生產，而且品種很多。雖然廠商不同，但編號相同的 54/74 系數位 IC 是可以互相代換。目前，SN54/74 TTL 數位 IC 已發展成 5 個較重要的大類①標準型(SN54/74 編號)；②高速型(SN54H/74H 編號)；③低功率型(SN54L/74L 編號)；④蕭特基(schottky)TTL(SN54S/74S 編號)；⑤低功率蕭特基 TTL(SN54LS/74LS 編號)。雖然有各種的 54/74 數位 IC 可供選擇，但標準型與低功率蕭特基 TTL 日前用的較普遍。在速度與功率損耗要求不太嚴格之下，各種類型同編號 54/74 數位 IC 是可以互換使用。

3. TTL 特性：

電源供給電壓

V_{CC}：54 系爲 4.5～5.5V

74 系爲 4.75V～5.25V

標準值爲 5V

54/74 系數位 IC 是以正邏輯方式表示，以邏輯 1 代表高電位，以邏輯 0 代表低電位。

54/74 系列邏輯功能的輸出和輸入邏輯電位與電流定義如下：

V_{IH} ：輸入端爲邏輯 1 時之所需電壓，其最少值不得低於 2V。

V_{IL} ：輸入端爲邏輯 0 時之所需電壓，其最大值不得超過 0.8V。

V_{OH}：邏輯 1 時的輸出端電壓，其最低的邏輯 1 輸出電壓爲 2.4V。

V_{OL} ：邏輯 0 時的輸出端電壓，其最高的邏輯 0 輸出電壓爲 0.4V。

V_T ：輸入端和輸出端相等時的臨界電壓，此電壓約 1.3V。

I_{IL} ：輸入端處在邏輯 0 時($V_{IL}=0.4$V)經由多射極輸入端所流出的電流，其最大值爲 -1.6mA。(電流方向以流進爲正，流出爲負)

I_{IH} ：輸入端處在邏輯 1 時($V_{IH}=2.4$V)，輸入端所流進的逆向電流，其最大值爲 40 μA。

I_{OL} ：輸出端處在邏輯 0 時(V_{OL}：0.4V)，輸出端所容許流進的電流，其值不得低於 16mA。(此時輸出配對 *TR* 下方電晶體所能承受的最小電流)。

I_{OH} ：輸出端處在邏輯 1 時，輸出端所流出的電流，其值不得低於 -400 μA

I_{OS} ：當輸出端處在邏輯 1 時，把輸出端對地短路，其短路電流範圍爲 -18 mA～ -55 mA。

表 1-3 所示爲 54/74 標準型 TTL 在最差情況下的輸入-輸出特性。

▼ 表 1-3　54/74 標準型 TTL 在最差情況下的輸入／輸出情形

高邏輯狀態	低邏輯狀態
V_{IH} ：必須高於 2 V	V_{IL} ：不得超過 0.8 V
I_{IH} ：不得超過 40 μA	I_{IL} ：最少 1.6 mA
V_{OH} ：必須高於 2.4V	V_{OL} ：不得超過 0.4V
I_{OH} ：最少 400 μA	I_{OL} ：最少 16 mA

4. 雜訊免除性(noise immunity)

在 TTL 中 V_{OH} 爲 2.4V，而 V_{IH} 爲 2V，此兩保證值之間還有 0.4V(400 mV)，如果兩個 gate 間的傳輸線受到雜波的干擾，則就可承受振幅 400 mV 的雜訊脈波。$V_{IL} - V_{OL}$ 亦是 0.4V。

圖 1-2 是 TTL 的輸入、輸出的移轉特性曲線，在圖中如果輸入電壓絕不在 0.8V 和 1.4V 區域內，則 gate 輸出一定爲邏輯 1 或邏輯 0，但由於轉移曲線受到溫度(圖 1-2 爲 $T = 35$℃的轉移曲線)，V_{CC} 電壓和扇出的影響，也就是說如果情況改變，0.8V 和 1.4V 之間的電壓不再是一個正確的限定值。

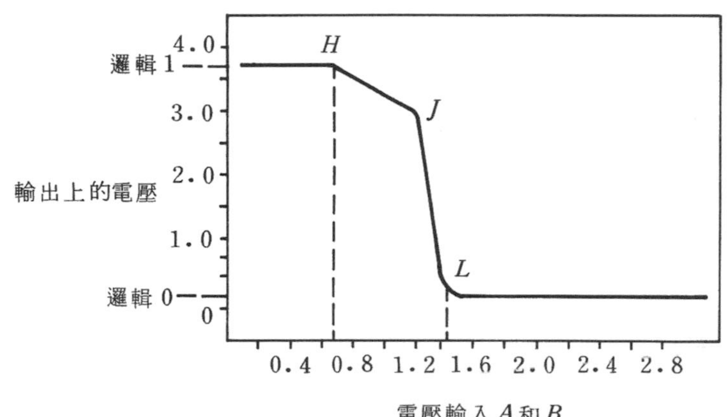

▲ 圖 I-2　TTL 轉換曲線

5. 傳播延遲時間(propagation delay time)

在 NOT gate 或 NAND gatc 輸入端加一方形波，觀察輸出端的波形，並測量輸入端完成 50%的準位轉換與輸出端亦完成 50%的準位轉換時，兩者之間的時間差，用奈秒(ns)表示傳播時間：圖 1-3 所示有兩種傳播延遲時間。

t_{PLH}：輸出由邏輯 0 轉換至邏輯 1 的延遲時間。

t_{PHL}：輸出由邏輯 1 轉換至邏輯 0 的延遲時間。

通常 t_{PLH} 與 t_{PHL} 相當接近，而所謂傳播延遲時間是取兩者的平均值。標準型 TT L NAND 邏輯閘，典型的傳播延遲時間 $t_{PLH} = 11$ ns，$t_{PHL} = 7$ ns，平均傳播延遲時間爲 9 ns。

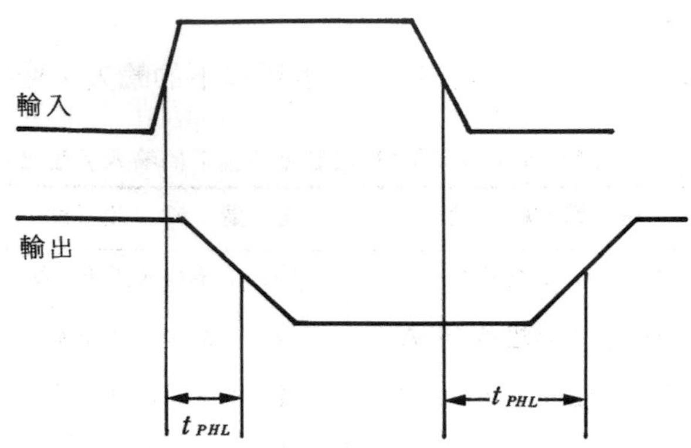

▲ 圖 1-3　反相器對輸入脈衝的反應說明 t_{PHL} 及 t_{PLH}

6. 54/74 系的扇出

同類的 54/74 數位 IC 可以直接互相連接，只要稍微往意一下扇出(fan-out)數即可，所謂扇出是說，一個數位 IC 的輸出端子，當它同時接到多個數位 IC 的輸入端時，由於並聯成分流關係，輸出端將會因所接的數目所分流而造成電位下降，但是 V_{OH} 的限制是不能低於 2.4V，所以輸出端所接的最大數目有個限制，此即扇出。

圖 1-4 中的 NAND gate 其扇出數 $I_{OL} / I_{IL} = 10$。($I_{OH} / I_{IH} = 400\ \mu A / 40\ \mu A = 10$)。

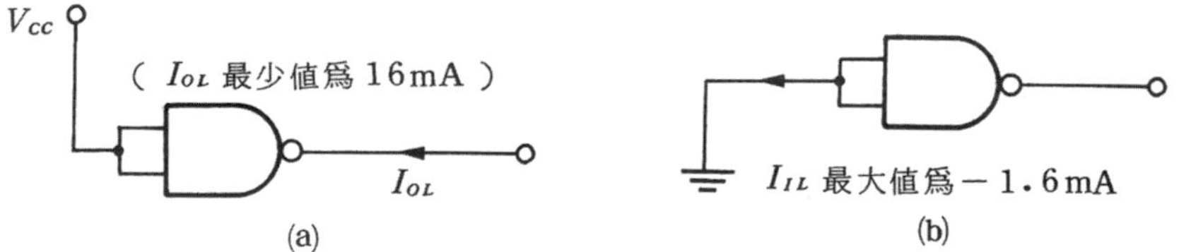

▲ 圖 1-4　標準型 TTL NAND gate 的扇出

表 1-4 是 54/74 系中各類在低電位狀態的電流限制。

▼ 表 1-4

TTL 支族	I_{OL}(最小值)	I_{IL}(最大值)
標準型	16 mA	1.6 mA
低功率型	3.6 mA	0.18 mA
高速度型	20 mA	2.0 mA
蕭特基 TTL	20 mA	2.0 mA

7. 54/74 IC 的包裝

目前 TTL 數位 IC 都是採用 14 和 16 支腳雙排包裝(dual in-llne package 簡稱 DIP)，外型如圖 1-5 所示。在 54/74 數位 IC 中，每個編號的尾部均有一個英文字母，這個字母代表其外殼封裝，編號相同，雖然外殼封裝不同，但其功用是相同。尾部英文字 *N* 代表用塑膠封裝，*J* 代表用陶瓷封裝。陶瓷封裝的熱阻較低於塑膠封裝。

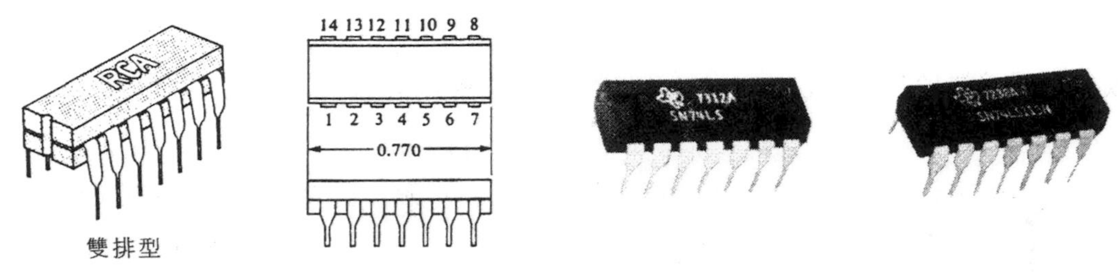

▲ 圖 1-5　TTL IC 外觀圖

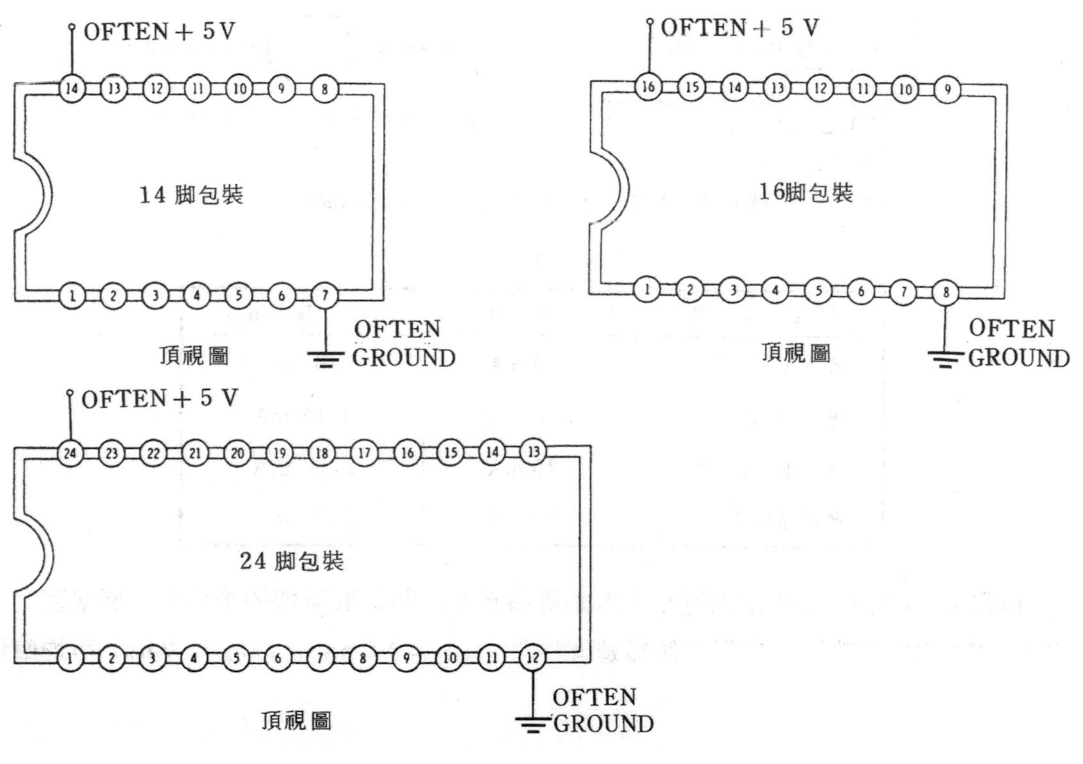

▲ 圖 1-6　TTL 的頂視圖

圖 1-6 表示三種常用包裝形式(DIP)的頂視圖，電源的正、負端往往由對角線兩端輸入，在 14 支腳的 DIP 包裝中，第 7 腳常是接地，第 14 腳則接到+ 5V。16

支腳的 DIP 包裝中，第 8 支腳常是接地，第 16 支腳則接到+ 5V。24 支腳的包裝中，第 12 支腳常是接地，第 24 支腳則接到+ 5V。但是也有例外，即電源不是如此接法，尤其是早期的產品。

8. 其他 TTL 的特件

當 TTL 電路的輸入端不與其他電路連接時，此輸入端為開路狀態，由基本 TTL 電路可以得知，不接的輸入端可視為邏輯 1 的輸入。

在某些情況下，TTL NAND gate 的輸入端並未全部利用到，我們將這些輸入端置於空著不接的情況，並不影響到 TTL NAND gate 的邏輯函數，但是這些空接的輸入端往往會受雜散信號的影響而產生誤動作，因此，最好能將圖 1-7(a)的電路改用圖(b)(c)(d)。圖(b)中 1 kΩ電阻當限流用，因當電源產生電壓脈衝時，若不加這一電阻，基－射極接面易受損壞。圖(d)雖然簡單，但對了 TTL NOR gate 或 OR gate 每接一個，便算一個負載，此種接法較易不小心把前級輸出所接的負載數弄錯。

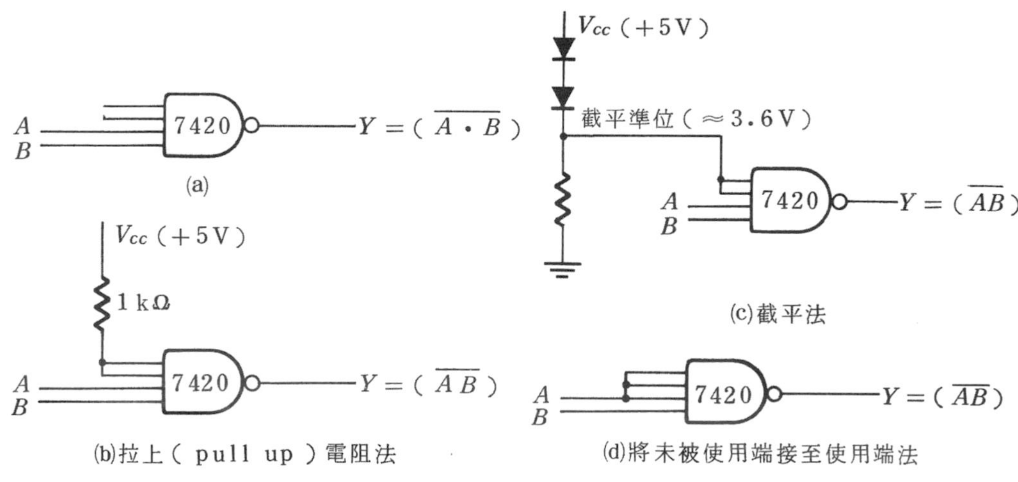

▲ 圖 1-7

9. TTL 邏輯族

(1) 標準型 TTL 是最廣泛使用，最低廉的 TTL，種類很多而且許多廠商都有生產，產品可以交互使用，典型閘的平均傳播延遲時間為 10 ns，每閘消耗功率約為 10 mW，扇出數是 10，圖 1-8 為四種 54/74 系列雙輸入反及閘的構成電路。

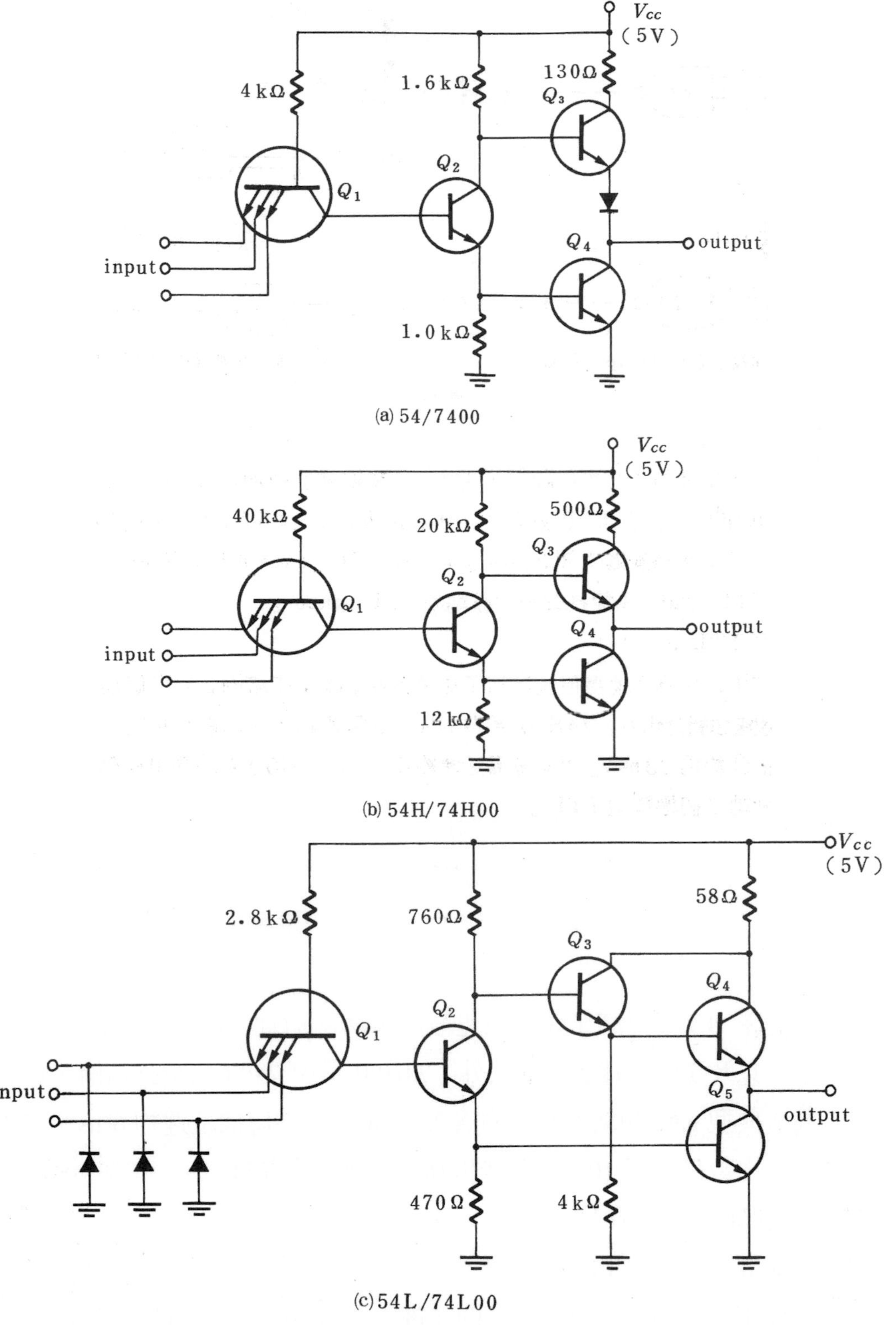

▲ 圖 1-8　四種 54/74 系列基本閘的構成電路

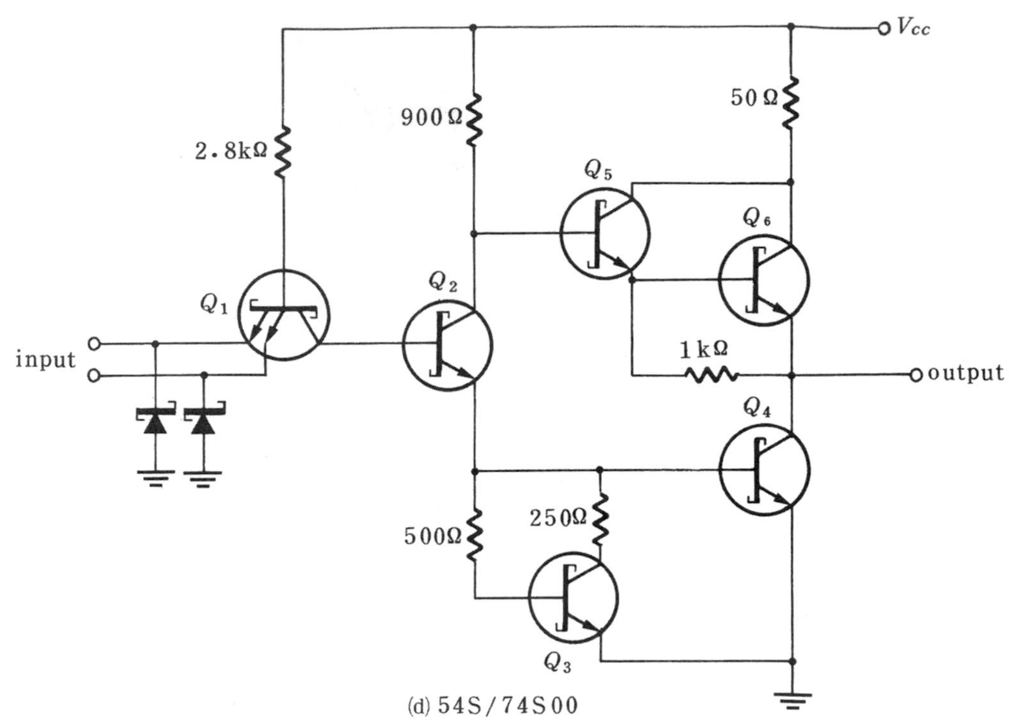

(d) 54S/74S00

圖 1-8　四種 54/74 系列基本閘的構成電路(續)

(2) 低功率 TTL：

低功率 TTL 節省了功率但降低了速度，它在編號上多加個 *L*，除了電路內所有的電阻值都加大外，74L00 系與 7400 系的功能完全相同。典型閘的功率消耗約為 1 mW，平均傳播延遲時間 33 ns。低功率 TTL gate 扇出數還是 10，但是一個低功率 TTL gate 只能推動一個標準型 TTL gate。

(3) 高速率 TTL：

高速率 TTL 提高了速度但也增加了功率消耗，除了電路內各電阻值變小，以及 TR_3 以達靈頓替代外，74H00 系與 7400 的電路結構、功能是相同。典型 gate 的功率消耗約為 23 mW，平均傳播延遲約 6 ns。74H00 系的扇出數仍然是 10，但只能推動 7 個標準型 TTL。

(4) 蕭特基(schottky)TTL：

Schottky TTL 是 TTL 的改進，有較快的速度，而所需的功率消耗並不大。這種 TTL 是在電晶體的 *BC* 間並接一個 schottky 二極體，如圖 1-9 所示，此種二極體導電壓降約 0.3V，當 *TR* 的 V_{CE} 降至 0.4V 以下時，schottky diode

開始導電，順向電流 I_B 由 schottky diode 旁路，於是 V_{CE} 電壓被限制在 0.4V 以上，電晶體不會發生飽和，而使交換速度提高。74S00 系典型閘的功率消耗約爲 19 mW，平均傳播延遲約 3 ns，扇出數爲 10。

(b)蕭特基電晶體符號
(a)蕭特基能障二極體與電晶體的結合

▲ 圖 1-9　蕭特基能障二極體電壓截斷路圖及其電晶體符號

(5) 低功率蕭特基 TTL：

低功率 schottky 箝位 TTL 是目前廣受歡迎採用的 TTL。大體上，此種電路型式與圖 1-8(d)極爲相似，只不過 TR_1、TR_2 集極電阻及 TR_5、TR_6 集極電阻的數值較高，使得流經線路的電流減小，降低消耗功率，此種 TTL 在編號加上 LS，例如 74LS00。通常延遲時間爲 10 ns，每一 gate 的消耗功率僅 2 mW，用在正反器工作頻率可達 35 MHz，扇出數爲 10。

(6) 用那一族 TTL 的選擇：

雖然有不同的 TTL 可供選擇，但標準型 TTL 與 74LS 是目前最廣泛應用的邏輯系。而且，以整體而言，此類常是最好的選擇。74LS 及 74S 大致已取代 74H，74L 已漸被 74LS 與 CMOS 所取代。除非有特別的速度問題，才考慮選擇 74S，如果消耗功率爲重要因素時，CMOS 是首先列入考慮的對象。

1-2-2　CMOS IC 的特性

CMOS IC 是互補金屬氧化物半導體 IC(complementary metal-oxide semiconductor IC)的簡稱，它是由 N 通道 MOS 與 P 通道 MOS 組合而成的一種優良產品，此種 IC 在 1967 年 3 月間首先由 RCA 展出，1971 年即大量推出 CMOS IC。

近年來，數字鐘、電子錶、微電腦等都廣泛的使用 CMOS IC 作主要元件，CMOS IC 目前已發展成一種足以壓倒 TTL 元件的邏輯族。

圖 1-10 所示為 CMOS IC 結構剖面圖，在 CMOS 中源極與基板是反向偏壓的；汲極與基片也同樣是反向偏壓。因此電源電壓如果加得太大或閘極電壓加得太大都會引發崩潰(breakdown)現象。一般 CMOS IC 的低電流接合面崩落(low current juction avalanche)點的崩潰電壓約在 25 伏到 35 伏之間，因此最大工作電源電壓一般定在 18 伏，稍早的 CMOS IC 則定在 15 伏。CMOS IC 的最低電源電壓為 3 伏，以配合 IC 中個別 *P* 通道及 *N* 通道電晶體的臨界電壓，而使其能在 3 伏的電源電壓下仍能正確地以邏輯狀態工作。以 CMOS IC 兩大廠商的編號為例，摩托羅拉(motorola)編號後跟著 AL 表示是陶瓷包裝，工作溫度範圍為 – 55℃～ + 125℃，工作電壓範圍為+ 3V～+ 18V；而 RCA 則以 AD 代表同樣的工作溫度與工作電壓範圍。一般商用的 CMOS IC 工作溫度範圍為– 40℃～+ 85℃。

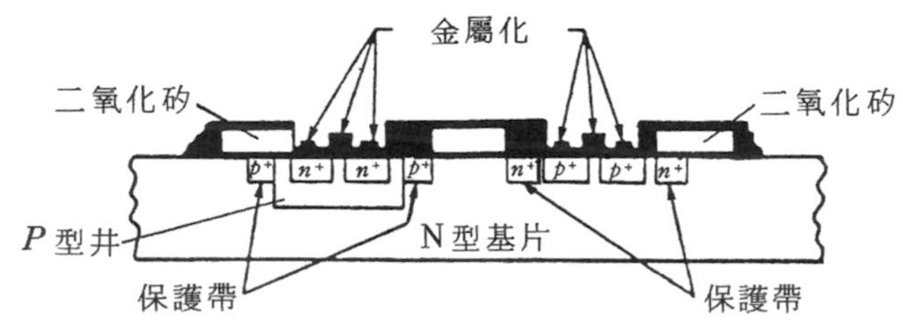

▲ 圖 1-10 CMOS IC 半導體結構剖面圖

1. CMOS 基本電路

CMOS 電路係將 *P* 通道 MOSFET 與 *N* 通道 MOSFET 在同一基板上製作，使得二者特性可以互補，並且具有小的功率消耗與大的雜訊界限的優點。

現在讓我們來看一種 CMOS 的基本電路—CMOS 反相器。CMOS 反相器電路如圖 1-11，*N* 型通道的電晶體 Q_1 當作拉降電晶體，而 *P* 型通道的電晶體 Q_2 是用來當作拉升電晶體，這兩個 MOSFET 是在汲極端串聯在一起，輸出則由節點 *D* 取出，而輸入是加在共同閘極 *G* 上，二個電晶體的閘極被連結在一起。

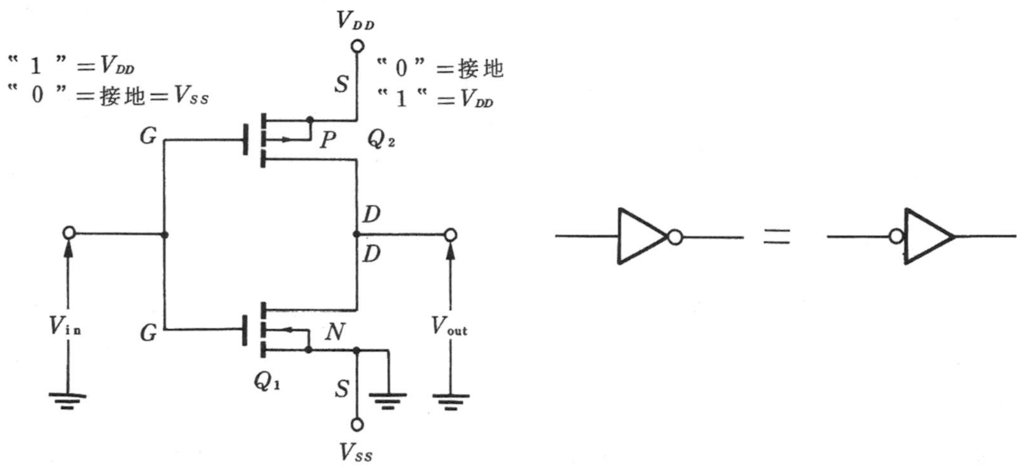

▲ 圖 1-11　CMOS 反相器電路

當輸入爲 Hi 時，NMOSFET 爲 ON，PMOSFET 由於 G、S 之間沒有獲得足以導電的偏壓而 OFF，此時輸出電位自然與 V_{SS} 電位相近，爲邏輯 0。當輸入爲 Low 時($V_{IN} = V_{SS}$)，可得相反的情形，即 NMOSFET 爲 OFF，PMOSFET 爲 ON，輸出電位與 V_{DD} 相近，爲邏輯 1。

在圖 1-12 由輸出端往內看，圖(a)中輸出端到 V_{SS} 之間只存 NMOSFET 導通內阻，而非完全短路，圖(b)也是一樣。$V_{DD} = 5V$、$V_{SS} = 0$ 的 MOSFET 導通電阻大約在 500Ω左右，由此可知，在不接負載時，圖(a)的 $V_{out} = V_{SS}$，如果在輸出端接上負載有電流流動，圖(a)的 V_{out} 會上升，圖(b)的 V_{out} 會下降，此種情形在 TTL 亦是如此。

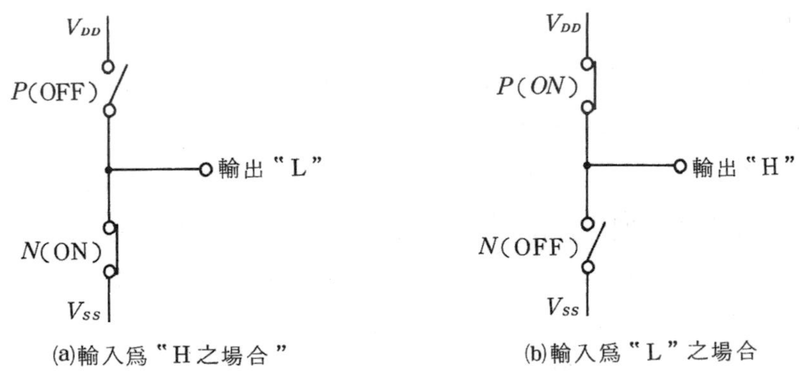

▲ 圖 1-12　CMOS 反相器之等值開關電路

圖 1-13(a)表示 CMOS NOT gate 輸入在 Hi 或 Low 靜止狀態下，必有一 FET 爲 OFF，從 V_{DD} 流往 V_{SS} 之電流等於零，也就是輸入爲靜止狀態下，所消耗的功率($V_{DD} \times I_{DD}$)等於零，僅有少量的漏電消耗。但是當輸入電壓由 "H" → "L" 或由 "L" → "H" 時，PMOSFET、NMOSFET 分別在瞬間爲 ON，於是有電流對輸出端的雜散電容充放電，如圖 1-13(b)所示，所以在動態工作時，功率消耗不再是零，當輸入由 "H" → "L" 及 "L" → "H" 時亦會發生瞬間 P、N 兩 MOSFET 同時爲 ON 的情形，如圖 1-13(c)所示。

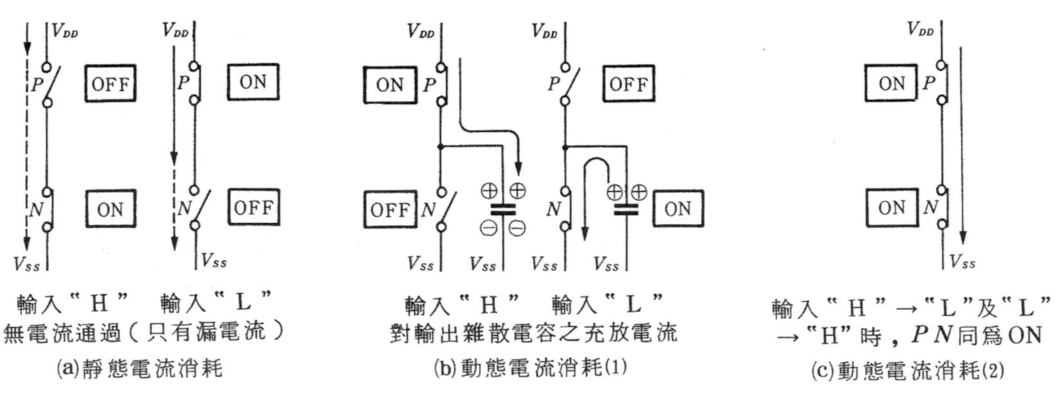

▲ 圖 1-13 MOS IC 之電源消耗

2. CMOS 特性

(1) 由於 CMOS 沒有穩定的直流迴路，因此直流功率消耗非常小，這是 CMOS 的最大優點。圖 1-14 表示 CMOS 的功率消耗與動作頻率的關係，此項優點在高頻時漸漸消失。

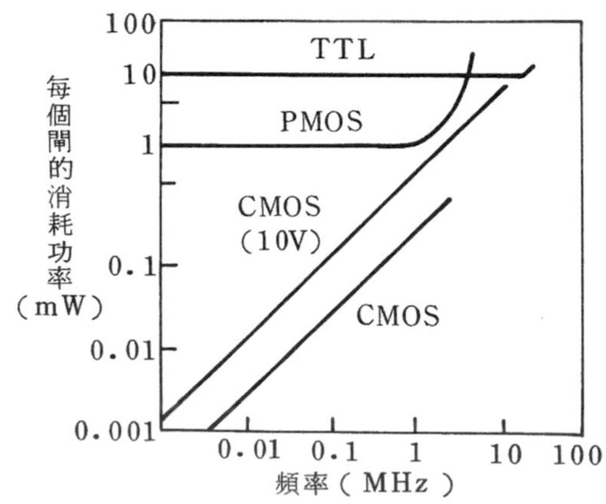

▲ 圖 1-14 CMOS 功率消耗與頻率的關係

(2) 集積度高，在單位面積(平方毫米)上所聚積的元件數目稱爲集積密度，用以表示元件密集的程度。CMOS IC 除了功率消耗以外，元件間也不用隔離，故其集積度遠大於雙極性元件 TTL。

(3) 具有很高的輸入阻抗，但由於氧化膜的存在，輸入端存有大約 5pF 的電容與高輸入阻抗(10^{12}～10^{15} Ω)構成並聯。

(4) 動作電壓範圍廣，可從 3V～18V，CMOS 之所以能保證廣的工作電壓範圍，是因爲 PMOS、NMOS 對稱製作，即使 V_{DD} 變化，其臨界電壓仍保持 1/2 V_{DD} 的值，如圖 1-15 所示。閘極經特別處理之 CMOS IC，則具有 1.1V～3V 的動作範圍，適用於水銀電池動作之電子錶等電子器件。

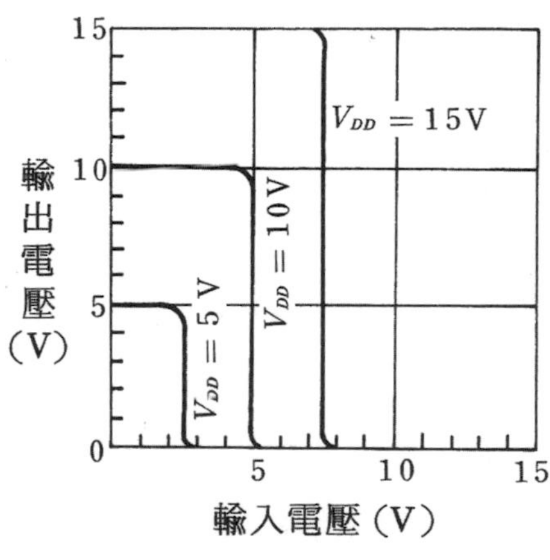

▲ 圖 1-15

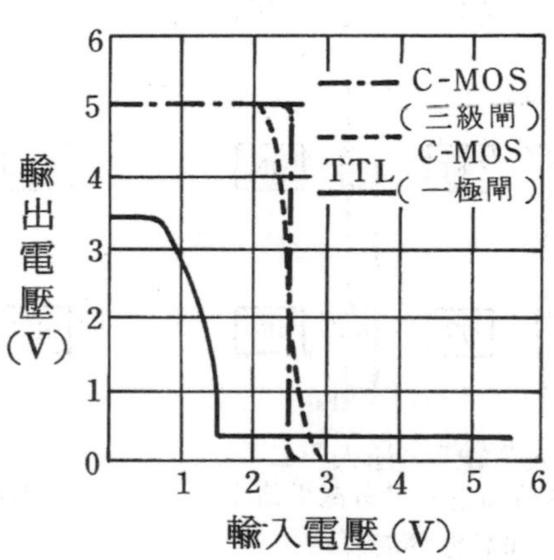

▲ 圖 1-16　CMOS 與 TTL 之輸入輸出轉移特性曲線

(5) 雜訊界限大；圖 1-16 表示電壓 = 5V 時 TTL 與 CMOS 的轉移特性曲線，CMOS 的 $V_{OH} - V_{OL}$ 值接近於 V_{DD} 值。圖 1-17 表示 TTL 與 CMOS 在雜訊容許界限比較圖。一般 CMOS 雜訊界限值($V_{OH} - V_{IH}$)約動作電壓的 30%，且 $V_{IL} = 0.3\ V_{DD}$，$V_{IH} = 0.7\ V_{DD}$。$V_{DD} = 5$V 時，$V_{OH} = 4.99$V，$V_{OL} = 0.01$V，$V_{IL} = 1.5$V，$V_{IH} = 3.5$V。$V_{DD} = 5$V 時，雜訊界限值等於 5V × 30% = 1.5V，此值約爲 TTL 的 4 倍。

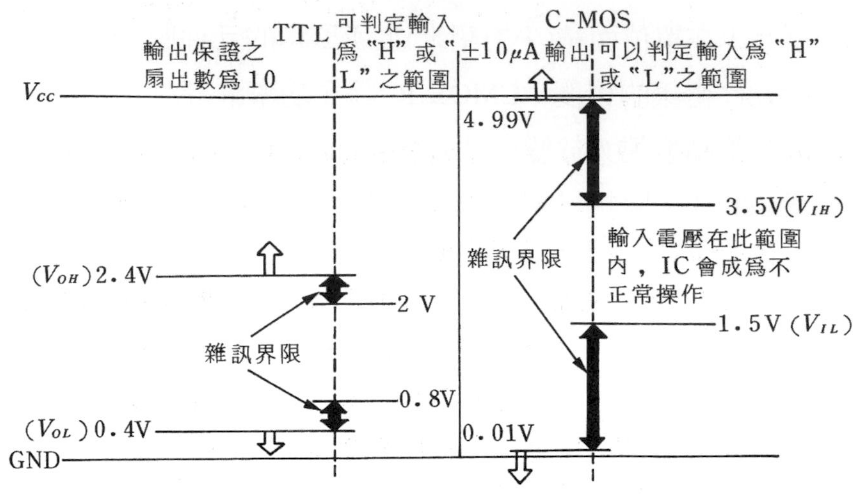

▲ 圖 1-17　TTL 與 CMOS 電壓之雜訊界限比較

(6) CMOS 頻率特性目前仍不如 TTL，由於存有輸入電容，故動作頻率受到輸出端所接負載數目的影響，扇出數增加一個，則 t_{PD} 約增加 3 ns。

CMOS 的輸入端浮接時，它的邏輯狀態無法確定，因此不必用的 CMOS 輸入端不能浮接，須依照邏輯函數的性質將不用的輸入端接於 V_{DD} 或 V_{SS}(接地)。

CMOS IC gate 輸入端存有小電容量，其介質擊穿電壓約 80V 左右，所以任何靜電放電的電壓值高於介質擊穿電壓時，將使 gate 氧化膜受到破壞，造成漏電極高的輸入端。雖然目前的 CMOS IC 都有輸入保護電路以防靜電損壞，但仍儘量使其少受靜電影響爲佳。另在使用 CMOS IC 時應先接妥電路再接上電源，不可先接上電源再將 IC 插上。

(7) 每一個 CMOS 閘電路的傳播延遲爲 50 奈秒左右，所以，它能夠允許一個 10 MHz 脈波速率的操作，因此，CMOS 的邏輯電路比 MOS 的邏輯電路擁有較快的動作速率。但是，比起 TTL 邏輯電路，CMOS 邏輯電路要慢些。

(8) CMOS 的扇出(fan out)很高，數量上可超過 50。無論 CMOS 的扇出數目爲多少，其邏輯上的電壓搖擺均爲 V_{DD}。

(9) CMOS 邏輯電路，只須要一個外加的電源；所以 CMOS 邏輯電路將是一個又簡單、又經濟的系統。(因為電路操作時，只須一外加電源，如此只有很小的駐備(standby)電流)。

(10) CMOS 具有良好的溫度穩定性，此特性使 CMOS 邏輯電路適用於多種溫度範圍，而產生較小誤差。

3. 使用 CMOS 應注意事項

CMOS 的輸入端阻抗近乎無限大，而阻隔輸入與基片間的二氧化矽薄膜則非常之薄(約 1000 Å，1 Å = 0.1×10^{-9} 公尺)，很容易被高電壓所打穿，因此在積體電路中閘極之前都有保護二極體，以使閘極電壓介於電源電壓 V_{DD} 與地電位 V_{SS} 之間，如圖 1-18 所示。其中 R_S 值為 1.5kΩ。儘管如此，處理不當仍可能產生嚴重的高壓而將 CMOS 的輸入端破壞！例如，一個人在打臘的地板上行走，即可產生 4 到 15kV 的高電壓，人體的電容量約在 300pF，因此由此高壓所蓄積的電荷一旦經由 CMOS 的輸入端作瞬時的放電，此保護電路極可能因而被燒燬而破壞及於 CMOS 的閘極。

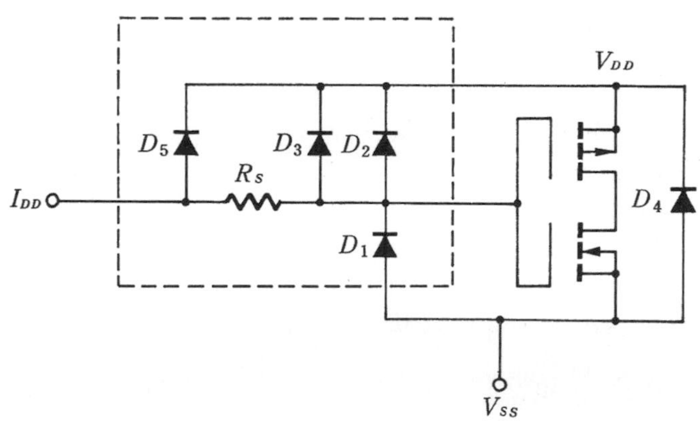

▲ 圖 1-18　CMOS 輸入端的保護電路

因此除了在 CMOS 的輸入端加上保護電路之外，處理上也應小心謹慎以避免無意間的損壞。以下是一些避免損壞所應採取的注意事項：

(1) 所有 CMOS 元件必須儲存或裝在不會產生靜電的物質上或容器中。CMOS 元件切勿置於一般泡綿塑膠皿中，原則上在使用時才將 CMOS 自其原始盛器中取出。

(2) 要扳直 IC 腳或用手銲接在印刷電路板上時，請用有接地端的工具。

(3) 所有低輸出阻抗的儀器(如函數產生器等)，請勿在 CMOS 電源加上之前即送出信號，要關機也應在 CMOS 電源加上時爲之，請勿在 CMOS 電源關掉後再關儀器電源。

(4) 當電源加上時，切勿自測試插座上拔下或插入 CMOS 元件。同時請留意電源有無突波？在確定無突波後才可進行 CMOS 元件的測試工作。

(5) 在進行功能測試(functional testing)或參數測試(parametric testing)之前，請再次檢查並確定測試儀器的極性沒有接反。

(6) 使用電壓勿超過資料上所載最大電壓。

(7) 沒有用到的輸入腳請務必接到邏輯“1”或“0”的電位，切勿讓其空接。

1-2-3 CMOS 與 TTL 的介面技術

CMOS 和 TTL 最大的不同乃在於邏輯 1 和邏輯 0 的輸入電壓位準的差別，同時其輸入、輸出阻抗也不相同。我們可從表 1-5 看出二者輸入特性的不同。

由於 CMOS 積體電路的電源電壓以及信號電壓可高達 15 伏或 18 伏，而 TTL 者則僅限於 5 伏，因此除了 CMOS 積體電路與 TTL 積體電路同樣使用 5 伏電源之外，信號電壓在兩族類間傳遞必需有適當的電壓轉換以配合不同電路系統的信號處理。

▼ 表 1-5 特性 TTL 與 CMOS 輸入特性比較

特性	TTL 值	CMOS 值 (當 V_{DD} = 5V，V_{SS} = 0 時)
V_{IH}	> 2.0 V	> 3.5 V
V_{IL}	< 0.8 V	< 1.5 V
I_{IH}	< 40 μA	+ 10 pA (典型值)
I_{IL}	< – 1.6 mA	– 10 pA (典型值)

1. TTL IC 驅動 CMOS IC

圖 1-19 中 TTL IC 去驅動 CMOS IC 首先須滿足下述四個條件，N 為 TTL 的扇出數目。

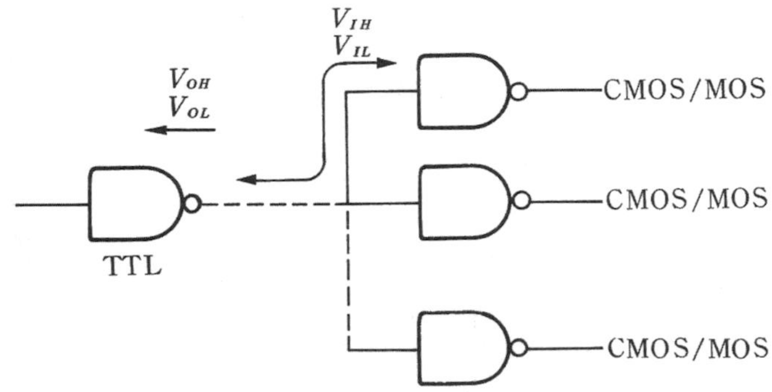

▲ 圖 1-19　TTL 驅動 N 個 CMOS/MOS

由表 1-6 可知 CMOS 的輸入電流極微，所以只須考慮的是電壓值的問題，且 $V_{OL(\text{TTL})} \leq V_{IL(\text{CMOS})}$也沒有問題，為了滿足 $V_{OH(\text{TTL})} > V_{IH(\text{CMOS})}$的要求，勢必要將 $V_{OH(\text{TTL})}$提高至 3.5V 以上，圖 1-20(a)所示電路外加一提升電阻 R_X 可達此目的。圖 1-21 所示為 TTL 與 CMOS 輸入條件，由(b)圖可知加入提升電阻 R_X 以後，可使輸出與輸入關係相配合。當 5V < V_{DD} ≤ 15V 時，可採用圖 1-20 電路 7417 為集極開路緩衝 gate 電壓可達 15V，I_O = 40mA。

▼ 表 1-6　TTL-to-CMOS ($V_{CC} = V_{DD}$ = + 5V)

TTL output	CMOS input	Notes
V_{OL} = 0.4V max	V_{IL} = 1.5V max	compatible
I_{OL} = 16mA max	I_{IL} = 1 μA max	compatible
V_{OH} = 2.4V min	V_{IH} = 3.5V min	possible trouble
I_{OH} = – 400μA max	I_{IH} = 1 μA max	compatible

$$V_{OL\,(\text{TTL})} \leq V_{IL\,(\text{CMOS})}$$

$$V_{OH\,(\text{TTL})} > V_{IH\,(\text{CMOS})}$$

$$I_{OL\,(\text{TTL})} < -NI_{IL\,(\text{CMOS})}$$

$$-I_{OH\,(\text{TTL})} \leq NI_{IH\,(\text{CMOS})}$$

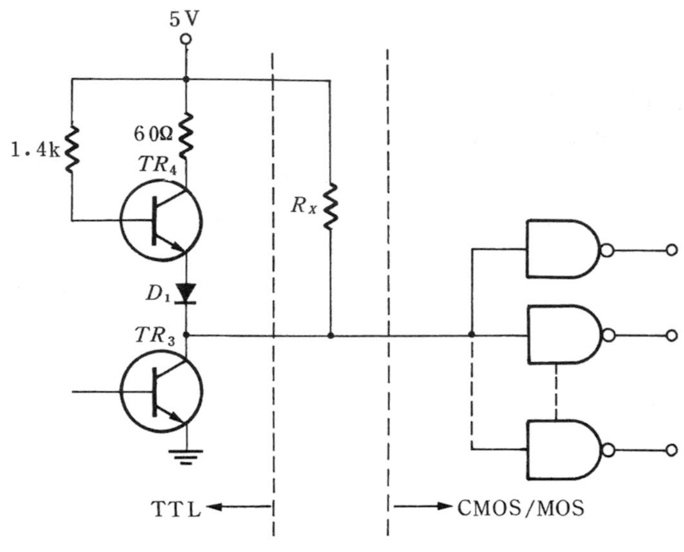

(a) TTL與CMOS電源間是5 V

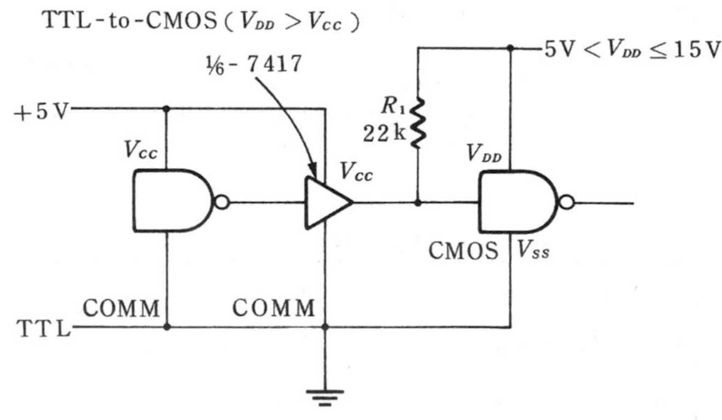

(b) 5 V< V_{DD} < 15V TTL輸出

▲ 圖 1-20

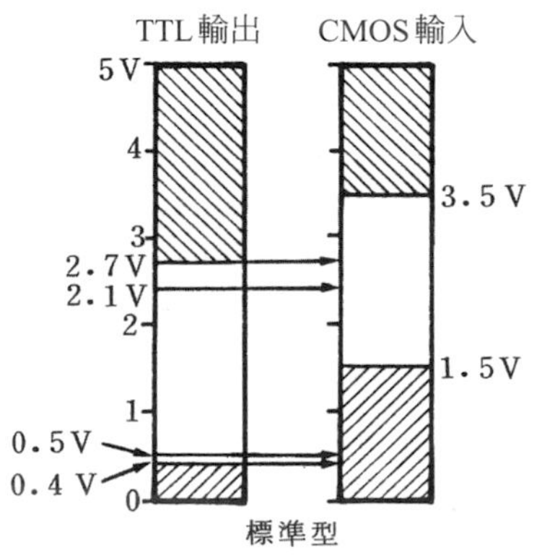

(a)TTL與CMOS輸出輸入之關係

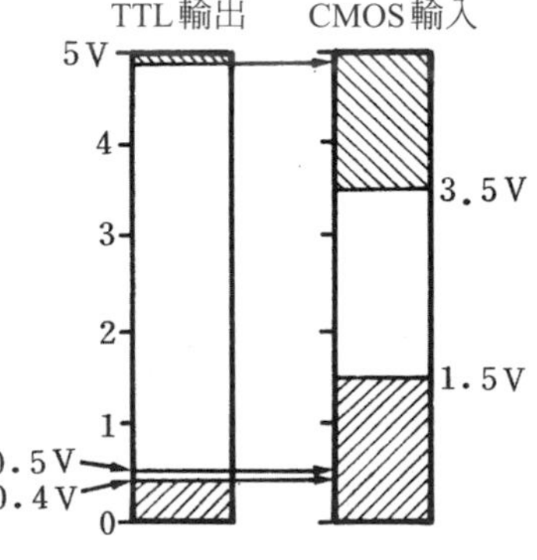

(b)提升電阻加入之後使輸出與輸入關係配合

▲ 圖 1-21 TTL與CMOS輸入條件

2. CMOS 驅動 TTL

CMOS 去推動 TTL 時，須滿足下述 4 個條件：

$$V_{OL\,(CMOS)} \le V_{IL\,(TTL)}$$

$$V_{OH\,(CMOS)} > V_{IH\,(TTL)}$$

$$I_{OL\,(CMOSL)} < -NI_{IL\,(TTL)}$$

$$-I_{OH\,(CMOS)} \le NI_{IH\,(TTL)}$$

以上電壓條件是滿足了，但是 TTL 的 I_{IL} 可達 1.6mA，而 CMOS 的 I_{OL} 在 V_{DD} = 5V 時，$V_{OL} \le 0.8$V 的 I_{OL} 值只能保證到 0.36mA，所以不能驅動 TTL，若增加 V_{DD} 到 15V，CMOS 的輸出內阻降低，I_{OL} 可達 1.6mA($V_{OL} \le 0.8$V)，但是 V_{OH} 會超過 TTL 輸入電壓之額定值。圖 1-22 所示爲 CMOS 輸出與 TTL 輸入關係。圖 1-23 是 CMOS 推動 TTL 的 3 種電路，圖(c)是利用並聯 1kΩ電阻，可使 CMOS 的輸出阻抗降低，以助 TTL 電流的流出。

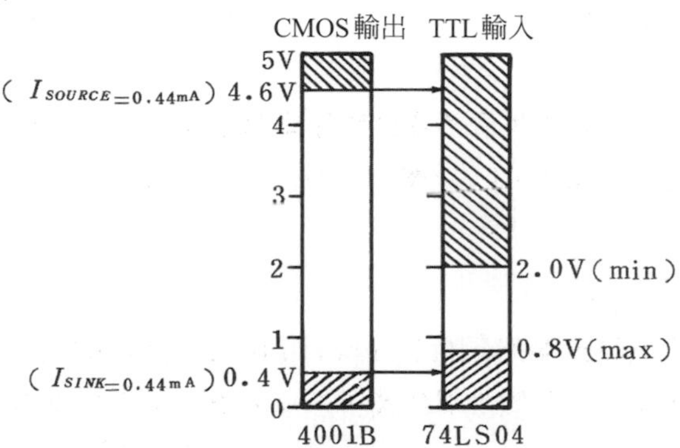

▲ 圖 1-22　CMOS 輸出與 TTL 輸入關係

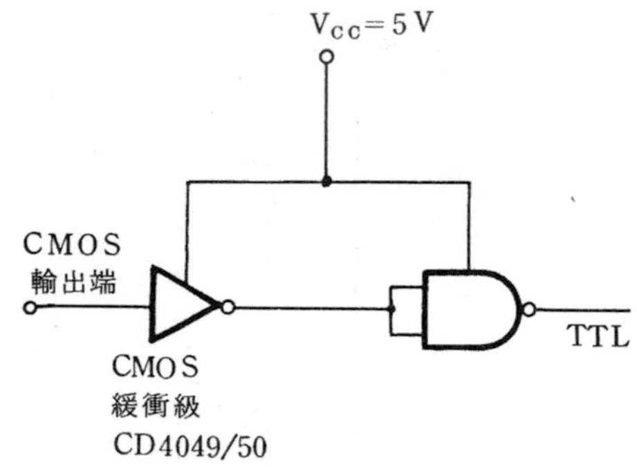

(a)插入緩衝級

▲ 圖 1-23　CMOS 推動 TTL 電路

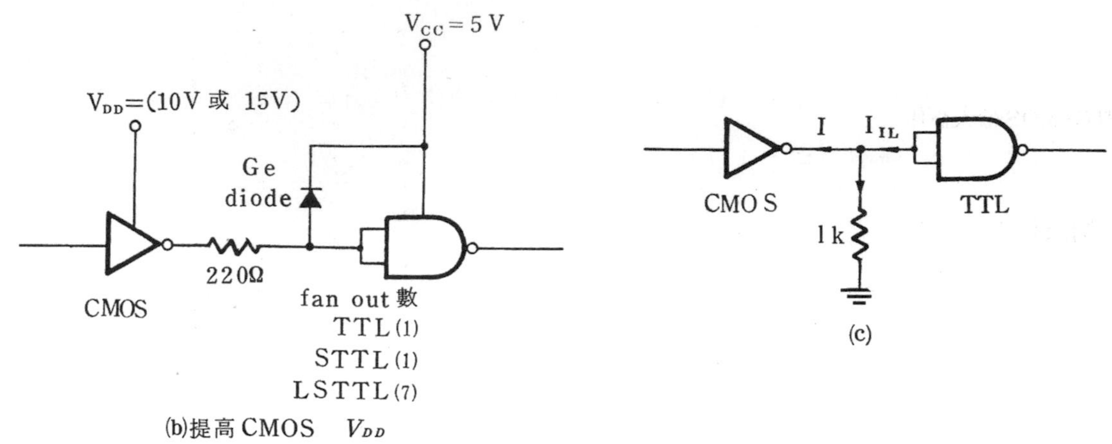

▲ 圖 1-23 CMOS 推動 TTL 電路(續)

1-3 問題

1. TTL 54/74 系列應如何分辨？
2. 試比較 TTL 與 CMOS 之優缺點。
3. TTL 族系如何劃分？
4. CMOS 驅動 TTL 的方法？
5. TTL 驅動 CMOS 爲何要加上提升電阻？
6. 試述 TTL 與 CMOS 對於輸入端不用之接點與處理的方法？
7. 數位電路與線性放大電路之差別何在？
8. 試述數位 IC 之分類？
9. 何謂 SSI、MSI、LSI、VLSI？如何區別？
10. 何謂 DIP 包裝？
11. 使用 CMOS IC 應注意哪些事項？

CH 2

邏輯閘

2-1 實習目的

1. 瞭解邏輯閘，眞值表及其使用法。
2. 瞭解邏輯閘的應用。

2-2 相關知識

邏輯的意義是對一切有條理有秩序的事件而謂之。因此在這種限制之下凡事都只有兩種可能，不是錯便是對，不是對便是錯。就如開或關電燈一樣，沒有半開半關的事情。而在專業術語上就是用“眞和假”(truth or false)來代表正反二面，而在電路上則用“0”和“1”來代表電路的通或不通，就因通與不通是電壓準位的變化而已，所以大抵用“1”來表示高電位而“0”代表低電位。

最原始的邏輯觀念是以電燈開關電路作爲討論對象，後來漸漸才淘汰改用relay，再後來以至於目前才用半導體做爲對象。而邏輯閘方面，最先是及閘(AND gate)和或閘(OR gate)，然後才有反閘(NOT gate)，接著推出 NAND 閘及 NOR 閘，再演進產生 *R-S* 正反器(RS Flip-Flop)及 *J-K* 正反器(JK Flip-Flop)和 *T* 正反器、*D* 正反器。其中 XOR gate(互斥或閘)也被推廣出世。它們的動作理論及代表符號將加以一一的討論。

2-2-1 反閘(NOT gate)

NOT gate 各有一個輸入和輸出，它被設計得剛好使輸出是輸入的反態，執行此動作的電路也稱爲反相器(inverter)，圖 2-1 是其符號眞值表，與等效電路可敘述爲“若 A 爲 1，則反 A 爲 0，若 A 爲 0，則反 A 爲 1”。我們以 $\overline{A}$ 表示反 A，則您可看出 $\overline{A}$ 是 A 的補數，但 $\overline{A}$ 並非表示 $-A$ 伏特。

圖 2-2 爲 TTL 反相器 7404 IC，圖 2-3 爲集極開路(open collector)之反相器 7405，通常爲加一個 2.2kΩ電阻到 5V 電源上，圖 2-4 爲集極開路(30V)之反相器 7406，電源電壓還是接 5V，但是輸出部份接上外電阻可連接於 30V 電源上(30 mA 輸出)，圖 2-5 爲 7416 集極開路反相器可接於 15V 電壓上(30mA 輸出)。圖 2-6 爲 CD 4049 CMOS 反相緩衝器，可當作反相器，電源推動器供給 TTL 閘等之介面電路，圖 2-7 爲 CD 4069 IC 之接腳係 CD 4049 之改良型屬於低功率改良型，不能直接推動正規 TTL。

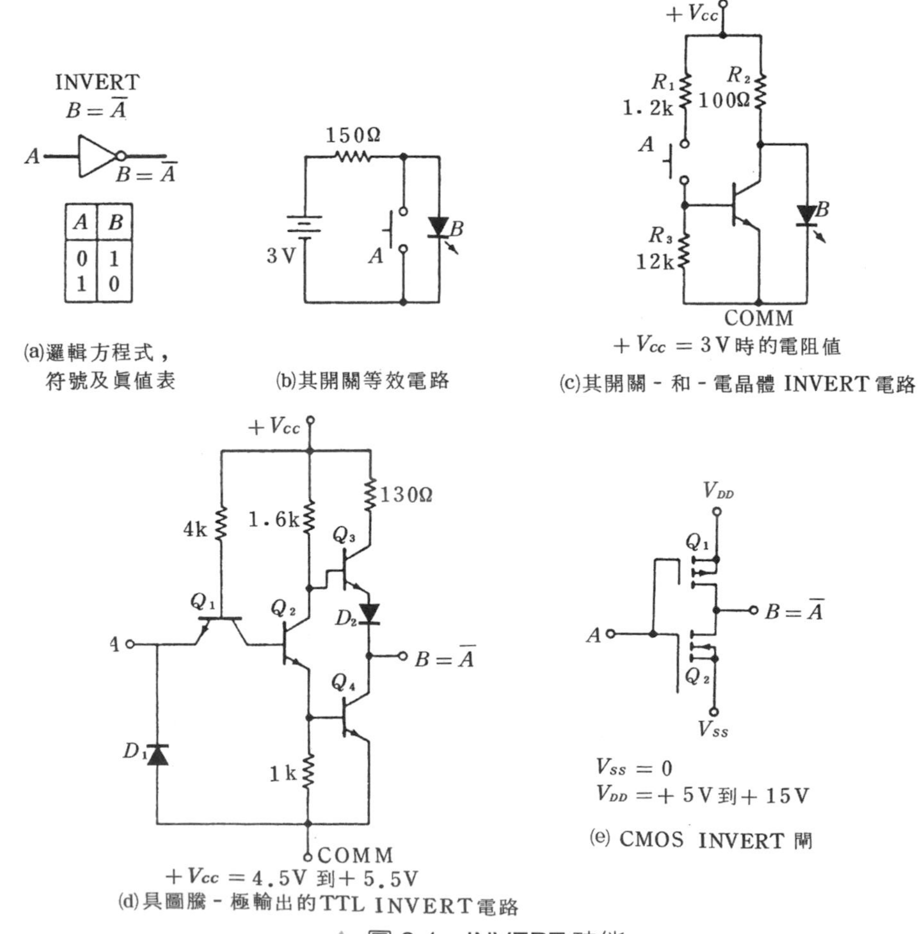

▲ 圖 2-1 INVERT 功能

7404

六個反相器

HEX INVERTER

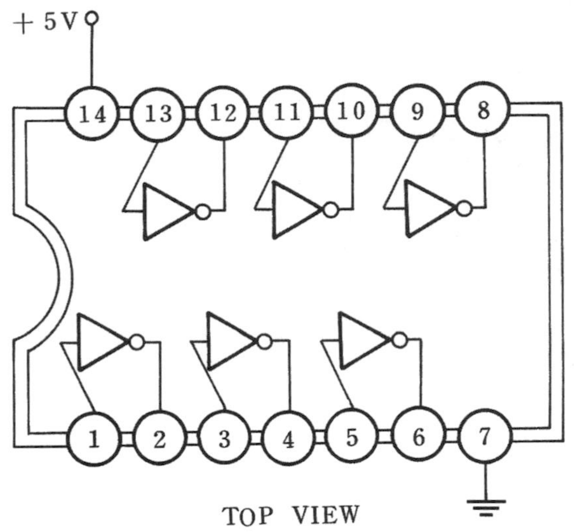

▲ 圖 2-2　7404 接腳圖

7405

六個反相器(集極開路)

HEX INVERTER

(open collector)

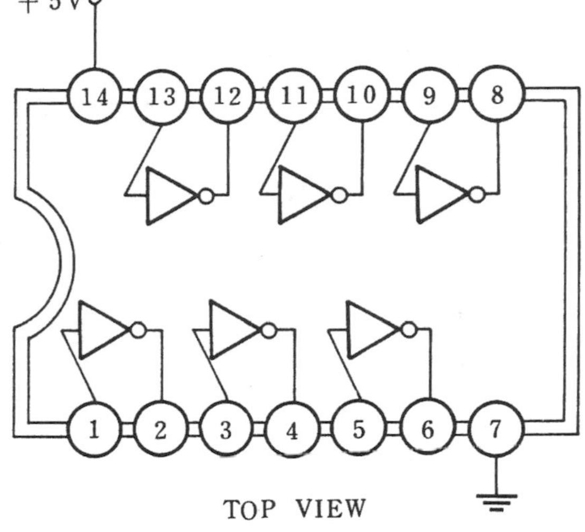

▲ 圖 2-3　7405 接腳圖

7406

六個推動器，反相(集極開路 30V)

HEX DRIVER, INVERTING

(open collector to 30 volts)

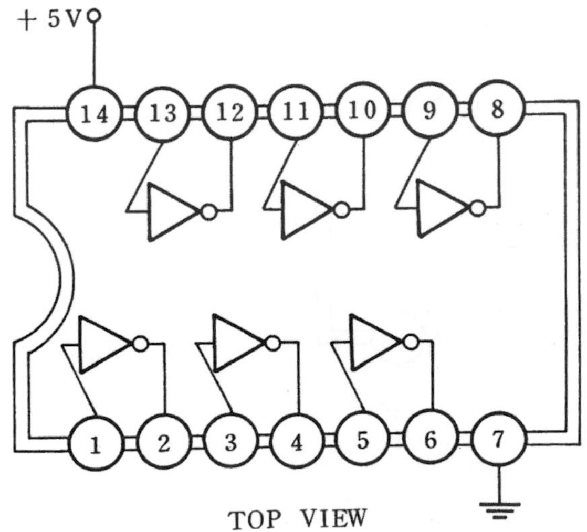

▲ 圖 2-4　7406 接腳圖

7416

六個推動器，反相(集極開路 15V)

HEX DRIVER, INVERTING

(open collector to 15 volts)

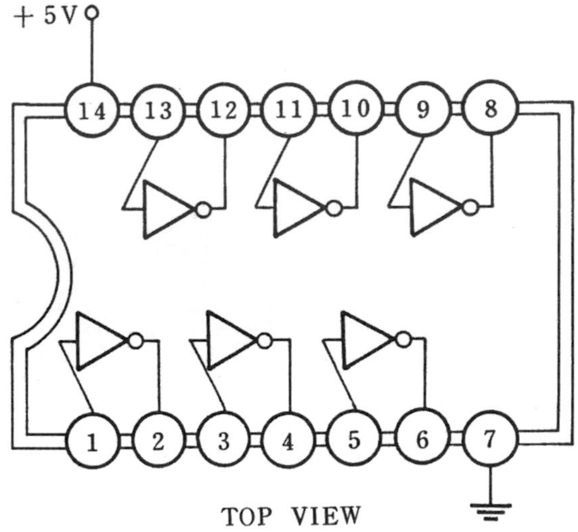

▲ 圖 2-5　7416 接腳圖

4049

六個反相緩衝器與TTL推動器

HEX INVERTING BUFFER & TTL DRIVER

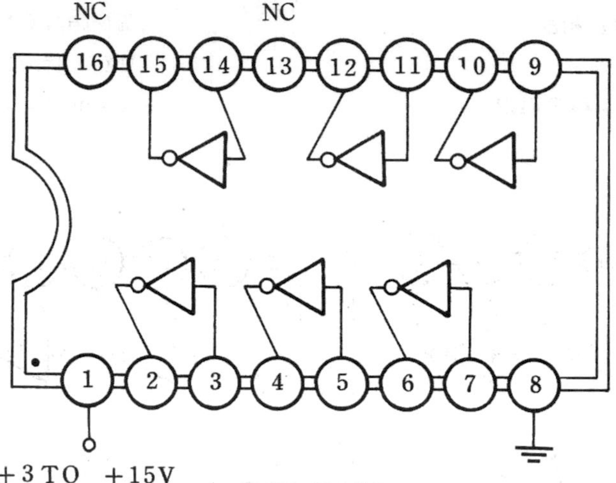

▲ 圖 2-6 4049 接腳圖

4069

六個反相器

HEX INVERTER

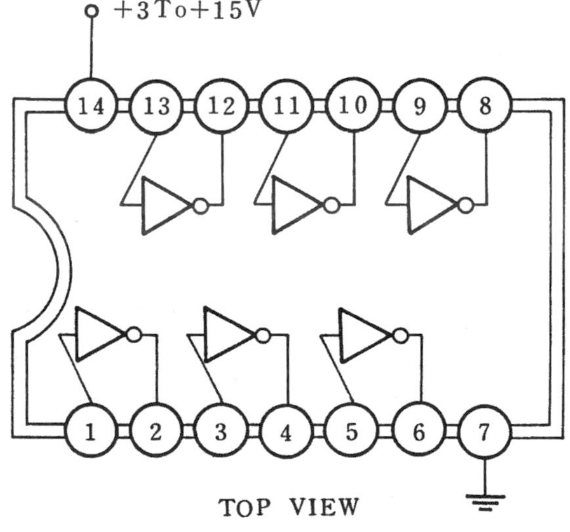

▲ 圖 2-7 4069 接腳圖

2-2-2　及閘(AND gate)

兩個或兩個以上的輸入，一個輸出：AND gate 的電路是設計為只有當輸入同時為“1”態時，才有“1”態之輸出，是用來擔任所有輸入信號是否同時都是“1”態之邏輯決定。及閘的功能似串聯開關，數個串聯開關只有同時閉合才會使電路成為通路，若有任一開關開路，則電路成為關路狀態，圖 2-8 是其符號，真值表及等效電路。

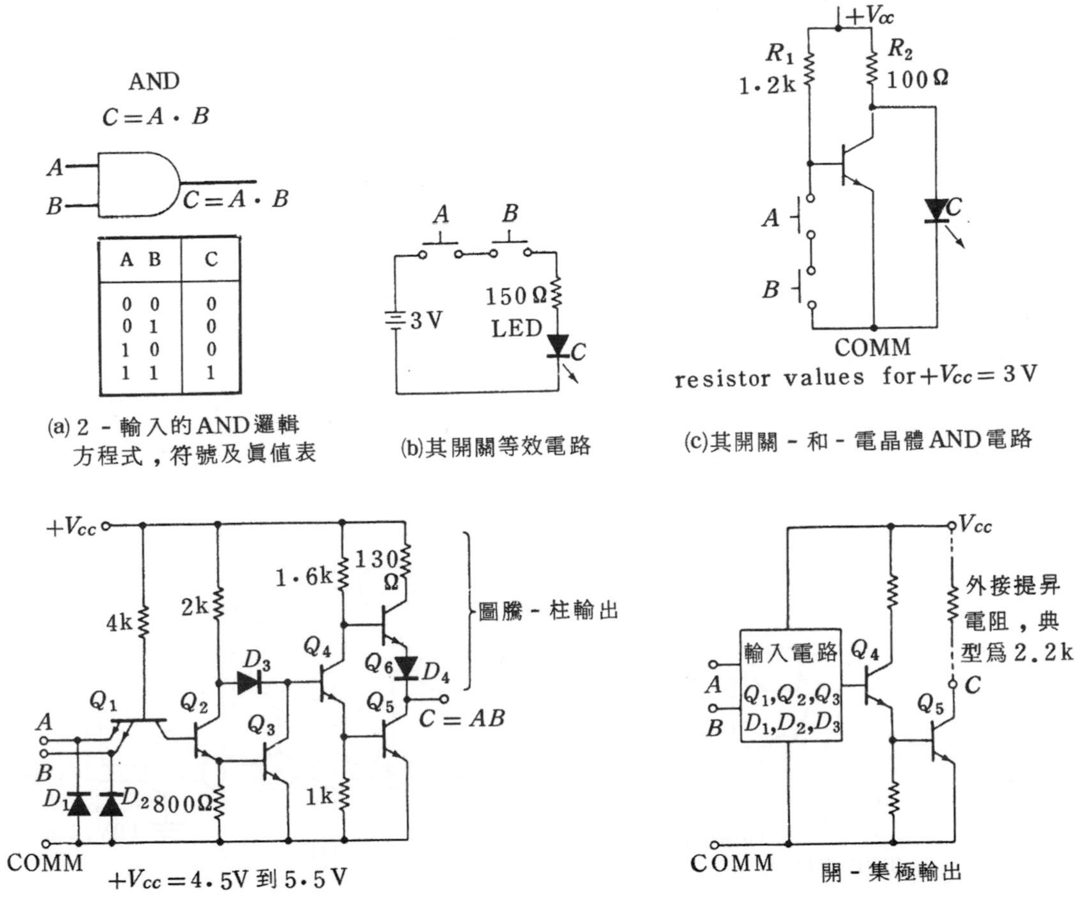

(a) 2－輸入的 AND 邏輯方程式，符號及真值表

(b)其開關等效電路

(c)其開關－和－電晶體 AND 電路

(d)圖騰－柱及開－集極 TTL　AND 電路

圖 2-8　AND 功能

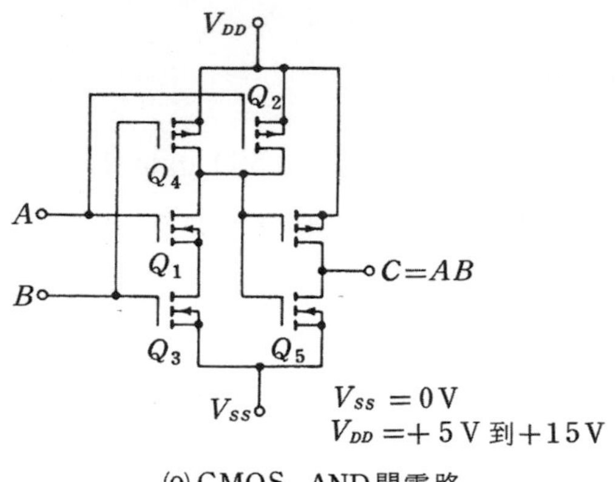

(e) CMOS AND閘電路

▲ 圖 2-8 AND 功能(續)

圖 2-9 與圖 2-10 爲二輸入之 AND 閘，TTL IC 與 CMOS IC 之接腳圖，CMOS 之編號爲 CD 4081，TTL 編號爲 SN 7408。

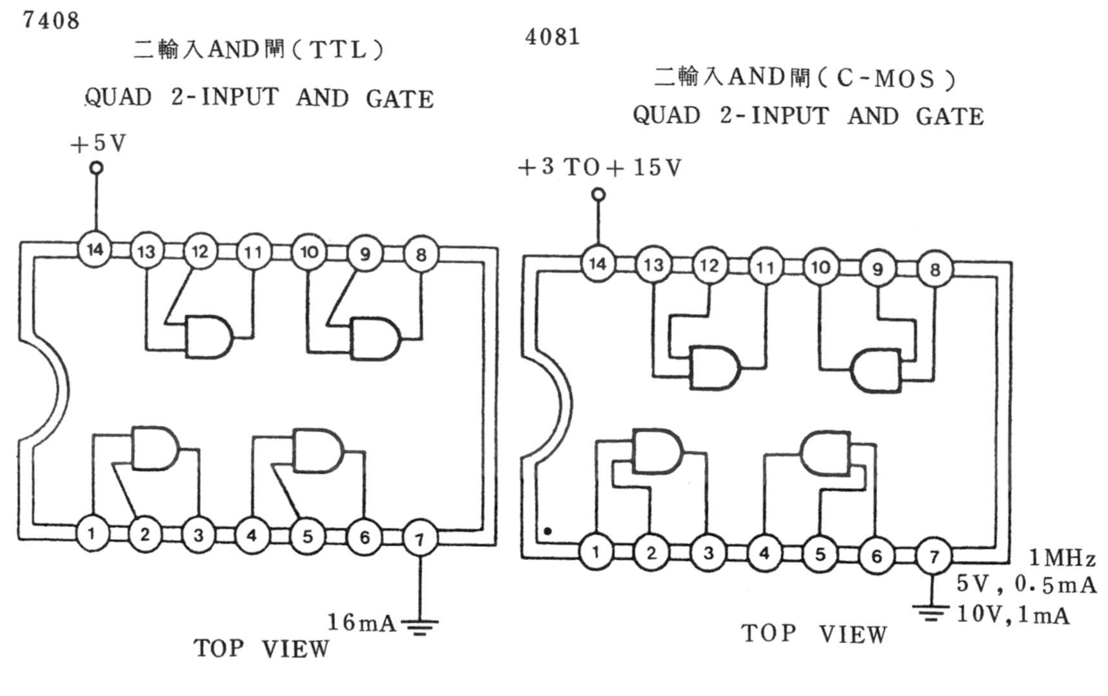

▲ 圖 2-9 7408 接腳圖　　▲ 圖 2-10 4081 接腳圖

三輸入 AND 閘之符號與眞值表如圖 2-11 所示，當 $A = B = C$ 時輸出 $X = 1$。圖 2-12 CD 4073 爲三個三輸入 AND 閘，CD 4082 爲二個 4 輸入 AND 閘，如圖 2-13 所示。

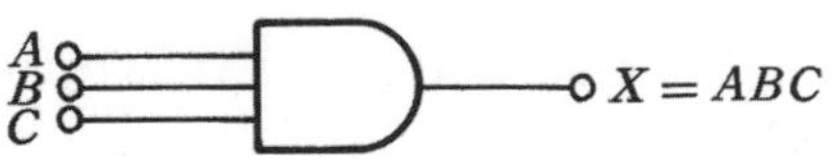

A	B	C	X＝A B C
0	0	0	0
0	0	1	0
0	1	0	0
0	1	1	0
1	0	0	0
1	0	1	0
1	1	0	0
1	1	1	1

▲ 圖 2-11　三輸入 AND 閘符號及真值表

4073

三輸入AND閘

TRIPLE 3-INPUT AND GATE

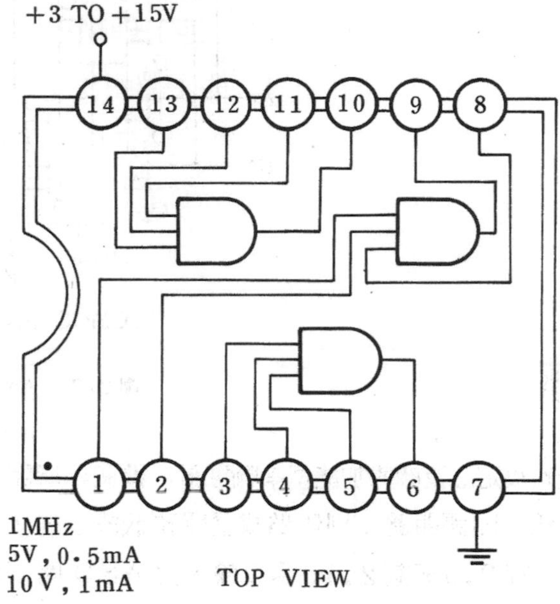

▲ 圖 2-12　4073 接腳圖

4082

四輸入AND閘

DUAL 4-INPUT AND GATE

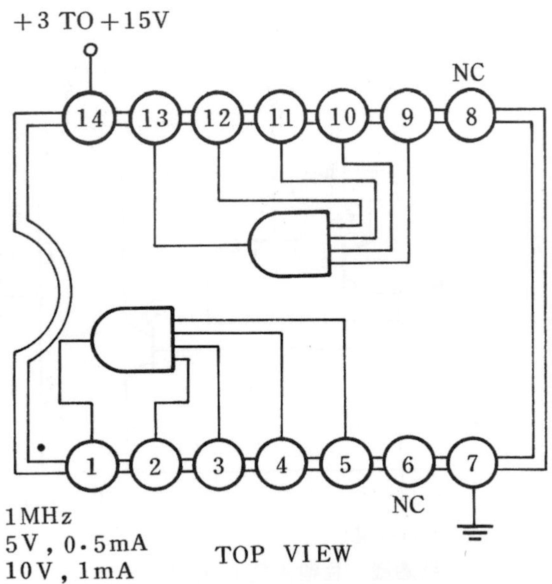

▲ 圖 2-13　4082 接腳圖

2-2-3 或閘(OR gate)

兩個或兩個以上的輸入，一個輸出，每一輸入與輸出均可以是“0”態或“1”態，只要有一個輸入是“1”態，則輸出即為“1”態，因此 OR gate 為在許多輸入中是否至少有一個為“1”態之邏輯決定，或閘似並聯開關，若有任一並聯的開關閉合則電路成為通路的狀態，只有全部開關都開路時，才使電路成為開路狀態。圖 2-14 是 OR gate 的符號與眞值表及其等效電路。

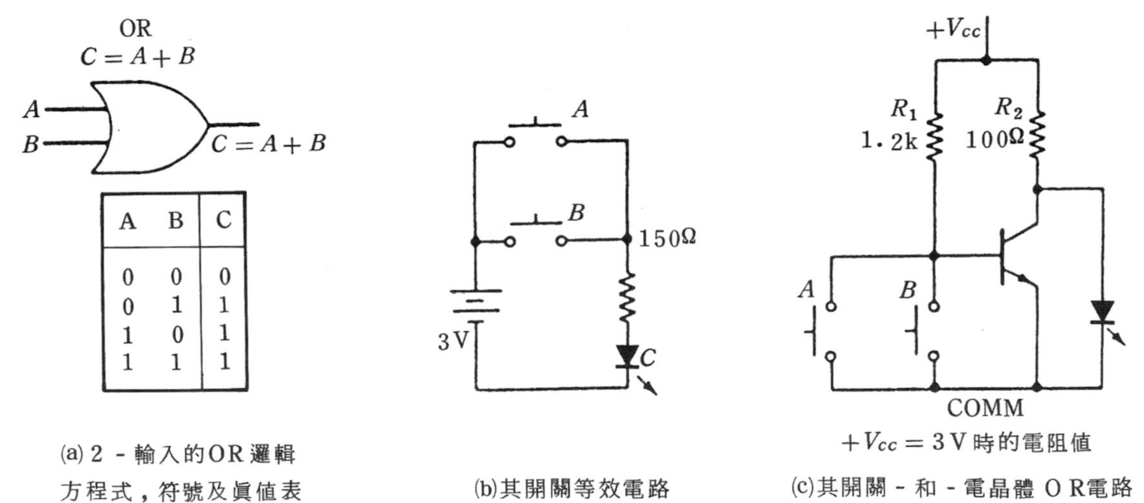

A	B	C
0	0	0
0	1	1
1	0	1
1	1	1

(a) 2 - 輸入的OR邏輯方程式，符號及眞值表

(b)其開關等效電路

(c)其開關 - 和 - 電晶體 OR電路

+Vcc
4 k
1.6 k
4 k
1.6 k
130 Ω
Q_1 Q_2 Q_3 Q_4 Q_5 Q_6 Q_7 Q_8
A
B
C =
1 k
1 k
COMM
V_{cc} = 4.5V 到 5.5V

(d)具圖騰 - 柱輸出的TTL OR電路

▲ 圖 2-14

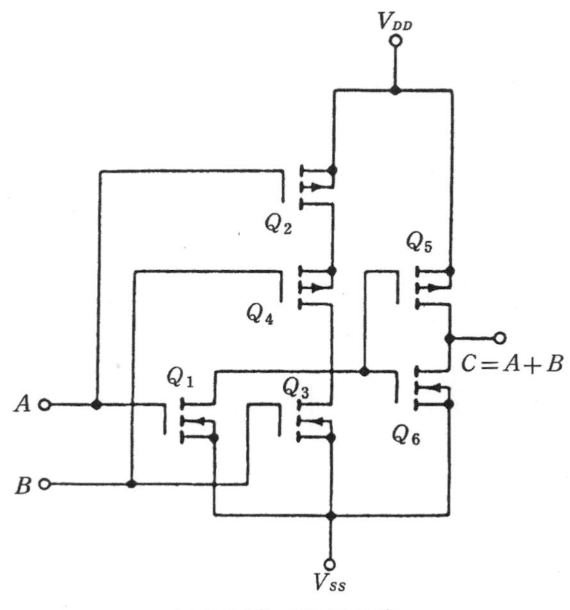

(e) CMOS OR 閘電路

▲ 圖 2-14 (續)

7432 為 TTL IC 4 個 2 輸入之 OR 閘，如圖 2-15 所示。

CMOS IC 之 OR 閘有：

CD 4071　4 個二輸入或閘，如圖 2-16。

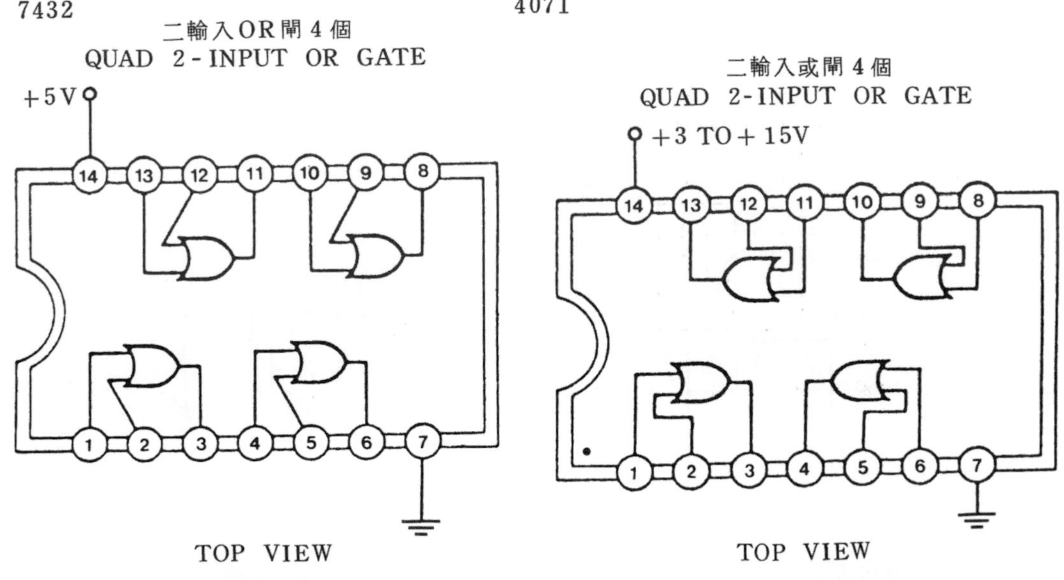

▲ 圖 2-15　7432 接腳圖

▲ 圖 2-16　4071 接腳圖

CD 4075　3 個三輸入或閘，如圖 2-17。

CD 4072　2 個四輸入或關，如圖 2-18。

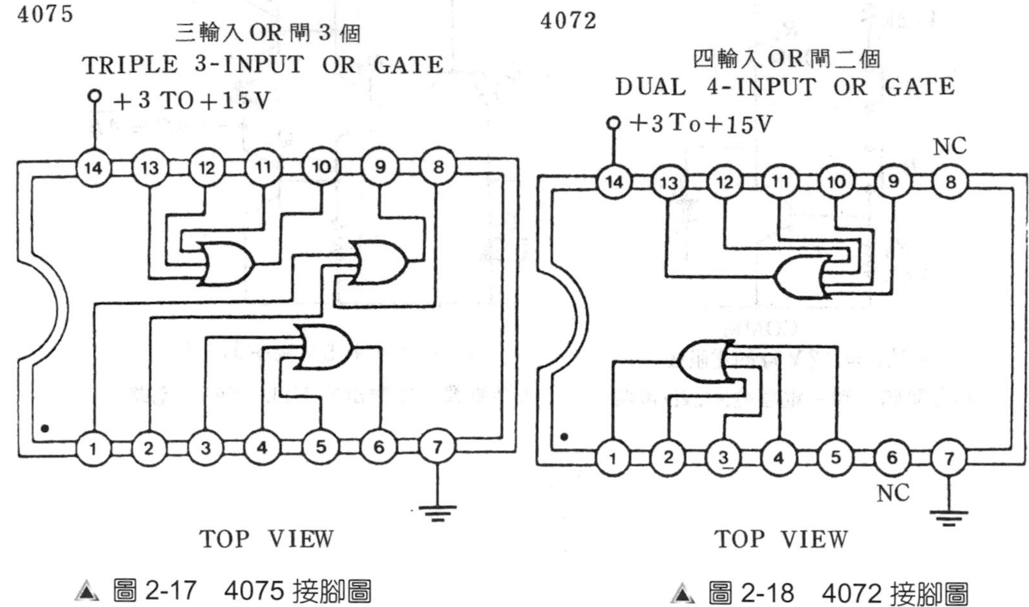

▲ 圖 2-17　4075 接腳圖

▲ 圖 2-18　4072 接腳圖

2-2-4　反及閘(NAND gate)

AND gate 與 NOT gate 串聯在一起稱爲 NAND gate。當所有輸入都爲“1”態時，輸出才爲“0”態，否則輸出爲“1”態。反及閘的功能可說是在及閘的輸出端再加上一個反相器，其符號及眞值表與等效電路如圖 2-19 所示，符號輸出端有一小圓圈表反相。常用之 CMOS 及 TTL NAND 閘如圖 2-20 到圖 2-31 所示。

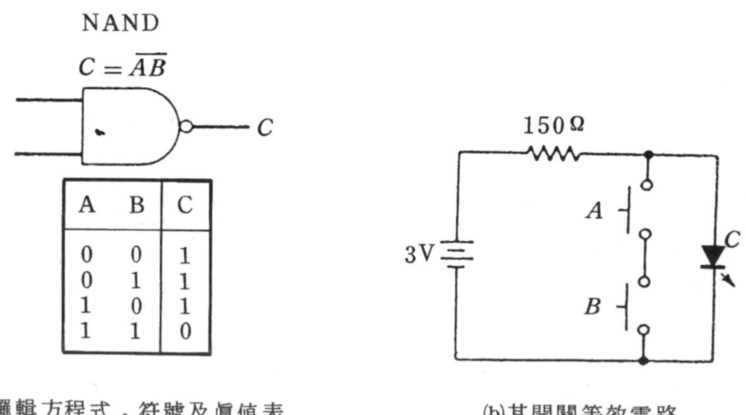

A	B	C
0	0	1
0	1	1
1	0	1
1	1	0

(a)邏輯方程式，符號及眞值表

(b)其開關等效電路

▲ 圖 2-19　NAND 功能

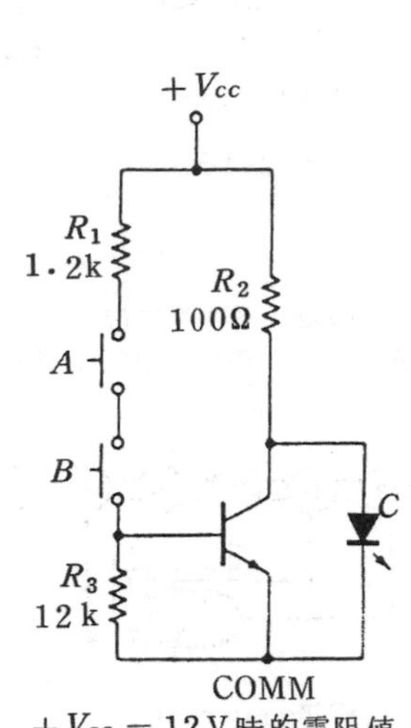

+ V_{CC} = 12 V 時的電阻值

(c)其開關－和－電晶體NAND電路

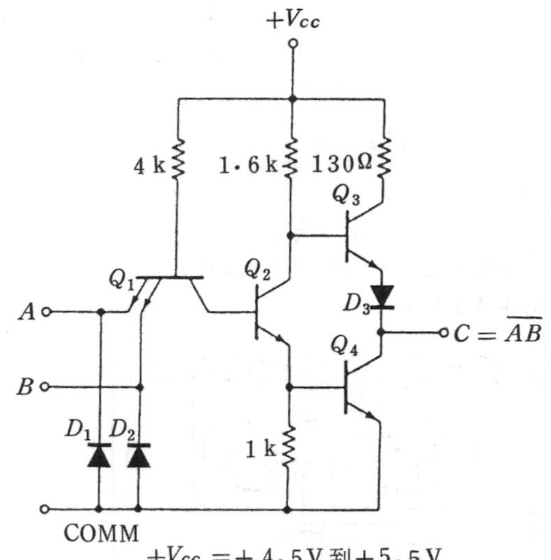

+V_{CC} =+ 4.5V 到+5.5V

(d)具圖騰－柱輸出的TTL　NAND電路

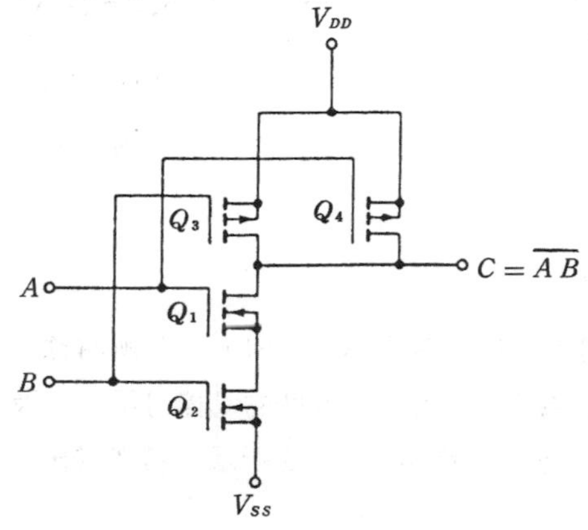

(e)CMOS　NAND閘

▲ 圖 2-19　NAND 功能(續)

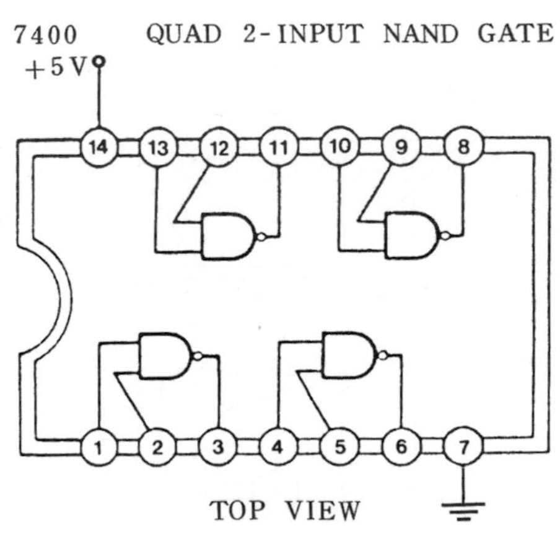

▲ 圖 2-20　二輸入 NAND 閘 4 個

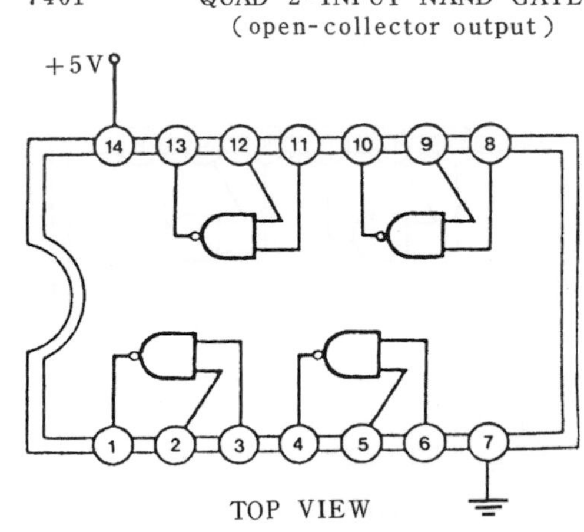

▲ 圖 2-21　二輸入 NAND 閘 4 個(集極開路輸出)

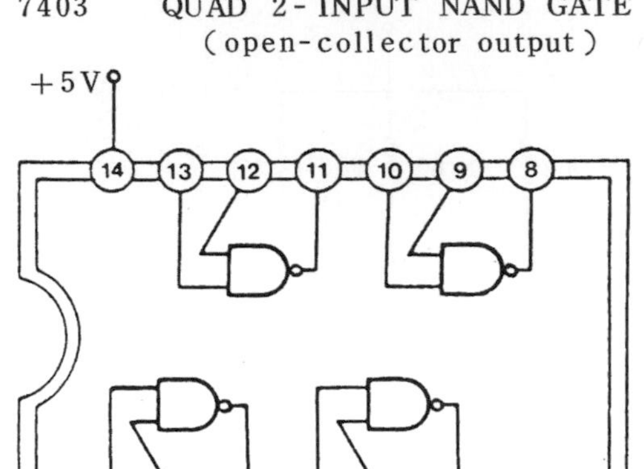

▲ 圖 2-22 二輸入 NAND 閘 4 個(集極開路輸出)

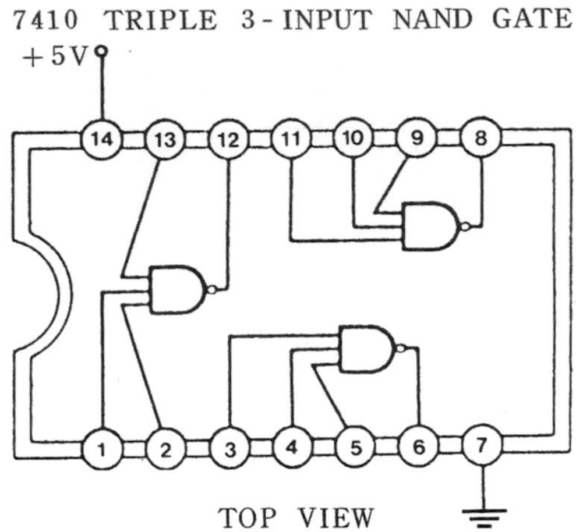

▲ 圖 2-23 三輸入 NAND 閘 3 個

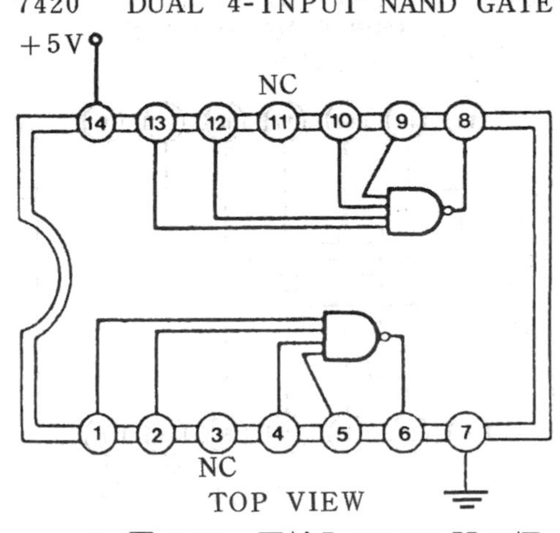

▲ 圖 2-24 四輸入 NAND 閘 2 個

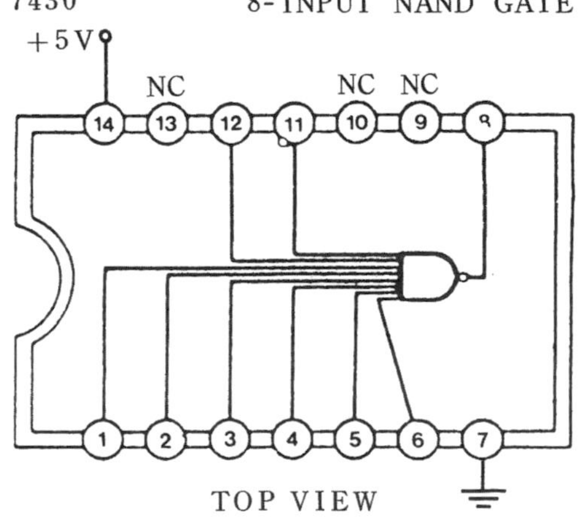

▲ 圖 2-25 八輸入 NAND 閘

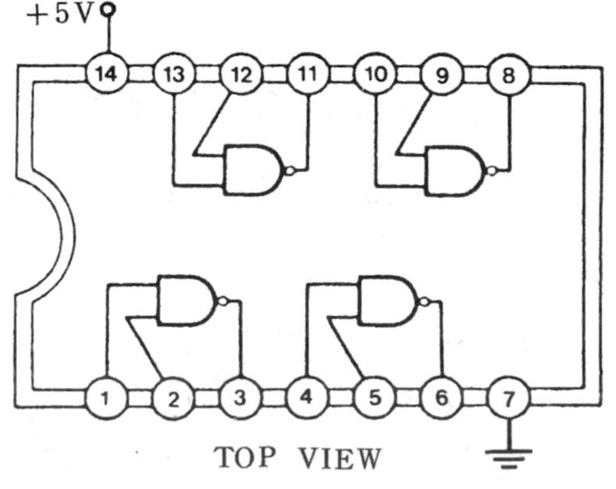

▲ 圖 2-26 二輸入 NAND 緩衝器 4 個

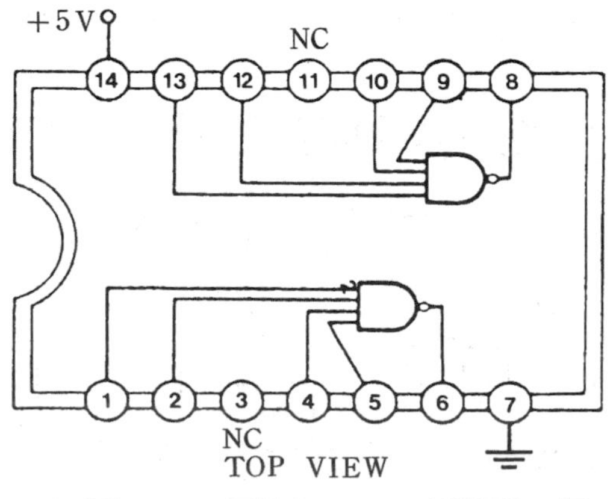

▲ 圖 2-27 四輸入 NAND 緩衝器 2 個

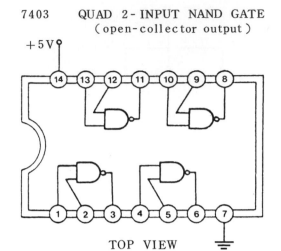

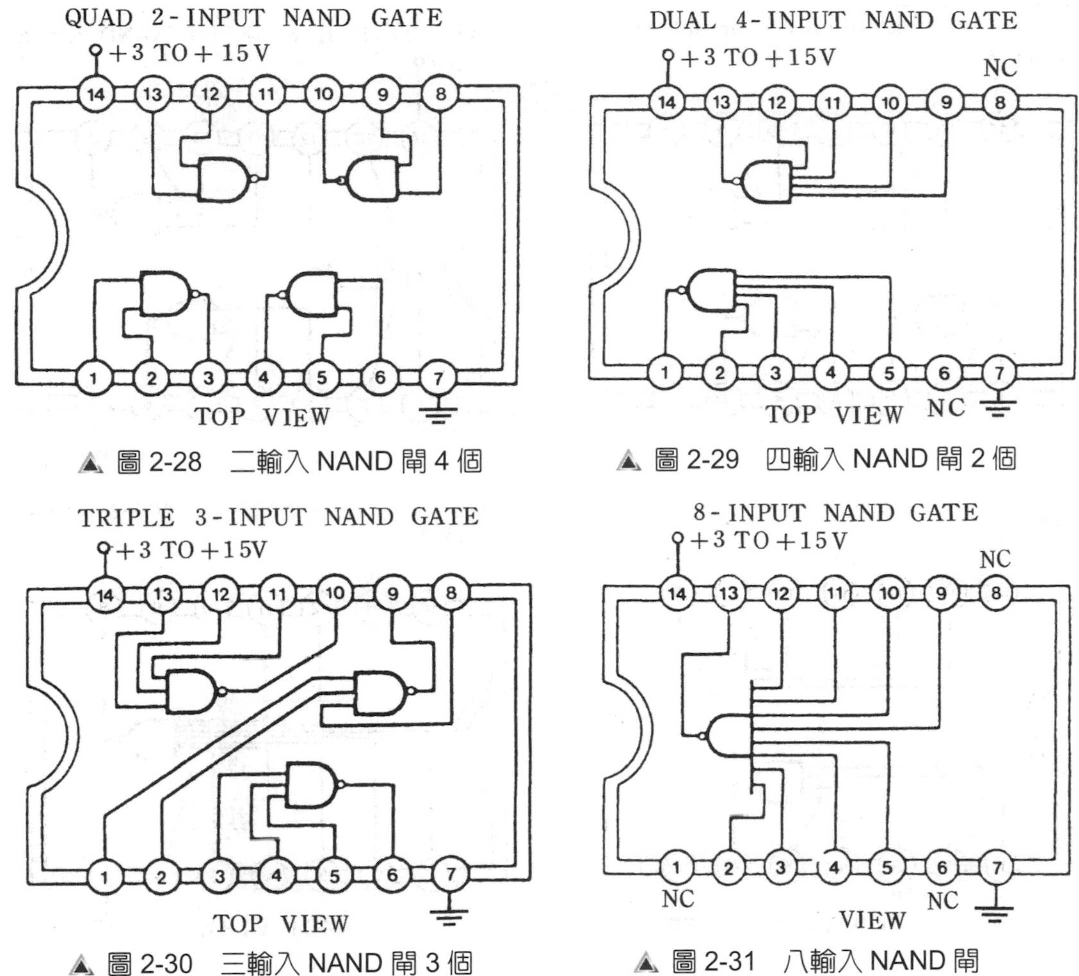

▲ 圖 2-28　二輸入 NAND 閘 4 個

▲ 圖 2-29　四輸入 NAND 閘 2 個

▲ 圖 2-30　三輸入 NAND 閘 3 個

▲ 圖 2-31　八輸入 NAND 閘

2-2-5　反或閘(NOR gate)

OR gate 與 NOT gate 串聯在一起稱爲 NOR gate。當所有輸入皆爲“0”態時，輸出才爲“1”態，否則輸出爲“0”態，反或閘的功能可說是在或閘的輸出端加上一個反相器，其符號、眞值表及等效電路如圖 2-32 所示，由其眞值表可知，只有輸入均爲 0 時才輸出 1。

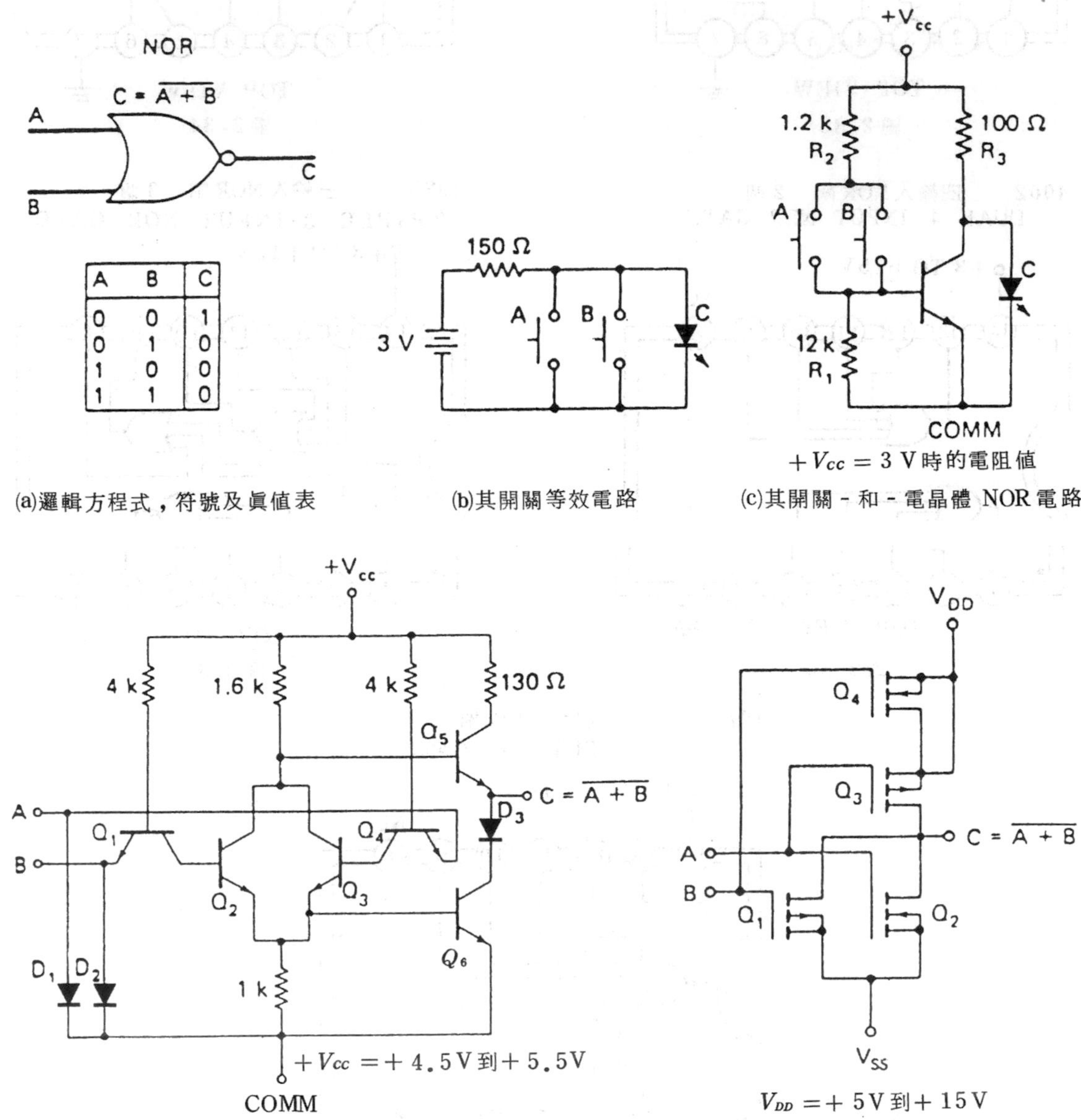

A	B	C
0	0	1
0	1	0
1	0	0
1	1	0

(a)邏輯方程式，符號及眞值表　(b)其開關等效電路　(c)其開關 - 和 - 電晶體 NOR 電路

▲ 圖 2-32　NOR 功能

圖 2-33～圖 2-37 爲常用 TTL 及 CMOS 之 NOR gate 接腳圖。

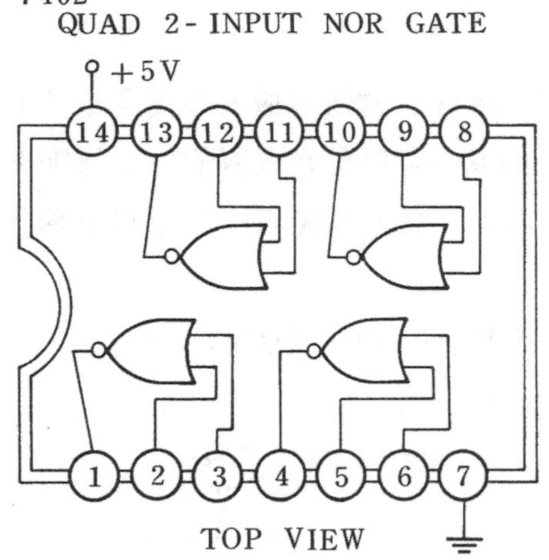

▲ 圖 2-33　7402 接腳圖

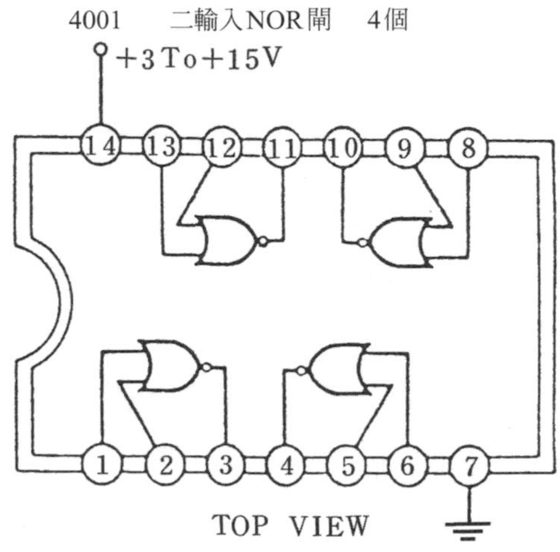

▲ 圖 2-34　4001 接腳圖

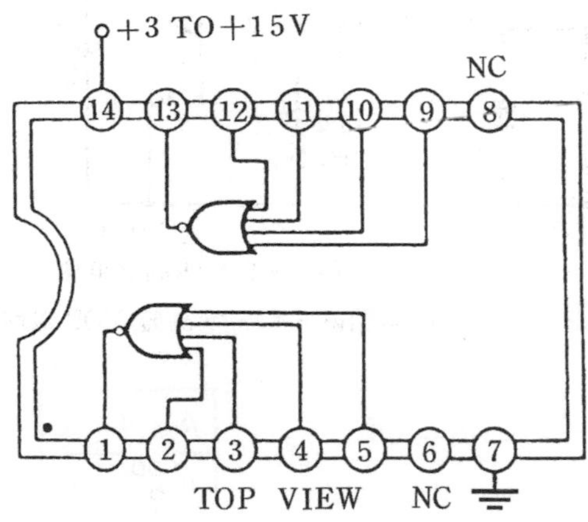

▲ 圖 2-35　4002 接腳圖

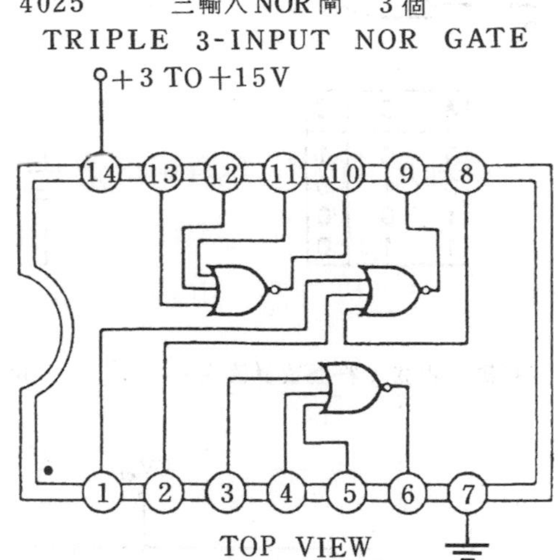

▲ 圖 2-36　4025 接腳圖

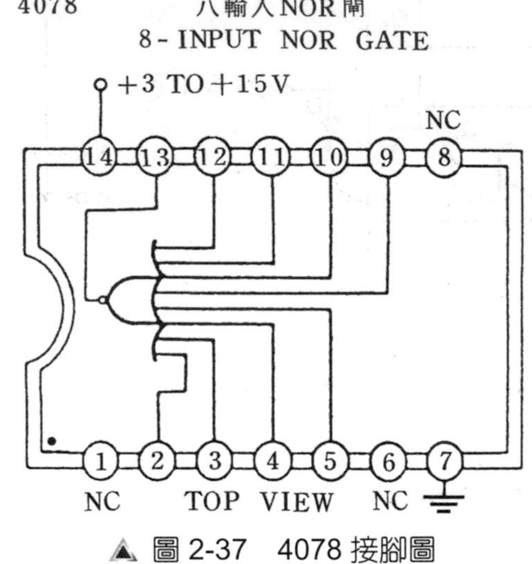

▲ 圖 2-37 4078 接腳圖

2-2-6 互斥或閘(Exclusive OR gate)

半加器又稱爲互斥或閘(Exclusive OR gate)，簡寫 XOR gate，與 OR gate 的唯一差別是當輸入均爲“1”時，輸出反爲“0”，此亦半加器名稱的由來。其特性可說明爲當輸入中只有一個爲“1”時，輸出才是“1”。當輸入皆爲“0”或皆爲“1”輸出都是“0”，其電路符號、等值電路、眞值表，如圖 2-38 所示。輸入僅當 A 或 B 有一個爲“1”方始爲“1”輸出，$A = B = 1$ 時輸出爲 0，此種特性被應用爲等值、等數檢測器，可利用於數字之比較器。

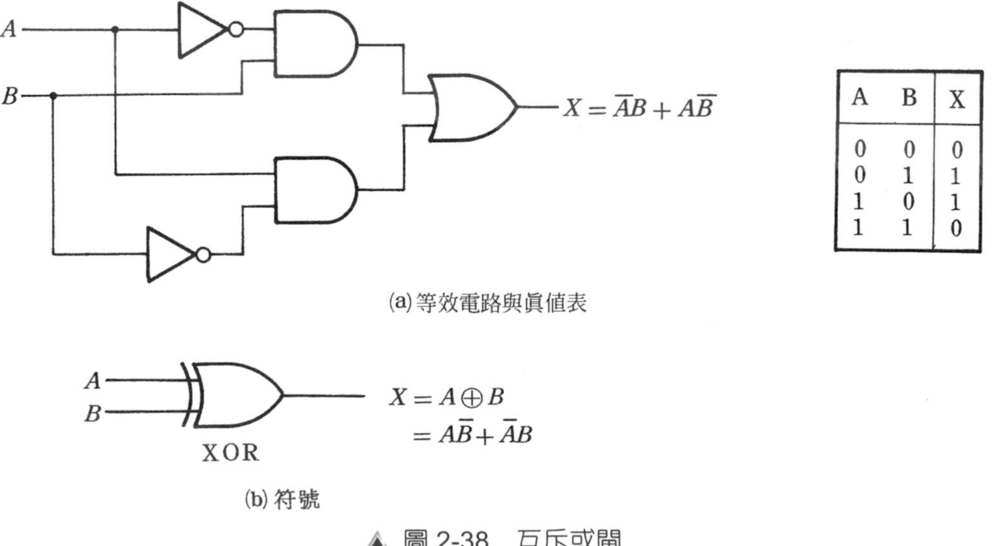

A	B	X
0	0	0
0	1	1
1	0	1
1	1	0

(a) 等效電路與眞值表

(b) 符號

▲ 圖 2-38 互斥或閘

SN 7486及CD 4070內部均爲四組獨立之XOR gate，如圖2-39及圖2-40所示。

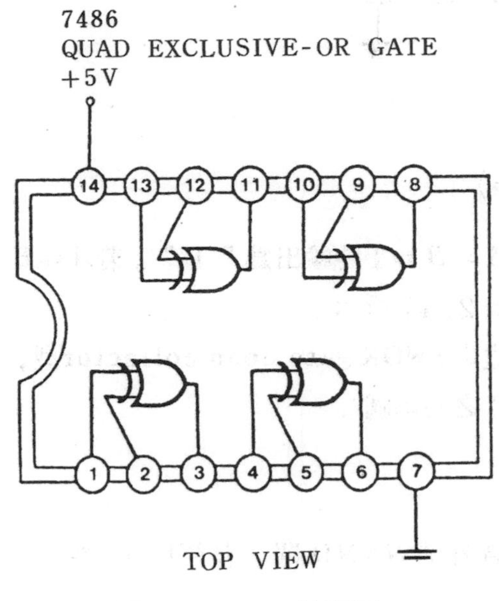

▲ 圖2-39　7486接腳圖

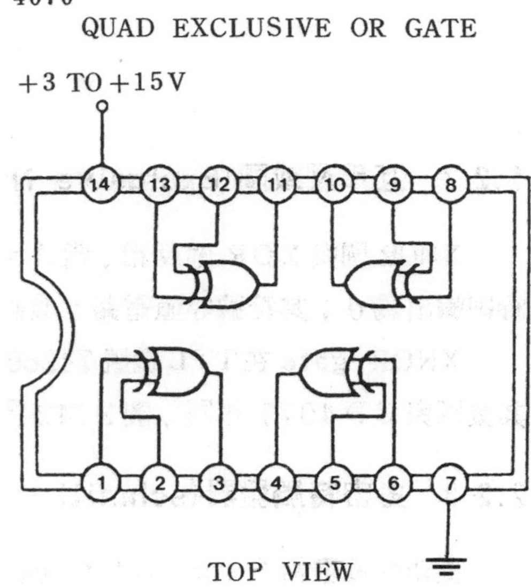

▲ 圖2-40　4070接腳圖

2-2-7　反互斥或閘(Exclusive NOR gate)

XNOR閘與XOR閘反相，當$A=B=0$或$A=B=1$時輸出爲"1"。若$A \neq B$時則輸出爲0，其符號等值電路、眞值表等，如圖2-41所示。

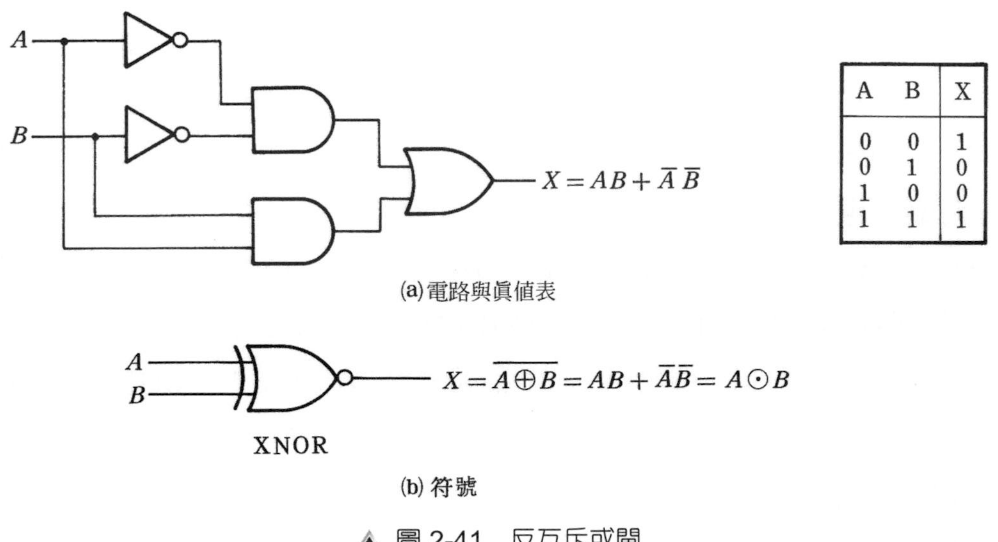

A	B	X
0	0	1
0	1	0
1	0	0
1	1	1

(a)電路與眞值表

(b)符號

▲ 圖2-41　反互斥或閘

XNOR gate 在 TTL 編號 74266 爲四組獨立之 XNOR gate open collector 型，其接腳與 CD 4077 相同，圖 2-42 爲 CD 4077 之接腳圖。

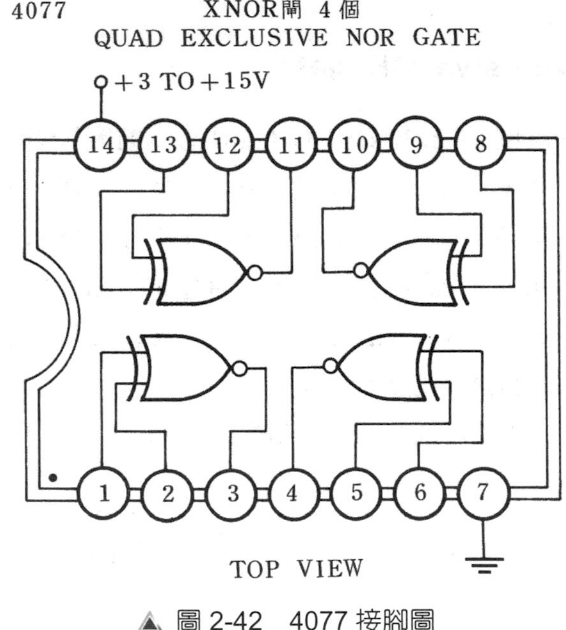

▲ 圖 2-42 4077 接腳圖

2-2-8 史密特觸發器(schmitt trigger)

史密特觸發器(schmitt trigger)乃一特殊的 NAND 閘，它有下列特性：史密特觸發器只有當輸入電位高於正向臨界電位(positive going threshold voltage)時，才能被觸發(turn on)，而當它被觸發後，只有當輸入電位低於負向臨界電位(negative-going threshold voltage)時，才能被截正(turn off)。

正向臨界電壓(V_T^+)必大於負向臨界電壓(V_T^-)，其間的差值謂之遲滯(hysteresis)電壓，史密特遲滯符號爲(⫽)，以區別普通 NAND。它有能力將正弦波或不規則波整形爲方波。圖 2-43 爲一般 NAND 閘和史密特 NAND 閘之動作分析圖：

一般 NAND 閘只有一個臨界電位，故雜音容易造成干擾，使其輸出不明確的信號，而史密特觸發器則可以其寬範圍的臨界值差來容忍雜音的干擾。史密特觸發器電路與一般 TTL 電路不一樣，當輸入慢慢地變化，或有雜訊輸入時，能夠很快動作於一遲滯範圍內，此範圍爲 0.9V 到 1.7V，即遲滯電壓爲 0.8V。

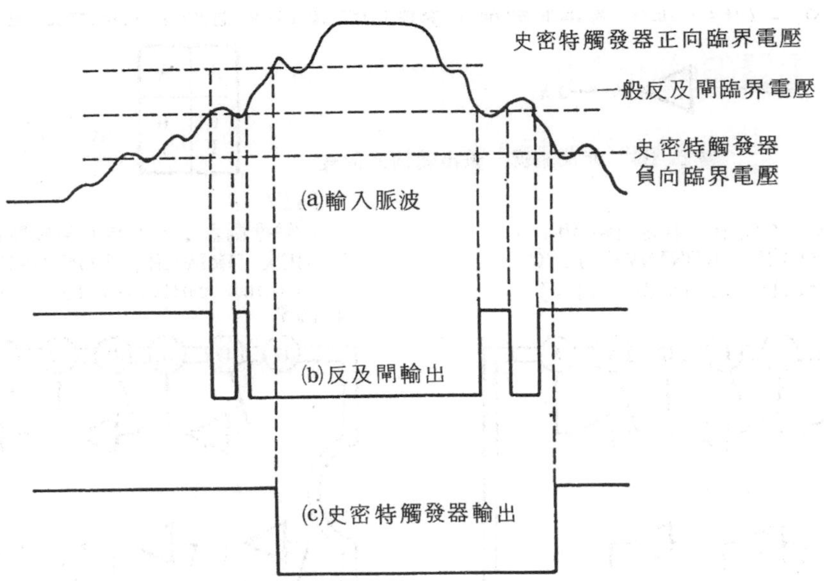

▲ 圖 2-43　gate 與 schmitt NAND gate 動作之比較

史密特觸發 IC 7413 爲雙組四輸入 NAND gate，7414 爲 6 組史密特觸發，74132 爲 4 組 2 輸入 NAND gate，CD 4584 與 7414 同爲 6 組史密特觸發式反相器之 CMOS IC，圖 2-44 及圖 2-45 爲 7414 與 4584 之接腳圖。

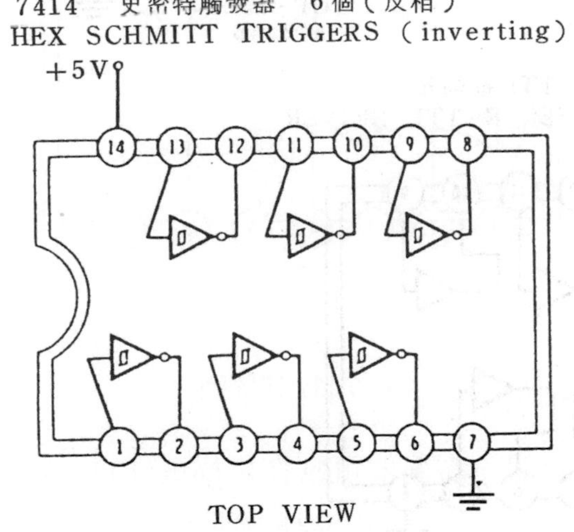

▲ 圖 2-44　7414 接腳圖

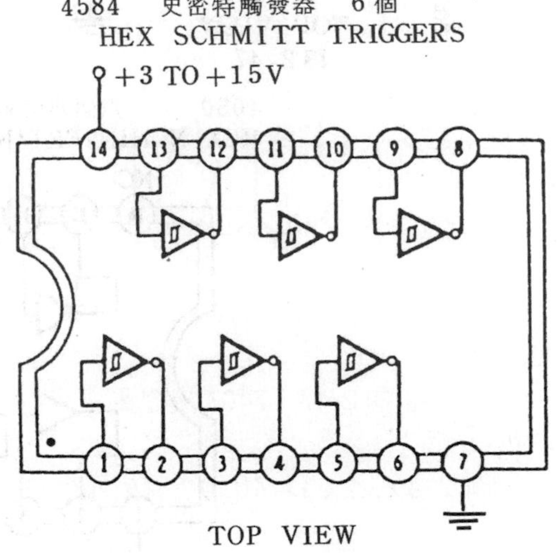

▲ 圖 2-45　4584 接腳圖

2-2-9 緩衝器(Buffer, Noninverting Driver)

緩衝器有別於反相器，當 $A=0$，$X=0$，$A=1$，$X=1$，其符號及眞值表如圖 2-46 所示。

7407 是緩衝器，集極開路接 30V 電壓，但供應之電源電壓仍接 5V，如圖 2-47 所示。

圖 2-48 之 7417 是緩衝器，集極開路接 15V 電壓，但供應之電源仍爲 5V。

A	X
0	0
1	1

▲ 圖 2-46 緩衝器-輸出隨輸入而變

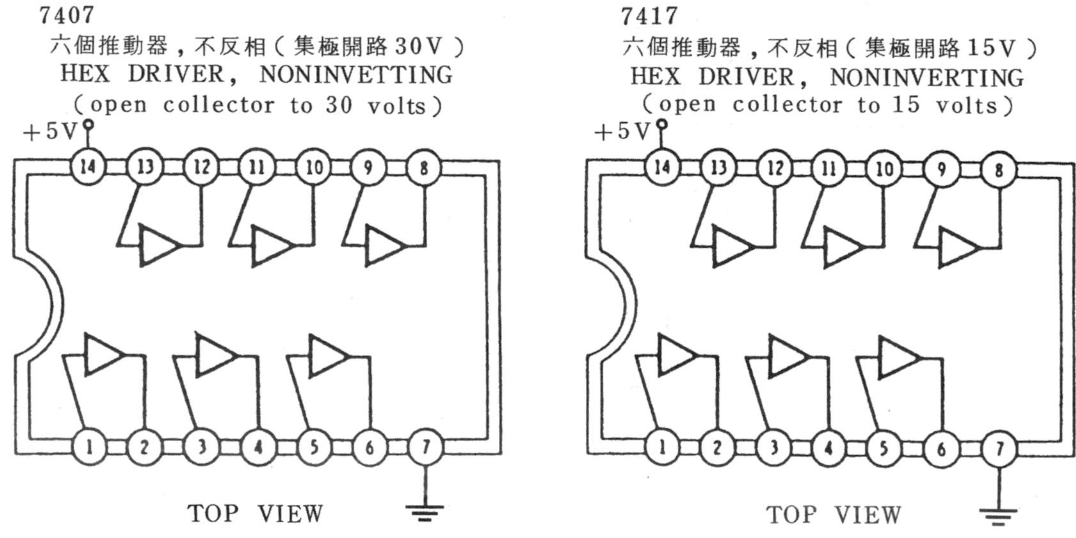

▲ 圖 2-47 7407 接腳圖

▲ 圖 2-48 7417 接腳圖

圖 2-49 之 CD 4050 爲緩衝器及 TTL 推動器，緩衝器可當作供構成 TTL 或其他邏輯介面之轉換器，電壓傳送器(voltage translator)或電流推動器之用。

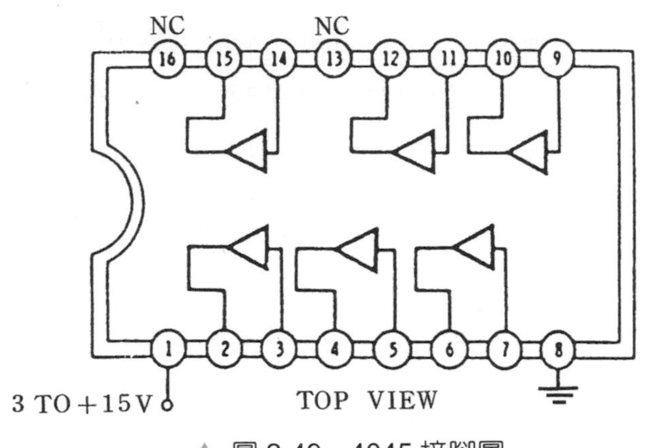

▲ 圖 2-49 4045 接腳圖

2-2-10 開路集極閘(open-collector gates)與線接 AND gate

圖 2-50 所示，4、5 兩個 NAND gate，將 1、2、3 三個 NAND gate 的輸出 AND 連起來，輸出的結果與圖 2-51 相同，但圖 2-51 較圖 2-50 簡單的多，而效果相同，圖 2-51 此種線路稱爲「線接 AND」。將二個 7400“線接 AND”起來，這種接法是不允許的，假如輸入 A 或 B 是低準位而 C 與 D 都是高準位，則電流 I_1 流通，可能損壞電晶體。

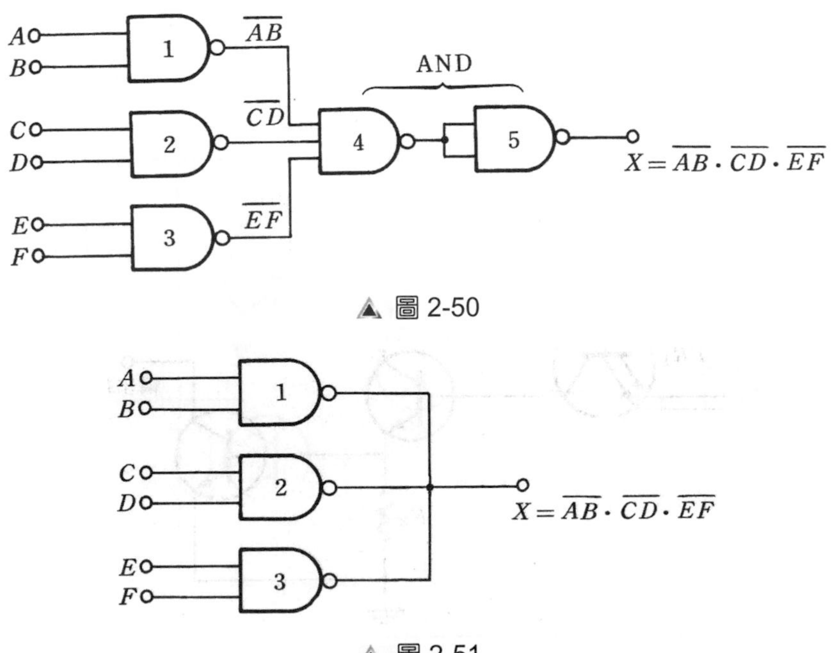

▲ 圖 2-50

▲ 圖 2-51

TTL gate 的輸出電路不能使用「線接 AND」的接法，圖 2-52 表示 TTL NAND gate 接成「線接 AND」的情形，假設 gate 1 的輸入使輸出爲 Hi，同時 gate 2 的輸入使輸出爲 1ow，則 gate 2 輸出端下方的電晶體亦導通而有電流 I_1 流通構成回路，此時回路的電阻大約只有 130Ω。，而造成電流太大損壞電晶體，即使 *TR* 沒有損壞，由於電流太大使輸出端電壓高於 V_{OL} 値，由此可知，TTL 使用「線接 AND」是不允許的。線接 AND 邏輯是相當重要的，例如一個具有 4k 數元的記憶器，以線接 AND 的連接方式，將 8 個記憶器連接起來，就很容易將記憶器的容量由 4k 擴展爲 32k 數元。

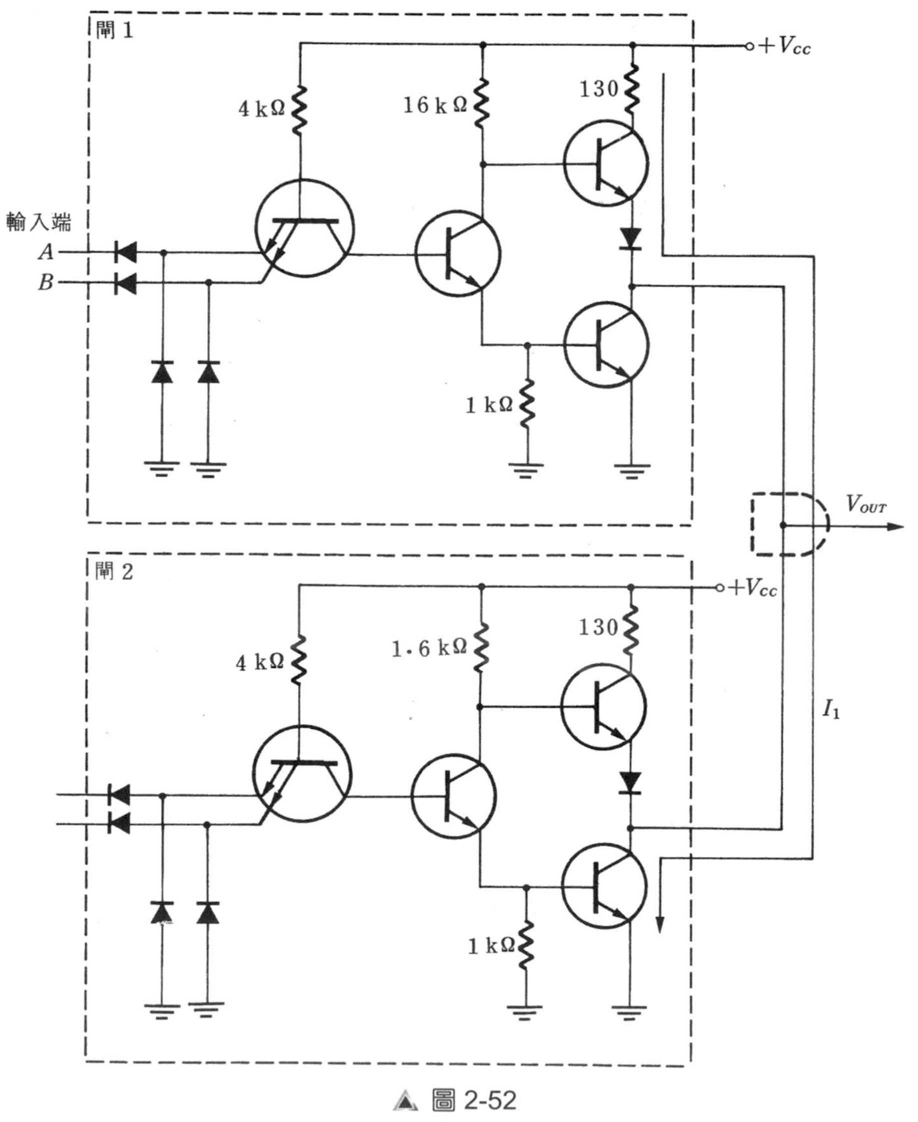

▲ 圖 2-52

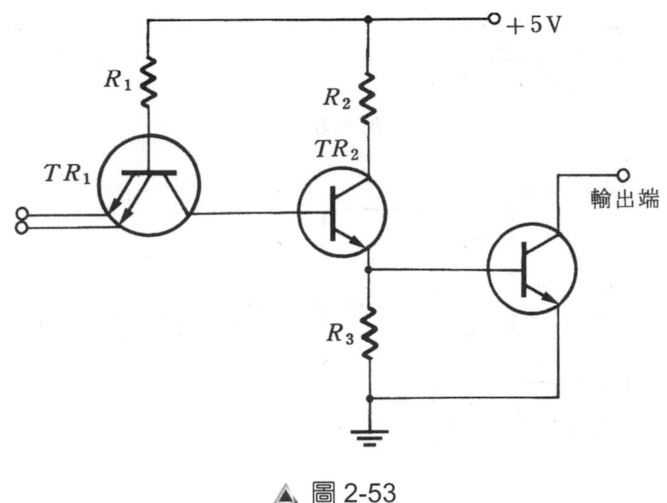

▲ 圖 2-53

爲了允許「線接 AND」，TTL 製造商提供了一系列的開集極(open collector)輸出電路，如圖 2-53 所示，其中集極只接到 IC 包裝的 1 個接腳上，外加負載必須接到該腳上，輸出 *TR* 導電時，使輸出電壓降至 Low，假如 TR_3 導電，則輸出 *TR* 開路，輸出電壓等於 V_{CC}。

7401、7403、7405、7409 等都是開集極 TTL gate，只要將它的輸出端接在一起，並經一提昇電阻接到 V_{CC}，就能發揮「線接 AND」的功能，如圖 2-54 所示，圖中畫成虛線的 AND 閘，須知道它代表的就是「線接 AND」，提升電阻 R_C 的選擇是根據所推動負載數目多寡而定，常用數値爲 1 kΩ。

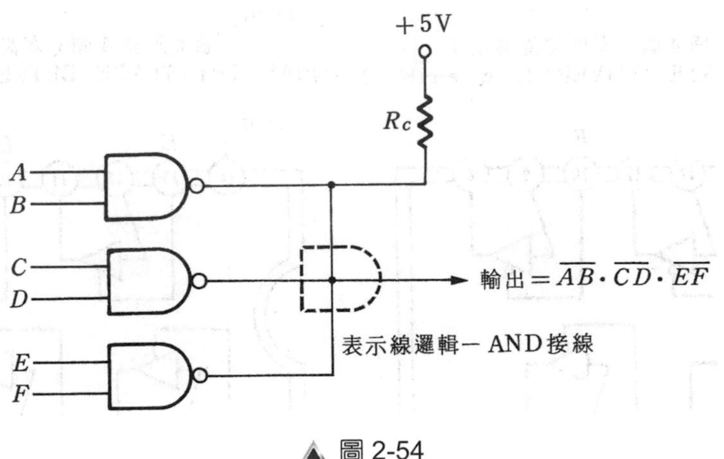

▲ 圖 2-54

2-2-11　三態 TTL 輸出電路(Tri-state TTL)

近年來 TTL 及 CMOS 都積極發展三態(具有三種輸出狀態)裝置，簡稱 TSL，使用此種裝置允許將輸出直接以並聯方式連接在一起，圖 2-57 爲三態 NOT gate 符號與線路。當抑制端(控制)輸入爲 low 時，則 TSL 相當於一普通的 TTL gate，當抑制(inhibit)端信號爲 Hi 時，TSL 的輸出可視爲浮接(floating)狀態，即輸出端至 V_{CC} 與接地間都存在著高阻抗。

目前 TSL 都被使用在比較複雜的裝置內，如記憶器、移位暫存器、多工器等，主要是爲並聯動作而設計。當輸出在浮接時，對並聯的其他輸出不產生影響。

圖 2-55 及圖 2-56 爲三態緩衝器 74125 與 74126 之接腳圖。注意 E 之電位爲 high 或 low。

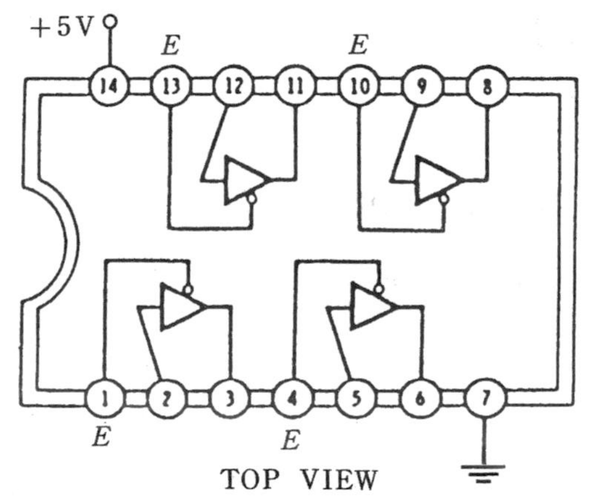

▲ 圖 2-55　74125 接腳圖

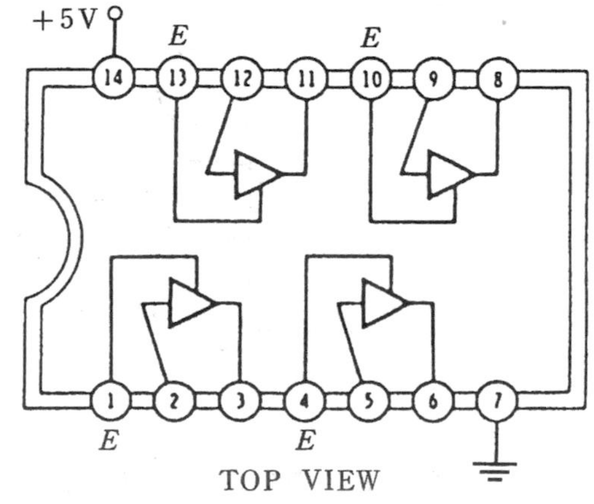

▲ 圖 2-56　74126 接腳圖

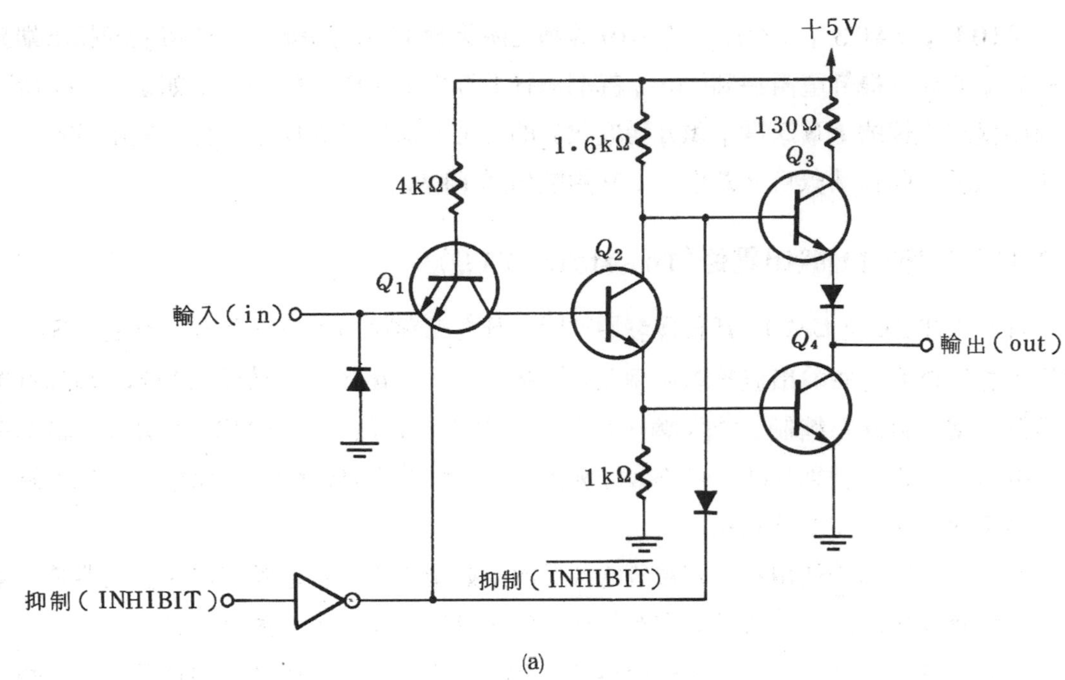

(a)

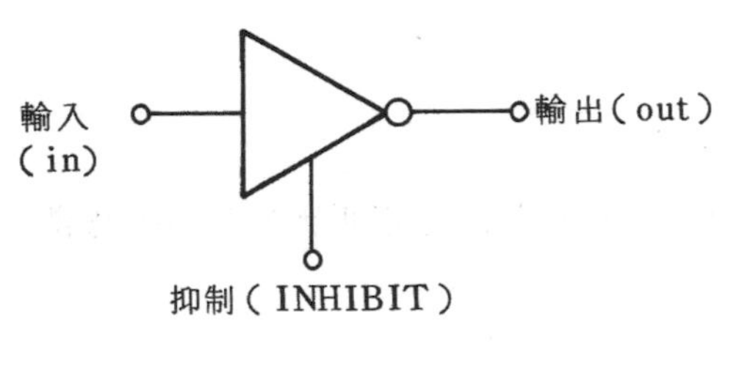

(b)

抑　制	輸　入	輸　　出
0 V	0 V	+2.4V to +5 V
0 V	+5 V	0 V
+5 V	0 V	開路
+5 V	+5 V	開路

(c)

▲ 圖 2-57　三態 NOT gate

2-3　實習項目

工作一：TTL 基本閘 7400 之測試

工作程序：

1. 取一標準型 7400 接上+ 5V 電源，並測量 7400 消耗電流爲________mA，消耗功率=________mW。將 7400 的第 1 腳與第 4 腳接 low，此時 7400 消耗電流=________mA，消耗功率=________mW。標準型 7400 改用 74LS00。並測量

消耗電流爲________mA(所有輸入開路)，消耗功率=________mW，將第 1 腳與第 4 腳接 low，此時，74LS00 消耗電流=_______mA，消耗功率=_______mW。

2. 用 VOM 測第 1 腳對地電壓 V_1 =________V，第 2 腳對地電壓 V_2 =________V，第 3 腳對地電壓 V_3 =________V。
3. 用 VOM 測其他 3 個 NAND gate 的輸入與輸出端空著不接時的電壓，比較是否與程序 2.相同。(正常時應相同)。
4. 按圖 2-58(a)所示接妥電路，求出 I_{IL} =________mA，此數值與計算值也許有誤差，由於 4kΩ電阻容許±30%的誤差。輸出端電壓=________V。(測電壓時電流表可用短路線代替)
5. 按圖 2-58(b)接妥電路，此時電流=________mA。說明此電流值與程序 4.所記載數值相同的原因________。此時輸出端電壓=________V。

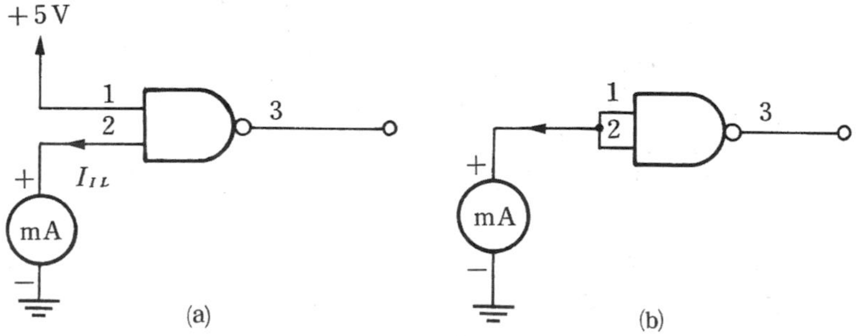

+5V 1 2 3 I_{IL} mA (a) 1 2 3 mA (b)

▲ 圖 2-58 TTL 的 I_{IL} 測量

6. 按圖 2-59(a)接妥電路，電流表指示爲________μA，正常時此值不得大於 40 μA。
7. 按圖 2-59(b)接妥電路，電流表指示爲________mA。若 I_{OL} 以 16mA 計，此電路的扇出爲________。
8. 按圖 2-59(c)接妥電路，電流表指示爲________μA。若 I_{OH} 以 －400μA 計，此電路的扇出爲________。

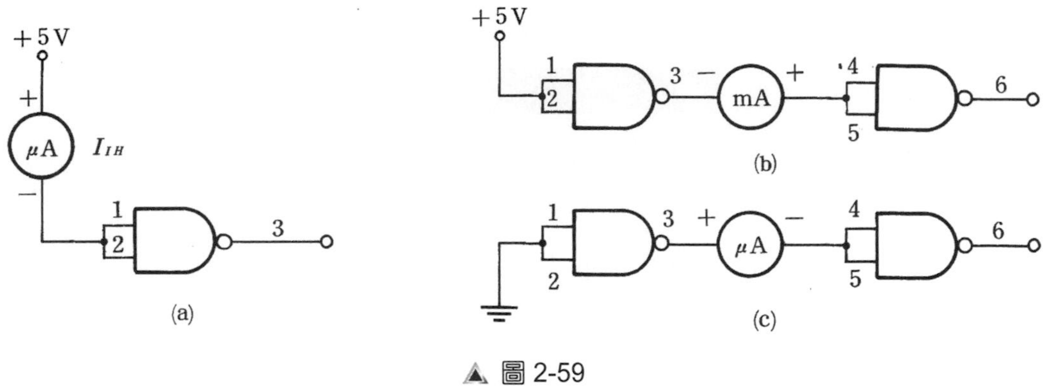

▲ 圖 2-59

9. 按圖 2-60 接妥電路，此時輸出端電壓=________V。

10. 圖 2-61 接妥電路，此時輸出端的電流稱爲 I_{SO}，I_{SO} =________mA。

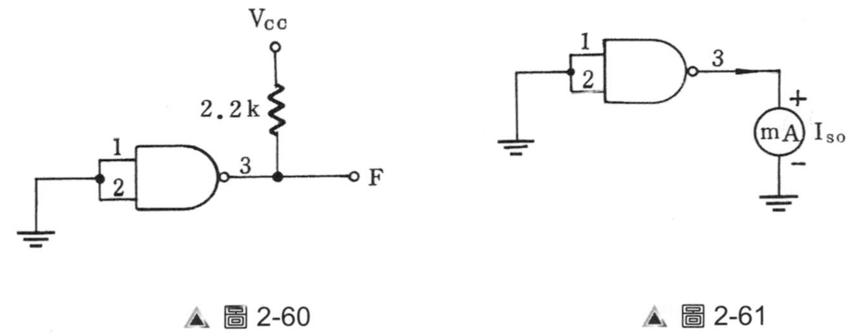

▲ 圖 2-60　　▲ 圖 2-61

11. 按圖 2-62(a)接妥電路，電阻 R 用表 2-1 的不同阻值，並將對應所測得 V_1、V_0 塡於表中。

12. 按圖 2-62(b)接妥電路，輸入與輸出電壓相等時，此電壓 V_T 稱爲臨界電壓，測得 V_T =________V。

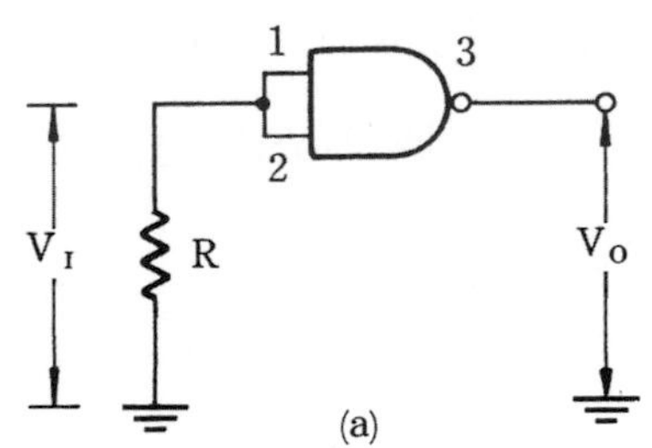

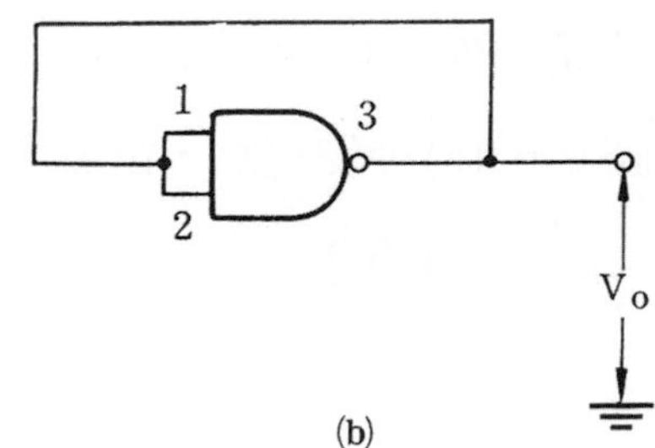

▲ 圖 2-62

▼ 表 2-1

R	V_1	V_0
47Ω		
100Ω		
4.7k		
10k		

工作二：CMOS NAND gate 基本特性實驗

工作程序：

1. 取一 CMOS NAND gate IC CD 4011，電源供給電壓從 3V～16V 皆能使電路工作正常，類似產品有 MC 14011、MM 4611、TC 4011、TP 4011，與 TTL 7400 接腳相同的 CMOS 產品有 TC 7400、MM 74C00。
2. 將 CD 4011 或類似產品接上 5V 電壓(3V～16V 任何電源皆可)。
3. CD 4011 的第 1 腳、第 2 腳開路，用 VOM 測第 1 腳對地電壓=________V，第 2 腳對地電壓=________V，第 3 腳(輸出)對地電壓=________V。
4. 用 VOM 測其他 3 個 NAND gate 的輸入與輸出端空著不接時的電壓值，比較是否與程序 3.相同。
5. 將第 1、2 腳接 V_{DD} (5V)，用 VOM 測輸出端(第 3 腳)對地電壓=________V。
6. 重複步驟 5.，用 VOM 測其他 3 個 NAND gate 的輸出端電壓值，並比較是否與步驟 5.所測相同。
7. 將第 1、2 腳接地，用 VOM 測輸出端(第 3 腳)對地電壓=________V。用同樣方法測其他 3 個 NAND gate 的輸出端電壓值是否都相同。
8. 按圖 2-63(a)接妥電路，電流表的指示是________μA。圖 2-63(b)電流表的指示是________μA。

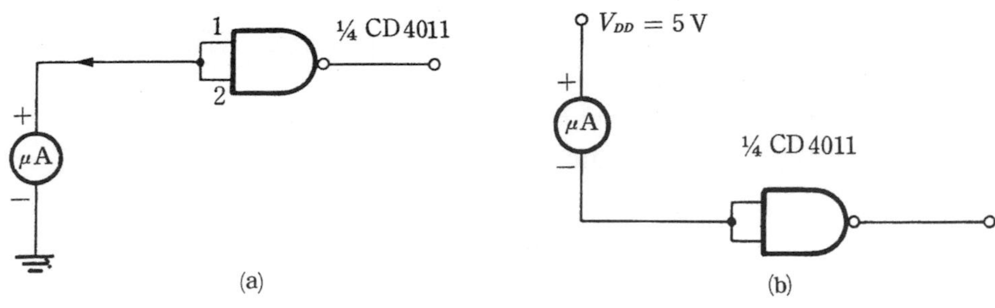

▲ 圖 2-63

9. 在圖 2-64 至圖 2-66 中，根據不同的輸入狀態，用 VOM 測其輸出狀態，填於眞值表中，“1”接 V_{DD}，“0”接地。

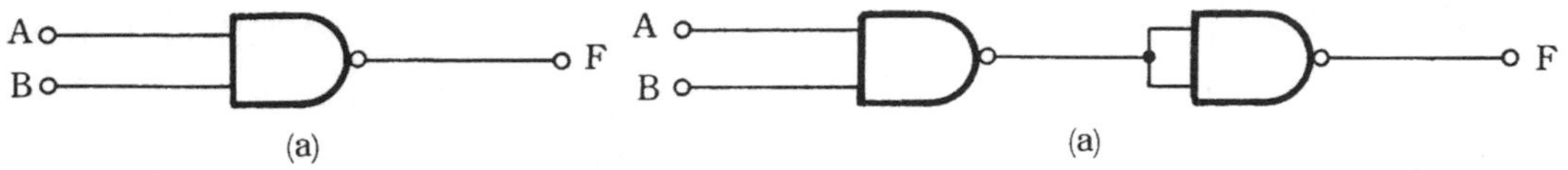

輸入		輸出	
A	B	V_F	F
0	0		
0	1		
1	0		
1	1		

(b)

▲ 圖 2-64

輸入		輸出	
A	B	V_F	F
0	0		
0	1		
1	0		
1	1		

(b)

▲ 圖 2-65

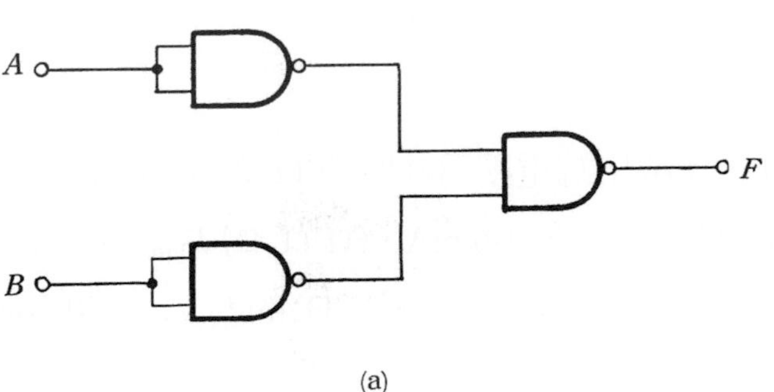

(a)

輸入		輸出	
A	B	V_F	F
0	0		
0	1		
1	0		
1	1		

(b)

▲ 圖 2-66

10. 圖 2-67 電路的連接方式是不允許存在的(wire AND 連接)，其原因是＿＿＿＿＿＿＿＿＿＿＿＿＿＿＿＿＿＿＿＿＿＿＿＿＿＿＿＿。使用時要特別注意，CMOS gate 的輸出端不能接在一起，TTL 也是一樣。

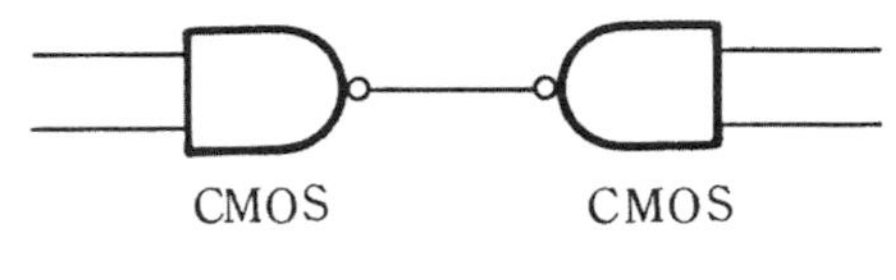

▲ 圖 2-67

11. 按圖 2-68(a)接妥電路，輸出端負載不接，測量輸出端電壓＿＿＿＿V，接上負載電阻調 *VR* 1k，使輸出端電壓爲原來電壓的 1/2，然後將負載去掉，用 VOM 測此時負載的總阻值＿＿＿＿Ω，此值即爲 PMOS 的輸出阻抗。

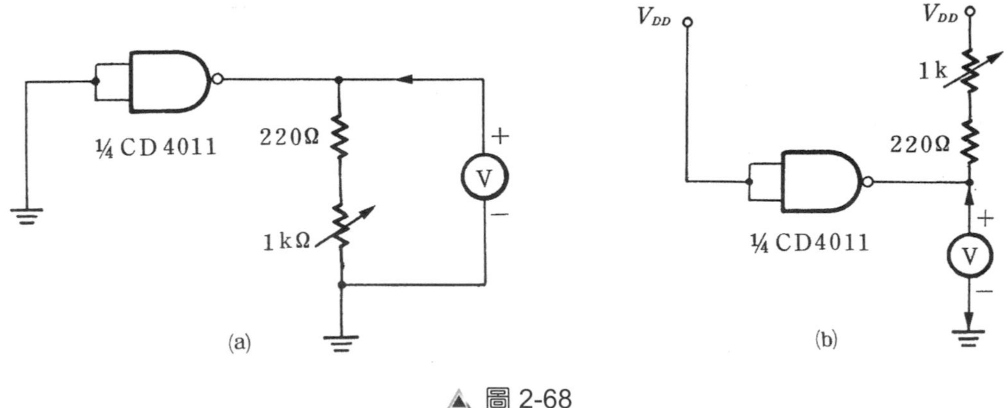

▲ 圖 2-68

12. 按圖 2-68(b)接妥電路，使輸出爲 low，調 *VR* 1k，使輸出端電壓爲原來電壓的二倍，然後將負載去掉，用 VOM 測此時負載的總阻值＿＿＿＿Ω，此值即爲 NMOS 的輸出阻抗。

13. 按圖 2-69 接妥電路，調 *VR* 5k，使輸出端電壓爲 0.8V(TTL 的 V_{IL})，此時電流表的指示爲＿＿＿＿mA。(TTL 的 $I_{IL\max} = -1.6$ mA，HTTL 的 $I_{IL\max} = -2$mA，STTL 的 $I_{IL\max} = -2$ mA，LTTL 的 $I_{IL\max} = -0.18$mA，LSTTL 的 $I_{IL\max} = -0.36$mA)

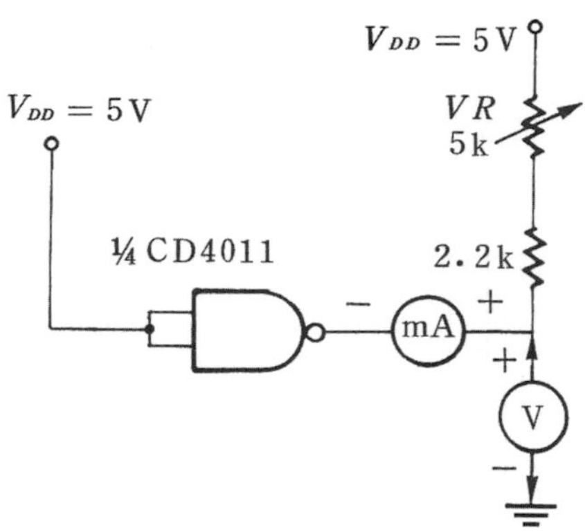

▲ 圖 2-69

工作三：CMOS 輸入－輸出轉移特性曲線測繪

工作程序：

1. 按圖 2-70 接妥電路，轉動 VR 10k 使 $V_{IN}=0$，然後轉動 VR 10k 使 V_{IN} 的值如表 2-2 所示，並記錄對應的 V_o 值於表中。

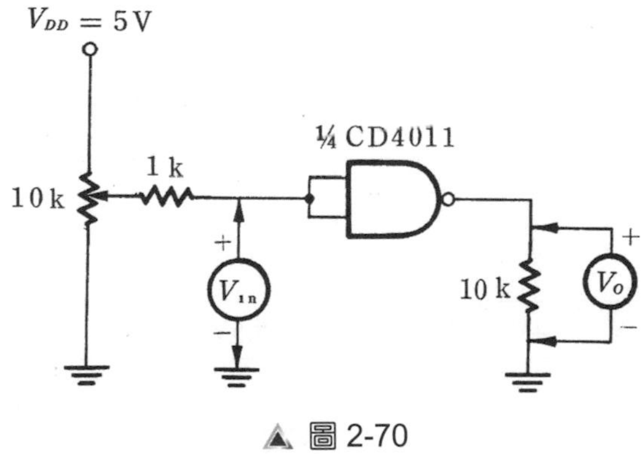

▲ 圖 2-70

▼ 表 2-2

V_{IN}	1V	1.5V	1.8V	2V	2.2V	2.5V	2.8V	3V	3.5V	4V	4.5V	5V
V_o												

2. 將表 2-2 的 V_{IN}～V_o 值繪於圖 2-71 中，獲得 V_{DD} = 5V 的 V_{IN}～V_o 轉移特性曲線，V_{IN} = V_o 的外值為________V。

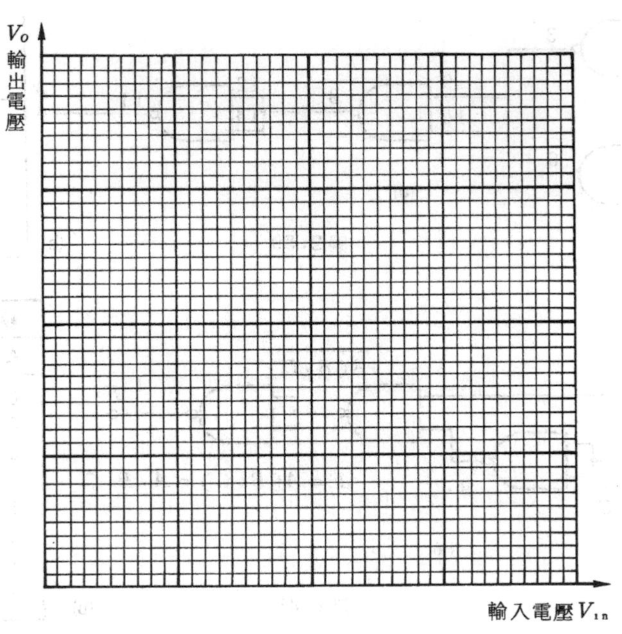

▲ 圖 2-71

3. 圖 2-70 的 V_{DD} 值改為 10V，然後重複程序 1.的步驟，轉動 VR 10k，使 V_{IN} 的值如表 2-3 所示，並記錄對應的 V_o 值於表中。

▼ 表 2-3

V_{IN}	1V	2V	3V	4V	4.5V	5V	5.5V	6V	7V	8V	9V	10V
V_o												

4. 將表 2-3 的 V_{IN}～V_o 值繪於圖 2-71 中，獲得 V_{DD} = 10V 的 V_{IN}～V_o 轉移特性曲線，V_{IN} = V_o 的 V_T 值為________V。
5. 將圖 2-70 改成圖 2-72 的形式，並重複程序 3.的步驟，並將結果記錄於表 2-4 中，將表 2-4 的 V_{IN}～V_o 值用不同顏色的筆繪於圖 2-71 中，以獲得另一組 V_{IN}～V_o 轉移特性曲線。

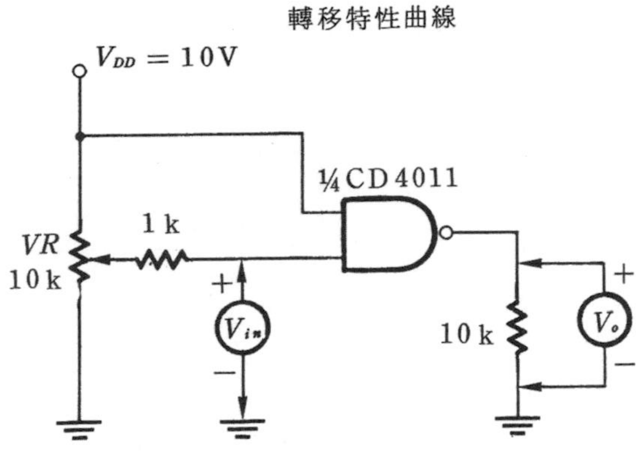

▲ 圖 2-72

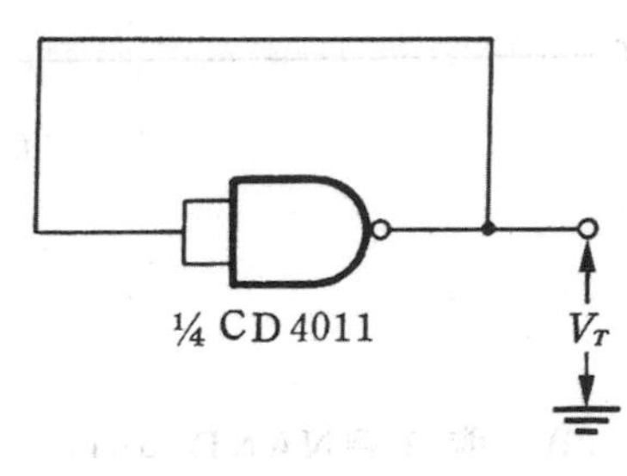

▲ 圖 2-73

▼ 表 2-4

V_{IN}	1V	2V	3V	4V	4.5V	5V	5.5V	6V	7V	8V	9V	10V
V_o												

6. 按圖 2-73 接妥電路，將其他 3 個沒有用的 NAND gate 輸入端全部接 low，V_{DD} = 5V 時測得 V_T =________V，此時 CD 4011 所消耗的電流為________mA。V_{IN} = V_o 時，PMOS 與 NMOS 同時導電，即有電流自 V_{DD} 流至 V_{SS}(地)端。

工作四：邏輯閘的簡單應用

工作程序：

1. 取 4 個 NAND gate，按圖 2-74 接妥電路，然後根據不同的輸入狀態，測出其輸出狀態，填於眞值表中，此電路為________gate。

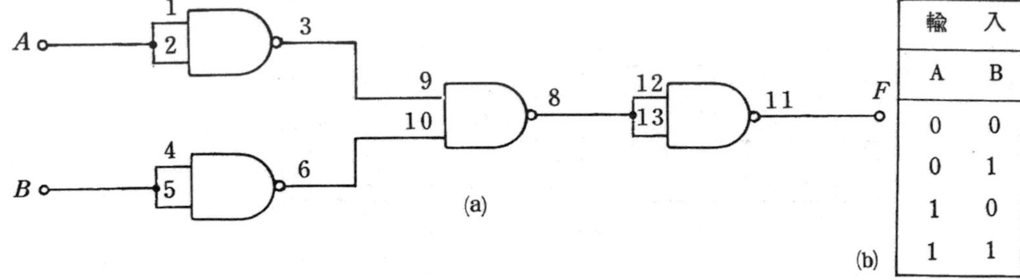

輸入		輸出	
A	B	V_F	F
0	0		
0	1		
1	0		
1	1		

▲ 圖 2-74

2. 取 4 個 NAND gate，按圖 2-75 接妥電路，然後根據不同的輸入狀態，測其輸出狀態，填於真值表中，此電路為________gate。

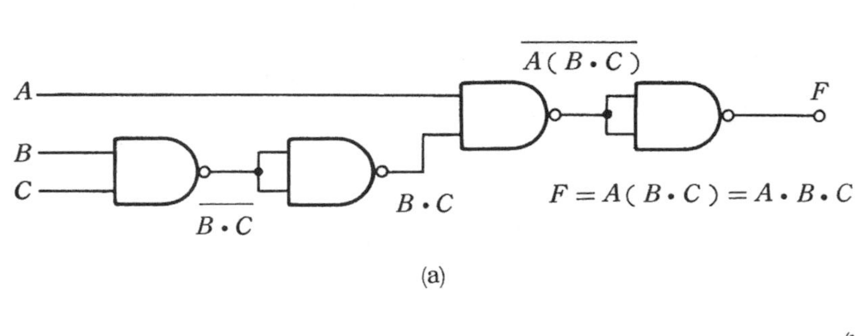

(a)

輸	入		輸 出
A	B	C	F
0	0	0	
0	0	1	
0	1	0	
0	1	1	
1	0	0	
1	0	1	
1	1	0	
1	1	1	

(b)

▲ 圖 2-75

3. 取 3 個 NAND gate，按圖 2-76 接妥電路，然後根據不同的輸入狀態，測出其輸出狀態，填於真值表中，此電路為________gate。

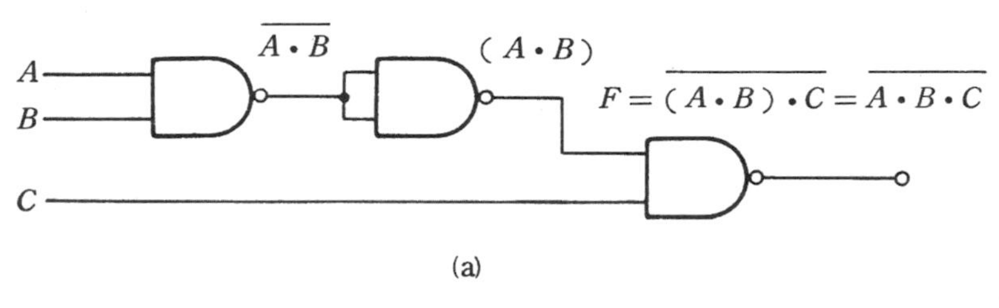

(a)

輸	入		輸 出
A	B	C	F
0	0	0	
0	0	1	
0	1	0	
0	1	1	
1	0	0	
1	0	1	
1	1	0	
1	1	1	

(b)

▲ 圖 2-76

4. 將 SN 7400 接上電源，按圖 2-77 接妥電路，然後根據不同的輸入狀態，測出其輸出狀態，並填於真值表中，此電路為________gate。

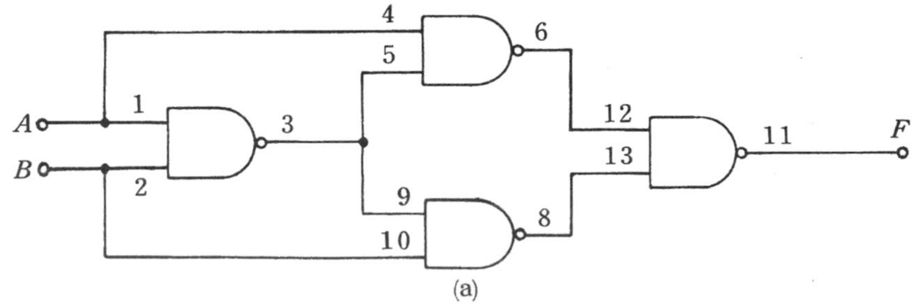

(a)

輸	入	輸 出
A	B	F
0	0	
0	1	
1	0	
1	1	

(b)

▲ 圖 2-77

5. 將圖 2-77 的輸出端加上一個 NOT gate，如圖 2-78 所示，並根據 *A*、*B* 不同的輸入狀態，填於眞值表中，說明此電路的特性________。

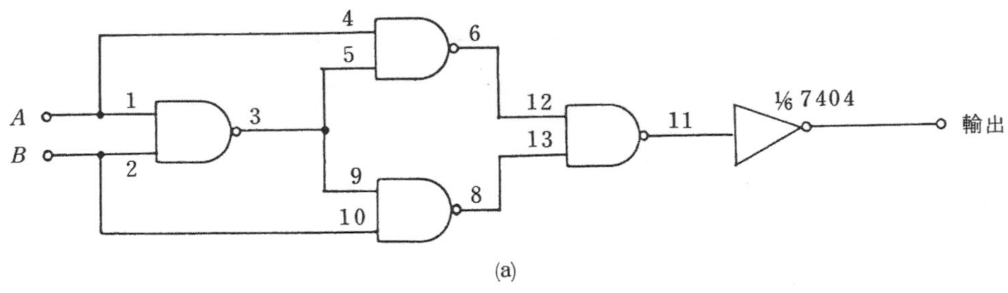

(a)

輸　入		輸　出
A	B	F
0	0	
0	1	
1	0	
1	1	

(b)

▲ 圖 2-78

6. 圖 2-79 是用兩個 NOT gate 組成的不穩態多諧振盪器。NOT gate 爲一反相器 (inverter)，類似工作於截止與飽和的射極接地電晶體電路。C_1、C_2 構成正回授耦合，振盪頻率取於 C_1、C_2，但 *C* 對直流之阻隔作用而使 gate 輸入端永遠呈現 "Hi" 狀態，電路狀態將爲穩定之狀態，不能引起振盪，因此在輸入與輸出端間插入一只電阻，使 gate 之輸入側有電流之通路，造成電路不穩而振盪。振盪頻率與外加的 1 kΩ電阻無關，與振盪頻率有關的電阻是在 IC 的內部。

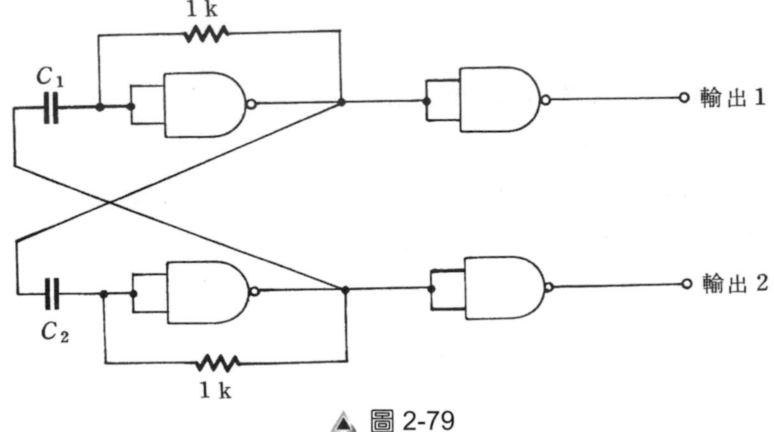

▲ 圖 2-79

7. 取 C_1 = C_2，按表 2-5 的數值更改，將振盪頻率與波形記錄於表 2-5 與圖 2-80 中。

▼ 表 2-5

$C_1 = C_2$	頻率	V_O
0.047 μF		
0.1 μF		
0.22 μF		

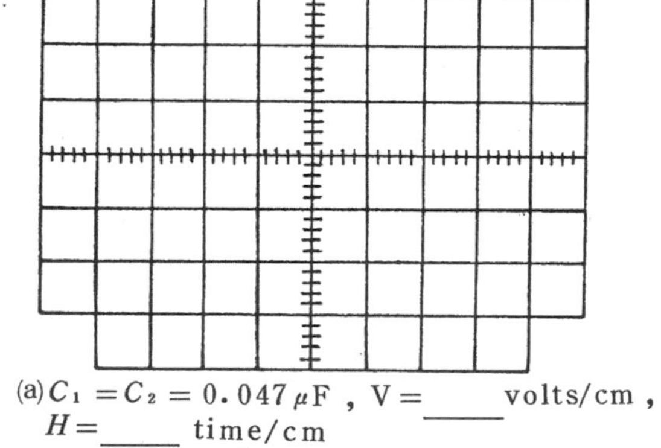

(a) $C_1 = C_2 = 0.047\mu F$，V=____ volts/cm，H=____ time/cm

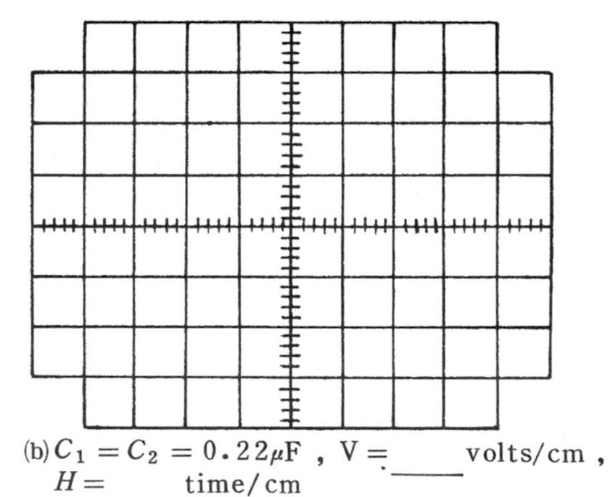

(b) $C_1 = C_2 = 0.22\mu F$，V=____ volts/cm，H=____ time/cm

▲ 圖 2-80

8. 圖 2-79 的 C_1 = C_2 改用電解電容 330 μF，電容極性的正端接 gate 的輸入端。輸出 1、輸出 2 接 LED Hi/low 指示器輸入端，觀察 LED 的閃爍。

9. 圖 2-81 可獲得漂亮的 60Hz 方波輸出。正半週時 TR_1 飽和，使 NAND gate 輸出 1 為高電位，負半週使輸出 2 為高電位。

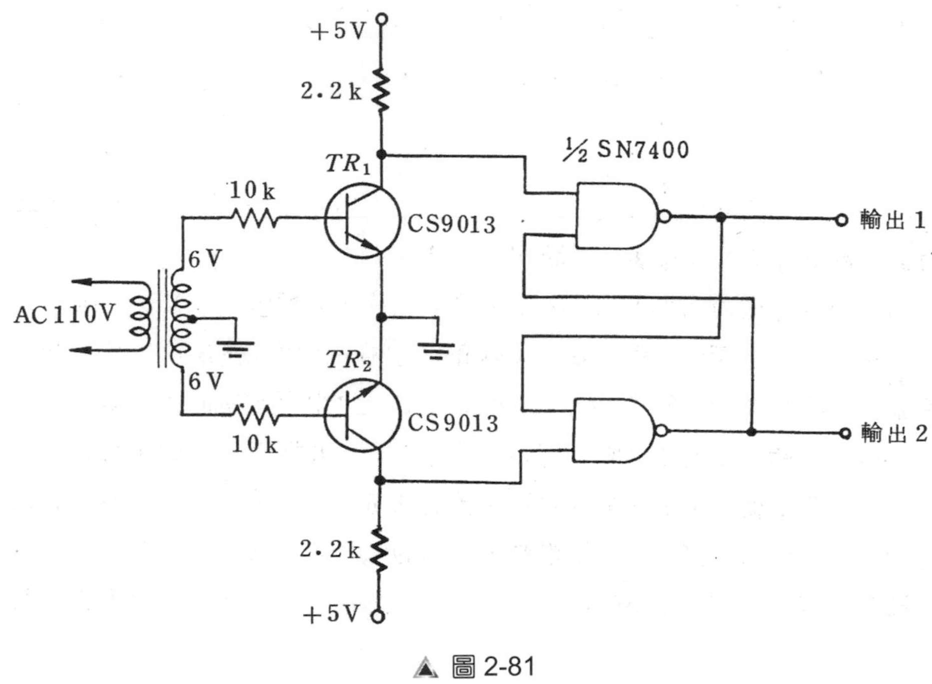

▲ 圖 2-81

工作五：史密特觸發閘的認識

工作程序：

1. 取 7413 或 7414 或 4584 IC 一個接上電源，按圖 2-82 接妥電路，調 VR 1k 使 $V_{IN}=0$V，然後調 VR 1k 使 V_{IN} 如表 2-6 所示，並記錄對應的 V_o 於表中。

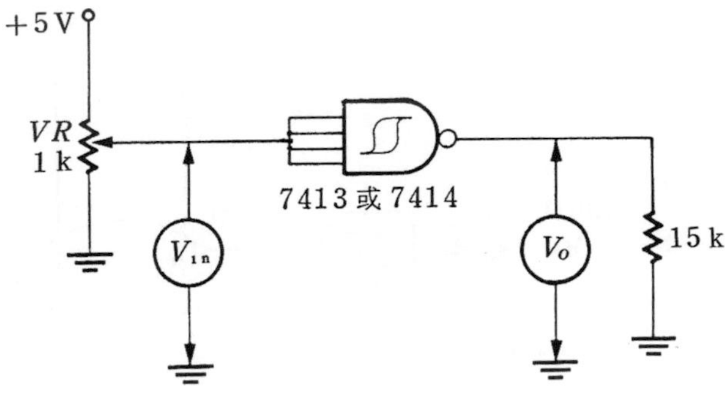

▲ 圖 2-82

▼ 表 2-6

V_{IN}	0.2	0.4	0.6	0.8	1	1.2	1.4	1.6	2	3
V_o										

2. 根據表 2-6 的資料繪出 7413(7414)或 4584 的 V_{IN}～V_o。轉換曲線於圖 2-83 中，並標出 V_T^+與 V_T^-。

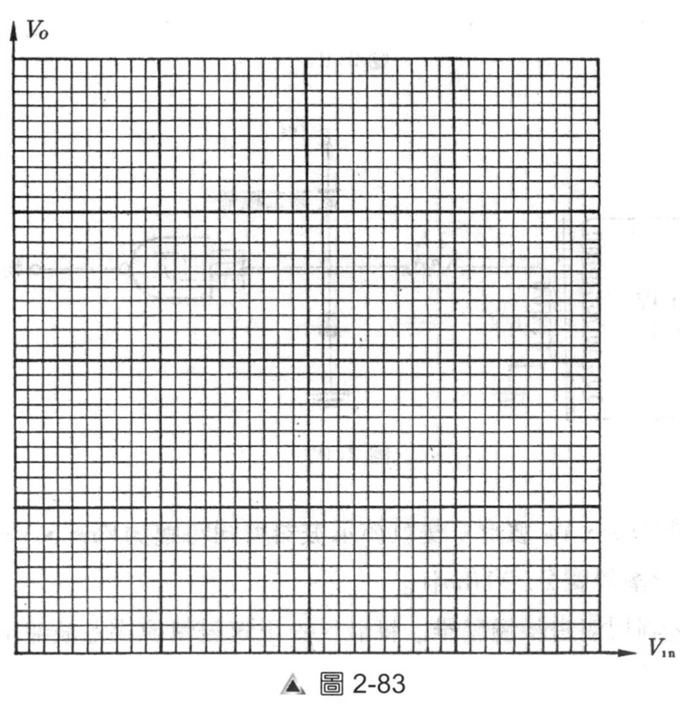

▲ 圖 2-83

3. 按圖 2-84 接妥電路，用示波器觀察 1 轉換曲線並繪於圖 2-85(a)方格紙上，並標示 V_T^+=________V，V_T^-=________，$V_T^+ - V_T^-$=________V。

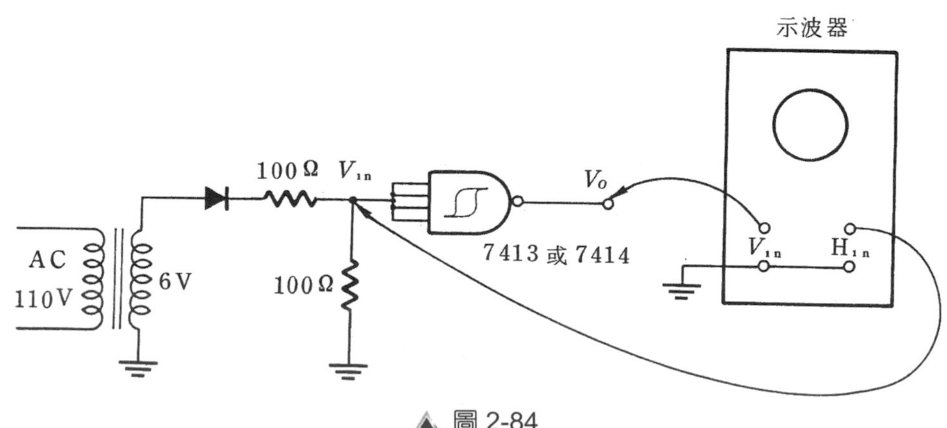

▲ 圖 2-84

4. 用示器觀測 V_{IN}、V_o 波形(雙軌跡示波器可同時觀測 V_{IN}、V_o 波形)，並將 V_{IN}、V_o 波形繪於圖 2-85(b)中。

5. 圖 2-86 是利用史密特觸發器，將輸入的正弦波轉換成方波輸出。用雙跡示波器觀察，將輸入輸出波形繪於圖 2-87 中。

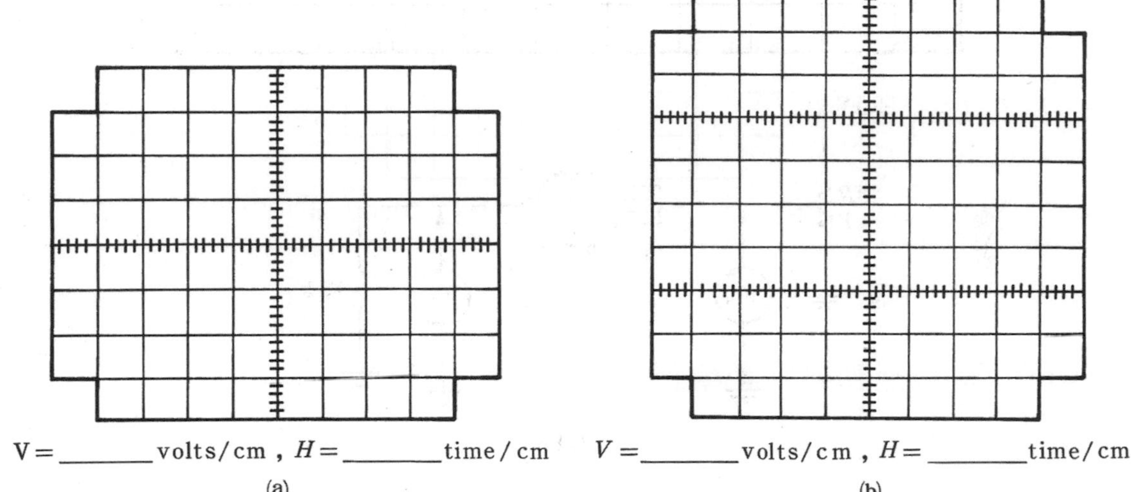

▲ 圖 2-85

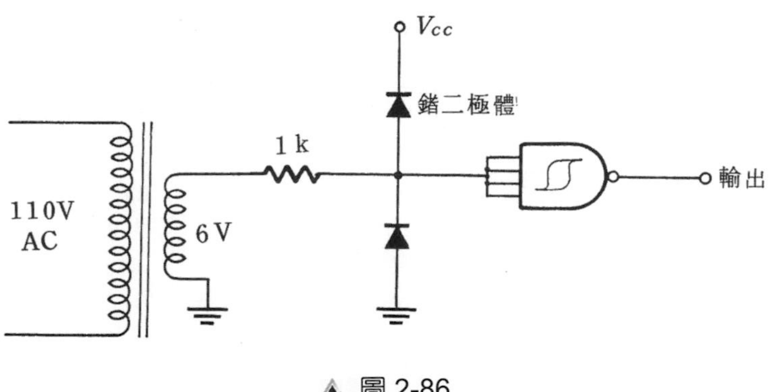

▲ 圖 2-86

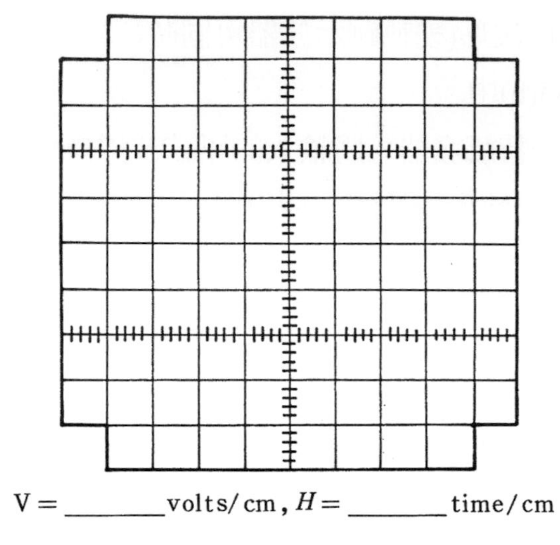

▲ 圖 2-87

工作六：負載推動與介面電路

工作程序：

1. 圖 2-88 的輸出為 Hi 時 LED 會發亮(ON)，low 時 LED 不亮(OFF)，故由 LED ON 與 OFF 可知輸出的邏輯狀態。

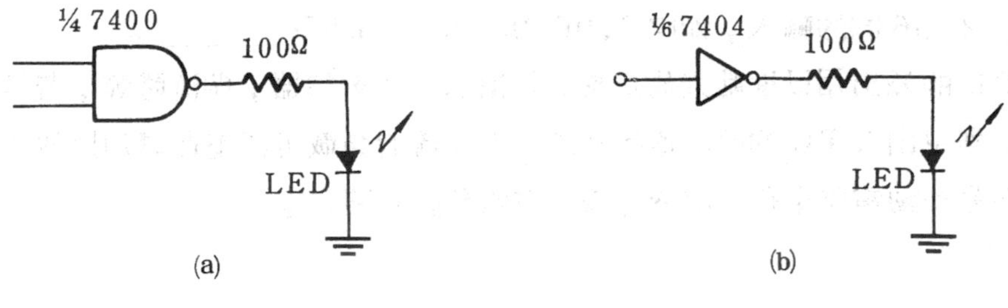

▲ 圖 2-88

2. 取一 NAND gate 的輸出端接圖 2-89 的輸入端，然後 NAND gate 兩個輸入根據圖 2-95(b)的不同輸入，觀查 LED 的狀態。

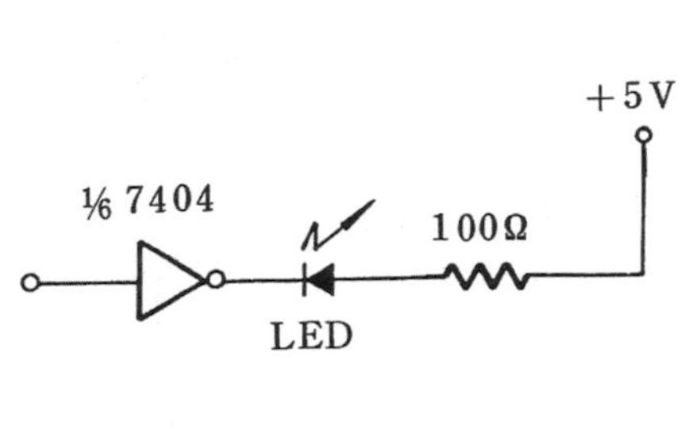

(a)

輸入		輸出
A	*B*	LED
0	0	
0	1	
1	0	
1	1	

(b)

▲ 圖 2-89

3. 圖 2-90(a)爲邏輯實驗器上常用的 Hi/low 指示電路，按圖 2-90(b)接妥電路，V_{IN} 接 low，則 LED________。V_{IN} 接 Hi 則 LED________。 將 7404 輸入端接至圖 2-90(a)的輸入，如圖 2-90(c)所示，則 LED________。

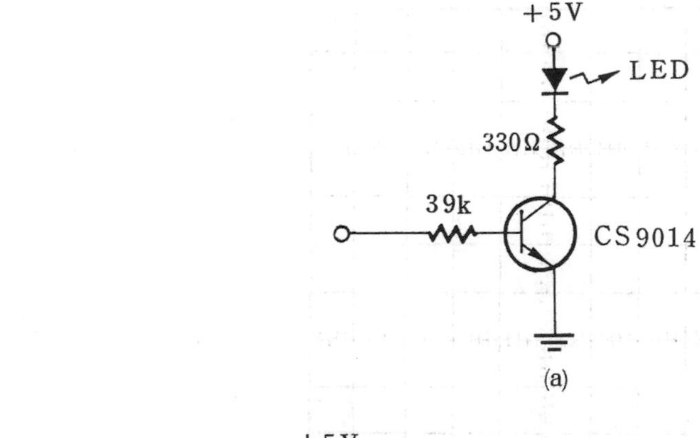

(a)

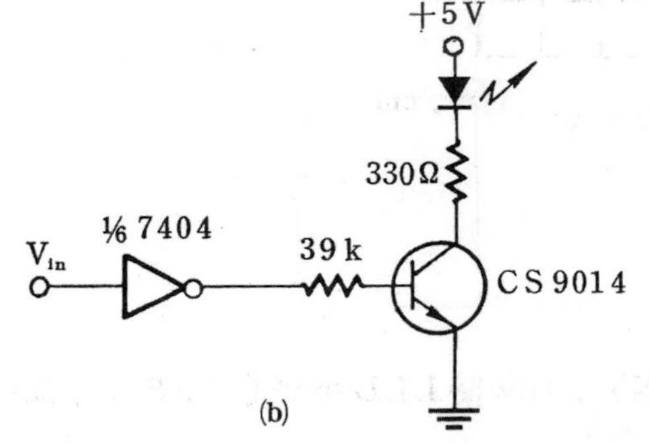

(b)

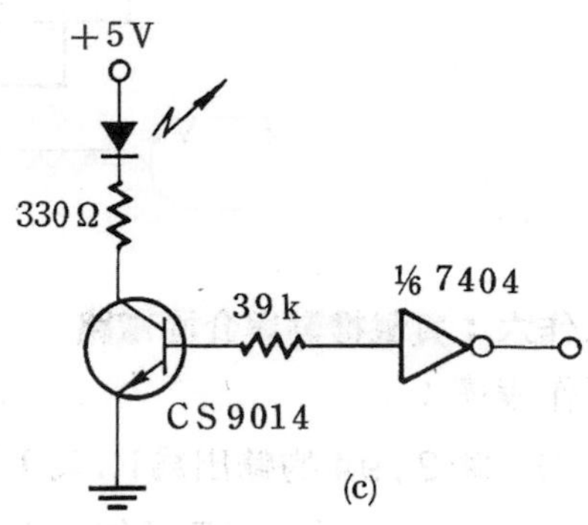

(c)

▲ 圖 2-90

4. TTL 的輸出用以推動其他負載，如指示燈、繼電器、閘流體等，若是小電力的負載，則可由 TTL 的輸出直接推動，大電流的負載可經電晶體加以放大。圖 2-91 是推動電路舉例，讀者可按此電路裝妥實驗之。

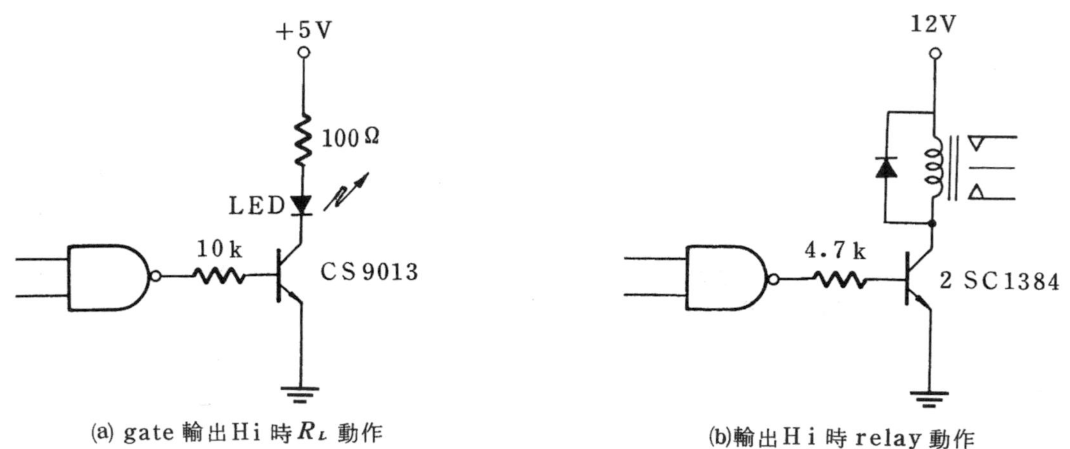

(a) gate 輸出Hi 時 R_L 動作

(b)輸出Hi 時 relay 動作

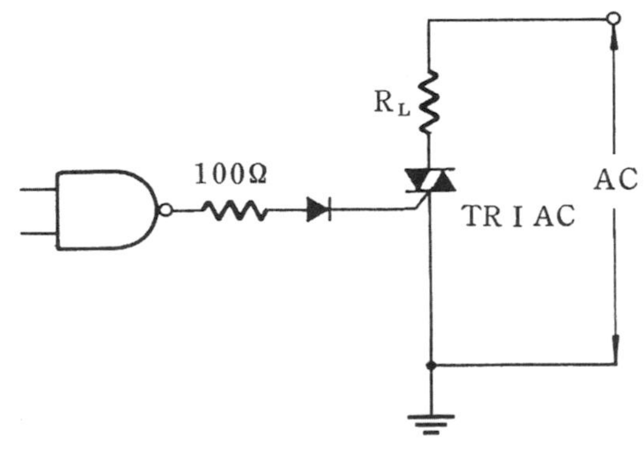

(c)輸出Hi 時 R_L 動作

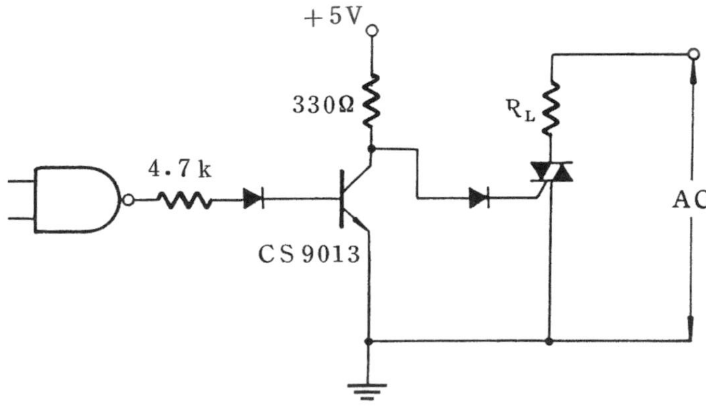

(d)輸出 low時 R_L 動作

▲ 圖 2-91

5. 按圖 2-92(a)接妥電路，輸入端 V_{IN} 接 Hi/low 輸出端，用 VOM 測 V'_F 與 V_F 的電壓記錄於(b)圖中。($V_{DD} = V_{CC} = 5V$)

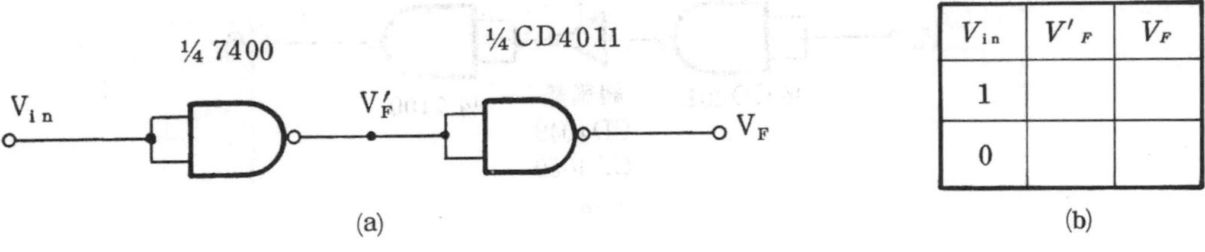

V_{in}	V'_F	V_F
1		
0		

▲ 圖 2-92

6. 圖 2-92(a)的 V'_F 處接– 4.7kΩ電阻至爲 V_{DD}，如圖 2-93(a)所示，重複程序 5.，將結果記錄於(b)圖中。

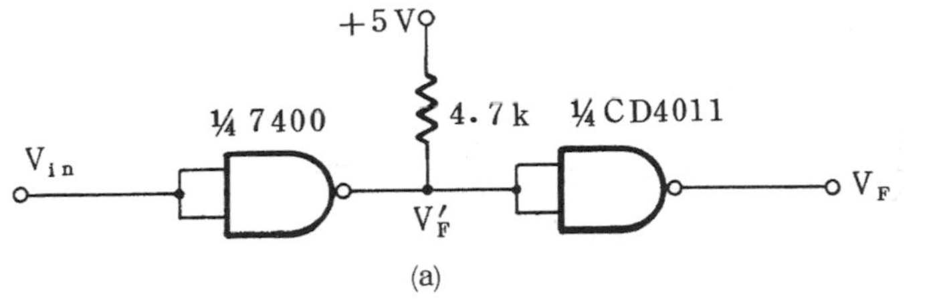

(a)

V_{in}	V'_F	V_F
1		
0		

(b)

▲ 圖 2-93

7. TTL 的 V_{OH} 值有可能出現 2.4V(V_{OH} 最低值爲 2.4V)但 CMOS 在 $V_{DD} = 5V$ 時，V_{IN} 值必須大於 3.5V，低於 3.5V，有些 NOT gate 會轉態，有些 NOT gate 不會，爲了保證每個 NOT gate 都會轉態，V_{IH} 值不應取低於 3.5V。
8. 按圖 2-94(a)接妥電絡，輸入端接 V_{DD} 與 V_{SS}(接地)，輸出端 F′與 F 接 Hi/low 指示器輸入端，將結果記錄於(b)圖中。

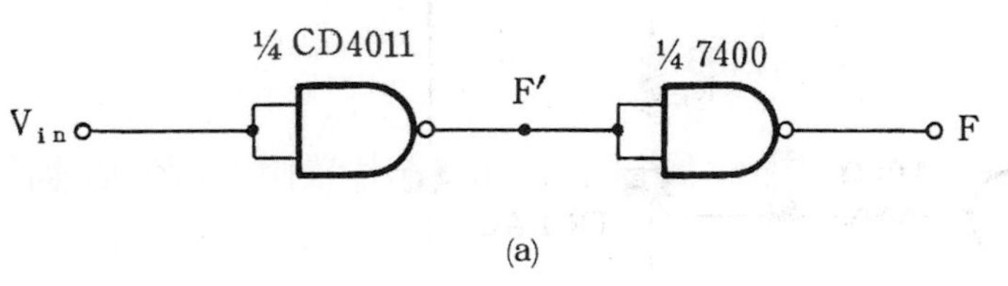

(a)

V_{in}	F'	F
V_{DD}		
V_{SS}		

(b)

▲ 圖 2-94

9. 圖 2-94(a)的 F'處接一 1 kΩ電阻至地，如圖 2-95(a)所示，重複程序 8.並將結果記錄於圖(b)中。

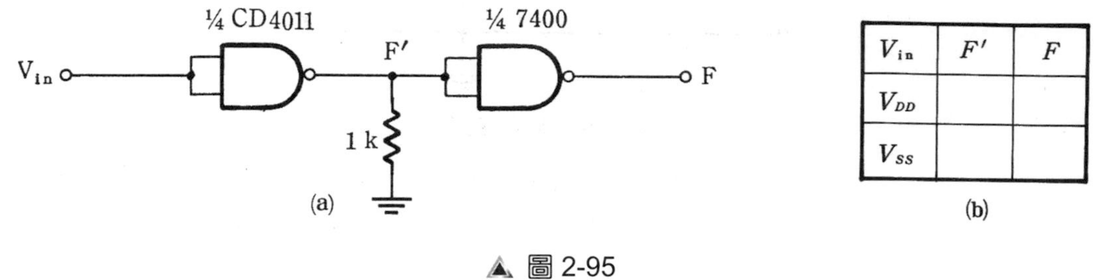

V_{in}	F'	F
V_{DD}		
V_{SS}		

▲ 圖 2-95

10. CMOS 與 TTL 界面電路亦可採用圖 2-96 的電路，讀者可自行實驗之。緩衝級 CD 4049 為 NOT gate CD 4O50 為非反相 gate。

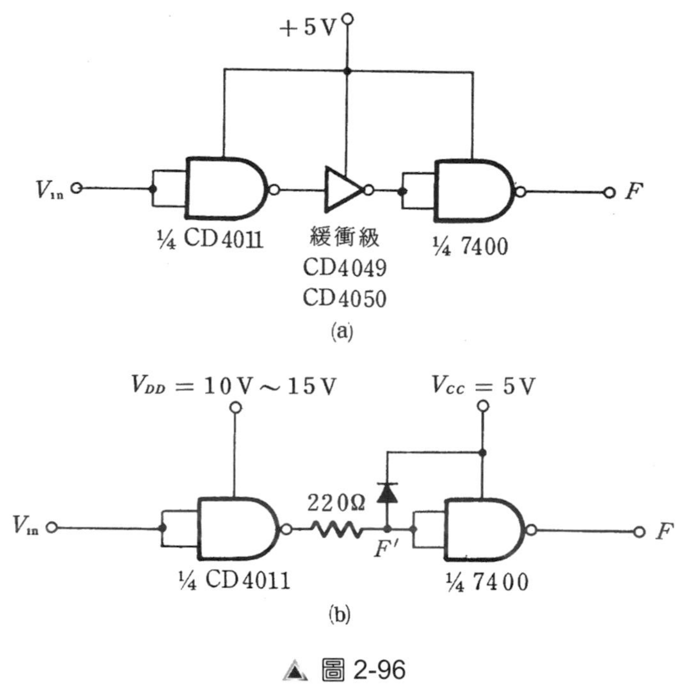

▲ 圖 2-96

11. 圖 2-97 為 CMOS 與電晶體的界面電路，圖(a)在 gate 輸出邏輯 Hi 時 R_L 動作。圖(b)在輸出邏輯 low 時 R_L 動作。推動的負載若是大電流元件時，電晶體可採用達靈頓電路以提高電流增益。

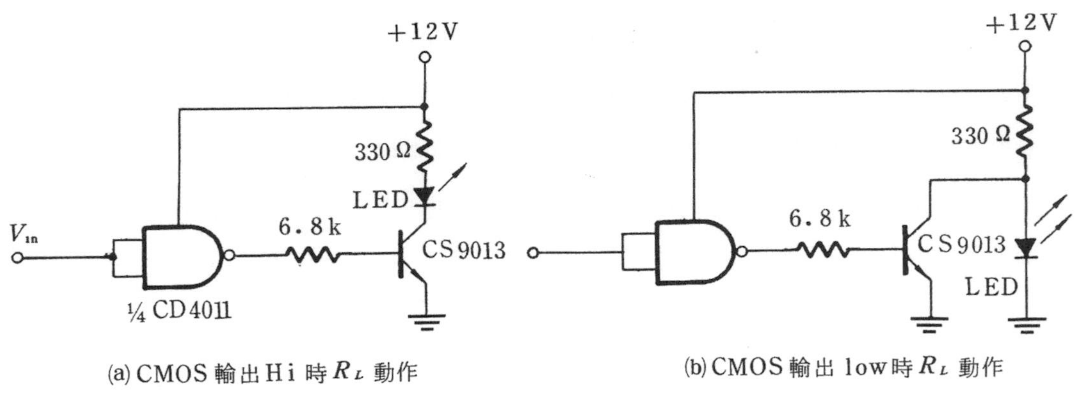

(a) CMOS 輸出 Hi 時 R_L 動作

(b) CMOS 輸出 low 時 R_L 動作

▲ 圖 2-97

12. 圖 2-98 為 NPN 電晶體與 CMOS 之界面電路，讀者可自行實驗之。

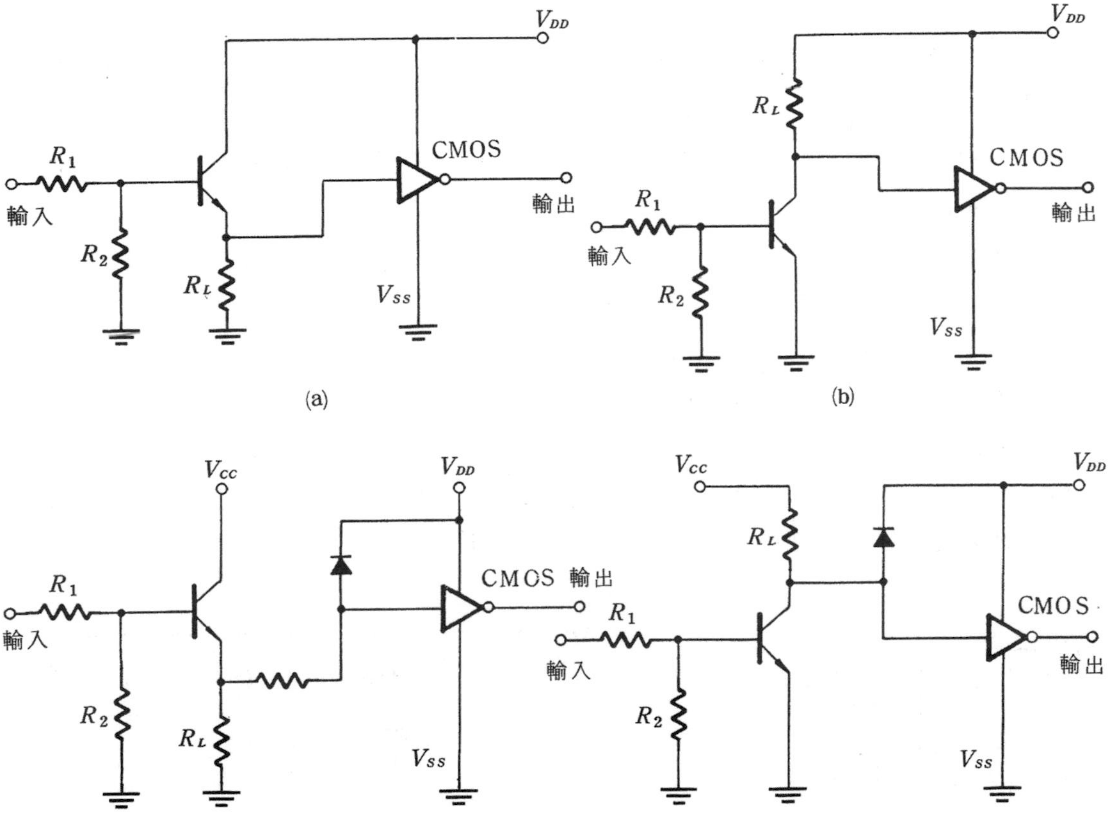

(a)

(b)

(c) $V_{CC} > V_{DD}$

(d) $V_{CC} > V_{DD}$

▲ 圖 2-98

13. 圖 2-99 是使用光耦合(photo coupler)為介面的電路。在光耦合器中是把 LED 和光電晶體一齊放入同一容器中，LED 是輸入，光電晶體是輸出，當 LED 導電發光時，把光投射在光電晶體上，使其輸出成為導通(ON)狀態。光耦合使流入 LED 輸入側的電流與從輸出側流出的電流成正比，它最大的特點是輸入側與輸出側完全絕緣。圖 2-99(c)是把電流上毫不相關的電路配合起來構成 AND gate。

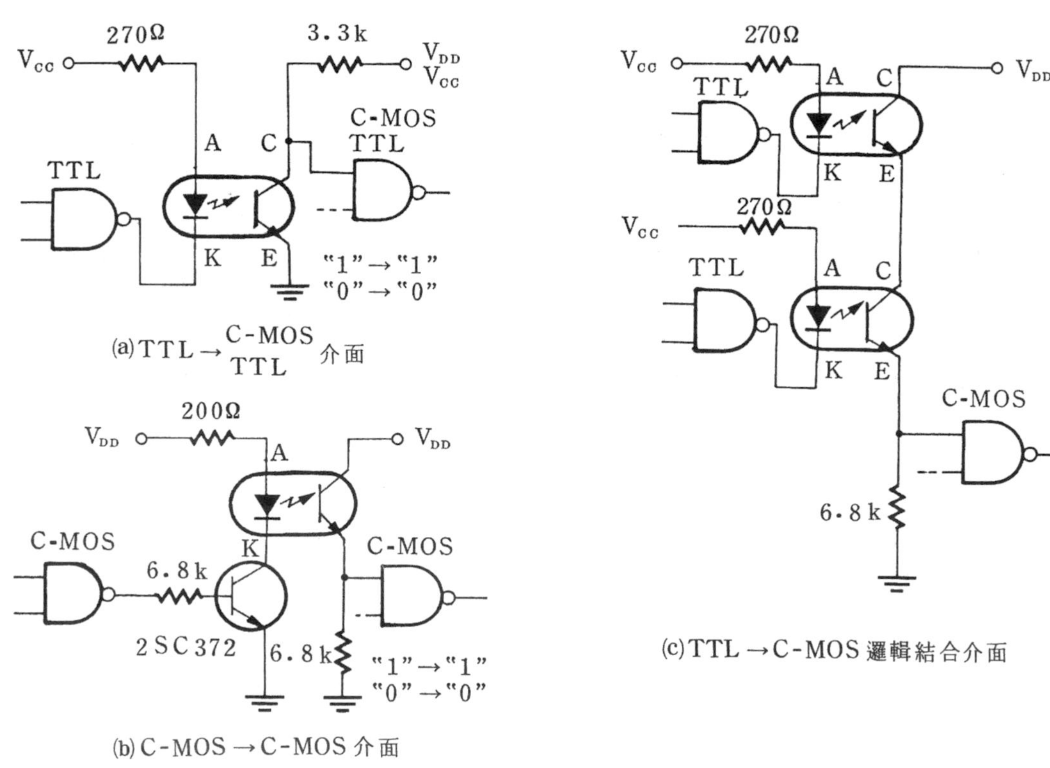

▲ 圖 2-99

2-4 問題

1. 試說明邏輯定義。
2. 試繪出 NOT、OR、AND、NOR、NAND、XOR、XNOR、諸 gate 之符號、眞值表及寫出其方程式。
3. OPEN collector 之 IC 與普通 IC 有何區別？
4. 說明 NOT、AND、OR gate 其對應開關之動作。
5. AND、OR gate 符號，後面加小圓圈代表何義。
6. 何謂圖騰-柱輸出 TTL IC。
7. XOR gate 可做爲數字比較器，試說明其原因？
8. 試比較 schmitt trigger 與 NAND gate 之區別？
9. 在 schmitt trigger 輸入-正弦波，其輸出波形爲何？
10. 緩衝器與 NOT gate 有何區別？

Note

CH 3

組合邏輯

3-1 實習目的

1. 瞭解布林代數之特質。
2. 瞭解邏輯閘的變換。
3. 瞭解 k-map (卡諾圖)之應用。
4. 熟練組合邏輯設計與電路之組成。

3-2 相關知識

數位系統中之邏輯電路通常可分成：組合邏輯(combinational logic)與序向邏輯(sequential logic)兩部分。前者通常是由一些基本邏輯閘(如 AND、OR、NOT 及其等效閘等)所構成，這些邏輯閘的輸出只是由決定其輸出時刻時之輸入所決定(不考慮閘之傳播延遲時間)，而與其先前之輸入狀況無關。組合邏輯電路一般均能執行，能夠完全由布林代數所描述之資訊處理工作。序向邏輯電路除了基本邏輯閘外，通常包括一些記憶元件(如正反器等)，因此其輸出不僅與決定輸出時刻之輸入有關，同時也與先前電路之狀況有關；意即電路之輸出不僅由目前之輸入決定，同時也由其過去之狀態來決定。

組合邏輯電路之基本方塊圖如圖 3-1 所示。它通常由三部分所構成：輸入變數、邏輯閘電路與輸出變數等。邏輯閘通常接受輸入信號並且產生需要之輸入信號，這個程序即是將預定之輸入信號轉換成需要之輸出信號，因此組合邏輯電路實際上只是一個數碼轉換器(code converter)而已。

▲ 圖 3-1 邏輯電路之方塊圖

1. 組合邏輯之設計步驟

組合邏輯電路之設計步驟，通常由對問題之口頭描述或文字描述開始，而終結於繪出完整之邏輯電路或列出一組完整之布林代數。其步驟依序爲：

(1) 依據題意決定需要之輸入與輸出變數之數目。

(2) 根據步驟(1)所列之輸出與輸入變數關係，決定其眞值表。

(3) 將眞值表中每一輸出變數與輸入變數之關係轉換成卡諾圖(k-map)。

(4) 將簡化後之布林表式(boolean expression)以基本邏輯閘來執行。

(5) 檢查步驟(4)所完成之電路是否與題意符合。

邏輯表式(即布林表式)可由各種方法來化簡，如布林代數運算化簡法、k-map 化簡法及列表法(tabulation procedure)等。

3-2-1 布林代數(Boolean Algebra)

1.

(1) $\bar{1}=0$　　(2) $\bar{0}=1$

(3) $0+0=0$　　(4) $0+1=1$

(5) $1+0=1$　　(6) $1+1=1$

(7) $0\cdot 0=0$　　(8) $0\cdot 1=0$

(9) $1\cdot 0=0$　　(10) $1\cdot 1=1$

以上十個布林代數原理反映了基本 AND、OR 和 INVERT 運算的本質，並且說明了只允許兩個可能狀態—0 和 1 的邏輯系統顯著的一貫性。

布林代數原理實際上定義 0 和 1、AND、OR 和 INVERT 運算。這些定義以圖 3-2 的眞值表來表示。

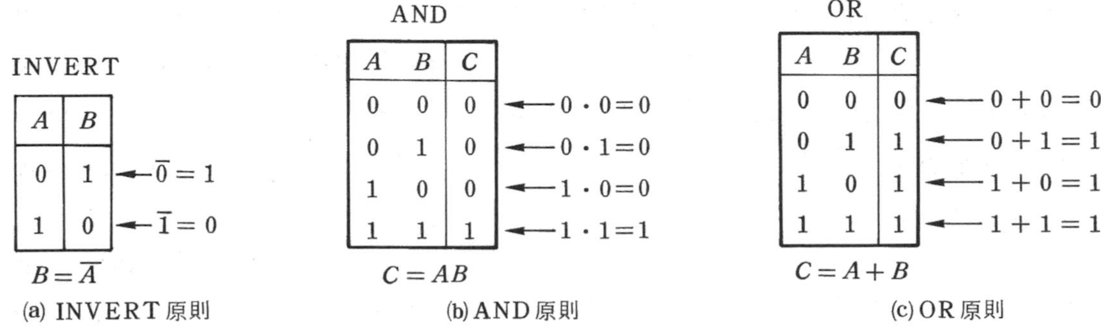

▲ 圖 3-2　說明十種布林原則的真值表

2. 布林代數的基本定律

交換律：$A+B=B+A$　　$A\cdot B=B\cdot A$

結合律：$A+(B+C)=(A+B)+C$

$A\cdot(B\cdot C)=(A\cdot B)\cdot C$

分配律：$A+(B\cdot C)=(A+B)\cdot(A+C)$

$A\cdot(B+C)=(A\cdot B)+(A\cdot C)$

吸收律：$A+A\cdot B=A$

$A\cdot(A+B)=A$

請注意：運算時先做(　)內的處理，後做其它處理，圖 3-3 所示爲布林代數基本定律之表示法，圖(a)、(b)爲交換律，圖(c)、(d)爲結合律，圖(e)爲分配律。

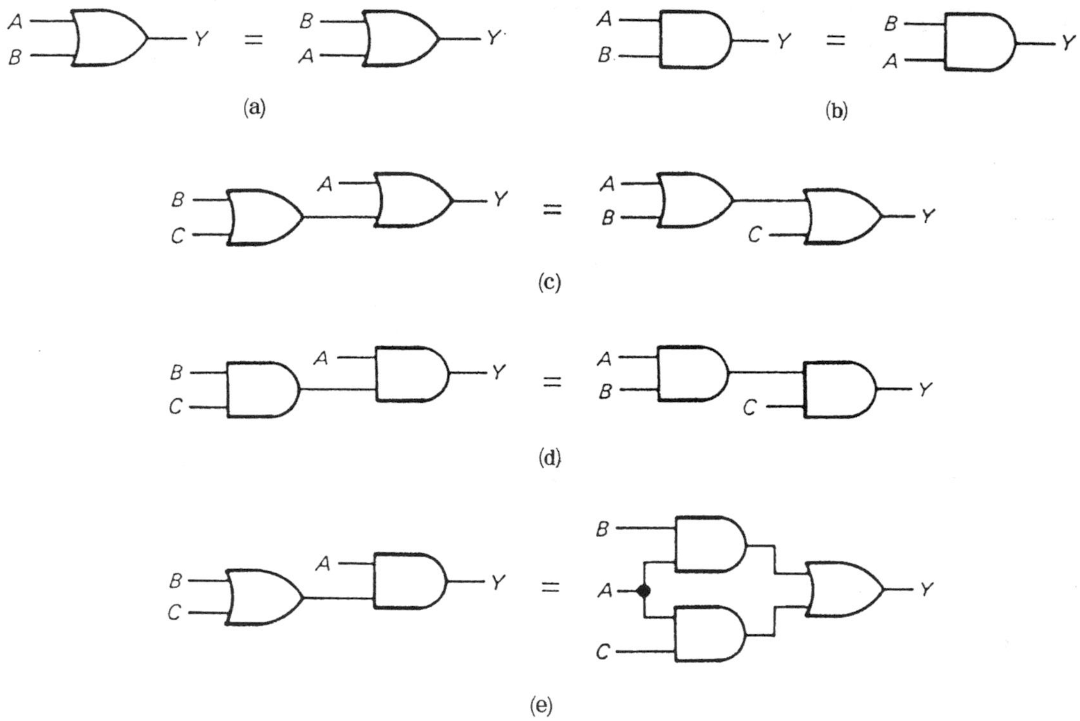

(a)

(b)

(c)

(d)

(e)

▲ 圖 3-3　交換律、結合律、分配律

3. 基本恆等式

(1) $\overline{\overline{A}} = A$

(2) $A + 1 = 1$

(3) $A + 0 = A$

(4) $A + A = A$

(5) $A + \overline{A} = 1$

(6) $A \cdot 1 = A$

(7) $A \cdot 0 = 0$

(8) $A \cdot A = A$

(9) $A \cdot \overline{A} = 0$

由上可知(1) $\overline{\overline{A}} = A$ 爲二次反轉定理，說明了一變數取兩次補數後，仍等於原先之變數(2)、(3)、(4)、(5)爲或運算，如圖 3-4 所示之關係，(6)～(9)爲及運算，其關係請參照或運算之法自行驗證。

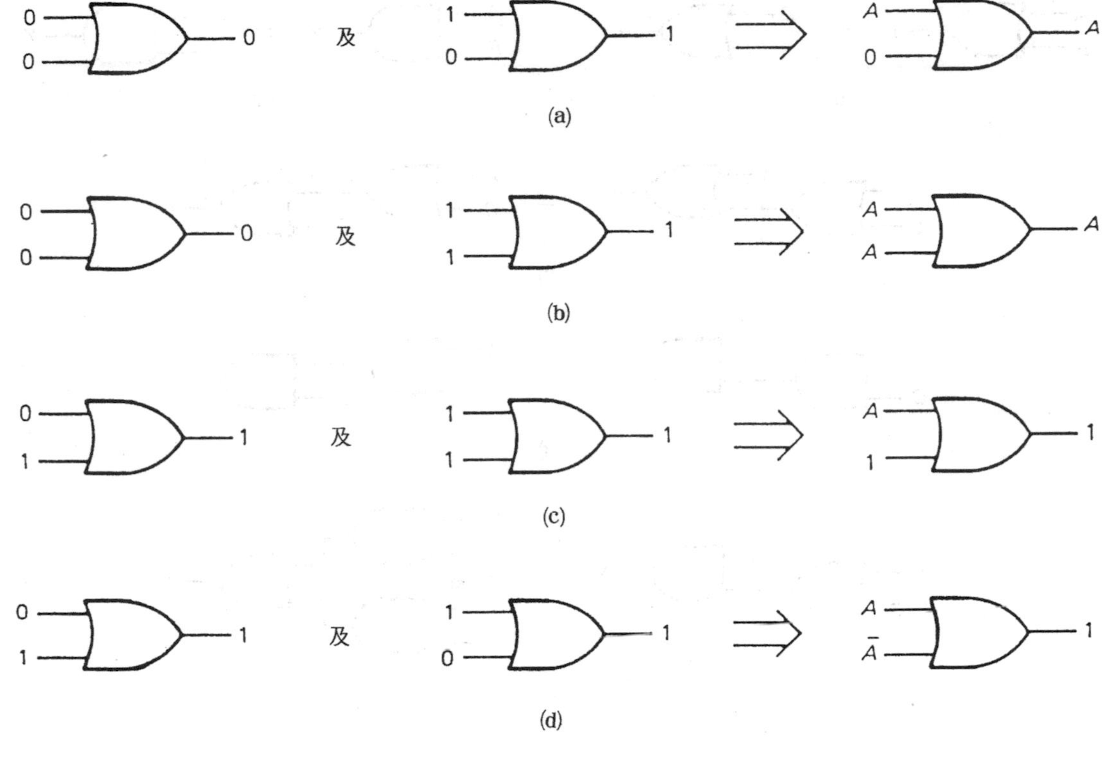

▲ 圖 3-4　或運算關係

4. 第摩根定理(Demorgan's Law)

   第摩根定理

   (1) $\overline{A+B}=\overline{A}\cdot\overline{B}$ 和之補數等於補數之積

   (2) $\overline{A\cdot B}=\overline{A}+\overline{B}$ 積之補數等於補數之和

   摩根定理可以推廣到三個以上的變數

   (1) $\overline{A+B+C}+\cdots=\overline{A}\cdot\overline{B}\cdot\overline{C}\cdots$

   (2) $\overline{A\cdot B\cdot C}+\cdots=\overline{A}+\overline{B}+\overline{C}+\cdots$

   由於數位 IC 大多由 NAND gate 和 NOR gate 組成，正好與第摩根定理的 $\overline{A\cdot B}$ (即 NAND)，$\overline{A+B}$ (即 NOR)相配合，因此學習者不妨試著，以此兩 gate 組成 AND、OR、NOT 等 gate，也可以證明 $\overline{A+B}\neq\overline{A}+\overline{B}$ ，$\overline{A\cdot B}\neq\overline{A}\cdot\overline{B}$ 。

5. 一致定律(the Law of consensus)

   像第摩根定律一樣，一致定律也有一些不顧任何邏輯來源的特性，然而，此定律的有效性能夠很容易地藉眞值表分析而被證明，請參考圖 3-5。

行

列

	1	2	3	4	5	6	7	8	9	10
	X	Y	Z	$\overline{X}$	$X+Y$	$\overline{X}+Z$	$(X+Y)(\overline{X}+Z)$	XZ	$\overline{X}Y$	$XZ+\overline{X}Y$
A	0	0	0	1	0	1	0	0	0	0
B	0	0	1	1	0	1	0	0	0	0
C	0	1	0	1	1	1	1	0	1	1
D	0	1	1	1	1	1	1	0	1	1
E	1	0	0	0	1	0	0	0	0	0
F	1	0	1	0	1	1	1	1	0	1
G	1	1	0	0	1	0	0	0	0	0
H	1	1	1	0	1	1	1	1	0	1

注意相等

$$(X+Y)(\overline{X}+Z)=XZ+\overline{X}Y$$

(a)真值表說明

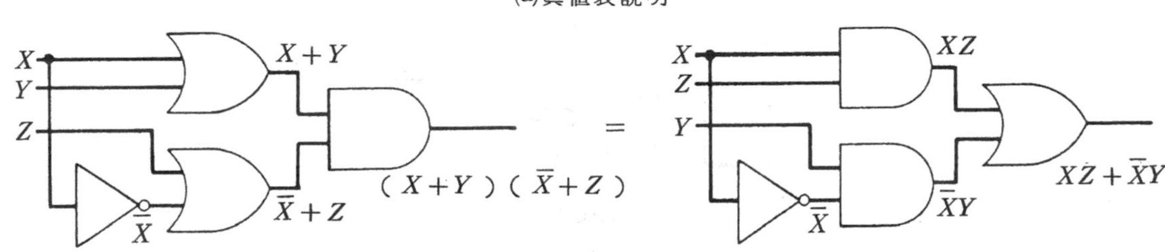

(b)等效邏輯電路

▲ 圖 3-5 一致定律

3-2-2 閘的變換

基本的雙輸入反及閘或雙輸入反或閘可用以組成其他任何邏輯閘。

1. 以輸入 NAND gate 和 NOR gate 作爲反相器

如圖 3-6 所示，爲獲得反相器的四種方法，可知 NAND 或 NOR gate 所有輸入端並接成一輸入端就成爲反相器。

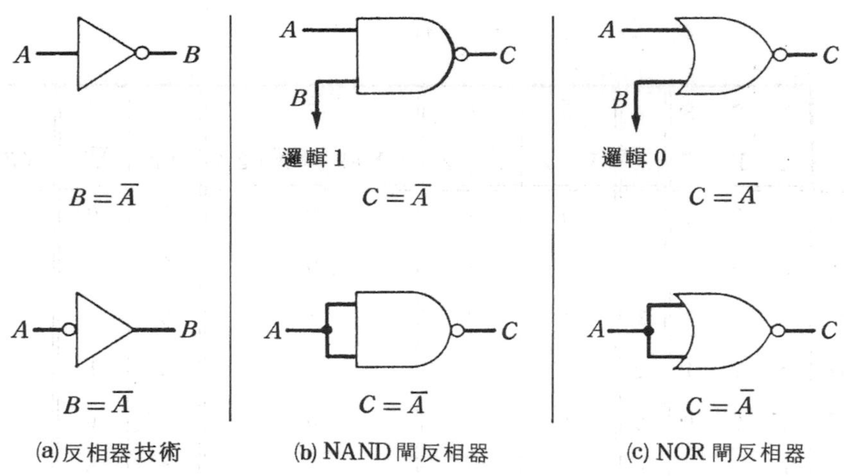

▲ 圖 3-6　構成 INVERT 功能

2. 擴展 AND gate 功能

圖 3-7(a)指出一個像可用在 7408 TTL 和 4081 CMOS IC 包裝的基本 2-輸入 AND 閘。圖 3-7(b)接著指出如何使用兩個這種 2-輸入 AND 閘以構成 3-輸入的 AND 函數。圖 3-7(c)指出如何使用兩個 2-輸入 AND 閘以構成 4-輸入的 AND 函數。

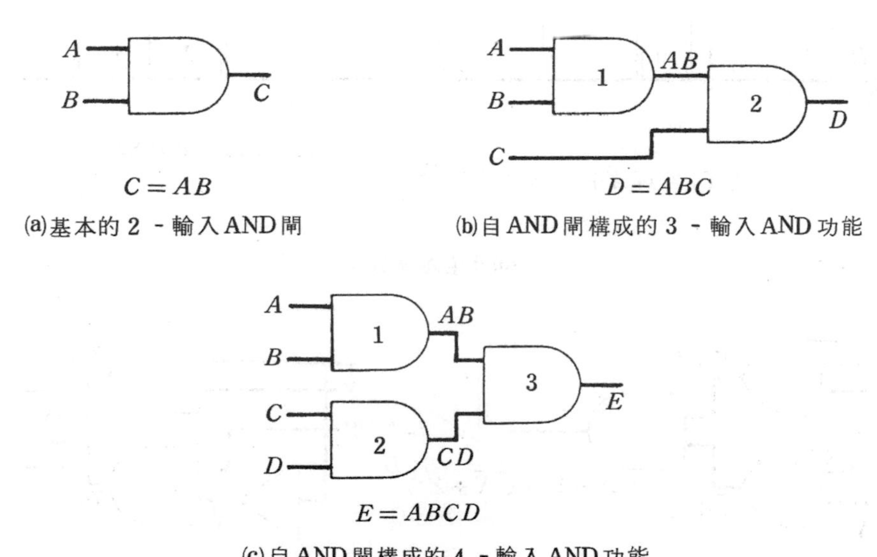

▲ 圖 3-7

3. 以 NAND gate 構成 AND 之功能

如圖 3-8 所示爲自 NAND gate 構成 AND gate 功能的兩種方法。

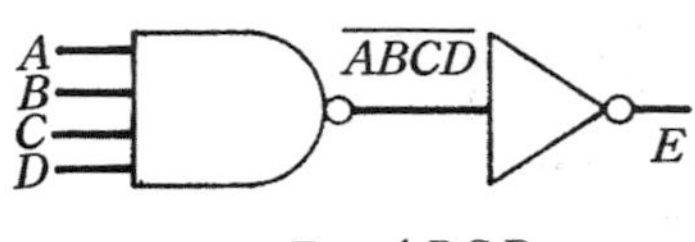

$E = ABCD$

(a)自一 NAND 閘及反相器構成的 4 - 輸入 AND 功能

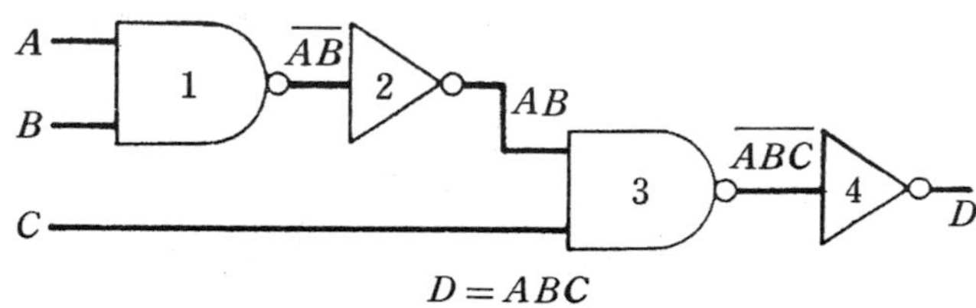

(b)自 2 - 輸入 NAND 閘及反相器構成的 3 - 輸入 AND 功能

▲ 圖 3-8

4. 以 NOR gate 構成 AND 之功能

圖 3-9 所示指出如何自 NOR gate 構成 AND 之功能，小心注意這些 NOR gate，等效的輸入都經過反相。

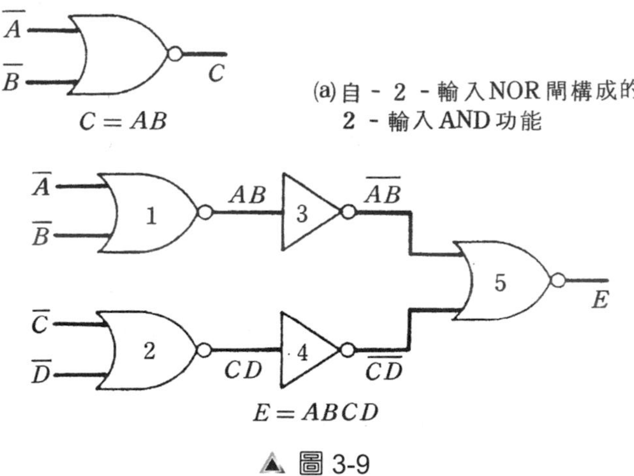

(a)自 - 2 - 輸入 NOR 閘構成的 2 - 輸入 AND 功能

▲ 圖 3-9

5. 以 NAND 及 NOR gate 構成 AND 之功能

圖 3-10(a)和 3-10(b)指出如何自 2-輸入 NAND 和 NOR 閘的組合構成 4-輸入的 AND 功能。

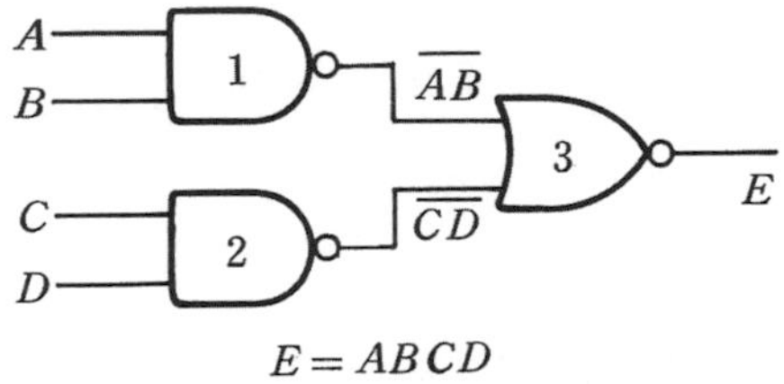

(a)自需要非反相輸入的 NAND 及 NOR 閘構成的 4 - 輸入 AND 功能

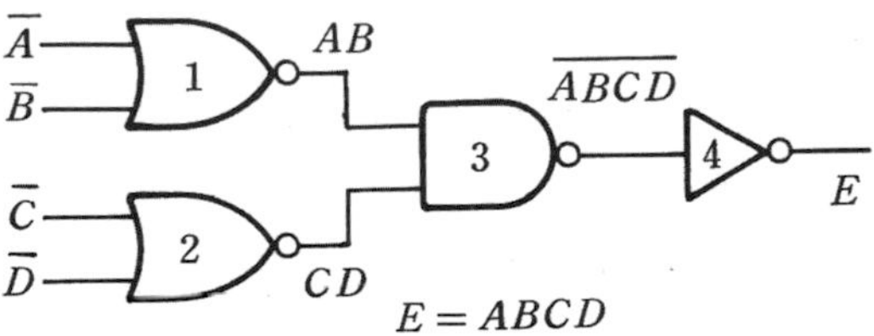

(b)自需要反相輸入的 NAND 及 NOR 閘構成的 4 - 輸入 AND 功能

▲ 圖 3-10

6. 擴展 OR gate 功能

圖 3-11(a)指出可用在 7432 TTL 包裝或 4071 CMOS IC 包裝的基本 2-輸入 OR 閘。任何一種情形，此電路只有兩個輸入；所以，電路設計者欲利用 OR 閘以執行要求兩個以上輸入的基本 OR 功能時，必須擴展如圖 3-11(b)和 3-11(c)所示的簡單閘。

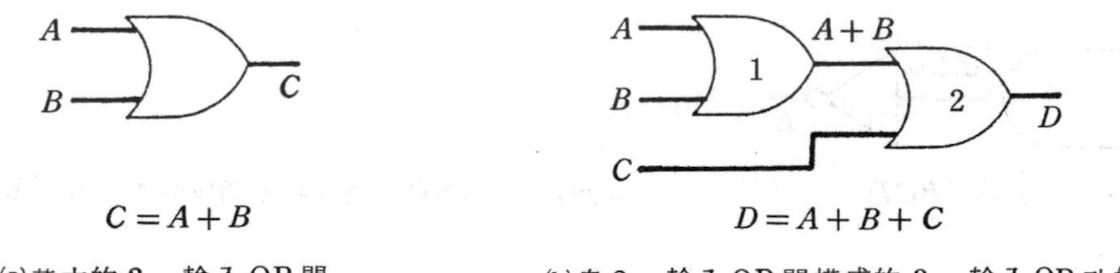

(a)基本的 2 - 輸入 OR 閘　　(b)自 2 - 輸入 OR 閘構成的 3 - 輸入 OR 功能

▲ 圖 3-11

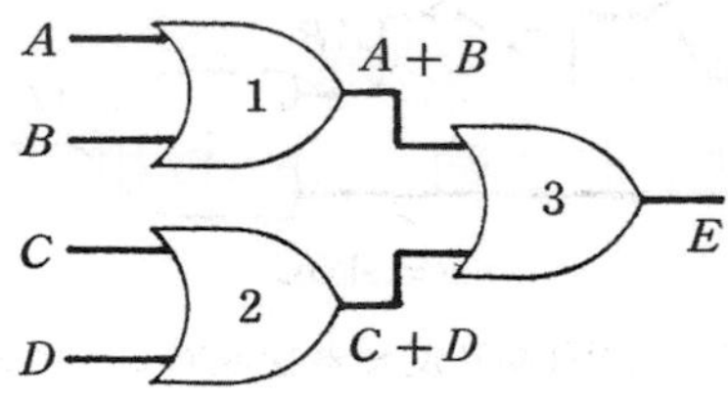

$E=A+B+C+D$

(c)自 2 - 輸入 OR 閘構成的 4 - 輸入 OR 功能

▲ 圖 3-11 (續)

7. 以 NOR gatc 構成 OR 功能

如圖 3-12 所示爲自 NOR gate 組成 OR gate 功能之兩種方怯。

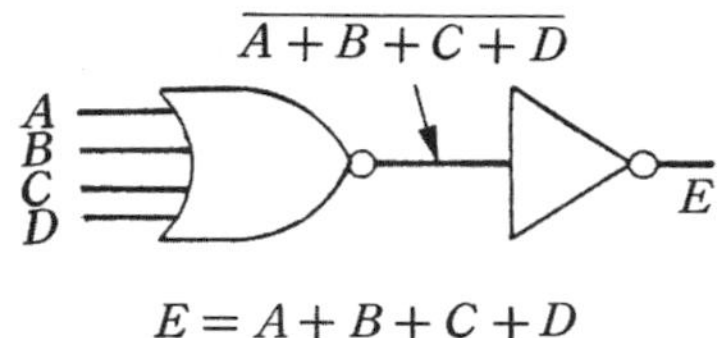

$E=A+B+C+D$

(a)自 NOR 閘及反相器構成的 4 - 輸入 OR 功能

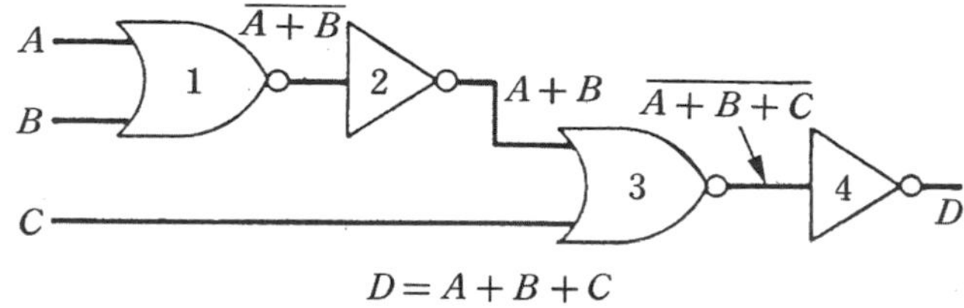

$D=A+B+C$

(b)自 2 - 輸入 NOR 閘及反相器構成的 3 - 輸入 OR 功能

▲ 圖 3-12

8. 以 NAND gate 構成 OR 功能

圖 3-13 所示指出如何自 NAND gate 構成 OR gate 之功能，小心注意這些 NAND gate 電路，等效輸入全部都經過反相。

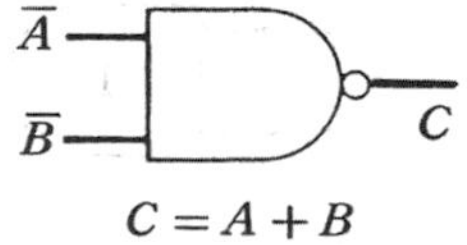

$C=A+B$

(a)自一 2 - 輸入 NAND 閘構成的 2 - 輸入 OR 功能

▲ 圖 3-13

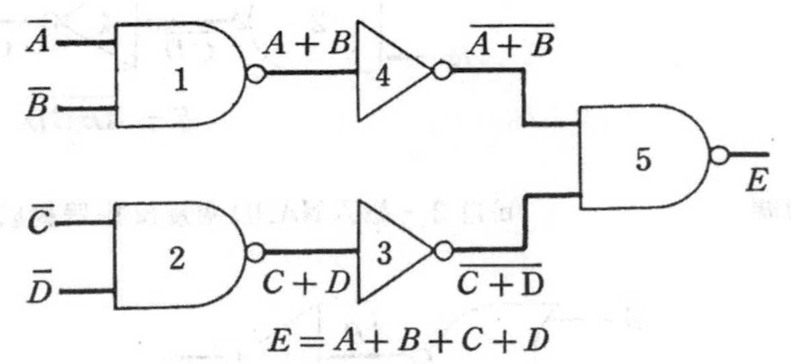

$E=A+B+C+D$

(b)自 2 －輸入NAND閘及反相器構成的 4 －輸入 OR 功能

▲ 圖 3-13　(續)

9. 以 NAND 及 NOR gate 構成 OR 功能

圖 3-14(a)和 3-14(b)指出兩個組合 NAND 和 NOR 閘，以執行及擴展基本 OR 功能的方法。這些特別的例子應用到 4-輸入的 OR 功能，但其一般型式可以化簡或擴展以產生具有任意數目輸入的 OR 功能。

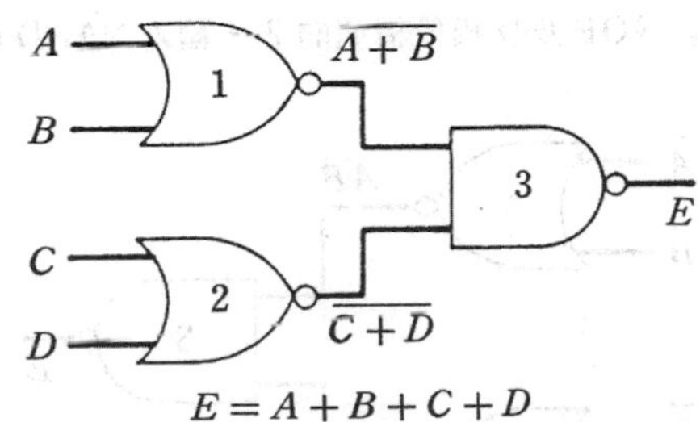

$E=A+B+C+D$

(a)自需要非反相輸入的NAND及NOR閘構成的 4 －輸入 OR 功能

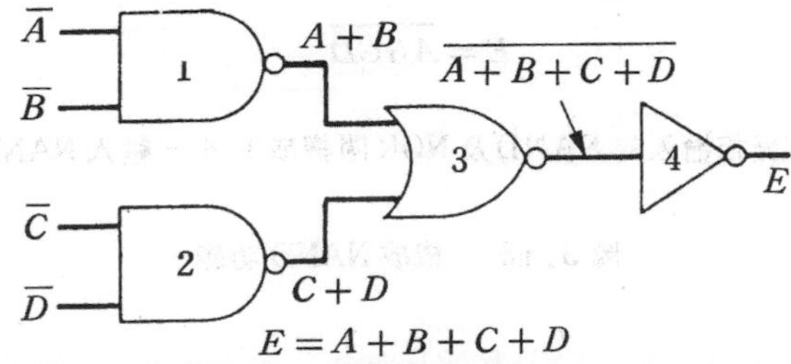

$E=A+B+C+D$

(b)自需要反相輸入的NAND及NOR閘構成的 4 －輸入 OR 功能

▲ 圖 3-14

10. 擴展及構成 NAND 功能

圖 3-15 指出 NAND 閘功能如何能自 NAND、NOR 和 INVERT 閘的組合裏被擴展或構成的一些例子。

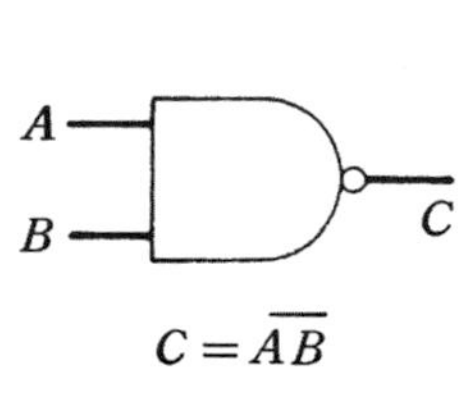

(a)基本的 2 - 輸入 NAND 閘

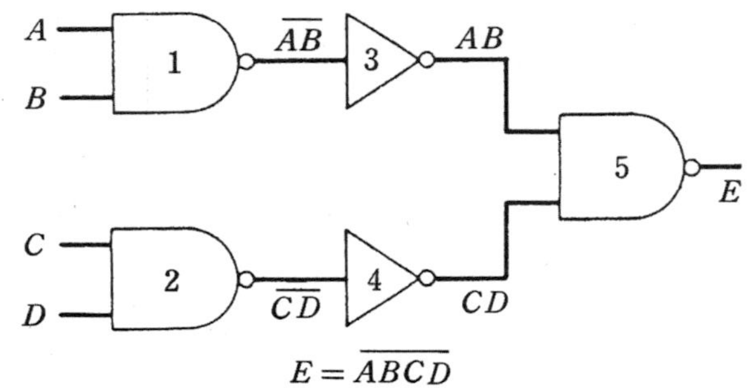

(b)自 2 - 輸入 NAND 閘及反相器構成的 4 - 輸入 NAND 功能

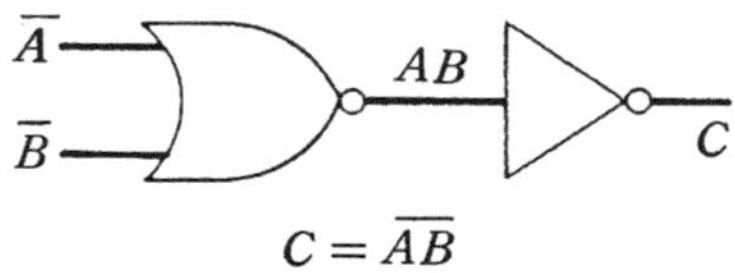

(c)自 NOR 及反相器構成的 2 - 輸入 NAND 功能

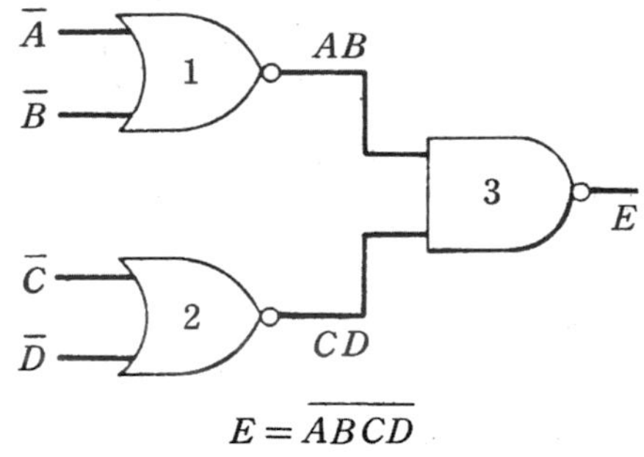

(d)自需要反相輸入的 NAND 及 NOR 閘構成的 4 - 輸入 NAND 功能

▲ 圖 3-15 構成 NAND 功能

11. 擴展及構成 NOR 功能

圖 3-16 的電路說明了一些的 NAND 和 NOR 閘和反相器擴展與構成 NOR 功能的一般方法。

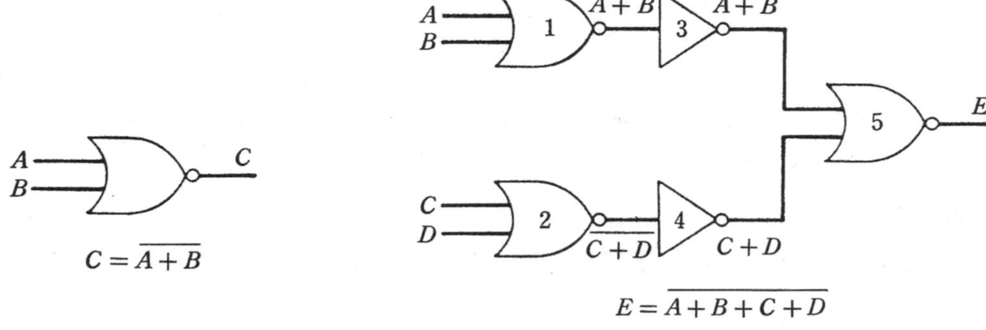

(a)基本的 2 - 輸入 NOR　　(b)自 2 - 輸入 NOR 閘及反相器構成的 4 - 輸入 NOR 功能

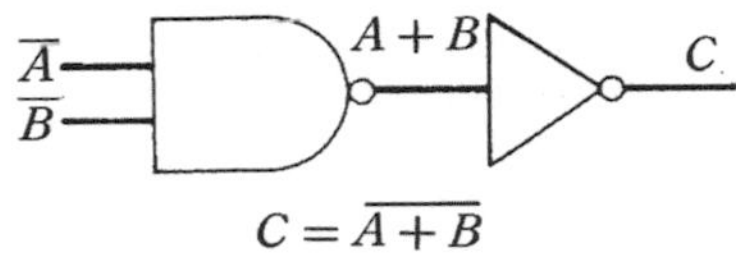

(c)自一 NAND 閘及反相器構成的 2 - 輸入 NOR 功能

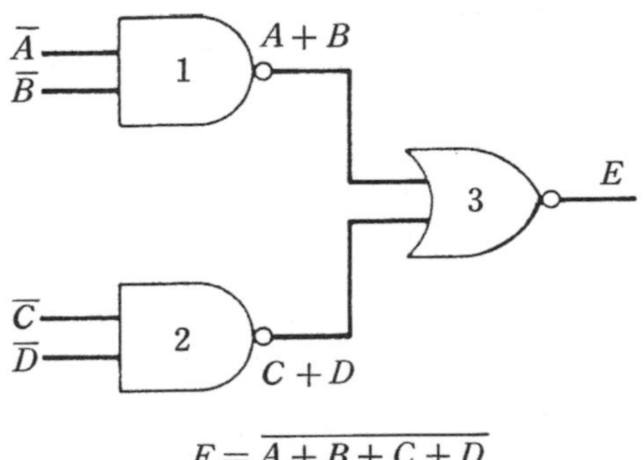

(d)自需要反相輸入的 NAND 及 NOR 閘構成的 4 - 輸入 NOR 功能

▲ 圖 3-16　構成 NOR 功能

3-2-3 布林代數之簡化

為導出一系列簡化布林式子的系統方法，讓我們先下幾個定義：

文字符號(literal)：在一式子中，不管以有撇號或無撇號的形式出現的變數，我們均把它們叫做文字符號。例如在 $A\overline{B}C$ 項中，包含了三個文字符號：A、$\overline{B}$ 和 C。

積項(product term)：一積項是幾個文字符號相乘的項，例如：$A\overline{B}C$ 是一個積項，而 $A(\overline{B}+C)$則不是，因為在$(\overline{B}+C)$中包含了一“＋”的符號。

和項(sum term)：一和項是幾個文字符號相“＋”的項，例如 $A+\overline{B}+C$ 是一個和項，而$[A(B+C)]$則不是，因為在 A 與$(B+C)$間存在著一隱含的“乘號”。

定義城(domain)：一函數的定義域是指一組使得此一函數存在之變數的組合。這可能是以隱含的形式，也可能是用明確定義的形式表示出來。式子 $f(x, y, z)$，很明確地指出 f 是 x, y 和 z 三個變數的函數，亦即定義域是 x, y 和 z。

標準積項(standard product term)：是包含定義域中每一變數文字符號在內的積項。例如：若定義域 A、B、C 及 D，那麼 $A\overline{B}\overline{C}D$ 便是一個標準積項，但 ACD 則不是，因為它缺少了文字符號 B。

標準和項(standard sum term)：是包含定義域中每一變數文字符號在內的積項。例如：$\overline{A}+\overline{B}+\overline{C}+\overline{D}$ 是一個標準和項；但 $A+B+D$ 則不是。

積之和形式(sum of products form)：假如一式子是由數個積項的和所組成，那麼此式便是積之和(SOP)形式。

例如：$A\overline{B}+ABC$ 是 SOP 形式。假如在一式子中每一積項均是標準積項，則此一式子是標準積之和形式。

和之積形式(product of sums form)：假如一式子僅包含某些文字符號“和”的乘積，那麼此式便是和之積(POS)形式。例如：$(A+B)(A+B+\overline{C})$便是 POS 形式。假如一式子中，每一“和”項均是標準和項，那麼此式便是標準和之積形式。圖 3-17 中繪出了及閘的各種可能輸入變數之組合。

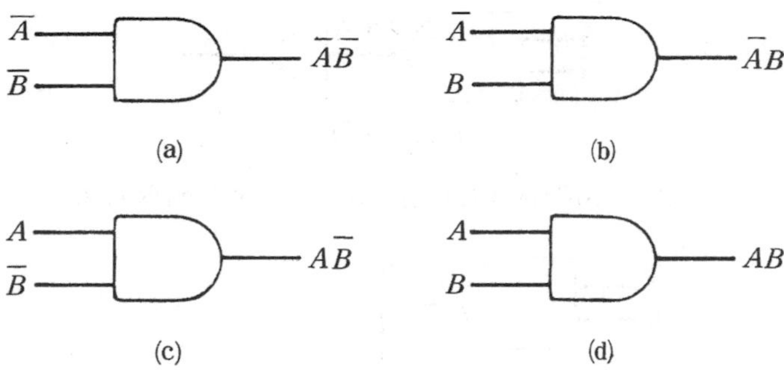

▲ 圖 3-17 基本積項

表 3-1 中列出了二輸入及閘的四種可能輸入變數組合。它們分別爲 $\overline{A}\,\overline{B}$、$\overline{A}B$、$A\overline{B}$ 與 AB。這四項我們將其稱爲基本積項(fundamental products)。因爲每一項在其對應的輸入時，都會產生 1 的輸出。例如：$\overline{A}\,\overline{B}$ 爲 1 的條件是 $A=0$，$B=0$；$\overline{A}B$ 爲 1 的條件是 $A=0$，$B=1$，以下依此類推。

同樣的觀念可引用到三個輸入變數。A、B、C 三個輸入變數共有 8 種可能的輸入組合。也就是說其基本積項爲：$\overline{A}\,\overline{B}\,\overline{C}$、$\overline{A}\,\overline{B}C$、$\overline{A}B\overline{C}$、$\overline{A}BC$、$A\overline{B}\,\overline{C}$、$A\overline{B}C$、$AB\overline{C}$ 與 ABC。

▼ 表 3-1

A	B	基本積項
0	0	$\overline{A}\,\overline{B}$
0	1	$\overline{A}B$
1	0	$A\overline{B}$
1	1	AB

▼ 表 3-2

A	B	C	基本積項
0	0	0	$\overline{A}\,\overline{B}\,\overline{C}$
0	0	1	$\overline{A}\,\overline{B}C$
0	1	0	$\overline{A}B\overline{C}$
0	1	1	$\overline{A}BC$
1	0	0	$A\overline{B}\,\overline{C}$
1	0	1	$A\overline{B}C$
1	1	0	$AB\overline{C}$
1	1	1	ABC

表 3-2 列出了 8 種可能的輸入組合及其對應的基本積項。再一次我們注意到此一性質：每一基本積項在其對應的輸入出現時，輸出才爲 1。例如：$\overline{A}\,\overline{B}\,\overline{C}$ 爲 1 的條件是 $A=0$，$B=0$，$C=0$。$\overline{A}\,\overline{B}C$ 爲 1 的條件則是 $A=0$，$B=0$，$C=1$。以下依次類推。

若輸入變數的個數爲 4 時，則總共有 0000 至 1111 的 16 種輸入組合。而其對應的基本積項則從 $\overline{A}\,\overline{B}\,\overline{C}\,\overline{D}$ 至 $ABCD$。現在我們介紹一個快速求解任意輸入組合的基本積項方法。如果輸入變數值爲 0，則此變數在基本積項內將以補數的形式出現。舉例來說，如果輸入爲 0110，則基本積項爲 $\overline{A}BC\overline{D}$。同樣的，若輸入爲 0100，則基本積項爲 $\overline{A}B\overline{C}\,\overline{D}$。

從眞值表中，我們可以得到一個對應的邏輯電路。其方法是將每個輸出爲 1 的基本積項 OR 起來。例如，假設我們有一如表 3-3 所示的眞值表，則我們先將每個輸出爲 1 的基本積項列出來，之後再將它們全部 OR 起來，即可得到

$$Y=\overline{A}B\overline{C}+A\overline{B}C+AB\overline{C}+ABC$$

圖 3-18 爲此方程式之等效邏輯電路。

▼ 表 3-3

A	B	C	基本積項
0	0	0	0
0	0	1	0
0	1	0	1→ $\overline{A}B\overline{C}$
0	1	1	0
1	0	0	0
1	0	1	1→ $A\overline{B}C$
1	1	0	1→ $AB\overline{C}$
1	1	1	1→ ABC

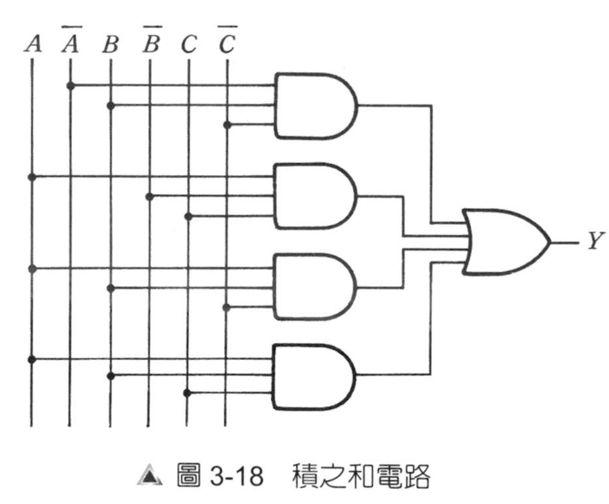

▲ 圖 3-18 積之和電路

有一眞值表如表 3-4，我們先寫出輸出爲 1 的基本積項；然後再將全部 OR 起來，得到的布林函數是：

$$Y=\overline{A}\,\overline{B}CD+\overline{A}BCD+A\overline{B}\,\overline{C}D$$

圖 3-19 所示爲此方程式的等效邏輯電路圖。

▼ 表 3-4

A	B	C	D	Y
0	0	0	0	0
0	0	0	1	0
0	0	1	0	0
0	0	1	1	1
0	1	0	0	0
0	1	0	1	0
0	1	1	0	0
0	1	1	1	1
1	0	0	0	0
1	0	0	1	1
1	0	1	0	0
1	0	1	1	0
1	1	0	0	0
1	1	0	1	0
1	1	1	0	0
1	1	1	1	0

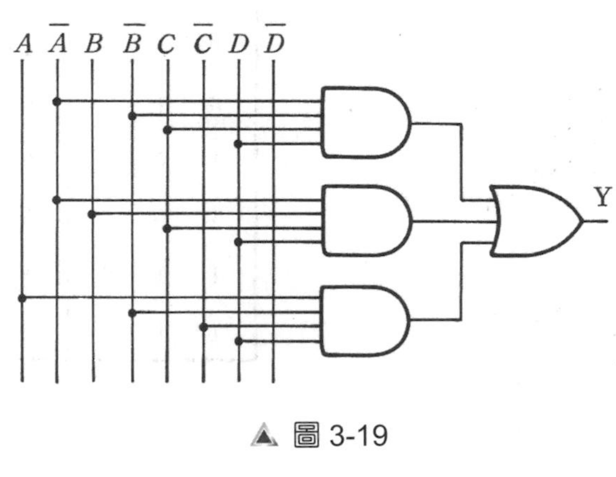

▲ 圖 3-19

一般而言積之和的方法是很有效的，通常我們是先求出輸出爲 1 的基本積項，然後得到一方程式。利用此方程式，我們即可直接將等效的邏輯電路繪出。

數位設計所採用的方法之一是先將真值表轉換成積之和等式，然後再將其化簡，最後再得到一實際的邏輯電路。

3-2-4　卡諾圖簡化法

絕大部份的工程技術人員都是利用卡諾圖(Karnaugh maps)方法來化簡邏輯函數，而不是採用上面所介紹的代數化簡法。

卡諾圖是根據邏輯函數中的變數所列成的一種方陣式的圖表。

1. 二變數卡諾圖

圖 3-20 是一個雙變數卡諾圖，變數 A 佔二行：$A = 0$ 的一行表示 $\overline{A}$，$A = 1$ 的一行表示 A，變數 B 佔二列：$B = 0$ 的一列表示方 $\overline{B}$，$B = 1$ 的一列表示 B。於是表中四個位置分別表示 $\overline{A}\,\overline{B}$、$A\overline{B}$、$\overline{A}B$ 和 AB 等四種組合情形，如果有一個函數 $f = AB + A\overline{B} + \overline{A}B$，那麼我們可以在代表 AB 的那一格中記上一個 1，在代表 $\overline{A}B$ 的格中記上 1，在代表 $A\overline{B}$ 的格中記上 1，剩下來的則記爲 0，如圖 3-21 所示，於是我們可以用卡諾圖代替真值表來表示函數 f。

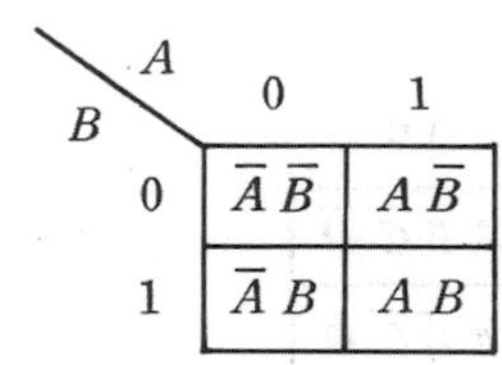

▲ 圖 3-20　二變數卡諾圖

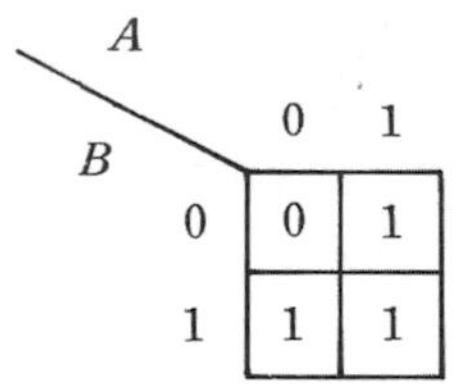

▲ 圖 3-21　函數 $= AB + \bar{A}B + A\bar{B}$ 的卡諾圖

2. 三變數卡諾圖

圖 3-22 是一個 3 變數的卡諾圖，變數 AB 佔據 4 行：00 , 01 , 11 和 10，分別表示 $\bar{A}\bar{B}$，$\bar{A}B$，AB 和 $A\bar{B}$ 的情形；變數 C 佔據二列：0 和 1，分別表示 $\bar{C}$ 和 C 的情形。於是表中每個格子分別表示 $\bar{A}\bar{B}\bar{C}$、$\bar{A}B\bar{C}$、$AB\bar{C}$、$A\bar{B}\bar{C}$、$\bar{A}BC$、$\bar{A}\bar{B}C$、ABC 和 $A\bar{B}C$ 等各種組合情形。

▼ 表 3-5

A	B	C	Y
0	0	0	0
0	0	1	0
0	1	0	1
0	1	1	0
1	0	0	0
1	0	1	0
1	1	0	1
1	1	1	1

C \ AB	00	01	11	10
0	$\bar{A}\bar{B}\bar{C}$	$\bar{A}B\bar{C}$	$AB\bar{C}$	$A\bar{B}\bar{C}$
1	$\bar{A}\bar{B}C$	$\bar{A}BC$	ABC	$A\bar{B}C$

▲ 圖 3-22　3 變數卡諾圖

C \ AB	00	01	11	10
0	0	1	1	0
1	0	0	1	0

▲ 圖 3-23　表 3-5 之卡諾圖

讀者一定覺得奇怪會問：爲什麼表示 AB 的 4 行要按照 00，01，11，10 的順序，而不按 00，01，10，11 的自然順序？這是有原因的，簡單的說，在此種安排方式下，相鄰的兩項最多只有一個變數的差異(補數與非補數的差異)。我們自表 3-5 中找出所有輸出爲 1 的基本積項，即 $\bar{A}B\bar{C}$、$AB\bar{C}$、ABC 首先將 1 填入這些項的對應位置內。然後再將其餘的空格以 0 填滿。如圖 3-23 所示。卡諾圖的優點是能將積之和電路所需的基本積項表示出來。

3. 四變數卡諾圖

四個變數的卡諾圖則如圖 3-24 所示，縱的四行表示 AB，橫的四列則表示 CD 當然各行各列都依照 00，01，11，10 的格雷碼順序，於是十六格中，任意相鄰二格仍然只有一個數元不同，最左邊一行和最右邊一行也視爲相鄰，最上面一列和最下面一列也視爲相鄰。

CD \ AB	00	01	11	10
00	$\overline{A}\,\overline{B}\,\overline{C}\,\overline{D}$	$\overline{A}B\overline{C}\,\overline{D}$	$AB\overline{C}\,\overline{D}$	$A\overline{B}\,\overline{C}\,\overline{D}$
01	$\overline{A}\,\overline{B}\,\overline{C}D$	$\overline{A}B\overline{C}D$	$AB\overline{C}D$	$A\overline{B}\,\overline{C}D$
11	$\overline{A}\,\overline{B}CD$	$\overline{A}BCD$	$ABCD$	$A\overline{B}CD$
10	$\overline{A}\,\overline{B}C\overline{D}$	$\overline{A}BC\overline{D}$	$ABC\overline{D}$	$A\overline{B}C\overline{D}$

▲ 圖 3-24 四變數卡諾圖

4. 卡諾圖化簡法

將任意相鄰的二個 1 圈起來可以消掉一個多餘的變數，有時候我們還可以將四個相連的 1 圈起來以消掉兩們多餘的變數，有的甚至還可以將八個相連的 1 圈起來以消掉三個多餘的變數。

圖 3-25 所示爲三變數卡諾圖化簡之一些實例。

圖 3-26 爲四變數卡諾圖化簡的一些實例，希讀者能自行參照原理．自行練習印證。

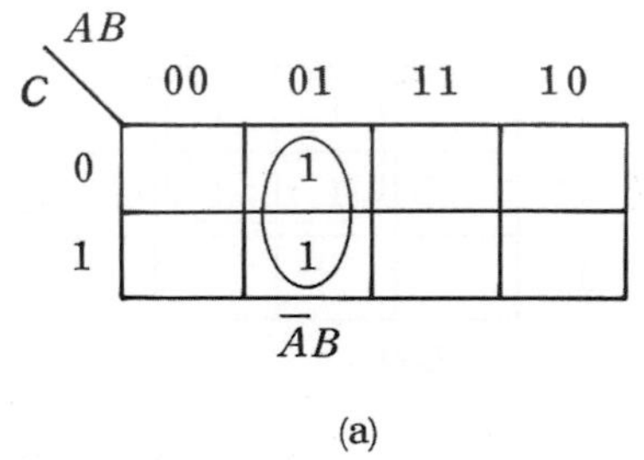

(a)

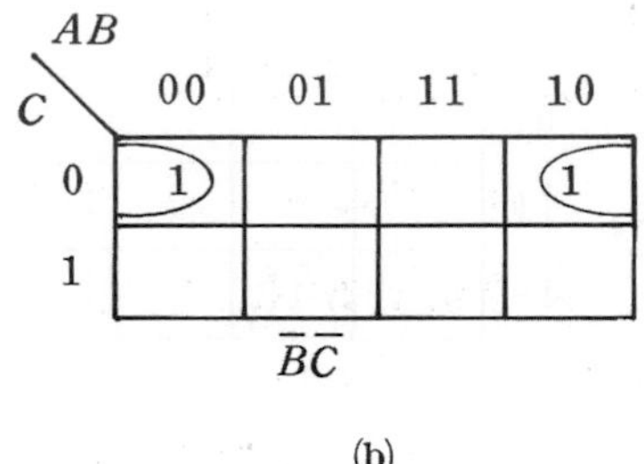

(b)

▲ 圖 3-25

B

(c)

$\overline{B}$

(d)

$\overline{B}C$

(e)

▲ 圖 3-25 (續)

$B\overline{C}D$

(a)

$\overline{B}\,\overline{C}\,\overline{D}$

(b)

$\overline{A}B\overline{D}$

(c)

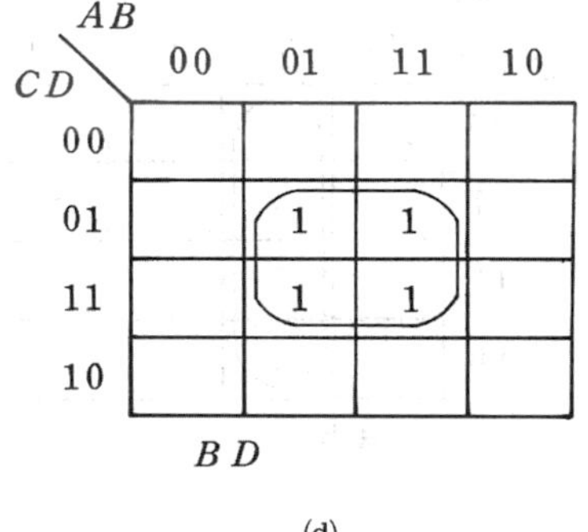

(d)

▲ 圖 3-26

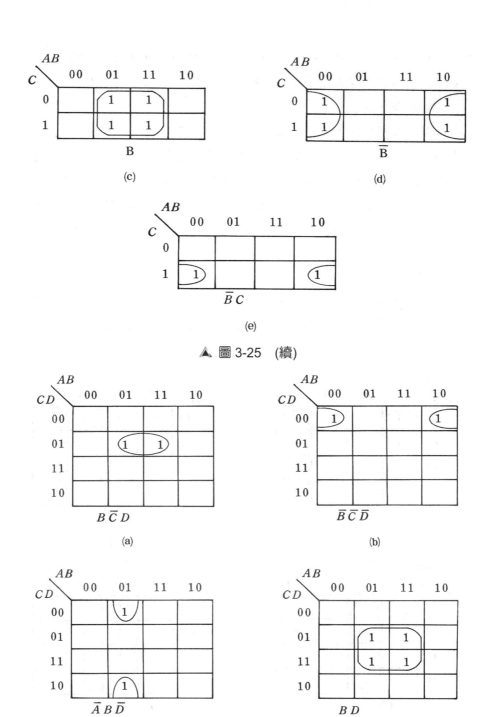

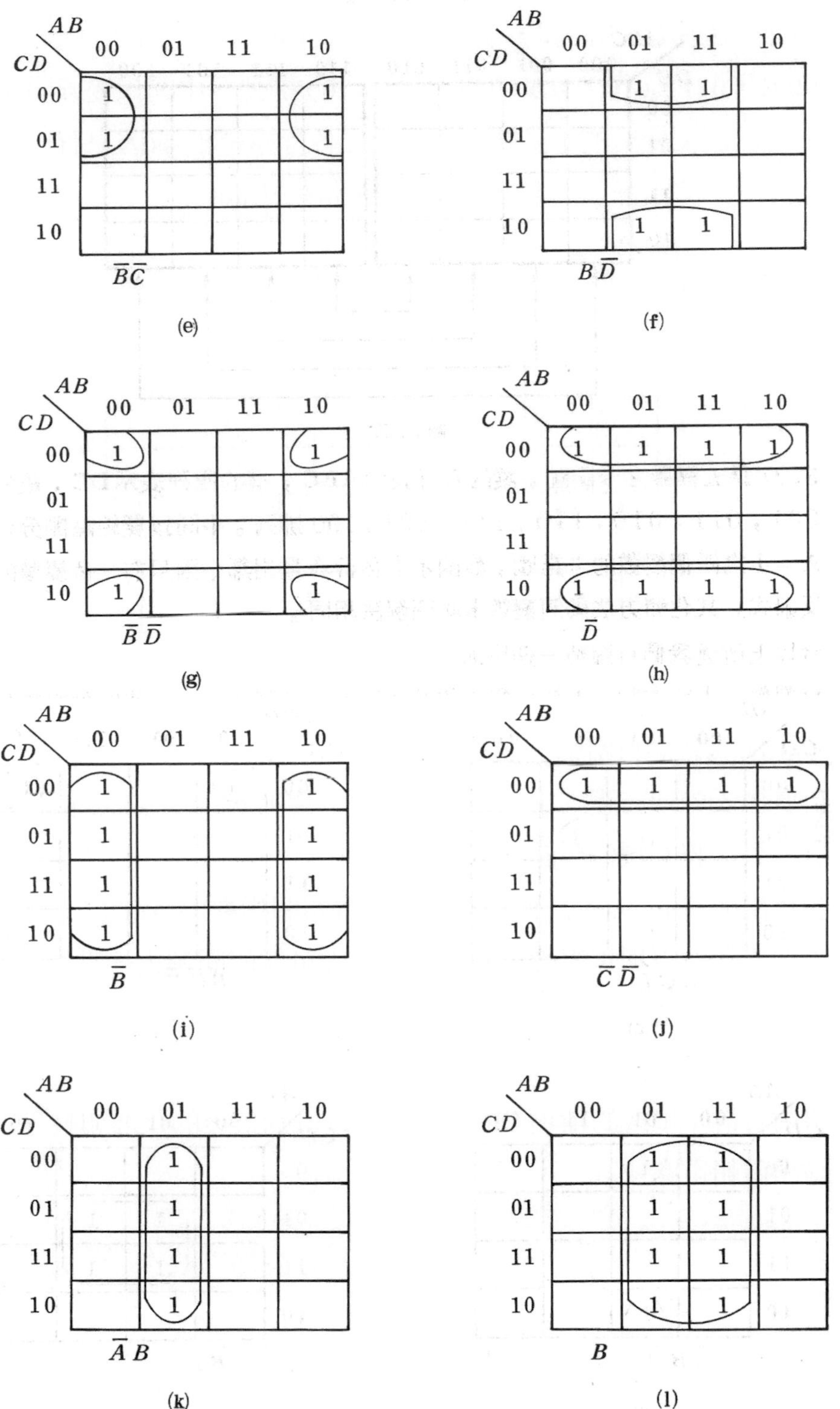
AB
CD
00
01
11
10
1
$\overline{B}\,\overline{C}$
(e)
$B\overline{D}$
(f)
$\overline{B}\,\overline{D}$
(g)
$\overline{D}$
(h)
$\overline{B}$
(i)
$\overline{C}\,\overline{D}$
(j)
$\overline{A}B$
(k)
B
(l)

▲ 圖 3-26　(續)

圖 3-27 爲五變數之卡諾圖，縱的八行表示 ABC，橫的四列表示 DE，縱的八行依 000，001，011，010，110，111，101，100 排列。中間以雙線隔開分別代表 $A = 0$ 及 $A = 1$ 之四個變數的卡諾圖，然圖示之各行亦是相鄰(因只有一個變數的差異)，且是反射式。其化簡方法與四變數卡諾圖解法相同。

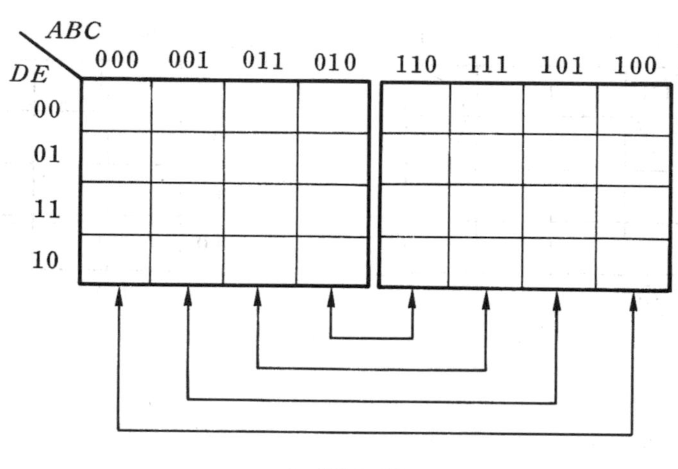

▲ 圖 3-27

綜合以上所述我們可歸納一個原則

(1) 自眞値表中或方程式中找出爲 1 的基本積項。並將 1 塡入卡諾圖的對應位置。最後將 0 塡滿其餘的空格。

(2) 圈選出所有的 octet(八個相鄰)、guad (四個相鄰)、pair (二個相鄰)。尤其不要忘了捲頁與重複圈選的技巧，應儘可能的圈選大一點的一群 1。

(3) 如果還有單獨的 1 項存在，也將其圈起來。

(4) 剔除贅群(被其他群所完全涵蓋的一群)。

(5) 將由各群 1 構成的積項 OR 在一起，以得到最後的化簡布林等式。

(6) 繪出邏輯電路。

3-3　實習項目

工作一：

設計一邏輯電路，該電路有兩輸入、一輸出，當兩輸入相同時輸出 0，輸入相異時輸出 1，試以雙輸入之反及閘組成該電路。

工作程序：

1. 先列出眞值表，如表 3-6 所示。
2. 由眞值表列式 $f=\overline{A}B+A\overline{B}$。
3. 繪出電路，如圖 3-28 所示。
4. 按圖 3-28 接妥電路，輸出端接一 LED 做爲負載。
5. A、B 輸入端以 Hi/LO 變化，觀察 LED 亮滅情況，是否與表 3-6 相同。

▼ 表 3-6

A	B	f	
0	0	0	
0	1	1	$\overline{A}B$
1	0	1	$A\overline{B}$
1	1	0	

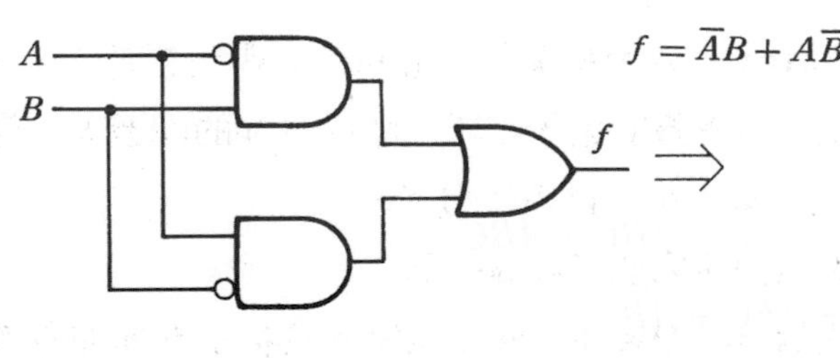

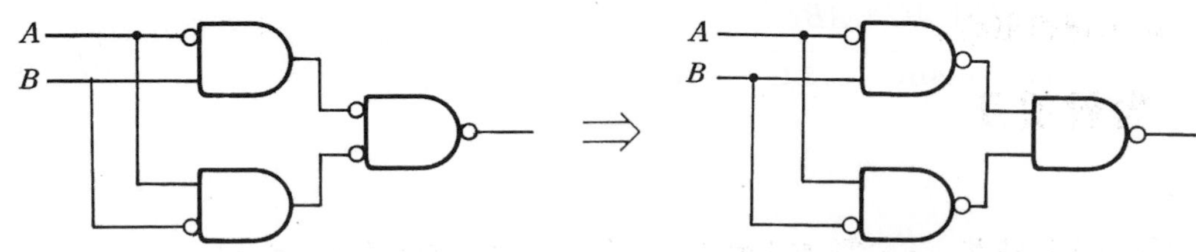

▲ 圖 3-28

工作二：設計能執行兩位元相加的電路

工作程序：

1. 先列出眞值表，如表 3-7 所示。
2. 由眞值表列出方程式

   進位(f_1) = AB

   和(f_2) = $\overline{A}B + A\overline{B} = A \oplus B$
3. 由方程式繪出邏輯電路圖，如圖 3-29 所示。
4. 按圖施工，取 AND，XOR IC 完成之，變化 A、B 輸入電位觀看 f_1、f_2 輸出端 LED 變化之情形與表 3-7 所列情況是否吻合。

▼ 表 3-7

A	B	f_1 進位	f_2 和
0	0	0	0
0	1	0	1
1	0	0	1
1	1	1	0

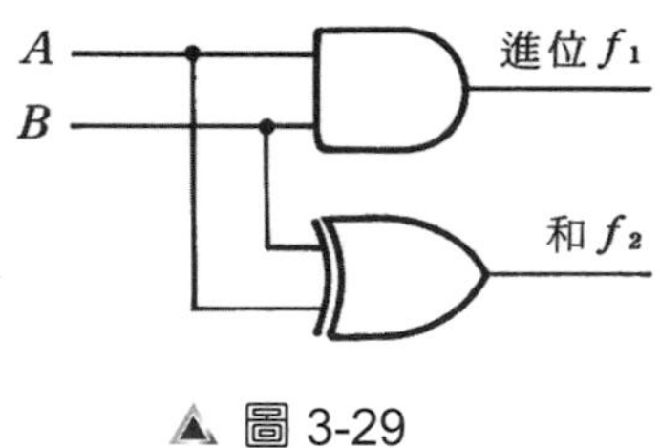

▲ 圖 3-29

工作三：設計全加器電路

工作程序：

1. 列出全加器眞值表，如表 3-8 所示。
2. 列出式子

   進位(f_1) = $\overline{A}BC + A\overline{B}C + AB\overline{C} + ABC$

   $= \overline{A}BC + A\overline{B}C + AB$

   $= BC + AC + AB$

   和(f_2) = $\overline{A}\,\overline{B}C + \overline{A}B\overline{C} + A\overline{B}\,\overline{C} + ABC$

▼ 表 3-8　全加器真值表

A	B	C	f_1 進位	f_2 和
0	0	0	0	0
0	0	1	0	1
0	1	0	0	1
0	1	1	1	0
1	0	0	0	1
1	0	1	1	0
1	1	0	1	0
1	1	1	1	1

(3) 繪出電路，如圖 3-30 所示。

(4) 將上兩式經化簡得

$$f_1 = \overline{A}BC + A\overline{B}C + AB = C(\overline{A}B + A\overline{B}) + AB$$

$$= C(A \oplus B) + AB$$

$$f_2 = \overline{A}(\overline{B}C + B\overline{C}) + A(\overline{B}\,\overline{C} + BC)$$

$$= \overline{A}(B \oplus C) + A(\overline{B \oplus C}) = A \oplus (B \oplus C)$$

$$= A \oplus B \oplus C$$

5. 繪出電路圖，如圖 3-31 所示。
6. 完成圖 3-30 及圖 3-31，比較兩者優先狀況，是否相同。

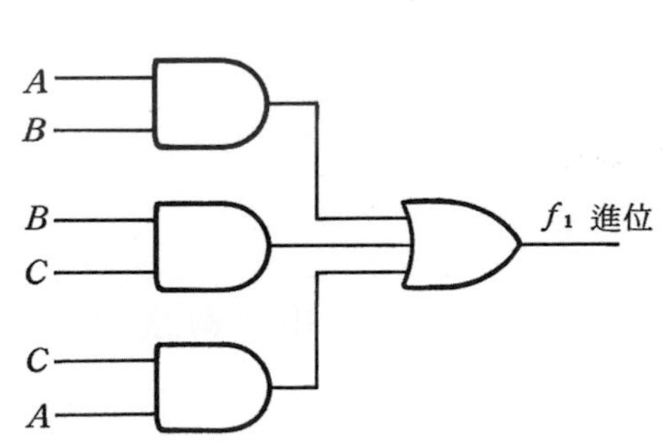

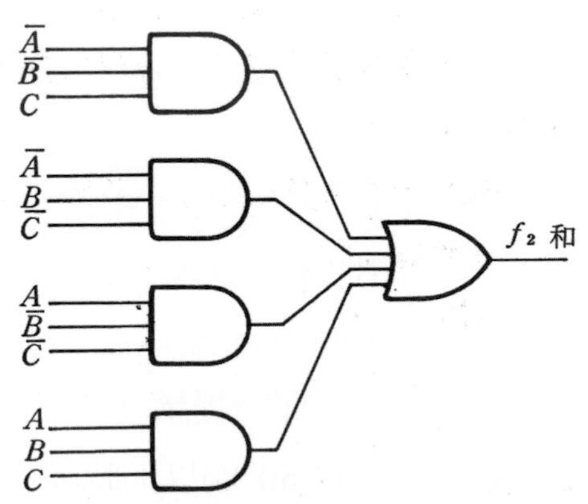

▲ 圖 3-30

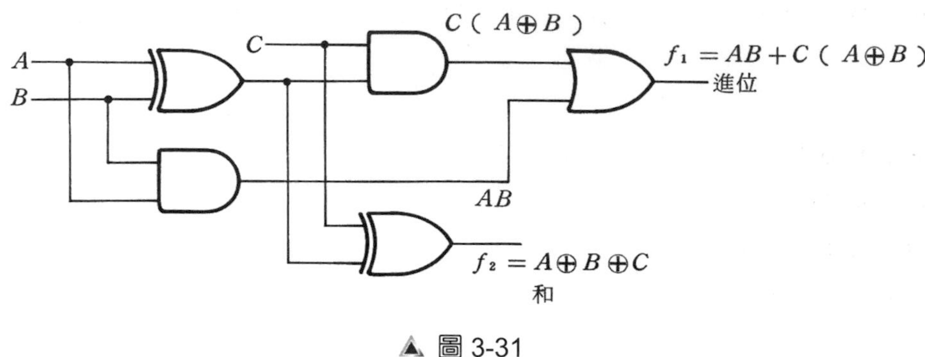

▲ 圖 3-31

工作四：

試設計一個電路：該電路有三輸入端，一輸出端，若三個輸入信號中總共有奇數個 0，則輸出 1。

工作程序：

1. 列出眞值表。
2. 布林式。
3. 繪出邏輯電路。
4. 試以 7400 組成該電路，至少要用幾個閘？
5. 檢驗其功能是否符合眞值表？

工作五：

在某一商業團體中，其各個股東所擁有之股份分配如下：

A 擁有 45 %

B 擁有 30 %

C 擁有 15 %

D 擁有 10 %

每一股東的投票表決權相當於其所擁有之股份。今在每一股東之會議桌上皆置有一開關來選擇對提議之"通過"(logic 1)或"否決"(logic 0)，當所有股票分額之總和超過半數(50 %)以上時，即表示該提議通過，同時點亮一指示燈，試設計此邏輯電路。

工作程序：

1. 列出眞値表。
2. 列出卡諾圖。
3. 列出最簡方程式。
4. 繪出邏輯電路。
   (1) 只用 NAND gate。
   (2) 只用 NOR gate。

工作六：

某一歌唱擂台，請有五位裁判，在每位裁判前皆置一開關來選擇，對衛冕者之“成功”(1ogic l)或“失敗”(logic 0)。當五位裁判中，有三位(含)以上判決成功表示衛冕者，衛冕成功亮綠色燈炮。若有二位(含)以下判決成功，則表示挑戰者，挑戰成功亮紅色燈炮。試設計此一邏輯電路。

工作程序：

1. 列出眞値表。
2. 列出卡諾圖。
3. 列出最簡方程式。
4. 繪出邏輯電路。

3-4 問題

1. 圖 3-32(a)其輸入如圖(b)所示，試繪出各閘之輸出波形。

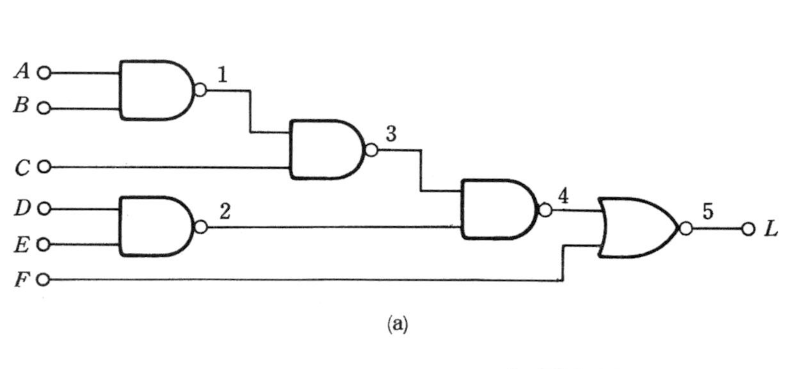

(a)

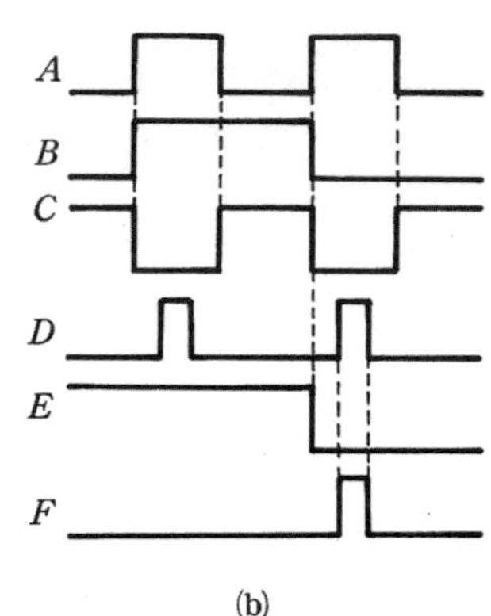

(b)

▲ 圖 3-32

2. 某甲欲設計一電路以執行下列表式：

   $Y=\overline{A}B+\overline{B}C+B\overline{D}$

   但不巧的是，他手邊只剩一 NOT 閘與無數個 AND 與 OR 閘，試問他應如何才能完成此電路。

3. 繪出 $Y=\overline{A}\,\overline{B}\,\overline{C}D+A\overline{B}\,\overline{C}D+AB\overline{C}D+ABC\overline{D}$ 之邏輯電路圖。

4 何謂組合邏輯？與序向邏輯有何不同？

5. 試述組合邏輯設計之步驟。

6. 試以眞值表法驗證 Demorgan' Law。

7. 列出二、三、四、五變數之卡諾圖。

8. 何謂 SOP？POS？有何不同？

9. 比較布林代數之基本定律與普通代數有何異同？

10. 試說明 NAND gate 及 NOR gate 之輸入端並接成一端就成爲反相器之原因。

CH 4

解碼與顯示電路

4-1 實習目的

1. 瞭解解碼器之設計原理與應用。
2. 瞭解常用顯示裝置的動作原理。
3. 瞭解各種推動 IC 之使用。
4. 熟悉解碼器的應用。

4-2 相關知識

在數位系統中，資料或數目的傳遞完全依賴脈衝，但脈衝是只有兩種狀態，也就是大家所熟悉的 1 態與 0 態。可是吾人所習慣使用的是十進位，故在數位系統中操作結果的二進制數碼(code)必須經過一種改變爲十進位系統之數值的設備，這種譯碼的工作稱爲解碼(decoder)。吾人所熟悉的十進位演算欲使數位電路操作時，必須把十進位的數目轉變成二進制，如此數位電路才能正常操作，這種把十進制變成二進制的裝置稱爲編碼(encoder)。

一般而言，一組由 n 位元所組成之位元組，它最多能代表 2^n 個不同之訊息(inormation)，例如四個位元組成之位元組，它共可代表 16 個不同之訊息(相當十進制之 0 到 15)。而能將這些訊息由 n 條輸入線中區分出來之電路，即稱之爲解碼器。

解碼器之種類繁多，端視某一特殊之應用而定。一般能直接由廠商生產之數位 IC 中得到的有：2 線對 4 線、4 線對 10 線(BCD 對十進制)、4 線對 16 線(二進制對 16 線)、3 線對 8 線與 BCD 對 7 段顯示器之解碼器等。

4-2-1　2 線對 4 線解碼器

由 2 個二進制數元所代表的信息有 00、01、11、10 四種，在圖 4-1 中每一種狀態指定一英文字母(*W*、*X*、*Y*、*Z*)，這些字母代表二輸入解碼器的 4 個輸出。吾人可把每個字母的卡諾圖畫出來，由圖中可知當 *A* 與 *B* 都是為 0 態時，*W* 輸出為 1，*W* 的布林代數式為 $W=\overline{A}\cdot\overline{B}$，同理 $X=A\cdot\overline{B}$，$Y=\overline{A}\cdot B$，$Z=A\cdot B$。圖 4-2 是利用 NAND gate 所作的 2 變數解碼器。

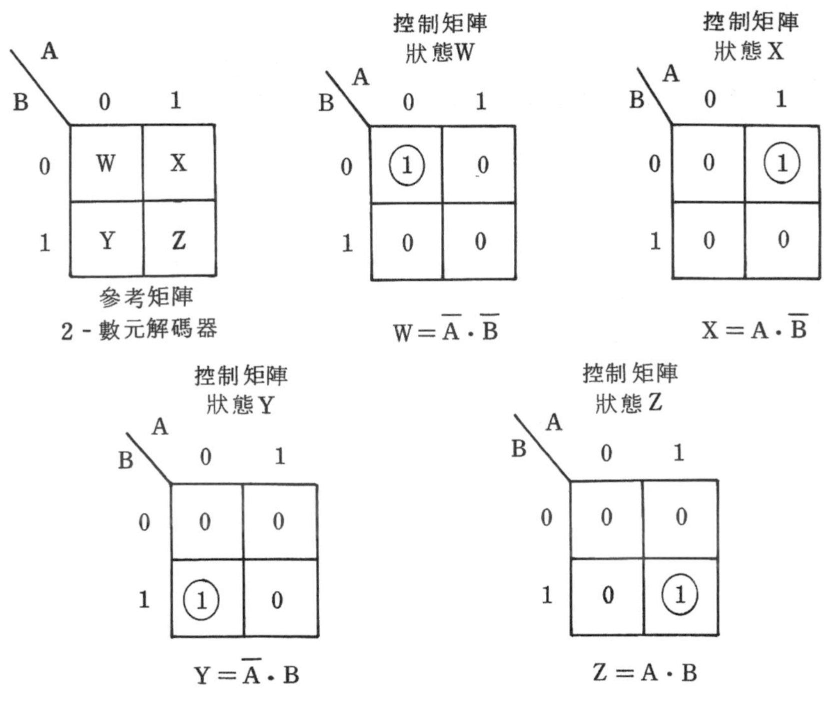

▲ 圖 4-1　2-位元解碼器之控制矩陣

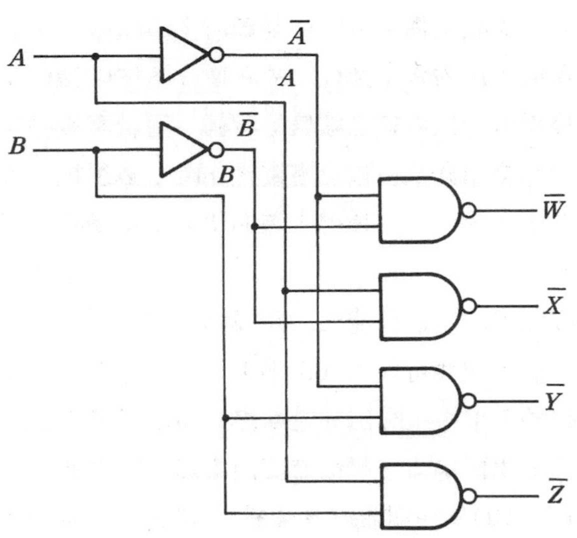

▲ 圖 4-2　二位元的解碼器

圖 4-3 所示爲廠商生產之 2 線對 4 線之積體電路 74LS139 爲兩組解碼電路，A 之取得是由 A 之輸入端經由兩級反相緩衝器之輸出獲得。而 $\overline{A}$ 則由輸入端 A 經一反相緩衝器之輸出取得。

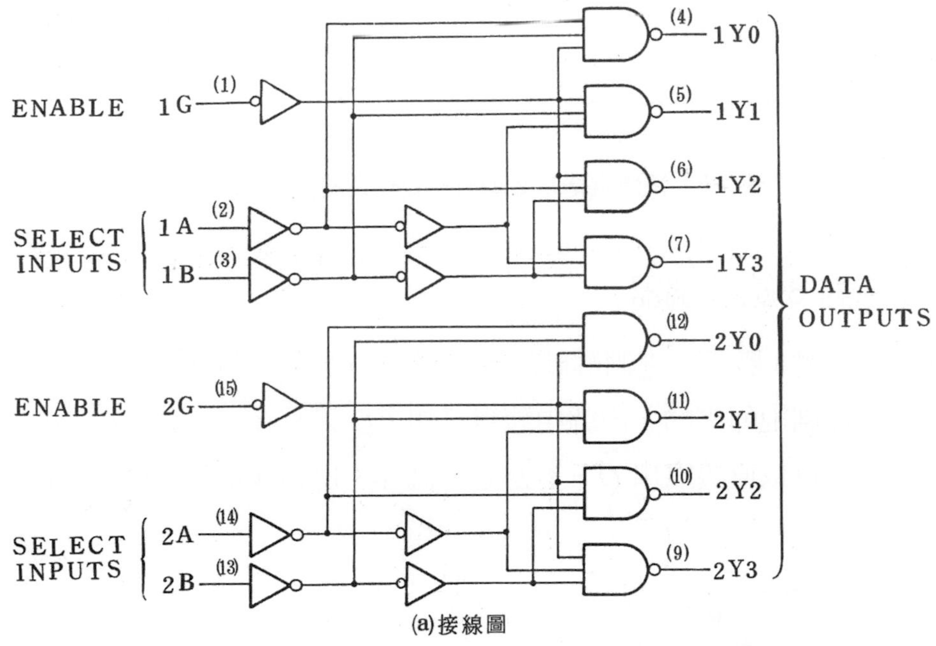

▲ 圖 4-3　積體電路之 2 線對 4 線解碼器(74LS139)

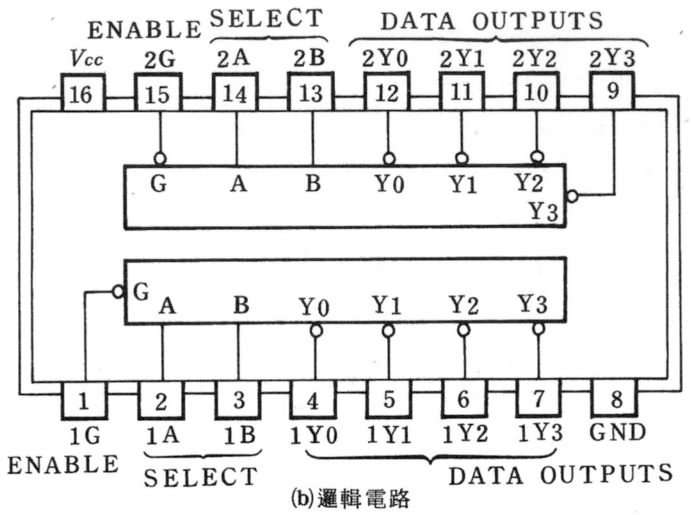

(b)邏輯電路

INPUTS			OUTPUTS			
ENABLE	SELECT					
G	B	A	Y0	Y1	Y2	Y3
H	X	X	H	H	H	H
L	L	L	L	H	H	H
L	L	H	H	L	H	H
L	H	L	H	H	L	H
L	H	H	H	H	H	L

H = high level,
L = low level,
X = irrelevant

(c)眞值表

▲ 圖 4-3 積體電路之 2 線對 4 線解碼器(74LS139)(續)

4-2-2 3 線對 8 線解碼器

圖 4-4 是一個 3 數元二進制解碼的參考矩陣，一般簡單的解碼，通常是不需對各個輸出作出控制矩陣來的。由圖中觀察可知，Q 只有在 $A=B=C=0$ 時，才會等於 1 態。因此可以直接寫出 $Q=\overline{A}\cdot\overline{B}\cdot\overline{C}$。圖 4-5 是圖 4-4 中方程式的電路圖。

C \ BA	00	01	11	10
0	Q	R	T	S
1	U	V	X	W

$Q=\overline{A}\cdot\overline{B}\cdot\overline{C}$　　$U=\overline{A}\cdot\overline{B}\cdot C$

$R=A\cdot\overline{B}\cdot\overline{C}$　　$V=A\cdot\overline{B}\cdot C$

$S=\overline{A}\cdot B\cdot\overline{C}$　　$W=\overline{A}\cdot B\cdot C$

$T=A\cdot B\cdot\overline{C}$　　$X=A\cdot B\cdot C$

▲ 圖 4-4 3-位元解碼器之參考矩陣

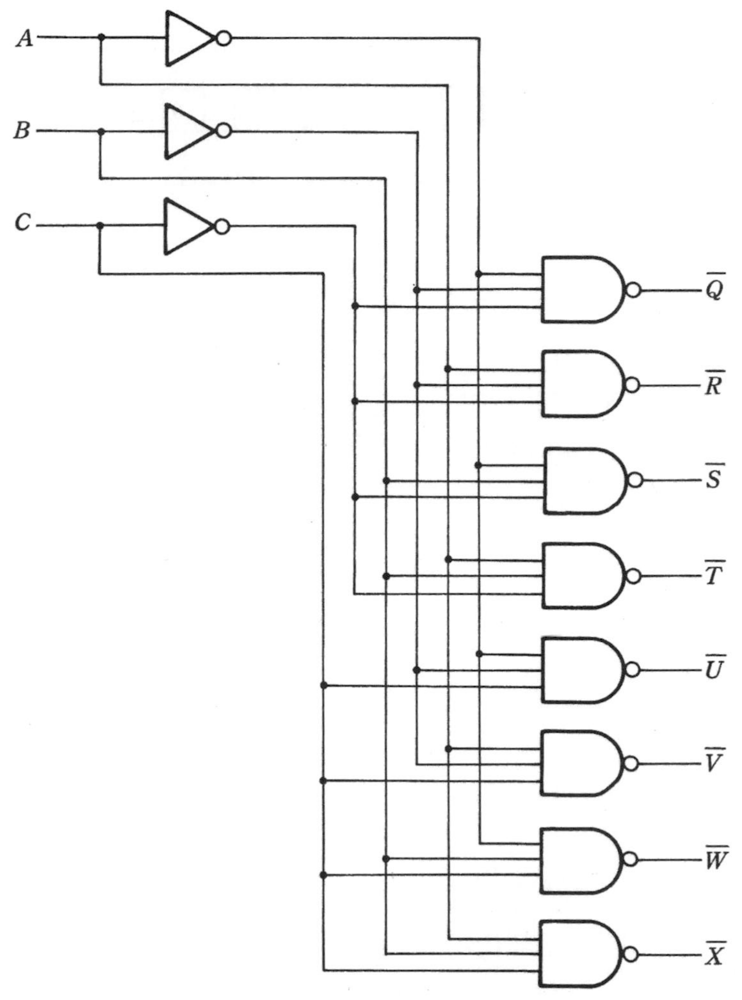

▲ 圖 4-5　3 位元輸入解碼器

圖 4-6 所示 3 線對 8 線解碼器之積體電路，74LS138 選擇輸入 SELECT，(INPUT) 與 74LS139 同。

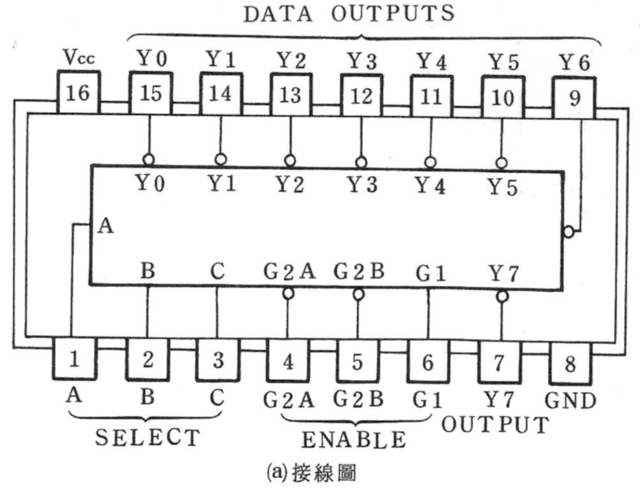

(a)接線圖

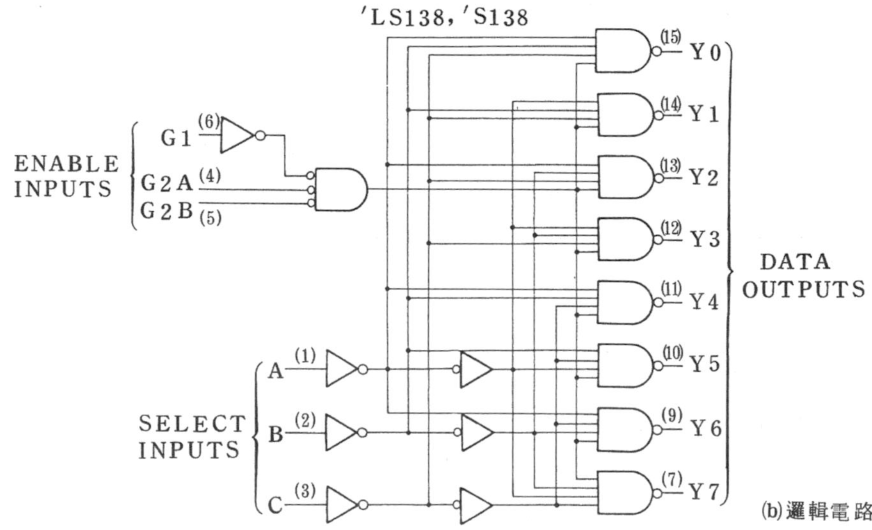

(b)邏輯電路

'LS138, 'S138 FUNCTION TABLE

INPUTS					OUTPUTS							
ENABLE		SELECT										
G1	G2*	C	B	A	Y0	Y1	Y2	Y3	Y4	Y5	Y6	Y7
X	H	X	X	X	H	H	H	H	H	H	H	H
L	X	X	X	X	H	H	H	H	H	H	H	H
H	L	L	L	L	L	H	H	H	H	H	H	H
H	L	L	L	H	H	L	H	H	H	H	H	H
H	L	L	H	L	H	H	L	H	H	H	H	H
H	L	L	H	H	H	H	H	L	H	H	H	H
H	L	H	L	L	H	H	H	H	L	H	H	H
H	L	H	L	H	H	H	H	H	H	L	H	H
H	L	H	H	L	H	H	H	H	H	H	L	H
H	L	H	H	H	H	H	H	H	H	H	H	L

* G2 = G2A + G2B
H = high level, L = low level,
X = irrelevant

(c)眞值表

▲ 圖 4-6　積體電路之 3 線對 8 線解碼器(74LS138)

4-2-3　BCD 對 10 線解碼器

最常用的數碼是 BCD 碼(binary-coded decimal)，即用二進制的 4 個位元來表示 10 進制的 10 個數字。4 個位元可以表示 $2^4 = 16$ 種不同的狀態，我們可以任取其中十個狀態來表示 0 到 9 的十個數字，但最熟悉的方式是取其前面的十個狀態，依次的來表示從 0 到 9 的十個數字，剩下的 6 個狀態不用它，如圖 4-7 所示。用這種方式的表示，正確來說應該稱爲 8421BCD 碼，因爲這裡的每一個位元都有其固定的加權；從右邊起分別爲 2^0、2^1、2^2、2^3，也就是 8421，剩下的 6 個狀態稱爲禁止狀態(forbidden states)，這些狀態如果出現，就表示數碼在取出，處理或儲入的過程中有錯誤發生，數位系統立刻可以發現而採適當對策。圖 4-8 是 BCD 對 10 線解碼器之高低態眞値表。

十進制	8	4	2	1	十進制	8	4	2	1
0	0	0	0	0	5	0	1	0	1
1	0	0	0	1	6	0	1	1	0
2	0	0	1	0	7	0	1	1	1
3	0	0	1	1	8	1	0	0	0
4	0	1	0	0	9	1	0	0	1

禁止狀態			
1	0	1	0
1	0	1	1
1	1	0	0
1	1	0	1
1	1	1	0
1	1	1	1

▲ 圖 4-7　8421 BCD 碼

十進位	（高態動作）BCD輸入 D	C	B	A	（高態動作）十進位輸出 0	1	2	3	4	5	6	7	8	9	（低態動作）十進位輸出 0	1	2	3	4	5	6	7	8	9
0	0	0	0	0	1	0	0	0	0	0	0	0	0	0	0	1	1	1	1	1	1	1	1	1
1	0	0	0	1	0	1	0	0	0	0	0	0	0	0	1	0	1	1	1	1	1	1	1	1
2	0	0	1	0	0	0	1	0	0	0	0	0	0	0	1	1	0	1	1	1	1	1	1	1
3	0	0	1	1	0	0	0	1	0	0	0	0	0	0	1	1	1	0	1	1	1	1	1	1
4	0	1	0	0	0	0	0	0	1	0	0	0	0	0	1	1	1	1	0	1	1	1	1	1
5	0	1	0	1	0	0	0	0	0	1	0	0	0	0	1	1	1	1	1	0	1	1	1	1
6	0	1	1	0	0	0	0	0	0	0	1	0	0	0	1	1	1	1	1	1	0	1	1	1
7	0	1	1	1	0	0	0	0	0	0	0	1	0	0	1	1	1	1	1	1	1	0	1	1
8	1	0	0	0	0	0	0	0	0	0	0	0	1	0	1	1	1	1	1	1	1	1	0	1
9	1	0	0	1	0	0	0	0	0	0	0	0	0	1	1	1	1	1	1	1	1	1	1	0

BCD-to-decimal Logic table

$0=\overline{D}\ \overline{C}\ \overline{B}\ \overline{A}$

$1=\overline{D}\ \overline{C}\ \overline{B}\ A$

$2=\overline{D}\ \overline{C}\ B\ \overline{A}$

$3=\overline{D}\ \overline{C}\ B\ A$

$4=\overline{D}\ C\ \overline{B}\ \overline{A}$

$5=\overline{D}\ C\ \overline{B}\ A$

$6=\overline{D}\ C\ B\ \overline{A}$

$7=\overline{D}\ C\ B\ A$

$8=D\ \overline{C}\ \overline{B}\ \overline{A}$

$9=D\ \overline{C}\ \overline{B}\ A$

▲ 圖 4-8

圖 4-9 是 BCD 碼轉換成十進數解碼器的參考矩陣與布林代數式，圖 4-10 是根據布林代數式所畫出來的電路圖。

參考矩陣

DC \ BA	00	01	11	10
00	0	1	3	2
01	4	5	7	6
11	X	X	X	X
10	8	9	X	X

控制方程式

$0=\overline{A}\cdot\overline{B}\cdot\overline{C}\cdot\overline{D}$

$1=A\cdot\overline{B}\cdot\overline{C}\cdot\overline{D}$

$2=\overline{A}\cdot B\cdot\overline{C}\cdot\overline{D}$

$3=A\cdot B\cdot\overline{C}\cdot\overline{D}$

$4=\overline{A}\cdot\overline{B}\cdot C\cdot\overline{D}$

$5=A\cdot\overline{B}\cdot C\cdot\overline{D}$

$6=\overline{A}\cdot B\cdot C\cdot\overline{D}$

$7=A\cdot B\cdot C\cdot\overline{D}$

$8=\overline{A}\cdot\overline{B}\cdot\overline{C}\cdot D$

$9=A\cdot\overline{B}\cdot\overline{C}\cdot D$

▲ 圖 4-9 能排除錯誤資料的 BCD 碼轉換成 10 進數碼的解碼器(矩陣及方程式)

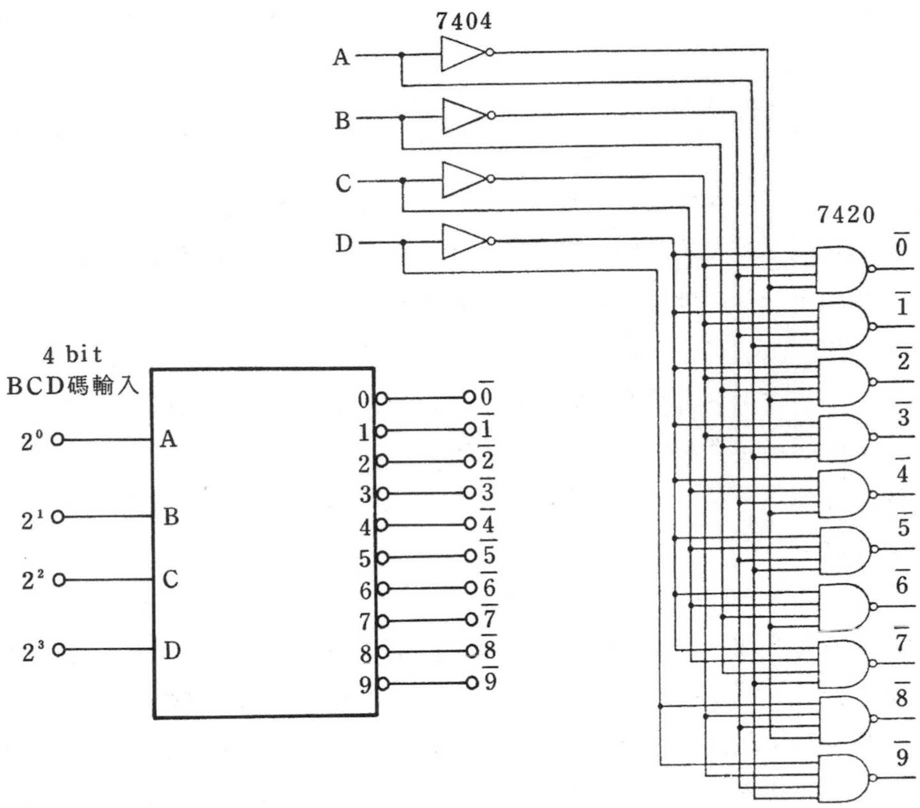

▲ 圖 4-10　控制方程式的符號與電路

圖4-11是不能排除錯誤輸入資料的BCD碼轉換成十進數的參考矩陣與布林代數式。參考矩陣中在未用到的方格內填入 *X*，表示可以用 1 取代，也可以用 0 取代，圖 4-12 是此種解碼器的電路圖。此種解碼電路可以使 NAND gate 的輸入要求數減少。

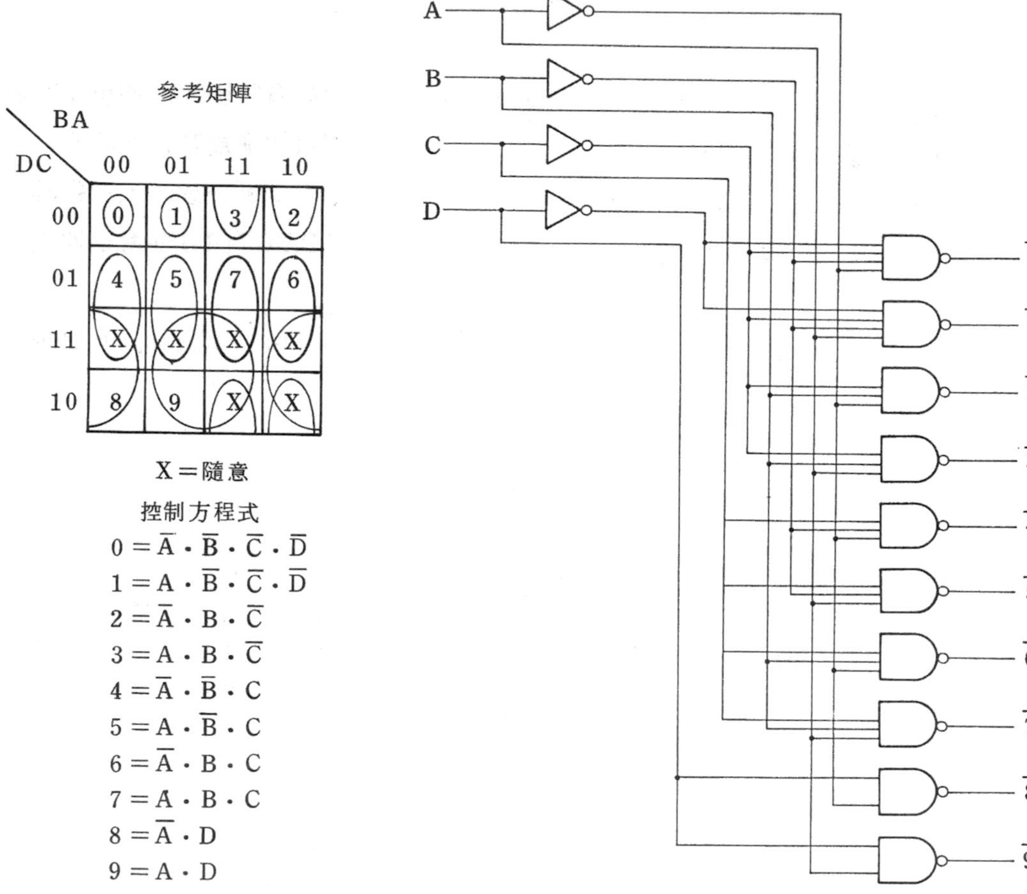

▲ 圖 4-11　不能排除錯誤資料輸入的 BCD 碼轉換成 10 進數的解碼器

▲ 圖 4-12　圖 4-10 控制方程式的電路圖

在許多應用上，有時希望解碼器只在一些特定的時間內才工作，因此，在此時間之外的任何輸入都不會影響解碼器。此種排除作用可以用一個控制脈波來達成，例如在脈波為 1 態時，解碼器正常動作，當脈波在 0 態時，解碼器被遮斷。圖 4-13 中若脈波在 0 態時，等於輸入一個錯誤的資料 1111。圖 4-13 的電路適當配合圖 4-8 具有排除錯誤資料的解碼器。

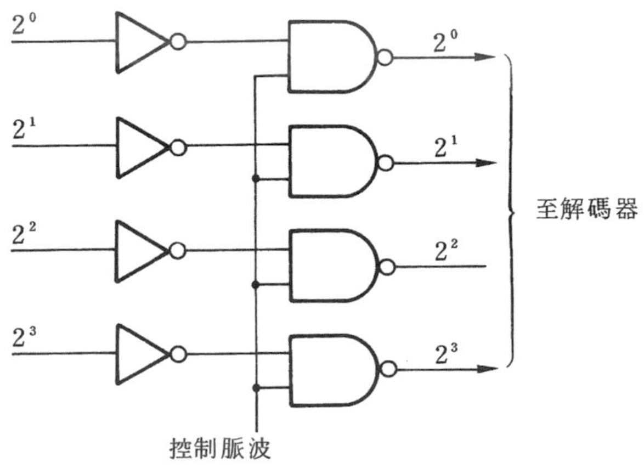

▲ 圖 4-13　圖 4-10 解碼器電路另加控制的電路

另外一種遮斷解碼器的方法是在解碼器的 NAND gate 上多加一個輸入，如圖 4-14 所示。所有多加的輸入都連接在一起，當這些輸入在 0 態時，所有輸出都在 1 態，解碼器不能使顯示電路指示，當控制脈波輸入在 1 態時，解碼器恢復正常工作。

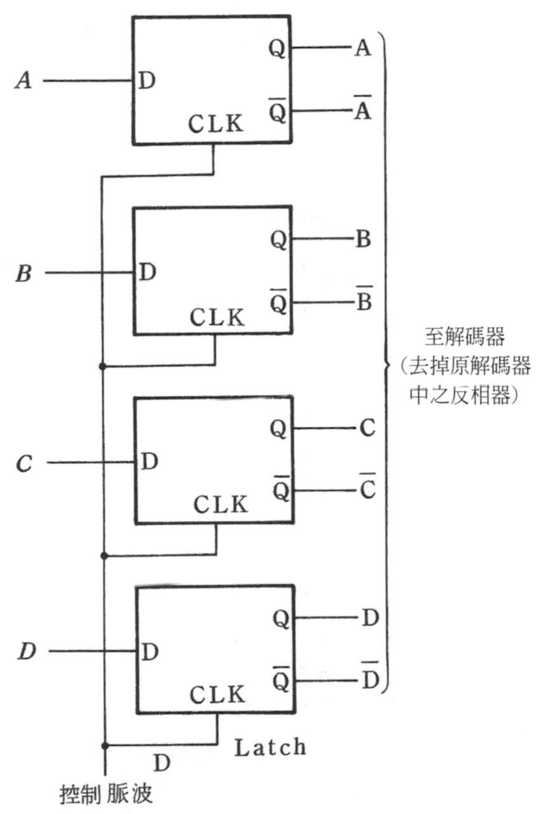

▲ 圖 4-14　另加控制脈波的 BCD 碼轉換成 10 進制數解碼器

圖 4-15 是利用記憶元件的控制電路，這種方法的優點是解碼器的輸出連續一直存在，與前面所談的兩種方式不同。這種電路不管解碼器是否能排除錯誤資料均可適用。

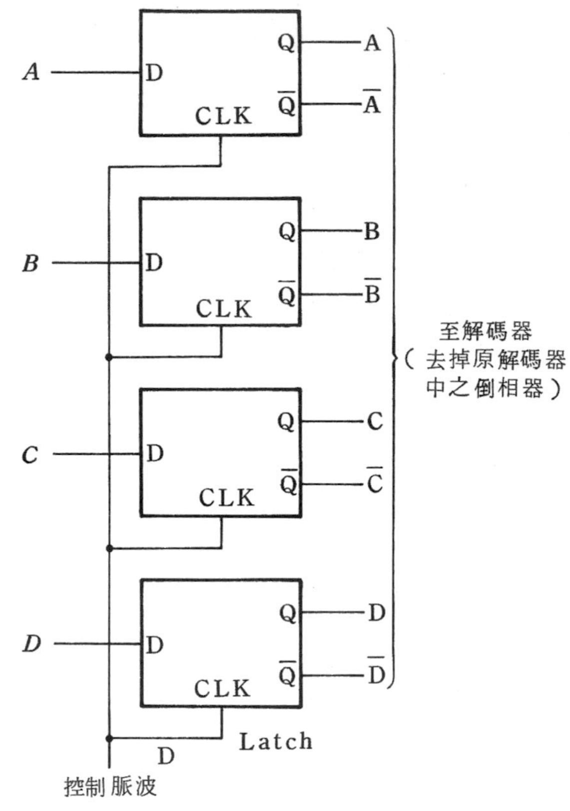

▲ 圖 4-15　利用記憶元件的控制電路

表 4-1 所示爲 BCD 至十進制解碼器／驅動器之 IC。

▼ 表 4-1　BCD 至十進制轉換器／驅動器 IC

7442	BCD至十進制解碼器圖騰級輸出：TTL
7445	BCD至十進制解碼器驅動器開集極輸出在30V，80mA沈入電流：TTL
74141	BCD至十進制解碼器／馬動器開集極輸出在60V，7mA之沈入電流：TTL
74145	BCD至十進制解碼器／驅動器開集極輸出在15V，80mA沈入電流：TTL
4028	BCD至十進制解碼器；高態動作輸出在V_{DD}，8mA沉入或源極電流：CMOS

註 所有 TTL 解碼器皆高態動作輸入及低態動作輸出。

1. 7442 爲二進位碼 BCD 變爲十進位解碼器，如圖 4-16 所示，爲接腳圖與功能表，此 IC 十進位輸出係低動作的圖中輸出端劃小圓圈，代表輸出爲低態，更適於驅動共陽極的 LED 顯示，輸入是以二進制碼輸入，輸入是爲 10～15 (*A*～*F*)時其輸出均爲 Hi。

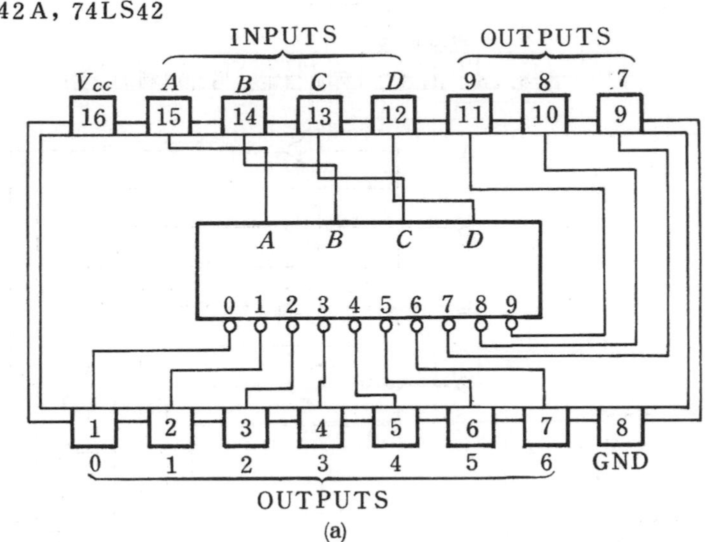

(a)

FUNCTION TABLE

No.	INPUTS				OUTPUTS									
	D	C	B	A	0	1	2	3	4	5	6	7	8	9
0	L	L	L	L	L	H	H	H	H	H	H	H	H	H
1	L	L	L	H	H	L	H	H	H	H	H	H	H	H
2	L	L	H	L	H	H	L	H	H	H	H	H	H	H
3	L	L	H	H	H	H	H	L	H	H	H	H	H	H
4	L	H	L	L	H	H	H	H	L	H	H	H	H	H
5	L	H	L	H	H	H	H	H	H	L	H	H	H	H
6	L	H	H	L	H	H	H	H	H	H	L	H	H	H
7	L	H	H	H	H	H	H	H	H	H	H	L	H	H
8	H	L	L	L	H	H	H	H	H	H	H	H	L	H
9	H	L	L	H	H	H	H	H	H	H	H	H	H	L
	H	L	H	L	H	H	H	H	H	H	H	H	H	H
	H	L	H	H	H	H	H	H	H	H	H	H	H	H
	H	H	L	L	H	H	H	H	H	H	H	H	H	H
	H	H	L	H	H	H	H	H	H	H	H	H	H	H
	H	H	H	L	H	H	H	H	H	H	H	H	H	H
	H	H	H	H	H	H	H	H	H	H	H	H	H	H

(b)

▲ 圖 4-16

2. 7445 是開集極(open collect)之 BCD 到十進制之解碼／驅動器，如圖 4-17 爲其接腳及函數功能圖。其接腳與 7442 完全相同，是 7442 的 open collect 之緩衝型輸出端的最大輸入電流可達 80mA，二進制輸入，十進制輸出，輸出以低電位表示。

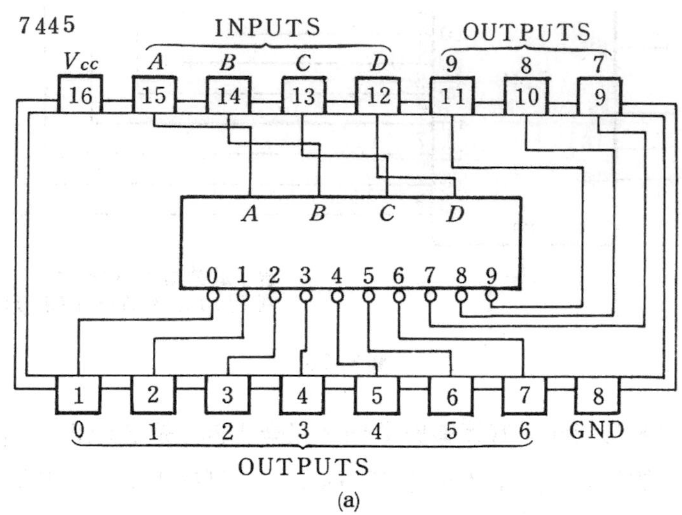

(a)

No.	INPUTS				OUTPUTS									
	D	C	B	A	0	1	2	3	4	5	6	7	8	9
0	L	L	L	L	L	H	H	H	H	H	H	H	H	H
1	L	L	L	H	H	L	H	H	H	H	H	H	H	H
2	L	L	H	L	H	H	L	H	H	H	H	H	H	H
3	L	L	H	H	H	H	H	L	H	H	H	H	H	H
4	L	H	L	L	H	H	H	H	L	H	H	H	H	H
5	L	H	L	H	H	H	H	H	H	L	H	H	H	H
6	L	H	H	L	H	H	H	H	H	H	L	H	H	H
7	L	H	H	H	H	H	H	H	H	H	H	L	H	H
8	H	L	L	L	H	H	H	H	H	H	H	H	L	H
9	H	L	L	H	H	H	H	H	H	H	H	H	H	L
	H	L	H	L	H	H	H	H	H	H	H	H	H	H
	H	L	H	H	H	H	H	H	H	H	H	H	H	H
	H	H	L	L	H	H	H	H	H	H	H	H	H	H
	H	H	L	H	H	H	H	H	H	H	H	H	H	H
	H	H	H	L	H	H	H	H	H	H	H	H	H	H
	H	H	H	H	H	H	H	H	H	H	H	H	H	H

(b)

▲ 圖 4-17

圖 4-18 為 7442 應用電路，依序推動 10 個 LED 電路之實例。

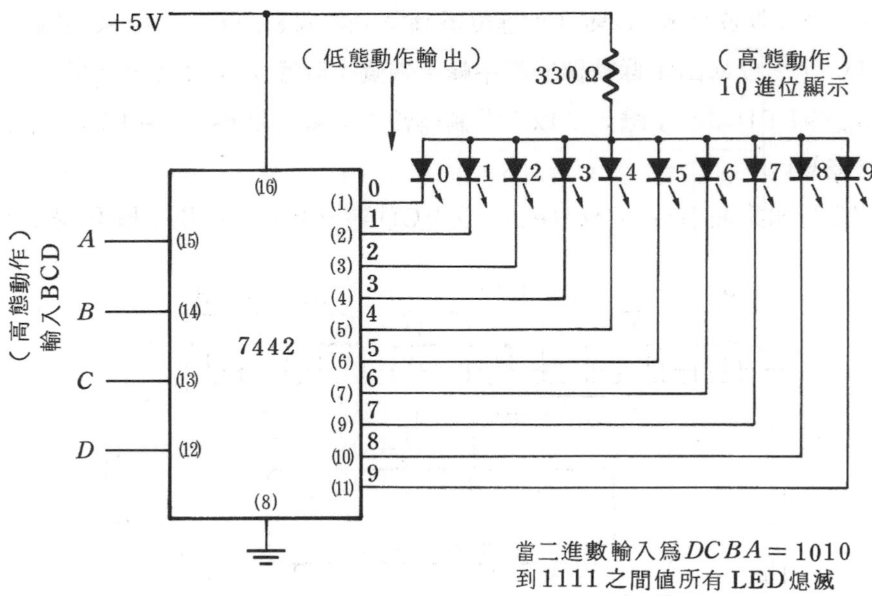

▲ 圖 4-18

3. 74145 爲 open collect BCD to DECIMAL，Decoder/driver 圖 4-19 爲其接腳與功能圖，是 7442 之開路集極緩衝型，輸入是二進制輸出是十進制，輸出端子最大可達 80mA 電流，最大耐壓是 15V (7445 是 30V)。

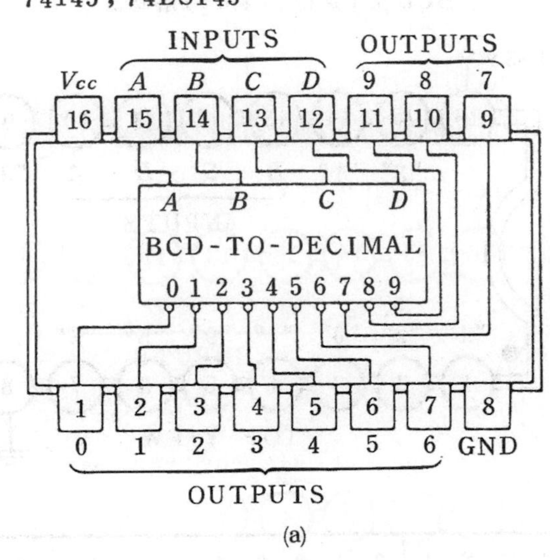

(a)

▲ 圖 4-19

FUNCTION TABLE

No.	INPUTS				OUTPUTS									
	D	C	B	A	0	1	2	3	4	5	6	7	8	9
0	L	L	L	L	L	H	H	H	H	H	H	H	H	H
1	L	L	L	H	H	L	H	H	H	H	H	H	H	H
2	L	L	H	L	H	H	L	H	H	H	H	H	H	H
3	L	L	H	H	H	H	H	L	H	H	H	H	H	H
4	L	H	L	L	H	H	H	H	L	H	H	H	H	H
5	L	H	L	H	H	H	H	H	H	L	H	H	H	H
6	L	H	H	L	H	H	H	H	H	H	L	H	H	H
7	L	H	H	H	H	H	H	H	H	H	H	L	H	H
8	H	L	L	L	H	H	H	H	H	H	H	H	L	H
9	H	L	L	H	H	H	H	H	H	H	H	H	H	L
	H	L	H	L	H	H	H	H	H	H	H	H	H	H
	H	L	H	H	H	H	H	H	H	H	H	H	H	H
	H	H	L	L	H	H	H	H	H	H	H	H	H	H
	H	H	L	H	H	H	H	H	H	H	H	H	H	H
	H	H	H	L	H	H	H	H	H	H	H	H	H	H
	H	H	H	H	H	H	H	H	H	H	H	H	H	H

(b)

▲ 圖 4-19 (續)

4. 4028 為 BCD 至 10 進制(1 對 10)之解碼器，圖 4-20 為其接腳及真值表，也能將數碼轉換為 1 對 8 之輸出。

4028　　BCD 至十進位（1 對 10）解碼器

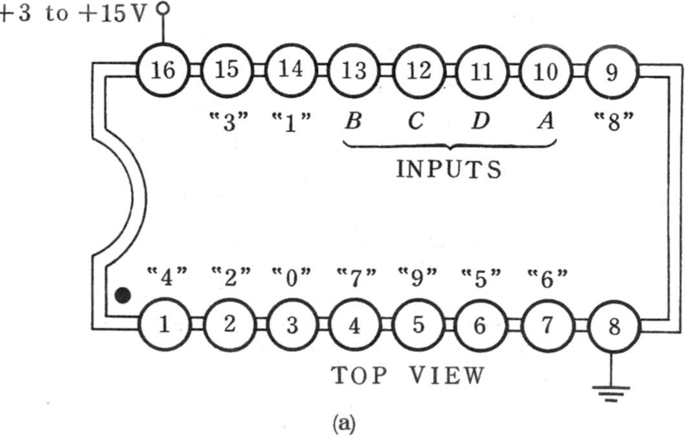

(a)

▲ 圖 4-20

D	C	B	A	0	1	2	3	4	5	6	7	8	9
0	0	0	0	1	0	0	0	0	0	0	0	0	0
0	0	0	1	0	1	0	0	0	0	0	0	0	0
0	0	1	0	0	0	1	0	0	0	0	0	0	0
0	0	1	1	0	0	0	1	0	0	0	0	0	0
0	1	0	0	0	0	0	0	1	0	0	0	0	0
0	1	0	1	0	0	0	0	0	1	0	0	0	0
0	1	1	0	0	0	0	0	0	0	1	0	0	0
0	1	1	1	0	0	0	0	0	0	0	1	0	0
1	0	0	0	0	0	0	0	0	0	0	0	1	0
1	0	0	1	0	0	0	0	0	0	0	0	0	1
1	0	1	0	0	0	0	0	0	0	0	0	0	0
1	0	1	1	0	0	0	0	0	0	0	0	0	0
1	1	0	0	0	0	0	0	0	0	0	0	0	0
1	1	0	1	0	0	0	0	0	0	0	0	0	0
1	1	1	0	0	0	0	0	0	0	0	0	0	0
1	1	1	1	0	0	0	0	0	0	0	0	0	0

1＝HIGH LEVEL　　　0＝LOW LEVEL

(b)眞值表

▲ 圖 4-20　(續)

4028 BCD 對十進位解碼器是相當於 TTL7442 的 CMOS，此 CMOS 解碼器有高動作的輸出；因此它能驅動一個共陰極的陽極 LED 十進位顯示器組合。此電流在 IC 輸出必須限制在 8mA 藉由一穩定電阻器。如圖 4-18 電路之 330Ω電阻。

4-2-4　BCD 對 7 段顯示器

另外一種特殊的 8421 BCD 解碼器是用來推動 7 段顯示器(7-segment display)，圖 4-21 是數字顯示時每小段的推動要求，由於使用的電壓低，耗電量小，目前很受歡迎，顯示元件各段最初都是導通的，要顯示數字時，則切斷一些顯示段而形成該數字，如圖 4-22 所示。這種的控制方式比開始時全部切斷，然後才將所要的小段開啓所用的電路簡單一些。

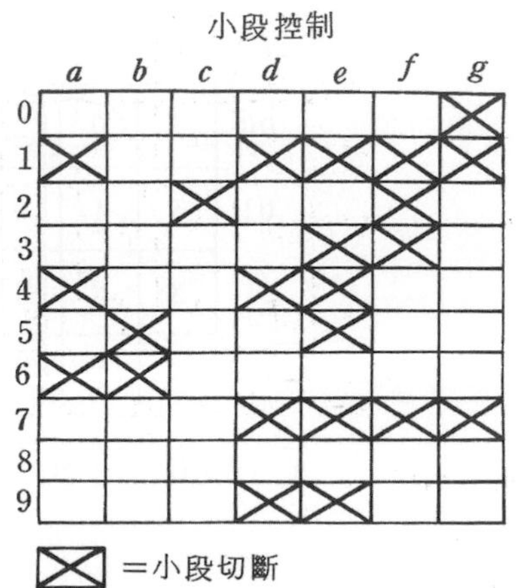

▲ 圖 4-21　7-段顯示推動要求

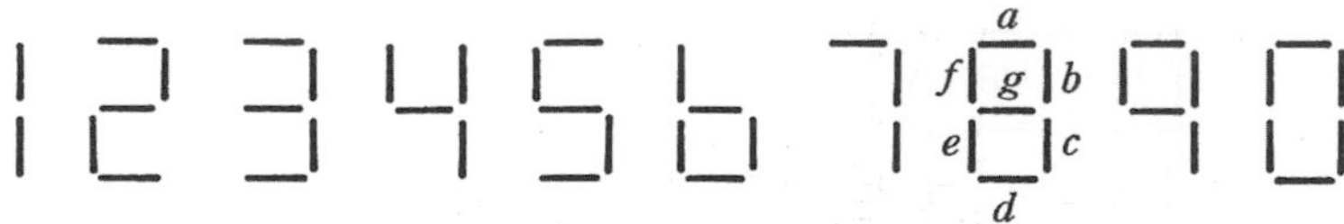

▲ 圖 4-22　七段數字字體

a 段

DC \ BA	00	01	11	10
00	1	0	1	1
01	0	1	1	0
11	X	X	X	X
10	1	1	X	X

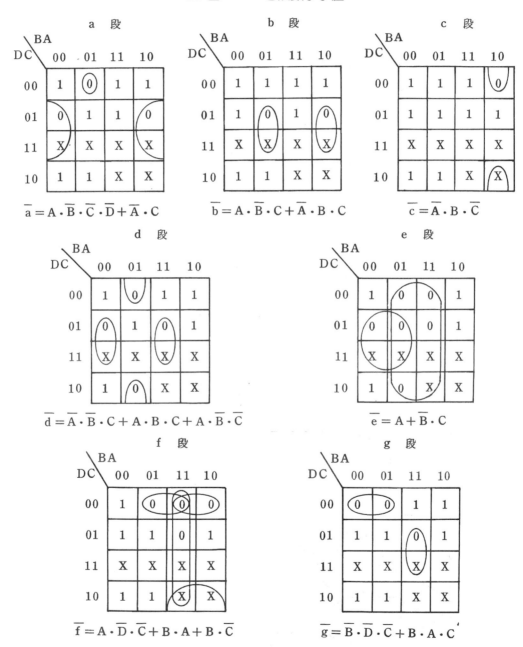

$\overline{a}=A\cdot\overline{B}\cdot\overline{C}\cdot\overline{D}+\overline{A}\cdot C$

b 段

DC \ BA	00	01	11	10
00	1	1	1	1
01	1	0	1	0
11	X	X	X	X
10	1	1	X	X

$\overline{b}=A\cdot\overline{B}\cdot C+\overline{A}\cdot B\cdot C$

c 段

DC \ BA	00	01	11	10
00	1	1	1	0
01	1	1	1	1
11	X	X	X	X
10	1	1	X	X

$\overline{c}=\overline{A}\cdot B\cdot\overline{C}$

d 段

DC \ BA	00	01	11	10
00	1	0	1	1
01	0	1	0	1
11	X	X	X	X
10	1	0	X	X

$\overline{d}=\overline{A}\cdot\overline{B}\cdot C+A\cdot B\cdot C+A\cdot\overline{B}\cdot\overline{C}$

e 段

DC \ BA	00	01	11	10
00	1	0	0	1
01	0	0	0	1
11	X	X	X	X
10	1	0	X	X

$\overline{e}=A+\overline{B}\cdot C$

f 段

DC \ BA	00	01	11	10
00	1	0	0	0
01	1	1	0	1
11	X	X	X	X
10	1	1	X	X

$\overline{f}=A\cdot\overline{D}\cdot\overline{C}+B\cdot A+B\cdot\overline{C}$

g 段

DC \ BA	00	01	11	10
00	0	0	1	1
01	1	1	0	1
11	X	X	X	X
10	1	1	X	X

$\overline{g}=\overline{B}\cdot\overline{D}\cdot\overline{C}+B\cdot A\cdot C$

X處填 1 或 0 均可

▲ 圖 4-23　小段控制矩陣 1 =小段導通

圖 4-23 爲每一小段的卡諾圖，在此例中是認爲解碼器不必具有排除錯誤資料輸入的能力，因此 X 被填上 1 或 0，圖 4-24 是根據每小段卡諾圖所寫成的布林代數式而繪出其執行電路。

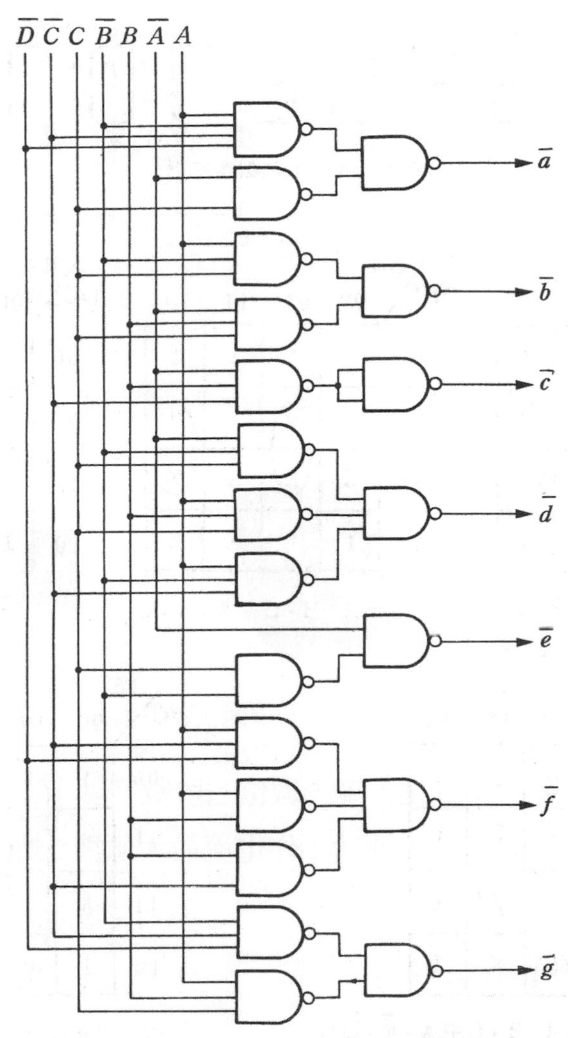

▲ 圖 4-24　不能排除錯誤資料的 BCD 至 7 段解碼器

LED 七段顯示器是由 LED 所組成，分為共陽極與共陰極兩種，其內部結構如圖 4-25 所示，圖中的 diode 為 LED，外型如圖 4-26 所示。

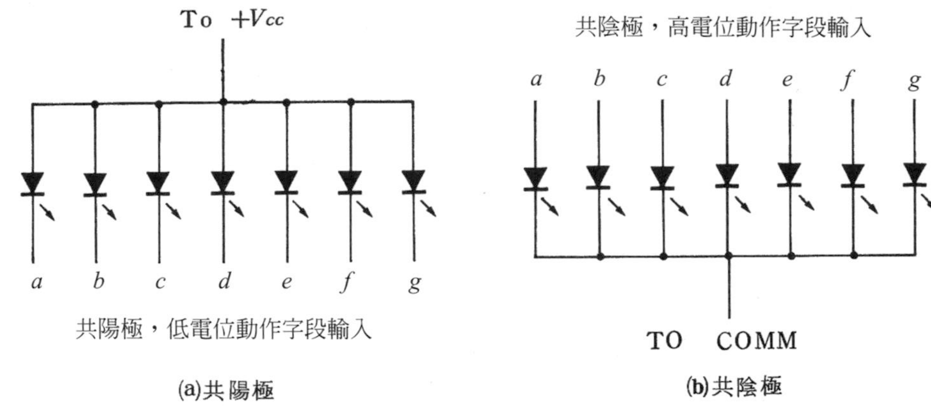

▲ 圖 4-25　7～segment 內部結構圖

▲ 圖 4-26　LED 7 段顯示器外型圖

LT502 為一共陽極紅色 G_aA_s，單一數位七段數字顯示器，(LT503 共陰極)其 LED 逆向電壓最大值為 3V，每段連續工作電流最大值為 25mA。其幾何結構與接腳如圖 4-27 所示。

LT502(LT503)的接腳說明如下：

第 1 腳	*e* 段陰極(陽極)	第 6 腳	*b* 段陰極(陽極)
第 2 腳	*d* 段陰極(陽極)	第 7 腳	*a* 段陰極(陽極)
第 3 腳和第 8 腳	陽極(陰極)		
第 4 腳	*c* 段陰極(陽極)	第 9 腳	*f* 段陰極(陽極)
第 5 腳	小數點陰極(陽極)	第 10 腳	*g* 段陰極(陽極)

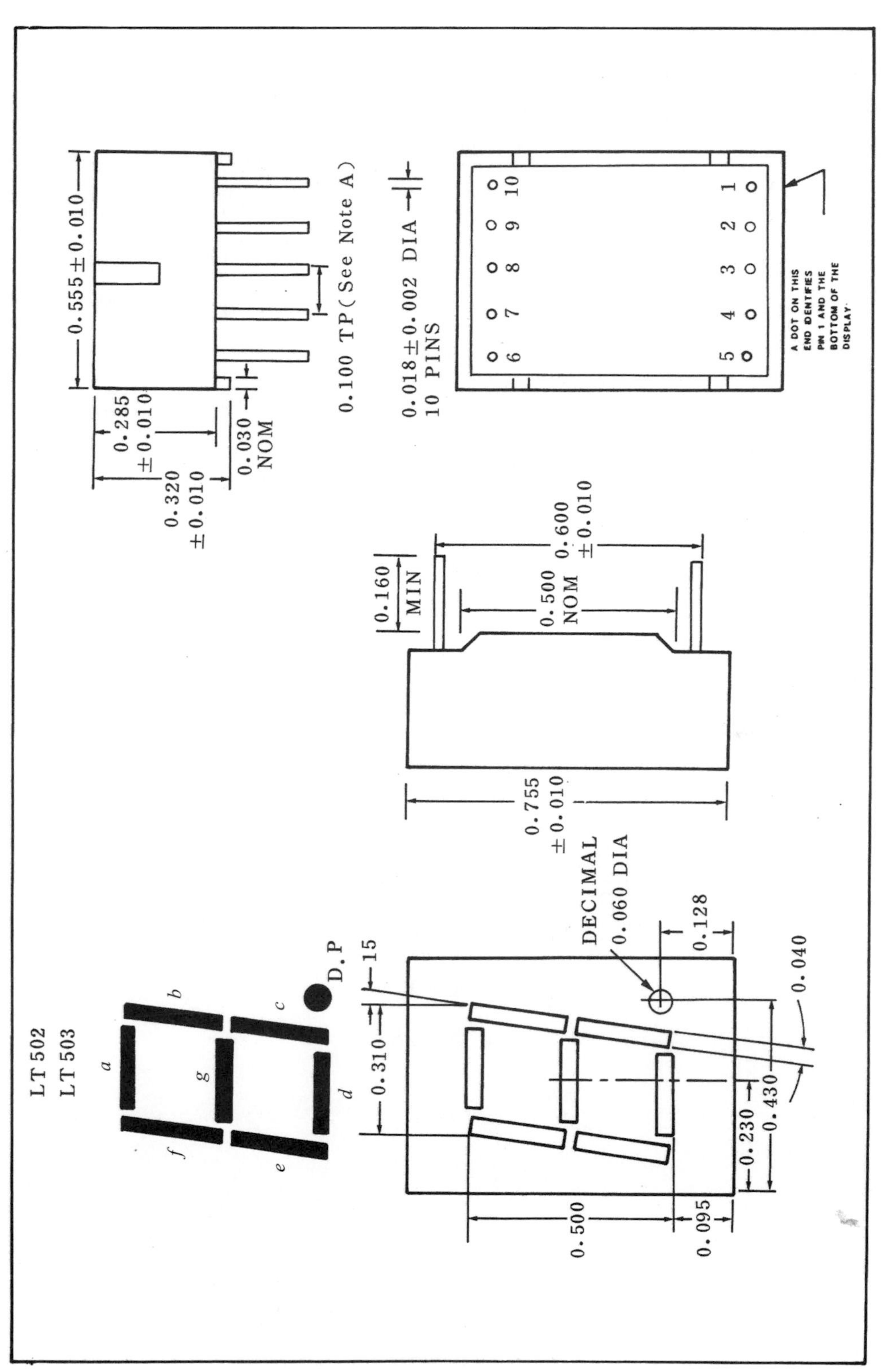

LT 502
LT 503
a
b
c
d
e
f
g
D.P
0.555 ± 0.010
0.285 ± 0.010
0.320 ± 0.010
0.030 NOM
0.100 TP (See Note A)
0.018 ± 0.002 DIA
10 PINS
A DOT ON THIS END IDENTIFIES PIN 1 AND THE BOTTOM OF THE DISPLAY.
0.160 MIN
0.500 NOM
0.600 ± 0.010
0.755 ± 0.010
DECIMAL 0.060 DIA
0.128
0.040
15
0.310
0.230
0.430
0.500
0.095

▲ 圖 4-27

七段顯示器之推動 IC，通常可分成兩種：一種是應用於共陰極之七段顯示器，如 7448 (TTL)與 4511 (CMOS)等爲代表；另一種則是應用於共陽極之七段顯示器，以 7447 爲典型之代表。這種 IC 之主要差異是在於其解碼後，各段之輸出爲 1 電位或 0 電位而已。基於 LED 之特性，欲點亮 LED，則需加以順向電流。因此，對於共陰極七段顯示器之驅動須加以 1 電位，故 7448 (與 4511)解碼之輸出爲 1 電位；而對於共陽極七段顯示器之驅動須加以 0 電位，因此 7447 解碼後之輸出爲 0 電位，以提供一順向路徑於 LED，促使其導通而點亮。

1. 7447 是 8421 BCD 碼至七段顯示器，7447 爲將 BCD 變成七端輸出之解碼器，圖 4-28 爲其接腳圖及眞値表。

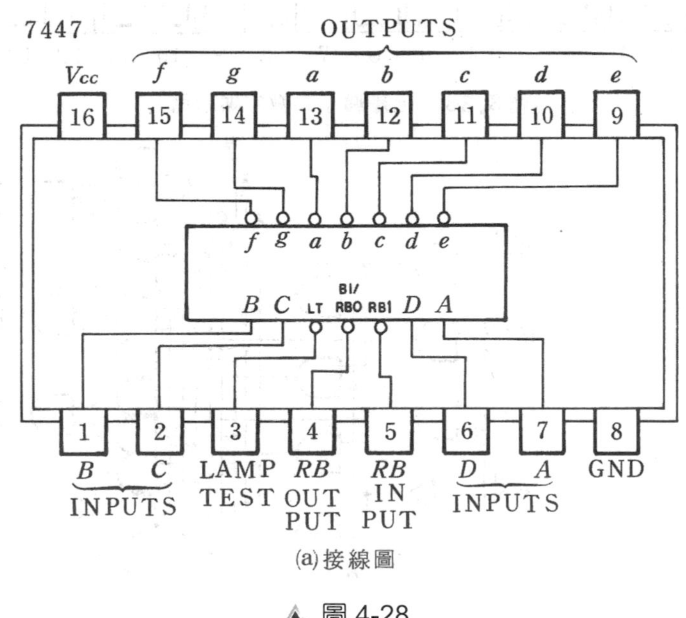

(a)接線圖

▲ 圖 4-28

功能	輸				入		BI/RBO	各	劃		之		熄	亮
	LT	RBI	D	C	B	A		a	b	c	d	e	f	g
0	H	H	L	L	L	L	H	ON	ON	ON	ON	ON	ON	OFF
1	H	X	L	L	L	H	H	OFF	ON	ON	OFF	OFF	OFF	OFF
2	H	X	L	L	H	L	H	ON	ON	OFF	ON	ON	OFF	ON
3	H	X	L	L	H	H	H	ON	ON	ON	ON	OFF	OFF	ON
4	H	X	L	H	L	L	H	OFF	ON	ON	OFF	OFF	ON	ON
5	H	X	L	H	L	H	H	ON	OFF	ON	ON	OFF	ON	ON
6	H	X	L	H	H	L	H	OFF	OFF	ON	ON	ON	ON	ON
7	H	X	L	H	H	H	H	ON	ON	ON	OFF	OFF	OFF	OFF
8	H	X	H	L	L	L	H	ON	ON	ON	ON	ON	ON	ON
9	H	X	H	L	L	H	H	ON	ON	ON	OFF	OFF	ON	ON
10	H	X	H	L	H	L	H	OFF	OFF	OFF	ON	ON	OFF	ON
11	H	X	H	L	H	H	H	OFF	OFF	ON	ON	OFF	OFF	ON
12	H	X	H	H	L	L	H	OFF	ON	OFF	OFF	OFF	ON	ON
13	H	X	H	H	L	H	H	ON	OFF	OFF	ON	OFF	ON	ON
14	H	X	H	H	H	L	H	OFF	OFF	OFF	ON	ON	ON	ON
15	H	X	H	H	H	H	H	OFF	OFF	OFF	OFF	OFF	OFF	OFF
BI	X	X	X	X	X	X	L	OFF	OFF	OFF	OFF	OFF	OFF	OFF
RBI	H	L	L	L	L	L	L	OFF	OFF	OFF	OFF	OFF	OFF	OFF
LT	L	X	X	X	X	X	H	ON	ON	ON	ON	ON	ON	ON

(b)眞值表

▲ 圖 4-28　(續)

7447 爲 open collect 之輸出，7447 與 7446 特性相同，不同之處乃 7446 之耐壓較 7447 爲高 7447 與 74247 特性相同，唯有顯示 6 與 9 之字形不同而已，可以互換使用。7447 推動所顯示之字型如圖 4-29 所示。圖 4-30 爲 7447 之內部電路圖。

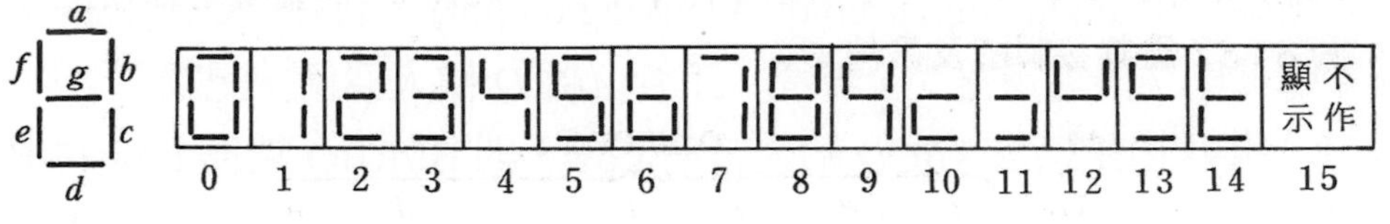

▲ 圖 4-29　七段顯示之數字顯示例

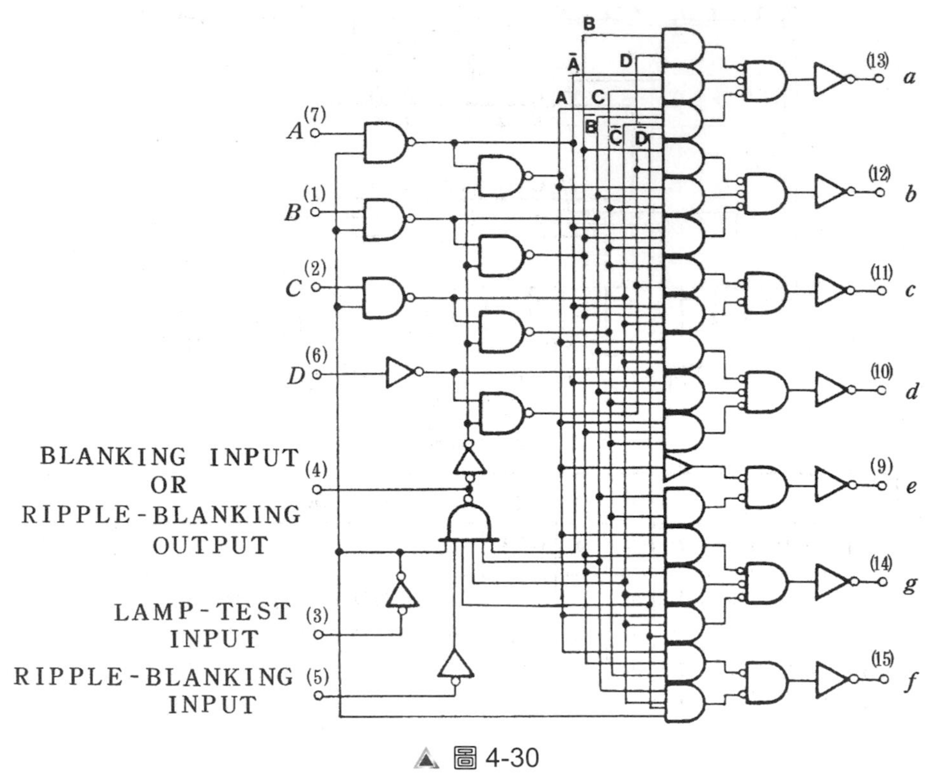

▲ 圖 4-30

7447 推動 LED 顯示器的接法如圖 4-31 所示，7447 的七輸出端接顯示器的 *a*、*b*、*c*、*d*、*e*、*f*、*g* 七段。在圖 4-28 7447 的接線圖可知，第 3 腳為 lamp test，由圖中可知 LT 是低態動作，即第 3 腳接 Low 時，將使所有輸出端為 Low，顯示器 7 段都亮，可檢查 LED 是否每段都正常。7447 的第 5 腳為預先遮斷輸入(ripple blanking input)端，當 LT 端不接或接 Hi，*A*、*B*、*C*、*D* 輸入為 Low，且 RBI 端在 Hi，則 LED 將顯示 0 字，若 RBI (第 5 腳)接 Low (低態動作)，則 LED 七段都不亮，即零遮沒。例如有一 6 位顯示器，我們願意看到的是 2047，而不願看到 002047，如果在前面兩個 7 段顯示器完全不亮則可顯示出 2047。7447 的第 4 腳為遮斷輸入／預先遮斷輸出(blanking input/remote blanking output)，由眞值表中可知，若將 Low 加至第 4 腳，則 7 段顯示器完全不亮，不管 *ABCD* 輸入為何。記錄“×”表 Hi 或 Low 皆可。如果 RBI 以及 *ABCD* 輸入皆為 Low，則 BI/RBO 端為 Low (7 段顯示器不亮)，若將 RBO 輸出端接到下一級的 RBI 輸入端，則當下一級的 *ABCD* 輸入為 Low 時其顯示器亦不亮，如圖 4-32 所示，將最高次位的 RBI 端接地，BI/RBO 接次高位之 RBI，依此類推，最低次位之 BI/RBO 端開路不接或接 Hi。小數點以下的場合，剛好相反，由 RBI 向次一級的 BI/RBO 連接，小數點最後一位數的 RBI 接地即可。

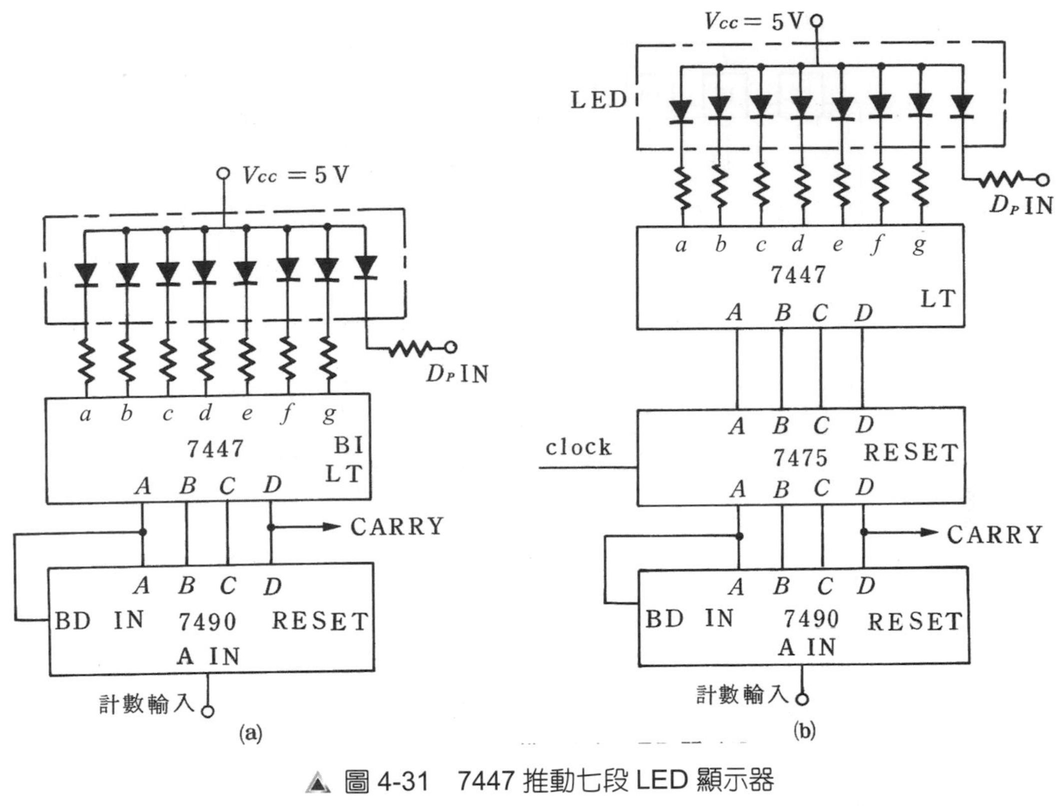

▲ 圖 4-31　7447 推動七段 LED 顯示器

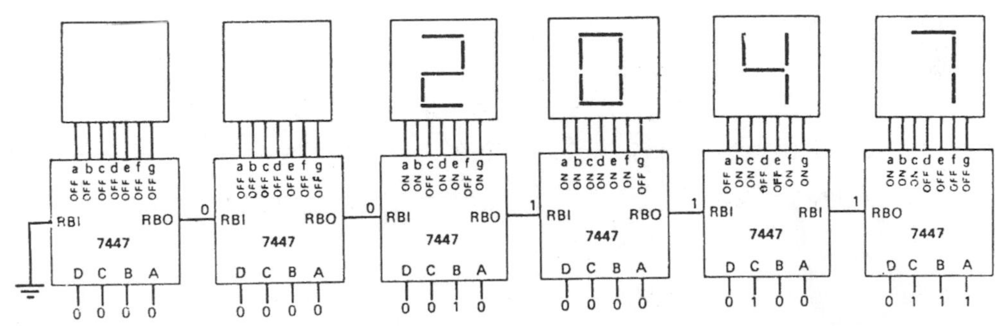

▲ 圖 4-32　利用“使居先 0 空白”之特性顯示一數目 2047

2. 7448 是 BCD to 7 segment decoder/driver。圖 4-33 為其接腳圖，其功能和 7447 完全一樣，只是其輸出和 7447 相反為高態輸出推動共陰極的七段顯示器。用法及其推動所顯示之字形同 7447，不再多述。讀者請注意七段輸出 *a*、*b*、*c*、*d*、*e*、*f*、*g* 端有加小圓圈及沒有加小圓圈之區別。

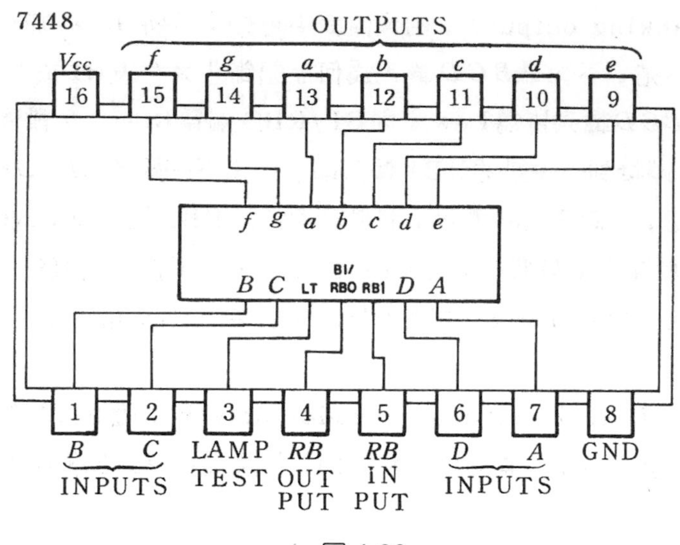

▲ 圖 4-33

3. 4511 為七段解碼／閂鎖／推動器，圖 4-34 為 4511 之接線圖及真值表。CD4511 為 RCA 之編號，同級品有 MC 14511 motorola 及 TC500P 日本東芝等。可接受儲存及轉換 BCD 輸入碼為七段、大電流之正邏輯讀出推動信號。其各腳之功能如下：

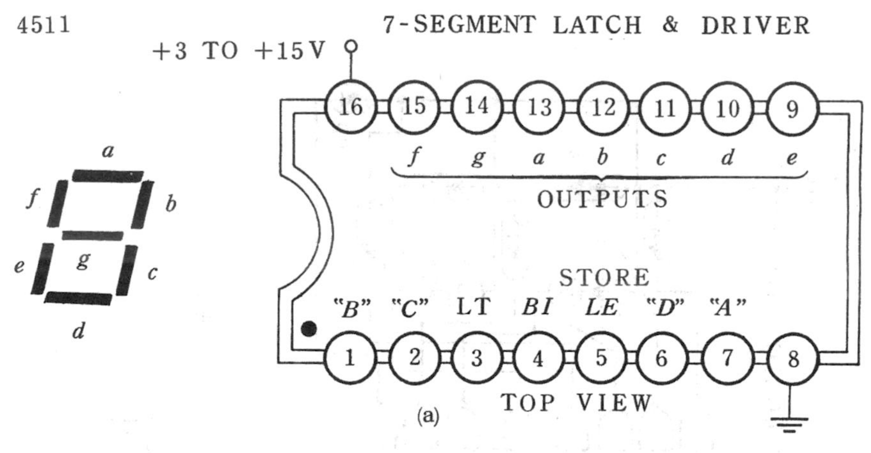

▲ 圖 4-34

眞值表

輸						入	輸						出	
LE	BI	LT	*D*	*C*	*B*	*A*	*a*	*b*	*c*	*d*	*e*	*f*	*g*	
×	×	0	×	×	×	×	1	1	1	1	1	1	1	8
×	0	1	×	×	×	×	0	0	0	0	0	0	0	
0	1	1	0	0	0	0	1	1	1	1	1	1	0	0
0	1	1	0	0	0	1	0	1	1	0	0	0	0	1
0	1	1	0	0	1	0	1	1	0	1	1	0	1	2
0	1	1	0	0	1	1	1	1	1	1	0	0	1	3
0	1	1	0	1	0	0	0	1	1	0	0	1	1	4
0	1	1	0	1	0	1	1	0	1	1	0	1	1	5
0	1	1	0	1	1	0	0	0	1	1	1	1	1	6
0	1	1	0	1	1	1	1	1	1	0	0	0	0	7
0	1	1	1	0	0	0	1	1	1	1	1	1	1	8
0	1	1	1	0	0	1	1	1	1	0	0	1	1	9
0	1	1	1	0	1	0	0	0	0	0	0	0	0	
0	1	1	1	0	1	1	0	0	0	0	0	0	0	
0	1	1	1	1	0	0	0	0	0	0	0	0	0	
0	1	1	1	1	0	1	0	0	0	0	0	0	0	
0	1	1	1	1	1	0	0	0	0	0	0	0	0	
0	1	1	1	1	1	1	0	0	0	0	0	0	0	
1	1	1	×	×	×	×								

× : don't care
depends upon the BCD previously applied when LE = 0

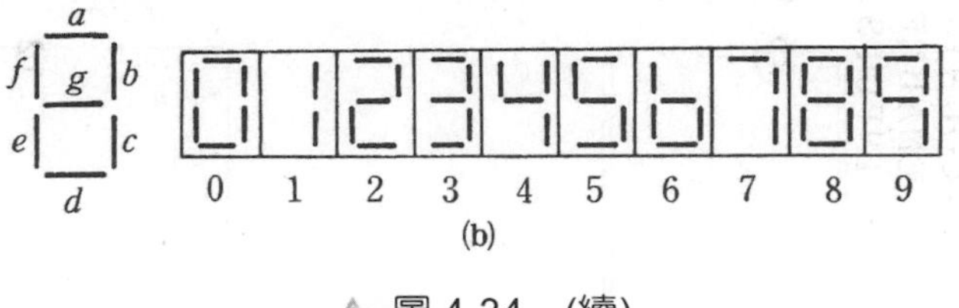

(b)

▲ 圖 4-34 (續)

(1) 正常工作下：

① LT (lamp test) = BI (blanking) = "1" 且儲存(latch enable)應爲低電位。儲存= 1 時可瞬間儲存最後顯示值。

② 輸入加於 *A*、*B*、*C*、*D* 端，輸出爲 7 段顯示，6、9 數字皆無頭尾。

(2) 其他工作情形：

① BI = 0 則輸出
皆爲低電位使顯示被遮掩 blanking。

② LT = 0 則使所有 LED 全部亮，與 BI 輸入狀態 0、1 或輸入無關。

4-2-5 5×7 點矩陣顯示器 TIL305

TIL-305 圖 4-35 包括 35 個 LED，可顯示文字和數字，但是要供給其使用的碼要使用 4100 系列的唯讀記憶器(ROM)，如圖 4-36 所示使用 TMS 4100 系列中之 4103 可用 US ASC II 碼輸入而顯示出 64 種字母數字或符號(圖 4-37)。

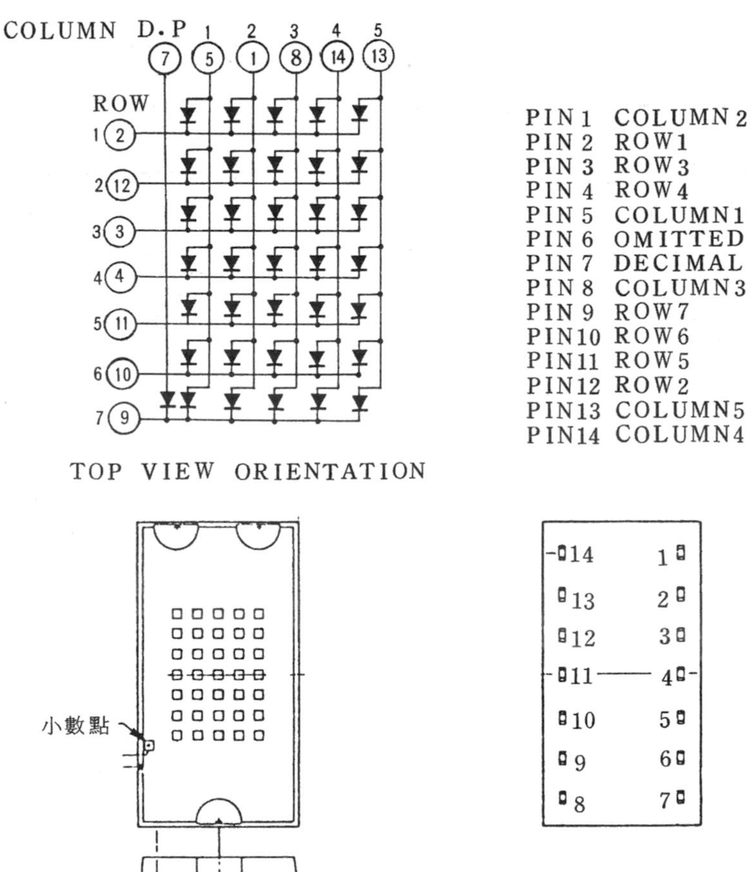

▲ 圖 4-35 5×7 點矩陣顯示器 TIL 305

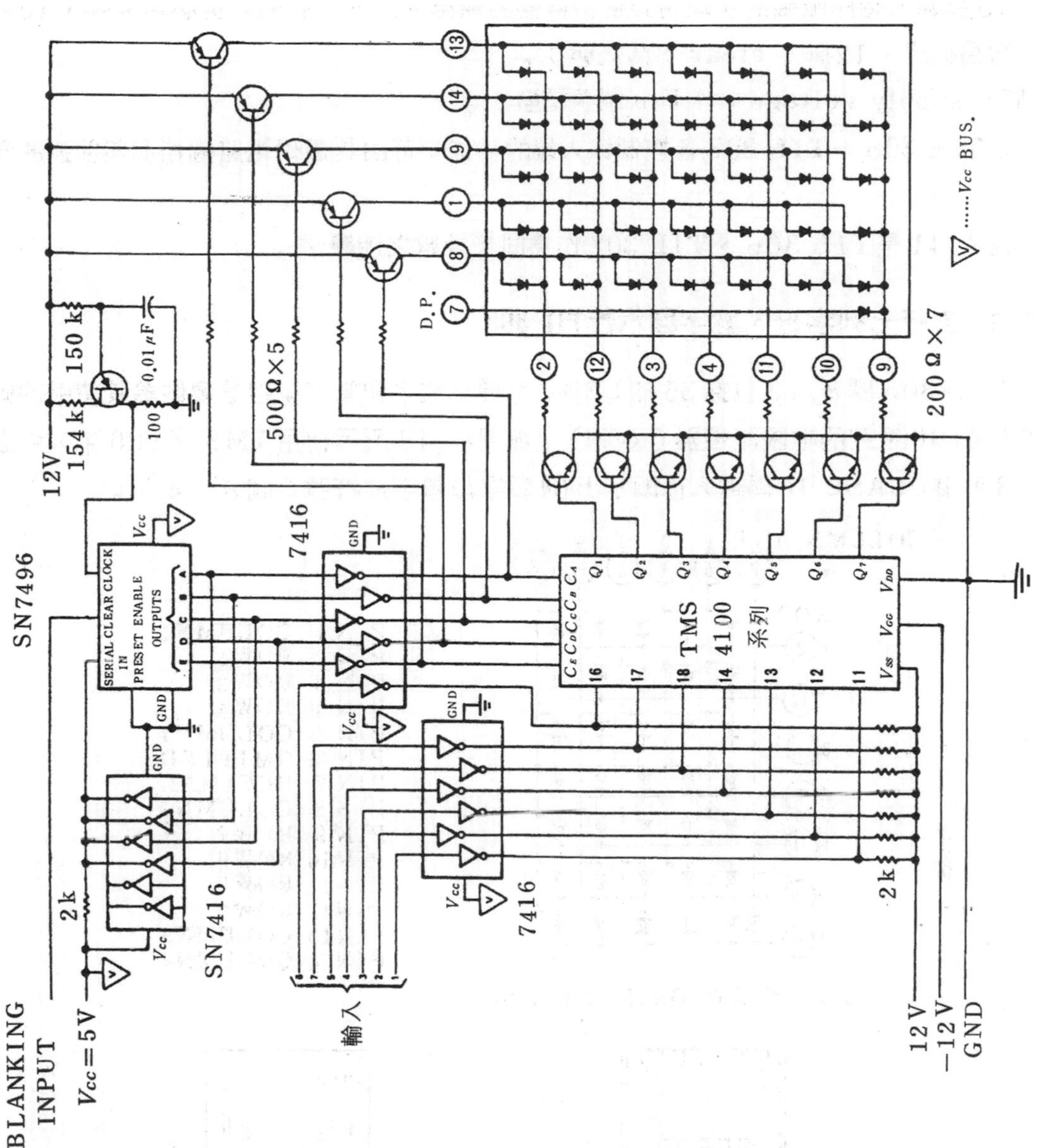

▲ 圖 4-36　5×7 點矩陣顯示器 TIL 305 的應用實例

▲ 圖 4-37 使用 TMS 4103 特性產生 ROM，輸入 USASC II 碼的顯示圖形

4-2-6 4 線對 16 線之解碼器

74154 爲四線輸入十六線輸出解碼器

74154 可將四位元的二進位資料轉換成 16 線輸出，四位元的二進資料共有 16 種不同的狀態，在輸入其中之任一狀態時，使輸出 16 腳中對應之一腳輸出 0，其

他 15 腳爲 1，另有 G_1G_2 兩控制端當 G_1G_2 均爲 0 時才能譯碼輸出，如 G_1G_2 中有任一以上爲 1，則輸出 16 腳全爲 1。

若將四數元計數器 7493 的四個輸出端接到 74154 的四個輸入端，則 74154 的 16 個輸入端可以 7493 之計數狀態而一一輸出 0，圖 4-38 爲 74154 接腳圖及眞值表，圖 4-39 爲其構成電路。

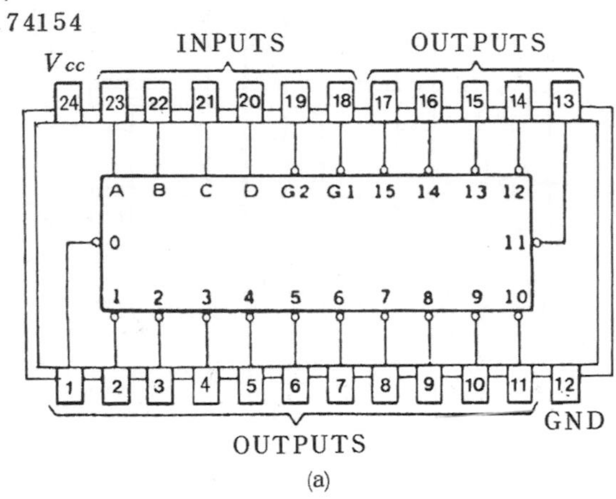

(a)

INPUTS						OUTPUTS															
G1	G2	D	C	B		0	1	2	3	4	5	6	7	8	9	10	11	12	13	14	15
L	L	L	L	L	L	L	H	H	H	H	H	H	H	H	H	H	H	H	H	H	H
L	L	L	L	L	H	H	L	H	H	H	H	H	H	H	H	H	H	H	H	H	H
L	L	L	L	H	L	H	H	L	H	H	H	H	H	H	H	H	H	H	H	H	H
L	L	L	L	H	H	H	H	H	L	H	H	H	H	H	H	H	H	H	H	H	H
L	L	L	H	L	L	H	H	H	H	L	H	H	H	H	H	H	H	H	H	H	H
L	L	L	H	L	H	H	H	H	H	H	L	H	H	H	H	H	H	H	H	H	H
L	L	L	H	H	L	H	H	H	H	H	H	L	H	H	H	H	H	H	H	H	H
L	L	L	H	H	H	H	H	H	H	H	H	H	L	H	H	H	H	H	H	H	H
L	L	H	L	L	L	H	H	H	H	H	H	H	H	L	H	H	H	H	H	H	H
L	L	H	L	L	H	H	H	H	H	H	H	H	H	H	L	H	H	H	H	H	H
L	L	H	L	H	L	H	H	H	H	H	H	H	H	H	H	L	H	H	H	H	H
L	L	H	L	H	H	H	H	H	H	H	H	H	H	H	H	H	L	H	H	H	H
L	L	H	H	L	L	H	H	H	H	H	H	H	H	H	H	H	H	L	H	H	H
L	L	H	H	L	H	H	H	H	H	H	H	H	H	H	H	H	H	H	L	H	H
L	L	H	H	H	L	H	H	H	H	H	H	H	H	H	H	H	H	H	H	L	H
L	L	H	H	H	H	H	H	H	H	H	H	H	H	H	H	H	H	H	H	H	L
L	H	×	×	×	×	H	H	H	H	H	H	H	H	H	H	H	H	H	H	H	H
H	L	×	×	×	×	H	H	H	H	H	H	H	H	H	H	H	H	H	H	H	H
H	H	×	×	×	×	H	H	H	H	H	H	H	H	H	H	H	H	H	H	H	H

(b)

▲ 圖 4-38

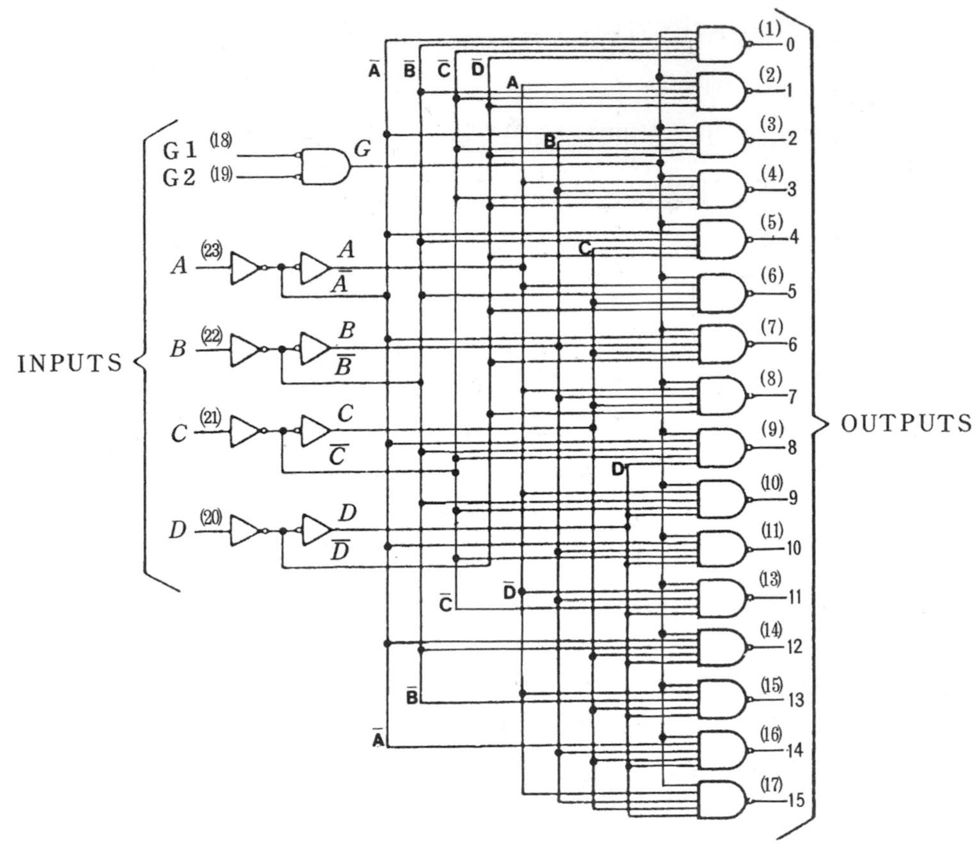

▲ 圖 4-39 74154 之內部電路圖

74159 是 74154 解碼電路之 open collect 之解碼器，其接線如圖 4-40 所示，功能和真值表同 74154。

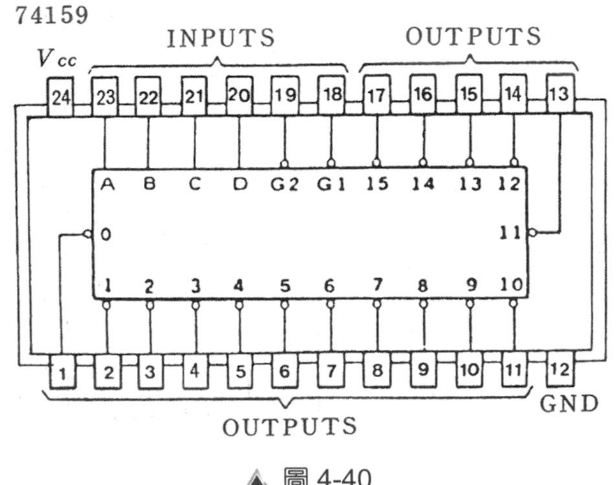

▲ 圖 4-40

4-2-7　編碼電路

編碼器電路與解碼器通常執行相反之動作，如圖 4-41 中所示，即為一個以二極體矩陣所構成之 0～9 等十個數字對 BCD 之編碼，當按下 0 之開關時，產生之 BCD 碼輸出為 0000；而按下 5 之開關時，則產生 0101 之 BCD。

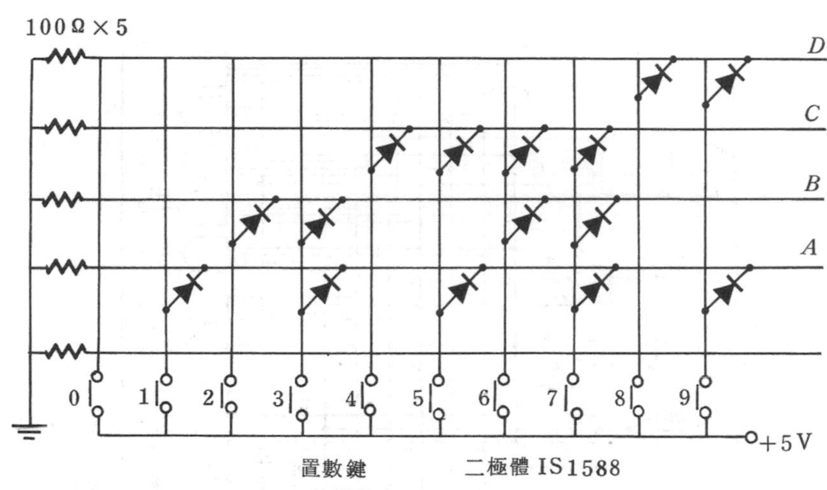

▲ 圖 4-41　二極體矩陣構成之 BCD 編碼器

圖 4-42 為 NAND gate 執行編碼器之線路圖。利用 NAND 閘為了執行OR的功能而要求反向資料輸入因此電路是低動作輸入和高動作輸出。

對於執行十進位對 BCD 轉換使用，在今天最方便的方法是應用一個 74147 TTL 優先編碼 IC。此裝置在原本設計時是為 9 個不同的優先順序。眞值表及接腳圖在圖 4-43。

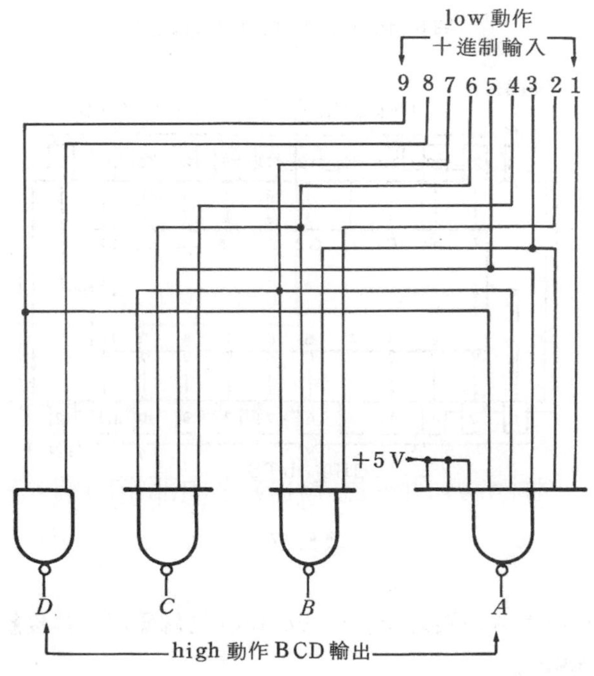

▲ 圖 4-42　利用 NAND GATE 構成 BCD 之編碼器

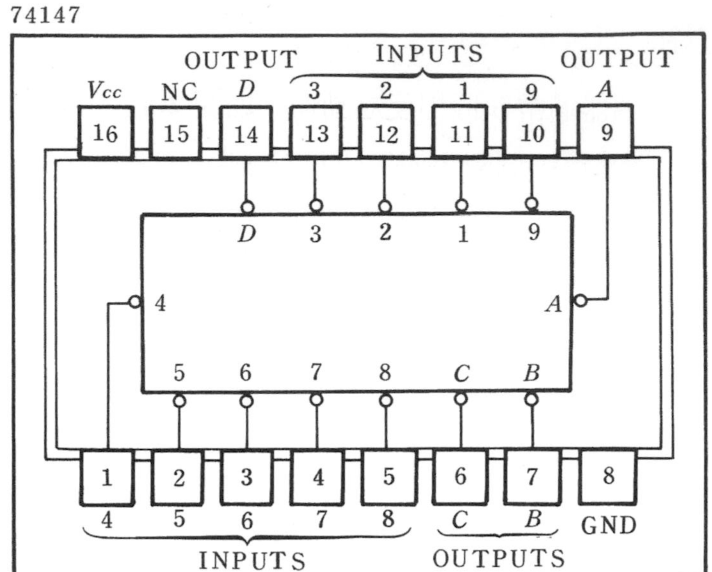

(a)接線圖

INPUT									OUTPUT			
1	2	3	4	5	6	7	8	9	D	C	B	A
H	H	H	H	H	H	H	H	H	H	H	H	H
X	X	X	X	X	X	X	X	L	L	H	H	L
X	X	X	X	X	X	X	L	H	L	H	H	H
X	X	X	X	X	X	L	H	H	H	L	L	L
X	X	X	X	X	L	H	H	H	H	L	L	H
X	X	X	X	L	H	H	H	H	H	L	H	L
X	X	X	L	H	H	H	H	H	H	L	H	H
X	X	L	H	H	H	H	H	H	H	H	L	L
X	L	H	H	H	H	H	H	H	H	H	L	H
L	H	H	H	H	H	H	H	H	H	H	H	L

(b)眞值表

▲ 圖 4-43　積體電路之 BCD 編碼器(74147)

圖 4-44 所示爲 74147 之內部電路圖，其動作方式爲 7442 之逆動作，把十進制解碼成二進位。因爲具有優先順序如 2 與 9 同時輸入，則輸出會顯示較大之位數，顯示 LHHL 而非 HHLH 或兩者之混合 LHLL。輸入是負邏輯，L 輸入是解碼成二進制輸出。

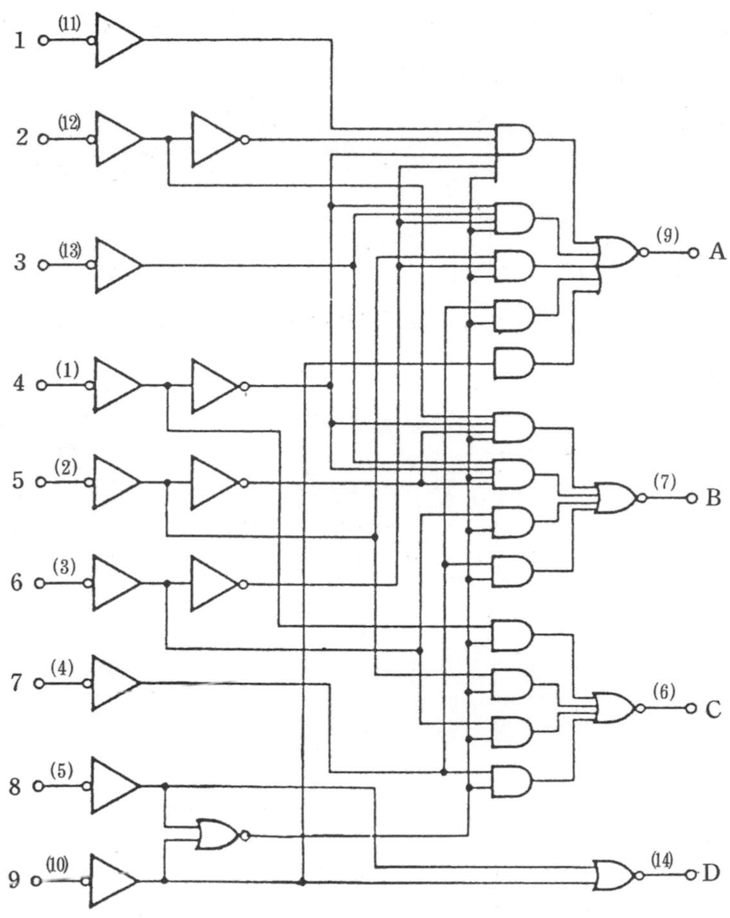

▲ 圖 4-44 74147 內部電路

4-3 實習項目

工作一、二位元解碼器

工作程序：

1. 按圖 4-45(a)接妥電路，欲獲得高電位輸出，可在 NAND gate 輸出端再串加 NOT gate。

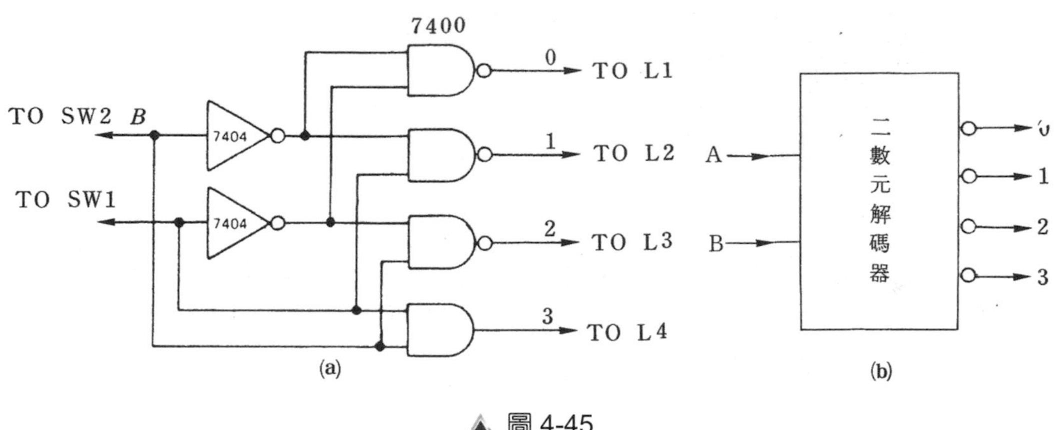

圖 4-45

2. *A*、*B* 輸入端接實驗器 Hi/Low 輸出，按表 4-2 使 *A*、*B* 做不同的組合，並記錄 L_1～L_4的輸出指示。

表 4-2

輸入		輸出			
B	*A*	L_1 (0)	L_2 (1)	L_3 (2)	L_4 (3)
0	0				
0	1				
1	0				
1	1				

工作二：8421BCD 碼轉換成 10 進數碼

工作程序：

1. 圖 4-46 是顯示裝置 LED 七段顯示器的電路，圖中電阻用 330Ω。測量 LED 七段顯示的方法與測量普通 LED 的方法一樣，首先找到其共陽極的接腳，將 VOM 撥在 $R \times 1$ 檔，正壓棒接共陽極，負壓棒則接其他接腳，由對應發亮段可記錄下 *a*～*g* 段的接腳。
2. 按圖 4-46 插妥電路，首先按下 7490 的清除，使 7490 的 *ABCD* 輸出為 Low，此時 LED 顯示器出現情形是________。再將 7447 的第 3 腳(LT)端接 Low，LED 顯示器出現情形是________。LT 端恢復開路，將 7447 的第 5 腳(RBI)接 Low，LED 顯示器出現情形是________。RBI 恢復開路，將 7447 的第 4 腳(BI/RBO)接 Low，LED 顯示器出現情形是________。

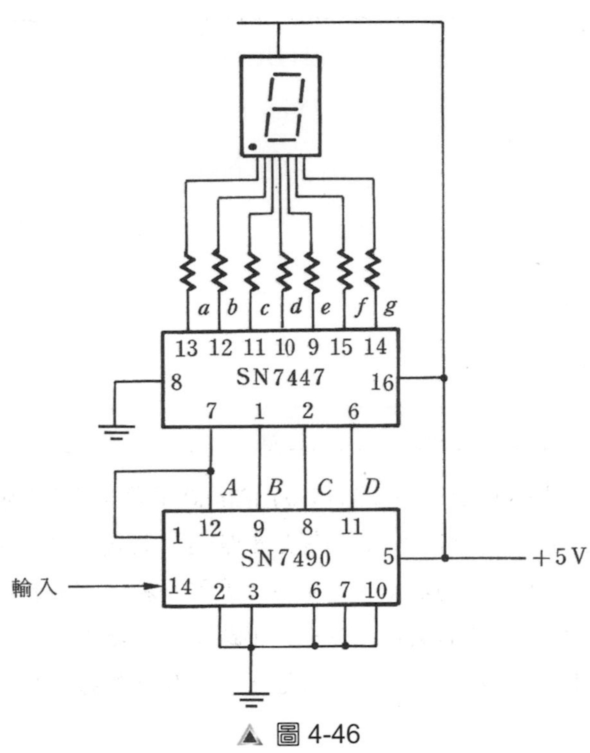

▲ 圖 4-46

3. 7490 的 14 腳輸入端接實驗器的脈波產生器輸出端(與程序 6.相同)，觀察脈波輸入後數字跳變情形。
4. LED 顯示器停留在某一數字時，將 7447 的第 5 腳(RBI)接 Low，LED 顯示器出現情形是________。RBI 恢復開路，將 7447 的第 4 腳(BI/RBO)接 Low，LED 顯示器出現情形是________ 。
5. 劃一個用 7 段顯示器組成 0～99 的電路於下列空格中。

6. 圖 4-47 是用分立零件所組成的 8421BCD 碼轉換成十進數字的解碼電路。表 4-4 是其邏輯規則，在簡化式中若 D 為 1，則數字必為 8 或 9，故以 A 的狀態就可以分辨出 8 與 9 出來，$\overline{A}$ 可由 A 經 NOT gate。電晶體可推動繼電器而作大功率的數字顯示。

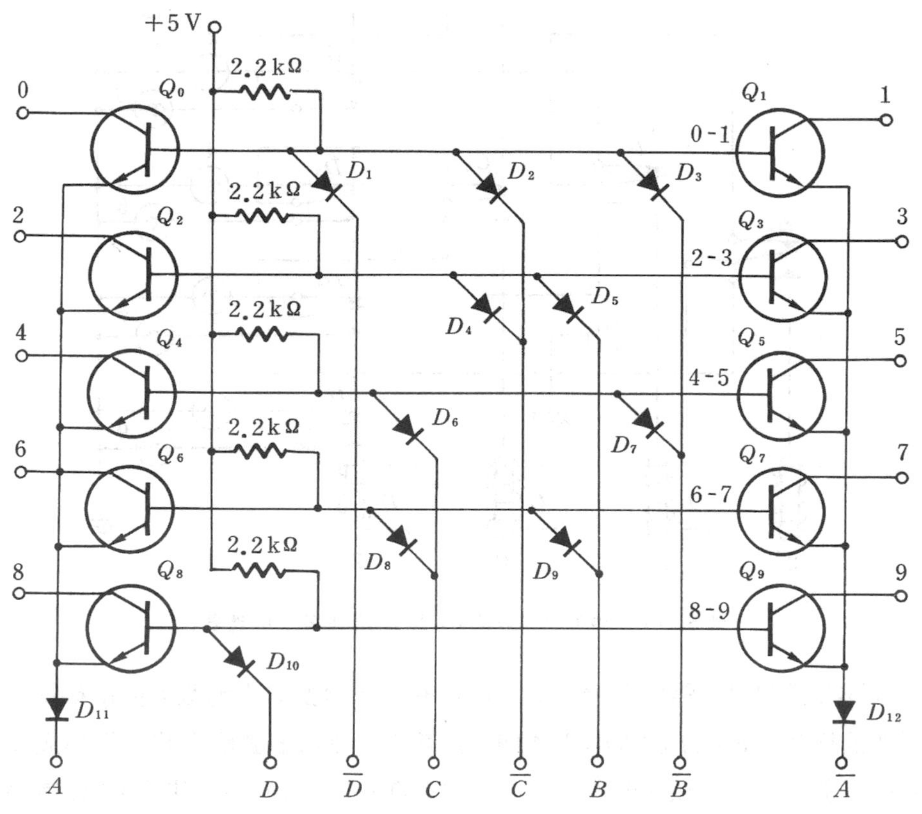

▲ 圖 4-47　分立零件組成的解碼電路

▼ 表 4-3　BCD 至十進制解碼規則表

正反器輸出												
十進制數字	D	C	B	A	邏輯式				簡化式			
0	0	0	0	0	$\overline{A}$	$\overline{B}$	$\overline{C}$	$\overline{D}$	$\overline{A}$	$\overline{B}$	$\overline{C}$	$\overline{D}$
1	0	0	0	1	A	$\overline{B}$	$\overline{C}$	$\overline{D}$	A	$\overline{B}$	$\overline{C}$	$\overline{D}$
2	0	0	1	0	$\overline{A}$	B	$\overline{C}$	$\overline{D}$	$\overline{A}$	B	$\overline{C}$	
3	0	0	1	1	A	B	$\overline{C}$	$\overline{D}$	A	B	$\overline{C}$	
4	0	1	0	0	$\overline{A}$	$\overline{B}$	C	$\overline{D}$	$\overline{A}$	$\overline{B}$	C	

▼ 表 4-3　BCD 至十進制解碼規則表(續)

正反器輸出												
十進制數字	D	C	B	A	邏輯式				簡化式			
5	0	1	0	1	A	$\overline{B}$	C	$\overline{D}$	A	$\overline{B}$	C	
6	0	1	1	0	$\overline{A}$	B	C	$\overline{D}$	$\overline{A}$	B	C	
7	0	1	1	1	A	B	C	$\overline{D}$	A	B	C	
8	1	0	0	0	$\overline{A}$	$\overline{B}$	$\overline{C}$	D	$\overline{A}$			D
9	1	0	0	1	A	$\overline{B}$	$\overline{C}$	D	A			D

7. 圖 4-48 是利用繼電器所構成的 8421 BCD 碼轉換成十進數字的解碼電路，每個繼電器的線圈接 8421 的 *ABCD* 4 個信號輸入。當有信號輸入時，變換成 10 進的數值就可驅動對應的顯示燈發亮。各繼電器在 OFF 狀態時，使“0”數值的燈發亮。有關變換的各對應數值，參看表 4-5 所示。

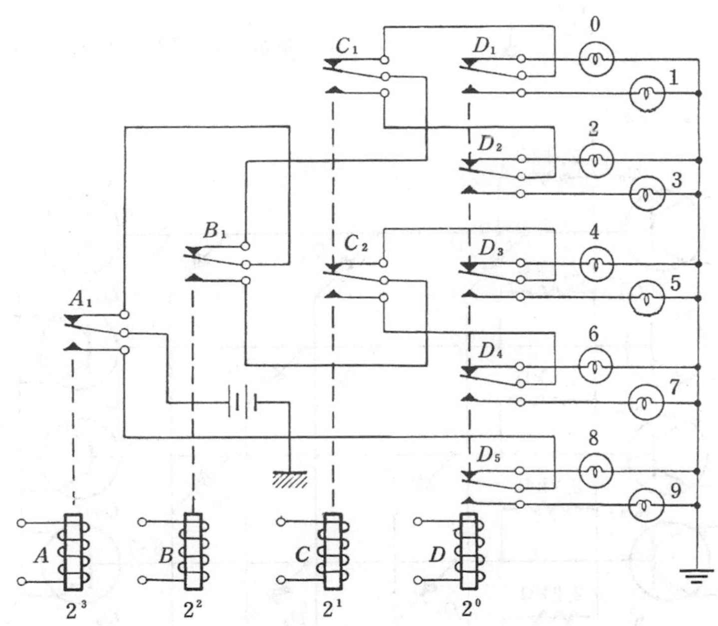

▲ 圖 4-48　繼電器組成的 BCD 至 10 進數字解碼器

▼ 表 4-4

8421 BCD 碼				十進輸出									
A	*B*	*C*	*D*	O0	①	②	③	④	⑤	⑥	⑦	⑧	⑨
0	0	0	0	1	0	0	0	0	0	0	0	0	0
0	0	0	1	0	1	0	0	0	0	0	0	0	0
0	0	1	0	0	0	1	0	0	0	0	0	0	0
0	0	1	1	0	0	0	1	0	0	0	0	0	0
0	1	0	0	0	0	0	0	1	0	0	0	0	0
0	1	0	1	0	0	0	0	0	1	0	0	0	0
0	1	1	0	0	0	0	0	0	0	1	0	0	0
0	1	1	1	0	0	0	0	0	0	0	1	0	0
1	0	0	0	0	0	0	0	0	0	0	0	1	0
1	0	0	1	0	0	0	0	0	0	0	0	0	1

工作三：10 進制數碼轉換成 8421 BCD 碼

工作程序：

1. 圖 4-49 是利用二極體所組成的 10 進制數碼轉 8421 BCD 碼的電路，用 10 個按鈕開關以選擇 10 進制碼所對應的 8421 BCD 碼輸出。在電子計算器上其鍵盤就需一個此種編碼器。(圖 4-49 左邊編碼矩陣電路可製作在一塊印刷電路板上，免掉每年實習焊接此電路)

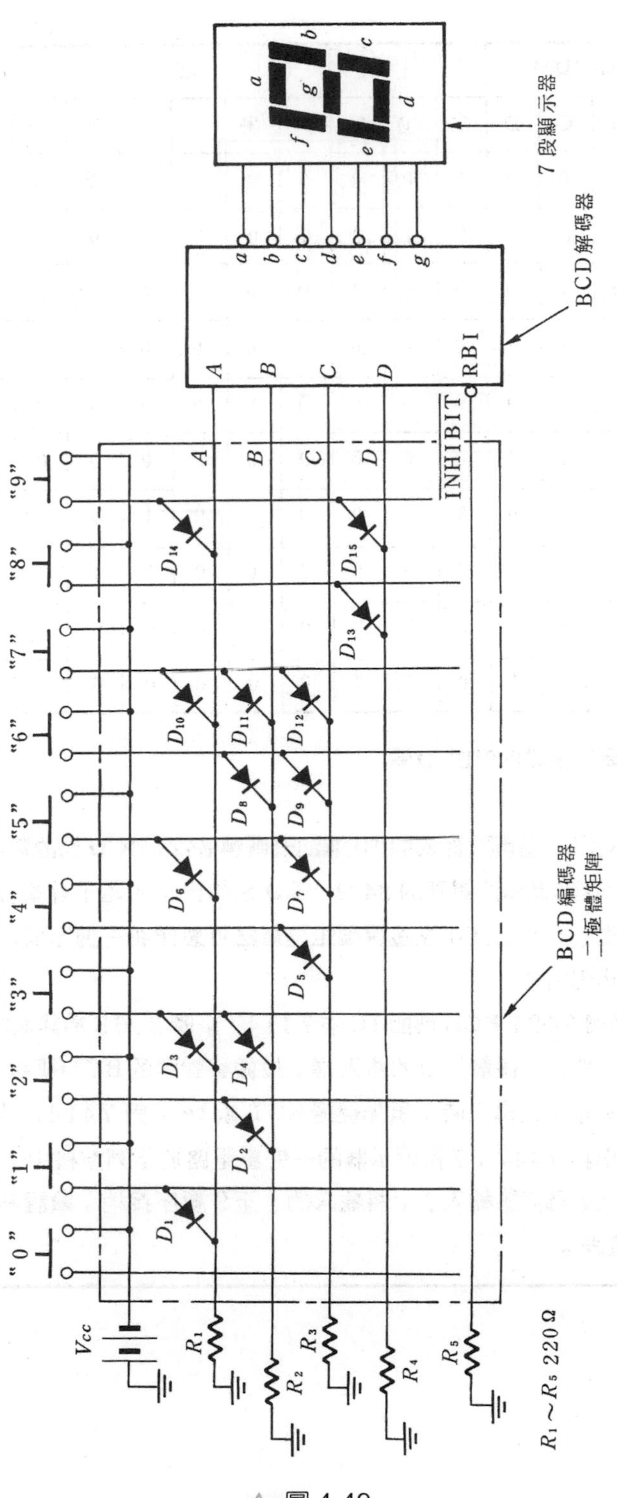

▲ 圖 4-49

2. 10 進制數碼轉 8421 BCD 碼的 IC 有 74147，圖 4-50 爲其測試圖。

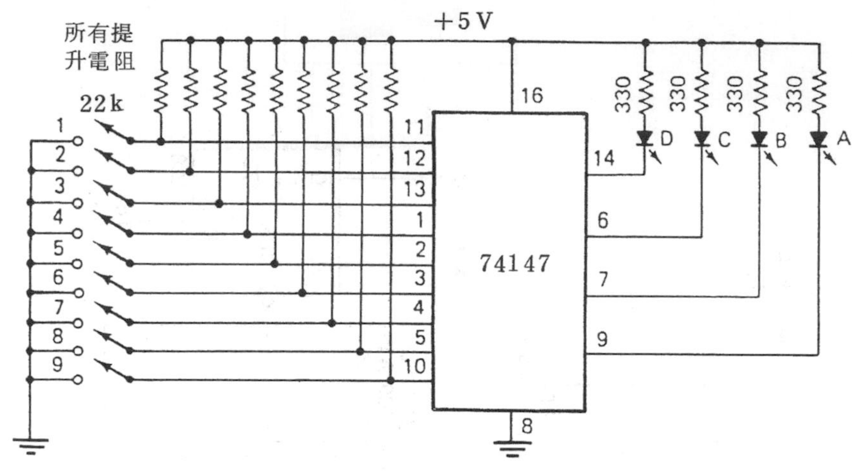

▲ 圖 4-50

3. 實習時可用接地線去碰觸 1～9 的輸入端，以觀察對應的 BCD 碼輸出。74147 輸出接至 Hi/Low 指示器輸入時，須先經過 NOT gate，因 74147 是低態輸出。劃圖 4-38 的輸出經 7447，7 段顯示器的一完整電路於下列空格中。(74147 爲低態輸出，7447 爲高態輸入)，將輸入的 1 至 9 順序接地，驗證其輸出是否合乎 74147 的眞值表。

4-4　問題

1. 何謂解碼？何謂編碼？
2. 圖 4-51 中(b)的字體較圖(a)美觀，圖(c)虛線電路可顯示出圖(b)的字體來，試說明工作原理。

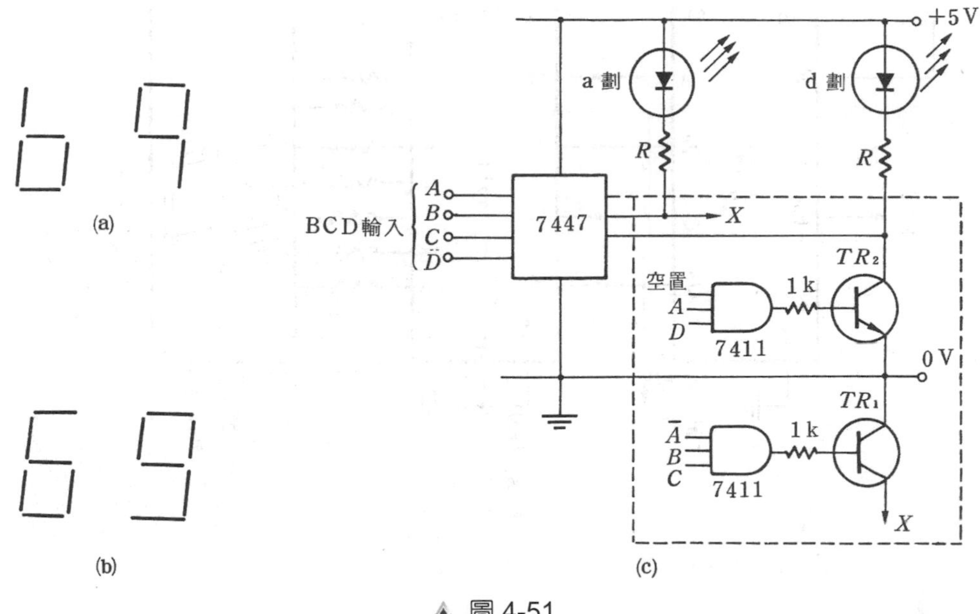

▲ 圖 4-51

3. 圖 4-52 是邏輯電路中 High/Low 的指示電路，試說明工作原理。

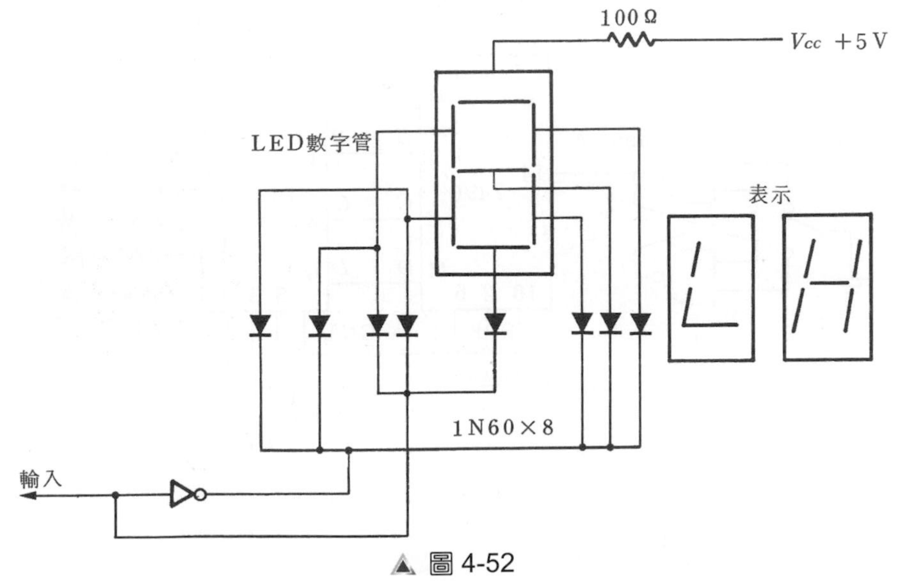

▲ 圖 4-52

4. 如圖 4-53 所示，試用 7400 設計一編碼電路，其功能如下：
   (1) *E*、*F*、*G*、*H* 四個按鈕開關都不按時，7 段 LED 顯示器都不亮。
   (2) 按 *E* 的按鈕顯示 E。
   (3) 按 *F* 的按鈕顯示 F。
   (4) 按 *G* 的按鈕顯示 G。
   (5) 按 H 的按鈕顯示 H。

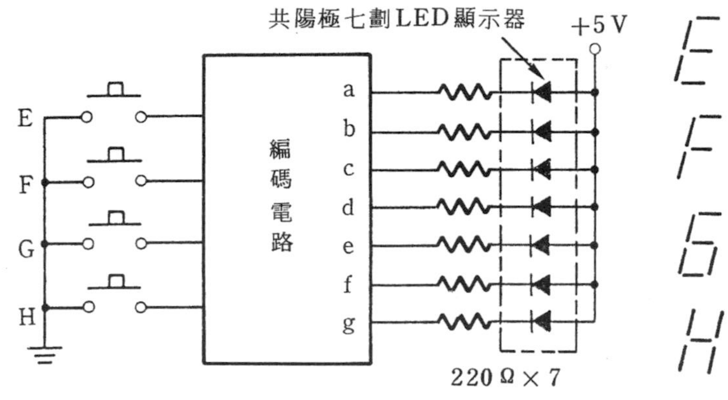

▲ 圖 4-53

5. 如圖 4-54 所示爲一計數兼解碼電路，試分析其工作原理，並說明二個反及閘構成電路之特性。

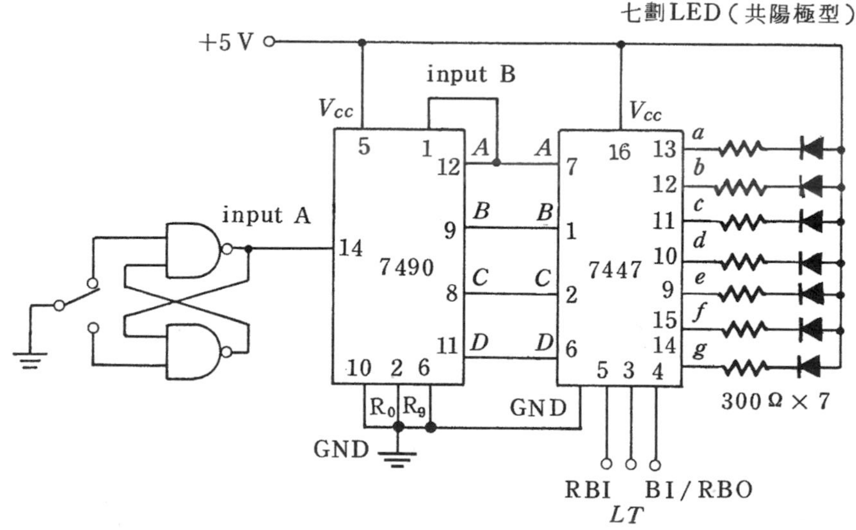

▲ 圖 4-54

6. 試以一個 3 線對 8 線之解碼器執行全加器電路。
7. IC 中有 SELECT，ENABLE，LAMP TEST，B1/RBO，RBI，STORE，分別代表何義。
8. 共陰極與共陽極 7 段顯示器如何區別？

Note

CH 5

多工器與解多工器

5-1 實習目的

1. 瞭解數位多工器之原理與應用
2. 瞭解數位解多工器之原理與應用。
3 瞭解多工器與解多工器及組合邏輯之關係。

5-2 相關知識

多工器(multiplexer, MUX)本質上即是一個電子開關，它能由 n 個輸入線中選取一個而連接到輸出線上，如圖 5-1(a)所示。至於選取那條輸入線，則由一組控制信號線，稱爲位址選擇線來決定。當位址選擇線選取位置編號爲 1 之輸入線時，開關 S 即將編號爲 1 之輸入線與輸出線相接，此時輸出線即傳送 1 之輸入線的資料。而對於其它輸入線，因未經由開關 S 與輸出線相接，故對於其間之資料不予傳送。因此多工器又稱資料選擇器(data selector)，因爲它由多個輸入線中選取一個輸入線之資料，並將之送往輸出線上，故解多工器(demultiplexer, deMUX)之動作恰與多工器相反，如圖 5-1(b)所示。它的作用是將單一的輸入線資料送往由多個中選取的輸出線上。輸出線與選取之方法與多工器輸入線選取之方式相同。例如圖 5-1(b)所示，開關 S 被選往 1 之輸出線上，故輸入線上之資訊即被送往 1 之輸出線上，而其它之輸出線因未予選取，故不傳送資料於其間。

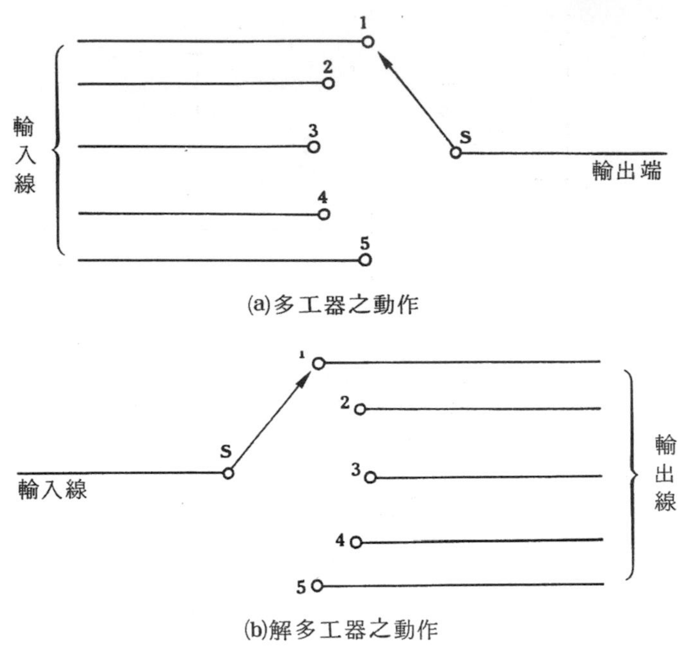

▲ 圖 5-1　多工器與解多工器之動作說明

一般而言，多工器與解多工器可分成類比與數位兩種。類比式(analog)多工器與解多工器本質上即爲一只單刀多擲開關，其間傳遞之信號爲類比之信號；數位式多工器與解多工器本質上卻是以組合邏輯電路構成的數位式開關。更明確地定義：數位多工器是一種能由多個輸入線中選取其中一個之二進位資訊，並將之送往單一輸出線上之組合邏輯電路；數位解多工器則是一種能將單一的輸入線資訊送往多個輸出線中之一個的組合邏輯電路。

5-2-1　多工器

多工器之原理可以圖 5-2 來說明爲雙輸入多工器，A、B 爲資料輸入端，Z 爲資料輸出端，S 則爲位址選擇端。由加至 S 之邏輯信號決定那一個 AND gate 爲有效狀態，輸入信號可經 OR gate 而至輸出端上。輸出 Z 以布林代數表示。

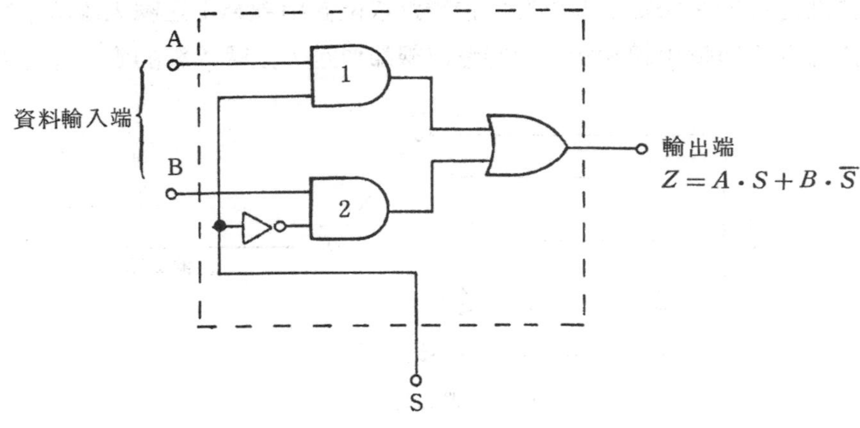

▲ 圖 5-2　雙輸入端之基本多工器

$$Z = AS + B\overline{S}$$

當 $S = 0$ 時，上式可化為

$$Z = A \cdot 0 + B \cdot 1 = B$$

即 $S = 0$ 時，Z 隨著 B 信號變化。當 $S = 1$ 時

$$Z = A \cdot 1 + B \cdot 0 = A$$

即 Z 隨著 A 信號變化。這也是說 $S = 0$ 時，選擇 B 傳至 Z，$S = 1$ 時，選擇 A 傳至 Z。

積體電路之 2 對 1 多工器通常不是每一個多工器皆有一條獨自之選擇線可資利用，而是將四個多工器之選擇線於內部聯接後只引出一條提供使用者使用。

圖 5-3 即為 4 輸入多工器，4 個輸入端分別為 D_0～D_3，兩位元的位址選擇端 S_0、S_1。計有 4 種選擇信號，每一種選擇信號使其相對應 AND gate 進入有效狀態，該 AND gate 之輸入信號便經此送入 OR gate，然後從輸出端 Z 出來，比如說 $S_0 = 0$，$S_1 = 0$ 時 gate 1、2、3 之輸出皆為 0，而 gate 0 的輸出信號則視 D_0 而定，也就是說 $Z = D_0$。

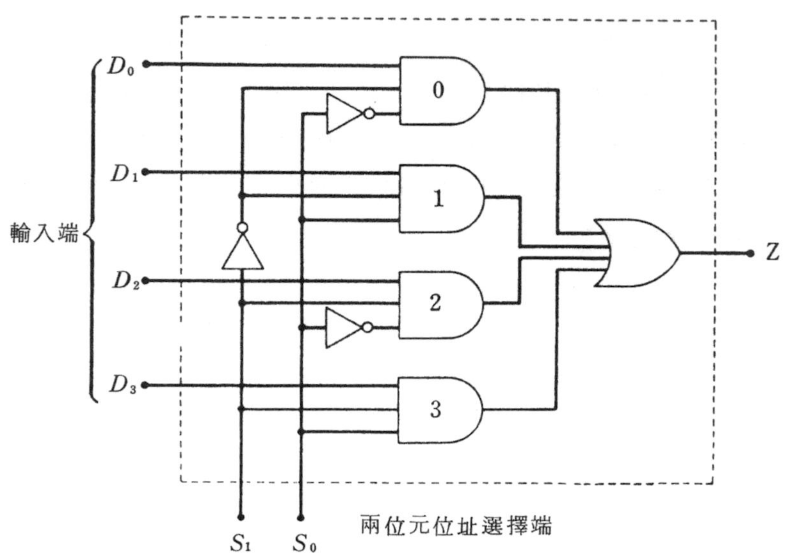

(a)四通道多工器

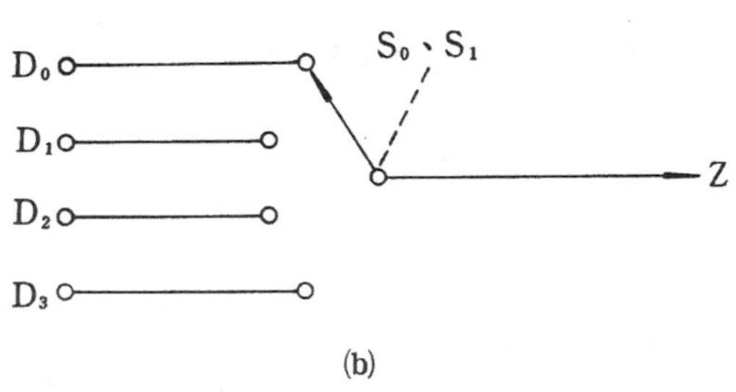

選擇信號 S_1	S_0	輸出信號
0	0	$Z = D_0$
0	1	$Z = D_1$
1	0	$Z = D_2$
1	1	$Z = D_3$

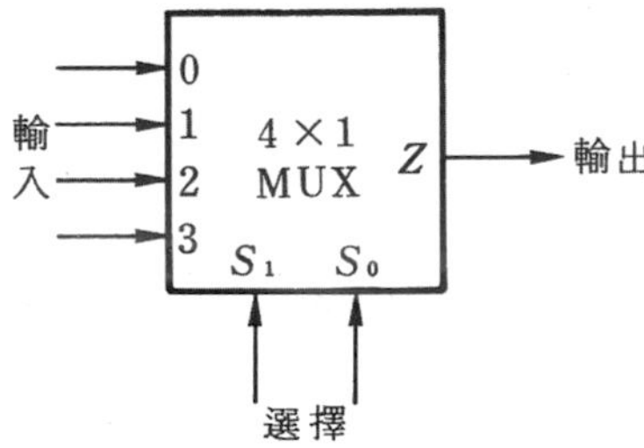

(c)方塊圖

▲ 圖 5-3　四輸入多工器

5-2-2　多工器之 IC

目前市面上已有很多種 IC 多工器，因此在設計一多工器時，並不必以 SSI 開始設計。表 5-1 為常用各種 TTL/CMOS 之多工器裝置。

表 5-1　各種 TTL/CMOS 多工器裝置

74157	四個 2：1 多工器	TTL
74153	二個 4：1 多工器	TTL
74151A	8：1 多工器	TTL
74150	16：1 多工器	TTL
4019	四個 2：1 多工器(NAND-OR 選擇)	CMOS
4512	8：1 多工器	CMOS

1. 74157 為四個 2 對 1 之多工器，共用一選擇線之電路。圖 5-4(a)為其接線圖，圖(b)為其內部邏輯圖。圖 5-4(b)之電路中，除有一條選擇位址外，尚有一閘入(strobe)控制輸入以控制該電路之工作，當閘入控制為 1 時，多工器內之 AND 閘不被致能(disable)，因此輸出 Y 皆為 0；只當閘入控制為 0 時，多工器之輸出方會隨選擇位址選取之輸入資訊而改變。即 STROBE 是 Hi 時輸入與輸出無關而輸出均以 Low 表示之。當 SELECT 為 Low 時輸出 Y 為 A 信號之變化。當 SELECT 為 High 時輸出 Y 隨著 B 之信號而變化。
2. 74153 為二個 4 線對 1 線之多工器：74153 之方塊圖及函數表(function table)如圖 5-5 所示，74153 包含有兩個 4 線至 1 線之多工器，它的選擇輸入 S_0、S_1 可同時控制兩個多工器，假設 $S_0 = 0$、$S_1 = 1$，則 IC2 及 2C2 被選擇，分別傳輸至輸出端 1Y 及 2Y。除非位址選擇端發生轉換否則其他各輸入端的資料並不影響該輸出。

74153 中之每個多工器均包括致能(enable)或激勵(strobe)輸入，致能(enable)輸入必須是 Low 時才能得到輸出，若 enable 在 Hi 時，將使輸出變為 Low，且和輸入信號無關。

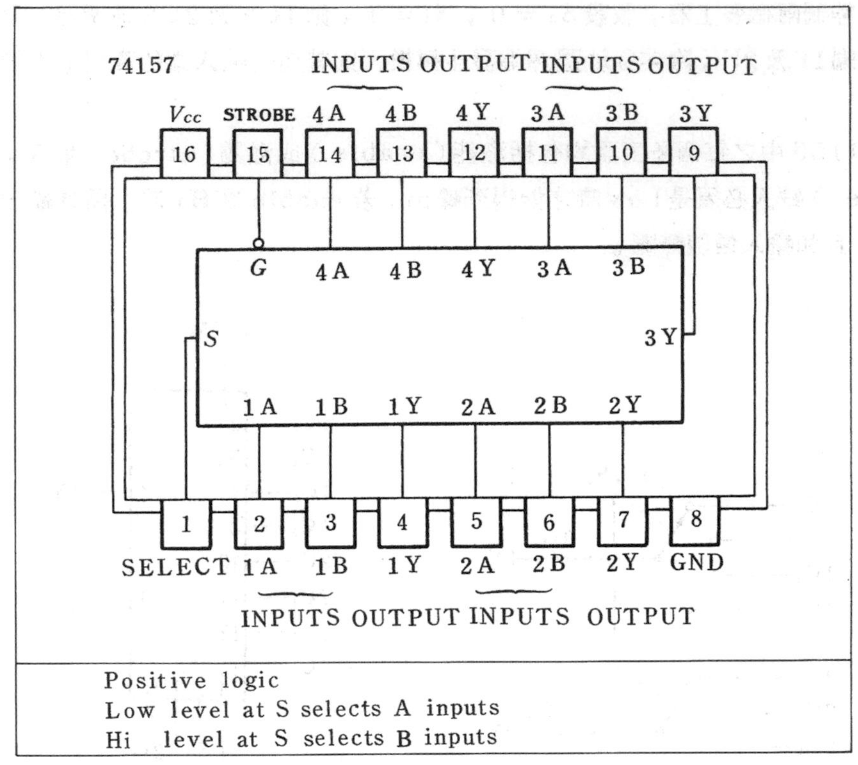

(a)接線圖

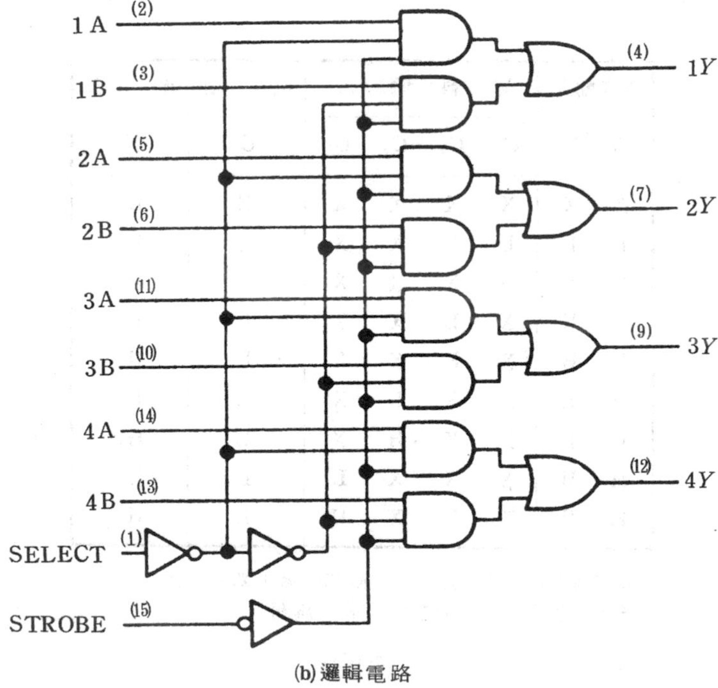

(b)邏輯電路

▲ 圖 5-4 74157 2 對 1 多工器

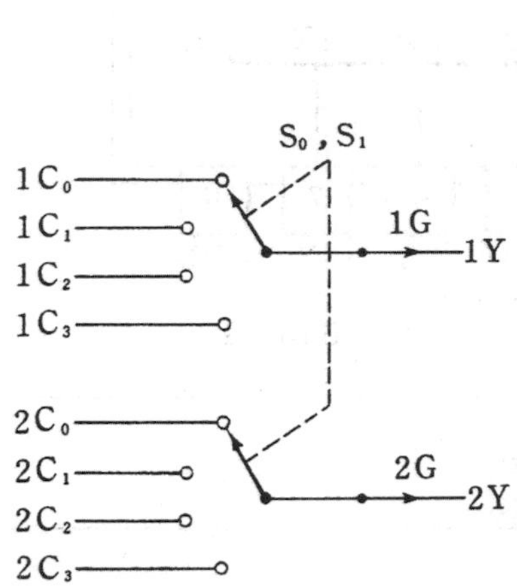

(a) 4：1 多工器功能

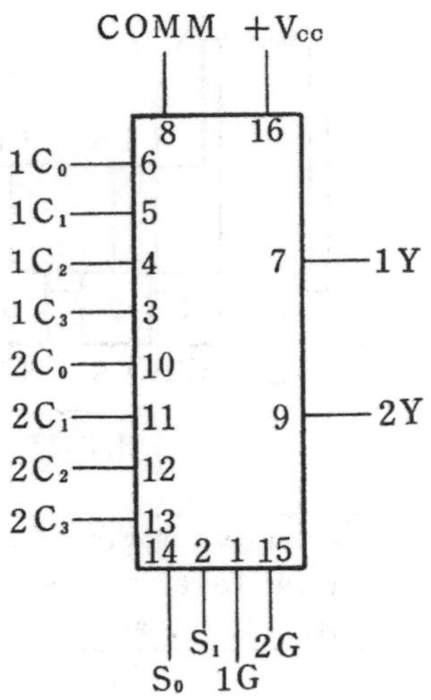

(b) 74153 連接圖

選擇輸入		資料輸入				激勵	輸出
S_1	S_0	C_0	C_1	C_2	C_3	G	Y
X	X	X	X	X	X	H	L
L	L	L	X	X	X	L	L
L	L	H	X	X	X	L	H
L	H	X	L	X	X	L	L
L	H	X	H	X	X	L	H
H	L	X	X	L	X	L	L
H	L	X	X	H	X	L	H
H	H	X	X	X	L	L	L
H	H	X	X	X	H	L	H

選擇輸入 S_0、S_1 對上、下兩部分多工器爲共用。
H＝高準位，L＝低準位，X＝無關

(c)函數表

▲ 圖 5-5　74153 多工器

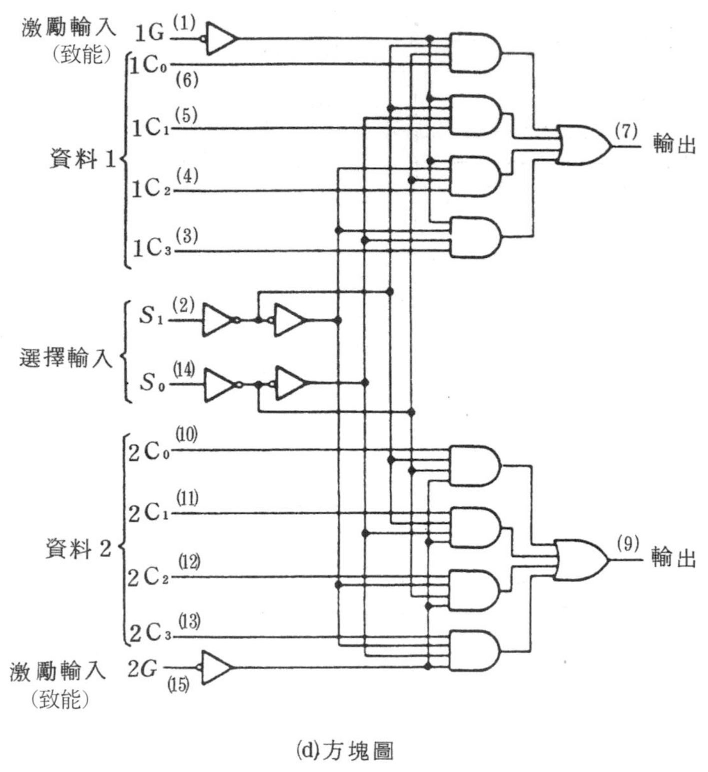

(d)方塊圖

▲ 圖 5-5　74153 多工器(續)

例題 5-1

試以 3 個 4 位元記錄器 *A*、*B*、*C* 及多工器來設計電路，此電路之輸出爲記錄器 *A*、*B*、*C* 之內容或 9(以二進制 1001 表示)。

解 要 4 組輸入(記錄器 *A*、*B*、*C* 及 9)中選擇一組輸出，故可利用 4 線至 1 線之多工器，而由 2 個選擇線來控制，右表爲選擇之可能方式：如圖 5-6 所示利用兩個 74153 設計，記錄器 *A* 之輸出 A_0、A_1、A_2、A_3 接至 74153 之 *C*0 輸入，記錄器 *B* 之輸出 B_0、B_1、B_2、B_3 接至 *C*1 輸入，記錄器 *C* 之輸出接至 *C*2 輸入，9(= 1001)則接至 *C*3 輸入。此電路之輸出將隨選擇輸入之變化而得到上表之結果。

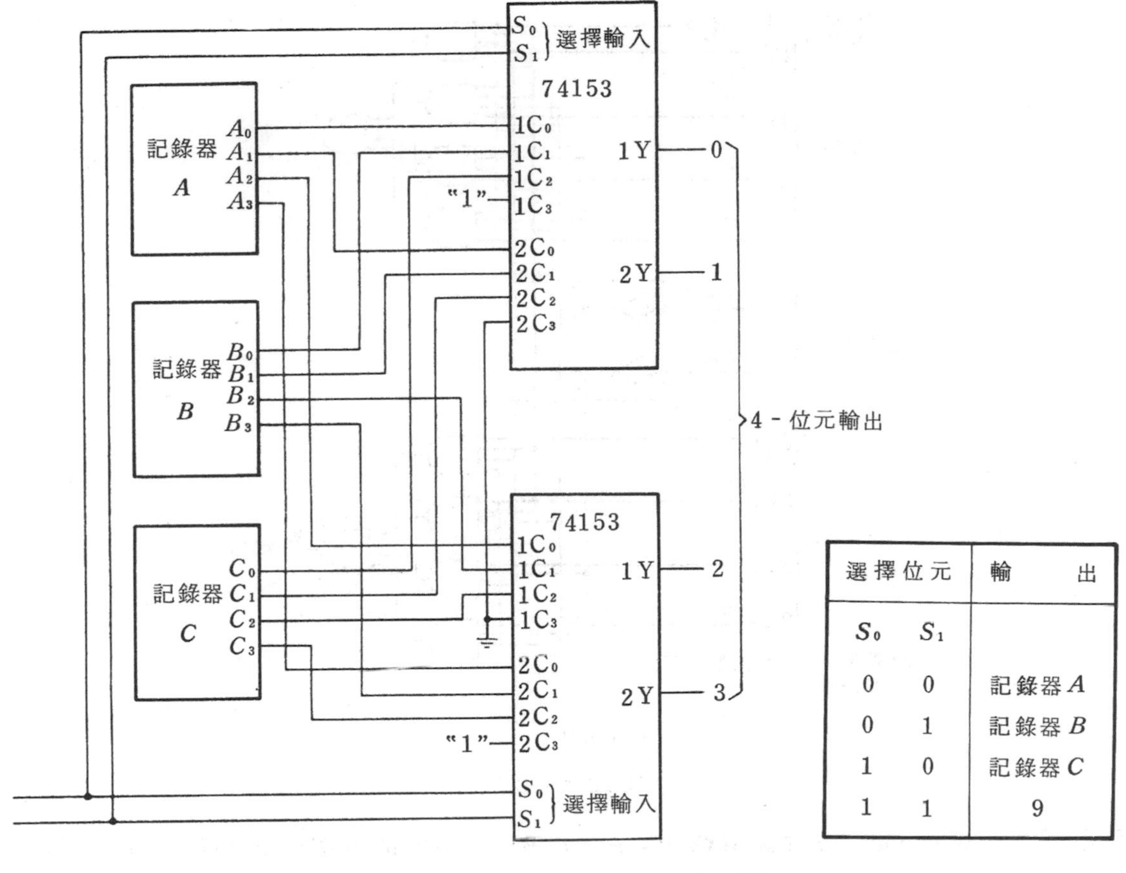

選擇位元		輸出
S_0	S_1	
0	0	記錄器 *A*
0	1	記錄器 *B*
1	0	記錄器 *C*
1	1	9

圖 5-6　例題 5-1 之電路圖

另外一種積體電路之 4 對 1 多工器電路是具有三態輸出控制之功能。其輸出端之 OR 閘具有三態輸出之能力，同時也有反相器之作用。這類多工器之典型代表如圖 5-7 所示。輸出控制(1*G* 與 2*G*)同時也有控制輸入端 AND 閘致能與否之功效。74353 除了具有三態之輸出功能外，其餘之部分與 74153 均相同。

由於三態輸出多工器之三態特性，使得多工器的擴充易以完成。將 74353 之兩輸出端直接相連(因為其具有三態之特性，故可如此為之)，並且將兩輸出控制(1*C* 與 2*G*)經由一反相閘相接後當作第三條(MSB)選擇線，即構成一個 8 對 1 之多工器。完整之電路如圖 5-8 所示。

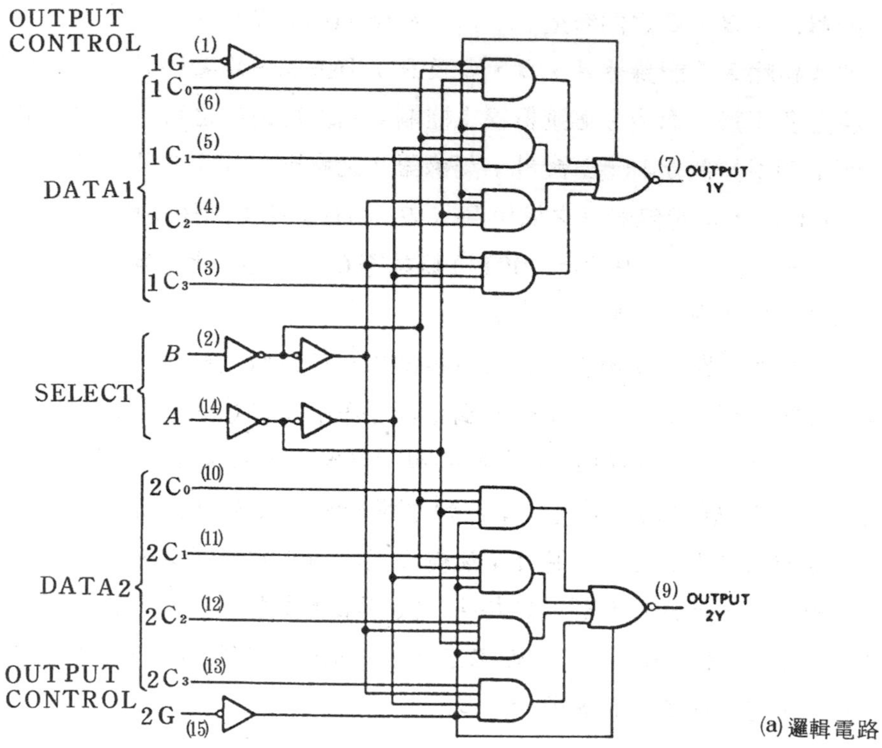

(a) 邏輯電路

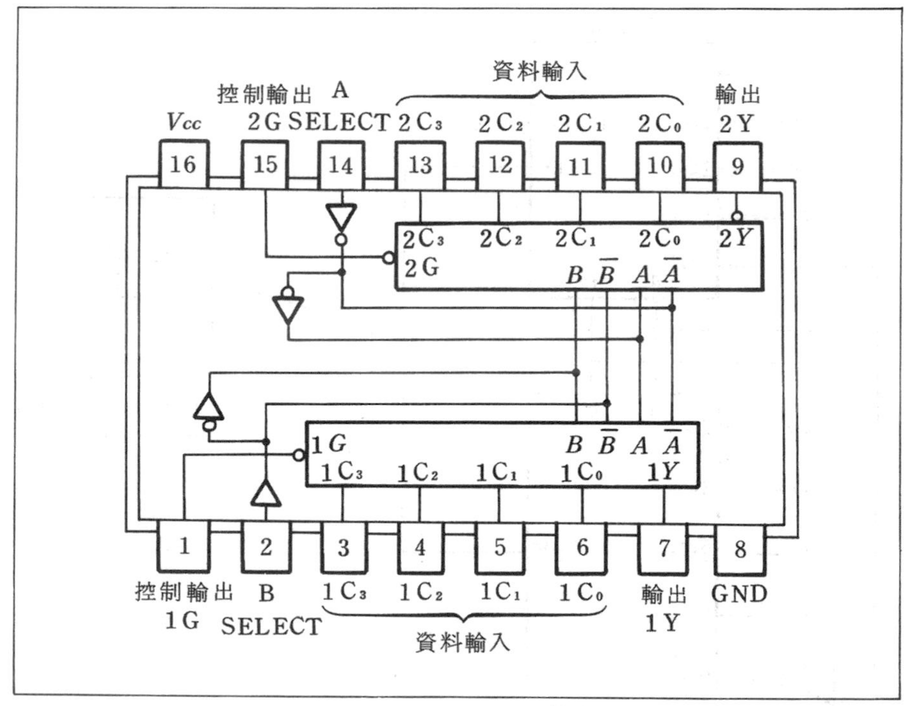

(b) 接線圖

▲ 圖 5-7　積體電路之三態輸出之 4 對 1 多工器(74353)

SELECT INPUTS		DATA INPUTS				OUTPUT CONTROL	OUTPUT
B	A	C_0	C_1	C_2	C_3	G	Y
X	X	X	X	X	X	H	Z
L	L	L	X	X	X	L	H
L	L	H	X	X	X	L	L
L	H	X	L	X	X	L	H
L	H	X	H	X	X	L	L
H	L	X	X	L	X	L	H
H	L	X	X	H	X	L	L
H	H	X	X	X	L	L	H
H	H	X	X	X	H	L	L

select inputs A and B are common to both sections
H = high level, L = low level, X = irrlevent,
Z = high impedance (off)

(c)真值表

▲ 圖 5-7　積體電路之三態輸出之 4 對 1 多工器(74353)(續)

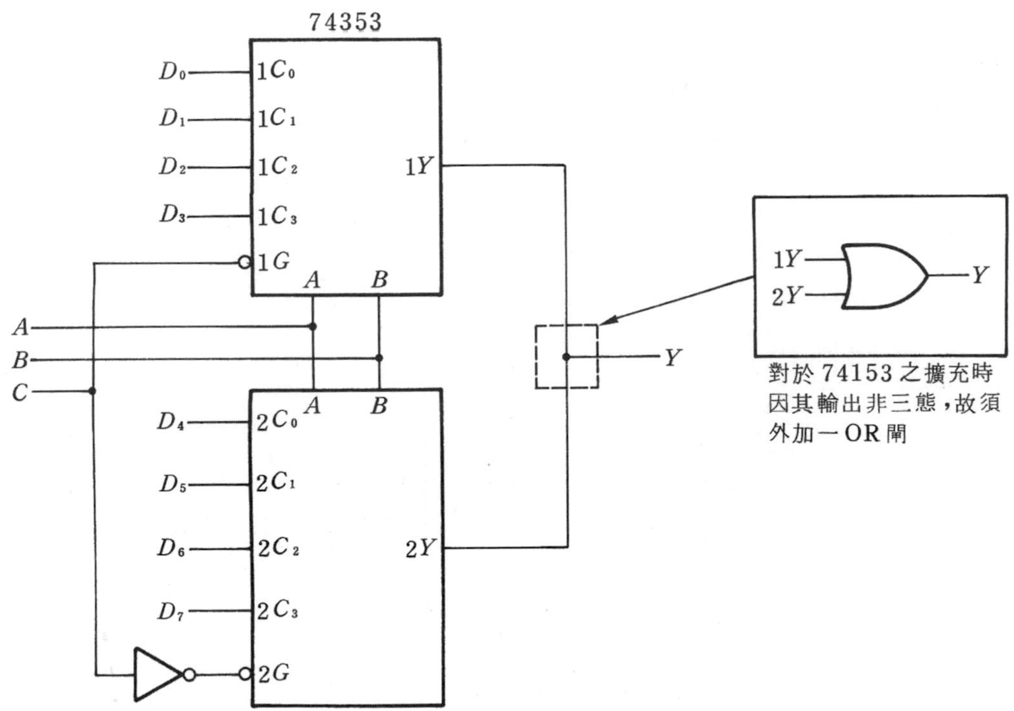

▲ 圖 5-8　將 74353 之二個 4 對 1 多工器擴充成一個 8 對 1 之多工器

3. 74151 及 74152 均為 8 線至 1 線多工器，74151 為 16 接腳包裝，有激勵信號輸入，且有 2 種輸出可與被選擇輸入呈同相或反相。當激勵信號為高準位時，輸出 *W* 也為高準位，而輸出 *Y* 為低準位。74152 為 14 接腳包裝，沒有激勵輸入且輸出與輸入反相。圖 5-9 為 74151 的接腳、方塊圖與函數表。

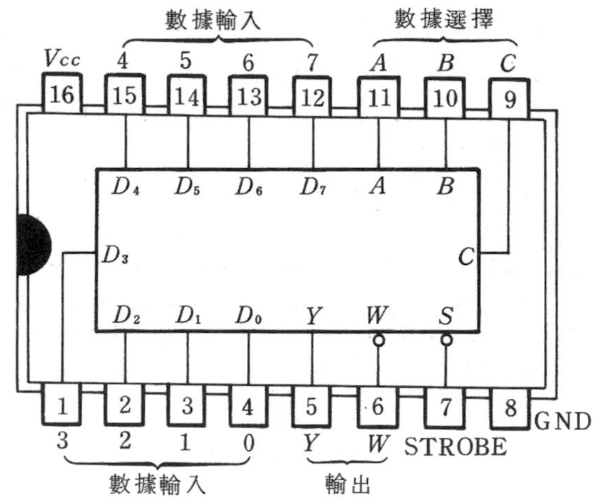

(a) 74151多工器的接腳

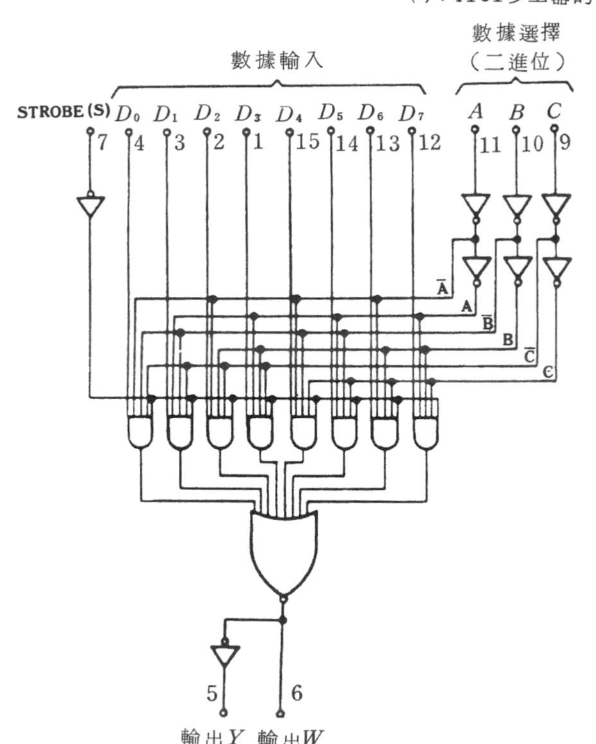

INPUTS				OUTPUTS	
SELECT			STROBE	Y	W
C	B	A	S		
X	X	X	H	L	H
L	L	L	L	D_0	$\overline{D_0}$
L	L	H	L	D_1	$\overline{D_1}$
L	H	L	L	D_2	$\overline{D_2}$
L	H	H	L	D_3	$\overline{D_3}$
H	L	L	L	D_4	$\overline{D_4}$
H	L	H	L	D_5	$\overline{D_5}$
H	H	L	L	D_6	$\overline{D_6}$
H	H	H	L	D_7	$\overline{D_7}$

(b) 74151 多工器的邏輯電路　　(c)函數表

▲ 圖 5-9　74151 之多工器

圖 5-10 爲 74152 的接腳；方塊圖與函數表。

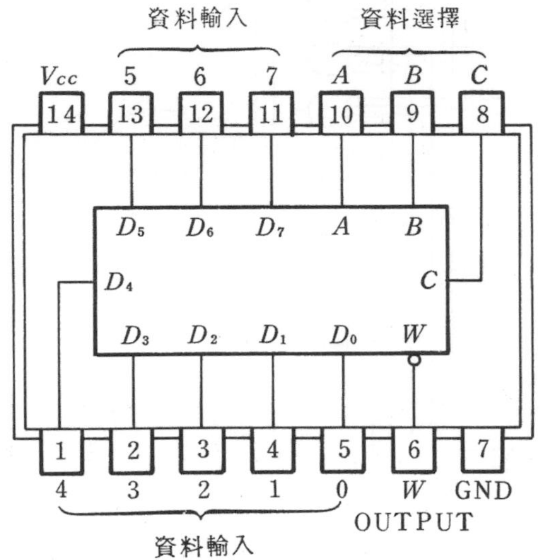

(a)接腳圖

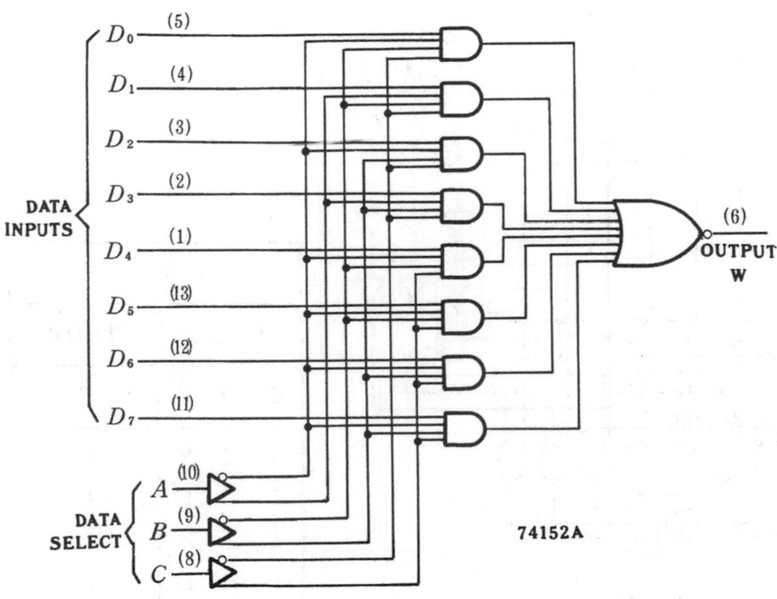

▲ 圖 5-10　74152 多工器

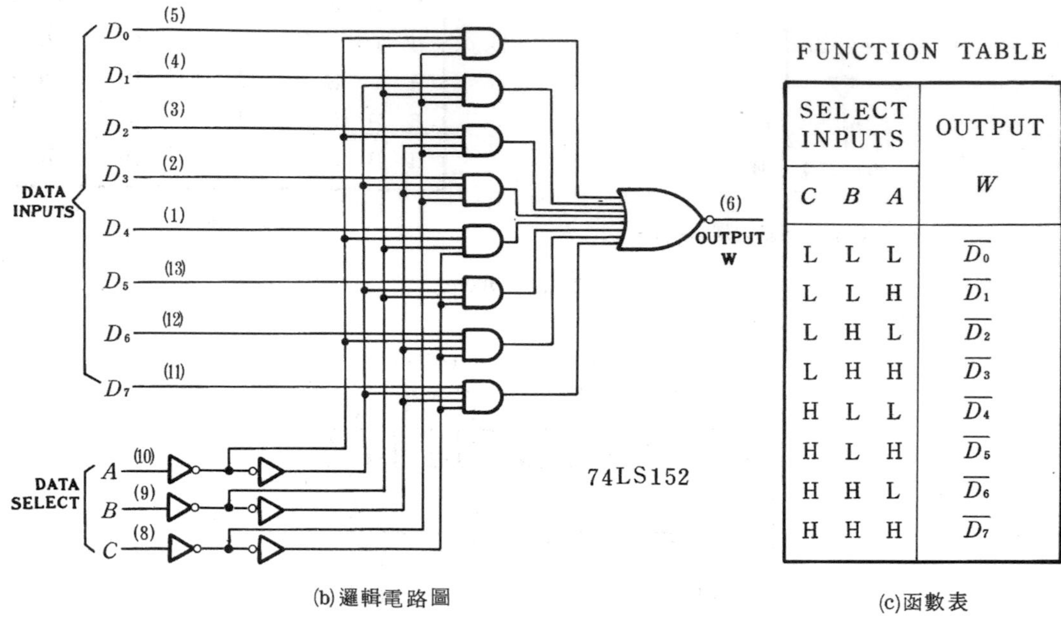

FUNCTION TABLE

SELECT INPUTS			OUTPUT
C	B	A	W
L	L	L	$\overline{D_0}$
L	L	H	$\overline{D_1}$
L	H	L	$\overline{D_2}$
L	H	H	$\overline{D_3}$
H	L	L	$\overline{D_4}$
H	L	H	$\overline{D_5}$
H	H	L	$\overline{D_6}$
H	H	H	$\overline{D_7}$

(b)邏輯電路圖　　(c)函數表

▲ 圖 5-10　74152 多工器(續)

圖 5-11 是利用兩個 74151 擴展成 16：1 之多工器電路。

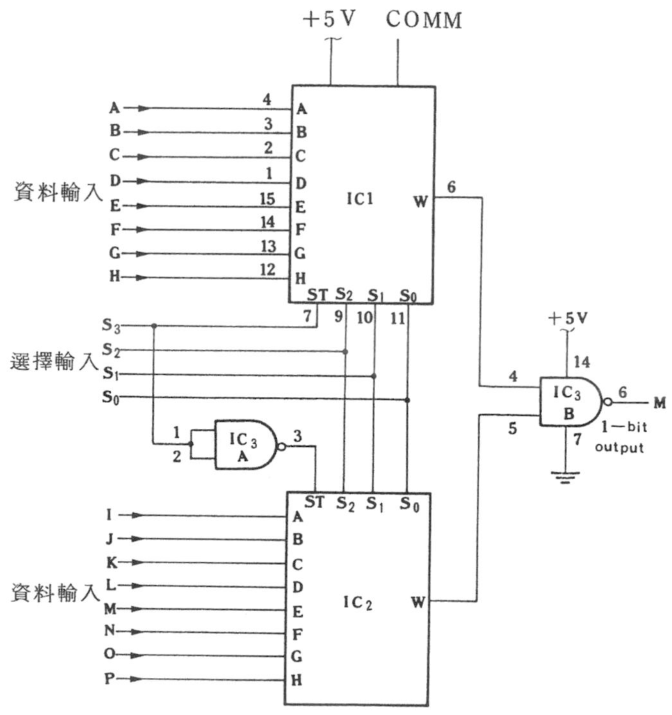

▲ 圖 5-11　擴展兩個 8：1 多工器成為 16：1 多工器

選擇輸入				輸出	
S_3	S_2	S_1	S_0		
0	0	0	0	A	← IC_1 enabled (ST = 0) IC_2 disabled (ST = 1)
0	0	0	1	B	
0	0	1	0	C	
0	0	1	1	D	
0	1	0	0	E	
0	1	0	1	F	
0	1	1	0	G	
0	1	1	1	H	
1	0	0	0	I	← IC_1 disabled (ST = 1) IC_2 enabled (ST = 0)
1	0	0	1	J	
1	0	1	0	K	
1	0	1	1	L	
1	1	0	0	M	
1	1	0	1	N	
1	1	1	0	O	
1	1	1	1	P	

註：(1) IC_1、IC_2 - 74151A 8：1 multiplexer IC_3 - 7400
(2) IC_1、IC_2 接腳相同
(3) ST = strobe input

▲ 圖 5-11　擴展兩個 8：1 多工器成為 16：1 多工器(續)

4. 74150 為 16 線對 1 線之多工器，圖 5-12 為 74150 之接腳，邏輯電路圖及其函數表，因為有 16 個輸入，故需有 4 條選擇線，此一 IC 為 24 接腳之 DIP 包裝，與前述之 74153 不同處為 74150 之輸出與被選擇輸入為反相，74150 也有激勵信號輸入，當激勵信號為高準位時，74150 輸出為高準位。

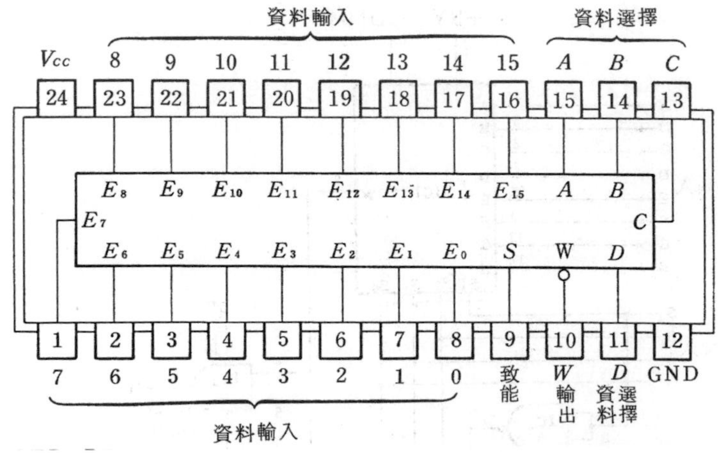

▲ 圖 5-12　74150 16 線對 1 線之多工器

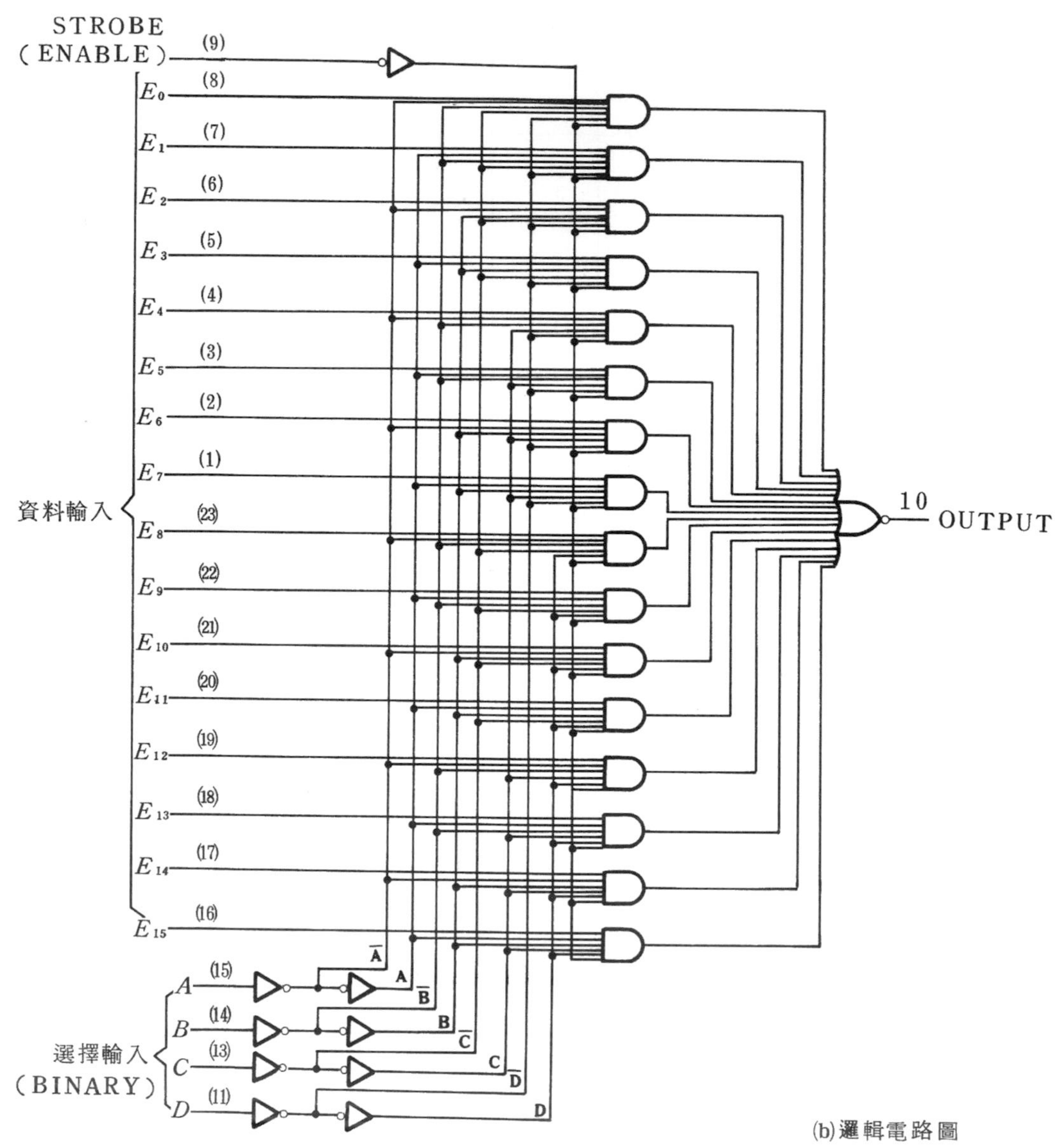

▲ 圖 5-12　74150 16 線對 1 線之多工器(續 1)

INPUTS					OUTPUT
SELECT				STROBE	W
D	C	B	A	S	
X	X	X	X	H	H
L	L	L	L	L	$\overline{E_0}$
L	L	L	H	L	$\overline{E_1}$
L	L	H	L	L	$\overline{E_2}$
L	L	H	H	L	$\overline{E_3}$
L	H	L	L	L	$\overline{E_4}$
L	H	L	H	L	$\overline{E_5}$
L	H	H	L	L	$\overline{E_6}$
L	H	H	H	L	$\overline{E_7}$
H	L	L	L	L	$\overline{E_8}$
H	L	L	H	L	$\overline{E_9}$
H	L	H	L	L	$\overline{E_{10}}$
H	L	H	H	L	$\overline{E_{11}}$
H	H	L	L	L	$\overline{E_{12}}$
H	H	L	H	L	$\overline{E_{13}}$
H	H	H	L	L	$\overline{E_{14}}$
H	H	H	H	L	$\overline{E_{15}}$

(c)函數表

▲ 圖 5-12　74150 16 線對 1 線之多工器(續 2)

5. CMOS 多工器

4019 為四個 2 線對 1 線之多工器，如圖 5-13 所示為其接腳圖。4019 是由四個 AND/OR select gate 所組成，各 gate 為二輸入 AND gate 二個和二輸入 OR gate 1 個所構成。從控制輸入 K_a、K_b 上可使用成 2 通道(A、B)的 gate sele-ctor 及 OR gate，當 $K_a = K_b = 0$ 則四個輸出 D_4、D_3、D_2、D_1 全為 0，$K_A = 1$、$K_b = 0$，輸出隨著 A 之輸入而變化。$K_a = 0$、$K_b = 1$，則輸出隨著 B 之信號而改變，$K_a = K_b = 1$ 四個輸出產生輸入端之或(OR)邏輯函數。

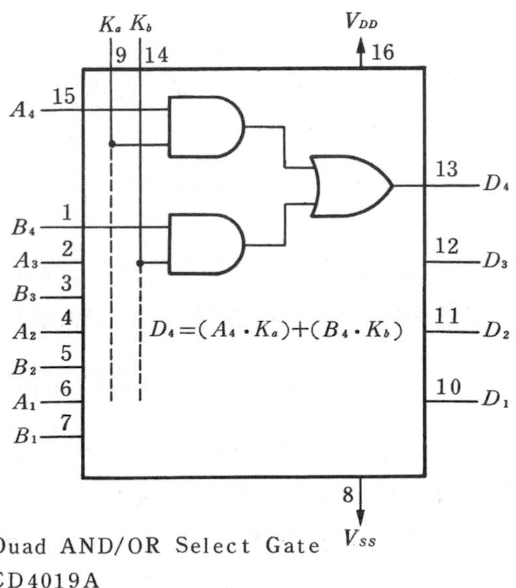

▲ 圖 5-13　4019

4512 爲 8 線對 1 線之多工器，如圖 5-14 所示。

此元件可自八輸入中選擇其一，並能使該輸入成爲輸出。

在正常操作情況下，INH 及 DIS 係接地，以 $A=1$、$B=2$ 及 $C=4$ 表示之選擇碼係供選擇適當輸入之用。於是輸入即當輸出出現。例如，選擇碼爲 101，則輸入 5 即選擇並發送至輸出端。

如 INH 係爲高電位，輸出將爲低電位而與選擇之輸入分離。

如 DIS 係爲高電位，輸出將爲浮動，高阻抗狀態，且與所有其他之輸入分離。

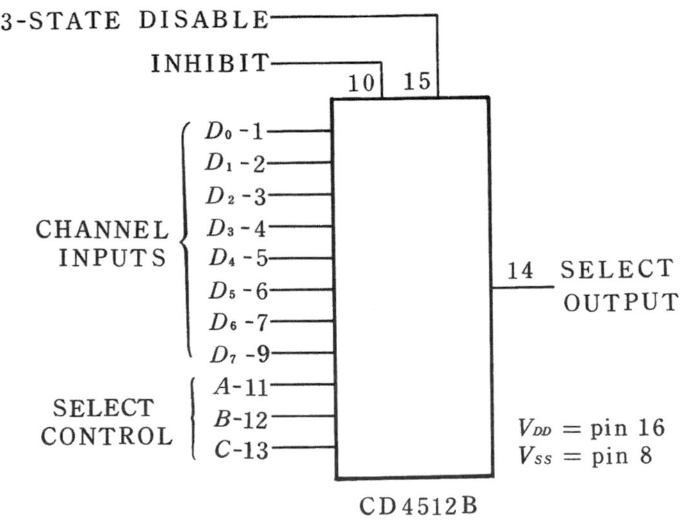

8-Channel Data Selector
CD4512B

▲ 圖 5-14　4512

5-2-3　解多工器

多工器能從許多組輸入信號中選取一組爲輸出信號，解多工器的功能恰巧相反，它將一組輸入信號傳送至許多組輸出中指定的一組，如圖 5-15 所示。

左邊爲一組輸入信號，右邊有 N 組信號輸出線，由底下選擇端的信號決定輸入信號應該由那一組輸出線上送出。圖 5-16 爲 1 對 2 解多工器。圖 5-17 爲 1 對 4 解多工器，或 2 線對 4 線解碼器。

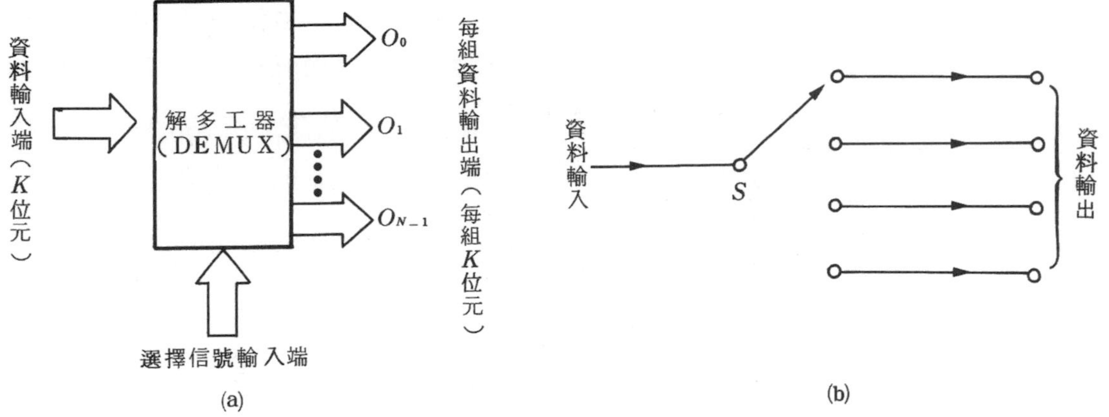

▲ 圖 5-15　解多工器示意圖

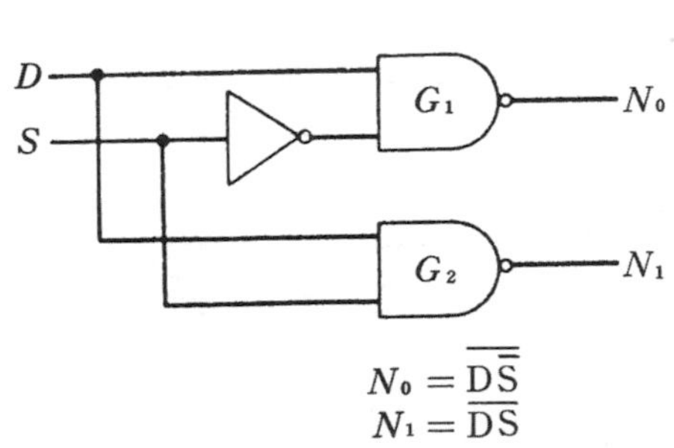

輸入		輸出	
S	D	N_0	N_1
0	0	1	1
0	1	0	1
1	0	1	1
1	1	1	0

▲ 圖 5-16　1 對 2 解多工器

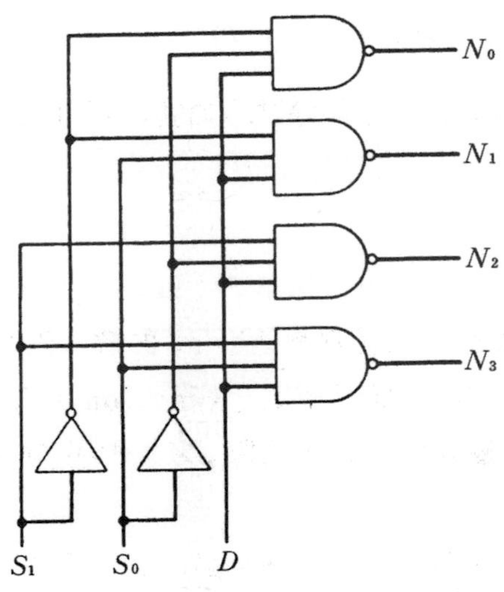

選擇		輸出			
S_1	S_2	N_0	N_1	N_2	N_3
0	0	$\overline{D}$	1	1	1
0	1	1	$\overline{D}$	1	1
1	0	1	1	$\overline{D}$	1
1	1	1	1	1	$\overline{D}$

▲ 圖 5-17　1 對 4 解多工器

圖 5-18 是 1：8 解多工器，此邏輯線路將一個輸入信號分送至 8 個輸出。圖中唯一的資料輸入線 I 接至 8 個 AND 閘上。由選擇端 $S_2S_1S_0$ 的信號決定那一個 AND 閘爲有效狀態，資料 I 便可送至該 AND 閘輸出端上。比如說，當 $S_2S_1S_0 = 000$ 時，閘 0 進入有效狀態；輸入資料 I 便可由 O_0 送出，而其他各輸出端皆爲 0。選擇端之輸入信號若爲 $S_2S_1S_0 = 001$ 時，輸入資料 I 由 O_1 送出。其餘選澤信號亦都可將輸入信號所選之輸出端送出。

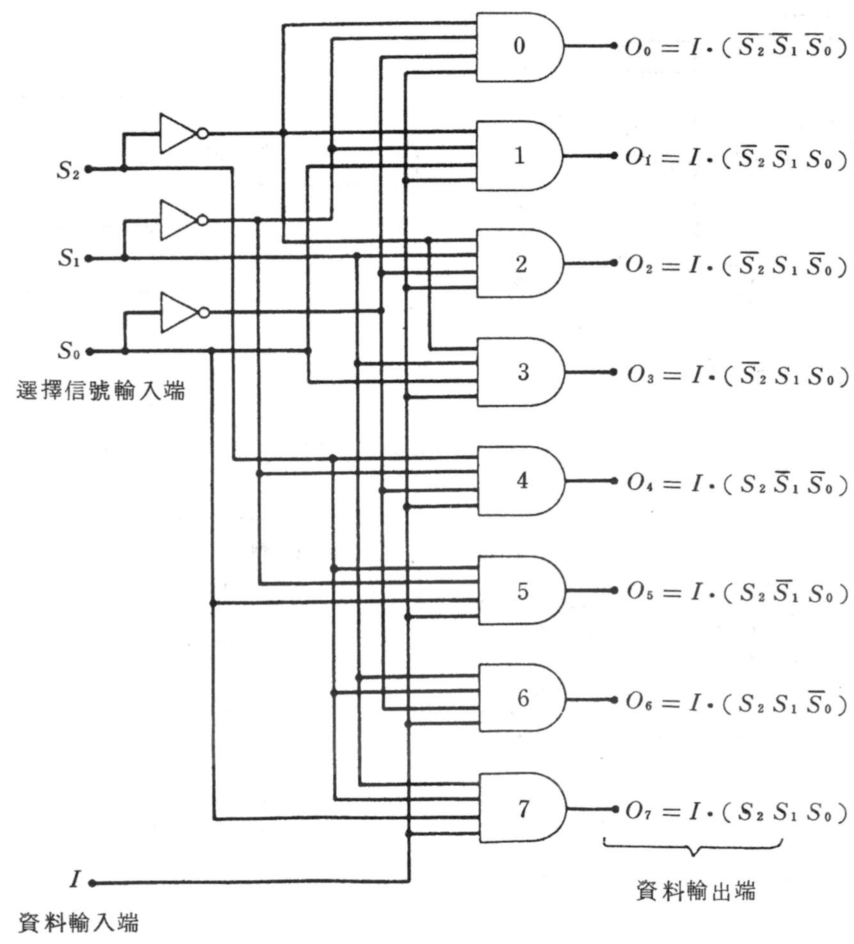

▲ 圖 5-18　1 對 8 解多工器

5-2-4　解多工器之 IC

與多工器相同，解多工器亦可用 SSI 來設計，但通常都使用 IC 的解多工器。74155 包含兩個 1 線至 4 線之解多工器，其方塊圖與函數表(function table)如圖 5-19 所示，輸入(1C 或 2C)由 2 條選擇輸入線 A、B 選擇，將資料傳送到 4 個輸出(Y_0、Y_1、Y_2、Y_3)中的一個。

74155 解多工器之被選擇輸出爲低準位，因此所有未被選擇之輸出爲高準位，當激勵輸入爲 Hi 時，使輸出均爲 Hi，欲使 74155 解多工器工作，激勵輸入必須爲 Low 或接地。

如圖 5-19(c)之函數表，74155 上半部份之解多工器，其被選擇之 1Y 輸出與 1C 線上輸入資料反相，當 1C 資料輸入爲 Low 時，不管 A、B 或激勵信號線輸入如何，其輸出均爲 Hi。下半部份之解多工器，被選擇爲 2Y 輸出與輸入 2C 同相位即下半部之輸出沒有反相。上下兩部份解多工器之相位不同，以便利解碼使用。

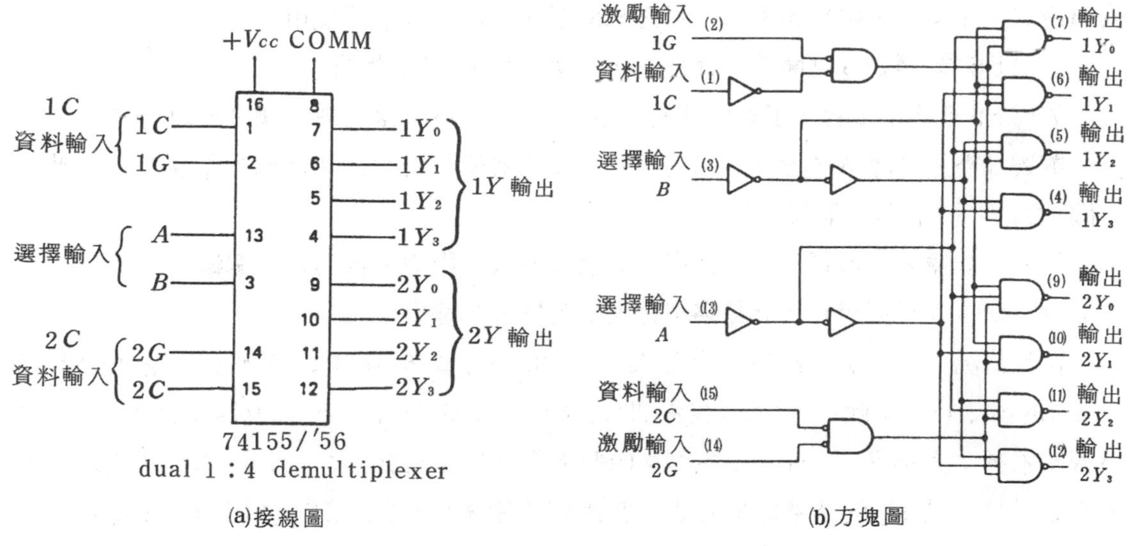

▲ 圖 5-19　74155 解多工器

函 數 表
2 線至 4 線解碼器或 1 線至 4 線解多工器

輸入				輸出			
選擇輸入		激勵輸入	資料輸入				
B	A	$1G$	$1C$	$1Y_0$	$1Y_1$	$1Y_2$	$1Y_3$
X	X	H	X	H	H	H	H
L	L	L	H	L	H	H	H
L	H	L	H	H	L	H	H
H	L	L	H	H	H	L	H
H	H	L	H	H	H	H	L
X	X	X	L	H	H	H	H

輸入				輸出			
選擇輸入		激勵輸入	資料輸入				
B	A	$2G$	$2C$	$2Y_0$	$2Y_1$	$2Y_2$	$2Y_3$
X	X	H	X	H	H	H	H
L	L	L	L	L	H	H	H
L	H	L	L	H	L	H	H
H	L	L	L	H	H	L	H
H	H	L	L	H	H	H	L
X	X	X	H	H	H	H	H

(c)函數表

▲ 圖 5-19 74155 解多工器(續)

74156 爲 74155 之開路集極型接腳，功能與 74155 相同。

74155 雙 1：4 解多工器能擴充不單一 1：8 解多工器(或一雙 2 線對 4 線解碼器至一單獨 3 線對 8 線解碼器)。由簡單的連接此兩個資料輸入和兩個選擇輸入在一起，看圖 5-20 圖形和功能表。

只要 G 的輸入在邏輯 1 完全使電路的輸入無效，則它的低動作八個輸出必均在邏楫 1。設定 G 輸入至邏輯 0 使此電路來控制此系統的 S 輸入。

在此情況下有三個選擇輸入分爲 S_0、S_1 和 S_2，輸入 S_0 和 S_1 分別到達它們的多工器 IC 的選擇輸入。此 S_2 輸入連接兩個資料輸入 C_a 和 C_b。在 $S_2 = 0$ 時，此 IC 包裝的 B 部份有效，允許 S_0 和 S_1 bit 來選擇四個部份資料輸出其中之一。由部份功能表的另一半，$S_2 = 1$ 使 IC 的 A 部份是有效。事實上資料輸入至 74155 的兩個 4：1 部份是瞬間低動作和其餘的高動作，使得這種擴充的功能較爲簡單。

74154 爲 4 對 16 解多工器，其接腳圖、邏輯圖及眞值表如圖 5-21 所示。

74155

1:8 解多工器
3 線至 8 線解碼器

輸入				輸出							
S_2	S_1	S_0	G	N_0	N_1	N_2	N_3	N_4	N_5	N_6	N_7
X	X	X	1	1	1	1	1	1	1	1	1
0	0	0	0	0	1	1	1	1	1	1	1
0	0	1	0	1	0	1	1	1	1	1	1
0	1	0	0	1	1	0	1	1	1	1	1
0	1	1	0	1	1	1	0	1	1	1	1
1	0	0	0	1	1	1	1	0	1	1	1
1	0	1	0	1	1	1	1	1	0	1	1
1	1	0	0	1	1	1	1	1	1	0	1
1	1	1	0	1	1	1	1	1	1	1	0

▲ 圖 5-20　74155 之擴充 1：8 之解多工器接腳

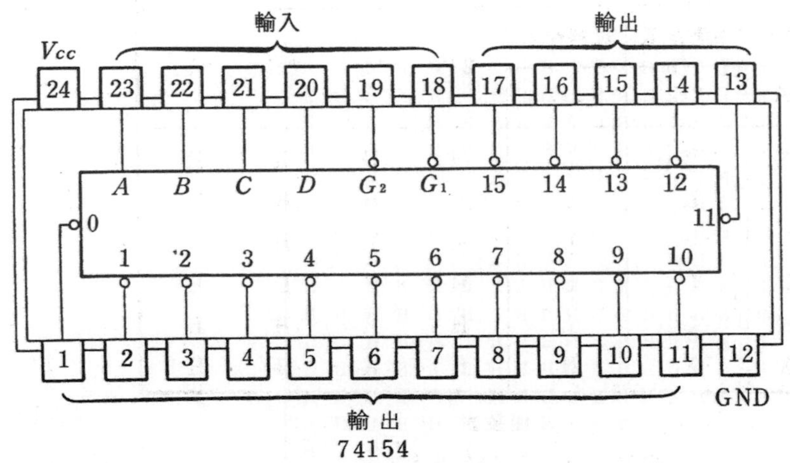

▲ 圖 5-21　74154 解多工器

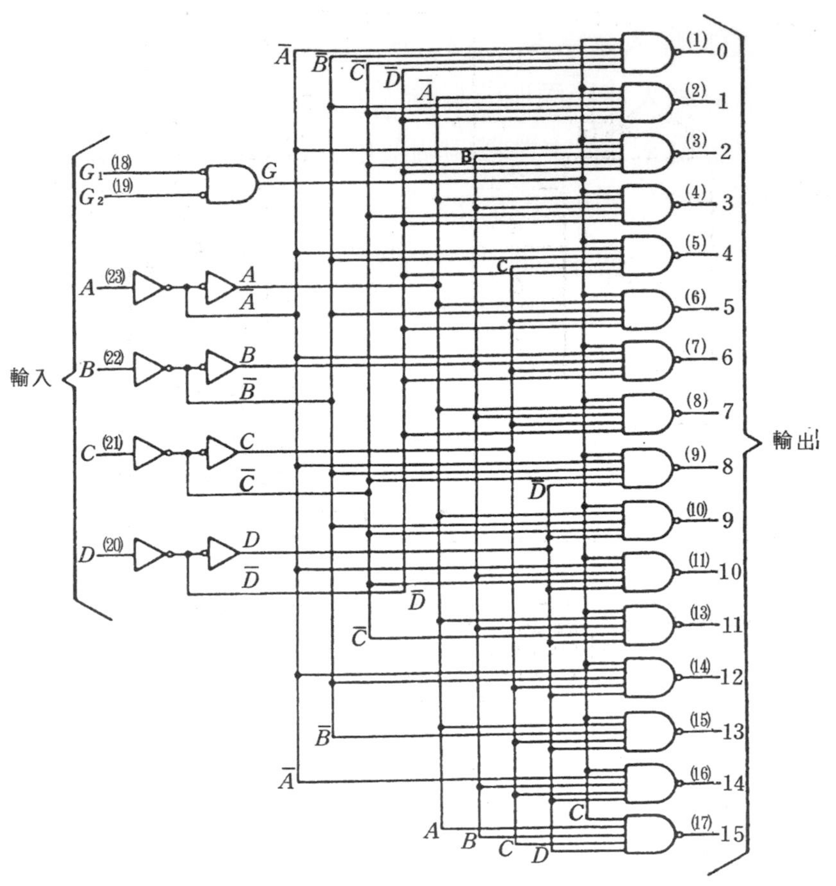

(b)邏輯圖

輸			入			輸												出			
G_1	G_2	D	C	B	A	0	1	2	3	4	5	6	7	8	9	10	11	12	13	14	15
L	L	L	L	L	L	L	H	H	H	H	H	H	H	H	H	H	H	H	H	H	H
L	L	L	L	L	H	H	L	H	H	H	H	H	H	H	H	H	H	H	H	H	H
L	L	L	L	H	L	H	H	L	H	H	H	H	H	H	H	H	H	H	H	H	H
L	L	L	L	H	H	H	H	H	L	H	H	H	H	H	H	H	H	H	H	H	H
L	L	L	H	L	L	H	H	H	H	L	H	H	H	H	H	H	H	H	H	H	H
L	L	L	H	L	H	H	H	H	H	H	L	H	H	H	H	H	H	H	H	H	H
L	L	L	H	H	L	H	H	H	H	H	H	L	H	H	H	H	H	H	H	H	H
L	L	L	H	H	H	H	H	H	H	H	H	H	L	H	H	H	H	H	H	H	H
L	L	H	L	L	L	H	H	H	H	H	H	H	H	L	H	H	H	H	H	H	H
L	L	H	L	L	H	H	H	H	H	H	H	H	H	H	L	H	H	H	H	H	H
L	L	H	L	H	L	H	H	H	H	H	H	H	H	H	H	L	H	H	H	H	H
L	L	H	L	H	H	H	H	H	H	H	H	H	H	H	H	H	L	H	H	H	H
L	L	H	H	L	L	H	H	H	H	H	H	H	H	H	H	H	H	L	H	H	H
L	L	H	H	L	H	H	H	H	H	H	H	H	H	H	H	H	H	H	L	H	H
L	L	H	H	H	L	H	H	H	H	H	H	H	H	H	H	H	H	H	H	L	H
L	L	H	H	H	H	H	H	H	H	H	H	H	H	H	H	H	H	H	H	H	L
L	H	X	X	X	X	H	H	H	H	H	H	H	H	H	H	H	H	H	H	H	H
H	L	X	X	X	X	H	H	H	H	H	H	H	H	H	H	H	H	H	H	H	H
H	H	X	X	X	X	H	H	H	H	H	H	H	H	H	H	H	H	H	H	H	H

(c)功能表

H＝高準位　L＝低準位　X＝不定值

▲ 圖 5-21　74154 解多工器(續)

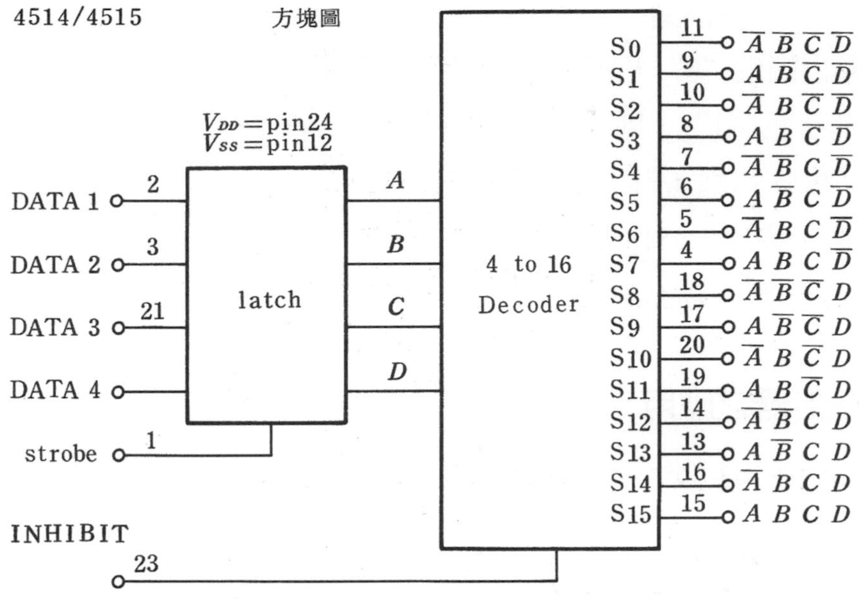

真值表

INHIBIT	DATA INPUTS				SELECTED OUTPUT MC14514 = Logic … 1 … MC14514 = Logic … 0 …
	D	*C*	*B*	*A*	
0	0	0	0	0	S0
0	0	0	0	1	S1
0	0	0	1	0	S2
0	0	0	1	1	S3
0	0	1	0	0	S4
0	0	1	0	1	S5
0	0	1	1	0	S6
0	0	1	1	1	S7
0	1	0	0	0	S8
0	1	0	0	1	S9
0	1	0	1	0	S10
0	1	0	1	1	S11
0	1	1	0	0	S12
0	1	1	0	1	S13
0	1	1	1	0	S14
0	1	1	1	1	S15
1	×	×	×	×	All Outputs = 0 MC14514 All Outputs = 1 MC14515

× = Don't Care

▲ 圖 5-22　4514/4515 解多工器

74154 有 6 條輸入線，是 24 pin 包裝，16 個輸出端，當 G_1 及 G_2 皆爲 0 時，被選到的輸出端爲“0”，故 G_1 及 G_2 可用來作 STROBE，另一端用來作 INPUT，若 G 輸入有 1 爲“1”，則 74154 的 16 個輸出皆爲 1。

4514, 4515 均爲 4 對 16 之解多工器，如圖 5-22 所示之方塊圖及其眞值表，4514 爲高電位輸出，4515 爲低位輸出，正常動作時，INHIBIT = 0、strobe = 1。當 INHIBIT = 1 時，所有輸出全爲 0 或全爲 1，strobe = 0 則將最後之位址儲存。

5-2-5　多工器之應用

多工器之應用範圍相當地廣泛，由組合邏輯之執行至資料路徑之選擇等等。其方式如下：

1. 寫出函數的 SOP(積之和)型式。
2. 若有 n 個變數，則用 $n-1$ 條選擇線。
3. 輸入線要比照 $n-1$ MSB_s 次序接線。
4. LSB 用來決定輸入信號(它由 SOP 得知)。

例題 5-2

$f(W, X, Y, Z) = \Sigma(0, 2, 3, 6, 9, 10, 14, 15)$，試完成此函數。

解 1. 由 SOP 可知

$$f(W, X, Y, Z) = \overline{W}\,\overline{X}\,\overline{Y}\,\overline{Z} + \overline{W}\,\overline{X}Y\overline{Z} + \overline{W}\,\overline{X}YZ + \overline{W}XY\overline{Z} + W\overline{X}\,\overline{Y}Z + W\overline{X}Y\overline{Z} + WXY\overline{Z} + WXYZ$$

2. 有 4 個變數，故須 3 條選擇線，可用 74152 8 對 1 多工器來完成。
3. W, X, Y 接到選擇輸入 A, B, C。
4. 每一多工器之輸入，可由圖 5-23(a)所建立的表格中得到。
5. 圖 5-23(a)中的第 1 欄 WXY 的所有狀態，其對應的值爲第 2 欄所示。
6. 第 3 欄列出函數的包含數值，例如第 1 行 $W = X = Y = 0$，此時其 SOP 有 0 及 1 兩個狀態，故填入 0 及 1。

W	X	Y	輸入數目	包含之值	輸　　入
0	0	0	0	0，1	$\overline{Z}$
0	0	1	1	2，3	$Z+\overline{Z}=1$
0	1	0	2	4，5	0
0	1	1	3	6，7	$\overline{Z}$
1	0	0	4	8，9	Z
1	0	1	5	10，11	$\overline{Z}$
1	1	0	6	12，13	0
1	1	1	7	14，15	1

(a)

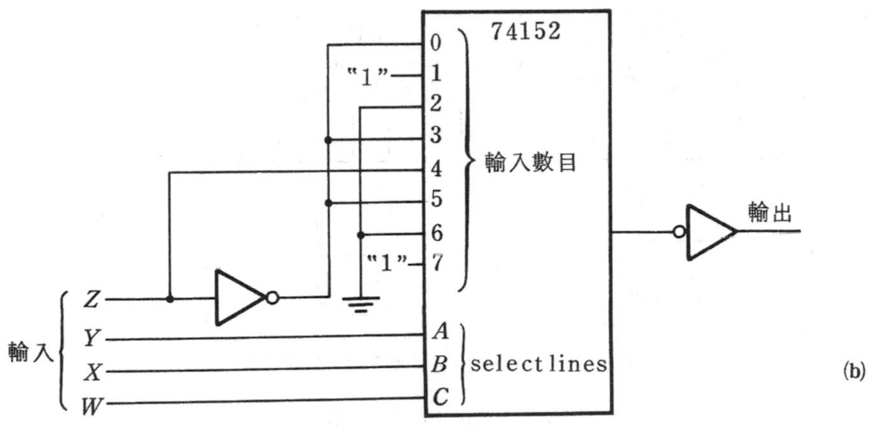

(b)

▲ 圖 5-23

7. 第 4 欄則要對照 SOP 所給的條件來填，例如第 1 行為 WXY 再加上 Z 得。(包含在 SOP 所給的條件內)，但是 $WXYZ$ 則不在函數裏，故填入 $\overline{Z}$。第 2 行則 $WXYZ=2$ 及 $WXYZ=3$ 皆在函數裏，故填入 $Z+\overline{Z}=1$。餘類推。
8. 完成接線圖如下，如圖 5-23(b)。

多工器常用於從多組資料來源中選取一組送入目的地。圖 5-24 中，我們以兩組 BCD 計數器的內容當資料來源，而目的地則爲兩個 BCD 對七劃顯字器解碼器／推動管。BCD 計數器能計數送進來的脈衝數，將其數目表成 BCD 碼而由輸出端送出。BCD 計數器每數十個脈衝，便輸出一個進位脈衝。當計數器選擇端 $S = 1$ 時，多工器打開 A 組通道，我們在顯字幕上所看到的便是 A 組 BCD 計數器的計數情形。同理，若計數器選擇端 $S = 0$ 時，顯字幕上所看到的，便是 B 組 BCD 計數器之計數情形。像這樣兩組計數器共用一組顯字器，主要是用在分、時系統，尤其是當兩組計數器之計數結果沒有必要同時觀察時，不但節省了另一組顯字器系統，也省下了不少耗電量。

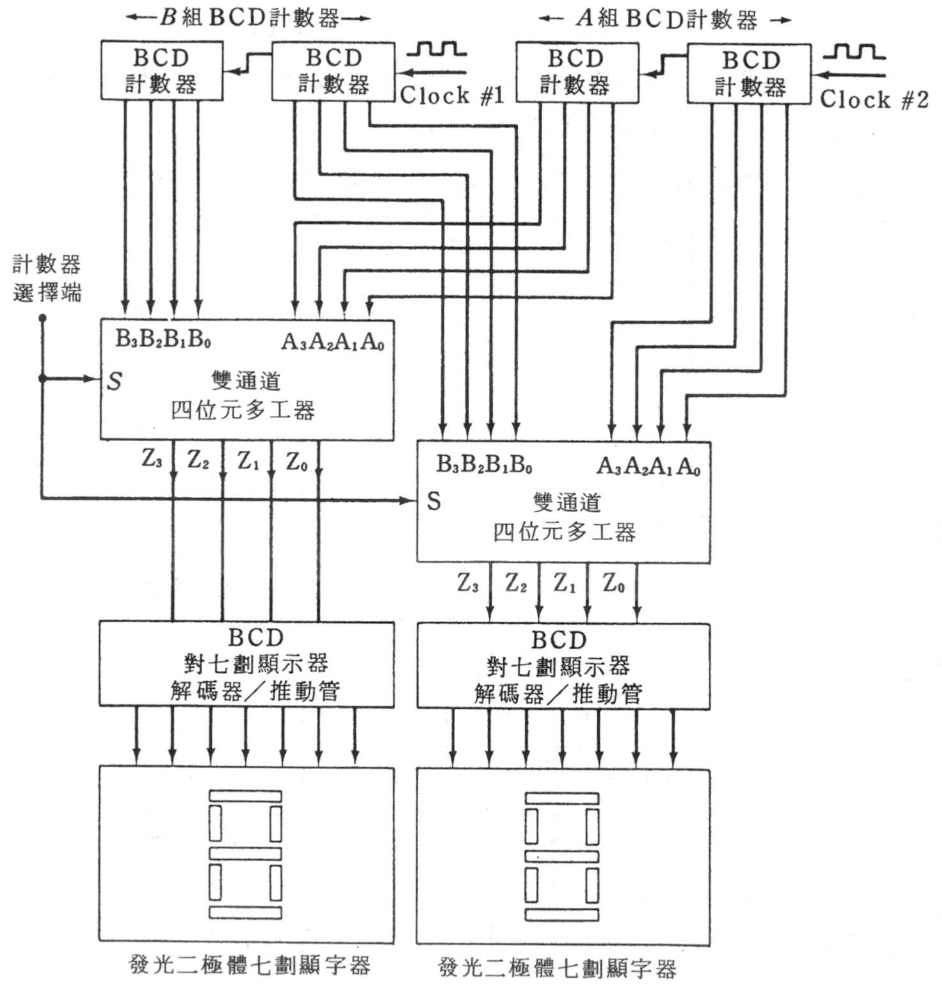

▲ 圖 5-24　兩組 BCD 計數器

目前多位數的數字顯示都使用多工器顯示，其原理如圖 5-25 所示，任一時刻只有一個 BCD 計數器的資料傳到解碼器，解碼器的輸出接到所有的數字顯示器，但是只有一個與所有解碼計數器相對應的數字顯示器會亮，隨著選擇開關的變化，每個計數器輸出將資料傳送到相對應的數字顯示器。只要選擇開關變化的週期低於人眼視覺暫停時間，則看起來好像所有數字顯示器同時發亮，而不覺得是在輪流發亮。圖 5-25 的選擇開關在實際上以多工器代替此開關，這種多工顯示的方法因只共同使用一個解碼器，所以大量減少連接到數字管的接線。圖 5-26 是一實際應用電路，當 I_{C1} 的 $A=0$、$B=0$ 時，I_{C4} 的輸入 $A=A_1$、$B=B_1$、$C=C_1$、$D=D_1$、I_{C5} 的 N_o 為 Low，而使 digit 1 導電發亮。Digit 2、3、4 沒有導電回路而不亮。當 I_{C1} 的 $A=1$、$B=0$ 時 I_{C4} 的輸入 $A=A_2$、$B=B_2$、$C=C_2$、$D=D_2$，I_{C5} 的 N_1 為 Low 而使 digit 2 導電發亮。I_{C1} 的 $A=0$、$B=1$ 時 digit 3 發亮，$A=1$、$B=1$ 時 digit 4 發亮。當電路欲做長距離傳送時只延長 I_{C4}、I_{C5} 的輸入線就可以，大大的降低了電路的複雜性。

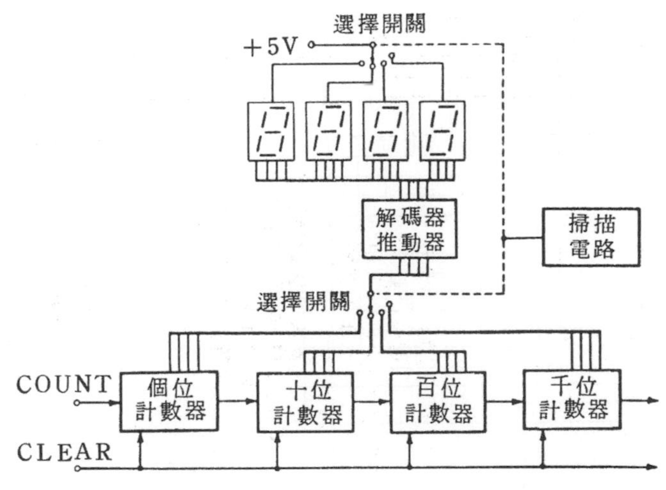

▲ 圖 5-25　多工數位顯示系統

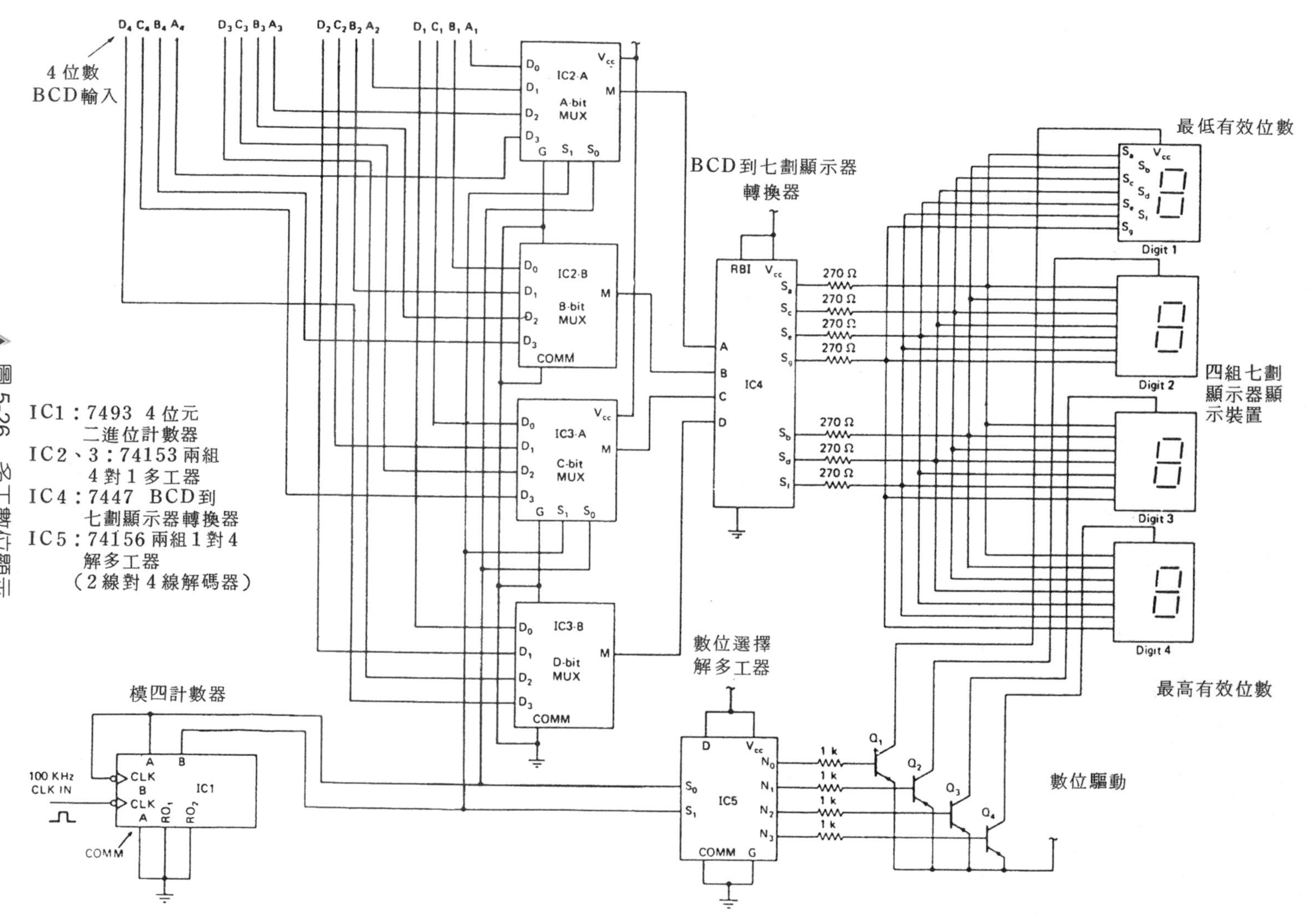
D₄ C₄ B₄ A₄
D₃ C₃ B₃ A₃
D₂ C₂ B₂ A₂
D₁ C₁ B₁ A₁
4位數
BCD輸入
IC2-A
A-bit
MUX
IC2-B
B-bit
MUX
IC3-A
C-bit
MUX
IC3-B
D-bit
MUX
BCD到七劃顯示器
轉換器
IC4
270 Ω
最低有效位數
Digit 1
Digit 2
Digit 3
Digit 4
四組七劃
顯示器顯
示裝置
最高有效位數
數位選擇
解多工器
IC5
1 k
數位驅動
模四計數器
IC1
100 KHz
CLK IN
COMM
IC1：7493 4位元
二進位計數器
IC2、3：74153兩組
4對1多工器
IC4：7447 BCD到
七劃顯示器轉換器
IC5：74156兩組1對4
解多工器
（2線對4線解碼器）

▲ 圖 5-26 多工數位顯示

平行——順序傳送轉換及數位波形產生器：在數位系統中，將多位元資料平行處理雖然可以提高速度，但如果須要將資料作長距離傳送時，很顯然的，我們更需要使用大量的傳輸線，考慮這點經濟因素，犧牲一點速度而將資料稍加處理，改為順序傳送，便可大量降低傳輸線上的花費。如圖 5-27 所示我們用多工器來達成平行——順序傳送之轉換任務。先了解一下三位元計數器的功用。每送入計數器一個計時脈衝(clock pluse)，計數器之輸出端 CBA 便加一。若原來 $\mathrm{CBA} = 000_2$，送入第一個時脈衝後，CBA 加一得 $CBA = 001_2$；送入第二個計時脈衝後，CBA 再加一，得 $CBA = 010_2$。依此類推，送入第七個計時脈衝後，$\mathrm{CBA} = 111_2$，再送一個則恢復為 000_2，也就是說其週期為計時脈衝週期之八倍。資料 $X_7X_6X_5X_4X_3X_2X_1X_0$，平行的擺在記錄器 X 內，第一個計時脈衝內 $S_2S_1S_0 = 000$，多工器之輸出端 $Z = X_0$，第一個計時脈衝往下降，進入第二個計時脈衝週期內時，計數器之輸出加一，$CBA = 001$，即 $S_2S_1S_0 = 001$，多工器之輸出端 $Z = X_1$。依次類推，在資料輸出端我們依序可以拿到 X_0、X_1、X_2、X_3、……、X_7。計數器數了八次，$S_2S_1S_0$ 又從頭開始選擇 X_0 送至 Z。當我們傳送資料時，我們每次由 Z 送出一組資料，就往 X 記錄器送入另一組新資料。如果我們不去改變 X 記錄器之內容，顯然的，$X_0X_1X_2\cdots\cdots X_7$ 便週而復始的出現在輸出端 Z 上。我們可利用這特性，把它當做數位波形產生器。視我們需要那一種數位波形，我們就將該波形之數位信號存在記錄器 X 內。比如說我們需要一個 10101101 之數位波形，我們便將記錄器 X 存入 10101101。如圖 5-27(b)所示，當計時脈衝開始動作時，我們便可在 Z 上得 10101101 週而復始之波形。

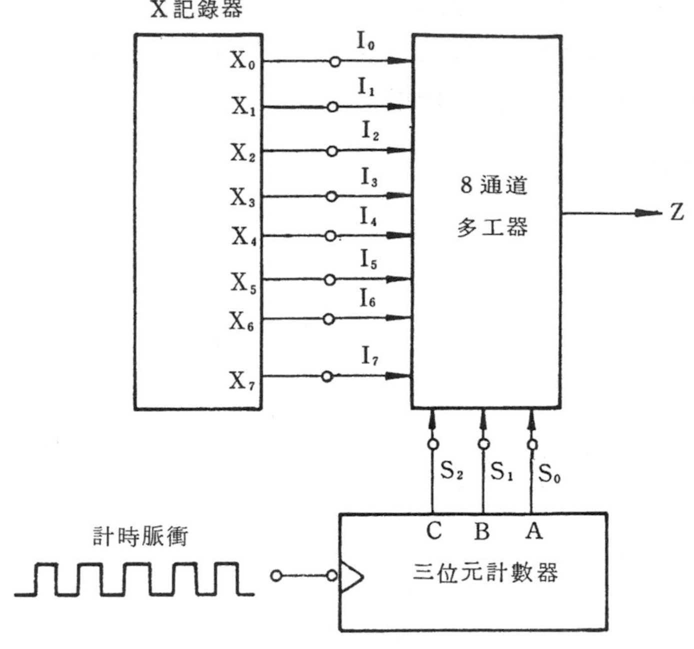

(a)平行—順序傳送轉換線路

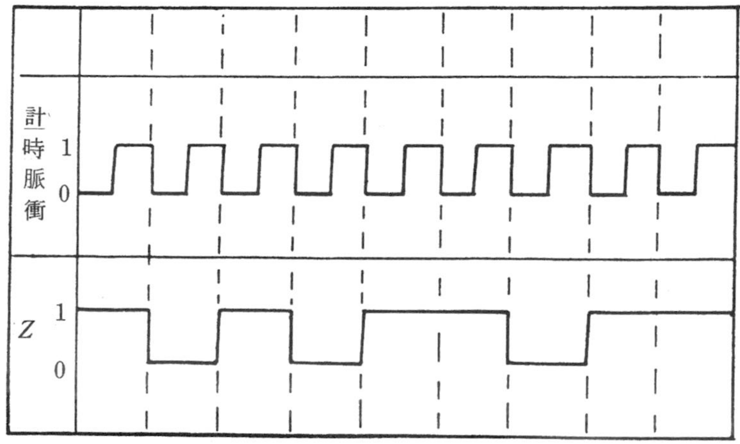

(b)輸出端 Z 之波形 $X_7X_6X_5X_4X_3X_2X_1X_0 = 1010110$

▲ 圖 5-27 平行—順序傳送轉換器及數位波形產生器

5-3　實習項目

工作一：利用 GATE 組成多工器

工作程序：

1. 按圖 5-28 插妥電路，$Z = AS_0 + B\overline{S}_0$，所以 $S_0 = 0$ 時，$Z = B$、$S_0 = 1$ 時 $Z = A$。
2. 接上電源，定 SW_1、SW_2、SW_3 如表 5-2 所示，並記錄對應的輸出於表中。
3. SW_1(A)改接 1 Hz 時脈(CK)，定 $SW_3(S_0) = 1$，觀察輸出情形。此時輸出 L_1________。

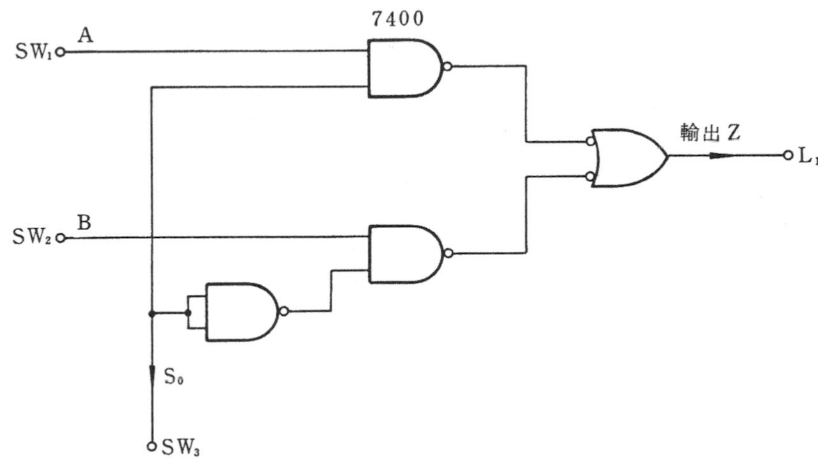

▲ 圖 5-28

▼ 表 5-2

輸入資料		位址選擇	輸出
$SW_1(A)$	$SW_2(B)$	$SW_2(S_0)$	$L_1(Z)$
0	0	0	
0	0	1	
0	1	0	
0	1	1	
1	0	0	
1	0	1	
1	1	0	
1	1	1	

4. 圖 5-29 是用 7454 AOI(AND-OR-inverter)gate、7404、7400 組成的多工器，$SW_1(D_0)$、$SW_2(D_1)$、$SW_3(D_2)$、$SW_4(D_3)$、$SW_5(S_0)$、$SW_6(S_1)$設定如表 5-3 所示，並記錄對應的輸出於表中。
5. 設定 $D_0 = 1$、$D_1 = 0$、$D_2 = 1$、$D_3 = 1$、S_0、S_1 如表 5-4 組合時記錄 Z 的輸出。
6. 設定資料輸入 $D_0 = 1$、$D_1 = 1$、$D_2 = 0$、$D_3 = 1$、S_0、S_1 接圖 5-30 的輸出，觀察輸出 Z 的變化是否符合表 5-3 的變化。

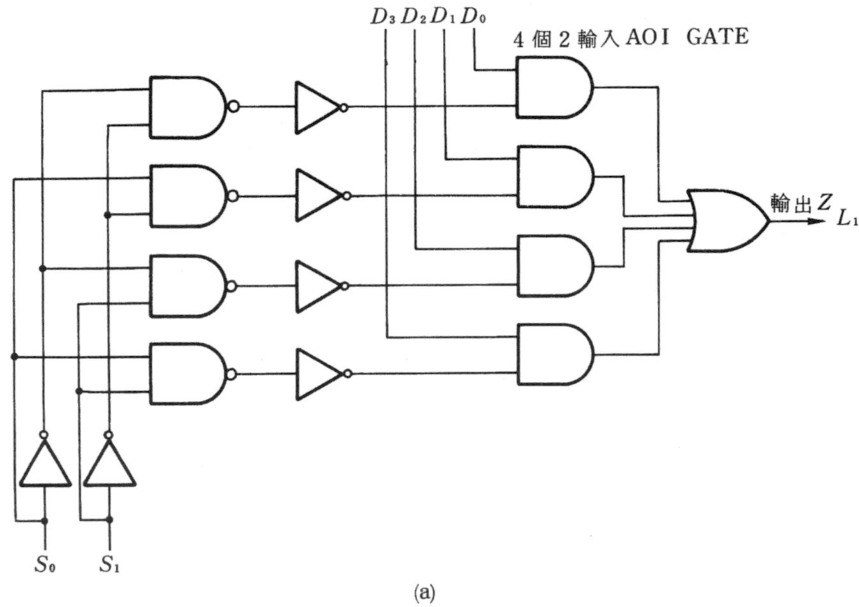

(a)

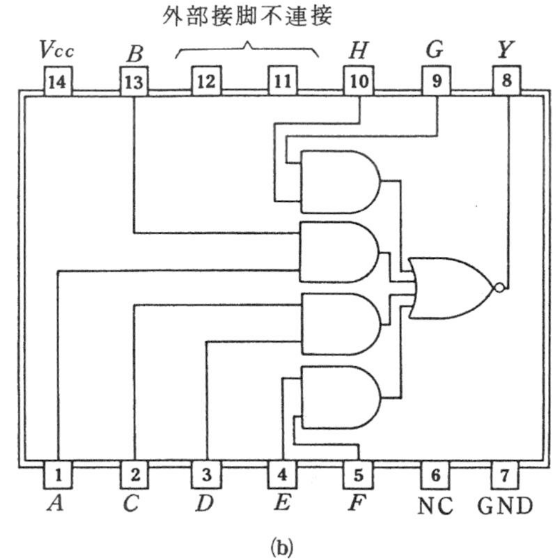

(b)

▲ 圖 5-29 7454 AOI

▼ 表 5-3

輸入資料				位址選擇		輸出
D_0	D_1	D_2	D_3	S_1	S_0	$Z(L_1)$
0	X	X	X	0	0	
1	X	X	X	0	0	
X	0	X	X	0	1	
X	1	X	X	0	1	
X	X	0	X	1	0	
X	X	1	X	1	0	
X	X	X	0	1	1	
X	X	X	1	1	1	

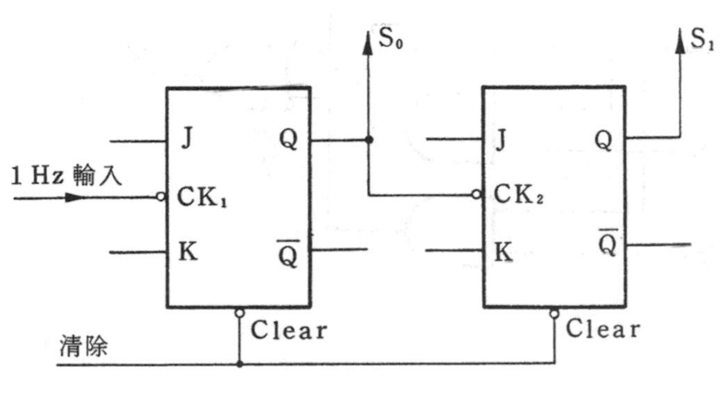

▲ 圖 5-30

▼ 表 5-4

S_1	S_0	Z
0	0	
0	1	
1	0	
1	1	

工作二：IC 多工器

工作程序：

1. 74153 爲兩個 4：1 之多工器，按圖 5-31 插妥電路，設定 SW_1～SW_6 如表 5-5 所示，並記錄對應的輸出於表中。
2. 重複程序 1，測試 $2D_0$～$2D_3$ 的 4：1 多工器是否相同。測試結果________。
3. 設定 $1D_0 = 1$、$1D_1 = 1$、$1D_2 = 0$、$1D_3 = 1$、S_0、S_1 接圖 5-30 的輸出，觀察輸出 Z 的變化是否符合表 5-5 的變化。測試結果________。
4. 重複程序 3，測試 $2D_0$～$2D_3$ 的 4：1 多工器是否相同。測試結果________。

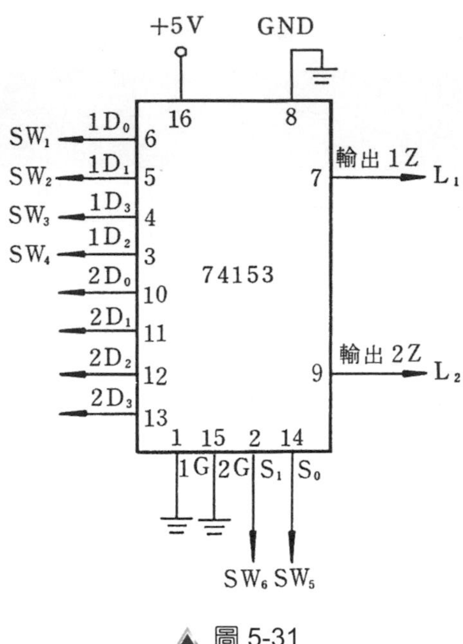

▲ 圖 5-31

▼ 表 5-5

輸入資料				位址選擇		激勵	輸出
$1D_0$	$1D_1$	$1D_2$	$1D_3$	S_1	S_0	$1G$	$1Z$
0	X	X	X	0	0	0	
1	X	X	X	0	0	0	
X	0	X	X	0	1	0	
X	1	X	X	0	1	0	
X	X	0	X	1	0	0	
X	X	1	X	1	0	0	
X	X	X	0	1	1	0	
X	X	X	1	1	1	0	
X	X	X	X	X	X	1	

5. 按圖 5-32 插妥電路，7493 的 CK 輸入接不穩態多諧振盪器輸出(可接實驗器 CK 輸出)，頻率調在 4 kHz。變化 S_0、S_1 的組合，用示波器觀察輸出端波形、頻率，並記錄於表 5-6 中。
6. 圖 5-32 的 S_0、S_1 改接圖 5-30 的輸出，74153 的輸出接至 Amp 或耳機輸入，可收聽 4 種不同頻率的音週信號。

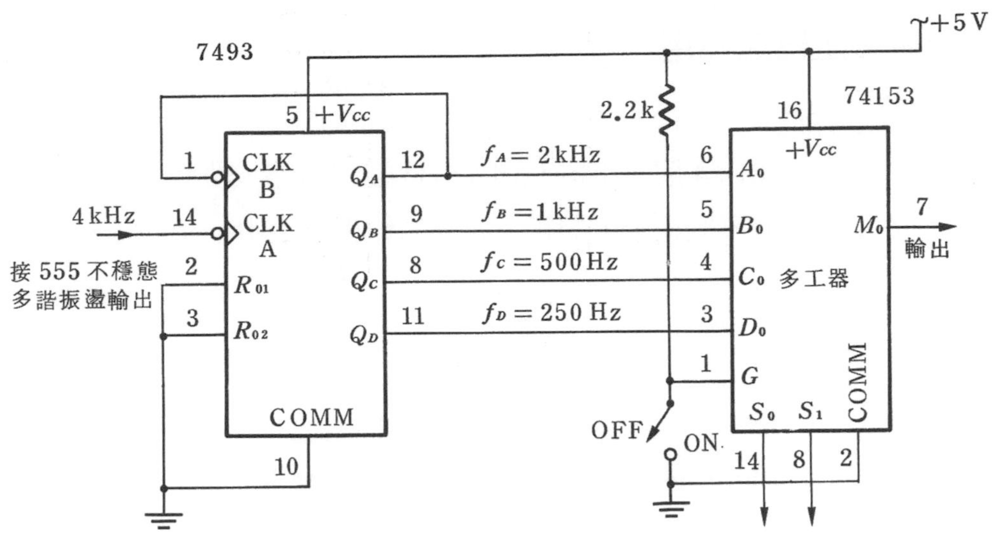

▲ 圖 5-32

▼ 表 5-6　7493 輸入頻率________kHz

S_1	S_0	輸出端頻率
0	0	
0	1	
1	0	
1	1	

7. 利用一個 7400，將 74153 改為 8：1 的多工器(參考圖 5-11 電路)，將圖繪於下列空格，並驗證其功能。

工作三：解多工器之應用

工作程序：

1. 74155 是包含兩個 1：4 解多工器，按圖 5-33 插妥電路，設定 $1D = 1$，如表 5-7 表示，按 S_0、S_1 的不同組合，記錄所對應的輸出於表中。

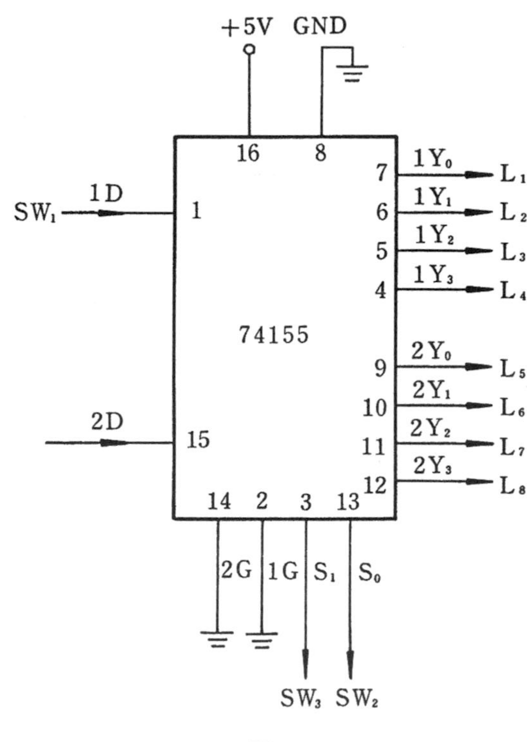

▲ 圖 5-33

▼ 表 5-7

資料輸入	激勵輸入	位址選擇		輸出			
$1D$	$1G$	S_1	S_0	$1Y_0$	$1Y_1$	$1Y_2$	$1Y_3$
1	0	0	0				
1	0	0	1				
1	0	1	0				
1	0	1	1				
X	1	X	X				
0	X	X	X				

2. 設定 $2D=0$，如表 5-8 所示，按 S_0、S_1 的不同組合，記錄所對應的輸出於表中。

▼ 表 5-8

資料輸入	激勵輸入	位址選擇		輸出			
$2D$	$2G$	S_1	S_0	$2Y_0$	$2Y_1$	$2Y_2$	$2Y_3$
0	0	0	0				
0	0	0	1				
0	0	1	0				
0	0	1	1				
X	1	X	X				
1	X	X	X				

3. 說明 74155 兩個 1：4 解多工器的不同點：________。
4. 圖 5-33 的 S_0、S_1 改接圖 5-30 的輸出，$1D$ 接 Hi。觀察 L_1～L_4 的變化。
5. $2D$ 接 Low，觀察 L_5～L_8 的變化。
6. 圖 5-34 是利用 74155 組成 3 線至 8 線解碼器，按圖 5-34 插妥電路。
7．S_0、S_1、S_3，按表 5-9 所示做不同的組合，並記錄對應的輸出於表中。

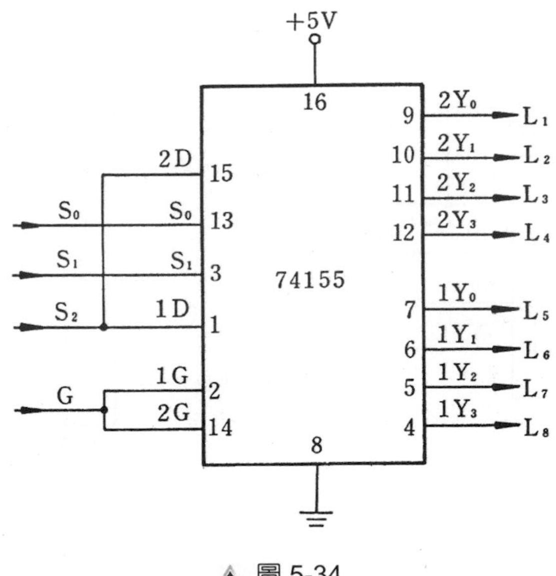

▲ 圖 5-34

▼ 表 5-9

輸入			激勵	輸出							
S_2	S_1	S_0	G	L_1	L_2	L_3	L_4	L_5	L_6	L_7	L_8
0	0	0	0								
0	0	1	0								
0	1	0	0								
0	1	1	0								
1	0	0	0								
1	0	1	0								
1	1	0	0								
1	1	1	0								
X	X	X	1								

8. 圖 5-35 的輸出接至圖 5-34 的輸入，$Q_A = S_0$、$Q_B = S_1$、$Q_C = S_2$。首先清除 7493(2、3 腳不接地)，使 Q_A、Q_B、Q_C 輸出為 Low，圖 5-34 的 G 接地，然後觀察輸出 L_1～L_8 的變化。
9. 圖 5-35、圖 5-34 組成一簡單的順序機。

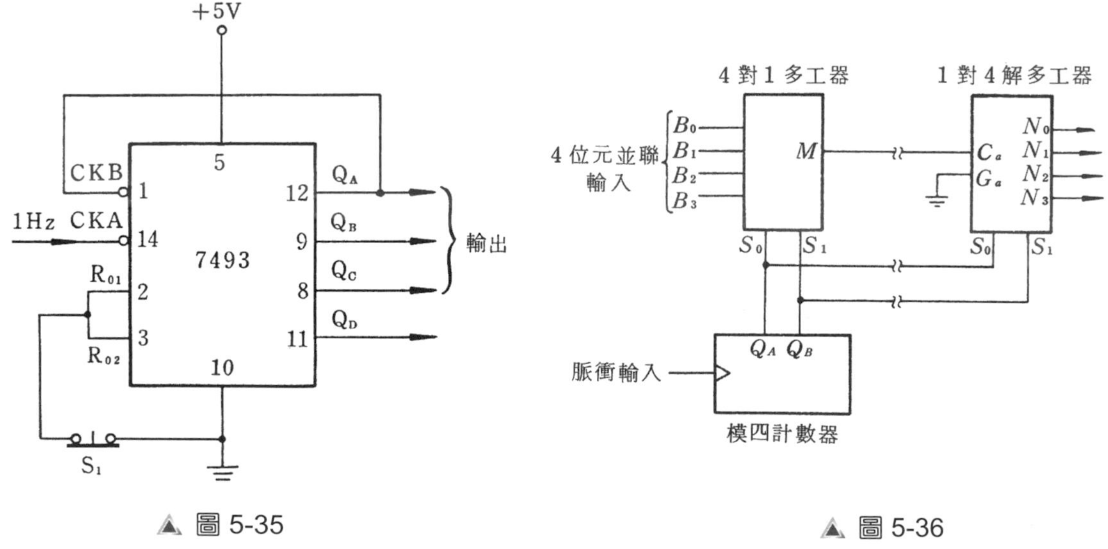

▲ 圖 5-35

▲ 圖 5-36

10. 圖 5-36 是多工器與解多工器連接起來做資料傳送，利用圖 5-36 的方塊圖，將 74153、74155 與 7473(74107)，連接起來使用，電路先繪於下列空格中，並驗證其功能。

工作四：多工數位顯示

工作程序：

1. 圖 5-25 是多工數位顯示系統。
2. 圖 5-37 是一完整的動態顯示系統。
3. 爲使顯示器能同時(其實是輪流顯示，只因視覺暫留之關係)顯示出計數器各別之結果，必須有一模 4 之計數器，以推動多工器之選擇輸入與顯示器之電源開關。同時加於(或推動)計數器之計數脈波(即時脈)不宜太低，否則顯示器將出現閃動現象。
4. 依據圖 5-37 之電路接妥後，加入時脈 CP_1 與 CP_2 觀察電路之工作情形。
5. 改變 CP_2 之頻率，觀察顯示器之變化情形。

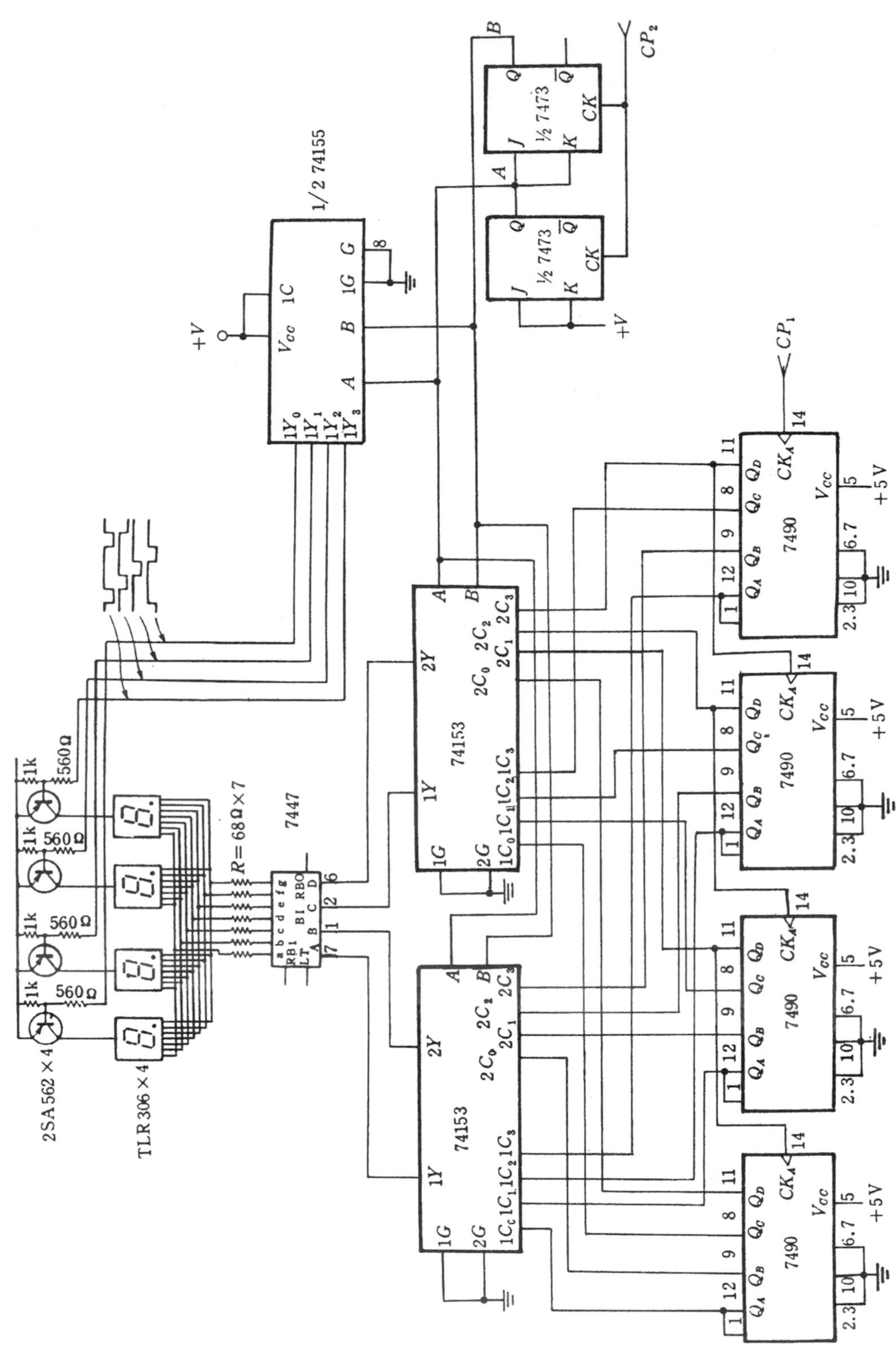

▲ 圖 5-37　完整的動態顯示系統與計數器系統

5-4　問題

1. 說明多工器與解多工器。
2. N 線至 1 線之多工器爲何需要有 n 條位址選擇線。
3. 說明多工器的應用。
4. 爲何積體電路之解碼器與多工器或解多工器皆有一致能(或稱閘入)控制輸入。
5. 解多工器與解碼器有何不同？
6. 多工器爲何又稱爲資料選擇器？而解多工器則常與解碼器並稱，其理由何在？
7. 10：1 多工器須有多少條選擇路線？說明之。
8. 說明多工顯示系統之工作原理？有何優點？
9. 試比較 7442 BCD 解碼器與 1：10 解多工器之異同？
10. 設計一 32 對 1 之多工器(用 14 PIN 及 16 PIN 之 IC)。

Note

CH 6

比較器

6-1 實習目的

1. 瞭解 XOR gate 作比較器之原理。
2. 瞭解同位檢知器之原理及應用。
3. 瞭解格雷碼(gray code)至二進碼之轉變器。

6-2 相關知識

在數位信號的處理中時常會碰到：當各數位輸出端之組合爲某値時產生一輸出信號。達到這個目的的方法就是用等效電路(equality circuit)。數位系統信號的處理也不全是在相等的情形才產生信號，小於或大於都可能用得到，尤其是在計算機中央處理器(CPU, central processing unit)中爲然，在這裡面算術運算、邏輯運算是基本功能。處理信號的小於、等於、大於等功能的電路可泛稱爲比較電路。

最簡單之比較器即其中“等於”的功能，能夠以互斥或閘組成。

6-2-1 互斥或閘(XOR gate)

XOR(EXCLUSIVE OR)可用來比較二個二進碼。它的兩輸入端若是相同邏輯準位，則輸出“0”，反之，兩輸入信號互異，則輸出“1”。7486、4070 便是 XOR IC。它的動作符號可以下式表示：

$$Y = A \oplus B = A\overline{B} + \overline{A}B$$

利用 XOR gate 之特性，我們可以二路開關或三路開關來設計成多處控制一電燈的電路如圖 6-1 及圖 6-2 所示。若要四處控制一燈，則多加一只 XOR gate 即可。

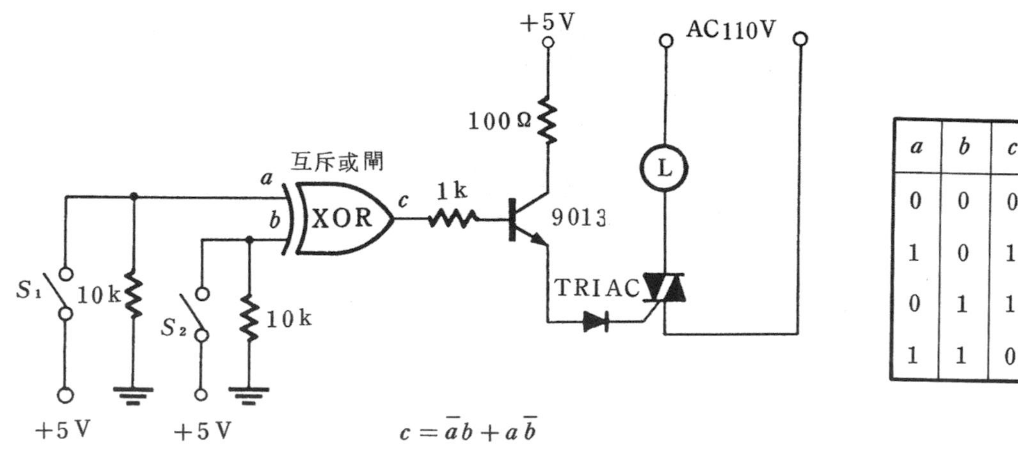

a	b	c
0	0	0
1	0	1
0	1	1
1	1	0

▲ 圖 6-1　二處控制一燈

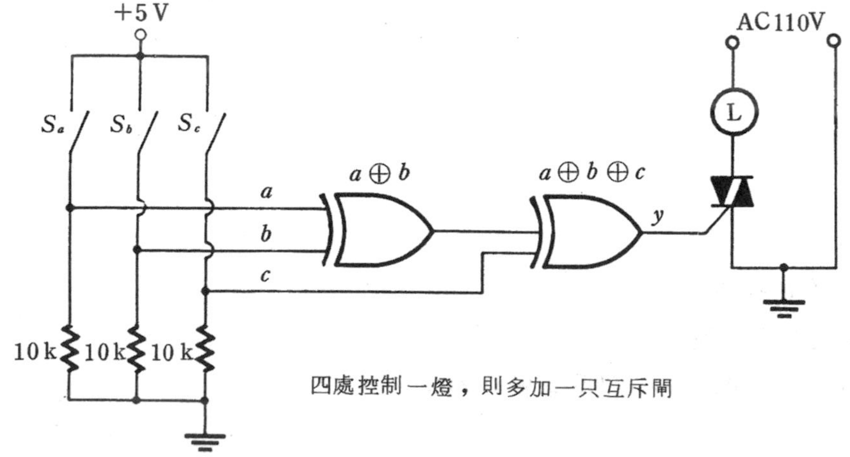

a	b	c	y
0	0	0	0
0	0	1	1
0	1	0	1
0	1	1	0
1	0	0	1
1	0	1	0
1	1	0	0
1	1	1	1

▲ 圖 6-2　三處控制一燈

6-2-2　反互斥或閘(XNOR gate)

XNOR gate(Exclusive NOR)的輸出恰好和 XOR 相反，若它的兩輸入端輸入同樣信號，則輸出“1”，反之輸出“0”，可以下式表示：

$$Y=\overline{A\oplus B}=AB+\overline{A}\,\overline{B}=A\odot B$$

74266 為 4 組包裝的 XNOR 閘，輸出是開集極式的。故它可做連接一 AND(wire-AND)，以做成多 bit 的比較用。4077 亦為一 XNOR 閘之 IC 內有四組獨立包裝之 XNOR 閘，當兩個輸入(A、B)位準一致時，輸出為 High 的閘。圖 6-3 及圖 6-4 為 74266 和 4077 之外部接腳圖。

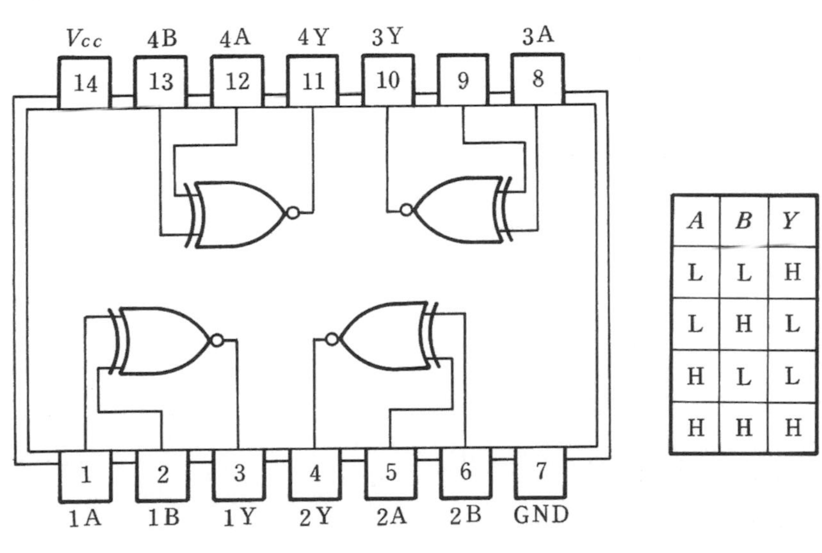

A	B	Y
L	L	H
L	H	L
H	L	L
H	H	H

▲ 圖 6-3

74LS266 為一具有 4 個開集極的 XNOR 閘，因此許多位元可以「線接 AND」在一起形成多重位元比較，此為一低功率蕭特基裝置，並不像 7486 XOR 那樣普遍。因之 XNOR 可由 XOR 來構成如圖 6-5 所示。

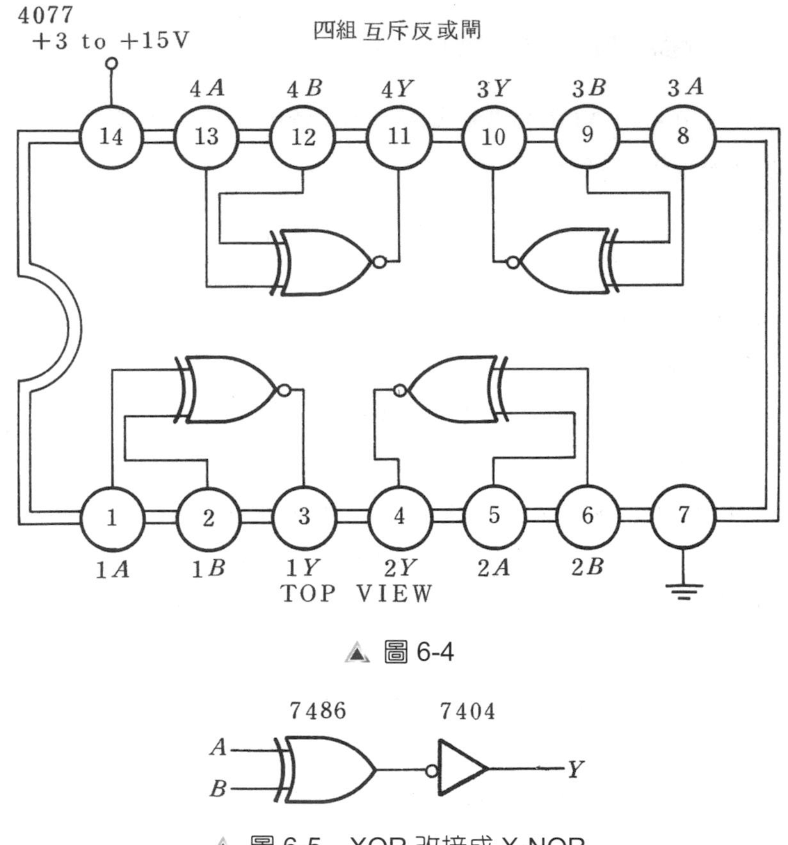

▲ 圖 6-4

7486　　7404

A ─ B ─ XOR ─ NOT ─ Y

▲ 圖 6-5　XOR 改接成 X-NOR

圖 6-6 為 74266 作 *n*-bit 比較器的應用：每一對位元利用一 74LS266 閘比較，而將其輸出「線接 AND」在一起。若任何邏輯閘的一對輸入不相等，則該閘的輸出為“0”而使得「線接 AND」輸出變為低準位，當每一對的輸入均相等，則所有 74LS266 閘均發生高準位輸出，而使得最後的輸出保持高準位。74LS266 之「線接 AND」的特性簡化了比較線路。

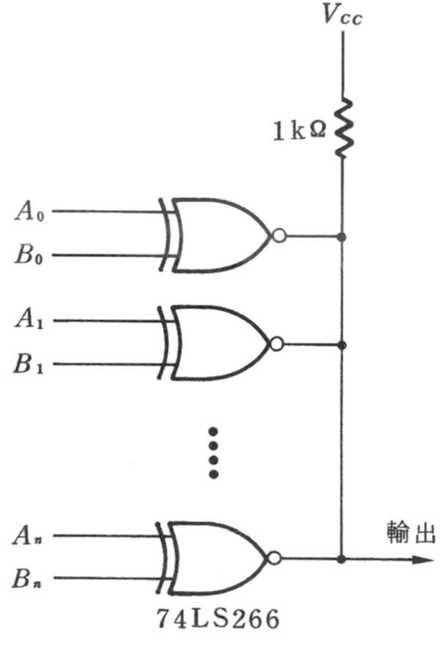

▲ 圖 6-6　*n*-bit 比較器

6-2-3　4 Bit 比較器

7485 及 4585 爲一 MSI IC，特別設計以比較兩個二進制數目，其接腳配置及函數表如圖 6-7 及圖 6-8 所示。

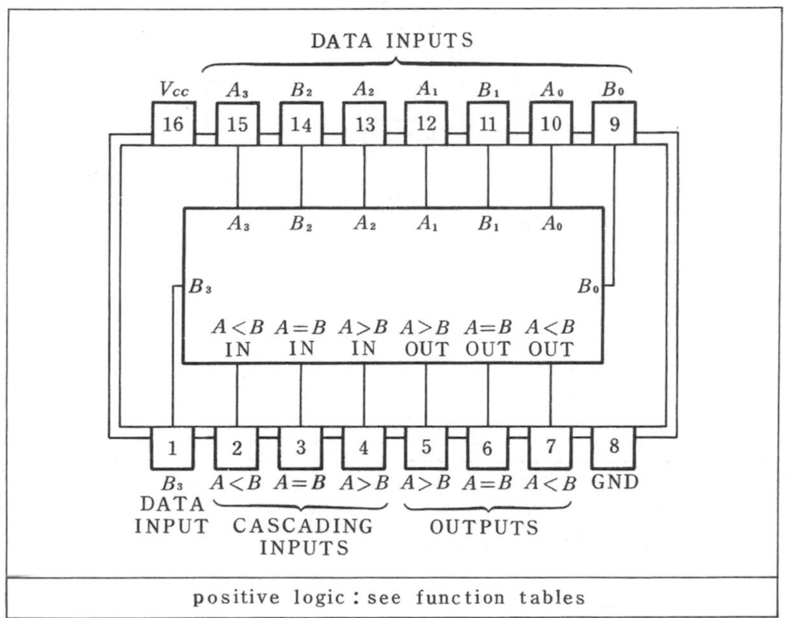

(a)接腳圖

INPUTS							OUTPUTS		
COMPARING				CASCADING					
A3，B3	A2，B2	A1，B1	A0，B0	A>B	A<B	A=B	A>B	A<B	A=B
A3>B3	×	×	×	×	×	×	H	L	L
A3<B3	×	×	×	×	×	×	L	H	L
A3=B3	A2>B2	×	×	×	×	×	H	L	L
A3=B3	A2<B2	×	×	×	×	×	L	H	L
A3=B3	A2=B2	A1>B1	×	×	×	×	H	L	L
A3=B3	A2=B2	A1<B1	×	×	×	×	L	H	L
A3=B3	A2=B2	A1=B1	A0>B0	×	×	×	H	L	L
A3=B3	A2=B2	A1=B1	A0<B0	×	×	×	L	H	L
A3=B3	A2=B2	A1=B1	A0=B0	H	L	L	H	L	L
A3=B3	A2=B2	A1=B1	A0=B0	L	H	L	L	H	L
A3=B3	A2=B2	A1=B1	A0=B0	L	L	H	L	L	H
A3=B3	A2=B2	A1=B1	A0=B0	×	×	H	L	L	H
A3=B3	A2=B2	A1=B1	A0=B0	H	H	L	L	L	L
A3=B3	A2=B2	A1=B1	A0=B0	L	L	L	H	H	L

(b)功能表

▲ 圖 6-7

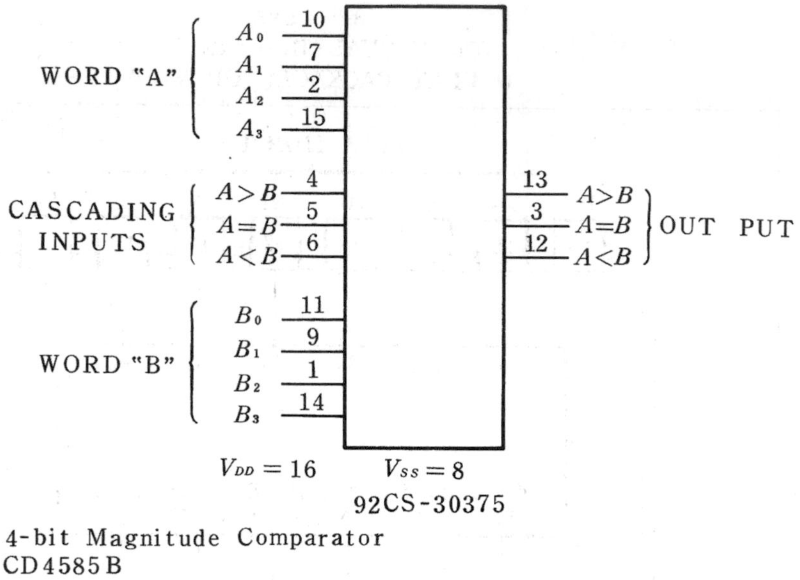

WORD "A": A_0 10, A_1 7, A_2 2, A_3 15

CASCADING INPUTS: $A>B$ 4, $A=B$ 5, $A<B$ 6

WORD "B": B_0 11, B_1 9, B_2 1, B_3 14

OUT PUT: 13 $A>B$, 3 $A=B$, 12 $A<B$

$V_{DD}=16$ $V_{SS}=8$

92CS-30375

4-bit Magnitude Comparator
CD4585B

(a)接腳圖

INPUTS							OUTPUTS		
COMPARING				CASCADING					
A3, B3	A2, B2	A1, B1	A0, B0	A<B	A=B	A>B	A<B	A=B	A>B
A3>B3	×	×	×	×	×	1	0	0	1
A3=B3	A2>B2	×	×	×	×	1	0	0	1
A3=B3	A2=B2	A1>B1	×	×	×	1	0	0	1
A3=B3	A2=B2	A1=B1	A0>B0	×	×	1	0	0	1
A3=B3	A2=B2	A1=B1	A0=B0	0	0	1	0	0	1
A3=B3	A2=B2	A1=B1	A0=B0	0	1	×	0	1	0
A3=B3	A2=B2	A1=B1	A0=B0	1	0	×	1	0	0
A3=B3	A2=B2	A1=B1	A0<B0	×	×	×	1	0	0
A3=B3	A2=B2	A1<B1	×	×	×	×	1	0	0
A3=B3	A2<B2	×	×	×	×	×	1	0	0
A3<B3	×	×	×	×	×	×	1	0	0

(b)真值表

▲ 圖 6-8

其輸入端為：

1. 四個 A 輸入端 A_3, A_2, A_1, A_0。
2. 四個 B 輸入端 B_3, B_2, B_1, B_0。

此 IC 之作用為比較兩 4-位元的數目 A 和 B，有三個輸出 $A > B$、$A < B$ 和 $A = B$，以表示比較的結果。

當比較在進行時，比較係由高位元開始即先比 A_3 和 B_3，若已比出大小；則其它較低位元則可不必再進行比較，若 $A_3 = B_3$，則再比 A_2 和 B_2，依次類推，直到能比出大小為止，若比到最後一位，仍然相等，則 $A = B$ 的輸出端出現“1”。

若 $A > B$，則在 $A > B$ 的輸出端出現“1”。

若 $A > B$、$A < B$、$A = B$ 的輸入端接不同電位，如圖 6-9 所示，則其輸出端會有不同的變化。

例如圖 6-9 中將 $A > B$ 及 $A < B$ 輸入端接“0”，$A = B$ 輸入端接“1”，而 A 輸入 0100，B 輸入 0110，則可獲得之輸出狀態如圖 6-9 所示。

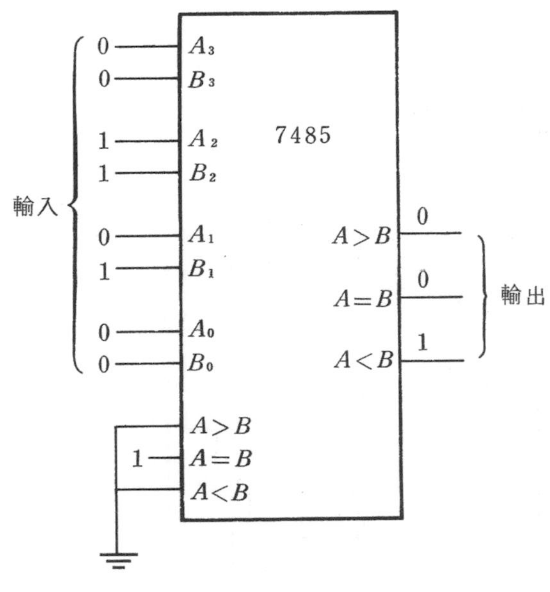

▲ 圖 6-9

數個 7485 可以串接起來以比較長於 4 位元的數目。圖 6-10 表示一包含 6 個 7485 的線路可比較兩個 24 位元的數目。

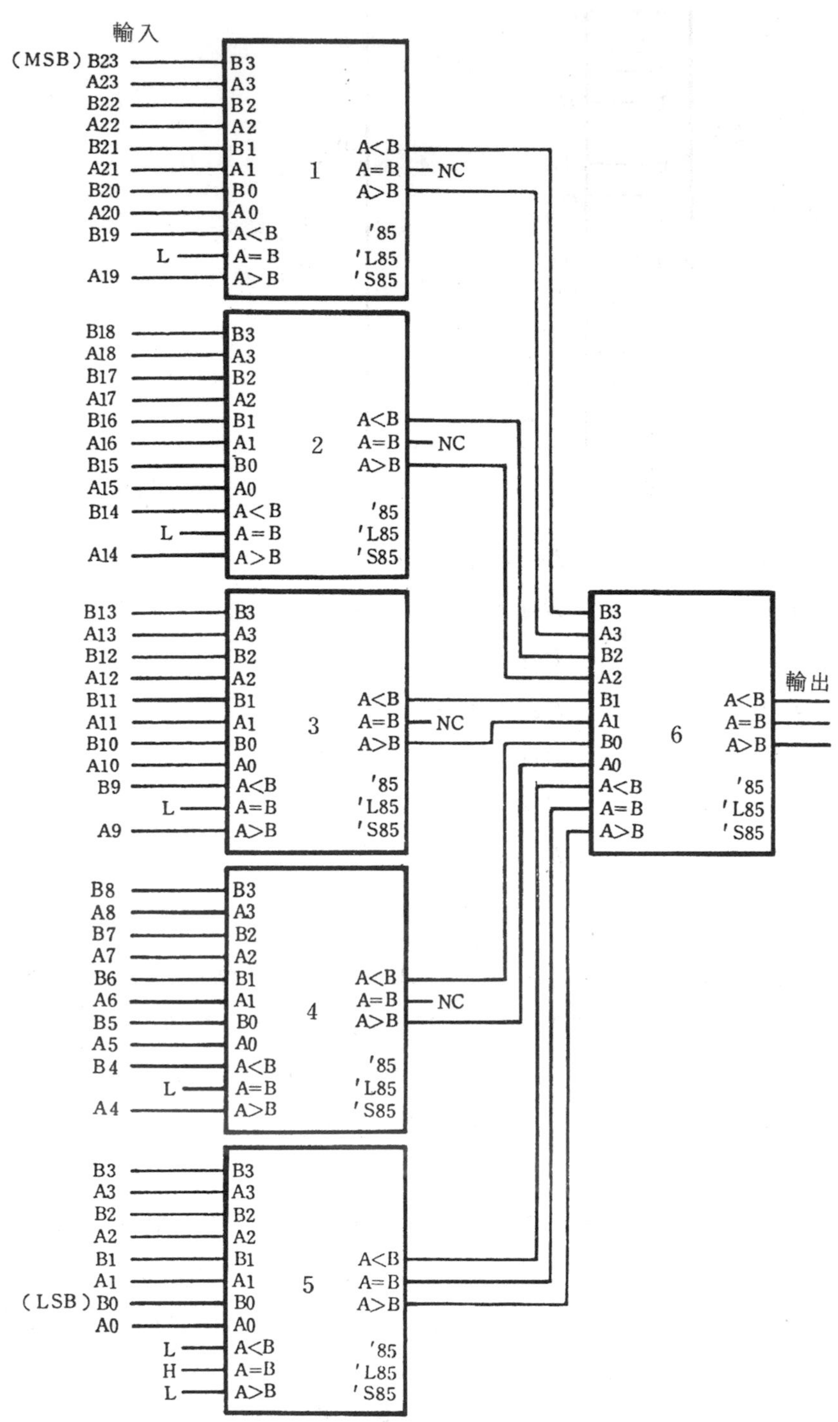

▲ 圖 6-10 24 位元比較器

若其輸入爲

$A_{23} = 1$	$B_{23} = 1$	
$A_{22} = 0$	$B_{22} = 0$	
$A_{21} = 1$	$B_{21} = 1$	
$A_{20} = 1$	$B_{20} = 1$	
$A_{19} = 0$	$B_{19} = 0$	
$A_{18} = 1$	$B_{18} = 1$	
$A_{17} = 0$	$B_{17} = 1$	等

則

1. 第一個出現不同值的最高 bit，爲 A_{17} 和 B_{17}，故第一個 7485 由於 $A = B$ 輸入端爲“0”查圖 6-7 眞值表可知，當時 $A > B$ 及 $A < B$ 輸入端爲“1”，故其輸出 $A < B$ 及 $A > B$ 皆爲“0”，即 I_{C6} 之 7485 的 $A_3 = B_3 = 0$ 的輸出。
2. I_{C2} 中，$B_3 = A_3$、$B_2 = A_2$(因爲 $A_{17} = 0$、$B_{17} = 1$)，故 $A < B$ 的輸出端出現爲“1”。
3. $A < B$ 的輸出(I_{C2})連接到 I_{C6} 的 B_2，而 I_{C2} 的 $A > B$ 的輸出接到 I_{C6} 的 A_2 輸入，查圖 6-7 眞值表，可知 I_{C6} 的 $B_2 = 1$、$A_2 = 0$，故 I_{C6} 的 $A < B$ 的輸出爲“1”，如此便可完成兩數元的比較。如圖 6-10 的 A、B 值均相等，則其輸出狀態如下：

   (1) 由於 $A > B$ 及 $A < B$ 輸入值均相等，故其輸出 $A > B$ 及 $A < B$ 兩者值均相等。I_{C1} 所送到 I_{C6} 的信號 A_3, A_2, A_1, A_0 與其相對應的 B_3, B_2, B_1, B_0 皆相等。

   (2) I_{C5} 的 $A > B$ 及 $A < B$ 輸入皆爲“0”，$A = B$ 輸入端爲“1”，故由眞值表可知，$A < B$、$A = B$、$A > B$ 之對應輸出爲“010”。

   (3) I_{C6} 的 $A < B$、$A = B$、$A > B$ 輸入“010”，故其輸出 $A < B$ 爲“0”，$A = B$ 爲“1”，$A > B$ 爲“0”。

7485 之多位元比較器之動作如是。CD4585 依眞值表，其動作型態與 7485 相同不再多述。

6-2-4 同位檢知及產生器

將一個 bit 加入二進碼中，以便產生偶數個“1”或奇數個“1”，其方式謂之“parity”。

典型的資料被記錄在磁帶上，而由讀帶頭(read head)來將其上的資料轉換成“1”或“0”的信號，若有 8 bit 資料儲存在帶上，則需要有 8 個讀帶頭，來讀資料，其方式如圖 6-11 所示。此資料可儲存數年不變，而我們可以 parity 的方式來檢核資料，以便決定用什麼讀帶頭。

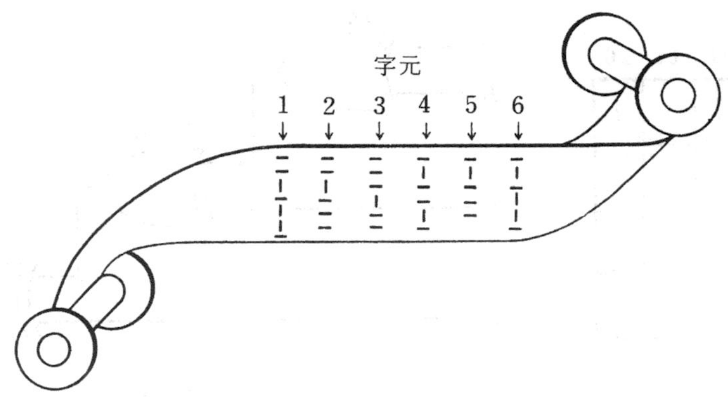

▲ 圖 6-11

我們從計算機接收到字元 *A*、*B*、*C* 和 *D*，試產樣第 8 位元以維持：

1. 奇數位。
2. 偶數位。

A 0000000

B 0101011

C 1100010

D 1111111

A 及 *B* 包含偶數個 1，*C* 及 *D* 包含奇數個 1，我們可以如下方法奇同位或偶同位。

A	0000000	1	A	0000000	0
B	0101011	1	B	0101011	0
C	1100010	0	C	1100010	1
D	1111111	0	D	1111111	1
	original characters	parity bit		original characters	parity bit

以上用同位位元(parity bit)加入各字句中，以產生奇同位或偶同位的方式稱爲同位產生器，若考慮函數 $f(A, B, C, D) = \Sigma(1, 2, 4, 7, 8, 11, 13, 14)$的卡諾圖列於圖 6-12 中，其數學表示式如下：

$$f(A,B,C,D)=\overline{A}\,\overline{B}\,\overline{C}D+\overline{A}\,\overline{B}C\overline{D}+\overline{A}B\overline{C}\,\overline{D}+\overline{A}BCD+A\overline{B}\,\overline{C}\,\overline{D}+A\overline{B}CD+AB\overline{C}D+ABC\overline{D}$$

它必須用八個 4-輸入 NAND 閘與一個 8-輸入 NAND 閘來建造。幸好，有一種更好的方法，是用 XOR 來建造，它將此函數化簡爲：

$$f(A, B, C, D) = A \oplus B \oplus C \oplus D$$

圖 6-13 爲完成電路。注意，其中每一數元皆爲奇數位，只要輸入爲奇同位，則輸出必爲 1。同位檢知器便是利用此一技術來完成的。

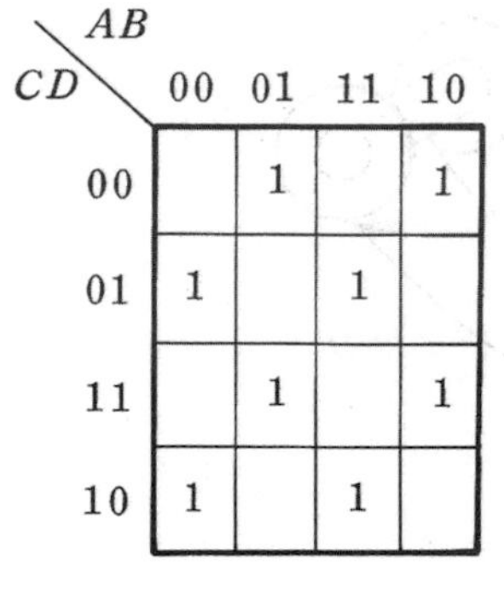

▲ 圖 6-12

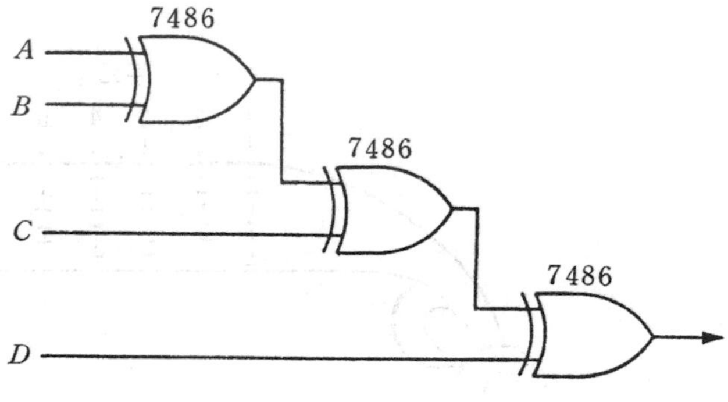

▲ 圖 6-13

74180 爲 9-bit 同位檢知／產生器，可用來檢知 9 個 bit 是奇同位或偶同位，也能產生第 10 個同位元(parity bit)。

圖 6-14 爲 74180 的接腳圖及眞值表。它有 *A*、*B*、*C*、*D*、*E*、*F*、*G*、*H* 八個 parity inputs(同位輸入)，另外有偶輸入(even input)及奇輸入(odd input)共可形成 9-bit 位元輸入，以便測知是奇或偶同位。它有名ΣODD 及 ΣEVEN 兩輸出，以便告訴外界，該輸入信號是奇或偶同位。

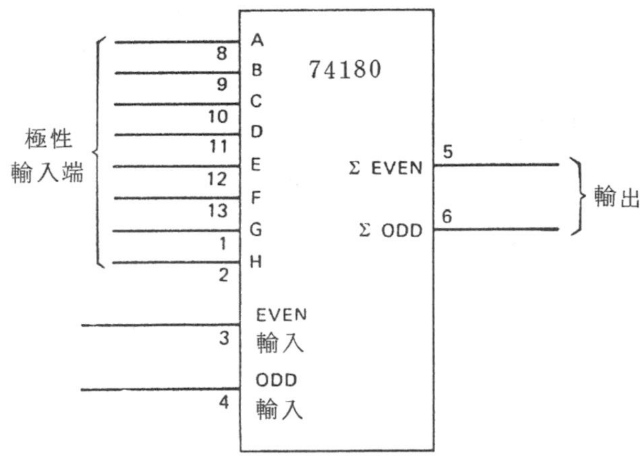

(a)接腳配置圖

輸	入		輸	出
A到H輸入端高準位個數總和	EVEN	ODD	Σ EVEN	Σ ODD
EVEN	H	L	H	L
ODD	H	L	L	H
EVEN	L	H	L	H
ODD	L	H	H	L
X	H	H	L	L
X	L	L	H	H

(b)函數表

H＝高準位　L＝低準位　X＝無關

▲ 圖 6-14　74180

圖 6-15 所示爲利用 74180 來產生 7 bit 同位檢知器，其信號由 *A*、*B*、*C*、*D*、*E*、*F*、*G* 等 7 端輸入，*H* 不用故予接地，偶同位輸入(even input)端接“1”奇同位輸入(odd input)端接“0”，若輸入信號爲偶同位則 ΣEVEN 出現“1”輸出。

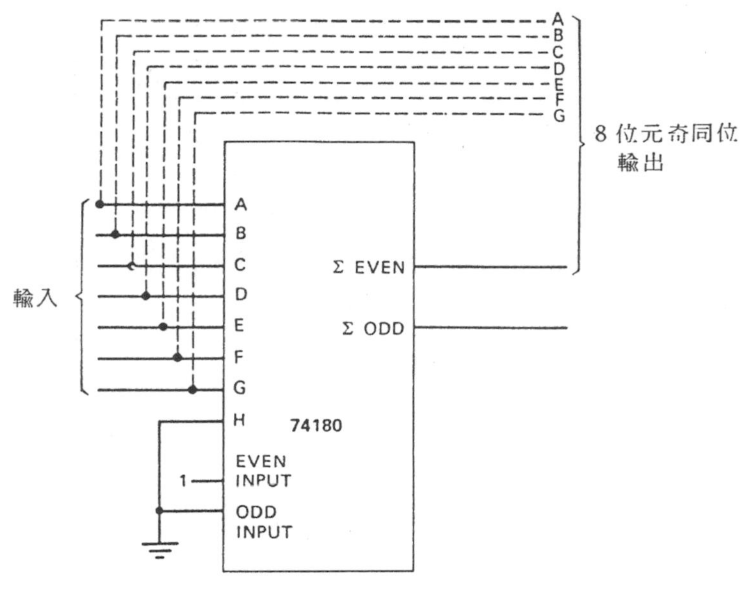

▲ 圖 6-15　同位檢知器

圖 6-16 所示爲兩個 74180 串接可做 14 位元奇同位電路。

74180 同位比較產生器，可用來檢知任何長度的數字，只要按照它的眞値表進行接線，可有許多接法，以完成同位檢知及產生的功能。

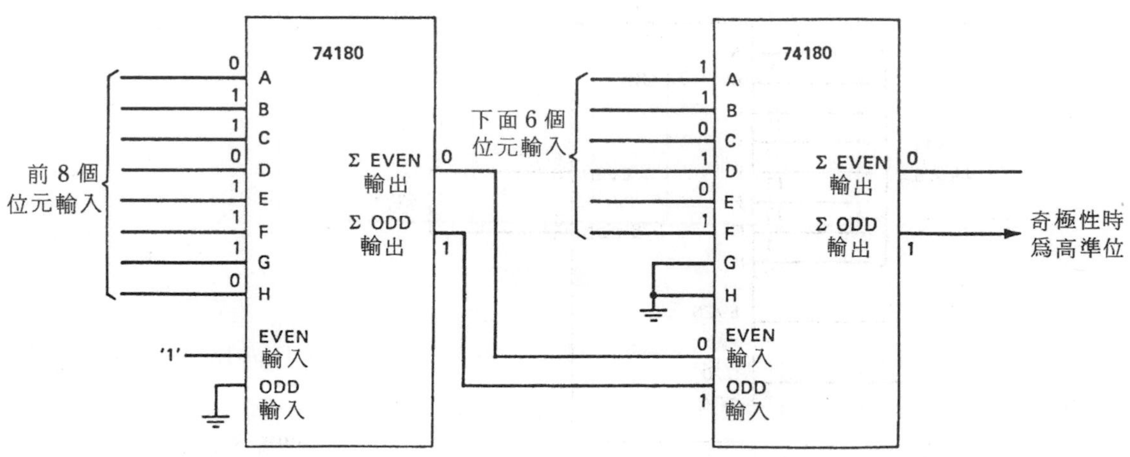

▲ 圖 6-16　14 位元極性驗知器

6-2-5 格雷碼(Gray code)

格雷碼常用於類比－數位的轉換器。它有其主要的優點，即是每一相鄰的數元只差一個 bit(只有一個 bit 不同)。可惜這種碼不易做算術運算，故格雷碼與二進碼的轉換也常被用到。

圖 6-17 為格雷碼和二進碼的等值對照表，其 0 至 15 數元間的關係如下：

1. G_0 先是 0 再連續有兩個 1，接著兩個 0，兩個 1，依序類推。
2. G_0 先是兩個 0，接著 4 個 1，再 4 個 0，依序類推。
3. 一般而言，對 G_n 欄，先有 2^n 個 0，再是 2^{n+1} 個 1，2^{n+1} 個 0，2^{n+1} 個 1，……依序類推。

十進值	二進值				葛雷碼			
	B_3	B_2	B_1	B_0	G_3	G_2	G_1	G_0
0	0	0	0	0	0	0	0	0
1	0	0	0	1	0	0	0	1
2	0	0	1	0	0	0	1	1
3	0	0	1	1	0	0	1	0
4	0	1	0	0	0	1	1	0
5	0	1	0	1	0	1	1	1
6	0	1	1	0	0	1	0	1
7	0	1	1	1	0	1	0	0
8	1	0	0	0	1	1	0	0
9	1	0	0	1	1	1	0	1
10	1	0	1	0	1	1	1	1
11	1	0	1	1	1	1	1	0
12	1	1	0	0	1	0	1	0
13	1	1	0	1	1	0	1	1
14	1	1	1	0	1	0	0	1
15	1	1	1	1	1	0	0	0

▲ 圖 6-17

注意，二進制相鄰兩數元間之變化較多，而格雷碼只有 1 個 bit 在變化，例如 7 與 8 兩個數元，二進碼有 4 個 bit 的變化，格雷碼只有 G_3 一個 bit 變化而已。

格雷碼的一般用法中，有一個是去找旋轉物體的位置。典型的方法是用圖 6-18 所示的編碼轉盤。

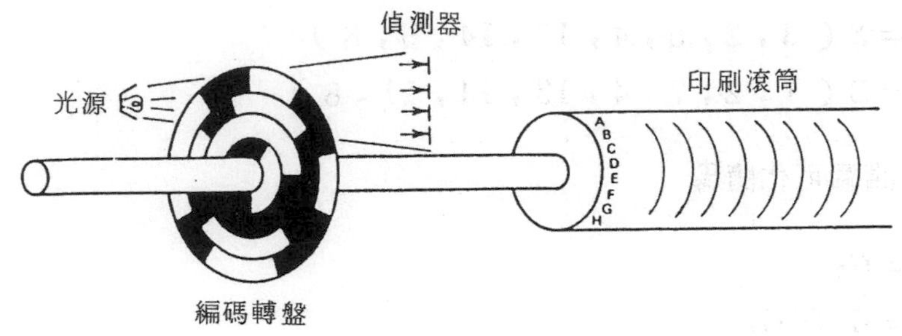

▲ 圖 6-18

當光源照在編碼轉盤時，偵測器便能測出該位置的碼值。4-bit 編碼轉盤如圖 6-19 所示，圖(a)為二進制編碼轉盤，圖(b)為格雷碼轉盤，每一盤可有 16 個碼，故旋轉角度為 360°/16 = 22.5°

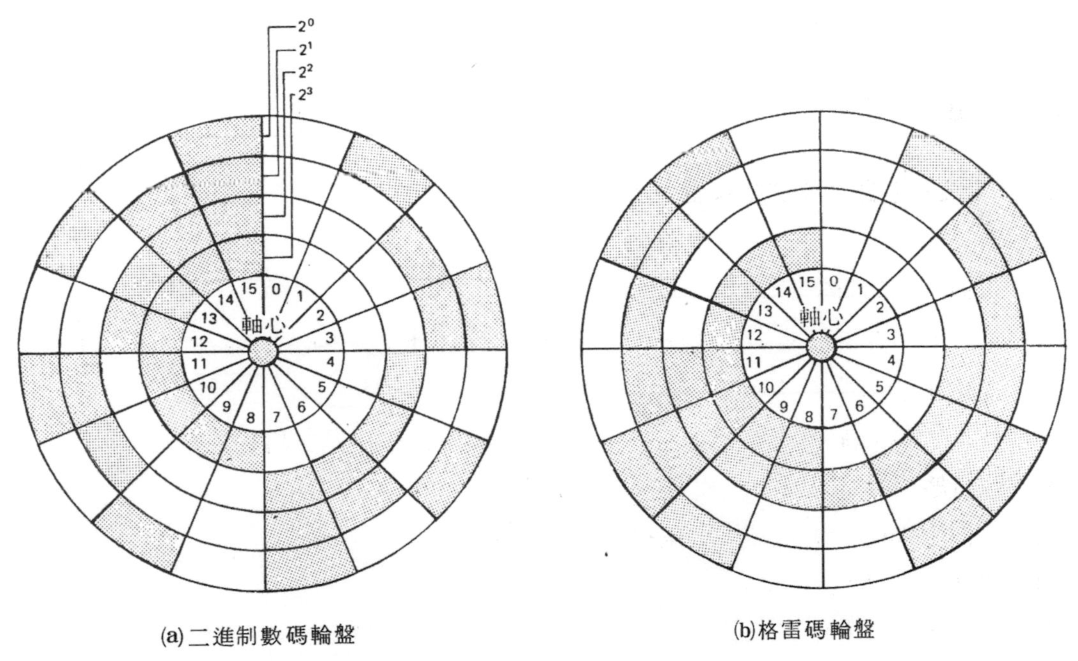

▲ 圖 6-19　二進制與格雷碼輪盤

因格雷碼不易做算術運算，須化成二進碼方能迅速執行工作。圖 6-20 所示為利用 XOR 閘，就可將格雷碼轉換為二進碼，由圖 6-17 眞值表可得：

$$B_3 = \Sigma(8, 9, 10, 11, 12, 13, 14, 15)$$

$$B_2 = \Sigma(6, 7, 5, 4, 10, 11, 9, 8)$$

$$B_1 = \Sigma(3, 2, 5, 4, 15, 14, 9, 8)$$

$$B_0 = \Sigma(1, 2, 7, 4, 13, 14, 11, 8)$$

每一式經由卡諾圖可化簡為

$$B_3 = G_3$$

$$B_2 = G_3 \oplus G_2$$

$$B_1 = G_3 \oplus G_2 \oplus G_1$$

$$B_0 = G_3 \oplus G_2 \oplus G_1 \oplus G_0$$

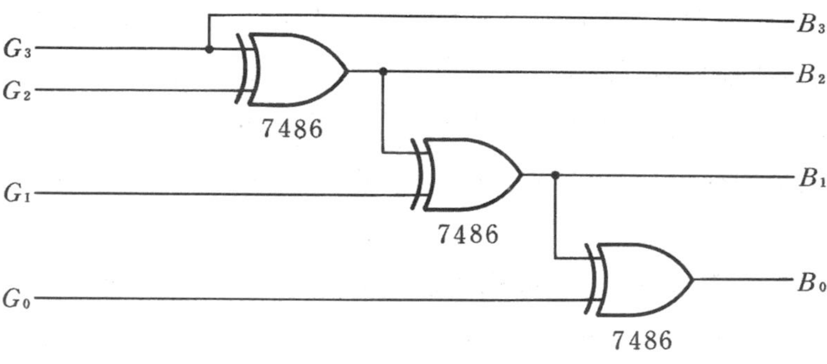

▲ 圖 6-20

6-3　實習項目

工作一：XOR 閘做為同位檢知器／產生器

工作程序：

1. 按圖 6-21 接妥電路。

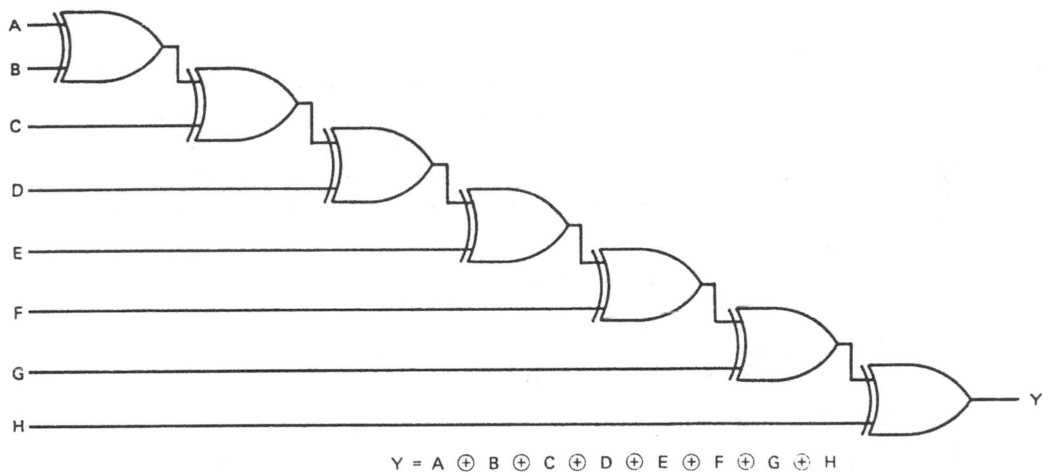

▲ 圖 6-21

2. *A*、*B*、*C*、*D*、*E*、*F*、*G*、*H* 輸入分別接 Hi → Low 之開關，*Y* 接 LED 顯示，用來指示“1”或“0”。
3. 將奇數個開關接“1”，其餘接“0”則 *Y* 的 LED 顯示為________。
4. 將偶數個開關接“1”，其餘接“0”，則 *Y* 的 LED 顯示為________。
5. 反複用不同的組合方式，重複步驟 3，4。
6. 按圖 6-22 接線。
7. 重複步驟 2～5。
8. 比較兩電路的結果，可獲得之結論________。

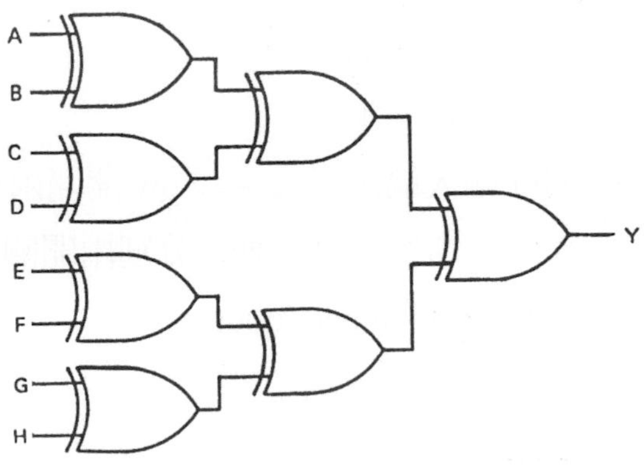

▲ 圖 6-22

9. 按圖 6-23 接線，此電路係同位產生之電路圖。

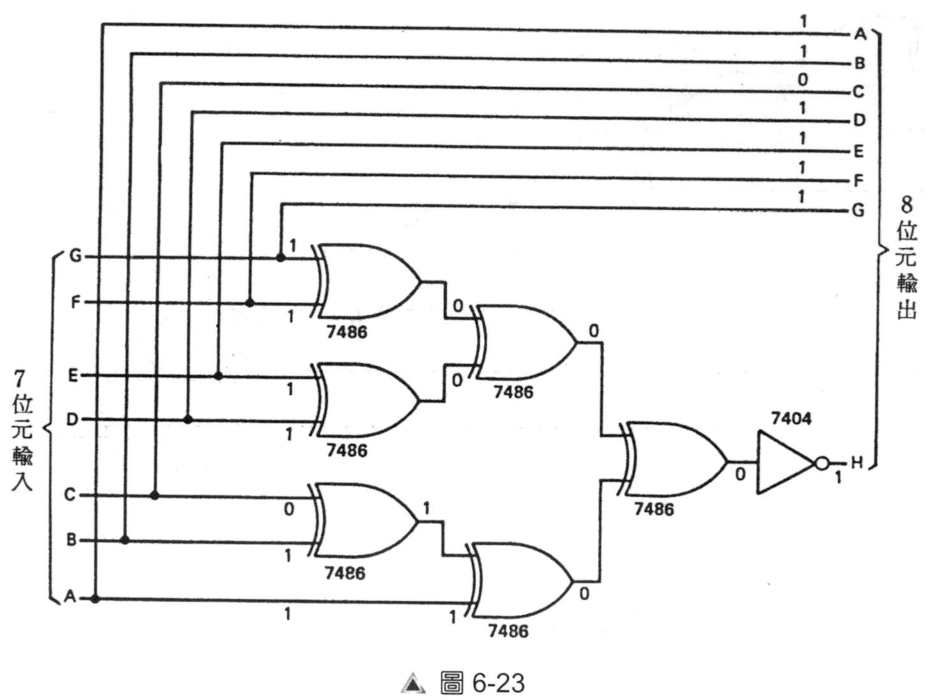

▲ 圖 6-23

10. 將輸入 *A*、*B*、*C*、*D*、*E*、*F*、*G* 接到 Hi → Low 開關，*H* 輸出接 LED 以利觀測“1”or“0”。
11. 將奇數個開關接“1”，其餘接“0”，則 *H* 的 LED 顯示________。
12. 將偶數個開關接“1”其餘接“0”，則 *H* 的 LED 顯示________。

工作二：74180 之同位檢知及產生器

工作程序：

1. 按圖 6-24 接妥電路。
2. 將 9 bit 輸入端接到 Hi → Low 開關兩輸出端接 LED。
3. 按圖 6-24 所顯示之信號，分別由開關送至輸入端 *A*、*B*、*C*、*D*、*E*、*F*、*G*、*H* 及 even input 和 odd input。

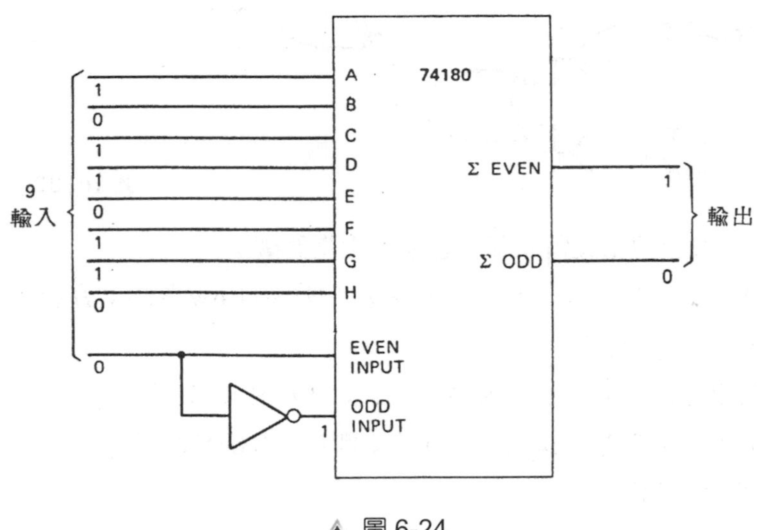

▲ 圖 6-24

4. 觀察輸出端 Σ EVEN 及 Σ ODD 之 LED 變化情況並記錄之。

LED	亮或不亮	眞值表
Σ EVEN	________	________
Σ ODD	________	________

5. 查圖 6-14 之眞值表並填入上面的記錄中。
6. 比較實驗值及算值表是否相同？________並說明本實驗之主要功能________。
7. 按圖 6-25 接線，比電路爲 74180 之串接用以產生比 8 位元多之功能。

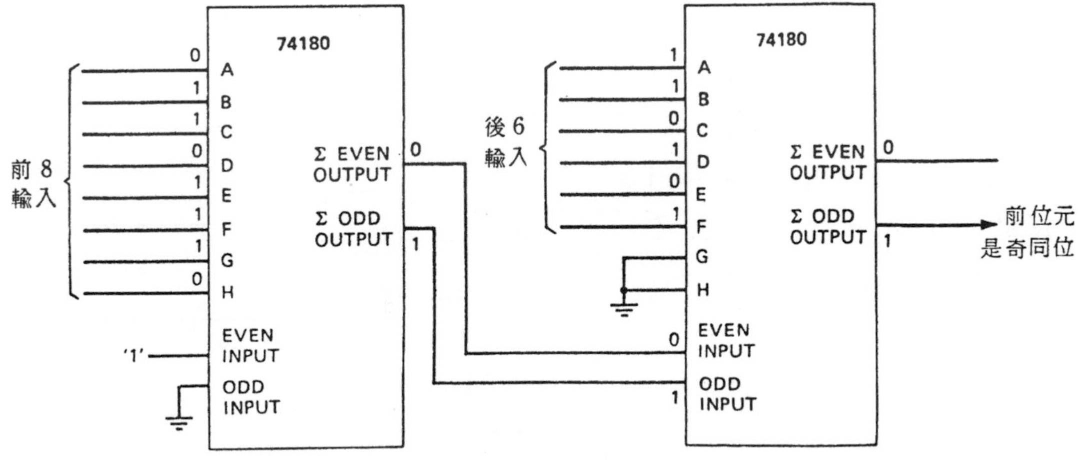

▲ 圖 6-25

8. 將 14 bit 輸入端接到 Hi → Low 開關第二個 74180 之輸出端(ΣEVEN 及 ΣODD) 接 LED。
9. 照圖 6-25 所示之信號輸入兩個 74180 的輸入端。
10. 觀察 Σ EVEN 及 Σ ODD 的 LED 並記錄之。

LED	亮或不亮	眞值表
Σ EVEN	________	________
Σ ODD	________	________

11. 查圖 6-14 之眞值表並填入上面的記錄中。
12. 將第一個 74180 之輸出端(Σ ENEV 及 Σ ODD)接 LED。
13. 完成下面的記錄：

輸入 10010010011001

LED	亮或不亮	眞值表
Σ EVEN 1	________	________
Σ ODD 1	________	________
Σ EVEN 2	________	________
Σ ODD 2	________	________

14. 比較實習結果與眞值表是否相同________並說明本實驗之目的________。

工作三：格雷碼之轉換

工作程序：

1. 接圖 6-26 接線。
2. 將 B_0、B_1、B_2、B_3 接 Hi → Low 開關。
3. 分別以0000、0001、0010……1111 等二進碼輸入 B_3、B_2、B_1、B_0 輸入端，並依序記錄，每一數碼，所對應之輸出，填入圖 6-27 中。

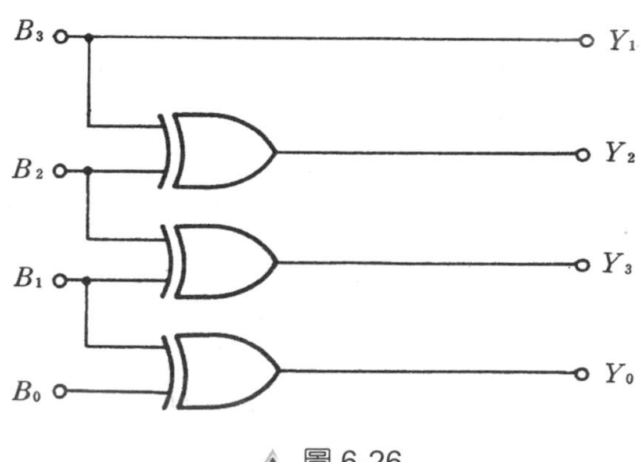

▲ 圖 6-26

十進值	二進碼 B_3	B_2	B_1	B_0	輸出碼 Y_3	Y_2	Y_1	Y_0
0	0	0	0	0				
1	0	0	0	1				
2	0	0	1	0				
3	0	0	1	1				
4	0	1	0	0				
5	0	1	0	1				
6	0	1	1	0				
7	0	1	1	1				
8	1	0	0	0				
9	1	0	0	1				
10	1	0	1	0				
11	1	0	1	1				
12	1	1	0	0				
13	1	1	0	1				
14	1	1	1	0				
15	1	1	1	1				

▲ 圖 6-27

4. 完成 16 個狀態的記錄後觀察其輸出爲那一種數碼？________。
5. 利用圖 6-27 之結果來設計轉換電路，其對應之方程式依卡諾圖化簡爲

$Y_3 =$ ________

$Y_2 =$ ________

$Y_1 =$ ________

$Y_0 =$ ________

依 Y_3、Y_2、Y_1、Y_0 之程式繪出此電路於下面空格中。

6-4 問題

1. 用 X NOR 閘設計五級比較器。
2. 用 7485 設計 8 bit 比較器。
3. 作出 5 bit 的二進碼及格雷碼之真值表。
4. 設計一四 bit 之二進碼 → 格雷碼之轉換器。
5. 比較 XOR 及 X NOR 閘之異同。
6. 何謂比較器？何謂奇同位？何謂偶同位？

CH 7

算術電路

7-1 實習目的

1. 瞭解二進制加法與減法電路。
2. 瞭解 BCD 加減法之原理。
3. 利用 IC 製作加法器與減法器。
4. 瞭解 MSI 算術邏輯單元(ALU)之使用。

7-2 相關知識

邏輯電路最主要的功用之一是，能以極快的速度做算術運算，而算術運算又以加減爲基礎，現在開始討論各種加減運算電路。由於表示數目的數碼不同，運算方法也就因而不同；用二進碼表示的數目，它們的運算規則就稱爲二進運算，用 BCD 碼表示的數目，它們的運算規則就稱爲 BCD 運算。

二進位的加法運算，最簡單的是沒有進位的半加法，其次就是含有進位的全加法。多位元的兩個二進數相加時，有好幾種方式可供選擇：一種是一個位元一個位元的加起來，稱爲串加法；一種是所有位元同時加起來，稱爲並加法。

基本加法器各級的輸入來自加數、被加數以及前一級(較低位級)的進位，結果產生一個「和」輸出及一個「進位」輸出，此一進位輸出送到下一級(較高位級)。半加器(half-adder)較簡單，只接受加數和被加數做爲輸入，由於沒有接受進位，故可用來做爲加法器的最低有效位元(LSB)級(此級永遠不會有進位輸入)的相加。

7-2-1 加法器

基本半加器的眞值表和線路如圖 7-1 所示，如果加數或被加數(A 或 B)有一個爲 1，則和爲 1，若 A 和 B 均爲 1，則 1 加 1 結果爲 10(2)，故最低有效位元(LSB)的「和」輸出爲 0，而「進位」輸出爲 1，從眞值表可以看出「和」僅爲一 XOR 閘，而進位輸出係由一 AND 閘產生。

圖 7-2 是用兩個半加器與一個 OR gate 組成的全加器(full-adder)，其眞值表與符號如圖 7-1(a)所示。全加器接受加數和被加數的第 n 個位元(A_n、B_n)並產生第 n 個位元的和，同時接受來自第 $n-1$ 級的進位，產生一進位輸出加到第 $n+1$ 級。全加器內部電路如圖 7-3 所示。

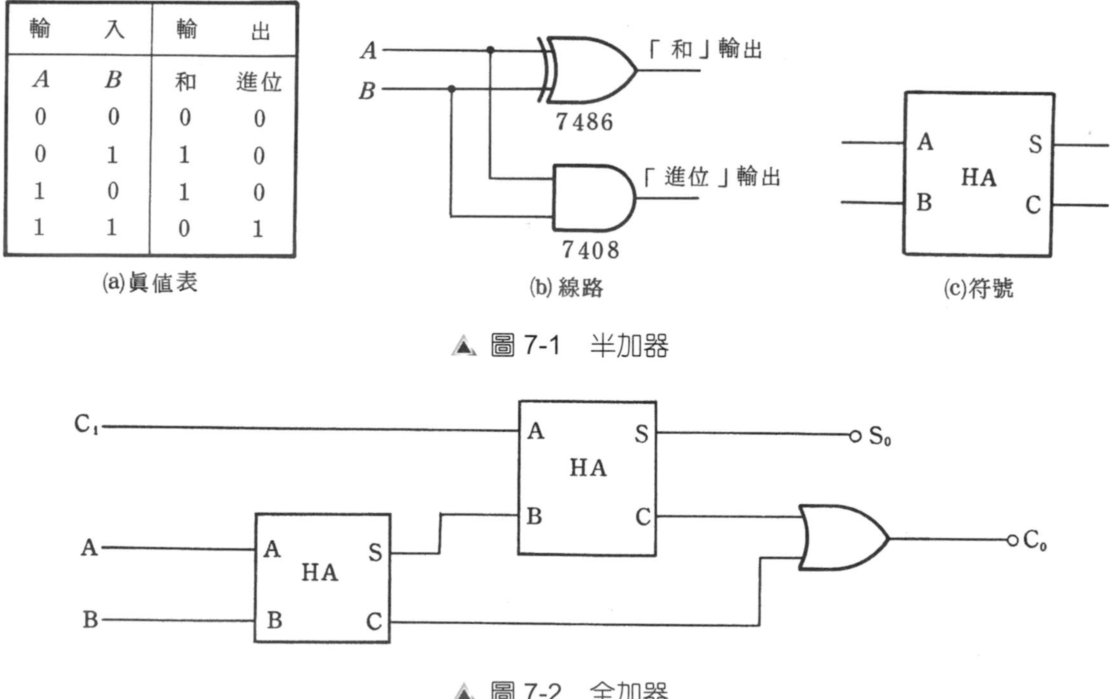

輸入		輸出	
A	B	和	進位
0	0	0	0
0	1	1	0
1	0	1	0
1	1	0	1

(a)眞值表　(b) 線路　(c)符號

▲ 圖 7-1　半加器

▲ 圖 7-2　全加器

多位元之兩數之加法，可依並加方式或串加方式來完成。並加方式是在一次的加法動作中即完成全部位元的加法運算；而串加方式必須在 n 個連續的加法動作中，才能完成它們的相加；但若以並加方式爲之，則僅須一次的加法動作即可完成相加的運算。故並加方式的速度要比串加方式來得快。不過，並加方式雖佔有速度上的優勢，但其所耗費於硬體上之成本也較大。

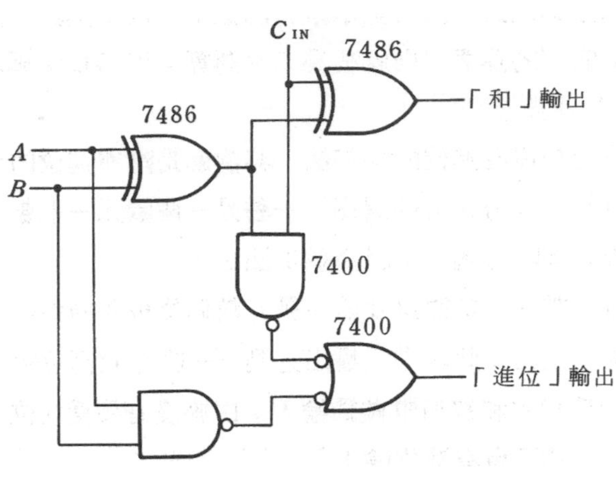

▲ 圖 7-3　全加器內部結構

圖 7-4 是一 3 位元的加法器，較大數目的加法器，可依同樣方式增加，即每增加一位元即多加一個全加器。圖 7-4 的接法非常簡單，加的時候各數元同時相加，同時產生和，因此稱爲並加器(parallel adder)。

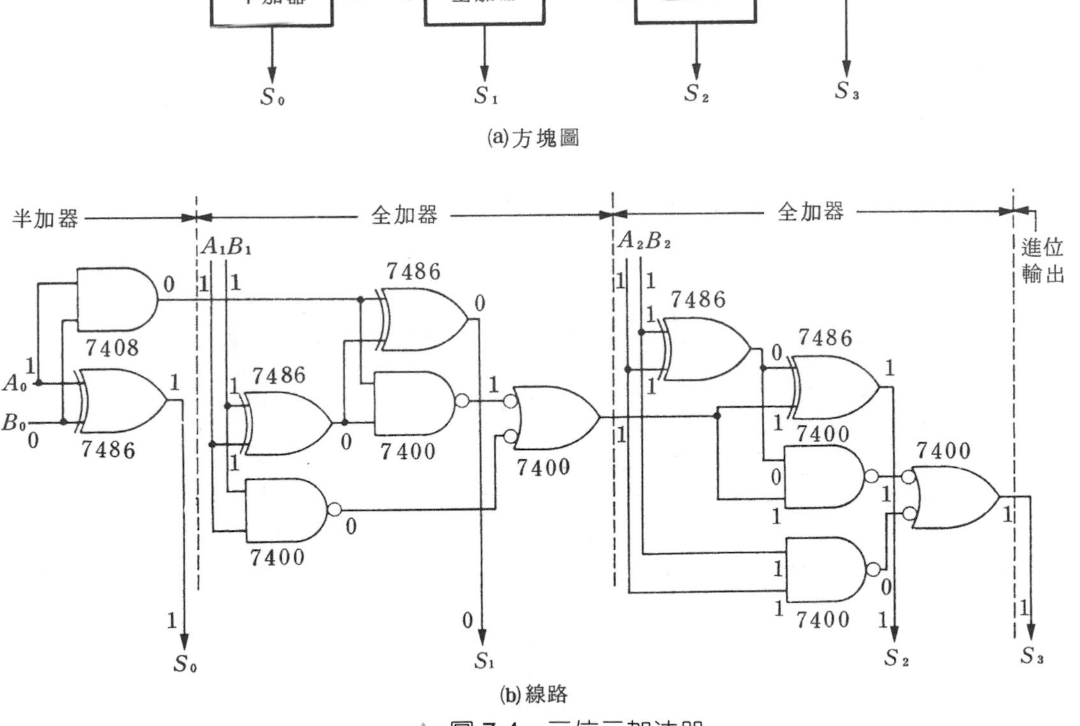

▲ 圖 7-4　三位元加法器

7-2-2 IC 型加法器

7483(74183)爲一 4 位元的加法器，可接受兩個 4 位元數目(A 和 B)和一個進位(C_0)輸入，產生一個 4 位元的「和」輸出(Σ)和一個進位輸出(C_4)，圖 7-5 是 7483 之接腳與功能圖及其等效電路圖。7483 可執行兩個 4 數元之數的相加，而產生 5 個位元的和輸出(進位輸出相當於擴充的一個位元)。

1. 若兩個輸入的「和」加上進位後的結果在 0 和 15 之間，則「和」出現在 Σ 輸出端，而進位輸出(標號 C_4)爲 0。
2. 若「和」在 16 與 31 之間，則進位輸出 C_4 爲 1，而 Σ 輸出爲比「和」小 16 的數目。(注意：在 4 位元的加法器進位輸出所具有的數值(加權值)爲 16)。

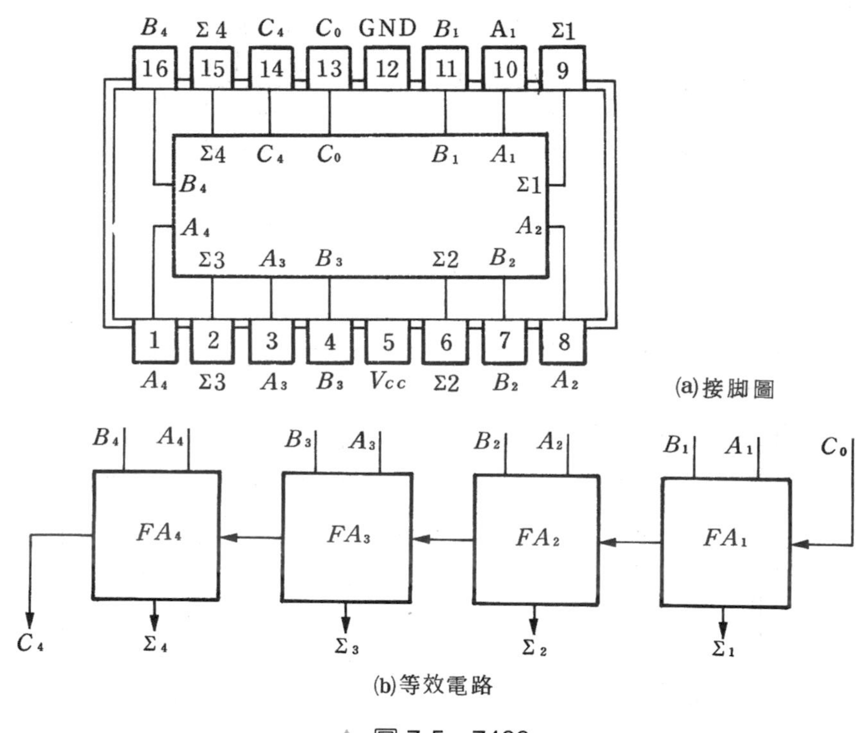

▲ 圖 7-5　7483

INPUT				OUTPUT					
				WHEN $C_0=L$ / WHEN $C_2=L$			WHEN $C_0=H$ / WHEN $C_2=H$		
A_1 / A_3	B_1 / B_3	A_2 / A_4	B_2 / B_4	Σ_1 / Σ_3	Σ_2 / Σ_4	C_2 / C_4	Σ_1 / Σ_3	Σ_2 / Σ_4	C_2 / C_4
L	L	L	L	L	L	L	H	L	L
H	L	L	L	H	L	L	L	H	L
L	H	L	L	H	L	L	L	H	L
H	H	L	L	L	H	L	H	H	L
L	L	H	L	L	H	L	H	H	L
H	L	H	L	H	H	L	L	L	H
L	H	H	L	H	H	L	L	L	H
H	H	H	L	L	L	H	H	L	H
L	L	L	H	L	H	L	H	H	L
H	L	L	H	H	H	L	L	L	H
L	H	L	H	H	H	L	L	L	H
H	H	L	H	L	L	H	H	L	H
L	L	H	H	L	L	H	H	L	H
H	L	H	H	H	L	H	L	H	H
L	H	H	H	H	L	H	L	H	H
H	H	H	H	L	H	H	H	H	H

(c)功能表

▲ 圖 7-5　7483(續)

爲獲得較多位元數的加法器，可將 7483 串接起來，即將一個 7483 的 C_4 連接到下一較高位的 7483 之 C_0 輸入端，如圖 7-6 所示。

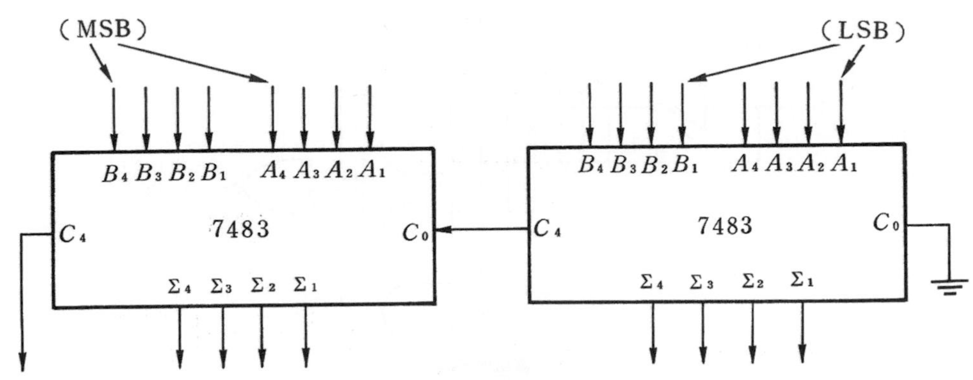

▲ 圖 7-6　由兩 7483 構成之 8 數元加法器

注意：最低有效位元(LSB)放在最右邊，加法的進行由右至左，雖然此與通常資料傳送的方向相反，但可讓我們以由左至右的正規方式讀取輸入和輸出的數目。

圖 7-7 所示為 74183 之接腳，邏輯電路圖及其眞值表 74183 為執行單一位元加法運算之全加法器電路，如圖 7-7 所示，兩數元 A 與 B 和進位 C_n 相加之後產生和 Σ 與進位 C_{n+1} 之輸出。所有輸入之組合與輸出之關係如圖 7-7(b)之眞值表所示。

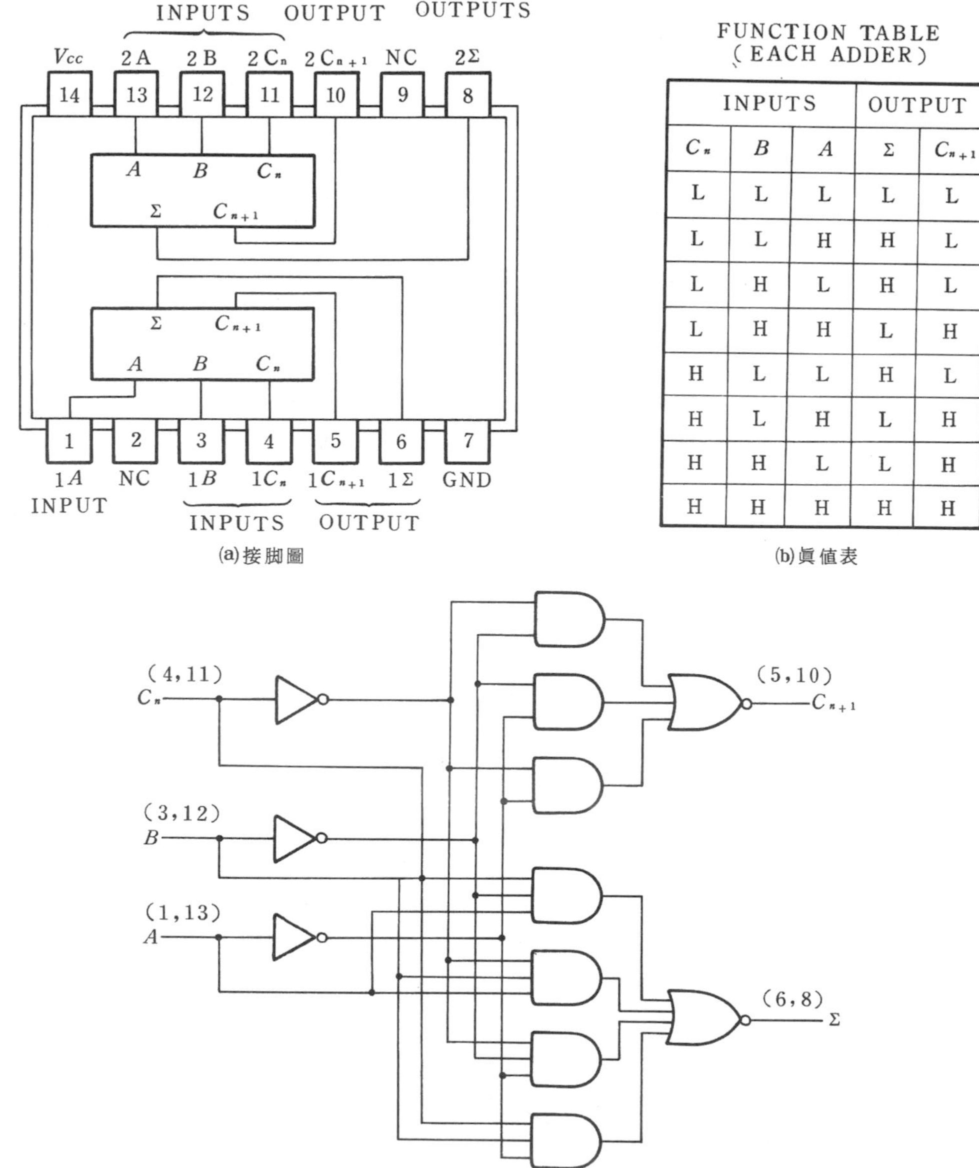

FUNCTION TABLE
(EACH ADDER)

INPUTS			OUTPUT	
C_n	B	A	Σ	C_{n+1}
L	L	L	L	L
L	L	H	H	L
L	H	L	H	L
L	H	H	L	H
H	L	L	H	L
H	L	H	L	H
H	H	L	L	H
H	H	H	H	H

(a)接腳圖　(b)眞值表

(c)邏輯電路圖

▲ 圖 7-7

圖 7-8 及圖 7-9 為 4032 三組正邏輯串加器和 4038 三組負邏輯串加器，兩者均備有共同的 clock 以及 SUM 輸出所構成，當它們共用共同 clock 及共同進位設定 CARRY RESET 時，此三組加法器必須應用於一共同系統中，INVERT 輸入為 Low 位準時，是施行正的加算，當處在 High 位準時，是施行負的加算。其 CARRY 是在 clock 之上緣(4032)，下緣(4038)之下動作的。

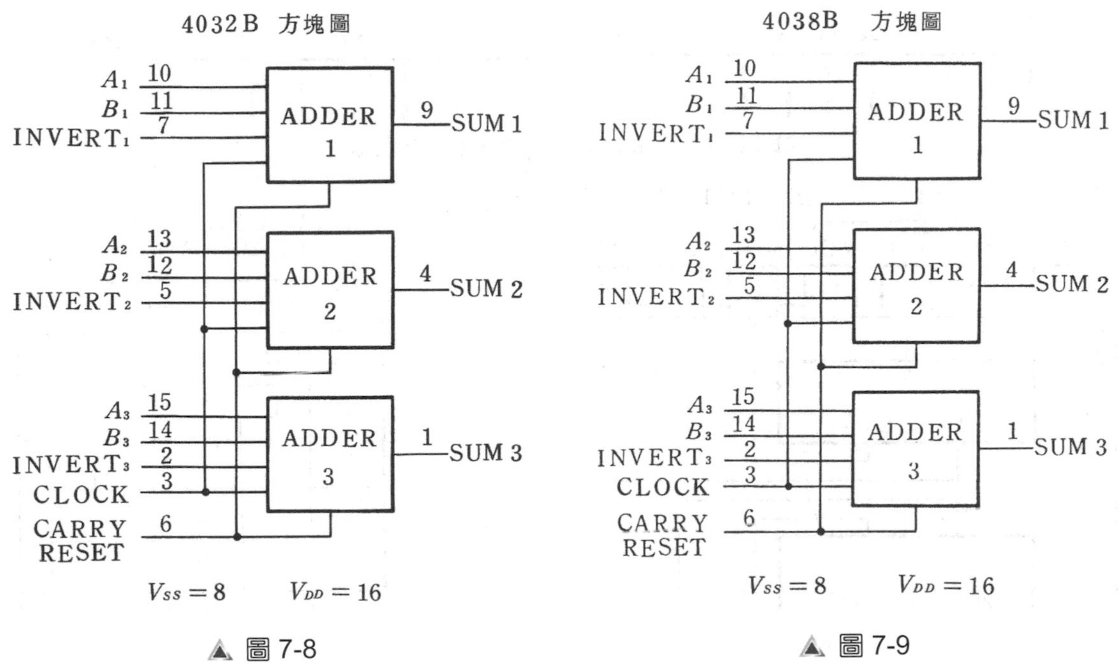

▲ 圖 7-8　　▲ 圖 7-9

7-2-3 二進位減法

兩進位的減法通常都採用補數方式當做加法來處理，這樣就可以利用加法器來做減法運算，不必再另外做一套減法器。

二進制數目系統中，補數之形式有二：一是 1 補數；另一是 2 補數。1 補數的加法運算中通常須判斷是否有端迴進位之發生與否；而 2 補數則無需如此，因此利用 2 補數之方法做減法運算較為簡單，故多數計算機做減法運算通常以 2 補數方式為之。

設所有正數都用普通的二進制形式來表示，而所有負數都以其 2 的補數形式表示，為分別正負起見，最左邊的位元定為“符號元”(sign bit)，符號元為 0 表示該數爲正數，符號元爲 1 表示該數是取了其 2 補數的負數。如果所有數目都用 N 位兩進數來表示，那麼其中最高有效位元(MSB)就用來當做符號元，其餘 $N-1$ 個數元就用來表示大小。假設我們處理的都是整數。

在 2 的補數表示法中，正數的表示法與一般 2 進制數目一樣，負數有些不同，其表示方法可用下列法則：

1. 以正的二進制數目表示該數目。
2. 取它的補數(在正數中 1 的地方寫 0，而在 0 的地方寫 1)。
3. 加 1。
4. 忽略最高有效位元(MSB)的進位(任一兩進制其 2 補數的 2 的補數即爲本身，這種情形類似於“負負得正”的關係)。

例題 7-1

已知 8 位元的字語(word)，以 2 的補數表示下列數目：

a：25、b：-25、c：-1。

解 (a) 數目 25 可以寫爲 11001，由於有 8 個位元可用，故尙有三個居先 0 的位置，使 MSB 爲 0。

$+25=00011001$

(b) 求 -25，可列 $+25$ 的補數再加 1

$$
\begin{aligned}
+25 &= 00011001 \\
\overline{(+25)} &= 11100110 \\
&\quad\ \ +1 \\
-25 &= 11100111
\end{aligned}
$$

注意：MSB 爲 1

(c) 爲求 -1，取 $+1$ 的 2 的補數

$$
\begin{aligned}
+1 &= 00000001 \\
\overline{(+1)} &= 11111110 \\
&\quad\ \ +1 \\
-1 &= 11111111
\end{aligned}
$$

例題 7-2

11110100 表示十進制數目中何數？

解　取已知數目的補數得

```
      00001011
加1         +1
      --------
      00001100
```

此數等於 ＋12，故 11110100＝－12。

例題 7-3

以 8 位元之 2 的補數形式表示二個數目 19 和 －11，並將其相加。

解　＋19 寫爲 00010011，欲求 －11 可取 11 的 2 的補數

$11 = 00001011$

$(\overline{11}) = 11110100$

$-11 = 11110101$

＋19＋(－11)等於

```
  00010011
+ 11110101
----------
  00001000
```

注意：在 MSB 有一進位被忽略掉，此一 8 位元的答案爲 ＋8。

例題 7-4

利用 8 位元的數目從 53 中減去 30，及從 30 中減去 53。

解　注意 30 爲減數，而 53 爲被減數。

53＝00110101　　　　(被減數)

30 = 00011110　　　(減數)

取 30 的 2 的補數再相加，得

$(\overline{30}) = 11100001$

$-30 = 11100010$

$+53 = 00110101$

$\overline{}$ 00010111 = 23

取 53 的 2 的補數再相加

53 = 00110101

$(\overline{53}) = 11001010$

$-53 = 11001011$

$+30 = 00011110$

11101001 = −23 (再取一次 2 的補數為 23)

7-2-4　二進位 2 補數之加減法電路

可由 7483 來製作一個 2 的補數的加法器／減法器，如圖 7-10 所示。加法器／減法器的狀態可由一個開關來控制，當此控制輸入為 Low 時，則線路為一加法器。此時進位輸入為 0，而且 XOR 閘成為直接通過的邏輯閘，此線路可簡單地算出輸入 A 與 B 的「和」。

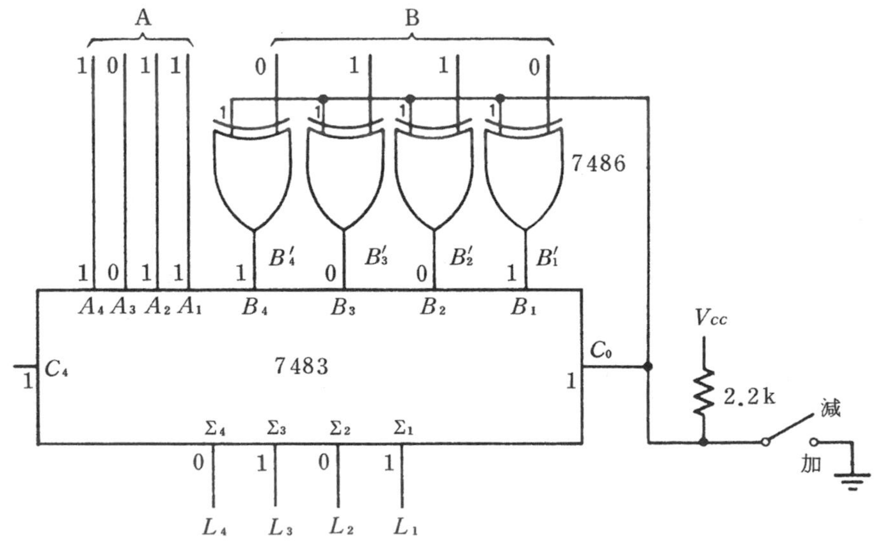

▲ 圖 7-10　4 位元加法器／減法器

在減的狀態 $C_0 = 1$，而 XOR 閘的輸出爲 B 輸入的反相，因此得到 B 的補數再與 1 相加，而得到 2 的補數。如果 B 爲減數，則首先求出 B 之 2 的補數，然後加上 A，即可完成減法工作。

例題 7-5

利用 2 的補數加法器／減法器做 -35 加 89 及 -35 減 89。

解 由於運算數元超過 4 個位元，故需使用兩級的加法器／減法器，答案如圖 7-11 所示。其中 A 輸入爲 -35(11011101)，B 輸入爲 $+89$(01011001)粗體字的數目表示加法運算。右邊的 7483 輸入爲 13 和 9，「和」爲 22(或 6 加上進位輸出)。較高位的 7483 輸入爲 13 和 5，加上進位輸入，「和」爲 19(或 3 加上一進位輸出)，加的結果爲 00110110 或$(54)_{10}$。

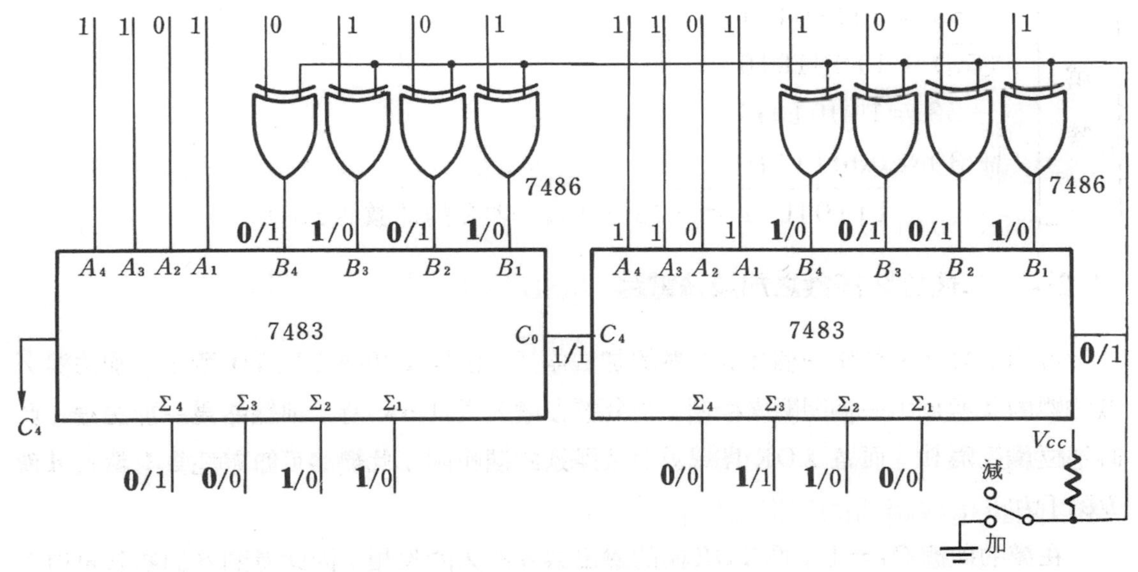

▲ 圖 7-11　8 位元加法器／減法器

當算術運算產生的數目大於暫存器(register)所能表示的最大數時，會發生上限溢位(over flow)；當結果產生的數目小於暫存器所能表示的最小數目時，則發生下限溢位。

在 n 位元暫存器中所能處理數目的範圍是 $2^{n-1}-1$ 個正數和 2^{n-1} 個負數。－8 位元的暫存器所能表示的數目範圍在 ＋127 和 －128 之間。

爲說明上限溢位可考慮一數目 100 以 8 位元數目表示(01100100)，然而若想以 100 加上 100 則得到結果爲 200(11001000)，而以 2 的補數表示則爲 －56，此一荒謬的結果乃是由於答案 ＋200 超過了 8 位元暫存器所能處理數目的範圍。

若上限溢位和下限溢位會造成問題，則必須製作線路以偵測此種情況，上限溢位和下限溢位的規則如下：

1. 若兩個符號不同的數目相加，則永遠不會發生上限溢位或下限溢位，「和」不會超過容許的範圍。
2. 若兩個正數相加，而結果爲負(MSB 爲 1)，則發生上限溢位。
3. 若兩個負數相加，而結果爲正(MSB 爲 0)，則發生下限溢位，此一負數低於所能容許的數目範圍。

減法運算亦會產生上限溢位和下限溢位，但只有在運算符號不同時才發生。提示一些觀念如下：

1. 從一正數中減去一負數，若結果之 MSB 爲 1，則發生上限溢位。
2. 從一負數中減去一正數，若結果之 MSB 爲 0(表示答案爲正數)，則產生下限溢位。

上限溢位和下限溢位之偵測，必須在這些情況發生時，警告計算機或其他裝置，以防止這些錯誤的答案當做有效的資料。

例題 7-6

設計一電路以偵測 2 的補數加法器／減法器中的上限溢位。

解 上限溢位只有在下列二情形下才會發生。

1. 加法：運算子的 MSB 均為 0，而「和」的 MSB 為 1(表示兩個正數的和為負)。
2. 減法：運算子 A 為正數，B 為負數而結果為負。

將上述合併成一方程式得

上限溢位 $= \overline{A}\,\overline{B}R\overline{S} + \overline{A}BRS$

其中

A 為運算子 A 的 MSB

B 為運算子 B 的 MSB

R 為結果的 MSB

S 為減法狀態($\overline{S}$ 為加法狀態)。

線路如圖 7-12 所示，可以直接加入圖 7-10 或 7-11 之加法器／減法器中。

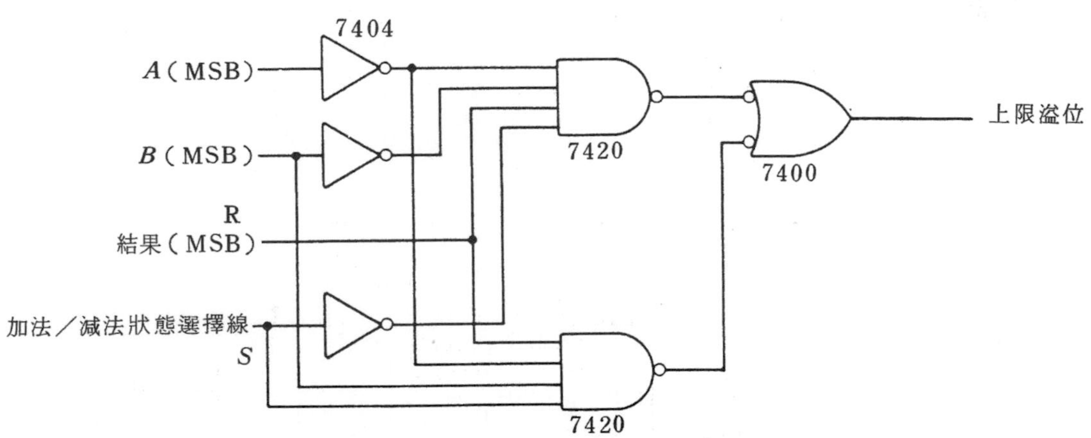

▲ 圖 7-12　加法器－減法器之上限溢位偵測

7-2-5 BCD 加／減法電路

表 7-1 說明二進制碼與 BCD 碼之關係，當數碼和小於 9 時，兩種表示法皆相同；但當數碼和大於 9 時，將獲得一不成立的 BCD 碼(即二進制碼中的 1010～1111 六個數碼)，因此須將結果校正以獲取正確之 BCD 結果。校正之方式可在大於 9 的總和上加 0110(6)，使其產生正確之 BCD 碼與進位之輸出。

▼ 表 7-1 BCD 與二進位之比較

Binary sum					BCD sum					Decimal
K	Z_8	Z_4	Z_2	Z_1	C	S_8	S_4	S_2	S_1	
0	0	0	0	0	0	0	0	0	0	0
0	0	0	0	1	0	0	0	0	1	1
0	0	0	1	0	0	0	0	1	0	2
0	0	0	1	1	0	0	0	1	1	3
0	0	1	0	0	0	0	1	0	0	4
0	0	1	0	1	0	0	1	0	1	5
0	0	1	1	0	0	0	1	1	0	6
0	0	1	1	1	0	0	1	1	1	7
0	1	0	0	0	0	1	0	0	0	8
0	1	0	0	1	0	1	0	0	1	9
0	1	0	1	0	1	0	0	0	0	10
0	1	0	1	1	1	0	0	0	1	11
0	1	1	0	0	1	0	0	1	0	12
0	1	1	0	1	1	0	0	1	1	13
0	1	1	1	0	1	0	1	0	0	14
0	1	1	1	1	1	0	1	0	1	15
1	0	0	0	0	1	0	1	1	0	16
1	0	0	0	1	1	0	1	1	1	17
1	0	0	1	0	1	1	0	0	0	18
1	0	0	1	1	1	1	0	0	1	19

產生此校正程序之電路，可依表 7-1 推導而得。比較表中二進制和與 BCD 和之情況可知：需要校正之情況是當二進制和有進位(K)發生時，及和爲 1010 到 1111 等 6 種情況下。由表中對應之關係得 BCD 之進位輸出 C 爲：

$$C = K + Z_8Z_4 + Z_8Z_2$$

同時，當 $C = 1$ 時，必須將 0110 加到總和上以獲得校正之 BCD 輸出。

一個 BCD 加法器通常將兩 BCD 數字以並行之方式相加而產生 BCD 數字的和輸出。在其內部則必須有校正之邏輯電路，以校正總和之輸出仍爲 BCD 數字。爲加 0110 至總和上，通常使用第二個 4 位元之二進制加法器。依此原理構成之 BCD 加法器電路如圖 7-13 所示。

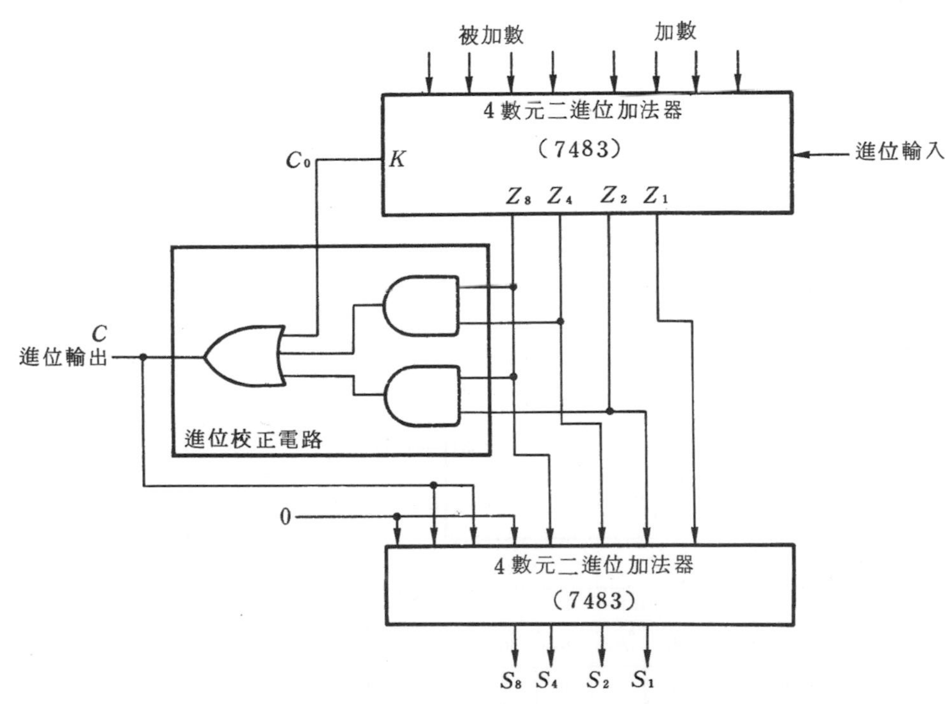

▲ 圖 7-13　BCD 加法器之方塊圖

BCD 之減法電路與二進制減法器構造相似，只是此時須用 9 補數產生器而非 2 補數產生器，如圖 7-14 所示。執行加法時，開關 S 接地，因此 9 補數產生器(4561 B)產生眞值輸出(未經補數之值)，故執行 BCD 之加法運算：但當開關 S 置於減法之位置時，9 補數產生器即對減數取 9 補數，連同 C_0 之 1 輸入，等效的產生減數之 10 補數，輸出於 BCD 加法器之 B 組輸入端，因此整個電路是執行減法之運算。

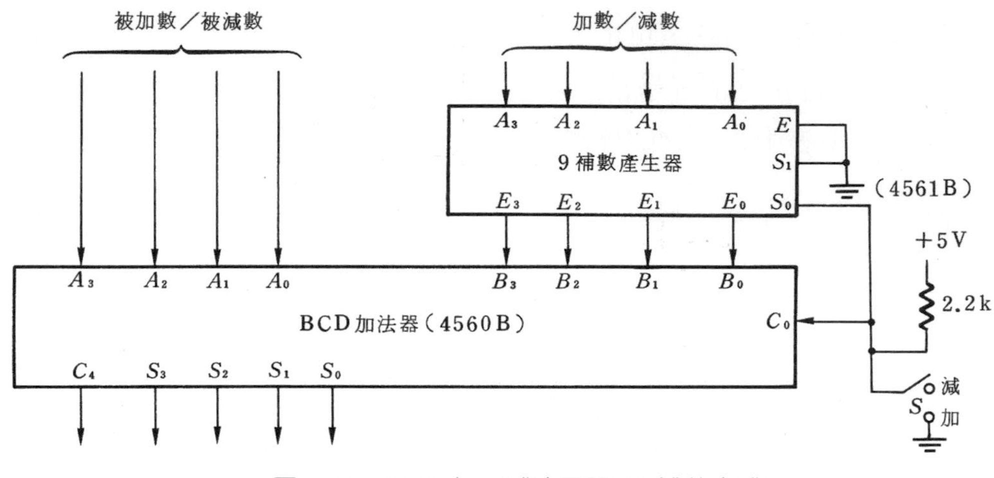

▲ 圖 7-14 BCD 加／減法電路(10 補數方式)

BCD 加法電路亦有單獨之積體電路，圖 7-15 所示為 4560 之接腳與真值表。4560 是一個執行二進位化為十進位的加算電路 NBCD(natural binary coded decimal)。兩種輸入端 A_1、A_2、A_3、A_4 和 B_1、B_2、B_3、B_4 上給予的 BCD 輸入和從低位數進位之 C_{in} 輸入之和以 BCD 碼送到 S_1、S_2、S_3、S_4 之輸出上。

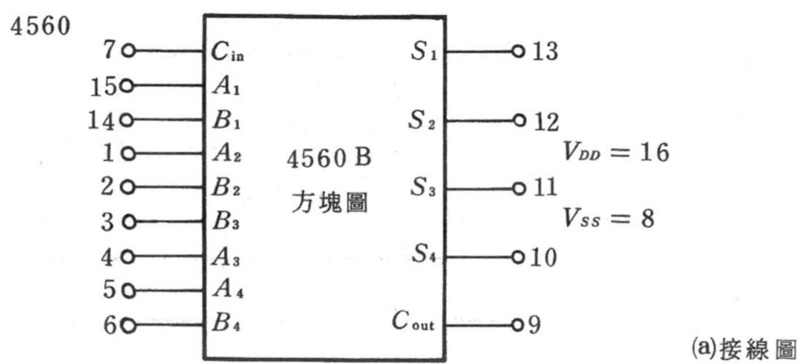

(a)接線圖

INPUT									OUTPUT				
A_4	A_3	A_2	A_1	B_4	B_3	B_2	B_1	C_{in}	C_{out}	S_4	S_3	S_2	S_1
0	0	0	0	0	0	0	0	0	0	0	0	0	0
0	0	0	0	0	0	0	0	1	0	0	0	0	1
0	1	0	0	0	0	1	1	0	0	0	1	1	1
0	1	0	0	0	0	1	1	1	0	1	0	0	0
0	1	1	1	0	1	0	0	0	1	0	0	0	1
0	1	1	1	0	1	0	0	1	1	0	0	1	0
1	0	0	0	0	1	0	1	0	1	0	0	1	1
0	1	1	0	1	0	0	0	0	1	0	1	0	0
1	0	0	1	1	0	0	1	1	1	1	0	0	1

(b)真值表

▲ 圖 7-15

欲做 BCD 減法，須用到 9 補數產生器，如圖 7-14 所示，圖 7-16 為 9 補數產生器，4561 之接腳圖與真值表。與 4560 搭配可以輕易的構成加減器電路，4561 當 complement 控制輸入，comp 為 High，$\overline{\text{comp}}$ 為 Low 於輸出端 F_1、F_2、F_3、F_4 上可得輸入端 $A_1A_2A_3A_4$ 之 9 補數輸出，當 comp 為 Low，$\overline{\text{comp}}$ 為 High 時，輸出與輸入相等。在 zero 控制輸入，Z 為 High 時與其它輸入無關，$F_1F_2F_3F_4$ 之輸出全部為 Low。

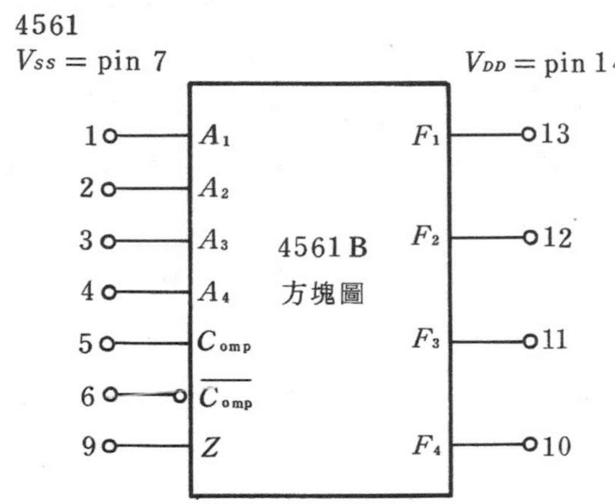

(a)方塊圖

Z	comp	$\overline{\text{comp}}$	F_1	F_2	F_3	F_4	mode
0	0	0	A_1	A_2	A_3	A_4	straight-through
0	0	1					
0	1	1					
0	1	0	$\overline{A}_1$	A_2	$A_2\overline{A}_3+\overline{A}_2A_3$	$\overline{A}_2\overline{A}_3\overline{A}_4$	complement
1	×	×	0	0	0	0	zero

×= don't care

(b)真值表(一)

▲ 圖 7-16　4561

眞值表

($Z=0$, $Comp=1$, $\overline{Comp}=0$)

	等效十進制輸入	inputs A_4	A_3	A_2	A_1	等效十進制輸出	outputs F_4	F_3	F_2	F_1
	0	0	0	0	0	9	1	0	0	1
	1	0	0	0	1	8	1	0	0	0
	2	0	0	1	0	7	0	1	1	1
	3	0	0	1	1	6	0	1	1	0
	4	0	1	0	0	5	0	1	0	1
	5	0	1	0	1	4	0	1	0	0
	6	0	1	1	0	3	0	0	1	1
	7	0	1	1	1	2	0	0	1	0
	8	1	0	0	0	1	0	0	0	1
	9	1	0	0	1	0	0	0	0	0
不合規則的BCD碼輸入	10	1	0	1	0	7	0	1	1	1
	11	1	0	1	1	6	0	1	1	0
	12	1	1	0	0	5	0	1	0	1
	13	1	1	0	1	4	0	1	0	0
	14	1	1	1	0	3	0	0	1	1
	15	1	1	1	1	2	0	0	1	0

▲ 圖 7-16 4561(續)

7-2-6 算術邏輯單元(Arithmetic logic unit)

算術單元(arithmetic unit)之基本元件爲並行加法器(parallel adder)，並行加法器是由一群全加法器串接而成，藉著控制並行加法器之資料輸入端，通常可獲得各種不同類型之算術運算。圖 7-17 說明當控制並行加法器之一組資料輸入端與進位輸入時，所獲得各種不同之算術運算。

能夠控制資料輸入端而獲得圖 7-17 中各項功能之元件稱爲眞／補、零／壹元件(true/complement, zero/one)，其說明於圖 7-18 中。輸出 Y_i 與輸入 B_i 之關係由 S_0 與 S_1 決定，當 $S_1S_0=00$ 時，由於兩個 AND 閘之輸出均爲 0，故 $Y_i=0$；當 $S_1S_0=01$ 時，上面之 AND 閘被致能而下面之 AND 閘不被致能，故輸出 $Y_i=B_i$；當 $S_1S_0=10$ 時，下面之 AND 閘被致能，而上面之 AND 閘不被致能，故輸出 Y_i 爲 B_i 之補數，即 $Y_i=\overline{B}_i$；當 $S_1S_0=11$ 時，由於上、下兩個 AND 閘均被致能，故不論 B_i 爲何值，Y_i 均爲 1。以上各項之關係，列於圖 7-18(b)之眞值表中。

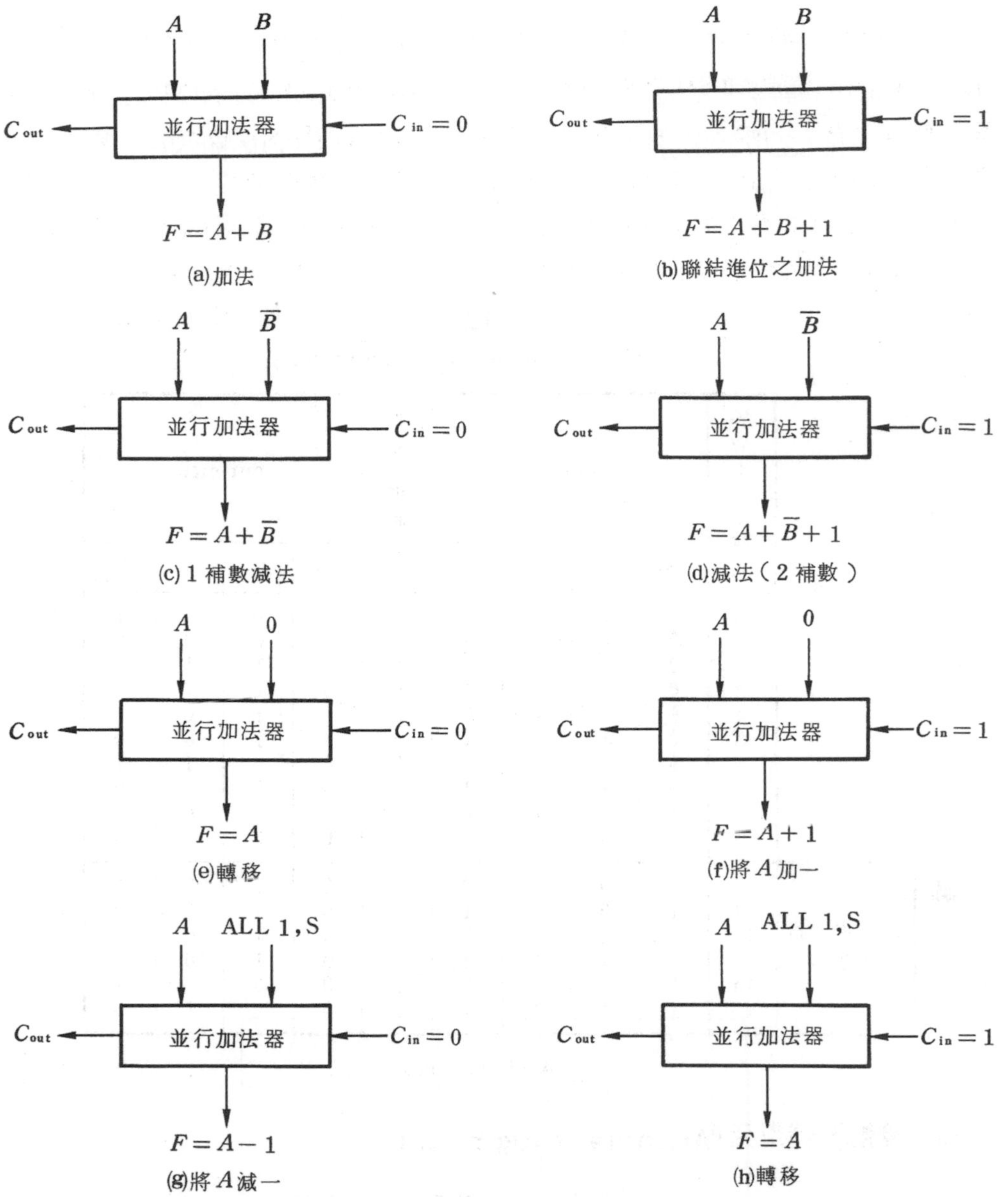

A　B
C_{out}　並行加法器　$C_{in}=0$
$F=A+B$
(a)加法

A　B
C_{out}　並行加法器　$C_{in}=1$
$F=A+B+1$
(b)聯結進位之加法

A　$\overline{B}$
C_{out}　並行加法器　$C_{in}=0$
$F=A+\overline{B}$
(c) 1 補數減法

A　$\overline{B}$
C_{out}　並行加法器　$C_{in}=1$
$F=A+\overline{B}+1$
(d)減法（2 補數）

A　0
C_{out}　並行加法器　$C_{in}=0$
$F=A$
(e)轉移

A　0
C_{out}　並行加法器　$C_{in}=1$
$F=A+1$
(f)將 A 加一

A　ALL 1,S
C_{out}　並行加法器　$C_{in}=0$
$F=A-1$
(g)將 A 減一

A　ALL 1,S
C_{out}　並行加法器　$C_{in}=1$
$F=A$
(h)轉移

▲ 圖 7-17　控制加法器電路之一組輸入端所獲得之各種運算

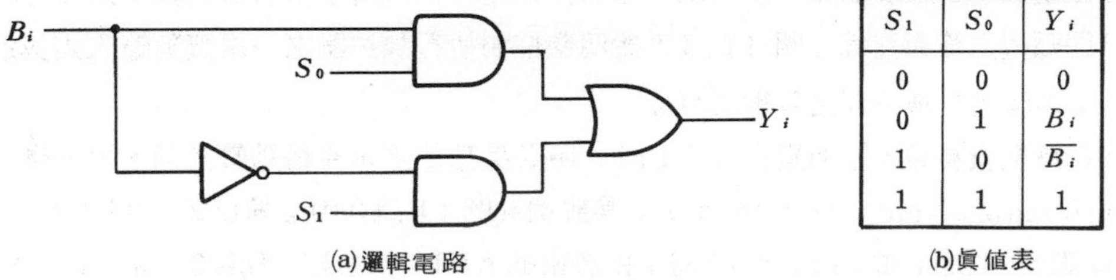

S_1	S_0	Y_i
0	0	0
0	1	B_i
1	0	$\overline{B_i}$
1	1	1

(a)邏輯電路　(b)真值表

▲ 圖 7-18

ALU 中除了執行算術運算的算術單元外，另一部分即是執行邏輯運算之邏輯單元(logic unit)。邏輯單元通常執行著 AND、OR、XOR 與 NOT 之運算，由於這些運算只須將兩數之位元分別加入各自的 AND、OR、XOR 與 NOT 等基本閘之輸入端，而由其輸出端取出即可。執行此等運算之單級邏輯單元電路如圖 7-19 所示。

完整的算術邏輯單元(arithmetic and logic unit)方塊圖如圖 7-20 所示。它主要由兩部分所構成：一是算術單元；一是邏輯單元，而其輸出則經一多工器加以選擇，以決定是執行算術運算或邏輯運算(以 S_2 來選取)。相關於此電路之功能表列於表 7-2 中。

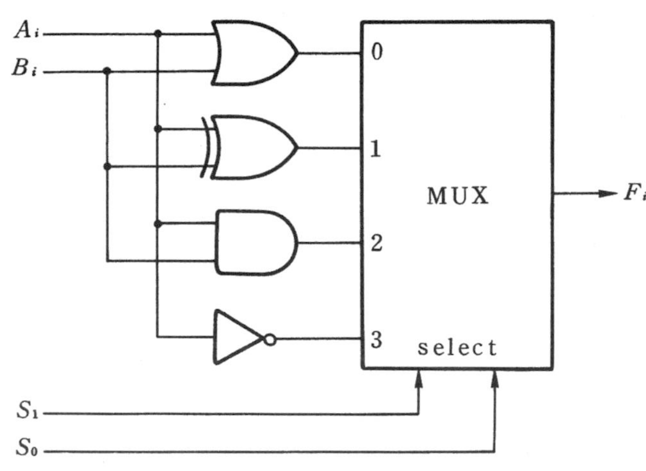

(a)邏輯電路

S_1	S_0	Output	Operation
0	0	$F_i = A_i + B_i$	OR
0	1	$F_i = A_i \oplus B_i$	XOR
1	0	$F_i = A_i B_i$	AND
1	1	$F_i = \overline{A_i}$	NOT

(b)功能表

▲ 圖 7-19　單級之邏輯單元電路

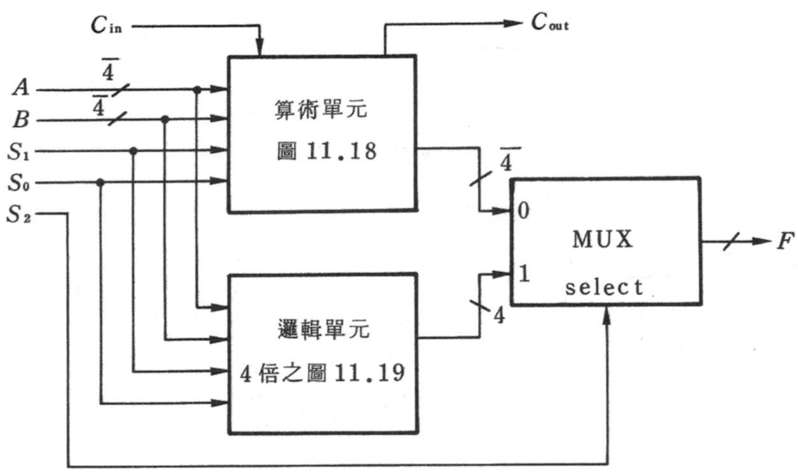

▲ 圖 7-20　完整的算術邏輯單元之方塊圖

▼ 表 7-2　算術邏輯單元之功能表

功能選擇				輸出	說明
S_2	S_1	S_0	C_{in}		
0	0	0	0	$F = A$	轉移 A 至輸出端
0	0	0	1	$F = A + 1$	將 A 加一
0	0	1	0	$F = A + B$	將 B 加至 A
0	0	1	1	$F = A + B + 1$	將 B 加至 A 並加 1
0	1	0	0	$F = A - B - 1$	將 B 取 1 補數後加至 A
0	1	0	1	$F = A - B$	將 B 取 2 補數後加至 A
0	1	1	0	$F = A - 1$	將 A 減一
0	1	1	1	$F = A$	轉移 A 至輸出端
1	0	0	X	$F = A \vee B$	將 A 與 B 執行 OR 之運算
1	0	1	X	$F = A \oplus B$	將 A 與 B 執行 XOR 之運算
1	1	0	X	$F = A \wedge B$	將 A 與 B 執行 AND 之運算
1	1	1	X	$F = \overline{A}$	將 A 取補數

註 S_2 為模態選擇

$S_2 = 0$ 時為算術運算

$S_2 = 1$ 時為邏輯運算。

MSI 中之算術邏輯單元，典型之代表為 74181，圖 7-21 所示為 74181 之接腳圖，與其功能表。

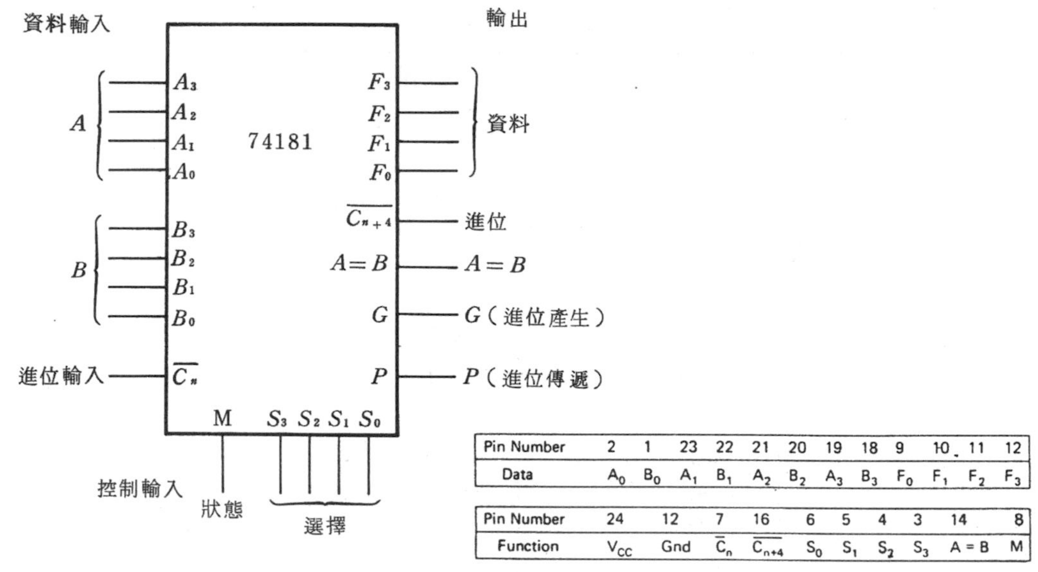

Pin Number	2	1	23	22	21	20	19	18	9	10	11	12
Data	A_0	B_0	A_1	B_1	A_2	B_2	A_3	B_3	F_0	F_1	F_2	F_3

Pin Number	24	12	7	16	6	5	4	3	14	8
Function	V_{CC}	Gnd	$\overline{C}_n$	$\overline{C_{n+4}}$	S_0	S_1	S_2	S_3	A = B	M

(a)功能配置圖

select inpurs	$M=1$	$M=0$	
S_3 S_2 S_1 S_0	$\overline{C_n}=X$	$\overline{C_n}=1$（無進位）	$\overline{C_n}=0$（有進位）
0 0 0 0	$F=\overline{A}$	$F=A$	$F=A$ plus 1
0 0 0 1	$F=\overline{A+B}$	$F=A+B$	$F=(A+B)$ plus 1
0 0 1 0	$F=\overline{A}B$	$F=A+\overline{B}$	$F=(A+\overline{B})$ plus 1
0 0 1 1	$F=0$	$F=$minus 1（2's complement）	$F=$zero
0 1 0 0	$F=\overline{AB}$	$F=A$ plus $A\overline{B}$	$F=A$ plus $A\overline{B}$ plus 1
0 1 0 1	$F=\overline{B}$	$F=(A+B)$ plus $A\overline{B}$	$F=(A+B)$ plus $A\overline{B}$ plus1
0 1 1 0	$F=A\oplus B$	$F=A$ minus B minus 1	$F=A$ minus B
0 1 1 1	$F=A\overline{B}$	$F=A\overline{B}$ minus 1	$F=A\overline{B}$
1 0 0 0	$F=\overline{A}+B$	$F=A$ plus AB	$F=A$ plus AB plus 1
1 0 0 1	$F=\overline{A\oplus B}$	$F=A$ plus B	$F=A$ plus B plus 1
1 0 1 0	$F=B$	$F=(A+\overline{B})$ plus AB	$F=(A+\overline{B})$ plus AB plus1
1 0 1 1	$F=AB$	$F=AB$ minus 1	$F=AB$
1 1 0 0	$F=1$	$F=A$ plus A	$F=A$ plus A plus 1
1 1 0 1	$F=A+\overline{B}$	$F=(A+B)$ plus A	$F=(A+B)$ plus A plus 1
1 1 1 0	$F=A+B$	$F=(A+\overline{B})$ plus A	$F=(A+\overline{B})$ plus A plus 1
1 1 1 1	$F=A$	$F=A$ minus 1	$F=A$

註："＋"表OR運算；AB表A AND B。
"MINUS"為「－」，減號；"PLUS"為「＋」，加號；"2S COMPL"為2的補數。

(b)功能表〔Active high DATA CASE〕

▲ 圖 7-21　74181

74181 接受兩個 4 位元的字語(word)，*A* 和 *B* 做爲資料輸入，以及一個進位輸入，因爲有進位輸入時，「進位輸入」端爲低準位，故在加法運算時可當做一個加了反相器的進位，另有五個控制輸入端用以決定所欲執行的運算，「狀態」輸入用以決定輸出爲輸入的邏輯函數或算術函數，若爲邏輯函數則不受進位輸入的影響。四個「選擇」線用以選擇 16 種功能的邏輯運算或算術運算中之任何一種。

74181 的輸出包括 4 位元輸出(*F* 輸出端)，一個標爲 C_{n+4}(4 位元相加)的「進位輸出」，一個 $A = B$ 比較輸出以及一個 *G*(generate)「進位產生」和一個 *P*(propogate)「進位傳遞」輸出，輸出的情況須依照函數表以決定之。

注意：“+”號的意義爲邏輯 OR，而「PLUS」的意義爲輸入的「和」。

74181 的優點爲：74181 只要簡單地改變「選擇」及「狀態」輸入，即可對輸入變數執行加法、減法、移位，(一個位置)，AND、OR、XOR 以及許多其他的運算。

在加法運算中「進位」線上的 0，表示有進位。由 74181 所執行的任何加法運算，若「和」大於 15 時，會產生一個低準位的「進位輸出」。

在減法中，“0”的進位輸出，表示結果爲正或 0，而在進位線上的高準位，表示負的結果或有借位，若減的結果爲負，則出現一 4 位元 2 的補數的數目，例如：若結果爲一 4 則由 *F* 輸出端讀出 1100，而進位輸出爲高準位。

當 $A = 9(1001)$、$B = 10(1010)$時，74181 的輸出表示於表 7-3 中，可幫助說明 74181 的動作，利用已知的輸入和圖 7-21(b)的函數表，可計算出表中所出現的輸出。

例題 7-7

說明表 7-3 中第 14 橫列之輸出如何決定？

▼ 表 7-3　$A = 9$、$B = 10$ 時 74181 之輸出

橫列數	選擇				$M = 1$ 邏輯函數				$M = 0$ 算術運算									
									$C_n = 1$ 無進位					$C_n = 0$ 有進位				
	S_3	S_2	S_1	S_0	F_3	F_2	F_1	F_0	F_3	F_2	F_1	F_0	C_{n+4}	F_3	F_2	F_1	F_0	C_{n+4}
0	0	0	0	0	0	1	1	0	1	0	0	1	1	1	0	1	0	1
1	0	0	0	1	0	1	0	0	1	0	1	1	1	1	1	0	0	1
2	0	0	1	0	0	0	1	0	1	1	0	1	1	1	1	1	0	1
3	0	0	1	1	0	0	0	0	1	1	1	1	1	0	0	0	0	0
4	0	1	0	0	0	1	1	1	1	0	1	0	1	1	0	1	1	1
5	0	1	0	1	0	1	0	1	1	1	0	0	1	1	1	0	1	1
6	0	1	1	0	0	0	1	1	1	1	1	0	1	1	1	1	1	1
7	0	1	1	1	0	0	0	1	0	0	0	0	0	0	0	0	1	0
8	1	0	0	0	1	1	1	0	0	0	0	1	0	0	0	1	0	0
9	1	0	0	1	1	1	0	0	0	0	1	1	0	0	1	0	0	0
10	1	0	1	0	1	0	1	0	0	1	0	1	0	0	1	1	0	0
11	1	0	1	1	1	0	0	0	0	1	1	1	0	1	0	0	0	0
12	1	1	0	0	1	1	1	1	0	0	1	0	0	0	0	1	1	0
13	1	1	0	1	1	1	0	1	0	1	0	0	0	0	1	0	1	0
14	1	1	1	0	1	0	1	1	0	1	1	0	0	0	1	1	1	0
15	1	1	1	1	1	0	0	1	1	0	0	0	0	1	0	0	1	0

解

1. 由圖 7-21(b)中知第 14 橫列爲 $F = A + B(A \text{ or } B)$之邏輯輸出，因 $A = 1001(9)$、$B = 1010(10)$，故 $A + B = 1011$，如圖中所示。
2. 在 $M = 0$，而無進位時，$F = (A + \overline{B})$加 A，此處 $A + B$ 爲 $A(1001)$OR $\overline{B}(0101)$，故等於 1101(13)將此數加到 A 上，即所指示的加的運算結果爲 22(或 6 及一個進位輸出)，因爲「和」大於 15，而進位輸出爲低準位，故 C_{n+4} 線上所表示者爲 0。
3. 在進位輸入爲低準位($C_n = 0$)時，$F = (A + \overline{B})$加 A 加 $1 = 23$，故表 7-3 中之結果爲 7，以及一個低準位的進位輸出。

例題 7-8

利用串接 74181 設計一個加法／減法器，並說明若 $A = 57$、$B = 28$ 時，如何做加法？又如何做減法？

解　74181 可用正規的方式串接起來，即將某一級的進位輸出接到下一級的進位輸入。

1. 加法之執行可將 S 設為 9，M 設為 0，而最低位級的進位輸入設為 1。

   若 $A = 57 = 00111001$

   而 $B = 28 = 00011100$

   則最低位的 74181 其輸入可視為 1001, 1100，及一個高準位的進位輸入，如函數表所示，其輸出為 9 加 12 = 5，由於「和」大於 15，故結果輸出為 5，且進位輸出為低準位。

   第二級之輸入視為 $A = 3$、$B = 1$，以及一個低準位的進位輸入，其輸出為 A 加 B 加 1 = 5，故其最後的輸出$(01010101)_2 = 85$，為正確答案。

2. 減法之執行可將 S 設為 6，M 設為 0，最低位級的進位輸入設為 0，則最低位 74181 的輸入可視為 9、12 以及一低準位的進位輸入，其結果為一 3 或 1101(4 位元之 3 的 2 的補數)，由於結果為負，故同時產生一高準位的進位輸出。

   下一級的輸入視為 3、1 以及一個高準位的進位輸入，結果為 A 減 B 減 $1 = 3 - 1 - 1 = 1$，故最後的答案為 00011101 或 29，亦為正確。

7-3 實習項目

工作一：半加器

工作程序：

1. 按圖 7-22 接妥電路，AND gate 可用 NAND gate 串接 NOT gate 獲得，SW_1、SW_2 接實驗器 Hi/Low 輸出。
2. 置 SW_1、SW_2 的 Hi/Low 如表 7-4 所示，並記錄對應的 L_1、L_2 輸出於表中。

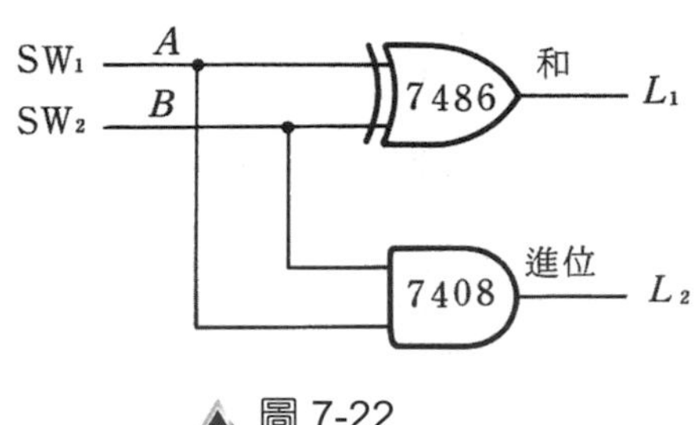

圖 7-22

表 7-4

半加器輸出表			
輸入		輸出	
$A = SW_1$	$B = SW_2$	和 $= L_1$	進位 $= L_2$
0	0	–	–
0	1	–	–
0	0	–	–
0	1	–	–

工作二：全加器

工作程序：

1. 按圖 7-3 接妥電路(先把接腳數寫在圖 7-3 上)。輸入 A、B、C_{in} 接實驗器 Hi/Low 輸出。輸出接到實驗器 Hi/Low 指示的 L_1、L_2 輸入。
2. 置 SW_1、SW_2、SW_3 的 Hi/Low 如表 7-5 所示，並記錄對應的 L_1、L_2 輸出於表中。

▼ 表 7-5

全加器輸出表				
輸入			輸出	
進位 = SW_3	$B = SW_2$	$A = SW_1$	L_1 = 和	L_2 = 進位
0	0	0		
0	0	1		
0	1	0		
0	1	1		
1	0	0		
1	0	1		
1	1	0		
1	1	1		

3. 按圖 7-23 插妥電路，置 SW_1～SW_9 如表 7-6 所示，並記錄對應的 L_1～L_5 輸出於表中。

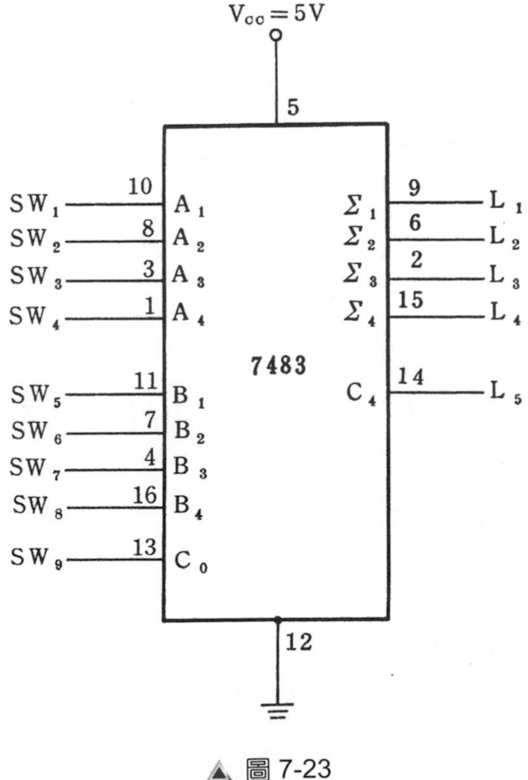

▲ 圖 7-23

▼ 表 7-6

輸入									輸出					
A_4	A_3	A_2	A_1	B_4	B_3	B_2	B_1	C_0	Σ_4	Σ_3	Σ_2	Σ_1	C_4	10 進制的值
0	0	0	0	0	0	0	0	0						
0	0	0	1	0	0	0	1	0						
0	0	1	0	0	0	0	1	0						
0	0	1	1	0	0	0	1	0						
0	1	0	0	0	1	0	0	0						
0	1	1	0	0	1	1	0	0						
0	1	1	1	0	1	1	1	0						
1	0	0	0	0	1	1	1	0						

▼ 表 7-7

輸入									輸出					
A_4	A_3	A_2	A_1	B_4	B_3	B_2	B_1	C_0	Σ_4	Σ_3	Σ_2	Σ_1	C_4	10 進制的值
1	0	0	0	1	0	0	0	0						
1	0	1	0	1	0	1	0	0						
1	1	1	1	1	0	0	0	0						
1	1	1	1	1	1	1	1	0						
0	0	0	0	0	0	0	0	1						
1	1	1	1	0	0	0	0	1						
1	1	1	1	1	1	1	1	1						

4. 表 7-6 的和都未超過 16，當和超過 16 時，則 C_4 爲 Hi，此進位代表值爲 16。置 SW_1～SW_9。如表 7-7 所示，並記錄對應的 L_1～L_5 輸出於表中。

工作三：2'S 加法器／減法器

工作程序：

1. 圖 7-24 是 2 的補數加法／減法器，$C_n = 0$ 則爲一加法器，$C_0 = 1$ 則爲一減法器。最高次位(MSB)爲符號元，0 表正數，1 爲負數。

2. 按圖 7-24 插妥電路，置 SW_1～SW_8 如表 7-8 所示，並記錄對應的 L_1～L_4 於表中。
3. 兩正數相加其和的 MSB 應為 0，若 MSB 為 1 則表示發生上限溢位，產生錯誤的結果，讀者可裝置圖 7-12 的電路以偵測之。
4. 利用圖 7-24 的電路做 7－4、6－2、5－3、4－7、3－5，並將結果填於表 7-9 中。

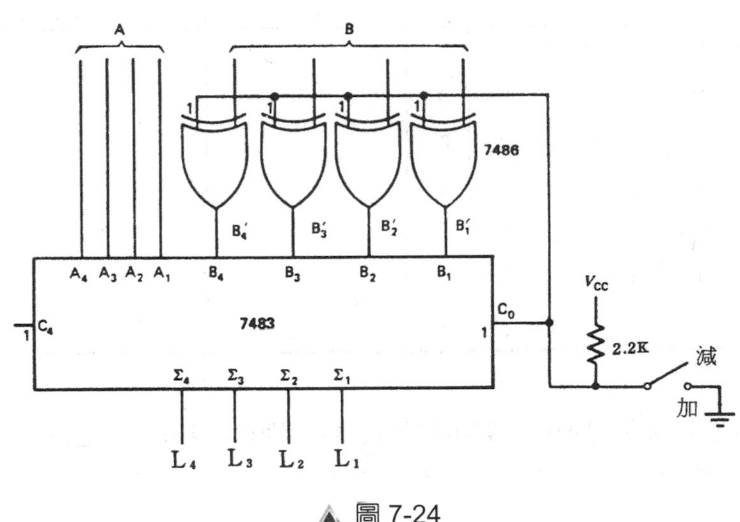

▲ 圖 7-24

▼ 表 7-8　$C_0 = 0$

輸入								輸出				
A_4	A_3	A_2	A_1	B'_4	B'_3	B'_2	B'_1	Σ_4	Σ_3	Σ_2	Σ_1	10 進制的值
0	0	0	0	0	0	0	0					
0	0	0	1	0	0	0	1					
0	0	1	0	0	0	1	0					
0	0	1	1	0	0	1	1					
0	1	0	0	0	1	1	1					
0	1	0	0	0	1	0	0					
0	1	0	1	0	1	0	1					
0	1	1	0	0	1	1	0					

▼ 表 7-9 $C_0 = 1$

輸入								輸出				
A_4	A_3	A_2	A_1	B'_4	B'_3	B'_2	B'_1	Σ_4	Σ_3	Σ_2	Σ_1	10 進制的值
0	1	1	1	0	1	0	0					
0	1	1	0	0	0	1	0					
0	1	0	1	0	0	1	1					
0	1	0	0	0	1	1	1					
0	0	1	1	0	1	0	1					

工作四：BCD 加／減法器

工作程序：

1. 接妥圖 7-25(輸出端可接用 LED 串接電阻作指示)。
2. 依據下表之次序，依序加入 A 與 B 各相關數元之值，並以電壓表測量輸出端之電壓記錄於表 7-10 中。
3. 討論步驟 2 所得結果。

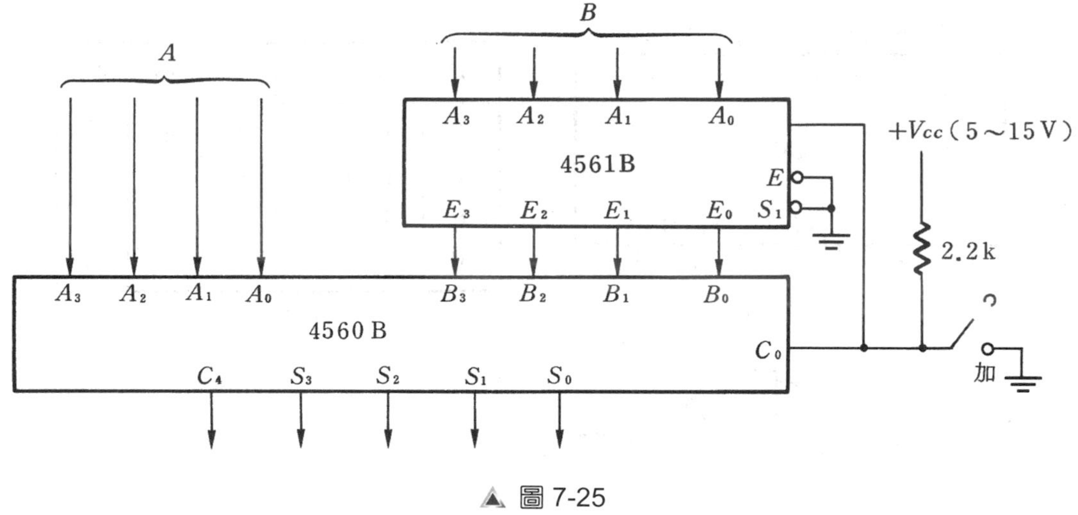

▲ 圖 7-25

▼ 表 7-10

開關 S 之位置	輸入									輸出					
	A_4	A_3	A_2	A_1	B_4	B_3	B_2	B_1	C_0	S_3	S_2	S_1	S_0	C_4	相當之十進制
加	0	0	0	0	0	0	1	0	0						
加	0	0	1	1	0	1	0	0	0						
加	0	1	0	0	0	1	0	1	0						
加	0	1	0	0	0	1	1	0	0						
加	0	1	0	1	0	1	1	0	0						
減	0	0	0	0	0	0	0	1	1						
減	0	1	0	0	0	0	1	1	1						
減	0	1	1	0	0	0	1	1	1						
減	0	0	0	0	0	1	0	1	1						
減	0	0	1	1	1	0	1	1	1						
減	0	0	1	0	1	1	1	0	1						

工作五：算術單元電路製作

工作程序：

1. 圖 7-26 為 7487(眞／補、零／壹元件)之接線圖、眞值表與邏輯電路。

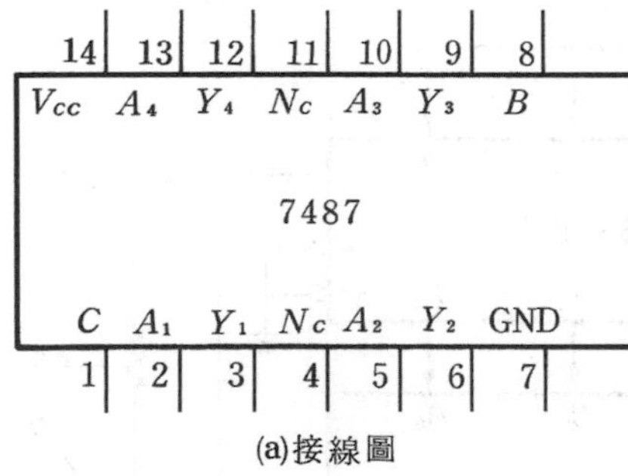

(a)接線圖

B	C	Y_1	Y_2	Y_3	Y_4
L	L	$\overline{A_1}$	$\overline{A_2}$	$\overline{A_3}$	$\overline{A_4}$
L	H	A_1	A_2	A_3	A_4
H	L	H	H	H	H
H	H	L	L	L	L

(b)眞值表

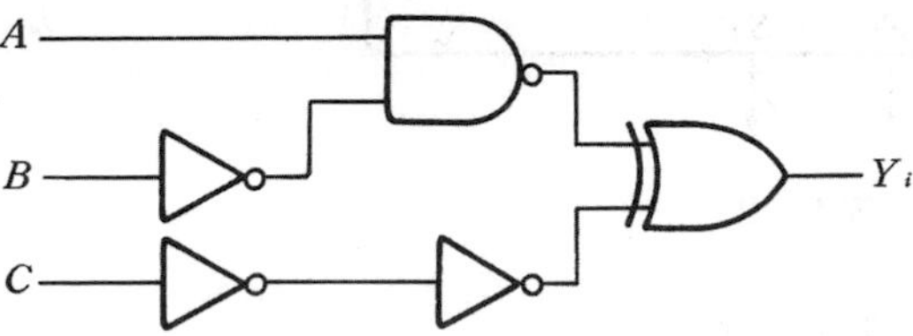

(c)邏輯電路（¼ 7487）

▲ 圖 7-26

2. 接妥圖 7-27 之電路(輸出端可接用 LED 以作指示)。
3. 將 A 設定爲 0101(5)；B 設定爲 0011(3)。依下表之次序改變 B、C 與 C_{in} 之值，觀察輸出之電壓變化，記錄於表 7-11 中。

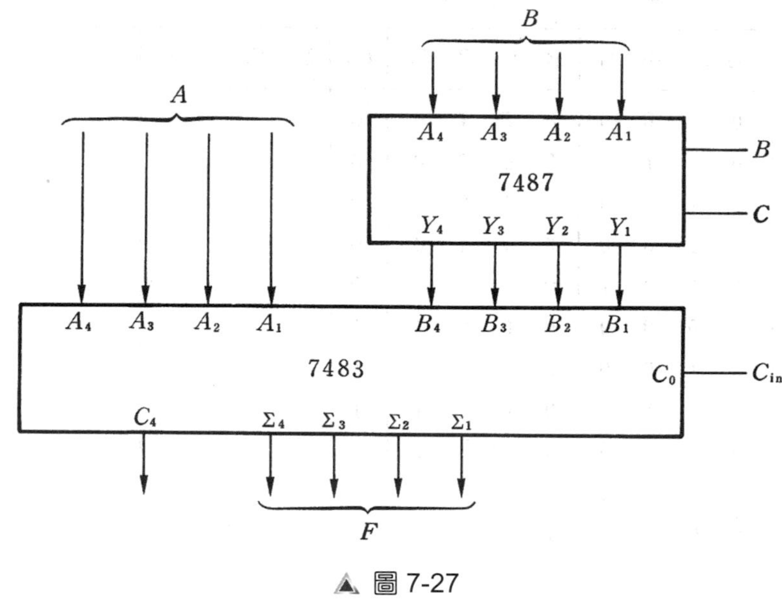

▲ 圖 7-27

▼ 表 7-11

輸入			當 A = 0101 而 B = 0011 時					F 與 A、B 之關係
B	C	C_{in}	C_4	Σ_4	Σ_3	Σ_2	Σ_1	
0	0	0						
0	1	0						
1	0	0						
1	1	0						
0	0	1						
0	1	1						
1	0	1						
1	1	1						

工作六：74181ALU 的使用

工作程序：

1. 74181 ALU 可執行 5 種算術運算，16 種邏輯運算，8 種組合算術／邏輯運算。
2. 按圖 7-28 接妥電路，取 $A = 9(1001)$與 $B = 10(1010)$按表 7-12 的選擇驗證是否與表 7-3 記載的相同。(邏輯實驗器開關不夠時可直接用導線接 Hi/Low)
3. 於下列空格中說明表 7-12 中第 5, 10, 15 橫列輸出之決定。

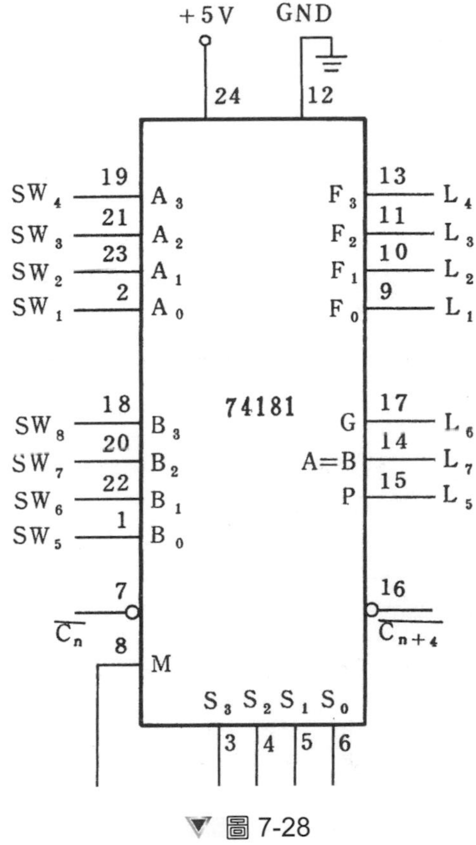

▼ 圖 7-28

▼ 表 7-12

橫列數	選擇				M = 1 邏輯函數				M = 0 算術運算									
									$C_n = 1$ 無進位					$C_n = 0$ 有進位				
	S_3	S_2	S_1	S_0	F_3	F_2	F_1	F_0	F_3	F_2	F_1	F_0	C_{n+4}	F_3	F_2	F_1	F_0	C_{n+4}
0	0	0	0	0														
1	0	0	0	1														
2	0	0	1	0														
3	0	0	1	1														
4	0	1	0	0														
5	0	1	0	1														
6	0	1	1	0														
7	0	1	1	1														
8	1	0	0	0														
9	1	0	0	1														
10	1	0	1	0														
11	1	0	1	1														
12	1	1	0	0														
13	1	1	0	1														
14	1	1	1	0														
15	1	1	1	1														

7-4　問題

1. 全加器與半加器有何區別？
2. 說明上限溢位與下限溢位有何規則。
3. 求下列 8 bit 數之 2 的補數。

   (a) 99　(b) − 7　(c) − 102
4. 求下列各式化為 9 bit 的 2 補數型態並完成加算

   (a) $\begin{array}{r} 85 \\ +37 \\ \hline \end{array}$　(b) $\begin{array}{r} 85 \\ +(-37) \\ \hline \end{array}$　(c) $\begin{array}{r} -85 \\ +37 \\ \hline \end{array}$　(d) $\begin{array}{r} -85 \\ +(-37) \\ \hline \end{array}$
5. 設計 − 9 的補數產生器。
6. 說明二進數加／減算，偵測電路之工作原理。
7. 何謂算術邏輯單元？
8. 說明 74181 ALU 如何選擇所欲執行之功能。

Note

CH 8

正反器

8-1　實習目的

1. 瞭解各種正反器之特性。
2. 瞭解各種正反器之邏輯功能。
3. 瞭解正反器之簡單應用。

8-2　相關知識

我們已學習過各種閘(gate)，而這些 gate 都需要有一輸入，一旦輸入信號中斷或者中途改變，輸出之狀況亦隨之改變，有些邏輯電路裝置都需要即使它的輸入移去時，輸出仍需維持不變。但在許多數位系統(digital system)裝置中，必須將信號(signal)和資料(data)加以保留以便處理，因此也就需要有記憶作用的電路元件。所謂記憶裝置(memory device)，就是在輸入變更而輸出仍維持不變的一種裝置。在這種裝置中・以正反器(Flip-F1op)電路最爲普遍。

正反器又稱爲雙穩態多諧振盪器(bistable-multivibrator)，一般包括兩個輸入和兩個輸出，以及一個以上的控制信號輸入，如圖 8-1 所示，它的兩個輸出彼此互補(complemented)，當 Q 爲 1 時，$\overline{Q}$ 就爲 0；反之，當 Q 爲 0 時，$\overline{Q}$ 就爲 1，前者稱爲正反器的 1 狀態，後者稱爲正反器的 0 狀態。正反器的狀態由輸入情形和控制信號共同決定，一旦決定之後它就繼續保持此一狀態，直到它又接到另外一個使它改變狀態的指令時爲止。

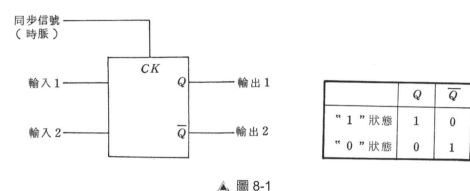

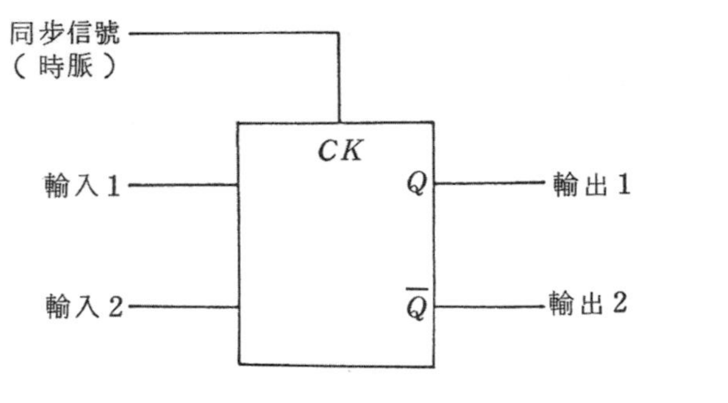

	Q	$\overline{Q}$
"1"狀態	1	0
"0"狀態	0	1

▲ 圖 8-1

將多個正反器連接起來，可以做成記錄器(Register)，以便儲存資訊，也可以做成計數器(counters)，執行計數作用。

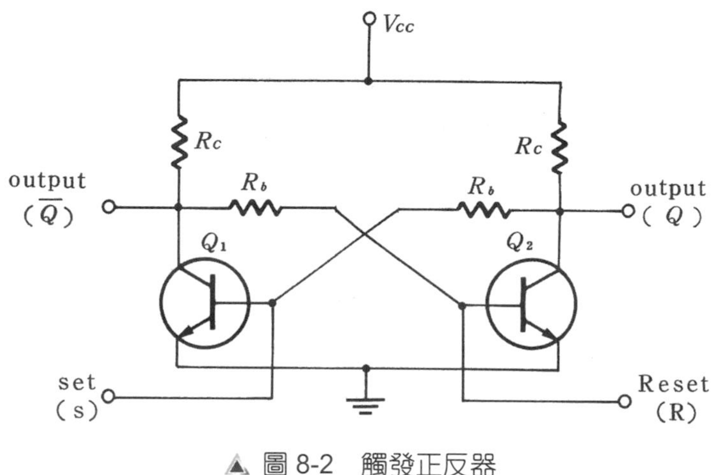

▲ 圖 8-2　觸發正反器

圖 8-2 爲基本形式之雙穩態多諧振盪器，由兩個電晶體及 4 個電阻器所組成。當 Q_1 的基極加上一個正電壓時，Q_1 導通且呈飽和狀態，則 Q_1 集極－射極電壓保持在 0.2～0.4V 之間，即其輸出爲低電位。又因 Q_1 集極與 Q_2 的基極連接，而使得 Q_2 呈截止(不通)的狀態，則 Q_2 集極電壓幾乎可達 V_{CC} 的電壓，故其輸出爲高電位。

如把加於 Q_1 基極上的正電壓移開時，Q_1 及 Q_2 之輸出仍然保持原來的狀態，即有保存記憶的作用。如把正電壓加在 Q_2 的基極上時，則上述的情形就反了過來，變成 Q_2 導通，而 Q_1 不通的狀態；Q_1 的集極電壓升至 V_{CC}，而 Q_2 的集極電壓反而降至飽和電壓 0.2～0.4V 之間。加於 Q_1 及 Q_2 基極上之電壓一個稱爲置定(set)，以 *S* 表示之，一個稱爲重置(reset)，以 *R* 表示之。當 *S* 爲高電位(*H*)時，輸出 *Q* 亦爲高電位(*H*)，但反過來 *R* 爲高電位時，則 *Q* 變成了低電位(*L*)，因其有保持作用，故此電路稱爲栓鎖器(latch)。

8-2-1　*R-S* 正反器(*R-S* Flip-Flop)

R-S 正反器是一種最基本的正反器，圖 8-3 爲其符號及眞值表。*R-S* 正反器有兩個輸出端，當 *S* 輸入 SET 信號時，*Q* 便輸出“1”，反之，當 *R* 入 RESET 信號時，$\overline{Q}$ 便輸出“1”，而 *Q* 和 $\overline{Q}$ 互爲反相，當 *Q* 輸出爲“1”時，謂之被設定，當 *Q* 輸出爲“0”時，謂之被清除。圖 8-4 是利用 NOR gate 組成的 *R-S* 正反器：

1. 在設定(set)加上設定信號(Hi 信號)，使得正反器處於 1 態($Q = 1$)。
2. FF 一旦被設定了，即使設定(set)的信號消失了，FF 仍然停留在原來 Hi 的狀態。直到重置(rcset)端上加了一個重置信號(Hi 信號)。
3. 加到重置(reset)端的 Hi 信號(重置信號)，清除 FF，使 FF 處於 0 態($Q = 0$)。
4. 爲了保持工作的正常，不能同時加上設定與重置的信號。

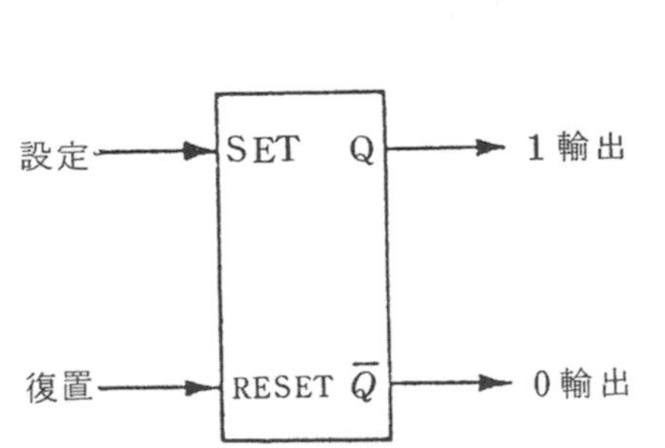

輸入		輸出
S	*R*	Q_{n+1}
0	0	Q_n
1	0	1
0	1	0
1	1	×

▲ 圖 8-3　基本正反器(*R-S* FF)及真值表

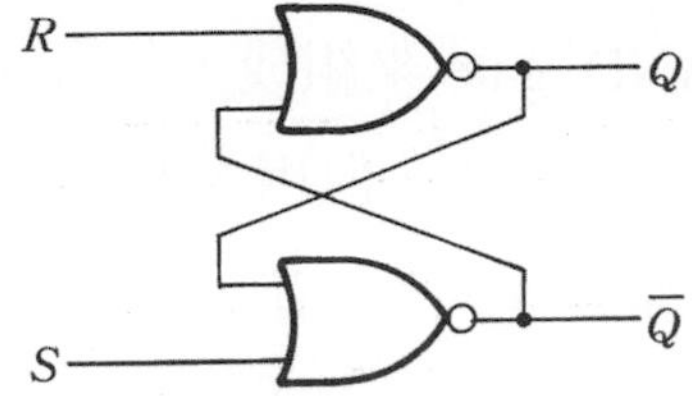

▲ 圖 8-4　兩個反或閘組成正反器

如果 R 輸入端始終保持在邏輯 0，則圖 8-4 將被栓在固定的狀態下而不作任何的改變，因此此種裝置稱為 R-S 栓鎖(R-S latch)，RS latch 有一特性，當 set 端加上邏輯 1 時，Q 的輸出就被栓在邏輯 1 的狀態下，即 $Q=1$，相反的，resct 端加上邏輯 1 時，Q 輸出變成 0，即 $Q=0$，$\overline{Q}=1$。

為了區別正反器與栓鎖的差異，我們常把沒有時脈(clock)控制輸入的正反器稱之為栓鎖(latch)或門鎖，有時脈控制的才稱為正反器。

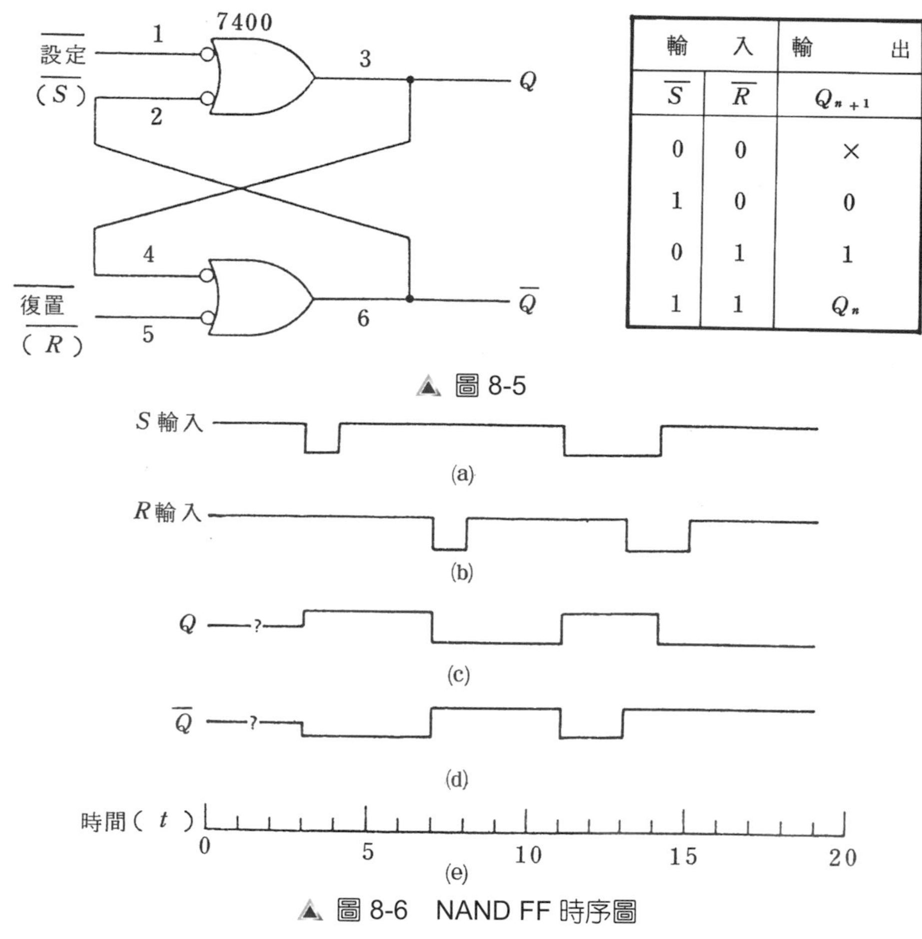

輸	入	輸出
$\overline{S}$	$\overline{R}$	Q_{n+1}
0	0	×
1	0	0
0	1	1
1	1	Q_n

▲ 圖 8-5

▲ 圖 8-6　NAND FF 時序圖

基本 R-S 栓鎖亦可由 NAND gate 來組成，如圖 8-5 所示，電路的分析方法和由 NOR gate 構成的相似，故不再重複，但用 NAND gate 組成的 R-S 栓，不用邏輯 1 而用邏輯 0 作 set 與 reset，即圖 8-5 中，在 R、S 上加上一橫條成為 S、R 做為輸入。欲使 Q 的輸出為邏輯 1，即 $Q=1$，$\overline{Q}=0$，則輸入端必須為 $S=0$，$R=1$，當 R 不變，S 變成 1 時，上述的情況繼續記憶。如果要使 $Q=0$，$\overline{Q}=1$，則輸入必須為

$S = 1$，$R = 0$。圖 8-6 爲圖 8-5 電路的時序圖。圖 8-5 的電路應避免 $R = 0$、$S = 0$ 的情況，這和圖 8-3 的避免 $S = 1$、$R = 1$ 的情況相同。R、S 輸入端加上小圓圈表示這是低態動作(low active)。

爲了使正反器動作時能受到一穩定的同步控制，除了 R、S 輸入外，必須再加進另一時脈(clock pulse)信號，也就是說，FF 輸出要改變狀態，除了 R-S 端須具備前述條件外，還要加上時脈觸發。時脈簡稱 CLK 或 CK，爲一種等間隔的方波。圖 8-7(a)是加有 CK 輸入的 R-SFF，gate 3、4 組成基本的 R-S 栓，當 CK = Hi 時，S、R 經 gate 1、2 輸入到基本 R-S 栓，輸出 Q 根據前面圖 8-4 眞值表動作。當 CK = Low 時，不論 S、R 輸入爲何，S'、R'轉爲 Hi，輸出 Q 不改變狀態。圖 8-7 中的 R、S 輸入不能在 CK = Hi 期間改變狀態，如果想改變狀態只能在 CK = low 期間變化，所以必須選擇脈寬較短，間隔較長的 CK 觸發信號。

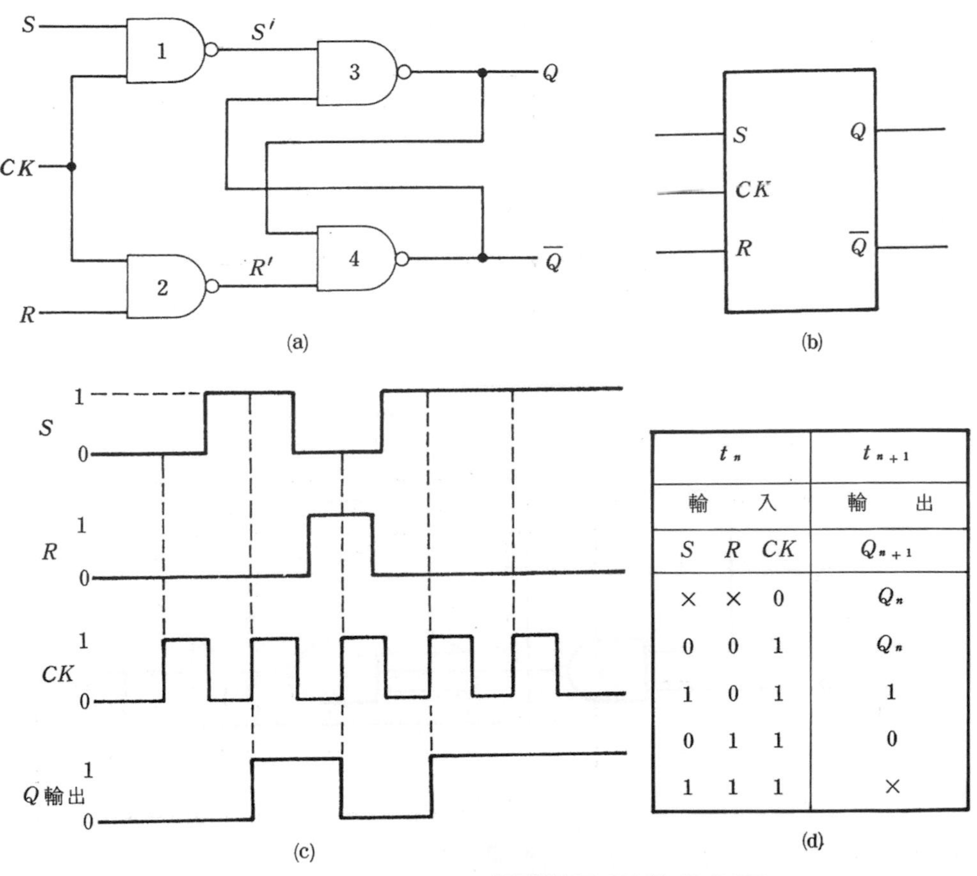

t_n			t_{n+1}
輸入			輸出
S	R	CK	Q_{n+1}
×	×	0	Q_n
0	0	1	Q_n
1	0	1	1
0	1	1	0
1	1	1	×

▲ 圖 8-7　NAND gate 組成附有 CK 的 R-S FF
(a)電路連接，(b)邏輯符號，(c)時間關係圖，(d)真值表

圖 8-8 在 CK 輸入端加一小圓圈表低態動作，其眞値表如圖(b)所示。

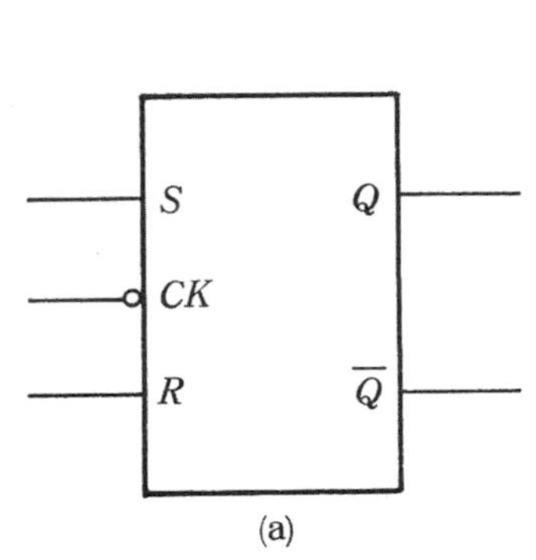

(a)

t_n			t_{n+1}
輸　入			輸　出
S	R	CK	Q_{n+1}
×	×	1	Q_n
0	0	0	Q_n
1	0	0	1
0	1	0	0
1	1	0	×

(b)

▲ 圖 8-8

圖 8-7 的缺點可採用專供邊緣觸發(edge-trigger)的正反器，輸入只有在邊緣觸發才有效，在觸發間隔期間，輸入改變是不會影響輸出的。

圖 8-9 中另有預置(preset)與清除(clear)的兩個輸入，它可影響 FF 的輸出，但不受 CK 信號控制，故稱之爲直接輸入，它有絕對的優先，不管 *R*、*S* 輸入爲何，只要清除接 Low，*Q* 輸出必爲 0，預置接 Low，*Q* 輸出必爲 1。圖中的清除、預置輸入端加有小圓圈，可知是低態(接 Low)動作。清除預置接 Hi(TTL 空接)不影響 FF 的輸出。

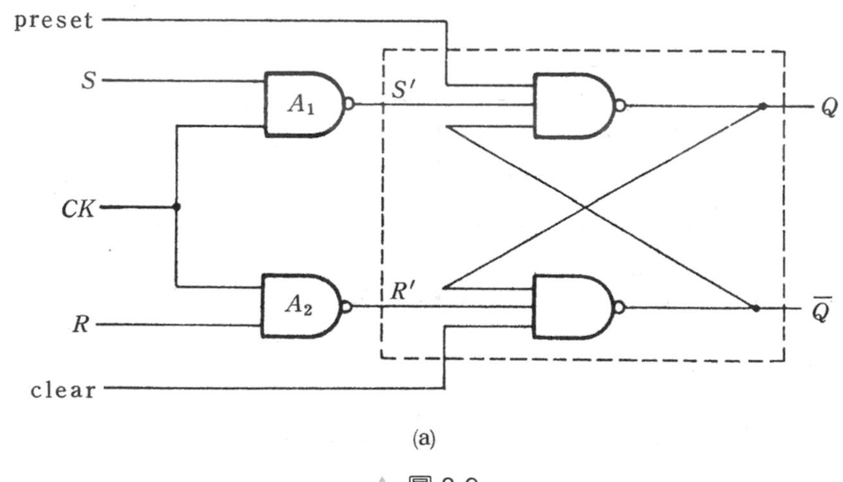

(a)

▲ 圖 8-9

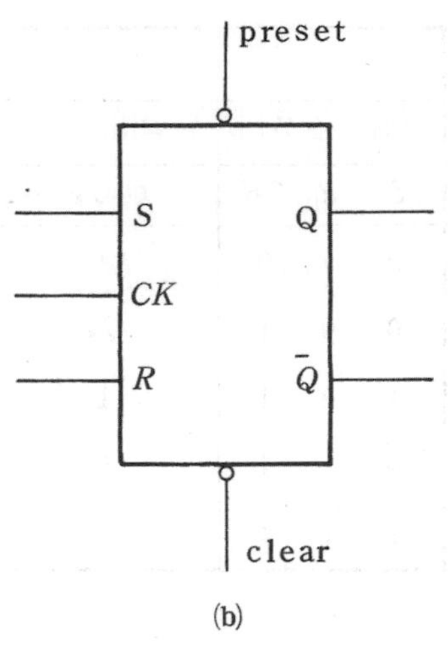

(b)

clear	preset	S	R	S'	R'	Q_{n+1}
0	1	×	×	×	×	0
1	0	×	×	×	×	1
1	1	0	0	1	1	Q_n
1	1	0	1	1	0	0
1	1	1	0	0	1	1
1	1	1	1	0	0	×

(c)

▲ 圖 8-9 (續)

圖 8-10、圖 8-11 爲 CD 4043 及 CD 4044，*R-S* Flip-Flop IC，4043、4044 均爲 3-state 輸出的 NOR *R/S* latch，輸出爲共通的 ENABLE 輸入所控制。當 ENABLE 輸入爲 high 準位時，latch state 被傳達到輸出 *Q* 上，反之 Low 位準時輸出爲 high impedance。

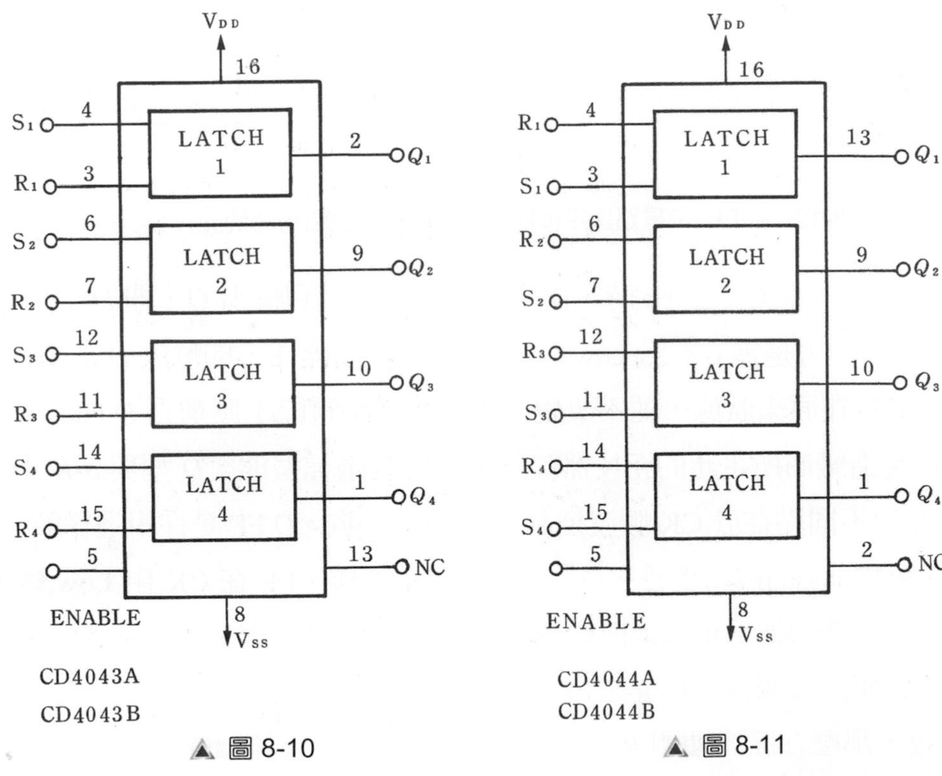

▲ 圖 8-10　　▲ 圖 8-11

8-2-2 *D* 正反器(*D* Flip-Flop)

若將 *RS* 正反器的電路加以擴充成圖 8-12 所示之電路時，即爲一簡單的 *D* 型 FF，即從 *R-S* FF 的 *S* 輸入端接一 NOT gate 到 *R* 輸入端，如此一來，*R-S* 的輸入就不可能同時出現爲 1 的現象，可避免不允許的情況出現，*D*(DATA)稱資料或數據。

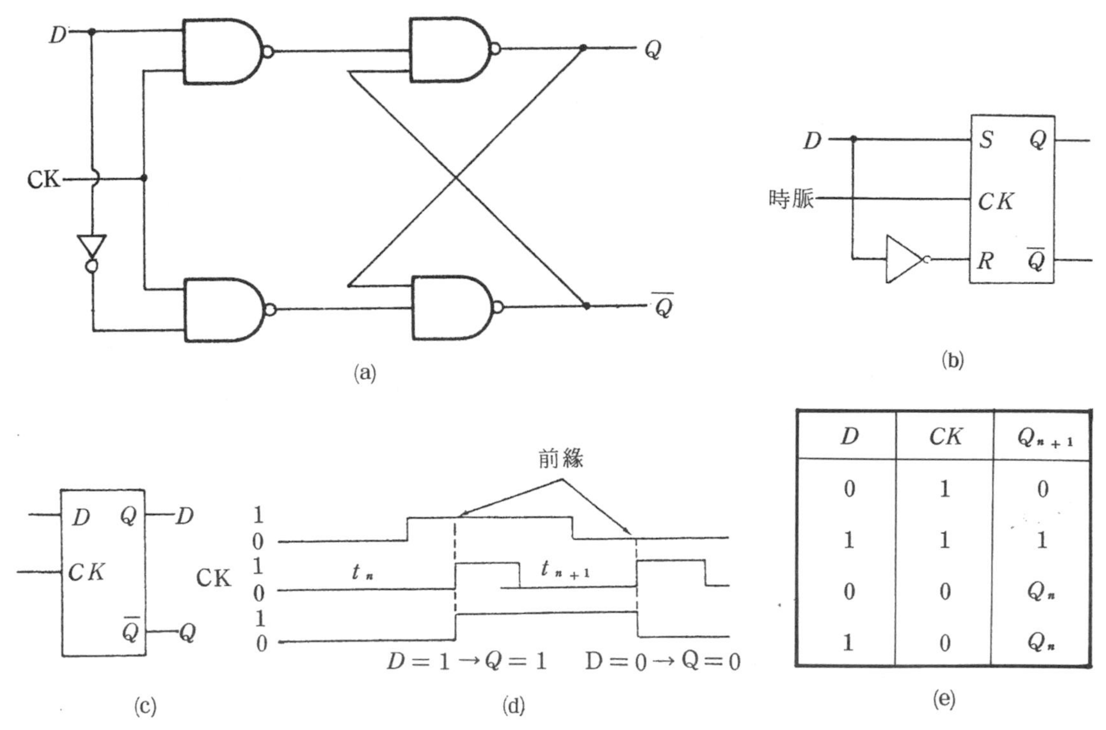

D	*CK*	Q_{n+1}
0	1	0
1	1	1
0	0	Q_n
1	0	Q_n

▲ 圖 8-12 *D* FF (a)電路連接(b)邏輯圖(c)邏輯符號(d)時間關係圖(e)真值表

圖 8-12 中，當 CK 爲 Hi 時，*D* 的輸入直接就送到輸出 *Q*，即 *D* = 0，*Q* = 0，*D* = 1，*Q* = 1，可是當 CK 爲 Low 時，輸入 *D* 即被栓住，即輸入 *D* 繼續在改變，輸出還是維持在原來狀態，並不改變，所以此電路實際上應稱爲 *D* latch。

TTL 製造廠商所生產的正反器線路，主要有兩種型態，*D* 型與 *J-K* 型。*D*-FF 與 *D* latch 的不同點在於 CK 脈波控制 *D* 的方式不同。*D* FF 是採用邊緣觸發，而邊緣觸發又分爲前緣(正緣)觸發與後緣(負緣)觸發兩種。FF 在 CK 由 Low 轉變爲 Hi 變化瞬間被觸發的稱爲正緣或前緣觸發，若 FF 在由 Hi 轉變爲 low 變化瞬間被觸發稱爲負緣或後緣觸發。以 *R-S* FF 爲例，若 *R*、*S* 輸入只有在觸發邊緣(正緣或負緣)才有效，那麼在脈波期間 *R*、*S* 輸入改變是不會影響輸出的。

圖 8-13 表示正緣觸發 DFF 的連接圖、符號與眞值表。在符號中 CLK 輸入端的三角形表示邊緣觸發 FF，有加小圓圈表負緣觸發沒加小圓圈表正緣觸發。

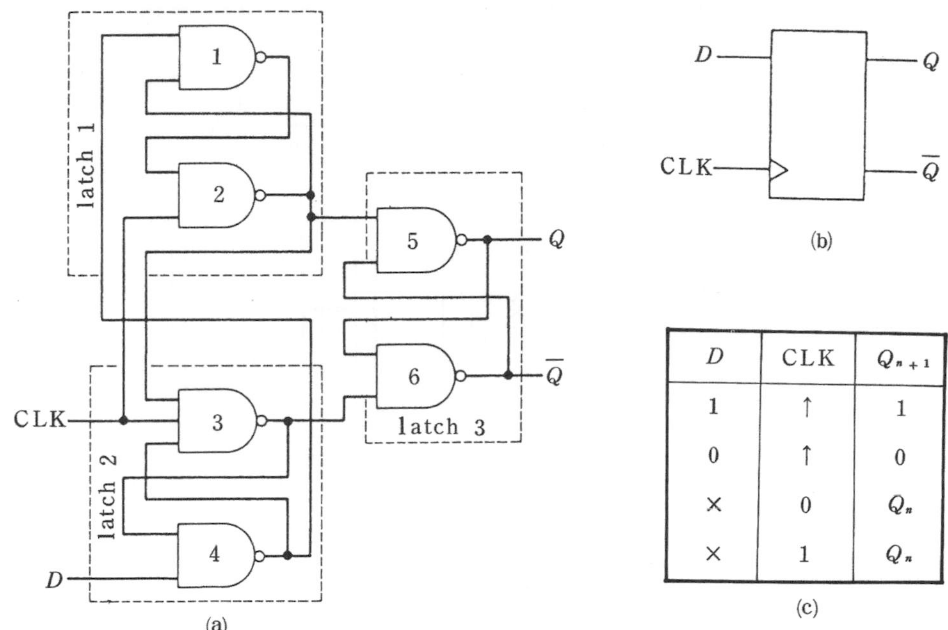

D	CLK	Q_{n+1}
1	↑	1
0	↑	0
×	0	Q_n
×	1	Q_n

▲ 圖 8-13　正緣觸發型 D 正反器

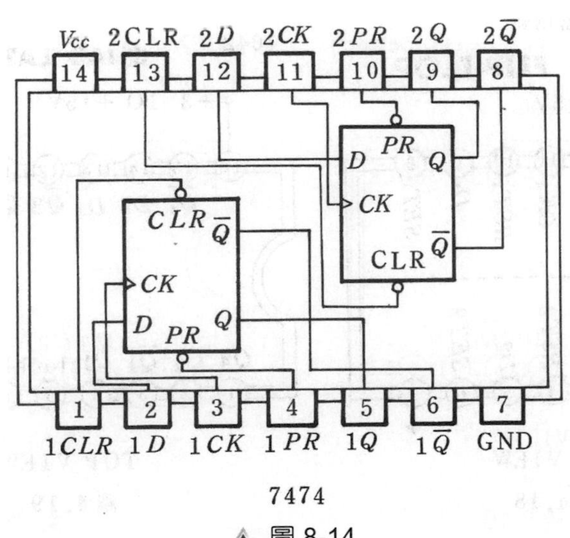

▲ 圖 8-14

圖 8-14～圖 8-20 是常用 TTL 及 CMOS 的 D FF 及 D latch 之接腳圖。

7475 爲 4 bit latch，第 4，13 腳爲 ENABLE 接腳，當 ENABLE 在高電位期間，可除掉資料，ENABLE 在 Low 電位的期間可保持費料，如圖 8-21 所示。

4042 是備有共通的 clock 輸入，polarity 輸入以及互補輸入的四個 latch，加在 DATA 輸入上的信號是 polarity 輸入所指定的 clock level 傳達到輸出 Q、$\overline{Q}$上，由 polarity 輸入指定可以變更 clock 的極性。

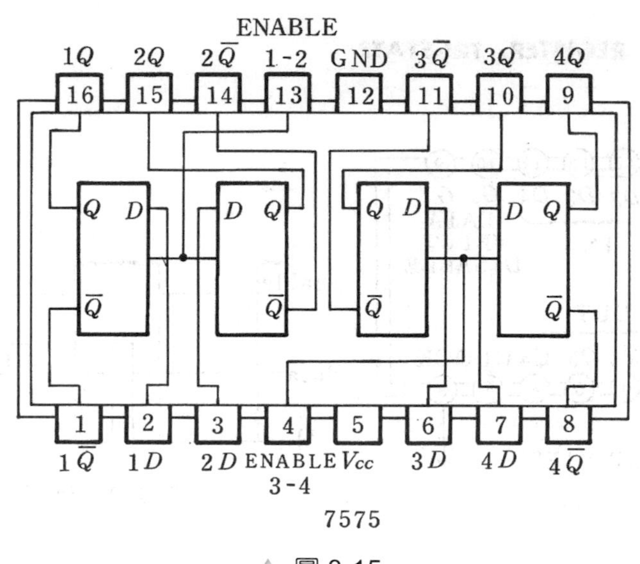

ENABLE
1Q 2Q 2Q̄ 1-2 GND 3Q̄ 3Q 4Q
16 15 14 13 12 11 10 9
Q D
D Q
Q D
D Q
Q̄
Q̄
Q̄
Q̄
1 2 3 4 5 6 7 8
1Q̄ 1D 2D ENABLE Vcc 3D 4D 4Q̄
3-4
7575

▲ 圖 8-15

QUAD "D" MEMORY (Edge-Clocked)
+5V
74175
16 15 14 13 12 11 10 9
4Q 4Q̄ 4D 3D 3Q̄ 3Q CLOCK
CLEAR 1Q 1Q̄ 1D 2D 2Q̄ 2Q
1 2 3 4 5 6 7 8
TOP VIEW

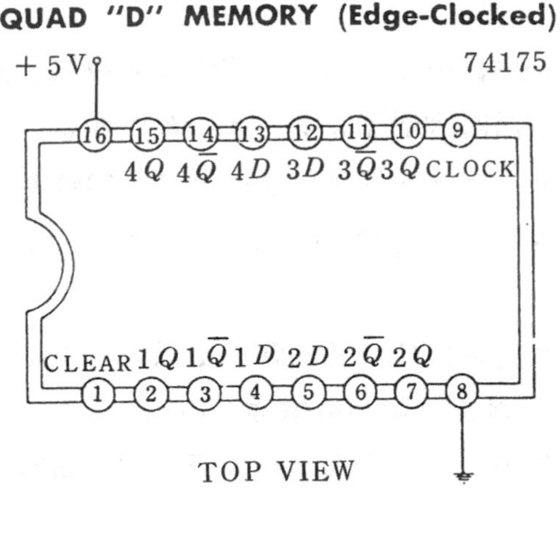

▲ 圖 8-16

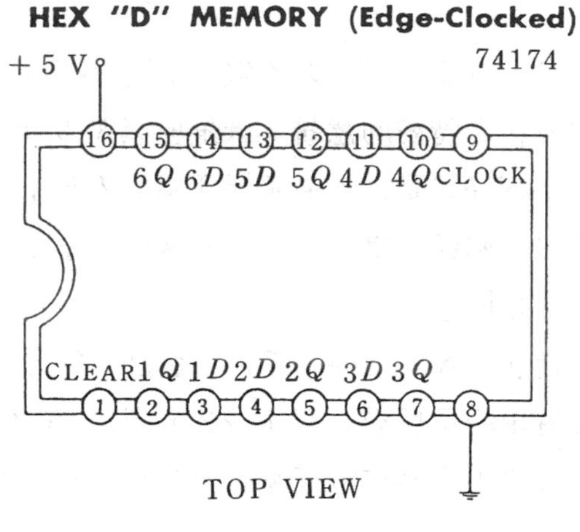

HEX "D" MEMORY (Edge-Clocked)
+5V
74174
16 15 14 13 12 11 10 9
6Q 6D 5D 5Q 4D 4Q CLOCK
CLEAR 1Q 1D 2D 2Q 3D 3Q
1 2 3 4 5 6 7 8
TOP VIEW

▲ 圖 8-17

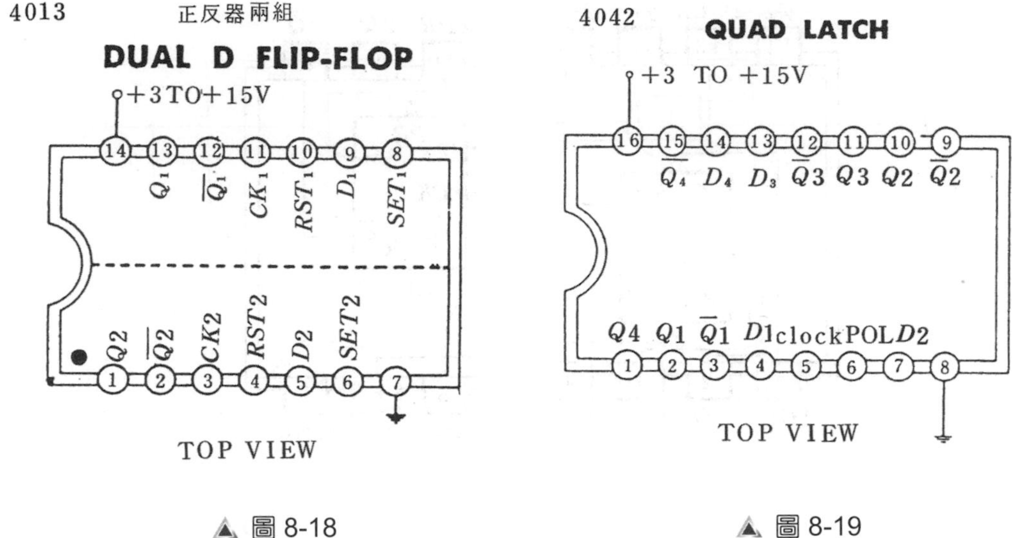

▲ 圖 8-18

▲ 圖 8-19

4076

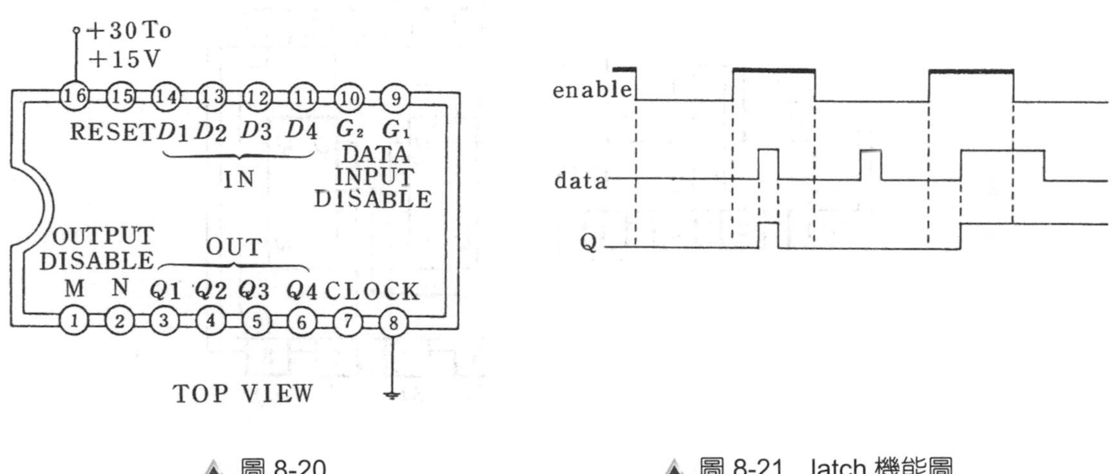

▲ 圖 8-20

▲ 圖 8-21 latch 機能圖

8-2-3 *J-K* 正反器(*J-K* Flip-Flop)

爲了克服 *R-S* FF 的缺點，將 *R-S* FF 加以修改，*J-K* FF 即因此而誕生。*J-K* 並沒有代表特殊的意義，只是要與 *R-S* FF 有所區別罷了。$J=S$，$K=R$。

J-K FF 是目前最廣受採用的 FF，圖 8-22 是一簡單的 *J-K* FF，由圖(b)眞値表所列出的兩輸入變數所組成的 4 種狀態，與 *R-S* FF 比較，除第 4 種 $J=K=1$ 外，其餘完全相同。

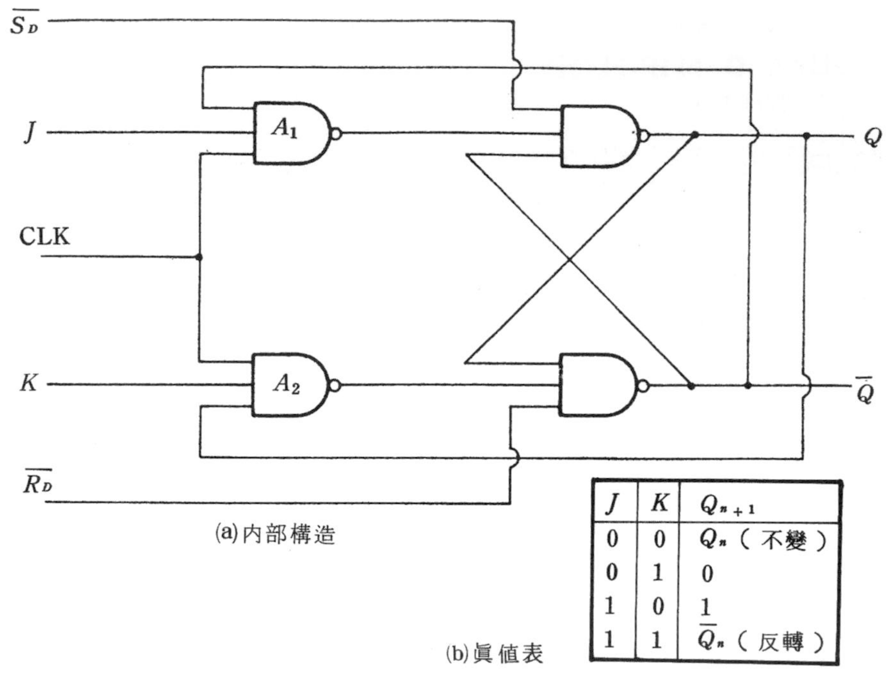

J	K	Q_{n+1}
0	0	Q_n（不變）
0	1	0
1	0	1
1	1	$\overline{Q}_n$（反轉）

▲ 圖 8-22

當 $J = K = 1$ 時，CK 信號觸發後，FF 的輸出成反態的關係，以此可說 J-K FF 是最有用的正反器。圖 8-23 分別為 JK FF 正緣觸發與負緣觸發的符號。

有的正反器在時序脈衝上升時，將輸入資料先儲存在內部一個主正反器，當時序脈衝下降時才將主正反器的資料推出傳到從正反器，這種正反器稱爲主從型的正反器。

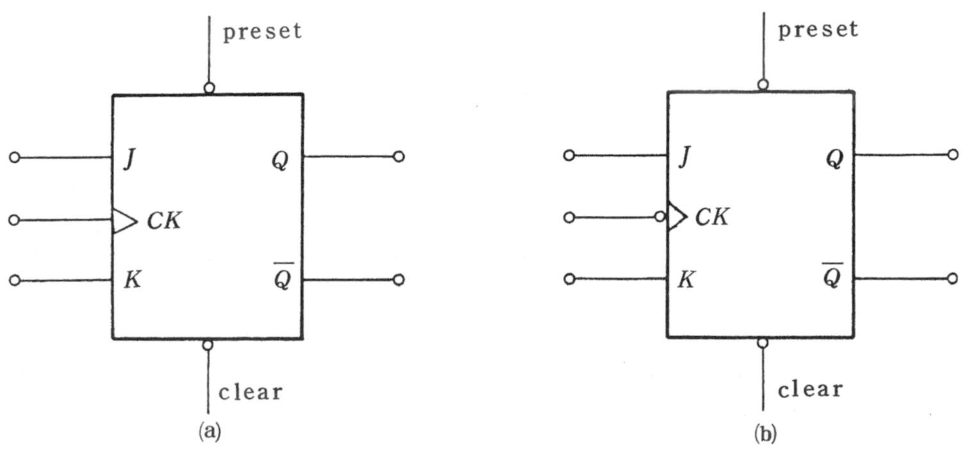

▲ 圖 8-23

主從式(master/slave)正反器，可簡寫成 *M/S* 正反器，它包括兩個內部相連接的閘栓，稱爲主閘栓(master)和從閘栓(slave)，簡化後的 *M/S* FF 線路如圖 8-24 所示，其動作分析如下：

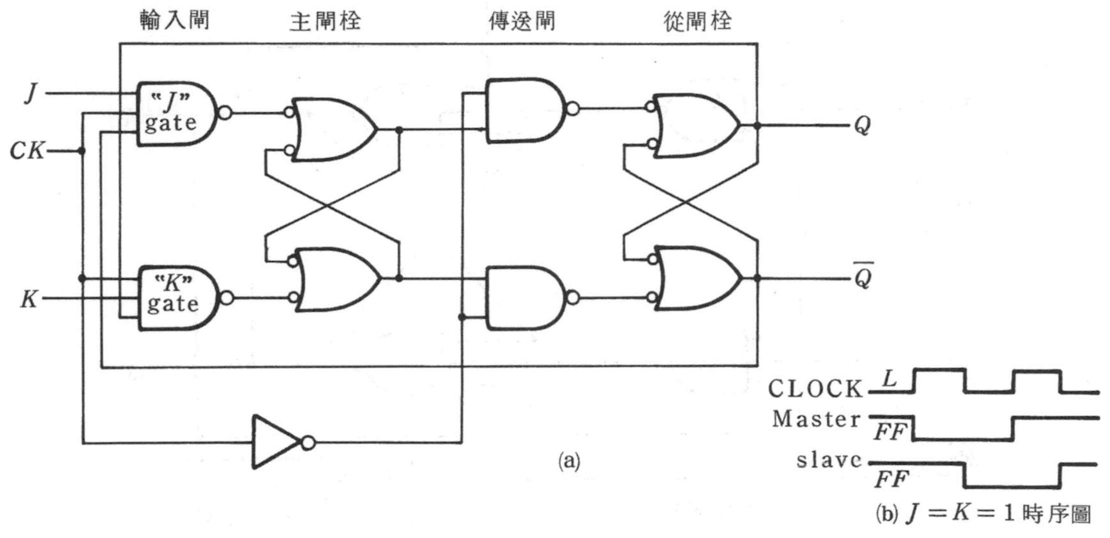

(b) $J=K=1$ 時序圖

▲ 圖 8-24

1. 輸入閘僅在 CK 爲 Hi 時才開啓，此時傳送閘被反相的 CK 脈衝所關閉，因此主閘栓與從閘栓彼此隔離著。
2. *J-K* FF 的輸出僅在 CK 脈衝由 Hi 轉變爲 Low 時，才根據輸入發生轉變。此時隔離了輸入閘，使得主閘栓無法發生改變，同時開啓了傳送閘，而把主閘栓的輸出傳送到從閘栓的輸出。
3. 正反器的輸出轉換發生在 CK 脈衝的負向邊緣，因爲此時主閘栓輸出被傳送到從閘栓，而且當 CK 脈衝在 Low 位準時，主閘栓不能改變狀態。

M/S J-K 正反器的符號與眞值表，如圖 8-25 所示。

J-K FF 可以用邏輯閘來控制 *J-K* 輸入，爲了避免加上外部邏輯閘增加延遲時間起見，有些正反器將這些邏輯閘製作在 FF IC 內部，如圖 8-26 所示，當邏輯閘符號與正反器符號接觸，即表示此閘位於元件內部，而非使用者外加的。

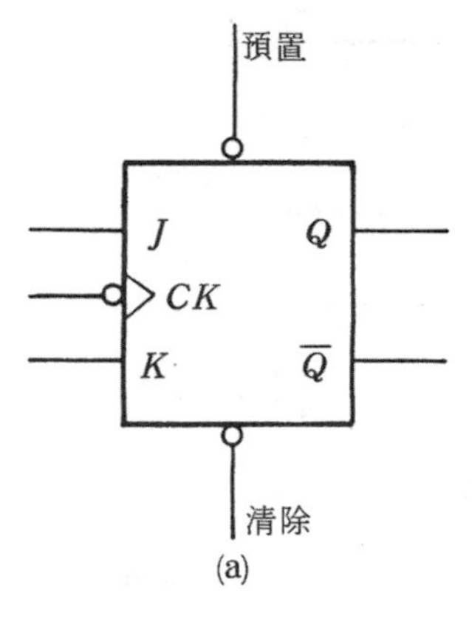

(a)

預　置	清　除	J	K	CK	Q_{n+1}
0	1	×	×	×	1
1	0	×	×	×	0
1	1	1	0	⊓	1
1	1	0	1	⊓	0
1	1	0	0	⊓	Q_n
1	1	1	1	⊓	$\overline{Q_n}$

(b)

▲ 圖 8-25

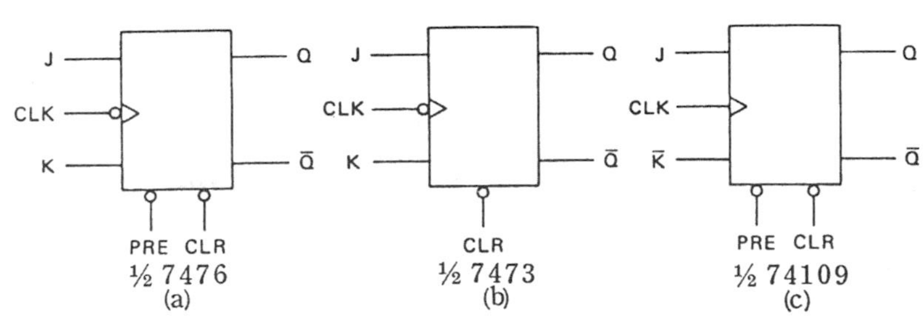

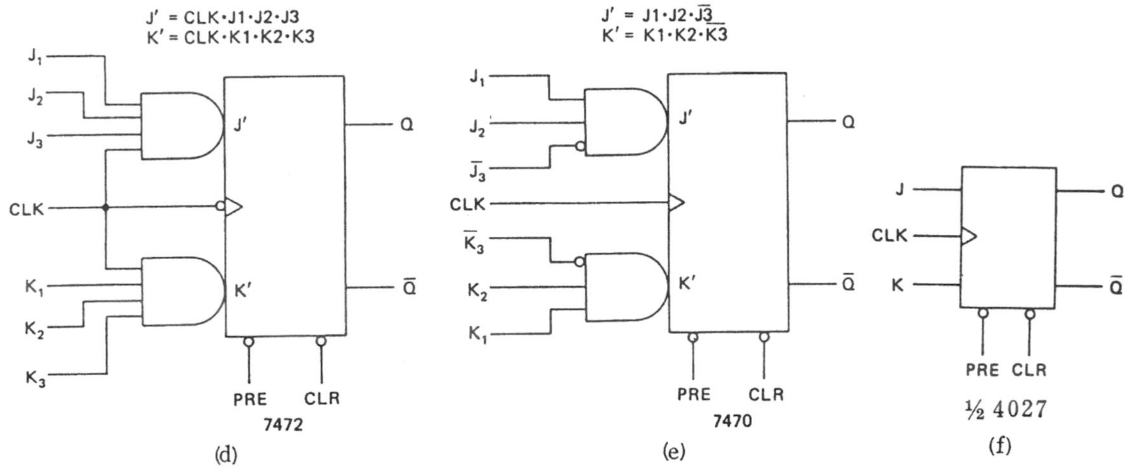

▲ 圖 8-26　TTL 與 CMOS 可利用的 *J-K* 正反器邏輯圖

7476 是基本的 TTL *J-K* 主從正反器，7473 除了缺少 PRE(PRESET)輸入以外，其他和 7476 非常類似。然而，74109 有很多點都大不相同。例如，74109 實際上並不是主從正反器；其輸出直接對 CLK 輸入波形從 0 升到 1 時的同步輸入起反應。亦注意到一事實，即 *K* 輸入爲反相。然而，PRE 和 CLK 輸入執行其普通的功能。

7472 和 7470 兩者的特色是 J 和 K 輸入被 AND 起來。在 7472 的場合，若內部 J 視為邏輯 1，則全部三個 J 輸入和 CLK 必須為邏輯 1。同樣的要求適用於 K 輸入。

7470 的特性也是三個分立的 J 和 K 輸入，但在此情況，J 和 K 輸入之一為反相，而 CLK 輸入不包含於 AND 運算之內。

4027 是基本的 CMOS J-K 主從正反器。

圖 8-27～圖 8-32 為常用 J-K flip-flop IC 之 TTL 與 CMOS 的接腳圖。

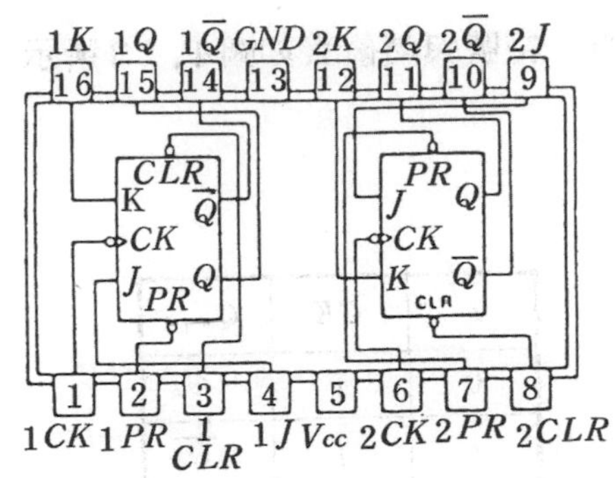

▲ 圖 8-27

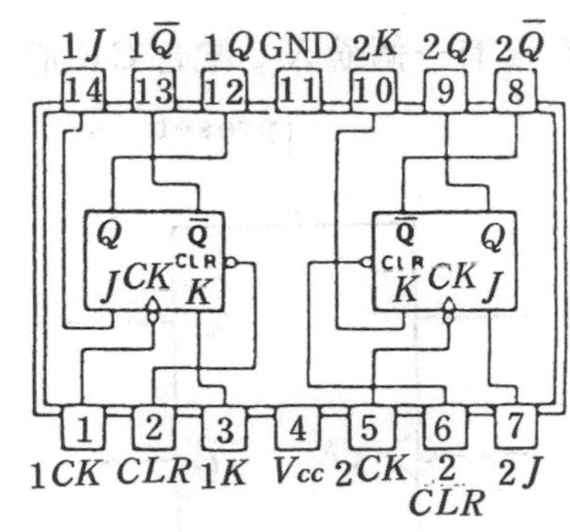

▲ 圖 8-28

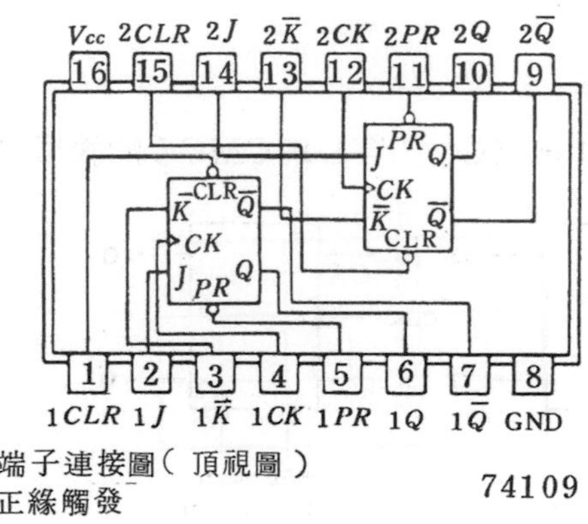

▲ 圖 8-29

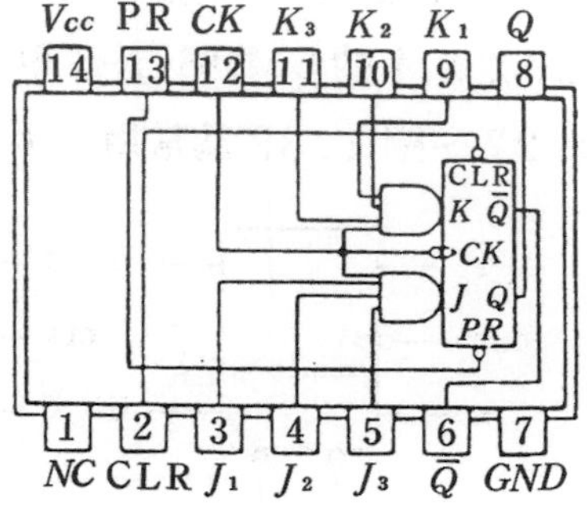

▲ 圖 8-30

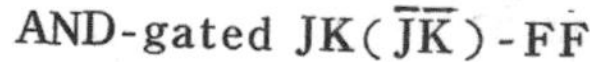

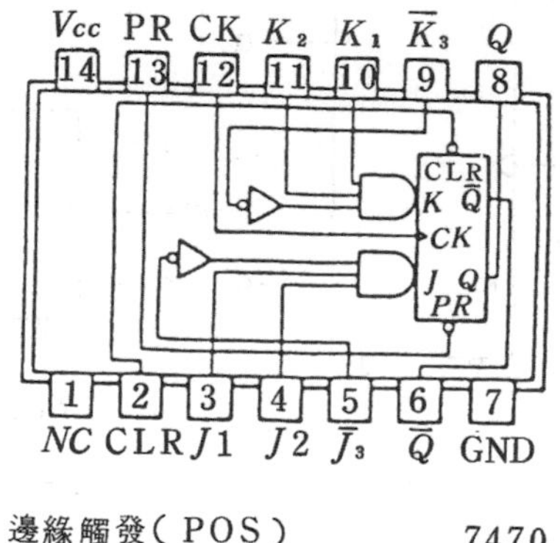

▲ 圖 8-31

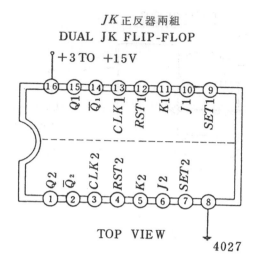

JK 正反器兩組
DUAL JK FLIP-FLOP
+3 TO +15V
16 15 14 13 12 11 10 9
Q1 $\overline{Q}_1$ CLK1 RST1 K1 J1 SET1
Q2 $\overline{Q}_2$ CLK2 RST2 K2 J2 SET2
1 2 3 4 5 6 7 8
TOP VIEW
4027

▲ 圖 8-32

8-2-4 *T* 正反器(*T* Flip-Flop)

T FF 只有一個輸入，配合 CK 脈衝動作，符號與眞值表如圖 8-33 所示，當 $T=0$ 時，CK 脈衝觸發後，輸出 Q 維持原態，即 $Q_{n+1}=Q_n$，當 $T=1$ 時，每次 CK 脈衝觸發 FF 都改變成與原來相反的狀態，即 $Q_{n+1}=\overline{Q}_n$，所以此種正反器又稱爲反轉正反器。圖 8-34 利用 *J-K* 與 *D* FF 改成 *T* FF 的連接方法。

有的 *T* 型正反器沒有 clock 控制端，每當由 *T* 端輸入一個脈衝之後，輸出變成原來的補數。

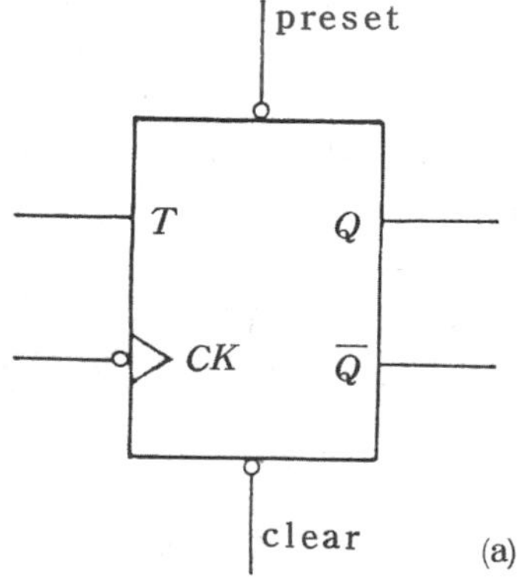

(a)

T	CK	Q_{n+1}
0	↓	Q_n
1	↓	$\overline{Q_n}$

(b)

▲ 圖 8-33

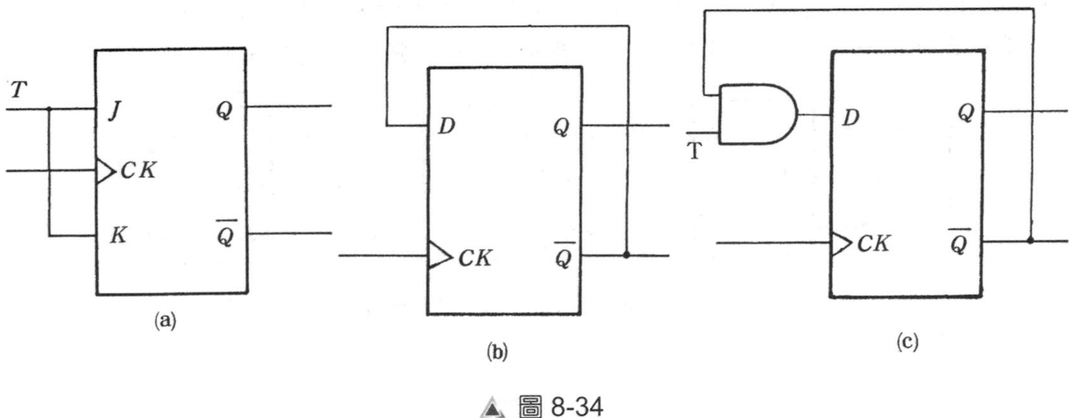

▲ 圖 8-34

8-2-5　正反器的互換

有的正反器經適當的外部接線可變成另一種正反器，列舉如下：

1. *R-S* 正反器可由外部接線改成 *J-K*、*T*、*D* 等正反器，如圖 8-35 所示。
2. *J-K* 型正反器可由外部接線修改成 *D* 型、*T* 型正反器，如圖 8-36 所示。現在市面上一般 FF IC 的 CK 脈衝觸發方式，約有表 8-1 所列 4 種。

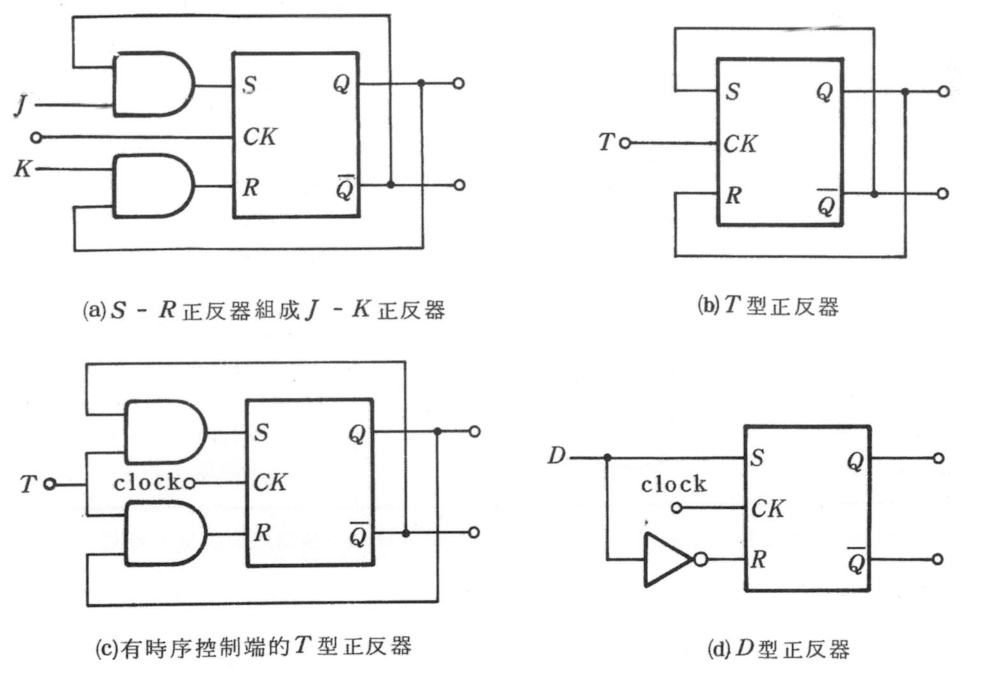

▲ 圖 8-35　*S-R* 正反器化成其他正反器

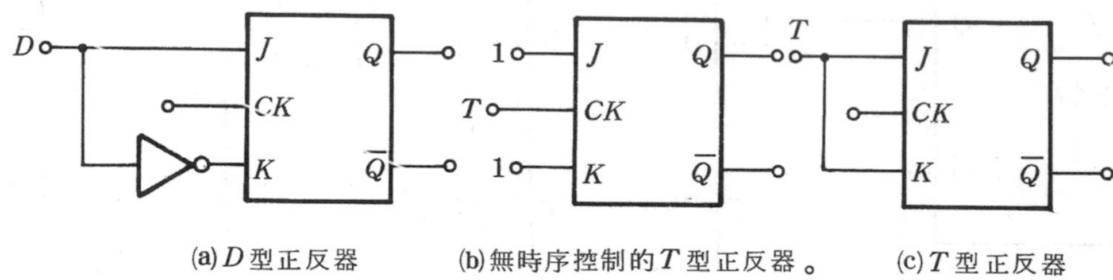

▲ 圖 8-36 以 J-K 正反器化成其他正反器

▼ 表 8-1

種類	clock 輸入記號	邏輯記號	輸出狀態變化之時刻（註）	動作
master-slave 方式 正緣觸發	CK	CK → CK		clock 輸入在"L"期間（粗線部分）輸入信號被傳至 FF 中，而 clock 輸入自"L"變爲"H"時（箭頭部分）輸出端之狀態依眞值表所示關係變化。
master-slave 方式 負緣觸發	$\overline{CK}$	$\overline{\text{CK}}$ →o CK		clock 輸入在"H"期間（粗線部分）輸入信號被傳至 FF 中，而 clock 輸入自"H"變爲"L"時（箭頭部分）。輸出端之狀態依眞值表所示關係變化。
邊緣觸發方式 正緣觸發	CK	CK → CK		clock 輸入自"L"變爲"H"時，輸入信號被傳至 FF 中，同時並依眞值表所示之關係自輸出端輸出信號（粗線及箭頭部分）。
邊緣觸發方式 負緣觸發	$\overline{CK}$	$\overline{\text{CK}}$ →o CK		clock 輸入自"H"變爲"L"時，輸入信號被傳至 FF 中，同時並依眞值表所示關係，由輸出端輸出信號（粗線及箭頭部分）。

註：圖中之粗線部分代表輸入信號被傳至 FF 中，箭頭部分係表示輸出狀態改變之時刻。

8-3　實習項目

工作一：基本 *R-S* 栓鎖

工作程序：

1. 按圖 8-37 插妥電路。Q、$\overline{Q}$ 接 Hi/Low 指示器，S-R 接 Hi/Low 信號輸出，別忘了 14 腳與第 7 腳接電源 5V 及接地。

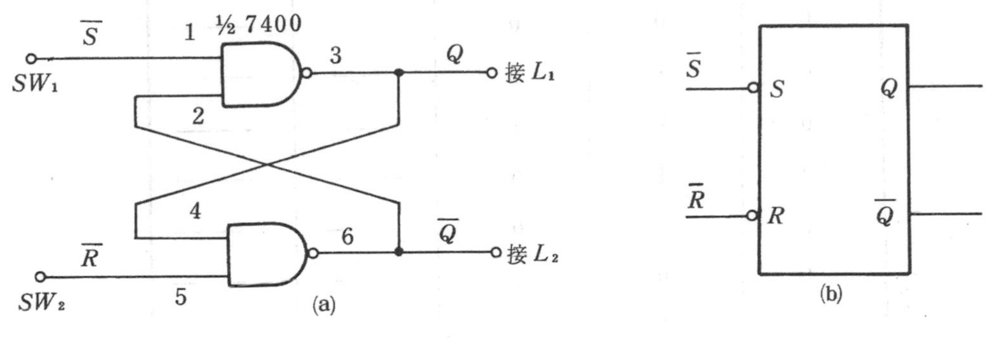

▲ 圖 8-37

2. 依表 8-2 所示的組合，將 S 與 R 分別接 SW 的 Hi/Low 信號，並記錄 Q、$\overline{Q}$ (L_1、L_2)的輸出指示於表中。

   註：NAND gate 組成 *R-S* latch 是以低態動作。

▼ 表 8-2　基本 *RS* latch NAND 閘真值表

輸入		輸出	
$\overline{S} = SW_1$	$\overline{R} = SW_1$	$Q = L_1$	$\overline{Q} = L_2$
0	1	____	____
1	1	____	____
1	0	____	____
1	1	____	____
0	0	____	____

3. 圖 8-37 的電路 $\overline{R}$ 接 Hi，觀察 $\overline{S}$ 的信號改變對輸出影響。
4. 利用步驟 3.特性，設計出一簡單的應用電路，畫於下列空格中。

5. 圖 8-38 是附有時脈控制的 *R-S* latch，整個電路由一個 7400 組成。

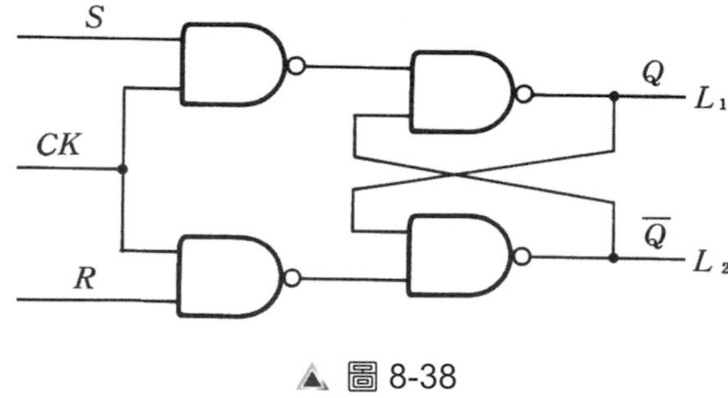

▲ 圖 8-38

6. 依表 8-3 所示的組合，將 *S*、*R*、CK、分別接 *SW* 的 Hi/Low 信號輸出，並記錄 Q、$\overline{Q}$(L_1、L_2)的輸出指示於表中。

▼ 表 8-3　加 CK 之 *RS* latch 真值表

輸入			輸出	
$S = SW_2$	$R = SW_3$	$CK = SW_1$	$Q = L_1$	$\overline{Q} = L_2$
0	0	0	____	____
0	0	1	____	____
0	0	0	____	____
0	1	0	____	____
0	1	1	____	____
0	1	0	____	____
1	0	0	____	____
1	0	1	____	____
1	0	0	____	____

7. 由表 8-3 中可發現，唯有 CK 在 Hi 時，latch 的輸出才會改變。且此電路的 *R*、*S* 輸入是高態動作。
8. 在圖 8-38 電路的 CK 依其功能又稱爲致能(enable)控制，故又稱爲附有致能控制 *R*-*S* latch。

工作二：*D* 栓鎖

工作程序：

1. 取一個 7400 按圖 8-39 插妥電路，輸入 *D* 與 *T* 由 Hi/Low 信號輸出。

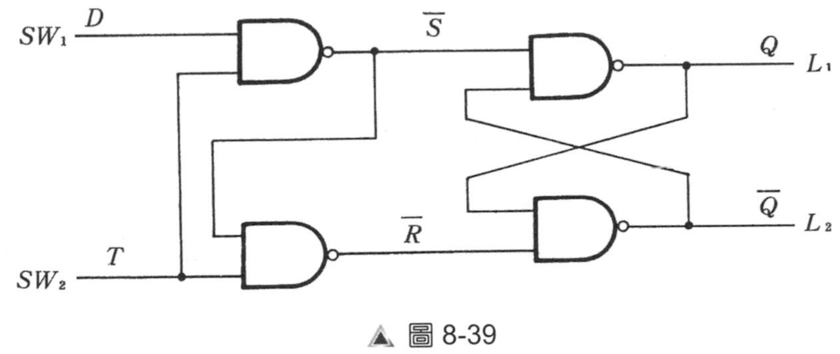

▲ 圖 8-39

2. 依表 8-4 所示的組合，將 *D*(data)、*T*(CK)分別接 *SW* 輸出的 Hi/Low 信號，並記錄 *Q*、$\overline{Q}$的輸出於表中。
3. 當 *T* 脈衝從 Low 轉變成 Hi 時，*D* 的輸入才能引起輸出 *Q* 的改變。
4. *T* (有時又稱爲致能 enable)接 Hi，則輸出 *Q* 與輸入 *D* 相同，若接 Low，則輸出 *Q* 被維持在最後 T 爲 Hi 時的 *D* 輸入狀態，而且不受此後 *D* 輸入的影響。讀者可於 *D* 接 clock 脈波，*T* 接 Hi 或 Low，用示波器觀察輸出 *Q* 的波形。繪於圖 8-40 中。

5. 讀者可從 7475 中任取其中一個 D latch，依表 8-5 所示的組合輸入，並記錄 Q、$\overline{Q}$的輸出於表中。

▼ 表 8-4

輸入		輸出	
D	T	Q	$\overline{Q}$
0	0		
0	1		
1	0		
1	1		

▼ 表 8-5

輸入		輸出	
D	T	Q	$\overline{Q}$
1	1		
1	0		
0	0		
0	1		
0	0		
1	0		
1	1		

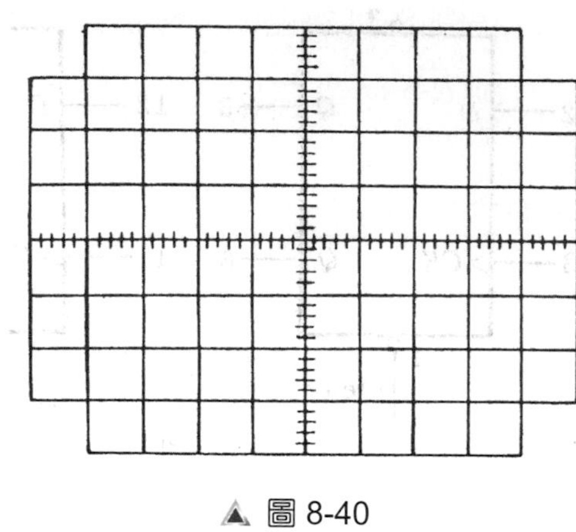

▲ 圖 8-40

6. 讀者可按圖 8-41 的方式同時輸入 4 種信號到 7475 的 4 個 D latch 輸入端，控制 T 的 Hi、Low 狀態，觀察輸入 D 的改變對輸出 Q 的影響。

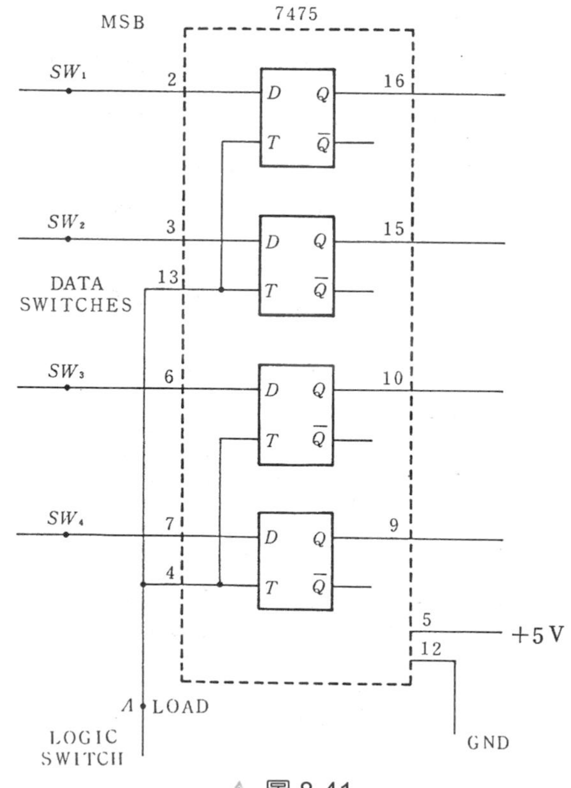

▲ 圖 8-41

工作三：*D* 正反器

工作程序：

1. 7474 爲常用的 TTL *D* 型正反器，此 IC 屬於正緣觸發正反器，其接腳與眞值表如圖 8-42 所示，第 14 腳與第 7 腳接電源。

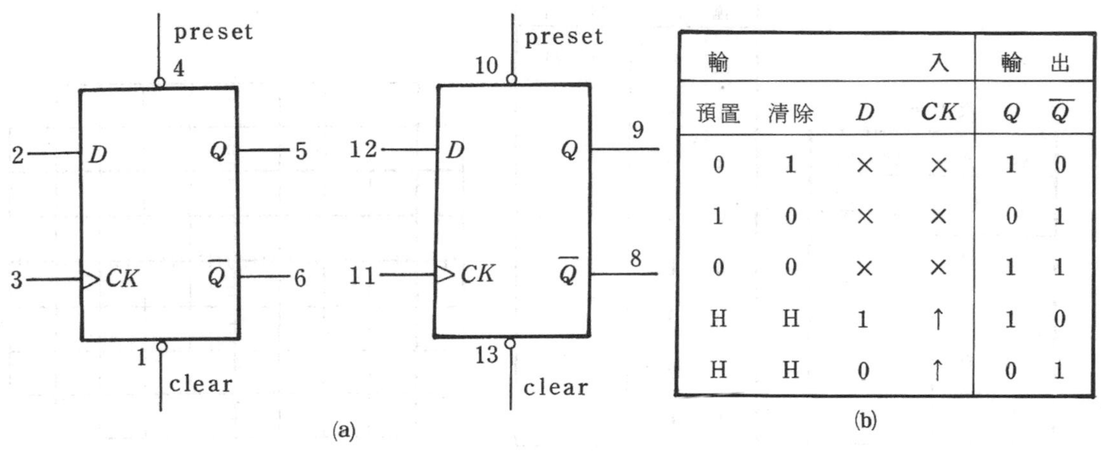

輸			入	輸	出
預置	清除	*D*	*CK*	*Q*	$\overline{Q}$
0	1	×	×	1	0
1	0	×	×	0	1
0	0	×	×	1	1
H	H	1	↑	1	0
H	H	0	↑	0	1

▲ 圖 8-42

2. 取 1/2 7474 按圖 8-43(a)插妥電路，輸入端 *D* 與 CK 空接，clear 接 Hi，預置(preset)接 Low，輸出 *Q* 爲________，將 clear 改接 Low，預置(preset)接 Hi，輸出 *Q* 爲________。
3. 將預置，清除接 Hi，依圖(b)的輸入情況，記錄其對應的輸出狀態於空格中。

4. 按圖 8-43(b)的狀態畫出其時序波形圖於圖 8-43(c)中。

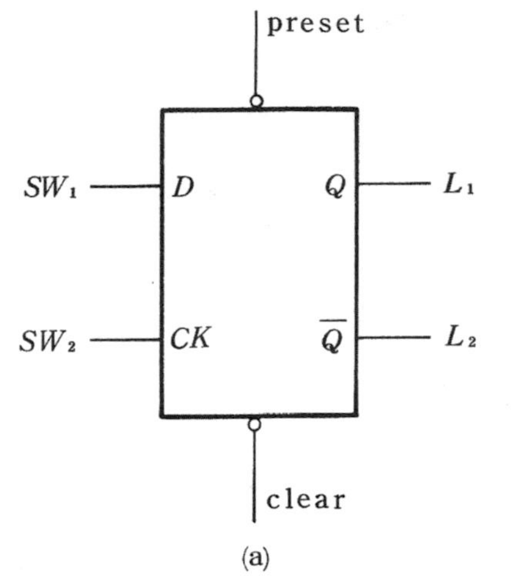

(a)

輸入		輸出	
D	CK	Q	$\overline{Q}$
0	L		
0	L→H		
0	H		
1	H		
1	H→L		
1	L		
1	L→H		
1	H		
0	H		
0	H→L		
0	L		
0	L→H		
0	H		

(b)

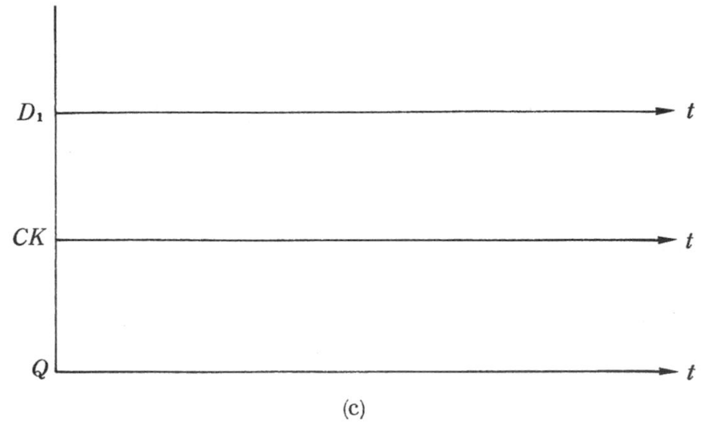

(c)

▲ 圖 8-43

5. 按圖 8-44(a)插妥電路，輸入 CK 接 SW，繪出 Q 與 $\overline{Q}$ 的相對應輸出變化於圖(b)中。

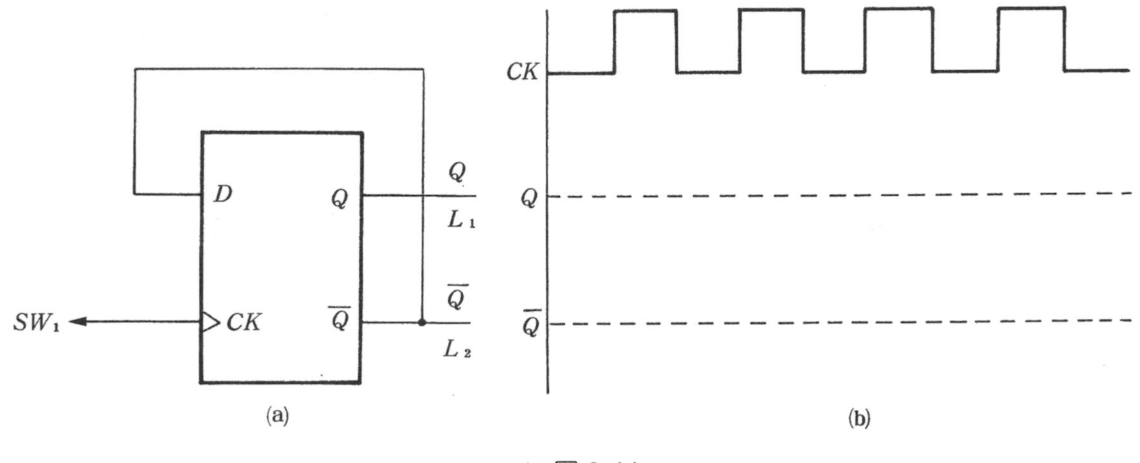

▲ 圖 8-44

6. 讀者可自行驗證，當 preset 或 clear 接 Low(兩者不能同時接 Low)D 的輸入對輸出沒有影響，即 preset、clear 有絕對的優先。
7. 正反器可以用來追縱事件發生的順序，假設裕隆汽車公司所生產的汽車線路設計是①乘客必須先就座，②然後繫好安全帶，③乘客必須在繫安全帶之前坐好，否則會發生警告聲音。圖 8-45 的電路可以用來滿足上述順序動作條件。

   (1) A 為 Hi 時表乘客已就座。

   (2) B 為 Hi 時表安全帶已繫上。

   (3) A 比 B 先轉變為 Hi 表乘客是先就坐，然後才繫安全帶。

若加到 1/4 7400 的兩個輸入均為 Hi，則線路工作正常，若其中有一為 Low，則輸出為 Hi，警告系統動作。

A 轉變為 Hi(乘客就座)使 D 輸入為 Hi，接著 B 轉變為 Hi (繫好安全帶)，當 B 由 Low 轉變為 Hi 時，D FF 即被設定($Q = 1$)，此時輸出為 Low 表示工作順序正常。當下列情況發生，說明輸出有何情況？

(1) 乘客就座繫好安全帶後又取下安全帶：＿＿＿＿＿＿＿＿＿＿＿＿

(2) 乘客先繫好安全帶然後把安全帶置於一旁就座：＿＿＿＿＿＿＿＿＿

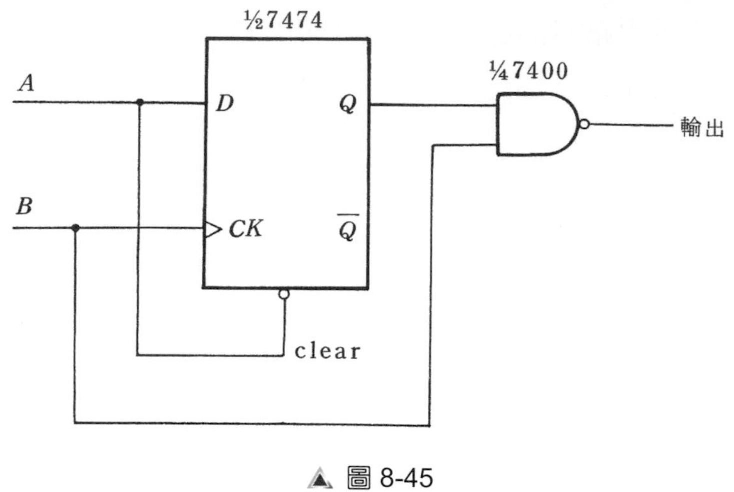

▲ 圖 8-45

工作四：*J-K* 正反器

工作程序：

1. 按圖 8-46(a)插妥電路，clear、preset 接 Hi，依圖(b)所設定的情況，記錄所對應的輸出 Q、$\overline{Q}$於空格中。

   註：⎍表示主從式觸發的情形，CK 脈衝依 Low → Hi → Low 順序變動。

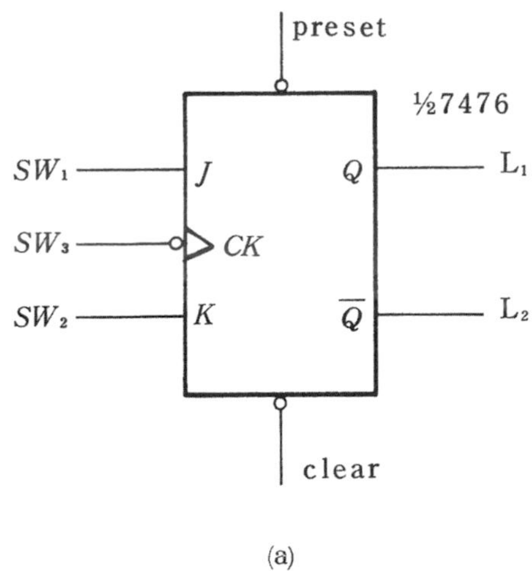

(a)

輸		入			輸	出
預置	清除	*CK*	*J*	*K*	*Q*	$\overline{Q}$
0	1	×	×	×		
1	0	×	×	×		
1	1	⎍	0	0		
1	1	⎍	1	0		
1	1	⎍	0	1		
1	1	⎍	1	1		

(b)

▲ 圖 8-46

2. 定 SW_1、SW_2：於 Hi，而 SW_3 由 Low → Hi → Low 的改變數次，觀察每一次 SW_3 由 Hi 到 Low 的轉變時，Q、$\overline{Q}$的改變情形，此電路可當作 *T* 型正反器。

3. SW_3 去掉不接，CK 改接至脈波產生器的輸出，按脈波產生器的按鈕數次，觀察出每按一下開關，輸出 Q 與 $\overline{Q}$ 就會改變狀態一次，即輸出 Q 的頻率爲 CK 頻率的 $\frac{1}{2}$ 。
4. CK 改接計時脈波(clock pulse，即無穩態多諧振盪器輸出)，用示波器觀察彼形，並調頻率在 500 Hz 左右，用示波器測 Q 的頻率，CK 頻率=________Hz，Q 頻率=________Hz。
5. 調接在 CK 的無穩態多諧振器輸出，使波形的 Hi/Low 寬度不同，相差約在 1/3 左右，用示波器觀察 Q 的波形，其波形的 Hi/Low 寬度比爲________。其原因讀者可自行畫出 CK 波形，利用 *J-K* FF 眞值表以驗證之。
6. 圖 8-46 的電路改接成圖 8-47(a)的電路，S_1 爲單刀雙投開關。

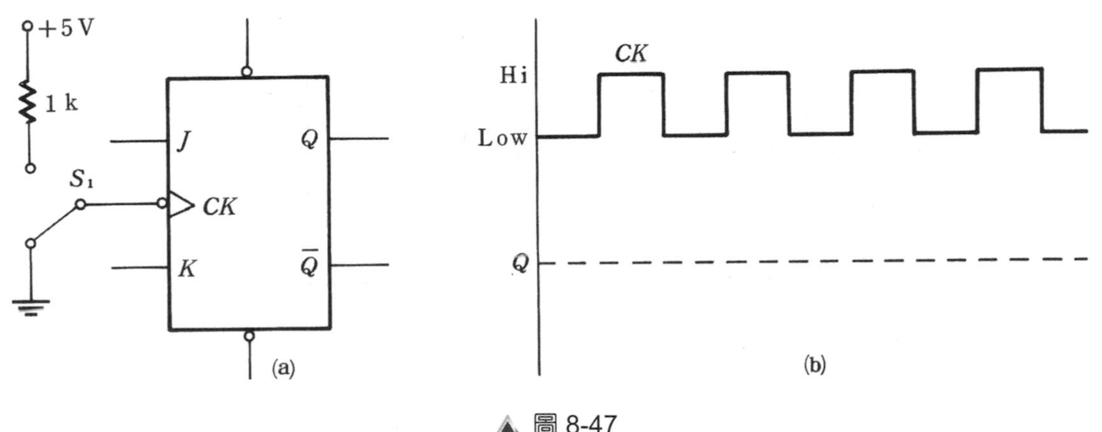

▲ 圖 8-47

7. S_1 按圖(b)所示的狀況上、下的搬動，並記錄對應的輸出 Q 於圖(b)中。
   根據前述定義，當 CK 由 Low → Hi → Low 時，輸出 Q 成反態關係。事實與前述定義有所出入，這是由 S_1 開關的機械跳動所致。
8. 將圖 8-47(a)開關機械跳動所造成錯誤的避免電路繪於下列空格圖 8-48 中，並驗證 CK 與 Q 的彼形關係合乎 *J-K* FF 所述。

▲ 圖 8-48

9. 用一個 *J-K* FF 按圖 8-49 插妥電路，輸入端接用 TTL gate 組成的無穩態多諧振盪器(可用實驗器 clock pulse 信號)，用示波器測得頻率=________，*A* 點頻率=________，CK_1 的頻率爲 *A* 點頻率的________倍，用示波器測 *B* 點頻率=________，*A* 點頻率爲 *B* 點頻率的=________倍，CK_1 的頻率爲 *B* 點頻率的=________倍。讀者可發現不管 CK_1 的 Hi/Low 波形寬度是否相等。*A* 點、*B* 點的波形 Hi/Low 寬度一定相等。

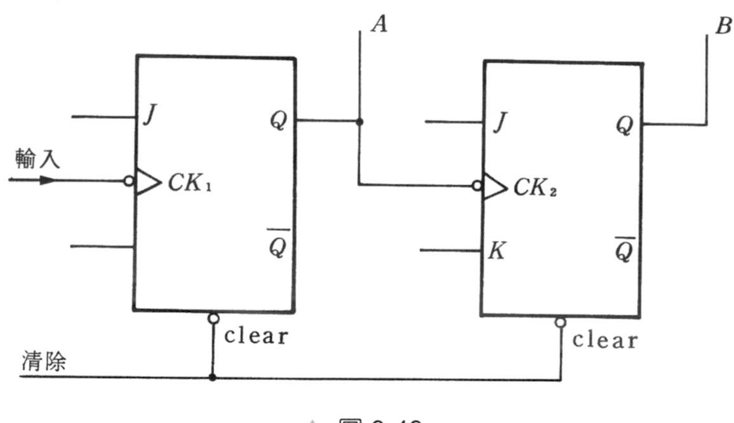

▲ 圖 8-49

8-4　問題

1. 說明 *R-S* Flip-Flop 與 *R-S* latch 有何區別？
2. 在眞值表中常有 Q_n 與 Q_{n+1}，其區別何在？
3. 說明 Flip-Flop 中，*R*、*S*、*D*、*T*、*J*、*K*、clock、clear、preset 之定義。
4. Flip-Flop clock 脈衝觸發之方式有哪些？
5. 試以 NOR gate 組成之 *R-S* latch 說明正反器之原理。
6. FIip-Fiop 又稱 bistable-multivibrator，試以電晶體元件說明其動作原理。
7. 以 NOR gate 與 NAND gate 構成 *R-S* latch 各應避免何種狀態輸入？爲何？
8. FIip-FIop 之主要用途爲何？
9. 如何將 *J-K* Flip-Flop 改接成 *D* 及 *T* Flip-Flop。
10. 試以 *R-S* Flip-Flop 接成 *J-K* Flip-Flop。

Note

CH 9

計數器

9-1 實習目的

1. 瞭解二進制計數器之構成
2. 瞭解同步、異步計數器
3. 瞭解 *N* 模計數器的設計
4. 利用 TTL、CMOS 計數器 IC 設計計數器

9-2 相關知識

計數器(counter)是由正反器配合邏輯閘組成，它在數位系統中扮演著極其重要的角色。脈波計數、頻率分劃，類比／數位的轉換……等工作，都需用到它，可說應用非常廣泛。

數位電路除了 Hi 及 Low 二個位準外好像不可能再有第三種現象，因此很像二進位計數方式，所以一般數位計數器便採用二進制來做爲進位單位。在此我們舉一例來說明二進制原理及它和十進制的對照：

$14 = 1 \times 10^1 + 4 \times 10^0$ ……十進制

$14 = 1 \times 2^3 + 1 \times 2^2 + 1 \times 2^1 + 0 \times 2^0$ ……二進制

$= 1110_2$ ……代表方式

我們知道十進制最大數為 9 而逢 10 便進 1，同理二進制最大數便為 1，且逢 2 便進 1。在正反器那章我們了解許多形式的正反器，其中 *J-K* 正反器是非常受人歡迎的。

觸發方式是正反器的重點之一，目前市面上的正反器大部分全部都採用負緣觸發(negative-edge trigger)，所以在設計或應用計數器時就應好好的注意，否則一步算錯便全盤俱沒。

圖 9-1 是利用負緣觸發型 *J-K* 正反器的特性，每當時脈由 Hi 降至 Low 的瞬間，將使 *FF* 轉態，由圖中可以看出，輸出的脈波剛好是輸入脈波頻率的 1/2。這種除以 2 的特性就是二進制計數器的最基本原理。

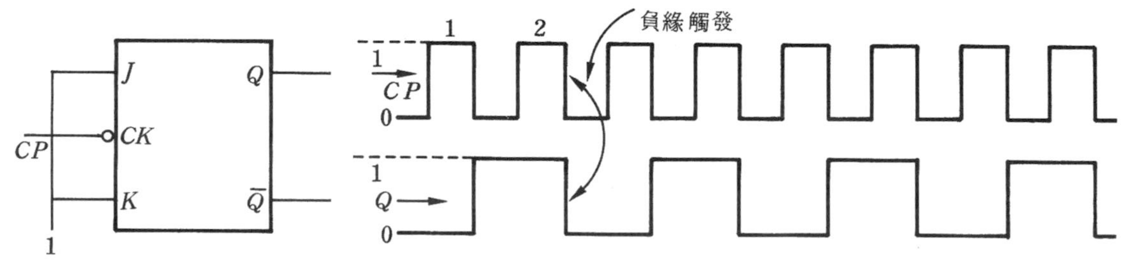

▲ 圖 9-1 基本二進制計數器原理

圖 9-2 便是 9-1 的推廣使用，既然一個 *J-K* 正反器可以除 2 那麼四個當然可除到 16，但當在 16 時，因無下級只好再使 Q_d 為 0。

第 1 個正反器的輸出接到第二個正反器 *CK* 的輸入，其餘類推。如果我們把 *A* 的輸出看成 2^0 位，*B* 的輸出看成 2^1 位，*C* 的輸出看 2^2 位，*D* 的輸出看成 2^3 位，則加一連串的時脈於 *A* 正反器，則各正反器的輸出變化狀態如圖 9-2(b)所示。假設在若干時脈後，測知各正反器的輸出狀態為 1100，則時脈數

$$1 \times 2^3 + 1 \times 2^2 + 0 \times 2^1 + 0 \times 2^0 = 12$$

因此便知道已有 12 個時脈輸入正反器了。

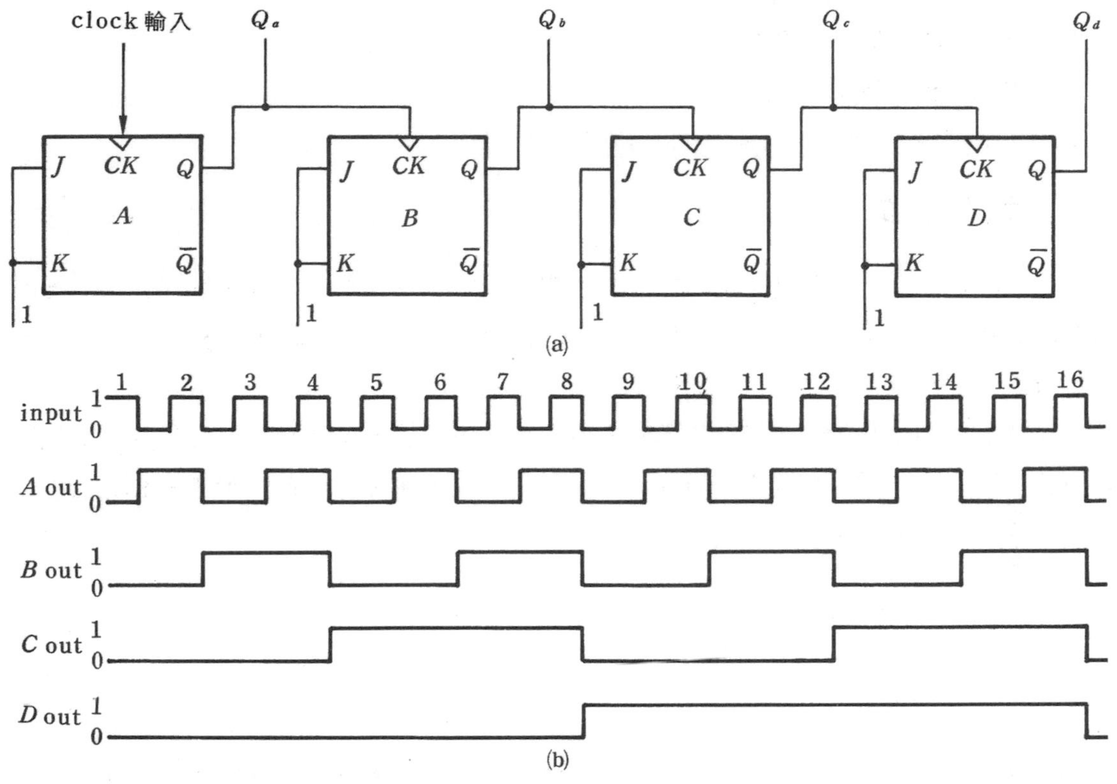

圖 9-2　輸入脈波與各正反器 Q 的波形關係

一般計數器可分爲二大類，每類中又可分爲好幾種型式。通常可分爲同步和非同步兩者，這兩者中又有上-下數計數器(Up-down counter)和可預約數上-下數計數器，由於 IC 技術的進步，可以將包含許多個正反器的計數器電路，製作在一個 IC 包裝中，目前 TTL、CMOS 製成的 MSI 計數器 IC 已大量應市，不但使用起來方便，且價格亦便宜。

9-2-1　非同步計數器(asynchronous counter)

計數電路如果一級接一級的數而非同一時間的數，便稱爲非同步計數；輸入到非同步計數器中的時脈，在計數器中的動作類似波的傳遞一樣，由最左邊的正反器開始，每個正反器的輸出變化一起一伏，依次由最低位至最高次位的順序通過計數器，如圖 9-2 所示，所以此類計數器又稱爲漣波計數器(ripple counter)。

計數和除數實爲一體兩面之意。設我們計數到 14 才有輸出，那豈不等於除以 14 才能輸出 1 嗎？因此計數器被用在頻率分割或除頻電路是最多的，我們也以除 N 來做爲口語，這樣是比較方便說明的。

一個 N 位元(bit)計數器是由 N 個 FF 連接而成，而有 2^2 個不同的輸出狀態(因每個正反器都有兩個狀態)。一個 4 位元(圖 9-2)計數器有 $2^4 = 16$ 種輸出狀態，稱爲計數狀態(count state)，換言之，它可數到 16 的輸入脈波，亦可將 4 位元計數器設計成只有 10 個計數狀態。所謂計數器的模數(MOD number)，就是指它所具有的計數狀態，因此 MOD-10 計數器有 10 個計數狀態。

計數器能出現的最大值永遠比 M(模數)小 1，例如 MOD-12 計數器能顯現的最大值爲 11，12 出現在計數器卻爲 0。

當一計數器被當成分頻器(frequency divider)使用時，其輸出頻率爲輸入(CK)頻率的函數。圖 9-2(a)爲一除以 16 計數器，A 輸出頻率爲輸入 CK 的 1/2，B 輸出頻率爲輸入 CK 的 1/4，C 輸出頻率爲輸入 CK 的 1/8，D 輸出頻率爲輸入 CK 的 1/16。所以 MOD-10 計數器也可稱爲除以 10 計數器。當欲得到任何整數的除數，計數器的線路可用下列方法求得。

1. 求出所需要的正反器數目 n，但必須滿足下列關係：

$$2^{n-1} \le N \le 2^n$$

此處 N 爲所要求的除數，若 N 不是正好 2 的指數就使用比它稍大的 2 的指數。n 爲所需的正反器數目。

2. 把所需的正反器連接成漣波計數器。
3. 將數至 $N-1$ 時 $F\text{-}F$ 爲 1 態的輸出及計數器輸入端的時脈一起輸入到一個 NAND gate 的輸入端。
4. 把 NAND gate 的輸出接到當 $N-1$ 時爲 0 態的 preset 上(接至所有正反器的 preset 亦可)。

圖 9-3 是一除 10 的 BCD 計數器，每數 10 次以後即重頭再數。計數器的重歸至 0 態，是利用第 N(此處爲 10)個時脈的正緣來臨時，所有正反器被推動至 1 態，而當其負緣來臨時，就將所有正反器帶回至 0 態，於是計數器又重頭數起。

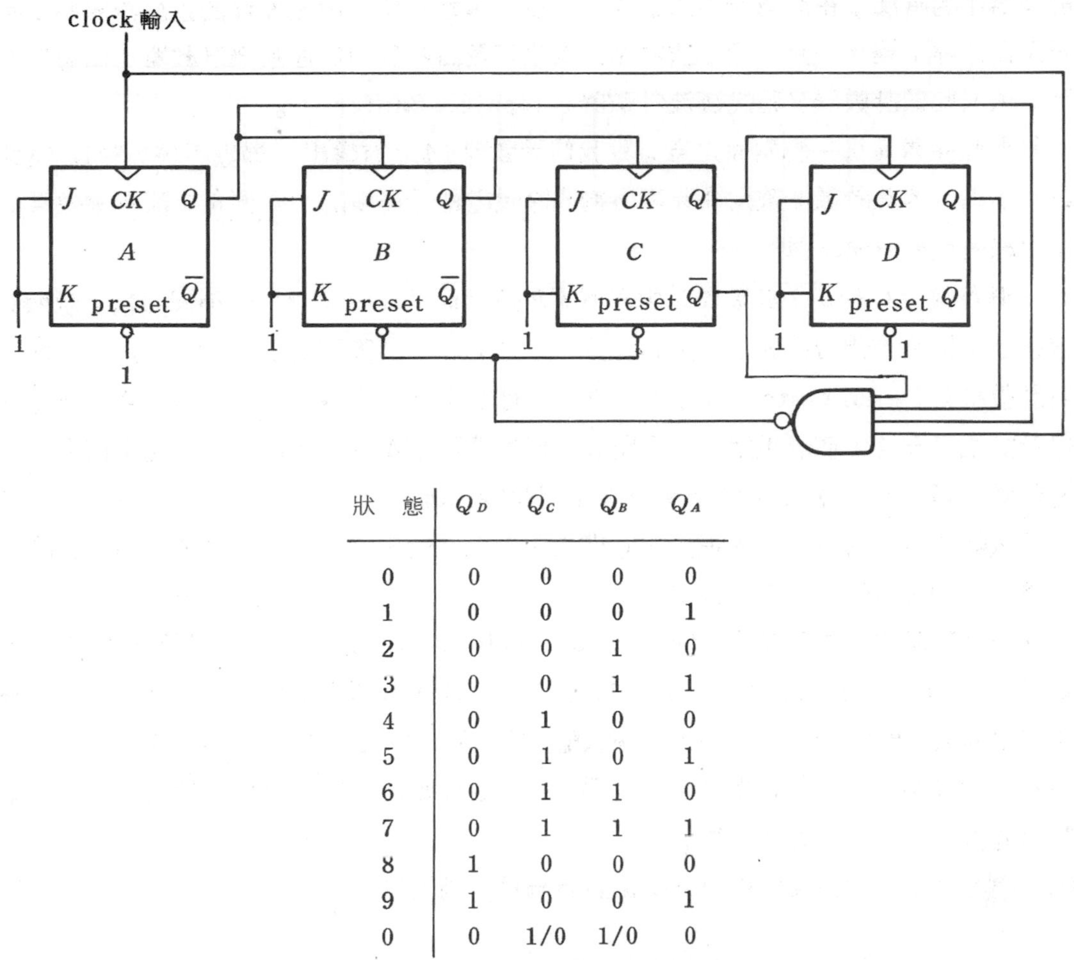

狀　態	Q_D	Q_C	Q_B	Q_A
0	0	0	0	0
1	0	0	0	1
2	0	0	1	0
3	0	0	1	1
4	0	1	0	0
5	0	1	0	1
6	0	1	1	0
7	0	1	1	1
8	1	0	0	0
9	1	0	0	1
0	0	1/0	1/0	0

▲ 圖 9-3　BCD 十進制漣波計數器

一般 *J-K* 正反器都有 preset 和 CLR 裝置，其中推動 preset 是使正反器變爲 1 態而推動 CLR 是使變爲 0 態(輸出)，是用 1 或 0 態來推動 preset 或 CLR 那就得看符號而定，如果 preset 和 CLR 前有一小圓形或半圓就表示是用 0 態來推動，否則用 1 態。

在許多 IC 正反器中，預置(preset)是沒有的，只有清除(clear)裝置，圖 9-4 是利用共同清除線的÷12 計數器，這個計數器的設計步驟如下：

1. 求出所需要的正反器數目 *n*，*n* 仍然是必須滿足下列關係：

$$2^{n-1} \le N \le 2^{n}$$

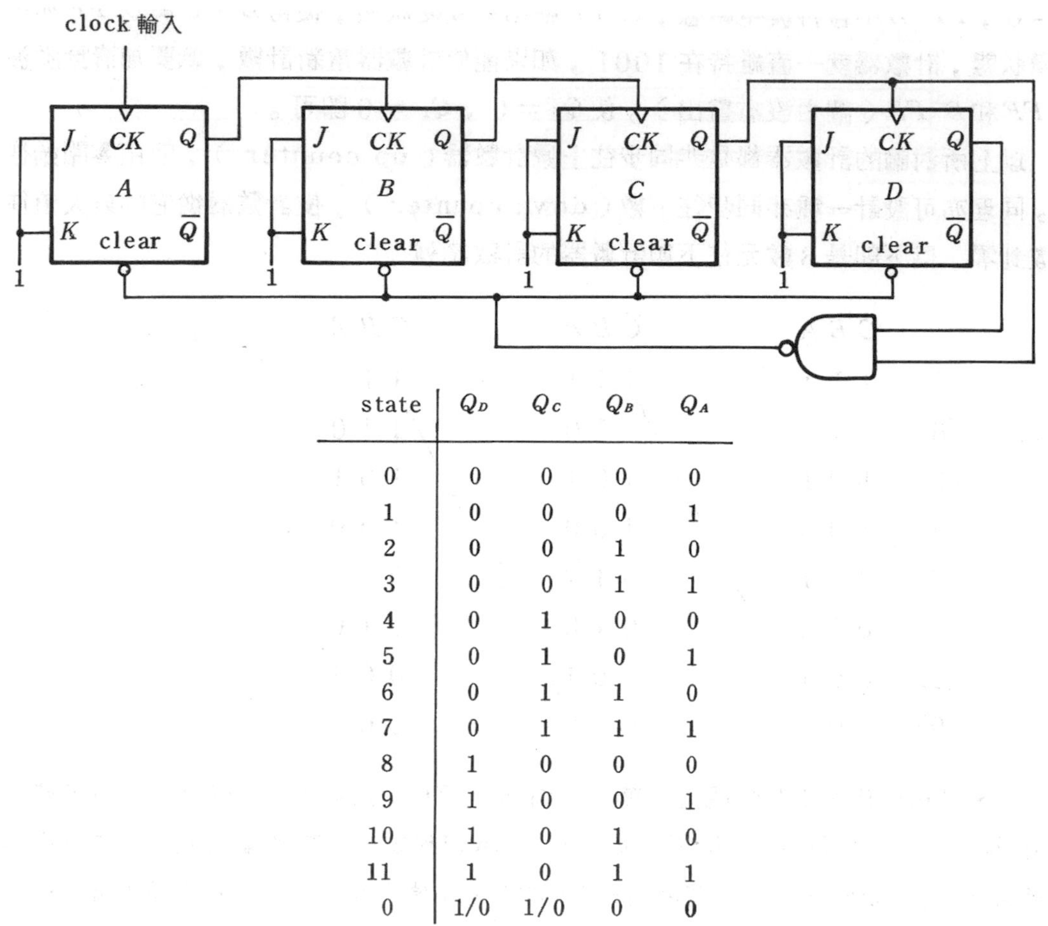

state	Q_D	Q_C	Q_B	Q_A
0	0	0	0	0
1	0	0	0	1
2	0	0	1	0
3	0	0	1	1
4	0	1	0	0
5	0	1	0	1
6	0	1	1	0
7	0	1	1	1
8	1	0	0	0
9	1	0	0	1
10	1	0	1	0
11	1	0	1	1
0	1/0	1/0	0	0

▲ 圖 9-4　除以 12 的漣波計數器

2. 把所需的正反器連接成漣波計數器。
3. 找出二進制數目 N。
4. 將計數器數到 N 時，$Q = 1$ 的正反器輸出接至 NAND gate 的輸入，而把 NAND gate 的輸出接至正反器的清除(c1ear)上。

如此一來，當計數器數到 N 時，NAND gate 的輸出為 0，而使所有的正反器都回復為 0 態。

非同步計數器雖然簡單，但存有不少缺點，操作速度慢是其一大缺點。若設每個正反器傳遞延遲為 50ns，則 4 個正反器的延遲就 200ns，動作頻率受到限制，使它只能用在低速操作的情形。

圖 9-2 的計數器不會自動停下來，只要不斷有時脈輸入，它的計數值就一直增加，直到出現最大值 1111 (15)後又回復到 0000 (0)，然後再重頭計數起。如果要它計數到 1001 (9)就停下來的話，只要做一小部份的修改(增加一 NAND gate)即可，如圖 9-5 所示。此種電路稱爲自停式漣波計數器。

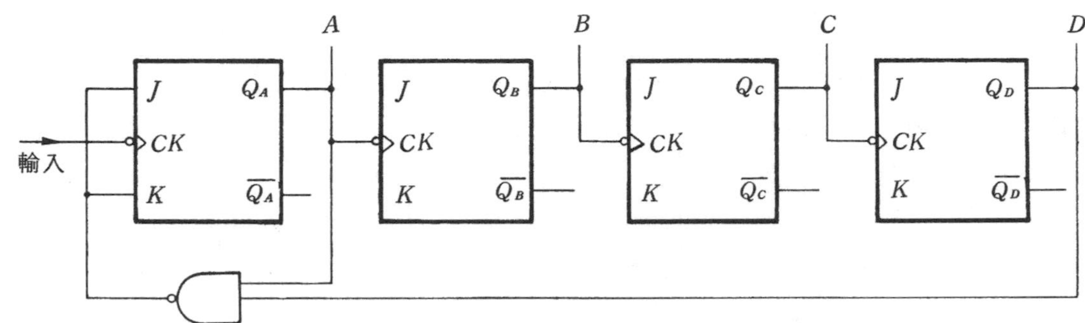

▲ 圖 9-5　停在 1001 的自停式漣波計數器

當輸入時脈，計數器依正常方式計數，在第 9 個脈波輸入後，計數器出現 1001，此時 *A* 與 *D* 輸出都爲 Hi，因此 NAND gate 輸出爲 Low，使 $J_A = K_A = 0$。由於 $J = K = 0$，*FF A* 不會再發生轉態，*A FF* 輸出不改變狀態，使得 *B*、*C* 與 *D FF* 亦不會改變狀態，計數器就一直維持在 1001，如果能使計數器重新計數，只要加清除脈波到 *A FF* 和 *D FF* (圖中沒有畫出)，使 $Q_A = 0$，$Q_D = 0$ 即可。

以上所討論的計數器都是非同步往上數計數器(up counter)，即由零開始往上數。同理亦可設計一種非同步往下數(down oounter)，使計數器從它的最大值往下計數到零，以下即是 3 數元往下數計數器的計數序列：

	C	*B*	*A*	*C*	*B*	*A*	*C*	*B*	*A*
(7)	1	1	1	1	1	1	1	1	1
(6)	1	1	0	1	1	0	1	1	0
(5)	1	0	1	1	0	1	1	0	1
(4)	1	0	0	1	0	0	1	0	0
(3)	0	1	1	0	1	1	0	1	1
(2)	0	1	0	0	1	0	0	1	0
(1)	0	0	1	0	0	1	0	0	1
(0)	0	0	0	0	0	0	0	0	0

A、B 和 C 代表 FF 的輸出狀態，可看出 A FF 最低次位(LSB)每次都改變狀態，如同往上數計數器一樣，B FF 每當 A 由 Low 轉變爲 Hi 時改變狀態。C 在 B 從 Low 轉變爲 Hi 時改變狀態。因此若將前級 FF 的 $\overline{Q}$ 輸出當做後級 FF 的 CK 輸入就可滿足往下計數的要求。圖 9-6 所示爲——MOD-8 往下數計數器及其波形圖。

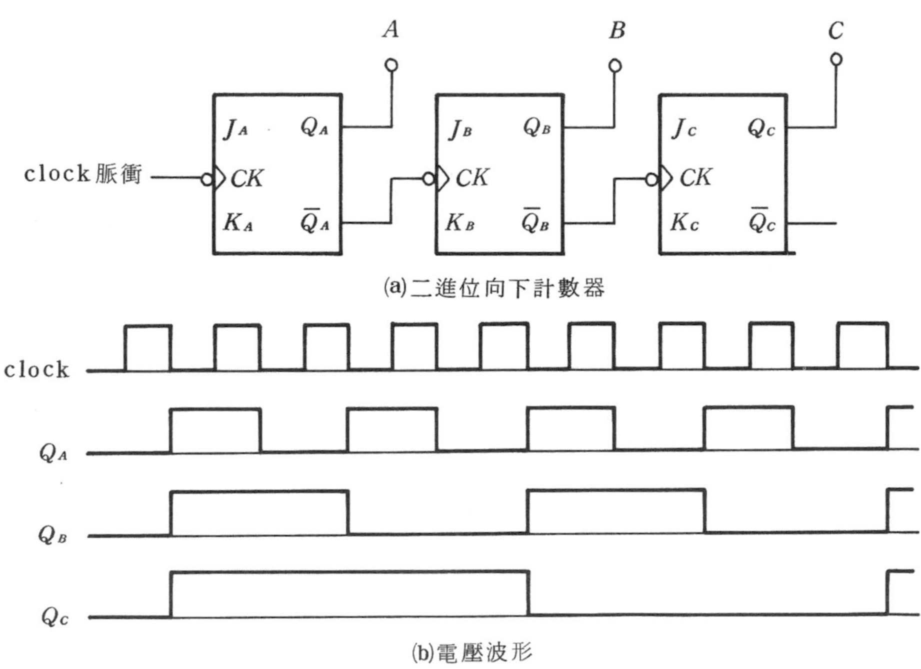

▲ 圖 9-6　MOD-8 往下計數器

圖 9-7 是一種上／下計數器(up/down counter)，它以“上數”和“下數”兩個輸入控制計數器往上或往下計數。

當 up 爲 1 而 down 便爲 0 態，那麼 A_1 的變化就依 Q 而定，而 A_2 的輸出必然爲 0 ，因此便是做上數計數。同理當 up 爲 0 而 down 爲 1 態，則 A_2 便依 $\overline{Q}$ 的變化而定，A_1 輸出也必定是 0，所以便做下數計數。如果 up = down = 1 或 0 態就不做計數功能，因爲 OR 閘必輸出 1 或 0，而不會隨上級改變，所以就不做計數。

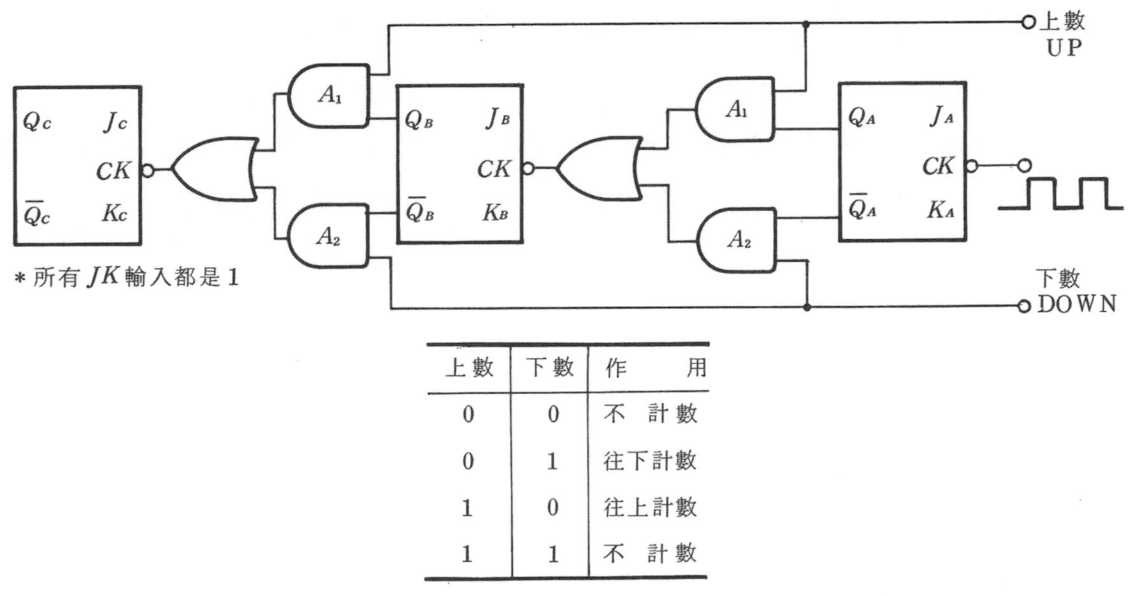

上數	下數	作　　用
0	0	不　計數
0	1	往下計數
1	0	往上計數
1	1	不　計數

▲ 圖 9-7 UP/DOWN 計數電路

9-2-2 同步計數器(synchronous counter)

如果計數電路是同時改變的數，而非一級接一級的數便稱為同步計數器。它又分為兩種，一為串聯進位同步計數器(serial-carry synchronous counter)另一種為並聯同步計數器(synchronous parallel counter)。圖 9-8 是一個串聯進位同步計數電路的延遲時間是受 AND 閘所限制的，且正反器是同時動作，所以算是一個延遲時間。

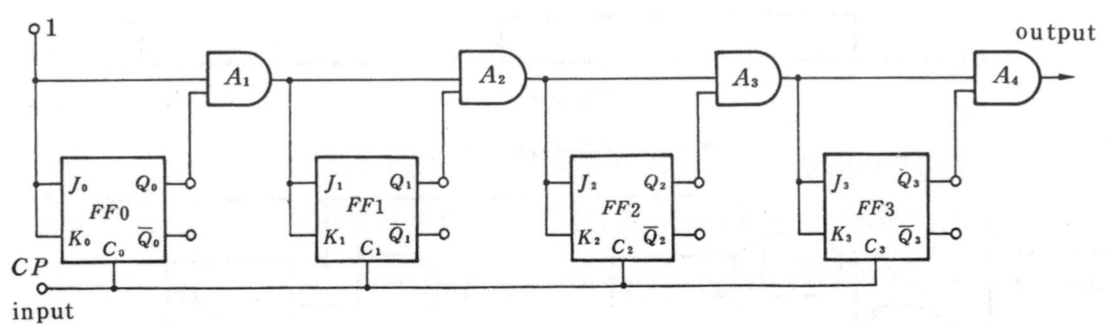

▲ 圖 9-8 一個串聯進位同步計數器

圖 9-9 是一個參考性的並聯同步計數器結構。這種計數器的設計需要利用到狀態表(state table)、分配表(assignment table)和正反器的眞值表(truth table)以及卡諾圖(karnaugh-map)。因此設計下來，便產生了各種電路形態，但功能卻是一樣的。底下說明設計步驟時，大家應仔細研究以達到事半功倍的效果。如圖 9-9，因爲每次計數都同時改變，所以只能算一個正反器的延遲及一個 AND 閘的延遲。

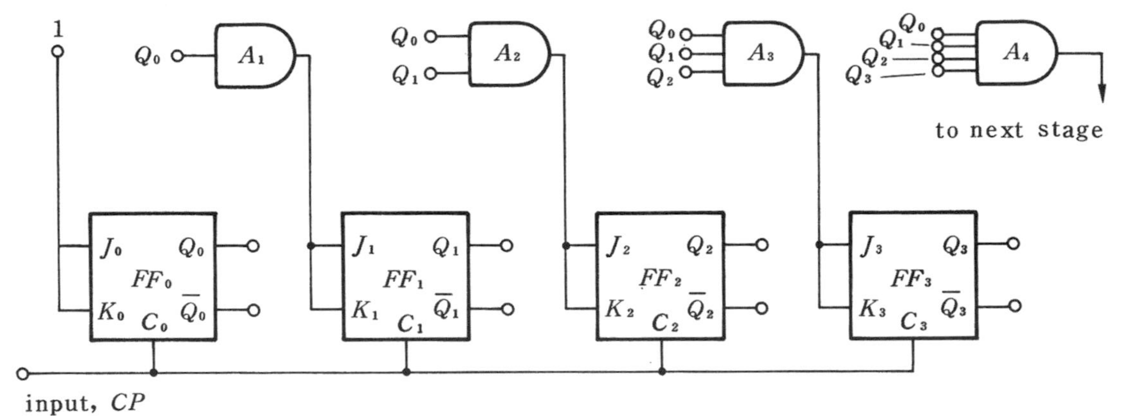

▲ 圖 9-9　典型並聯同步計數電路

假設我們要設計一個除 16 的計數電路，爲了配合圖 9-9，就依照下列設計步驟以求得解答。

1. 找出要用正反器眞值表及除數模式，如圖 9-10(a)、(b)所示。其圖(b)的 ϕ 稱爲不理睬(don't care)，它對於簡化電路很有幫助的。
2. 畫出四位元(4bits)的卡諾圖，先確立此圖的分配位置，因此又稱爲參考圖(reference map)，如圖 9-11 先依 $2^{n-1} < N \le 2^n$，找出 n 個正反器數目，本例恰爲 4 個，其中參考圖的 0 位置便是要填 0 → 1 的 Q_D 或 Q_C、……或 Q_A 之變化，1 的位置填 1 → 2 的 Q_D 或 Q_A 的變化，餘者類推。
   參考圖的 $DCBA$ 分表別 Q_D、Q_C、Q_B、Q_A 的註腳。

等值的數目	Q_D	Q_C	Q_B	Q_A
0	0	0	0	0
1	0	0	0	1
2	0	0	1	0
3	0	0	1	1
4	0	1	0	0
5	0	1	0	1
6	0	1	1	0
7	0	1	1	1
8	1	0	0	0
9	1	0	0	1
10	1	0	1	0
11	1	0	1	1
12	1	1	0	0
13	1	1	0	1
14	1	1	1	0
15	1	1	1	1
0	0	0	0	0

(a)

J-K 正反器眞值表

J	K	$Q_n \to Q_n+1$
0	0	Q_n
1	0	1
0	1	0
1	1	$\overline{Q_n}$

引伸爲

Q_n	$\to Q_n+1$	J	K
0	0	0	ϕ
0	1	1	ϕ
1	0	ϕ	1
1	1	ϕ	0

(b)

▲ 圖 9-10

參考圖

BA \ DC	00	01	11	10
00	0	4	12	8
01	1	5	13	9
11	3	7	15	11
10	2	6	14	10

▲ 圖 9-11

3. 因爲有四個 *J-K* 正反器，所以需要八個輔助圖才可以完成卡諾圖的化簡。其原因是這樣的，*J-K* 正反器共有兩個輸入端，每端都可能影響計數電路所以才需八個圖。J_A 及 K_A 是在同一正反器故需同時討論。

從 0 → 1 時，Q_A 的狀態是由 0 → 1，所以在 $DCBA = 0000$ 時應使 $J_A = 1$，而 $K_A = 1$ 或 0 皆不要緊，因此用 ϕ 代表。故 $DCBA = 0000$ 的那格 J_A 圖便需填 1 而 K_A 就填 ϕ。在 1 → 2 時，Q_A 是由 1 → 0，所以在 $DCBA = 0001$ 那格，J_A 就應填 ϕ，而 K_A 就填 1。在 2 → 3，Q_A 是由 0 → 1，因此在 $DCBA = 0010$ 那格，J_A 就填 1 而 K_A 就填 ϕ 餘者類推。完整的圖就如圖 9-12 所示。爲化簡方便，我們就設 $\phi = 1$，因此根據卡諾圖化簡方式我們得

$J_A = 1$
$K_A = 1$ 　代表著 J_A、K_A 需接 Hi 電位

J_A:

BA \ DC	00	01	11	10
00	1	1	1	1
01	ϕ	ϕ	ϕ	ϕ
11	ϕ	ϕ	ϕ	ϕ
10	1	1	1	1

K_A:

BA \ DC	00	01	11	10
00	ϕ	ϕ	ϕ	ϕ
01	1	1	1	1
11	1	1	1	1
10	ϕ	ϕ	ϕ	ϕ

▲ 圖 9-12

同理我們也可求出 J_B、K_B、J_C、K_C、J_D、K_D 等狀況。圖 9-13 爲 J_BK_B 卡諾圖得

$J_B = A$
$K_B = A$ 　其意義是說 J_B 及 K_B 都需接到 Q_A

J_B:

BA \ DC	00	01	11	10
00	0	0	0	0
01	1	1	1	1
11	ϕ	ϕ	ϕ	ϕ
10	ϕ	ϕ	ϕ	ϕ

K_B:

BA \ DC	00	10	11	10
00	ϕ	ϕ	ϕ	ϕ
01	ϕ	ϕ	ϕ	ϕ
11	1	1	1	1
10	0	0	0	0

▲ 圖 9-13

圖 9-14，圖 9-15 分別爲 J_C、K_C 及 J_D、K_D 之卡諾圖得

$K_C = AB$
$J_C = AB$　　表示 K_C、J_C 都接在 Q_A AND Q_B 的輸出

$J_D = ABC$
$K_D = ABC$　　是說 J_D 及 K_D 是接著 Q_A AND Q_B AND Q_C 的輸出端

J_C

BA \ DC	00	01	11	10
00	0	ϕ	ϕ	0
01	0	ϕ	ϕ	0
11	1	ϕ	ϕ	1
10	0	ϕ	ϕ	0

K_C

BA \ DC	00	01	11	10
00	ϕ	0	0	ϕ
01	ϕ	0	0	ϕ
11	ϕ	1	1	ϕ
10	ϕ	0	0	ϕ

▲ 圖 9-14

J_D

BA \ DC	00	01	11	10
00	0	0	ϕ	ϕ
01	0	0	ϕ	ϕ
11	0	1	ϕ	ϕ
10	0	0	ϕ	ϕ

K_D

BA \ DC	00	01	11	10
00	ϕ	ϕ	0	0
01	ϕ	ϕ	0	0
11	ϕ	ϕ	1	0
10	ϕ	ϕ	0	0

▲ 圖 9-15

4. 綜合 J_A、K_A、J_B、K_B、J_C、K_C、J_D 和 K_D，我們得圖 9-16 的實際電路。每個正反器的 CK 皆並聯接在一起，所以一眼就可以判定它是並聯同步計數器。

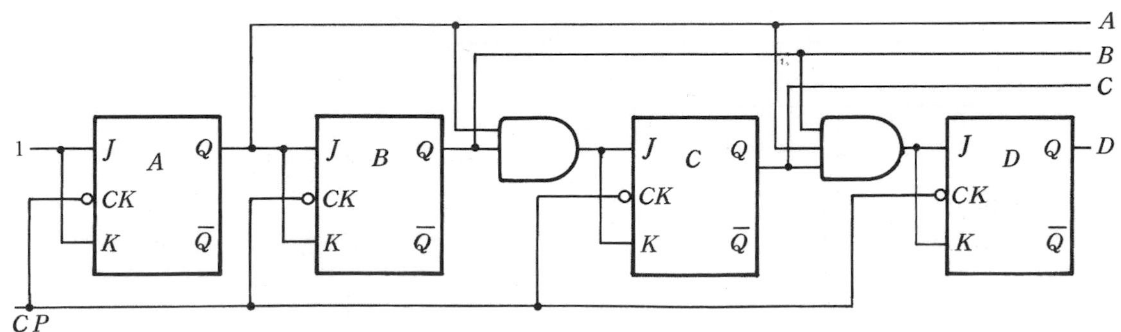

▲ 圖 9-16　一個實際 16 計數器電路

至於下數同步計數器它的設計方式也同上法，只不過把狀態表變化後再套入卡諾圖化簡即可。我們就以一個除 3 的上／下計數器來做為設計說明。圖 9-17(a) 是其下、上數狀態表，依此再利用上法納入卡諾圖，化簡後我們得上數為

$$J_0 = \overline{Q}_1 \qquad K_0 = 1$$
$$J_1 = Q_0 \qquad K_1 = 1$$

下數為

$$J_0 = Q_1 \qquad K_0 = 1$$
$$J_1 = \overline{Q}_0 \qquad K_1 = 1$$

下　數

	Q_1	Q_0
0	0	0
2	1	0
1	0	1
0	0	0

上　數

	Q_1	Q_0
0	0	0
1	0	1
2	1	0
0	0	0

(a)狀態表

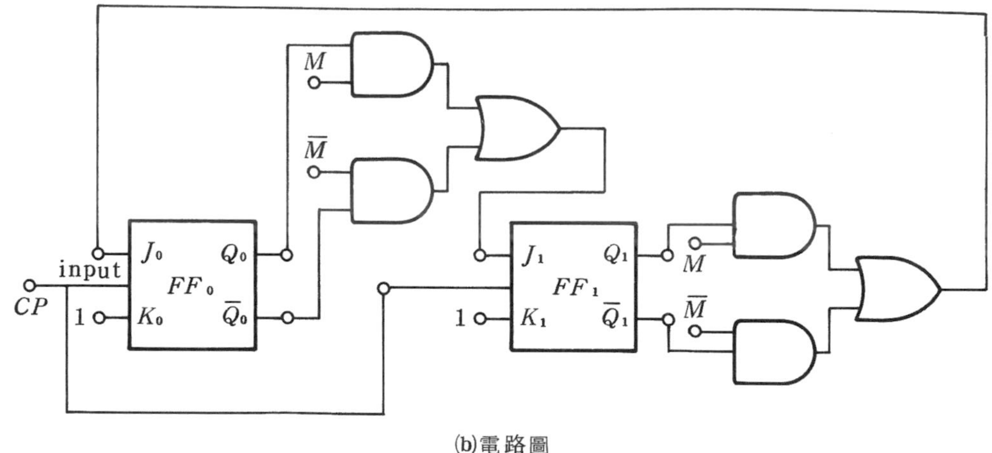

(b)電路圖

▲ 圖 9-17　同步除 3 上／下數計數器

以上二者剛好都在 J 輸入端呈現 180 度的反相，所以只要用 AND 和 OR 閘組成一控制開關即可知是上數或下數計數。圖 9-17(b)便是它的實際電路。其中 M 代表 up 而 $\overline{M}$ 即爲 down。其餘像除 4、5……等的上／下數計數電路皆可利用此法加以設計，再合併成爲一個電路。

9-2-3　積體電路計數器

鑑於事實的需要，將數個正反器包裝在一塊 IC 內組成不同模數的計數器。TTL IC 中常用的有 7490、7492、7493 三種，這三種計數器均屬負緣觸發漣波計數器，且接 V_{CC}、GND 與一般性的接法(對角線)不同。

7490 的構成如圖 9-18(a)所示，內部可分爲一 J、K 正反器與一 MOD-5 的電路 (BCD *FF*)。如果將 *A FF* 的輸出(第 12 腳)接 *B FF* 的輸入(input *B*，第 1 腳)，時脈由 inpu *A* (第 14 腳)輸入，則可組成 MOD-10 計數器，其狀態表如圖 9-18(b)mode 1 所示，是依 8421 BCD 碼進行變化。

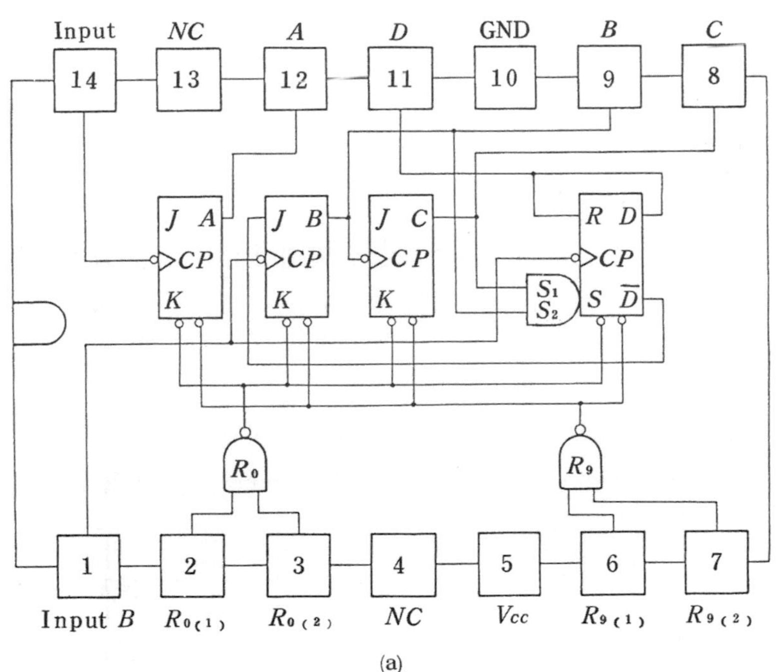

(a)

▲ 圖 9-18　7490 接腳與功能

Mode 1 (BCD)	Mode 2 (對稱除 10)	Mode 3 (除 5)
D C B A	A D C B	D C B
0 0 0 0	0 0 0 0	0 0 0
0 0 0 1	0 0 0 1	0 0 1
0 0 1 0	0 0 1 0	0 1 0
0 0 1 1	0 0 1 1	0 1 1
0 1 0 0	0 1 0 0	1 0 0
0 1 0 1	1 0 0 0	
0 1 1 0	1 0 0 1	
0 1 1 1	1 0 1 0	
1 0 0 0	1 0 1 1	
1 0 0 1	1 1 0 0	

(b)

▲ 圖 9-18　7490 接腳與功能(續)

前述 7490 由 input *B* 輸入，*D* 輸出接 input *A*，則 *A FF* 的輸出可得工作週 50% 的波形，輸出頻率為輸入的 1/10，其輸出狀態如圖(b)mode 2 所示，非按 8421 BCD 碼進行。BCD *FF* 組成 MOD-5 計數器，當 *D FF* 由 Hi 轉 Low 時 *A FF* 轉態。

$R_{9(1)}$、$R_{9(2)}$的功能：$R_{9(1)}$、$R_{9(2)}$同時為 1 時使 *A* 和 *D* preset 成 1，*B* 和 *C* clear 成 0，即 *DCBA* 的狀態成 1001，即相當於 9 的狀態。

$R_{0(1)}$、$R_{0(2)}$的功能：$R_{0(1)}$、$R_{0(2)}$同時為 1 時，使 *DCBA* 同時 clear 成 0，即 *DCBA* 的狀態成 0000，即相當於十進位的 0。

如果 R_9 和 R_0 同時動作時以 R_9 動作優先輸出 1001，正常計數時應使 R_0 和 R_9 均不動作，即 $R_{0(1)}$、$R_{0(2)}$中有任一以上為 0，且 $R_{9(1)}$、$R_{9(2)}$中有任一以上為 0，才能正常計數。

R_0 和 R_9 的眞值表如圖 9-19 所示，圖 9-20 為 7490 之電氣特性表。

復置輸入				輸出
$R_{0(1)}$	$R_{0(2)}$	$R_{9(1)}$	$R_{9(2)}$	DCBA
1	1	0	×	0000
1	1	×	0	0000
×	×	1	1	1001
×	0	×	0	COUNT
0	×	0	×	COUNT
0	×	×	0	COUNT
×	0	0	×	COUNT

▲ 圖 9-19　$R_{(0)}$和 $R_{(9)}$的眞值表

參　　數	測　試　條　件	最小值	典型值	最大值	單　位
V_{in} (1)所需高態輸入電壓		2			V
V_{in} (0)所需低態輸入電壓				0.8	V
V_{out} (1)高態輸出電壓	V_{CC} = MIN　I_{load} = −400 μA	2.4			V
V_{out} (0)低態輸出電壓	V_{CC} = MIN　I_{sink} = 16 mA	2		0.4	V
I_{in} (1) $R_{0(1)}, R_{0(2)}, R_{9(1)}, R_{9(2)}$ 各端高態輸入電流	V_{CC} = MAX　V_{in} = 2.4 V V_{CC} = MAX　V_{in} = 5.5 V			40 1	μA mA
I_{in} (1) A 輸入端高態輸入電流	V_{CC} = MAX　V_{in} = 2.4 V V_{CC} = MAX　V_{in} = 5.5 V			80 1	μA mA
I_{in} (1) BD 輸入端高態輸入電流	V_{CC} = MAX　V_{in} = 2.4 V V_{CC} = MAX　V_{in} = 5.5 V			160 1	μA mA
I_{in} (0) $R_{0(1)}, R_{0(2)}, R_{9(1)}, R_{9(2)}$ 各端低態輸入電流	V_{CC} = MAX　V_{in} = 0.4 V			−1.6	mA
I_{in} (0) A 輸入端低態輸入電流	V_{CC} = MAX　V_{in} = 0.4 V			−3.2	mA
I_{in} (0) BD 輸入端低態輸入電流	V_{CC} = MAX　V_{in} = 0.4 V			−6.4	mA
I_{os} (0)輸出短路電流	V_{CC} = MAX　SN5490 SN5490	−20 −18		−57 −57	mA mA
I_{CC}　電源電流	V_{CC} = MAX　SN5490 SN7490		32 32	46 53	mA mA

▲ 圖 9-20　7490 特性表

7492 內部有 4 個 *M/S J-K* FF，如圖 9-21(a)所示，其中 *B*、*C* FF 組成 MOD-3 同步計數器，*B*、*C*、*D* FF 組成 MOD-6 計數器，若與 *A* FF 串聯起來使用成為 MOD-12 計數器，其動作狀態如圖 9-21(b)所示。由表中可知其動作並非按 8421 BCD 碼進行，MOD-1 的 *ABC* FF 組成 MOD-6 計數器，當 *C* FF 由 Hi 轉 Low 時 *D* FF 轉態。MOD-2 的 *B*、*C* FF 組成 MOD-3 計數器，當 *C* FF 由 Hi 轉 Low 時 *D* FF 轉態，*D* FF 由 Hi 轉 Low 時 *A* FF 轉態。

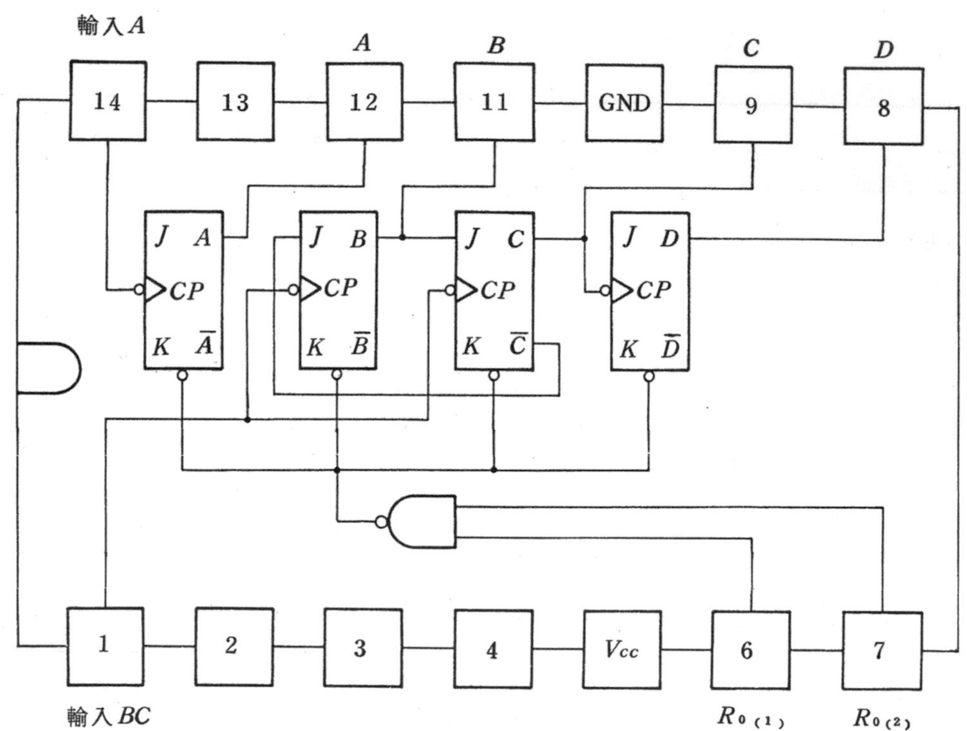

(a)

MOD-1 除 12				MOD-2 除 12				MOD-3 除 6		
D	C	B	A	A	D	C	B	D	C	B
0	0	0	0	0	0	0	0	0	0	0
0	0	0	1	0	0	0	1	0	0	1
0	0	1	0	0	0	1	0	0	1	0
0	0	1	1	0	1	0	0	1	0	0
0	1	0	0	0	1	0	1	1	0	1
0	1	0	1	0	1	1	0	1	1	0
1	0	0	0	1	0	0	0			
1	0	0	1	1	0	0	1			
1	0	1	0	1	0	1	0			
1	0	1	1	1	1	0	0			
1	1	0	0	1	1	0	1			
1	1	0	1	1	1	1	0			

(b)

▲ 圖 9-21　7492 接腳及功能圖

$R_{0(1)}$、$R_{0(2)}$的動作：$R_{0(1)}$、$R_{0(2)}$同待爲 1 時，使 *DCBA* 同時 clear 成 0，若 $R_{0(1)}$、$R_{0(2)}$有任一以上爲 0 才可正常計數。

7493 內部有 4 個 *M/S J-K* FF，如圖 9-22(a)所示，其中 *B*、*C*、*D* FF 其接成 MOD-8 計數器，如果再將 *A* FF 串接進去，則成爲 MOD-16 的計數器，其動作狀態如(b)圖所示。

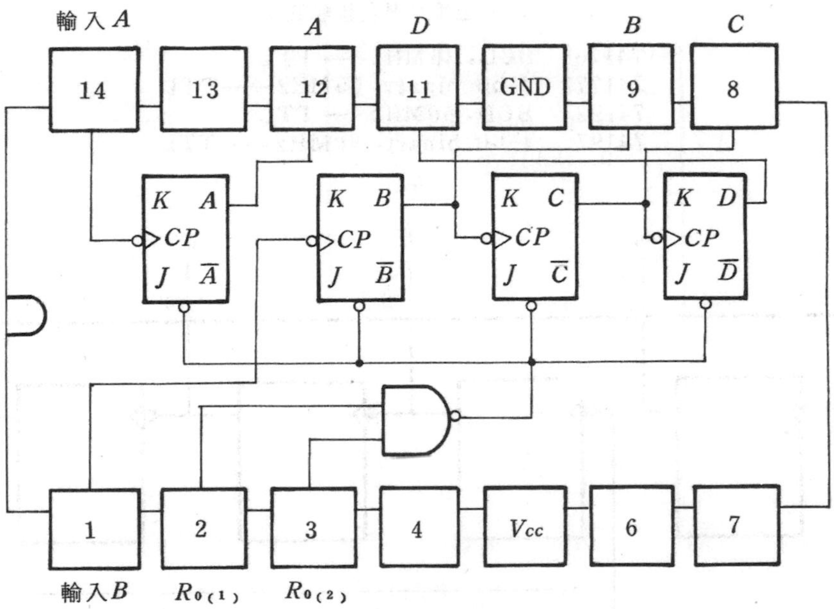

(a)

▲ 圖 9-22　7493 接線與功能圖

MOD-1 除 16				MOD-2 除 8		
D	C	B	A	D	C	B
0	0	0	0	0	0	0
0	0	0	1	0	0	1
0	0	1	0	0	1	0
0	0	1	1	0	1	1
0	1	0	0	1	0	0
0	1	0	1	1	0	1
0	1	1	0	1	1	0
0	1	1	1	1	1	1
1	0	0	0			
1	0	0	1			
1	0	1	0			
1	0	1	1			
1	1	0	0			
1	1	0	1			
1	1	1	0			
1	1	1	1			

(b)

▲ 圖 9-22 7493 接線與功能圖(續)

$R_{0(1)}$、$R_{0(2)}$，的動作：若 $R_{0(1)}$、$R_{0(2)}$同時爲 1 時使 $DCBA$ 同時 c1ear 成 0，如果 $R_{0(1)}$、$R_{0(2)}$其中有任一以上爲 0 才可正常計數。

具有可預先設定的上數漣波計數器，TTL IC 中常用的有如圖 9-23(a)所示，由圖 9-23 中可知，74177 分爲 MOD-2、MOD-8，74176 分爲 MOD-2、MOD-5，第 1 腳載入的作用是當此輸入端的信號爲 Low 時，會將 D_A、D_B、D_C、D_D 的資料載入(存入)相對應的 FF 輸出端。

1. 74176 是 10 進制，74177 是 16 進制
2. 74176 是 74196 的低速型
3. 74177 是 74197 的低速型

74197 的特色如下：

1. 16 進制同步計數器
2. 非同步 preset
3. 非同步 clear
4. 7493 中 preset 功能再增加之型

具有 preset clear 的上數漣波計數器 AND CLEAR

（全部都是負緣觸發）

74176	BCD，35 MHz —— TTL
74177	4-bit binary，35 MHz —— TTL
74196	BCD，50 MHz —— TTL
74197	4-bit binary，50 MHz —— TTL

(a)

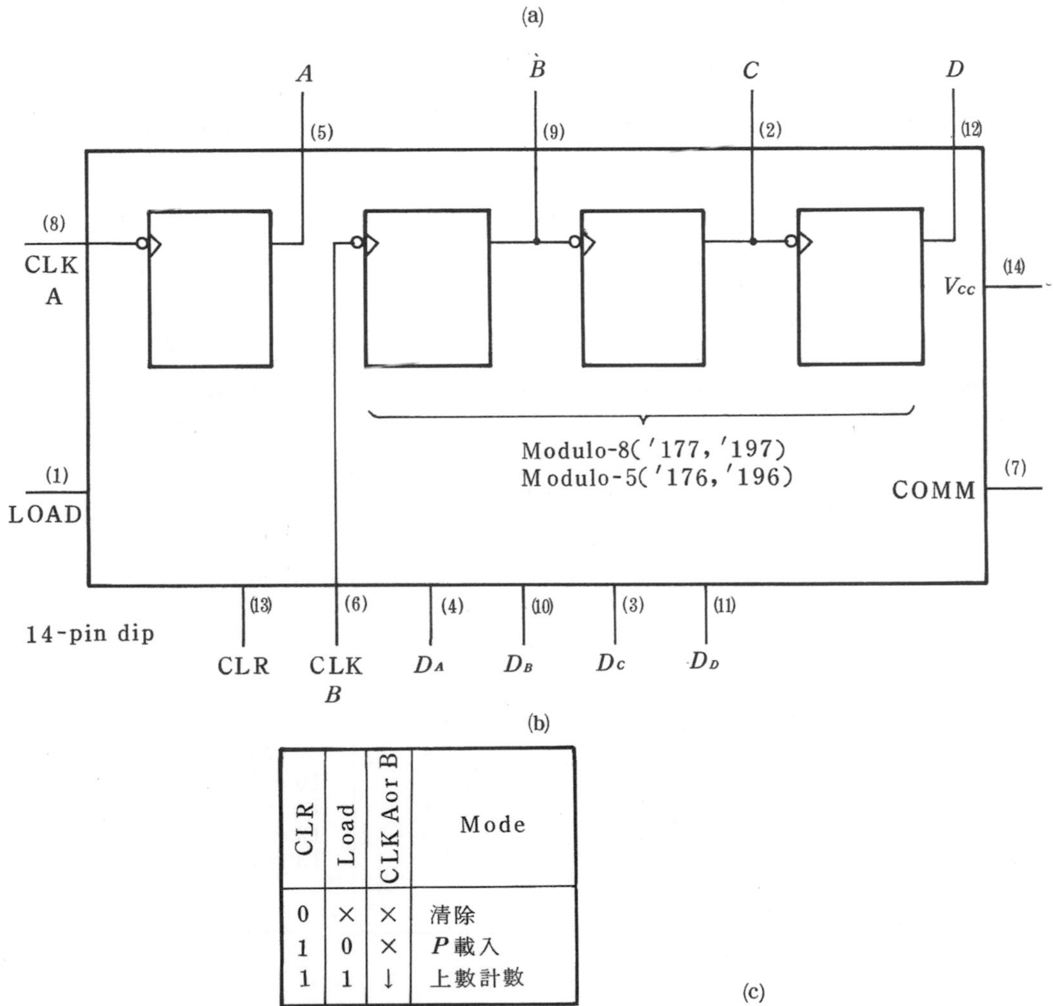

(b)

CLR	Load	CLK A or B	Mode
0	×	×	清除
1	0	×	*P* 載入
1	1	↓	上數計數

(c)

▲ 圖 9-23　74176 74177 74196 74197 之接腳及 clear，load，clock *A* 及 *B* 之功能圖

圖 9-24 電路改變預先設定輸入(D_A、D_B、D_C、D_D)，可擔任 MOD-2 至 MOD-15 的計數器。當 $D_A = 0$、$D_B = 0$、$D_C = 0$、$D_D = 0$，第 15 個時脈由 Hi 轉 Low 時，A、B、C、D 輸出爲 Hi，7420 NAND gate 輸出爲 Low，使 A、B、C、D 輸出爲 Low。在第 16 個時脈由 Hi 轉 Low 時輸出 $D = 0$、$C = 0$、$B = 0$、$A = 1$，一般 MOD-16，在第 16 個時脈由 Hi 轉 Low 時輸出爲 0 而不是 1。

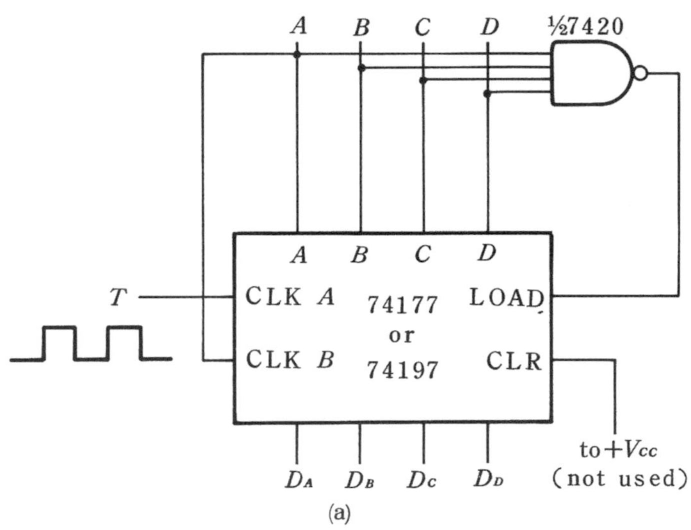

(a)

預置輸入						
	binary					
dec	D_D	D_C	D_B	D_A	modulus (n)	計數週
0	0	0	0	0	15	0 → 14
1	0	0	0	1	14	1 → 14
2	0	0	1	0	13	2 → 14
3	0	0	1	1	12	3 → 14
4	0	1	0	0	11	4 → 14
5	0	1	0	1	10	5 → 14
6	0	1	1	0	9	6 → 14
7	0	1	1	1	8	7 → 14
8	1	0	0	0	7	8 → 14
9	1	0	0	1	6	9 → 14
10	1	0	1	0	5	10 → 14
11	1	0	1	1	4	11 → 14
12	1	1	0	0	3	12 → 14
13	1	1	0	1	2	13 → 14
14	1	1	1	0	無	效
15	1	1	1	1	無	效

(b)

▲ 圖 9-24

圖 9-25(a)是計數至 MOD-n 自動停止計數的電路。設 $n = 12$，則 $D = 1$，$C = 1$，$B = 0$，$A = 0$，NAND gate 輸入接輸出的 C、D，當第 12 個時脈由 Hi 轉 Low，電路一直維持在此種狀態，不受輸入時脈影響，直至清除接 Low，計數才重新開始。

上／下計數器(up-down counters)可依輸入型態(mode)進行上數或下數之計數。TTL 較常用的 4 數元上下計數器爲 74192 (十進位計數器)、74193 (二進位計數器)。

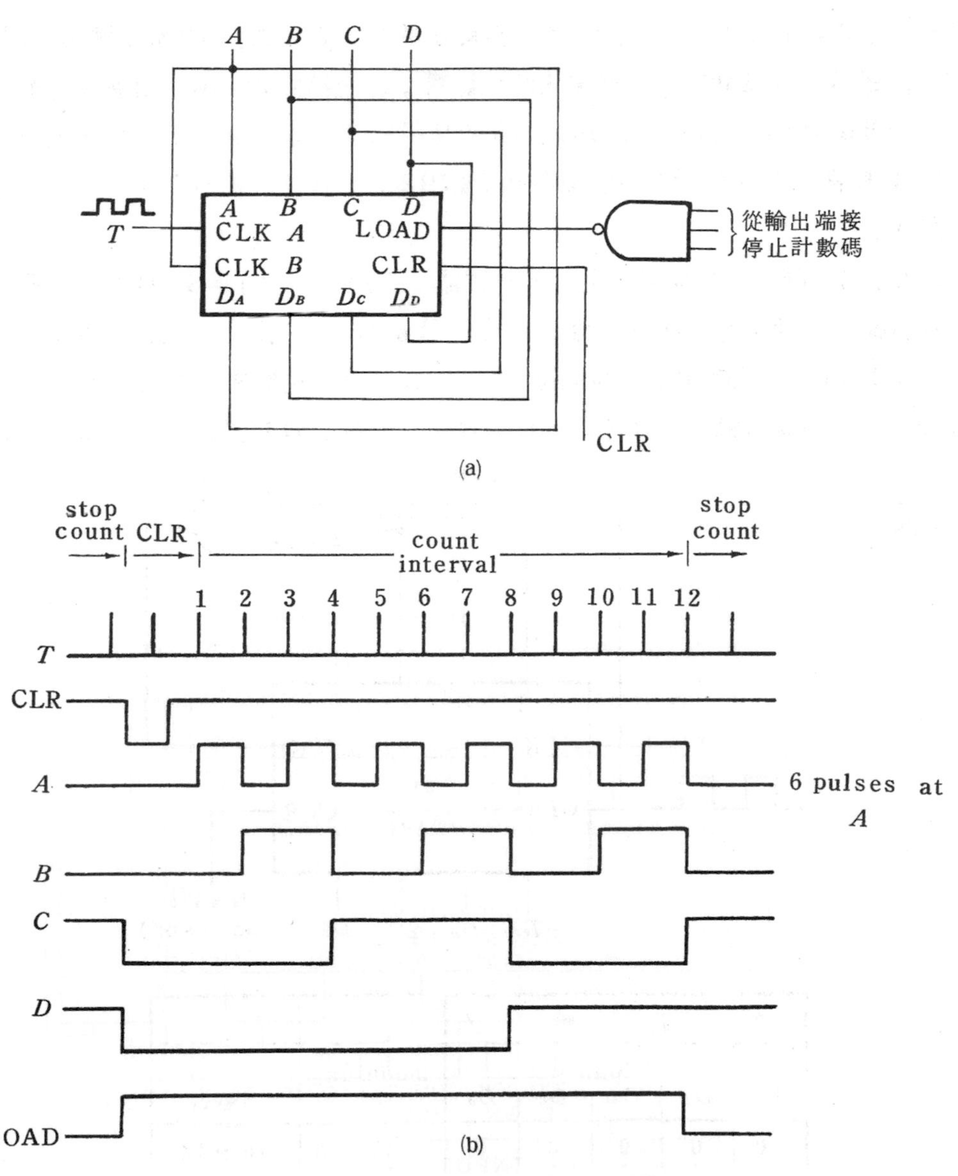

▲ 圖 9-25　MOD-n 自動停止計數電路

74193 為一同步式的 4 位元上／下數計數器，74192 為同步 BCD 上／下數計數器，共有 6 個輸出：進位(carry)輸出，借位(borrow)輸出，4 個正反器 Q_A、Q_B、Q_C、Q_D 輸出，Q_D 為此計數器之最高位。74193 的輸入包括有：清除(clear)、載入(load)，4 個資料輸入(A、B、C、D)，上數計數信號輸入(count-up)，下數計數信號輸入(count-down)如圖 9-26 所示，動作狀況如圖 9-27 所示。以下說明每一輸入，輸出的作用：

1. 清除(clear)，第 14 腳，輸入為 Hi 時，使計數器所有 FF 輸出為 Low。不使用時可將其接地。
2. 載入(load)，第 11 腳，當輸入此端點的信號為 Low 時，會將輸入 A、B、C、D 上的資料載入(存入)相對應的 FF 輸出端上。
3. 上數計數(up-count)，第 5 腳，當清除，載入不用(除功能)，且第 4 腳(下數計數)接 Hi，輸入此端點的脈波由 Low 轉變 Hi 瞬間(正緣觸發)，將使計數器之計數值遞增。
4. 下數計數(down-count)，第 4 腳，當上數計數端(第 5 腳)為 Hi，輸入此端的脈波由 Low 轉變 Hi 瞬間，將使計數器之計數值遞減。第 4 腳，第 5 腳兩輸入端若有一端為 Low，則另一輸入端將會被抑制。

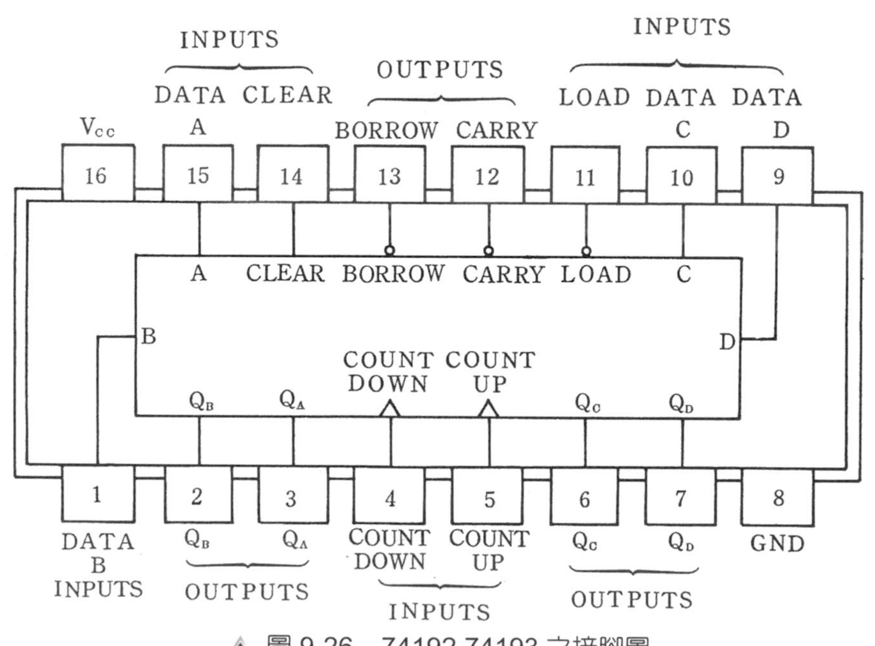

▲ 圖 9-26　74192 74193 之接腳圖

動作狀態

輸			入	輸		出	動 作
clear	Load	count up	count down	$Q_A Q_B Q_C Q_D$	carry out	borrow out	
L	H	↑	H	-	-	-	向上計數
L	H	H	↑	-	-	-	向下計數
L	L	X	X	$D_A D_B D_C D_D$	-	-	data set
H	X	X	X	L L L L	-	-	clear
X	X	L	X	H H H H (H L L H)	L	H	-
X	X	X	L	L L L L	H	L	-

( )內是 192 時

▲ 圖 9-27 74192 74193 之動作狀況圖

5. 進位(carry)，第 12 腳，當計數器到 15 (所有 FF 輸出均爲 1)，同時第 5 腳上數計數輸入端爲 Low 時，會使進位輸出變爲 Low。
6. 借位(borrow)，第 14 腳，當計數器數到 0 (所有 FF 輸出均爲 0)，同時第 4 腳下數計數端輸入爲 Low 時，會使借位輸出變爲 Low。

74190、74191 也是同步式四位元上數／下數計數器，其接腳如圖 9-28，動作狀況如圖 9-29 所示。74190 爲 BCD，74191 爲十六進制，圖 9-30 是 74190 動作分析。

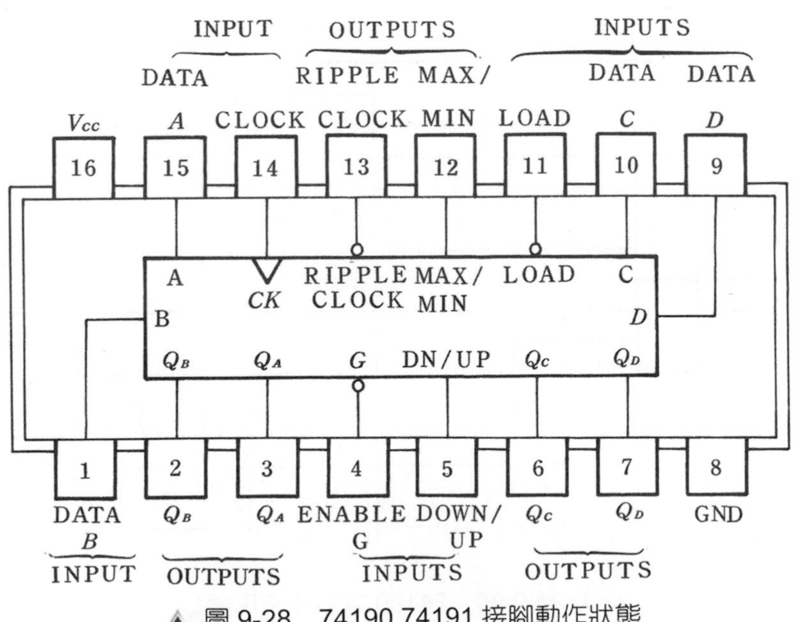

▲ 圖 9-28 74190 74191 接腳動作狀態

動作狀態

輸入				輸出			動作
Load	D／U	CK	G	$Q_A Q_B Q_C Q_D$	ripple CK	max count	
H	L	↑	L	-	-	-	向上計數
H	H	↑	L	-	-	-	向下計數
L	X	X	X	$D_A D_B D_C D_D$	-	-	資料設定
X	L	L	L	HHHH	L	H	-
X	L	X	X	(HLLH)	H		
X	H	L	L	LLLL	L	H	-
X	H	X	X		H		

( )內是 74190，74LS190 時

▲ 圖 9-29　74190 74191 動作狀態

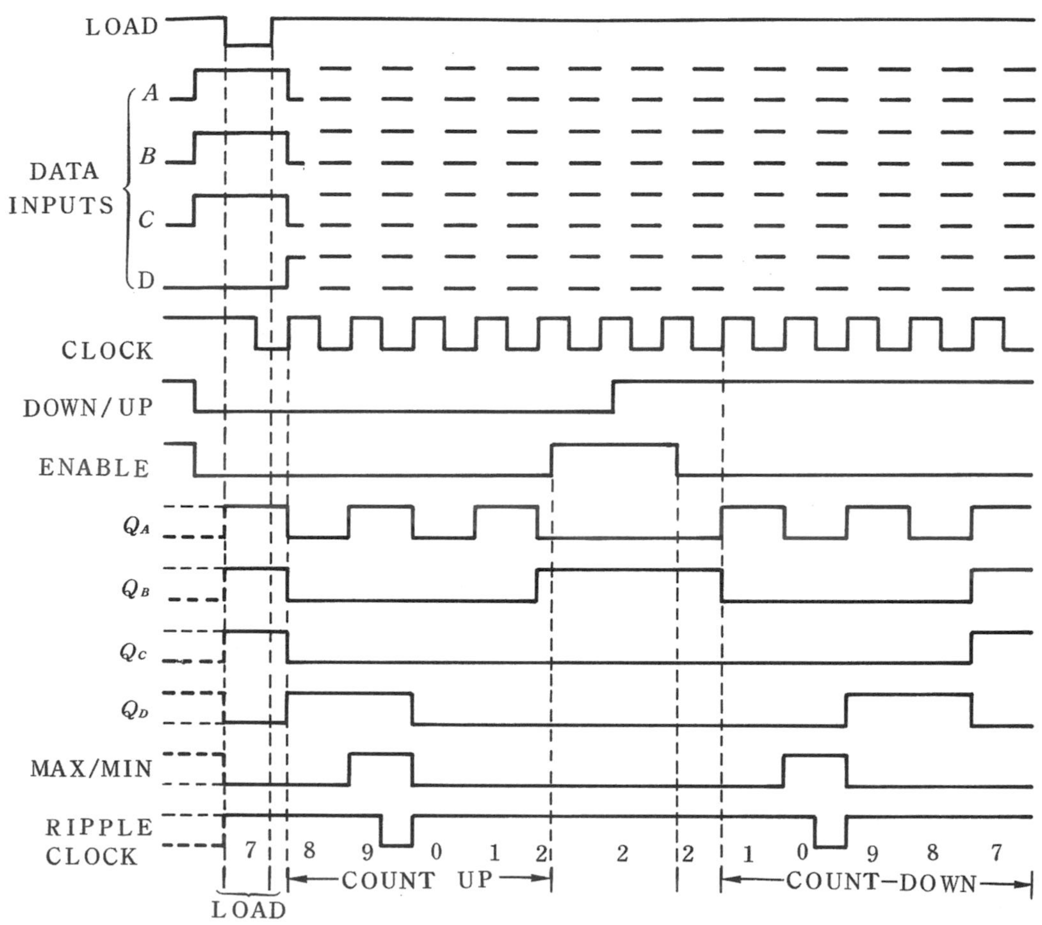

▲ 圖 9-30　74190 之動作波形圖

首先我們假設要從 7 數到 9 (74190、LS190 皆爲除 10 計數器)，那麼就利用放入功能把資料輸入(data input)中的 0111 放入，使 Q_A、Q_B、Q_C、Q_D 爲 0111，再利用上數功能開始數，其中"致能"也必需配合才可以。當數到 9 時第 12 支腳的 max/min 便有輸出，此時因爲是上數，所以稱爲 max，等超越 9 後再由 0、1、2 之開始位上數。假如你想做暫停數，那就利用"致能"使計數器發生停止(inhibit)，不用後則需隔一個時脈間隔後才能進入正常工作。本圖是使它工作於下數計數，在 0 時 max/min 還有輸出便稱爲 min。其中的漣波時脈(ripple clock)是每在 9 或 0 才有輸出，它的目的是在供給一個上下連接或計數之用。

當計數值超過一個 74193 的計數範圍時，可串接好幾個 74193 來完成，此時就要用到進位與借位輸出。串接數級之上數計數器，其最低位之 74193 進位輸出端必須連接到下一個 74193 上數計數輸入端，如圖 9-31(a)所示。串接數級之下數計數器，其最低位之 74193 借位輸出端必須連接到下一個 74193 下數輸入端，如圖 9-31(b)所示。

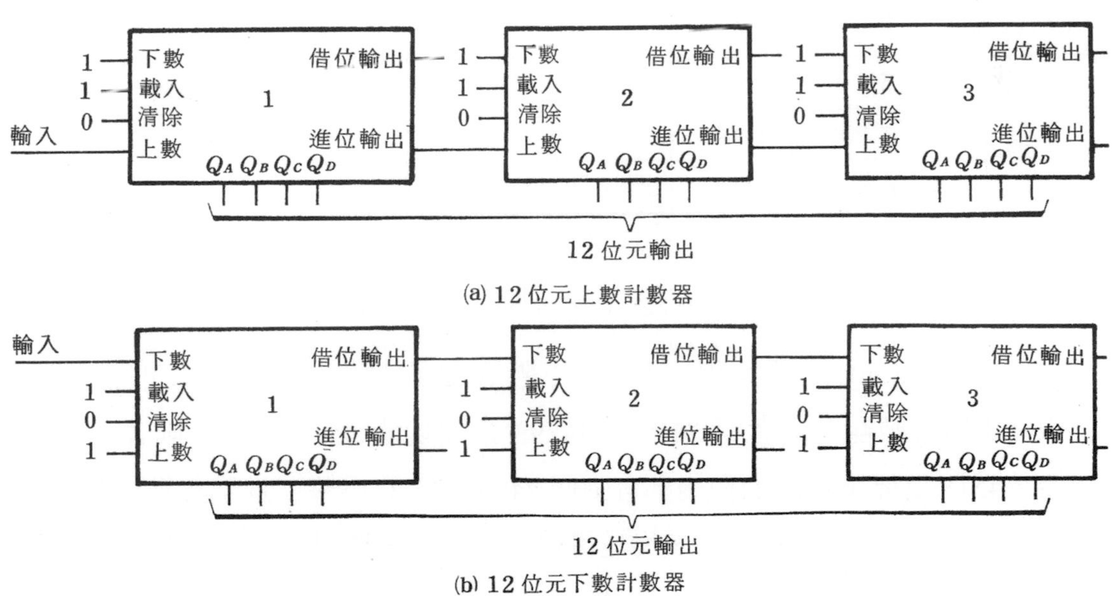

(a) 12 位元上數計數器

(b) 12 位元下數計數器

圖 9-31 由串接 74193 所做成的 12 位元計數器

圖 9-32 所示爲 CMOS IC 同步式計數器 IC 一覽表。

				最大輸入頻率，MHz			
裝　置	型　式	模　數	時　鐘	5 V	10 V	15 V	附　記
0320	可程式	3 至 1024	↑	5	10	- *	二進制 BCD 程式
4017	10 取 1 解碼	10	↑	5	12	16	強生計數器
4018	可程式	2 至 10	↑	5	10	15	強生計數器
4022	8 取 1 解碼	8	↑	5	12	16	強生計數器
4026	W/7 段解碼	10	↑	3	6	7.5	5 級　強生計數器顯示器啓動輸入
4029	可程式上／下	10 或 16	↑	4.6	10	14	4 位二進制 BCD 程式
4033	W/7 段解碼	10	↑	3	6	7.5	5 級　強生計數器，漣波遮沒輸入／輸出
4059	可程式　下	3 至 9999 或 15,999	↑	3	6	-**	4-BCD 部份
4510	可程式上／下	10	↑	4	8	11	4-BCD
4516	可程式上／下	16	↑	4	8	11	4 - 位二進制（十六進制）
4518	上	10	↑ 或 ↓	3	6	8	雙十進部份
4520	上	16	↑ 或 ↓	3	6	8	雙二進部份
40102	可程式　下	0 至 100	↑	1.4	3.6	4.8	2- 十進 BCD 輸入
40103	可程式　下	0 至 256	↑	1.4	3.6	4.8	8 位二進制輸入
40192 74C192	可程式上／下	0 至 9	↑ 或 ↓	4	8	11	4- 位 BCD
40193 74C192	可程式上／下	0 至 15	↑ 或 ↓	4	8	11	4 位二進制

* 未規定；最大 V_{DD} 爲 13 V
** 未規定；最大 V_{DD} 爲 12 V

▲ 圖 9-32　CMOS 同步計數器 IC

常用之 IC 爲 40192 爲可程式上數／下數 BCD 計數器，40193 爲可程式 16 進制上數／下數計數器，兩者與 74192、74193 相同功能 4518、4520 兩者均爲上數計數器，4518 爲雙十進制類似內部有兩個 7490、4520 爲雙二進制計數，從 0～15 內部類似兩個 7493，4510、4516 均是可程式上數／下數計數器，4510 爲 BCD，4516 爲 16 進制，4017 爲同步式 1 對 10 解碼輸出。圖 9-33 爲 CD4017 之接腳圖。

1. 同步型十進計數器，可獲 1 對 10 解碼輸出，或爲輸入頻率 1/10 的方波輸出。
2. 正常操作時 CLOCK INHIBIT 及 RESET 應爲接地。計數器爲正向邊緣觸發。OUT 輸出計數 0～4 時爲高電位，計數 5～9 時爲低電位。

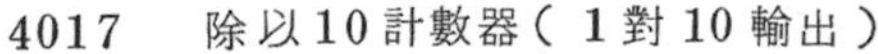

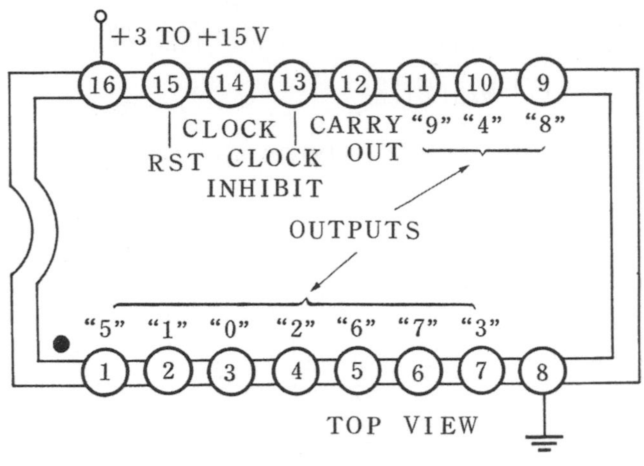

▲ 圖 9-33

3. RESET 輸入"1"使計數器 CARRY 爲 0，此時"0"輸出及 OUT 輸出爲高電位，其餘爲低電位。在 CLOCK 上加上"H"電壓使計數受抑制而無計數。

圖 9-34 爲 CD4510 之接腳。

1. 正常操作時輸入加到 15 腳 CLOCK 端，CI 進位輸入與復置 RST 及存入 PE 等於 0。U/D 上下數位爲"0"時上數，爲"1"時下數，輸出爲 $Q_1Q_2Q_3Q_4$。
2. 預設定，將資料使用開關接於 $P_1P_2P_3P_4$ (數字開關)，使 PE 1 腳瞬間爲高電位則可存入資訊。

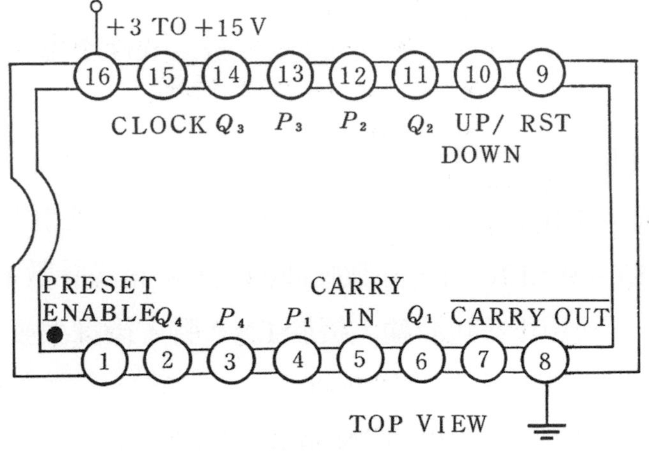

▲ 圖 9-34

3. 復置，RST = 1 則使計數器輸出 0000。
4. 啓用控制，CI = 0 則可控制計數，CI = 1 則不能計數。

圖 9-35 爲 40192 十進位上下數計數器

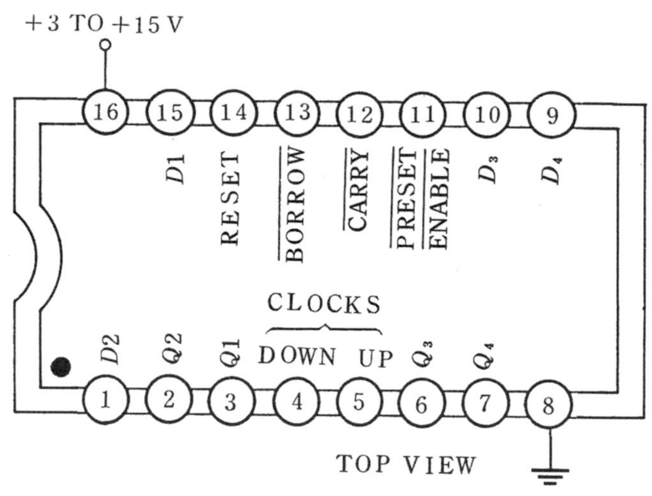

▲ 圖 9-35

1. 正常工作，RST = 0，load = 1。輸入時脈具有上數時脈 up clock 與下數時脈 down clock，供給上下計數之用。輸出爲 $Q_1Q_2Q_3Q_4$。
2. 資訊數據存入，$D_1D_2D_3D_4$，並使 PE = 0 則存入數據。
3. 串級聯接，第一級 down 及 up 時脈 4、5 腳供輸入脈波，第一級 down (13 腳)串接於上一級之 down clock 4 腳，同理第一級之 up (12 腳)串接於上一級(高位數)之 up clock 5 腳。

圖 9-36 爲 4518 兩組除以 10 計數器

1. 4518 爲兩組同步÷10 計數器，輸出 BCD 碼，做上數之計數，無預設定。
2. 正常工作，RST = 0，EN = 1，計數脈彼輸入 CK 正緣計數進行。
3. RST = CK = 0 之使用下，可將輸入接於 EN 2 腳，後緣激發計數。
4. 復置，RST = 0，則計數器輸出爲 0000。
5. 串級聯接時將輸出 Q_3 (6 腳)接到 EN 輸入，即可同步串接兩計數器。

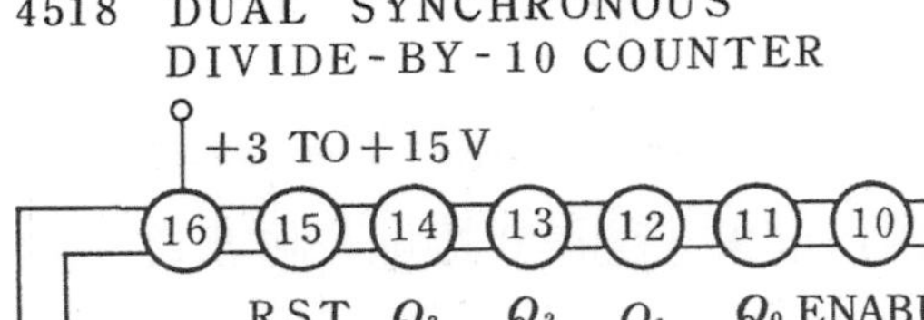
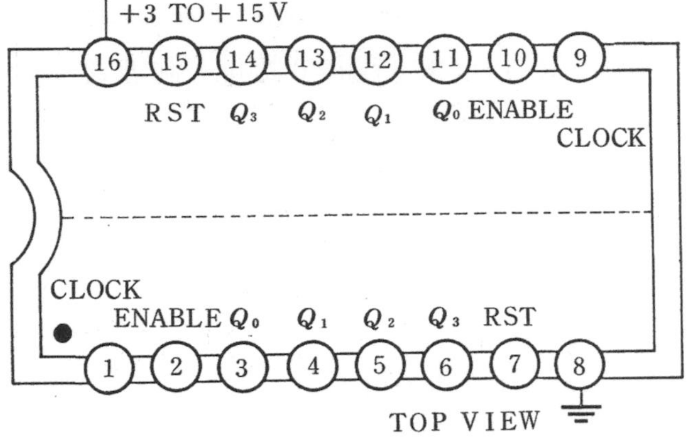

▲ 圖 9-36

圖 9-37 爲 4516 除以 16 二進位上／下數可設定計數器。

1. 正常計數 CI = RST = PE = “0”
   U/D = “0” 下數，U/D = “1” 上數
2. RST 復置爲“1”計數器清除爲 0。
3. 資料存入輸入接 P_1、P_2、P_3、P_4 使 PE = 1，即可存入數據。
4. 串級連接第一級 CO 接第二級 CI，第一級之 CI 予以接地。

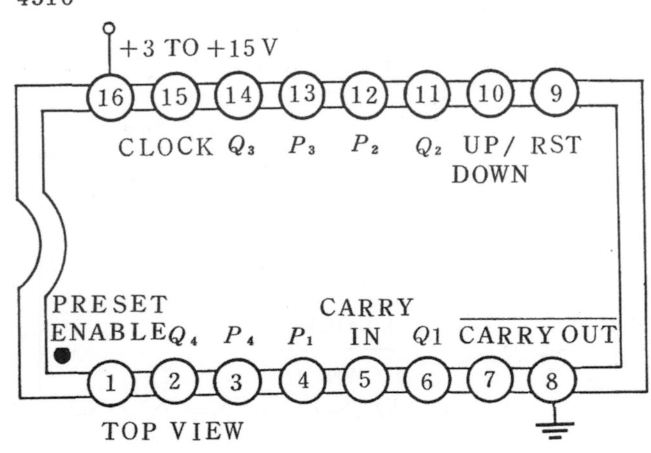

▲ 圖 9-37

圖 9-38 爲 4520 兩組同步除以 16 計數器。

1. 正常工作，RST = 0，EN = "1"，輸入脈波加於 CK，正緣觸發。
2. EN 輸入脈波之應用，RST = CK 時脈= 0 接地，脈波負緣觸發。串級使用時前一級之 Q_3 輸出接到下一級之 EN。
3. 復置 RST = 1 則使計數器復置清除爲 0000。

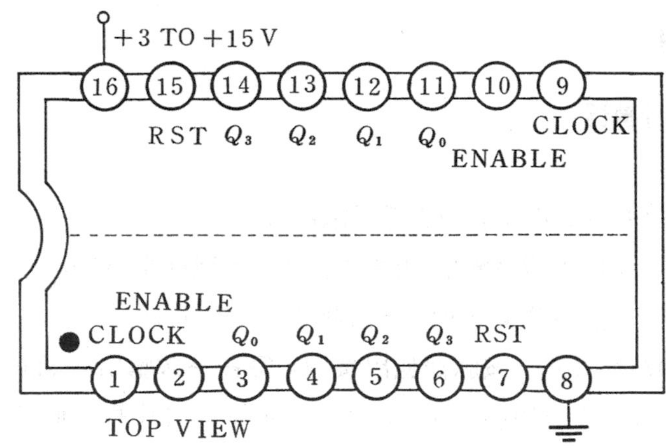

▲ 圖 9-38

圖 9-39 爲 40193 同步上下計數器(十六進位)

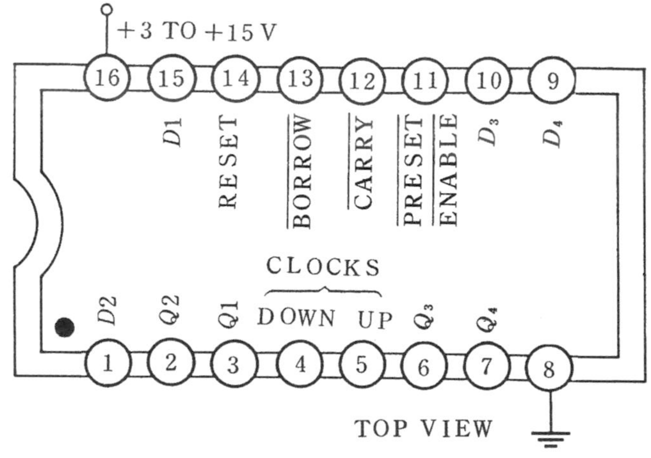

▲ 圖 9-39

1. 正常計數，RST = 0，PE = 1。上數脈波= "1"，輸入於下數脈波 DOWN CLOCK 則爲下數計數器。下數脈波(down clock) = "1"，輸入於上數脈波(up clock)則爲上數計數器。
2. 資料存入，存入於 $D_1D_2D_3D_4$ 並使 PE = 0 即可使資料存入。
3. RST = 1 則 $Q_1Q_2Q_3Q_4$ 被復置爲 0。
4. 串級連接，使第一級之 BORROW 接於第二級之 DOWN CLOCK。第一級之 CARRY 接於第二級之 UP-CLOCK。

9-3 實習項目

工作一：上數漣波計數器

工作程序：

1. 用兩個 *J-K* FF IC 如圖 9-40 插妥電路。

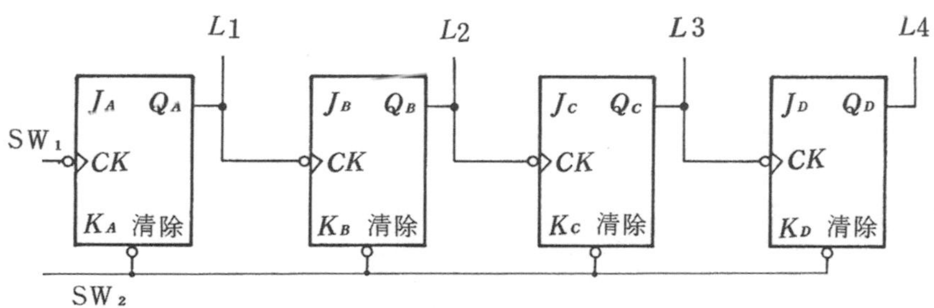

▲ 圖 9-40

2. 脈波(pulse)接邏輯實驗器的脈波輸出(單穩態電路輸出)。
3. 首先將所有正反器清除，即 clear 端接 Low-Hi。
4. *J-K* FF 乃 *M/S* FF，按脈波輸出按鈕(每按一次輸出一個脈波)。記錄每一個脈波輸入時，L_1～L_4 的輸出指示於表 9-1 中，並計算每一個二進制數目所對應之 10 進制値。

▼ 表 9-1

上數漣波計數器輸出表					
輸入	輸出				
脈波數	L_4 (8)	L_3 (4)	L_2 (2)	L_1 (1)	10 進數
0	0	0	0	0	0
1					
2					
3					
4					
5					
6					
7					
8					
9					
10					
11					
12					
13					
14					
15					
16					
17					
18					
19					
20					
21					
22					
23					
24					
25					
26					
27					
28					
29					
30					
31					
32					

5. 觀察由第 15 個脈波的輸出狀態(1111)到第 16 個脈波的輸出狀態，4 個 FF 的輸出都由 Hi → Low 轉態。
6. 設計一 MOD-12 的漣波計數器，將線路繪於圖 9-41 空格中，並輸入脈波驗證其功能。

(a)

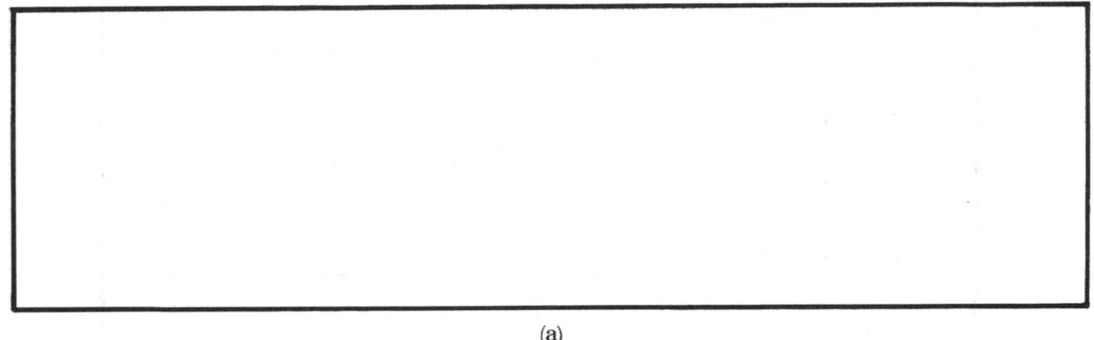

(b)

▲ 圖 9-41

7. 圖 9-42 為自停 10 進漣波計數器。

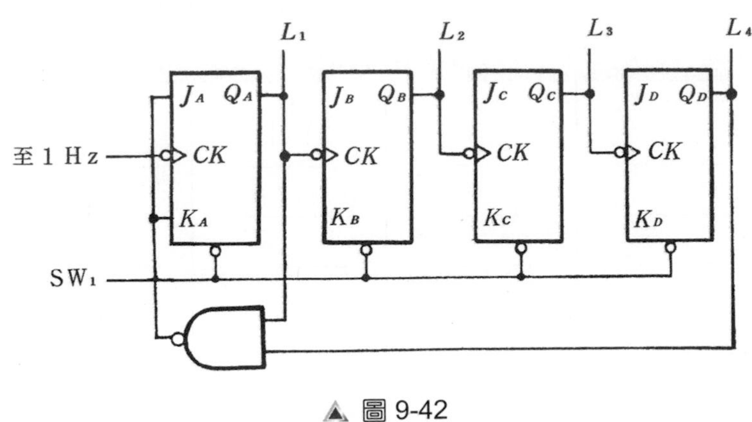

▲ 圖 9-42

8. 按圖 9-42 插妥電路，首先清除所有正反器(clear 接 Low)。

9. 仔細觀察脈波輸入後的輸出狀態，當輸出 1001 時，NAND gate 輸出爲 Low，使第一個 FF 的 $J = K =$ Low，輸出不會轉態，因此計數器停留在這個狀態不變。

工作二：下數連波計數器

工作程序：

1. 按圖 9-43 插妥電路。並先預置所有 FF (preset 接 Low)。

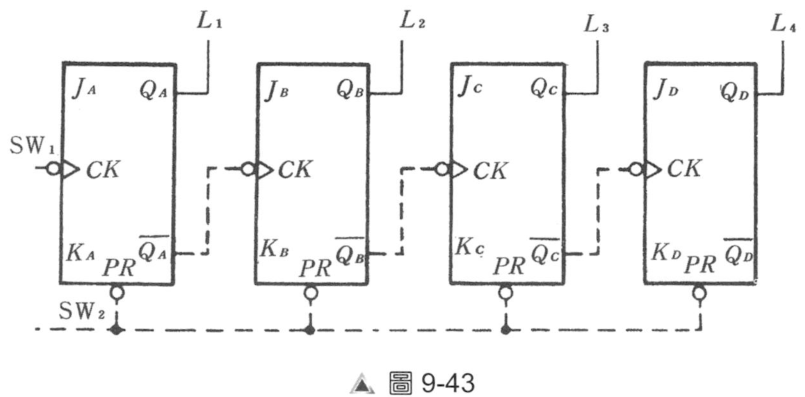

▲ 圖 9-43

2. 按實驗器的脈波輸出按鈕，並記錄每一個脈波輸入時 L_1～L_4 的輸出指示於表 9-2 中，並計算每一個二進制數目所對應的 10 進制值。

▼ 表 9-2

下數連波計數器輸出表					
輸入	輸出				
脈波數	L_4 (8)	L_3 (4)	L_2 (2)	L_1 (1)	10 進數
0	0	0	0	0	0
1	____	____	____	____	____
2	____	____	____	____	____
3	____	____	____	____	____
4	____	____	____	____	____
5	____	____	____	____	____
6	____	____	____	____	____
7	____	____	____	____	____

▼ 表 9-2　(續)

下數連波計數器輸出表					
輸入	輸出				
脈波數	L_4 (8)	L_3 (4)	L_2 (2)	L_1 (1)	10 進數
8	____	____	____	____	____
9	____	____	____	____	____
10	____	____	____	____	____
11	____	____	____	____	____
12	____	____	____	____	____
13	____	____	____	____	____
14	____	____	____	____	____
15	____	____	____	____	____
16	____	____	____	____	____
17	____	____	____	____	____
18	____	____	____	____	____
19	____	____	____	____	____
20	____	____	____	____	____
21	____	____	____	____	____
22	____	____	____	____	____
23	____	____	____	____	____
24	____	____	____	____	____
25	____	____	____	____	____
26	____	____	____	____	____
27	____	____	____	____	____
28	____	____	____	____	____
29	____	____	____	____	____
30	____	____	____	____	____
31	____	____	____	____	____
32	____	____	____	____	____

3. 觀察由第 15 個脈波的輸出狀態(0000)到第 16 個脈波的輸出狀態，4 個 FF 的輸出都由 Low → Hi 轉態。

工作三：環形計數器

工作程序：

1. 圖 9-44 是一環形計數器。設最初 FF A 的 $Q = 1$，其他 FF 的輸出均爲 Low。輸入端輸入一個脈波後，Q_A 的 Hi 傳到 Q_B，下一個脈波後傳到 Q_C，傳到最後又傳回 FF A。

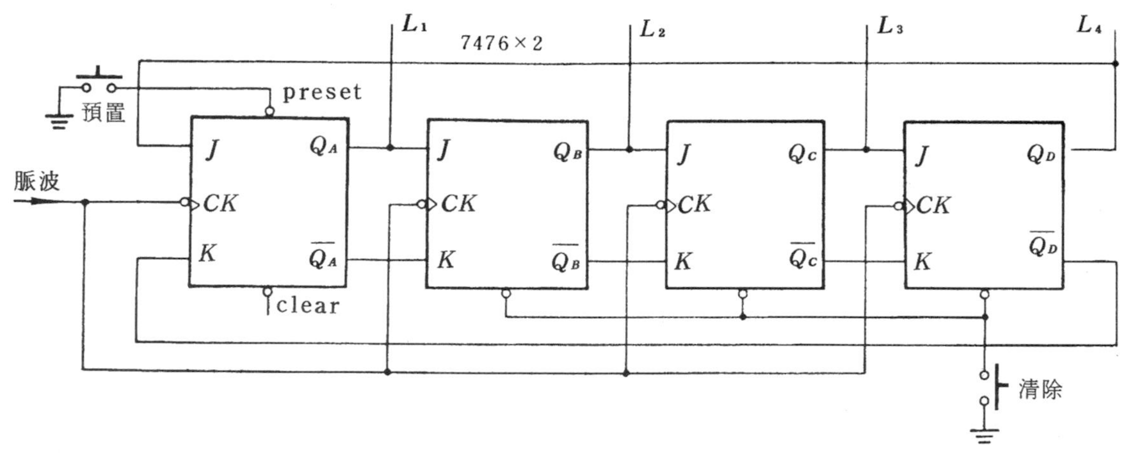

▲ 圖 9-44

2. 按圖 9-44 接妥電路，首先清除 FF B、C、D，而預置 FF A 使 $Q_A = 1$。
3. 按實驗器的脈波輸出按鈕，記錄每一個脈波輸入時 L_1～L_4 的輸出填於表 9-3 中。

▼ 表 9-3

脈波 / 輸出	0	1	2	3	4	5	6	7	8
A									
B									
C									
D									

4. 將圖 9-44 *A* FF 的 *J* 可以接 $\overline{Q_D}$，而 *K* 改接 Q_D，預置(preset)去掉不用，4 個 FF 的清除接在一起。
5. 按修改的電路插妥後，首先清除 4 個 *FF*。重複步驟 3，並將 L_1～L_4 的輸出填於表 9-4 中。

▼ 表 9-4

輸出＼脈波	0	1	2	3	4	5	6	7	8
A									
B									
C									
D									

6. 讀者可利用前述關念自行設計一廣告燈線路。將線路繪於下列空格並驗證其功能。

工作四：同步計數器

工作程序：

1. 圖 9-45 是除以 3 之同步計數器，按圖插妥電路，並清除所有 FF。
2. 按實驗器的脈波輸出按鈕，並記錄每一個脈波輸入時，L_1、L_2 的輸出指示於圖(b)中。
3. 由圖 9-45(b)之表可知，輸入三個脈波，始有一個脈波輸出，且輸出脈波工作週期非 50%。

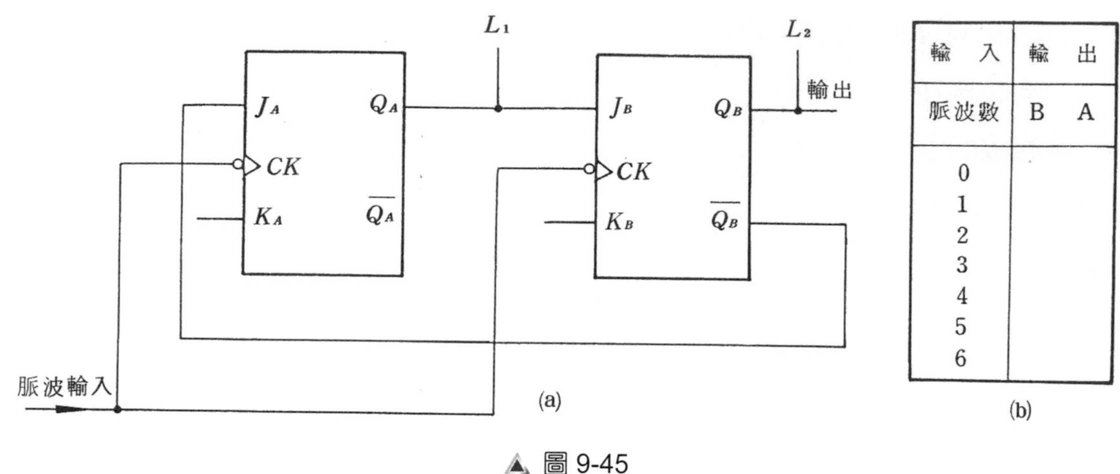

輸入	輸出	
脈波數	B	A
0		
1		
2		
3		
4		
5		
6		

▲ 圖 9-45

4. 圖 9-46(a)是將兩個同步除 3 的計數器接起來，成爲一除以 9 的計數器。

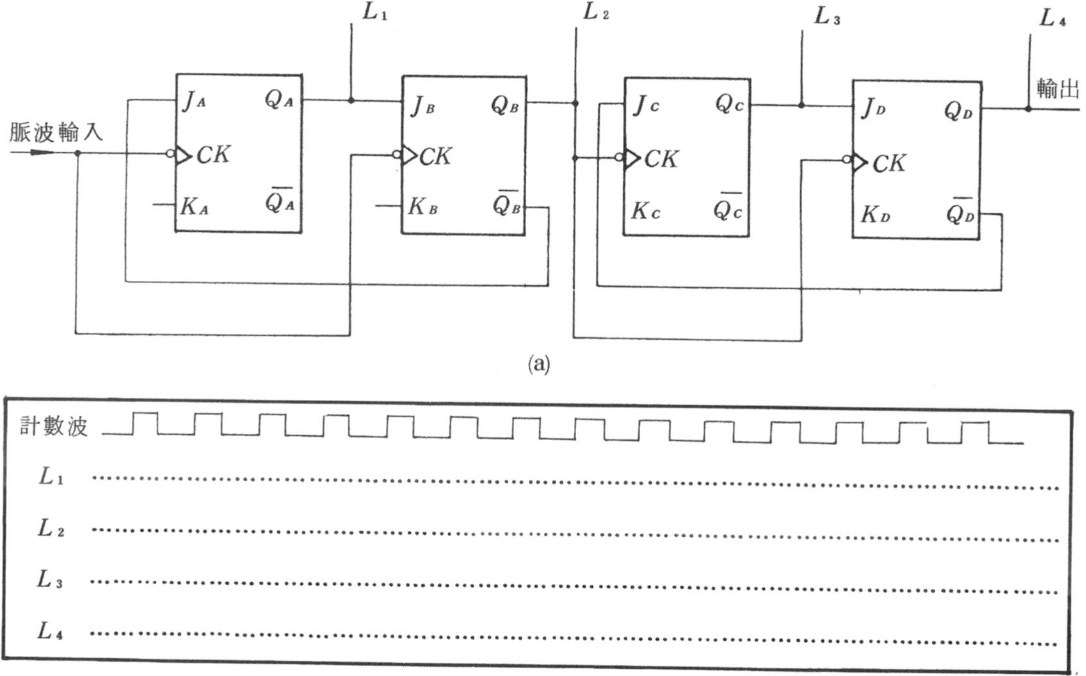

▲ 圖 9-46

5. 依圖 9-46(a)插妥電路並清除所有 FF。按實驗器的脈波輸出按鈕，並紀錄每一個脈波輸入時，L_1～L_4的輸出指示於圖 9-46 中。

6. 由 9-46 圖中可發現輸入 9 個脈波始有一個脈波輸出，且輸入脈波與 Q_B 成除 3 的關係，Q_D 與 Q_B 成除 3 的關係。
7. 讀者可將除以 3 同步計數器與除以 4 漣波計數串接起來成爲除以 12 的計數器。將此一除以 12 線路繪於下列空格中，並驗證其功能。

工作五：使用 7490 的計數器

工作程序：

1. 除以 5 的計數電路：
   (1) 讀者首先複習一下相關知識內有關 7490 的說明。
   (2) 圖 9-47 是 7490 擔任除以 5 的電路，按圖 9-47 插妥電路。

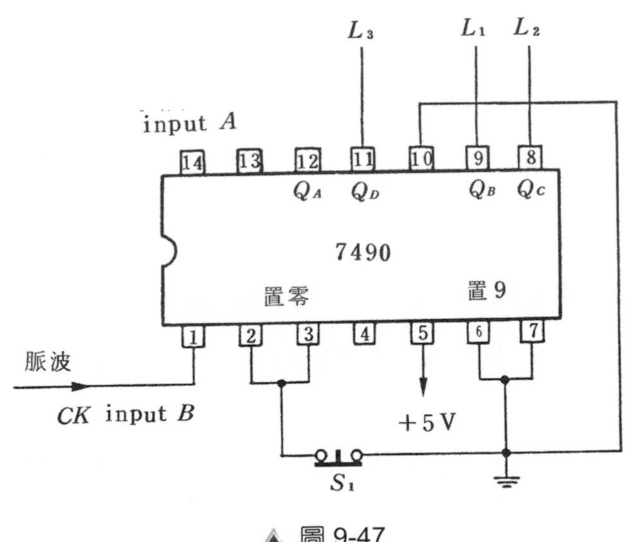

▲ 圖 9-47

   (3) 按下 S_1 (亦可將接地線拉開代替)，使所有 FF 輸出爲 Low。

(4) 按實驗器的脈波輸出按鈕，記錄每一個脈波輸入時 $L_1 \sim L_3$ 的輸出指示於表 9-5(a)、(b)中。

▼ 表 9-5

時脈	D	C	B
0	0	0	0
1			
2			
3			
4			
5			
6			
7			
8			
9			
10			
11			

(a)

計數波

B ....

C ....

D ....

(b)

(5) 輸入端改接實驗器的時脈輸出，用示波器觀察輸入與輸出頻率關係，輸入頻率調在________Hz，則輸出頻率(Q_D) = ________Hz。

2. 除以 10 的計數電路：

(1) 圖 9-48 是一除以 10 的電路，脈波是由 *A* FF 輸入端輸入。按圖 9-48 插妥電路。

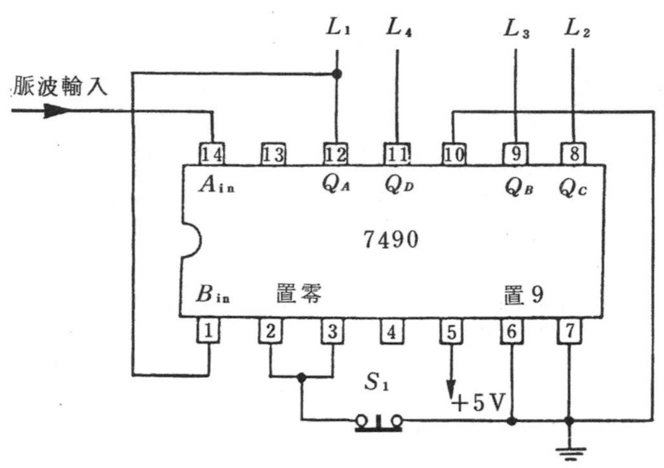

▲ 圖 9-48　7490 除以 10 的電路

(2) 按下 S_1 使所有 FF 輸出為 Low。

(3) 按實驗器的脈波輸出按鈕，依序記錄每一個脈彼輸入時 L_1～L_4 的輸出指示於表 9-6(a)、(b)中。

▼ 表 9-6

時脈	A	D	C	B
0	0	0	0	0
1				
2				
3				
4				
5				
6				
7				
8				
9				
10				
11				
12				
13				

(a)

▼ 表 9-6 (續)

計數波	
A	
B	
C	
D	

(b)

(4) 14 腳輸入改接實驗器的時脈輸出，用示波器觀察輸入與輸出頻率關係，輸入頻率調至________kHz (取大於 1kHz)，Q_A 頻率=________Hz，Q_D 頻率=________Hz。

(5) 圖 9-48 的輸出是非對稱的矩形波，若欲獲得工作週期 50%的輸出。可將時脈輸入信號先經過由 B、C、D FF 組成的除以 5 電路，再經過 A FF 除以 2 的輸出，然後 Q_A 的輸出即為工作週期 50%的波形。

(6) 圖 9-49 是 7490 擔任對稱除以 10 的計數電路，但非 8421 BCD 碼輸出。

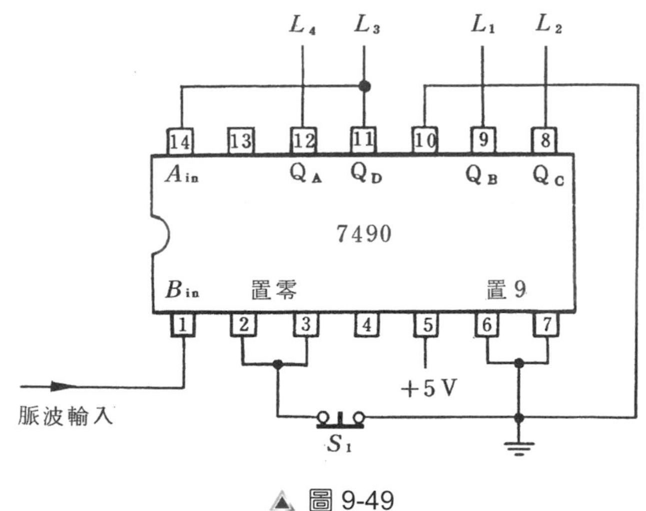

▲ 圖 9-49

(7) 按圖 9-49 插妥電路，按下 S_1 使所有 FF 輸出為 Low。

(8) 按實驗器的脈波輸出按鈕，依序記錄每一個脈波輸入時 L_1～L_4 的輸出指示於表 9-7(a)、(b)中。

▼ 表 9-7

時脈	*A*	*D*	*C*	*B*
0	0	0	0	0
1				
2				
3				
4				
5				
6				
7				
8				
9				
10				
11				
12				
13				

(a)

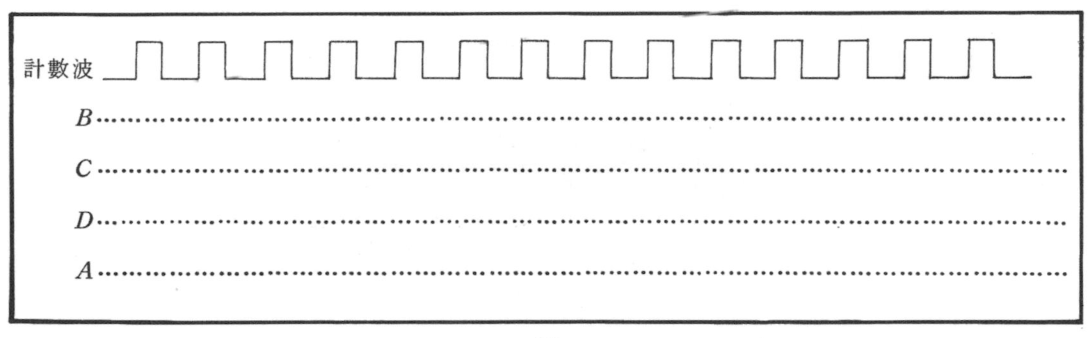

(b)

(9) 第 1 腳輸入改接實驗器的時脈輸出,用示波器觀察輸出波形是否對稱的方波，並測輸出(Q_A)與輸入(B_{IN})的頻率關係。

3. 除以 6 的計數器：

除以 6 的計數是在計數 6 次後，於第 6 個時脈輸入時輸出重新置於零(reset)，然後再次開始計數。

工作程序：

1. 圖 9-50 是 7490 擔任除以 6 的計數電路，按圖 9-50 插妥電路。

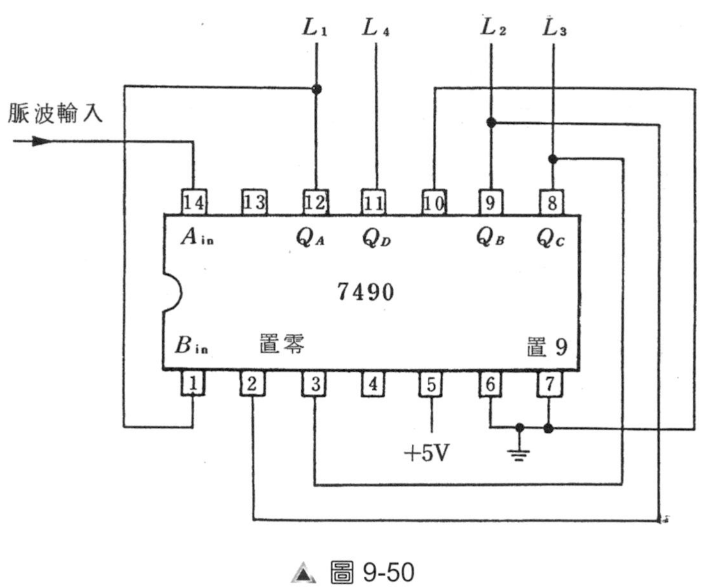

▲ 圖 9-50

2. 按實驗器的脈波輸出按鈕，依序記錄每一個脈波輸入時 L_1～L_4 的輸出指示於表 9-8(a)、(b)中。

▼ 表 9-8

時脈	C	B	A
0	0	0	0
1			
2			
3			
4			
5			
6			
7			
8			

(a)

▼ 表 9-8 (續)

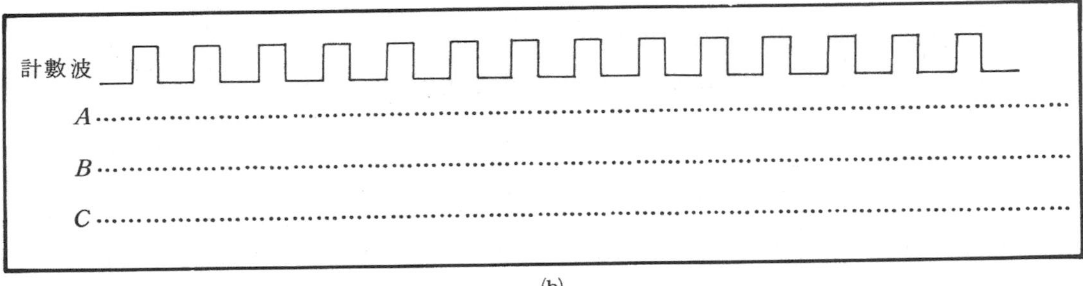

(b)

3. 14 腳輸入改接實驗器的時脈輸出，用示波器觀察輸入與輸出頻率關係。輸入頻率定在________kHz，則輸出(Q_C)頻率爲________Hz。

4. 讀者自行設計一除以 60 的電路(用二個 7490)，並將線路繪於下列空格中，並驗證其功能。

5. 圖 9-51 是一除法電路，每一個 7490 把頻率降低 10 倍，若把 1MHz 的輸出接至圖 9-51 的輸入，則在第一個 7490 的輸出端的頻率爲 100 kHz，餘類推。

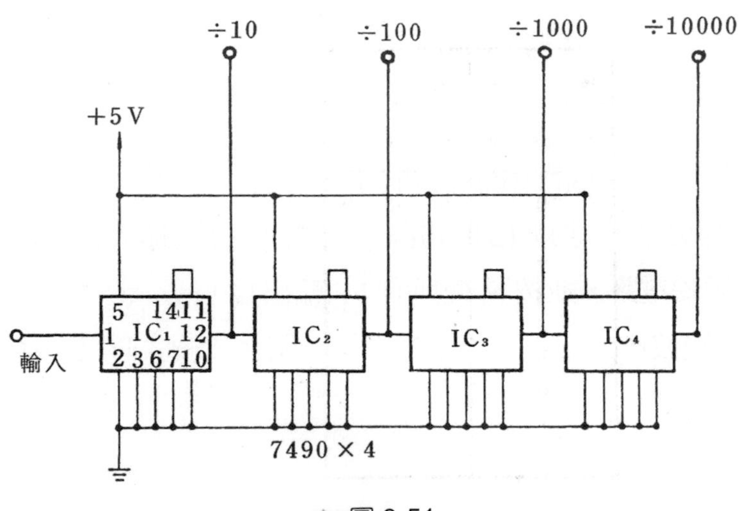

▲ 圖 9-51

6. 圖 9-52 電路是一個典型的長時間定時電路，*J-K* FF 輸出通常為 Low，Q 為 Low 時，使 IC555 reset，555 輸出(第 3 腳)為 Low，此時 555 不動作。*J-K* FF $Q = 0$ 時 $\overline{Q} = 1$，而 $\overline{Q}$ 接 7490 的 $R_{0(1)}$、$R_{0(2)}$，使 7490 內的所有 FF 輸出為 Low，計數器處在零的狀態。當按下 start 按鈕，$Q = 1$，$\overline{Q} = 0$，IC555 開始振盪，7490 開始計數，若 555 振盪頻率為 1Hz，則由計數器的 8 個輸出端可獲得 2 秒至 100 秒之間八種時間。*J-K* FF 的 CK 經定時選擇開關接到計數器的某一輸出端，當該計數器的輸出狀態由 Hi 轉換為 Low 時，使 FF 的輸出 Q 轉態($Q = 0$，$\overline{Q} = 1$)，IC 555 停止振盪，計數器重新歸零。

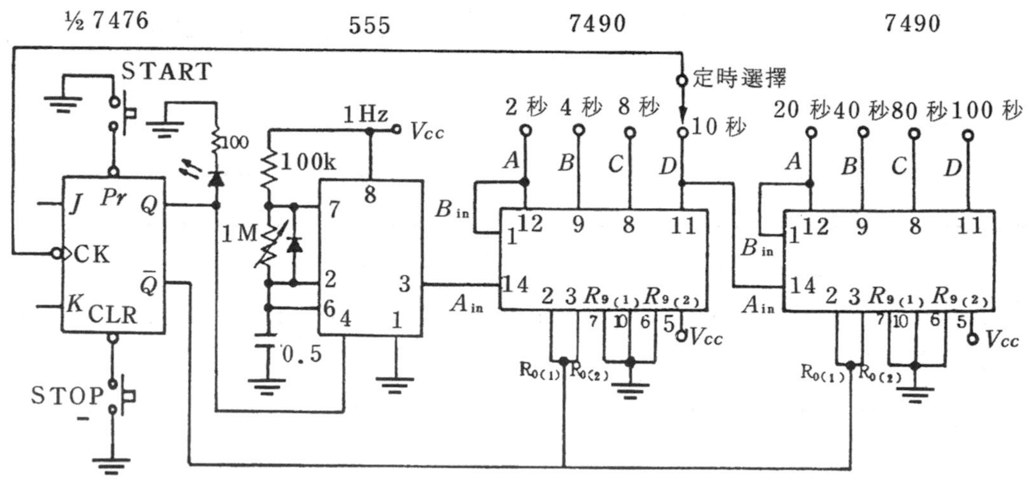

▲ 圖 9-52　長時間定時電路

工作六：使用 7492 的計數器

工作程序：

1. 讀者首先複習一下相關知識內有關 7492 的說明。
2. 圖 9-53 是 7492 擔任除以 12 的電路，*A* 輸出與 *BC* 輸入自外部連接。
3. 按圖 9-53 插妥電路，並按 S_1 使所有 FF 輸出為 Low。
4. 按實驗器的脈波輸出按鈕，依序記錄每一個脈波輸入時 L_1～L_4 的輸出指示於表 9-9(a)、(b)中。

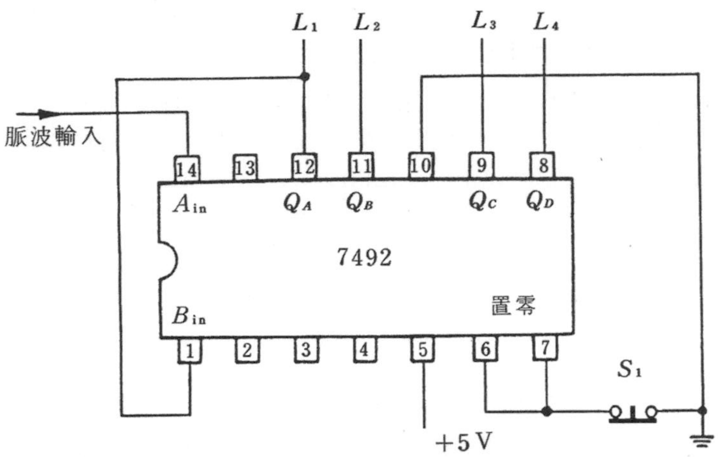

▲ 圖 9-53 7492 擔任除以 12 的電路

▼ 表 9-9

時脈	A D C B
0	
1	
2	
3	
4	
5	
6	
7	
8	
9	
10	
11	
12	
13	

(a)

▼ 表 9-9 (續)

脈波	
A	
B	
C	
D	

(b)

5. 14 腳輸入改接實驗器的時脈輸出，用示波器觀察輸入信號頻率與 *A*、*C*、*D* FF 輸出的頻率關係。輸入時脈頻率定在________kHz，Q_A 頻率________kHz，Q_C 頻率________Hz，Q_D 頻率________Hz。
6. 7492 擔任除以 6 電路時，脈波由 *BC* 輸入(第 1 腳)，而由 *C* FF 與 *D* FF 同時獲得除以 3 及除以 6 的計數。
7. 將 *D* FF 輸出與 *A* FF 輸入由外部連接起來，如圖 9-54 所示，脈波由第 1 腳的 *B*、*C* FF 輸入端輸入，則形成另一個除以 12 的計數器，同時於 *C*、*D*、*A* FF 的輸出可分別獲得除以 3 除以 6 及除以 12 的計數輸出，但輸出並非 8421 BCD 碼的計數。

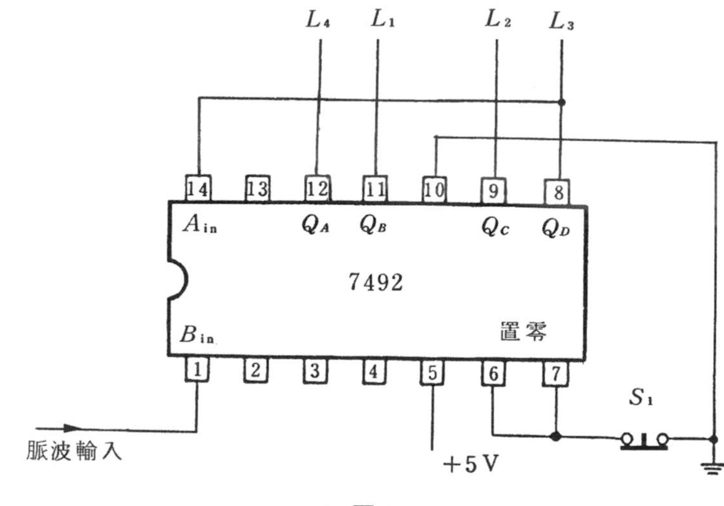

▲ 圖 9-54

8. 讀者自行根據圖 9-54 插妥電路，驗證其功能。

9. 圖 9-55、9-56、9-57 是 7492 擔任除以 7，除以 9 以及除以 11 的電路。此三個電路不能加清除裝置，圖中兩個 R_0 是置零輸入，即 7492 的第 6、7 腳。

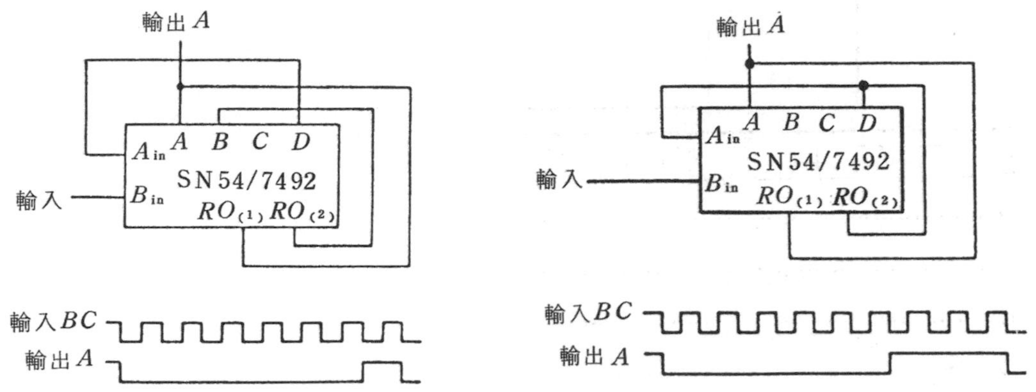

▲ 圖 9-55 用 SN7492 組成之 ÷ 7 漣波計數器 ▲ 圖 9-56 用 SN7492 組成之 ÷ 9 漣波計數器

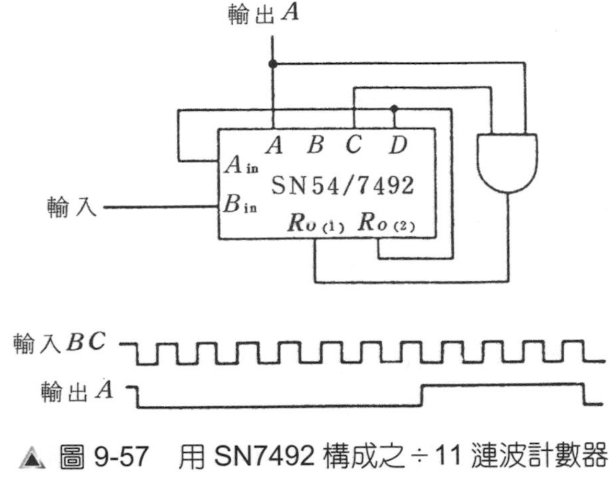

▲ 圖 9-57 用 SN7492 構成之 ÷ 11 漣波計數器

10. 圖 9-58 是一除以 60 的電路，7490 擔任除以 10，7492 擔任除以 6 所組成，若在輸入端輸入每秒 60Hz 脈波，則可獲得 1Hz 與 2Hz 的脈波輸出。

11. 圖 9-58 的電路稍微改變即可獲 0.5Hz 的脈波輸出，讀者自行處理並驗證之。

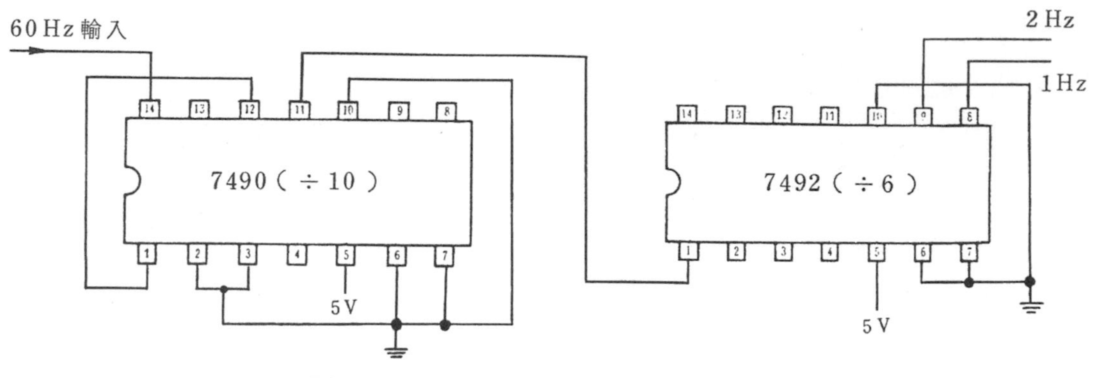

▲ 圖 9-58　7490 與 7492 擔任除以 60 的電路

工作七：使用 7493 的計數器

工作程序：

1. 讀者首先複習一下相關知識內有關 7493 的說明。
2. 圖 9-59 是 7493 擔任除以 16 的電路，*A* 輸出與 *B* 輸入自外部連接，按圖 9-59 插妥電路，並按下 S_1 使所有 FF 輸出為 Low。

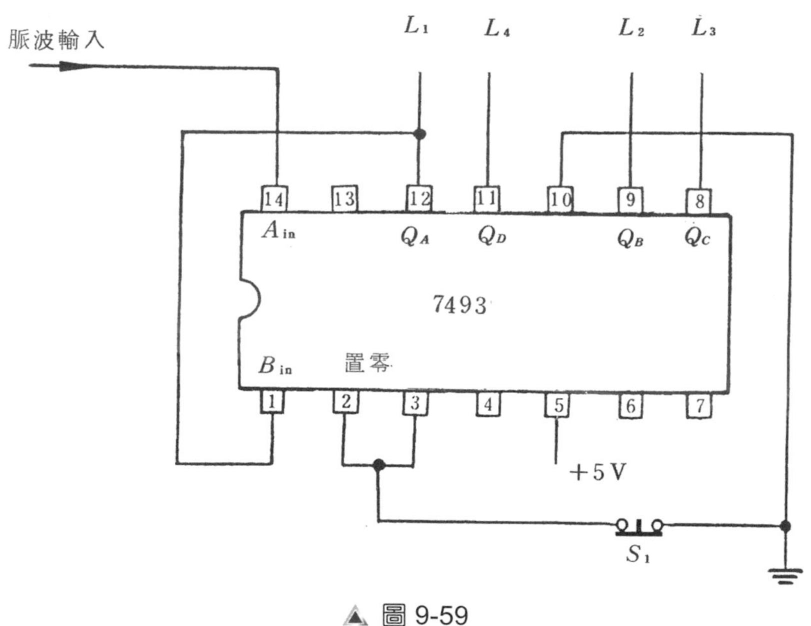

▲ 圖 9-59

3. 14 腳輸入接實驗器的時脈輸出，用示波器觀察輸入脈波頻率與 *A*、*B*、*C*、*D* FF 的輸出頻率關係。輸入時脈頻率在________kHz，Q_A 頻率________kHz，Q_B 頻率________kHz，Q_C 頻率________Hz，Q_D 頻率________Hz。

4. A FF 不用，時脈輸入改接至 B_{IN} (第 1 腳)，則在 B、C、D FF 輸出可獲得除以 2，除以 4 以及除以 8 的計數器。

5. 圖 9-60 至圖 9-65 的 6 個電路都是採用 7493 的漣波計數電路，圖中的電路都不能加清除電路。圖中 $R_{0(1)}$與 $R_{0(2)}$爲 7493 的第 2、3 腳。

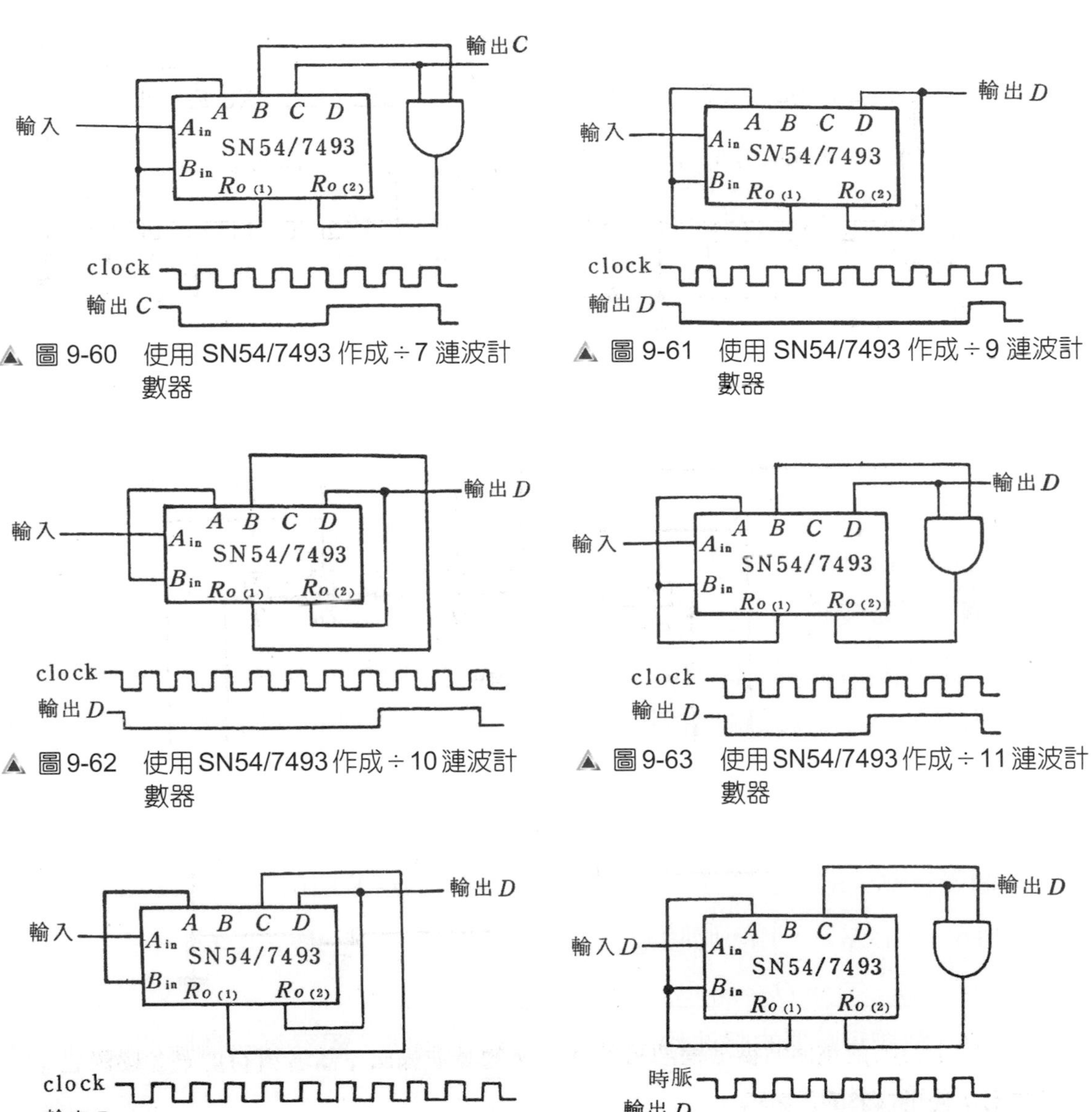

▲ 圖 9-60　使用 SN54/7493 作成÷7 漣波計數器

▲ 圖 9-61　使用 SN54/7493 作成÷9 漣波計數器

▲ 圖 9-62　使用 SN54/7493 作成÷10 漣波計數器

▲ 圖 9-63　使用 SN54/7493 作成÷11 漣波計數器

▲ 圖 9-64　使用 SN54/7493 作成÷12 漣波計數器

▲ 圖 9-65　使用 SN54/7493 作成÷13 漣波計數器

工作八：使用 74193、74192 的計數器

工作程序：

1. 讀者首先複習一下相關知識內有關 74193 的說明。
2. 按圖 9-66 插妥電路，載入(第 11 腳)接 Hi，下數計數(第 4 腳)接 Hi，然後第 14 腳清除接 Hi (SW_5)使所有 FF 輸出(Q_A～Q_D)爲 Low。

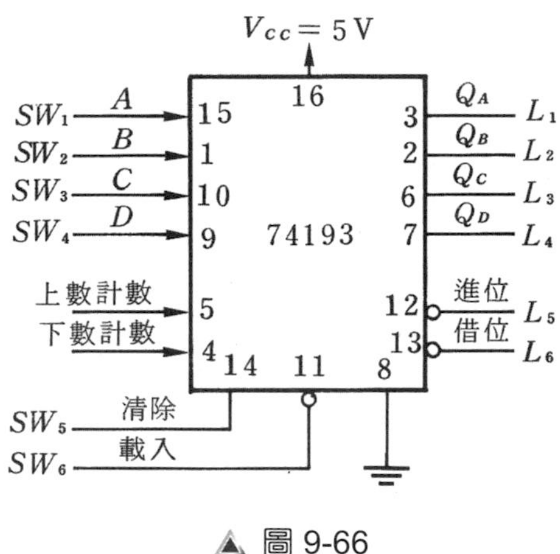

▲ 圖 9-66

3. 清除改接回 Low，上數計數端接實驗器脈波輸出，按脈波輸出按鈕，依序記錄每一個脈波輸入時 Q_A～Q_D 的輸出指示於表 9-10(a)中。
4. 第 5 腳上數計數端改接 Hi，清除由 Low → Hi → Low，下數計數端接實驗器脈波輸出，按脈波輸出按鈕，依序記錄每一個脈波輸入時 Q_A～Q_D 的輸出指示於表 9-10(b)中。
5. 第 4 腳，第 5 腳不用(開路)，且清除第 14 腳由 Low → Hi → Low。
6. 4 個資料輸入端分別接 $A = 1$、$B = 0$、$C = 1$、$D = 0$ (0101 = 5)，載入(第 11 腳)由 Hi → Low → Hi，此時 Q_A～Q_D 分別爲 Q_A = ________、Q_B = ________、Q_C = ________、Q_D = ________。
7. 上數計數接實驗器的脈波輸出，按脈波輸出按鈕，觀察每一個脈波輸入時 Q_A～Q_D 的輸出指示。
8. 取 2 個 74193 按圖 9-31(a)、(b)方式連接，將脈波輸入以觀察輸出指示。
9. 讀者可取一 74192 按前述方式實驗，原理、接腳與 74193 相同只是輸出 Q_A～Q_D 是 8421 的 BCD 碼。

▼ 表 9-10

(a)

脈波	Q_D	Q_C	Q_B	Q_A	借位	進位
0						
1						
2						
3						
4						
5						
6						
7						
8						
9						
10						
11						
12						
13						
14						
15						
16						
17						

(b)

脈波	Q_D	Q_C	Q_B	Q_A	借位	進位
0						
1						
2						
3						
4						
5						
6						
7						
8						
9						
10						
11						
12						
13						
14						
15						
16						
17						

工作九：使用 4518、4520 之計數器

工作程序：

1. 4518 之時脈 clock 及啓動 enable，可互換使用，而成為對計數脈波正緣或負緣動作之計數器，如圖 9-67 所示，眞値表如表 9-11。

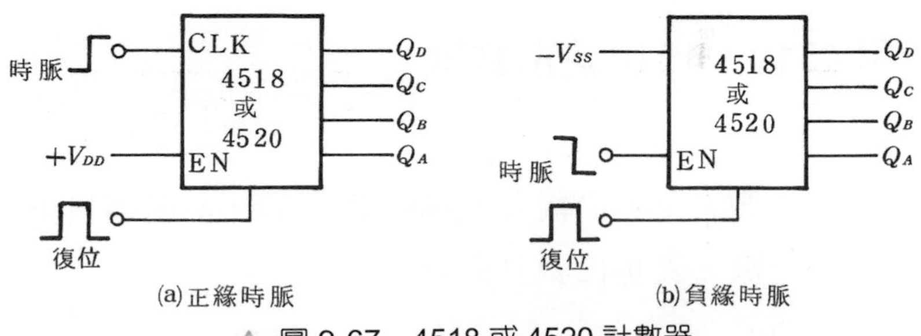

▲ 圖 9-67　4518 或 4520 計數器

▼ 表 9-11　4518/4520 真值表

時脈	啓動	結果
↑	1	上數計數
0	↓	上數計數
↓	0 或 1	無改變
0 或 1	↑	無改變
↑	0	無改變
1	↓	無改變

2. 按圖 9-68 接妥電路。

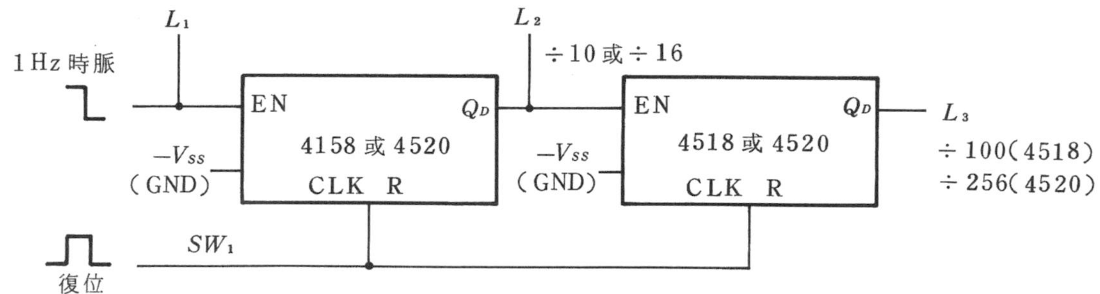

▲ 圖 9-68　漣波串接 4518/4520 計數器

3. 圖 9-68 為漣波進位計數器。
4. 設定圖 9-68 之 $SW_1 = L_0 \rightarrow \text{Hi} \rightarrow L_0$ 以清除計數器，然後看看 L_1、L_2、L_3 之閃滅關係，設使用 CD4518，則是否 L_1 每閃 10 次 L_2 才閃一次，而 L_3 與 L_1 之閃滅比率則為 1/100，若使用 4520，則 L_1、L_2、L_3 之閃滅比率如何？是否為 1：16：256？

工作十：使用 4510、4516 之計數器

工作程序：

1. 4510、4516 之上數／下數之輸入在邏輯“1”時，計數器為上數，如為邏輯“0”則計數為下數。表 9-12 為其眞值表。

▼ 表 9-12　4510/4516 各輸入動作真值表

時鐘	進位	上數／下數	預置啓動	復位	結果
0 或 1	1	0 或 1	0	0	無計數
⌐	0	1	0	0	上數計數
⌐	0	0	0	0	下數計數
0 或 1	0 或 1	0 或 1	1	0	預置 4 位碼
0 或 1	0 或 1	0 或 1	0 或 1	1	復位

2. 按圖 9-69 接妥電路。

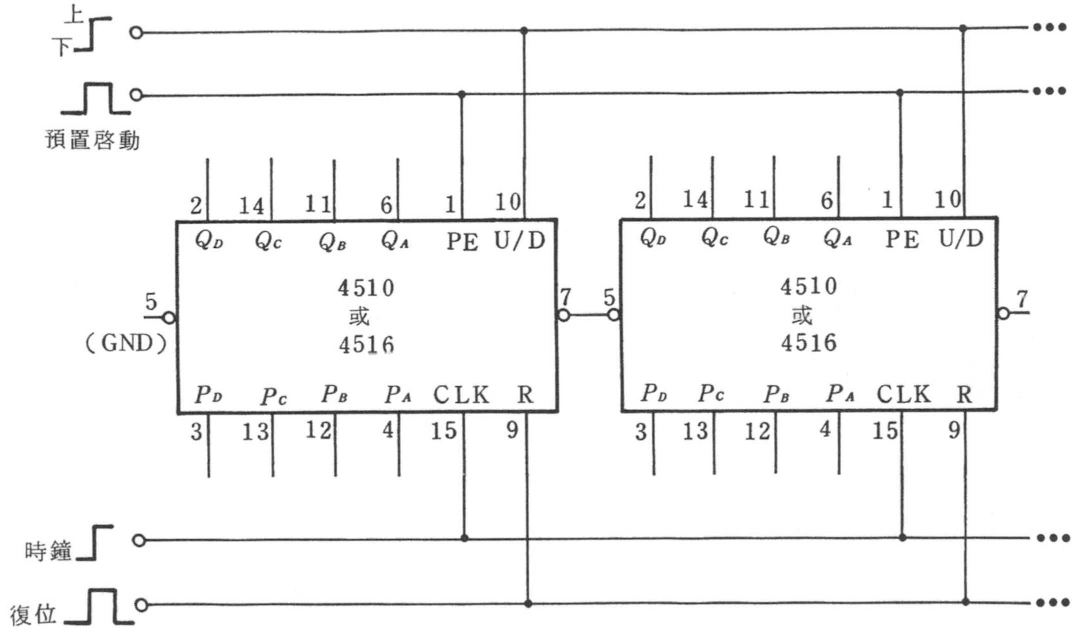

▲ 圖 9-69　4510 或 4516 並聯時脈連接

3. 此圖爲並聯時脈串接方式將前級之 $\overline{CO}$ (進位輸出)接至下級之 $\overline{CI}$ (進位輸入)而 CK 則同時驅動各級之時脈輸入。
4. P_A～P_D 預置輸入於實際應用時，是不能浮接的。這四個輸入在 PE 輸入爲 Hi 期間對計數器進行預置。
5. 圖 9-70 爲漣波式時脈串接。

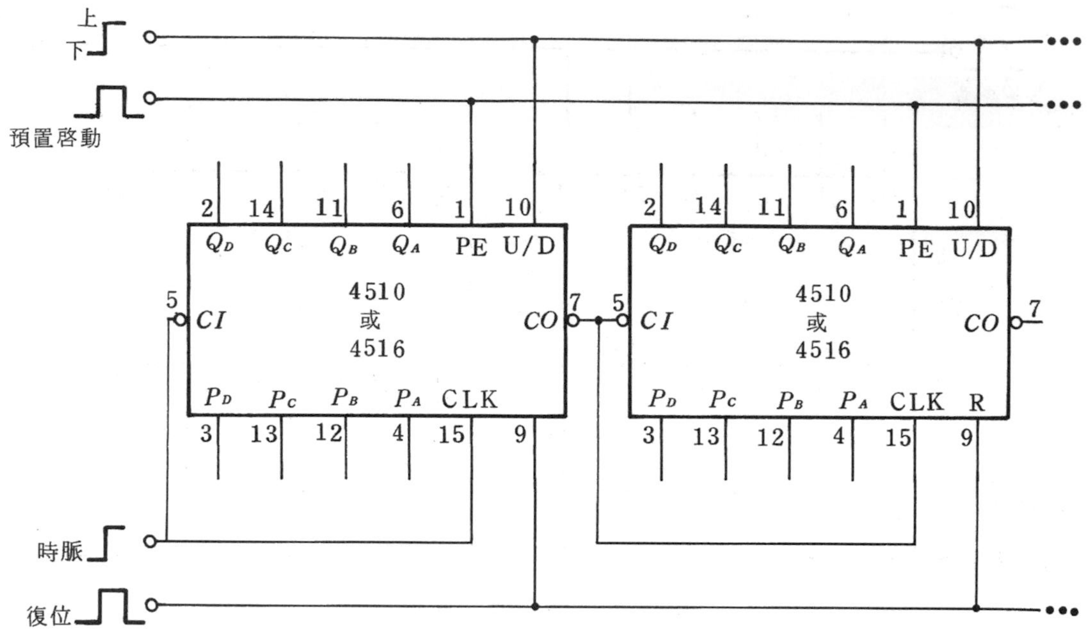

▲ 圖 9-70　漣波式時脈串接

6. 左邊為個位數，假設定為(P_A～P_D) = 0100，右邊為十位數，假設定為(P_A～P_D)為 0011，則敵動輸入 *PE* 送進一正脈衝後，串接計數器之內容即為 34，然後由此進行上數或下數。

工作十一：使用 40192、40193 之計數器

工作程序：

1. 40192、40193 上下數分由兩個時脈輸入端輸入而非由一控制輸入來控制，通常 $\overline{\text{CARRY}}$ 及 $\overline{\text{BORROW}}$ 皆為 Hi，當向上或(向下)計數，個別計數器級之最大計數值後之 1/2 週期進位(或借位)輸出才進入 L_0 狀態。
2. 圖 9-71 為 40192、40193 之串級接法，如前述之 IC。
3. 按圖 9-72 接妥電路。
4. 加上電源時在 7 段顯示器上所見之數目為何？
5. 設定 SW_5 = Hi，SW_6 = Hi → L_0 → Hi 則 7 段顯示器之指示為何？
6. 設定 SW_6 = Hi，SW_5 = Hi → L_0 → Hi 則 7 段顯示器是否減 1。
7. 在 5.中若計數器超過“9”時 7 段顯示器與 L_2 發生何種變化。

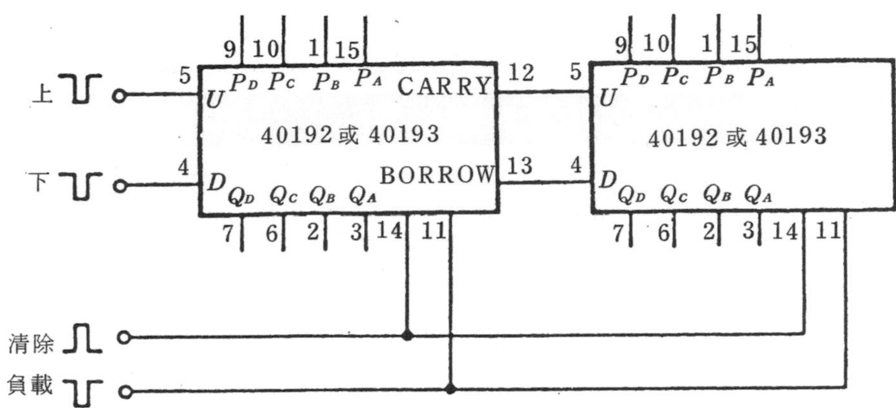

▲ 圖 9-71　40192/40193 串級接法

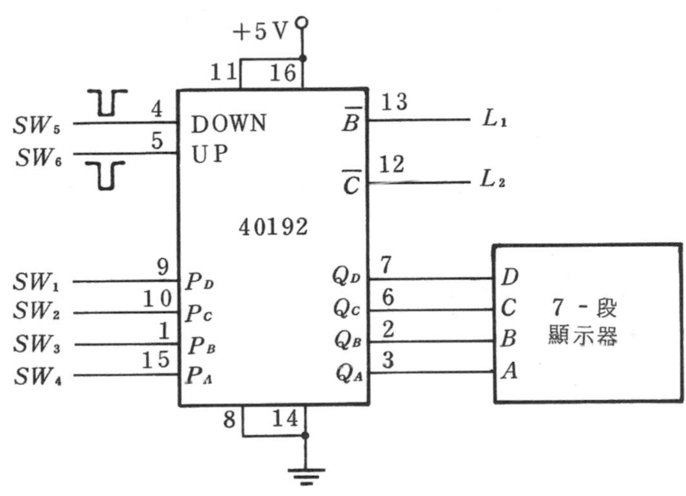

▲ 圖 9-72　40192 功能試驗接線圖

8. 在 6.中若計數器計數到“0”7 段顯示器及 L_1 會發生何種變化。
9. 關掉電源，第 11 腳接到 13 腳，L_1、L_2 接線不接，並設定 SW_5 = Hi。
10. 將 SW_1～SW_4 設定為 0111，加上電源，此時顯示器之數值為何？
11. 設定 SW_5 = Hi → L_0 → Hi 反覆直至顯示器之值為“0”止，再設定一次，SW_5 = Hi → L_0 → Hi 則顯示器之數值為何？
12. 關掉電源，連接 1kHz 脈波到第 4 腳，加上電源，設定 SW_1～SW_4 = 0001，其輸出頻率與輸入同為 1kHz。改變 SW_1～SW_4 之設定以示波器觀察第 13 腳之波形頻率，記錄於表 9-13 中。

▼ 表 9-13

SW_1	SW_2	SW_3	SW_4	N	輸出頻率
0	0	0	1	1	1000Hz
1	0	0	0		
0	1	0	1		
0	0	1	1		
0	1	0	0		
1	0	0	1		
0	1	1	1		

13. 由表 9-13 可知，輸出頻率為 1kHz 之分數，其值由 SW_1～SW_4 所設定之值而決定。

14. SW_1～SW_4 設定為 0000 時，輸出頻率為何？

9-4　問題

1. 計數器的主要功能是什麼？
2. 計數電路的待測頻率 CP 都需要用脈波或方波來推動，萬一待測頻率信號爲正弦波時那該如何？
3. 假設台電公司之電源頻率很穩(60Hz)，試製一個每秒輸出一脈波的計數電路。
4. 試說明同步和非同步計數電路的優缺點。
5. 10 模計數器中 10 模代表何義？
6. 說明 74193 與 7493 之不同點。
7. 試分析 7490、7492、7493 之不同點。
8. 設計一除 48 之計數器。
9. 分析 7490 之輸入由 INPUT *A* 輸入及由 INPUT *B* 輸入，其輸出有何不同？
10. 設計一除頻電路將 1MHz 除成 25Hz。
11. MOD-60 計數器要用到幾個 f1ip-f1op？
12. 設計同步計數器要用到哪些步驟？
13. 試說明 IC 中 1oad，up/down，clear，carry，borrow，enable，preset，reset，clock，ripple，clock 之功能。
14. 7490 中，$R_{0(1)}$、$R_{0(2)}$、$R_{9(1)}$、$R_{9(2)}$有何功能？
15. 同步計數器設計中(Don’t care)有何作用？

Note

CH 10

移位暫存器

10-1 實習目的

1. 瞭解移位暫存器之原理。
2. 瞭解移位暫存器的應用。

10-2 相關知識

暫存器(register)通常用以儲存由外部資料來源載入之資料或將它做移位之動作，當它做移位之用時，稱之為移位暫存器(shift register)。一般而言，單一的正反器具有儲存一位元資訊之能力，因此一個 n 位元之暫存器，就須要 n 個正反器。這種暫存器在大多數之數位系統中，通常被當作暫存資料之用。

移位暫存器和計數器一樣，常出現於一般數位系統中，它有許多用途諸如，資料的儲存、串列和並列數據的轉換，資料的延遲等。移位暫存器可以根據下列三個基本考慮因素來分類：

1. 處理資訊的方法共有：
   (1) 串聯輸入，串聯輸出(SISO)。
   (2) 串聯輸入，並行輸出(SIPO)。
   (3) 並行輸入，並行輸出(PIPO)。

(4) 並行輸入，串聯輸出(PISO)。

2. 資訊傳送的方向

(1) 串聯左移與右移。

(2) 並行移入與移出。

(3) 雙向通用移位暫存器(bidirectional universal shift register)

3. 移位暫存器由多少個正反器所組成，我們就說它有多少個位元(bit)，例如四個正反器所串聯成的暫存器爲 4 位元。圖 10-1 爲四種移位暫存器之配置圖。

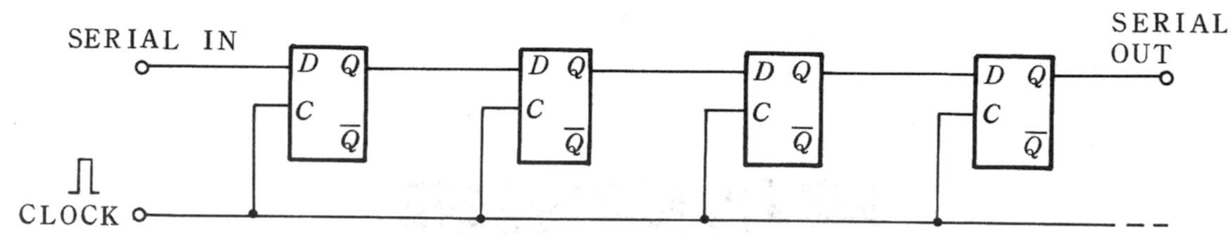

(a)串入／串出(SISO)

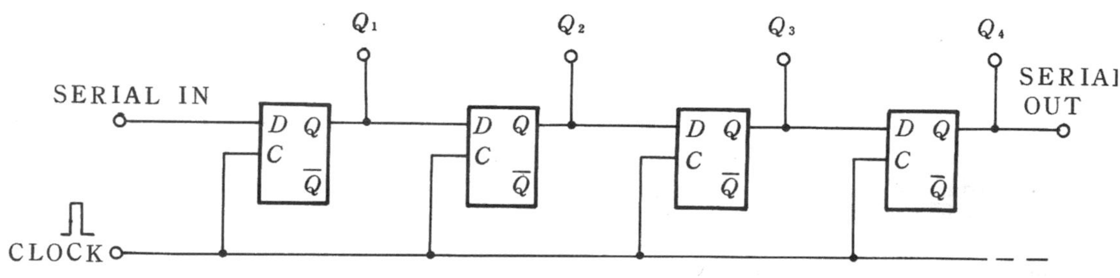

(b)串入／並出(SIPO)

▲ 圖 10-1 移位暫存器之配置

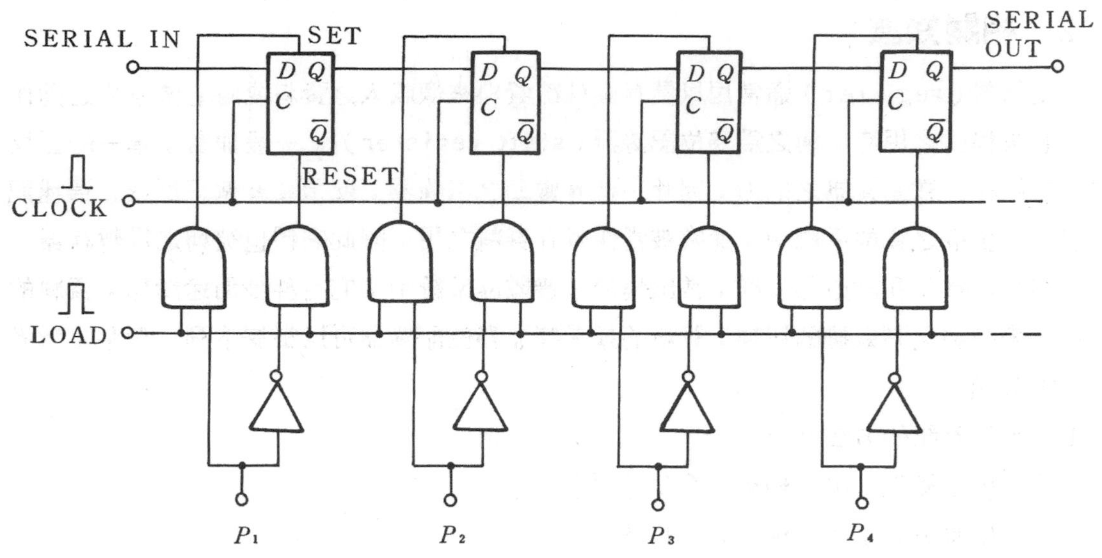

(c)並入／串出（PISO）

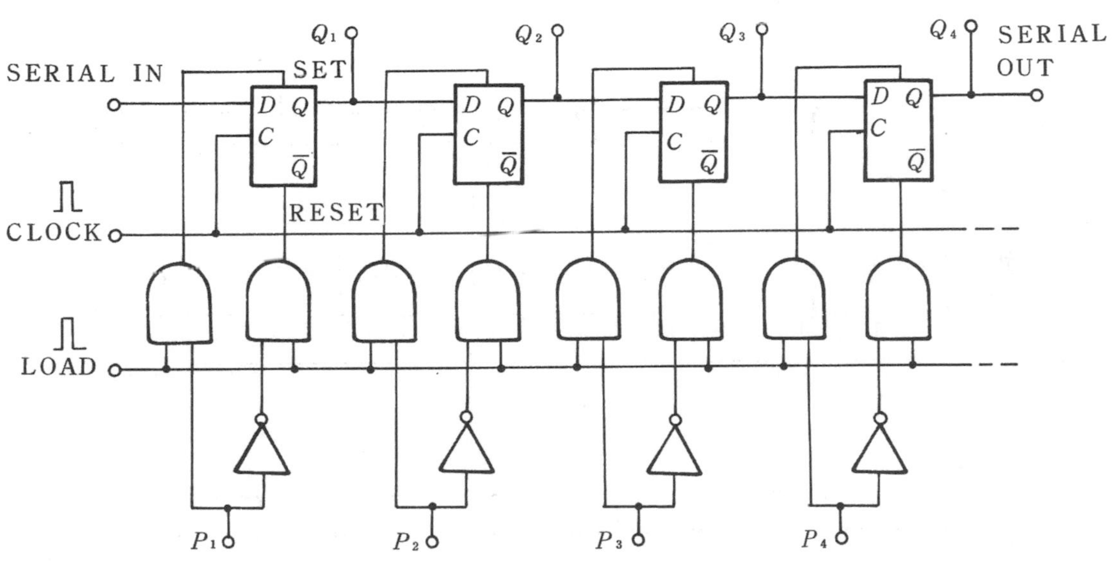

(d)並入／並出（PIPO）

▲ 圖 10-1　移位暫存器之配置(續)

10-2-1　移位暫存器之動作

移位暫存器之動作表示於圖 10-2 中，每一位元在每一時脈輸入之後，向其右邊(次一高位)移動一個位置。

	最低位元（LSB）							最高位元（MSB）
原始資料	1	1	0	0	1	1	0	1
第一個時脈	0	1	1	0	0	1	1	0
第二個時脈	0	0	1	1	0	0	1	1
第三個時脈	0	0	0	1	1	0	0	1
第四個時脈	0	0	0	0	1	1	0	0
第五個時脈	0	0	0	0	0	1	1	0
第六個時脈	0	0	0	0	0	0	1	1
第七個時脈	0	0	0	0	0	0	0	1
第八個時脈	0	0	0	0	0	0	0	0

▲ 圖 10-2　移位暫存器之動作

由四個 D 型正反器構成之移位暫存器如圖 10-3(a)所示。爲說明它之動作原理，我們就以資料字語 1011 當做串聯輸入資料來說明。由於 D 型正反器是在時脈的正緣將資訊轉移至輸出端。因此在 CP_1 當正緣期間，首一位元 1 已經出現在 Q_0 端，其餘正反器因尚未移入資料，故輸出仍爲 0 (假設，動作之前先做清除工作)。其次一時脈加入時，在 Q_0 之位元被轉至 Q_1 上，同時資料語句之下一位元被移入 Q_0，其次 CP_3 促使在 Q_1 之位元移至 Q_2 上；在 Q_0 之位元移至 Q_1 上；下一資料位元則移至 Q_0。依此類推，到 CP_4 時，完整的資料字語已經由左到右完全地移入暫存器中。倘若此字語欲儲存於暫存器中，則此時之時脈必須停止。電路動作時，各對應之波形列於圖 10-3(b)中。

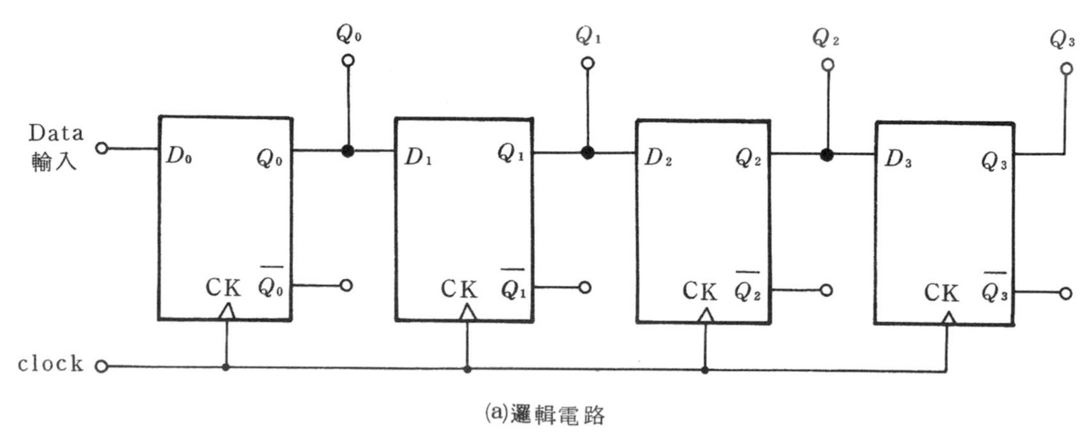

(a)邏輯電路

▲ 圖 10-3　四位元移位暫存器

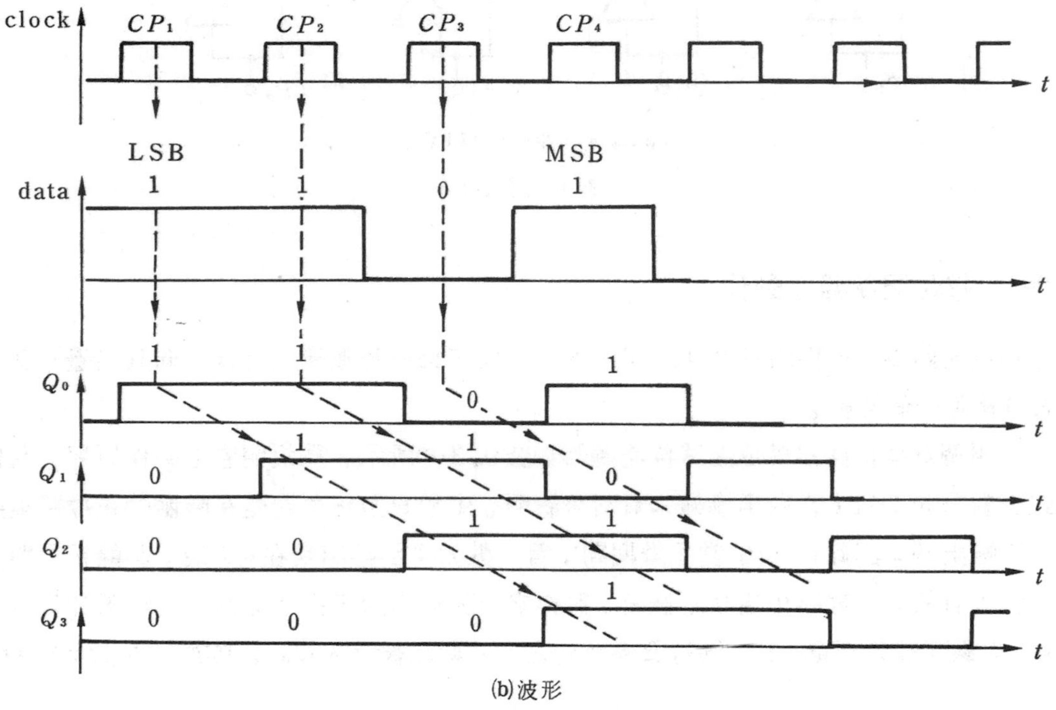

(b)波形

▲ 圖 10-3　四位元移位暫存器(續)

當資訊右移時，移位暫存器的最低位變為空缺，吾人可將任何資訊輸入到這一級。通常對於最低位之輸入稱為串聯輸入如圖 10-4 所示。關於移位暫存器的串聯輸入，有 4 種常用的方法。

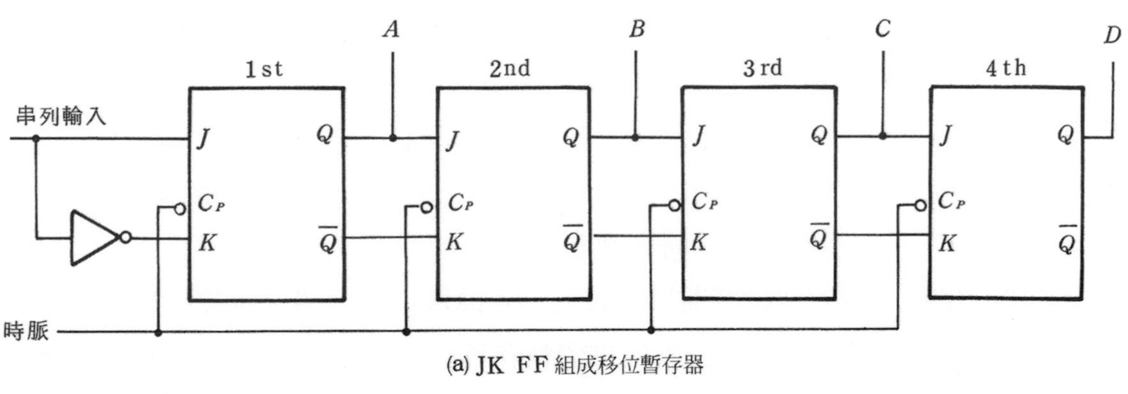

(a) JK FF 組成移位暫存器

▲ 圖 10-4

	t_n	t_{n+1}
	串列輸入	A B C D
1	0	0 0 0 0
2	1	1 0 0 0
3	0	0 1 0 0
4	1	1 0 1 0

(b)串列 0101 移入

	t_n	t_{n+1}
	串列輸入	A B C D
1	0	0 0 0 0
2	1	1 0 0 0
3	1	1 1 0 0
4	1	1 1 1 0

(c)串列 0111 移入

▲ 圖 10-4 (續)

1. 置入 0：此可將串聯輸入端接 Low (地)來完成。
2. 置入 1：此可將串聯輸入端接 Hi (V_{CC})來完成。
3. 循環移位：此可將最高次位的輸出接到最低位的輸入(D_A)，結果在移位前的最高有效位元(MSB)變爲移位後的最低有效位元(LSB)，在左移狀態時，循環移位亦可將 LSB 之輸出接到 MSB 之輸入端以達成。
4. 串聯資料輸入：外來的資料串聯輸入，可將外來資料接到 D_A 輸入而移入記憶器中，但外來責料與移位計時脈衝應同步。

圖 10-5 是利用單刀四投開關以完成上述 4 種移位暫存器之選擇。

許多移位暫存器必須具有接受外來資料和移位的功能。這些移位暫存器動作在移位狀態或裝載狀態。當在移位狀態時，如一般之移位動作，但在裝載狀態時，則外來資料被擠進暫存器中，而取代了原有的資料。圖 10-6 的電路在開關輸出爲 Low 時，暫存器向右移，當開關爲 Hi 時，外來資料被載入暫存器中。

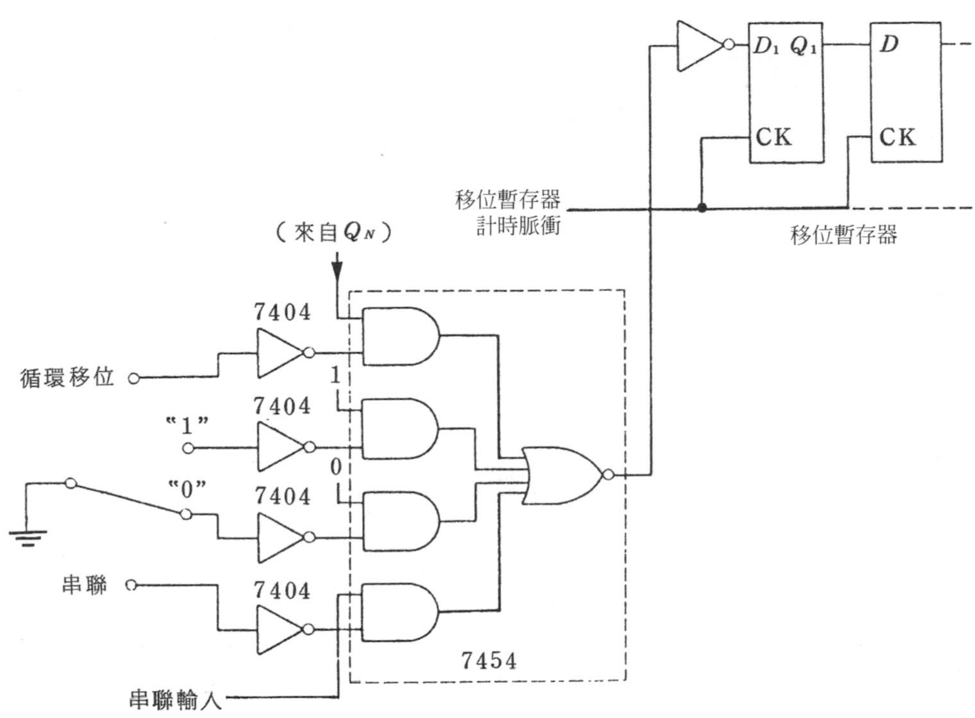

▲ 圖 10-5

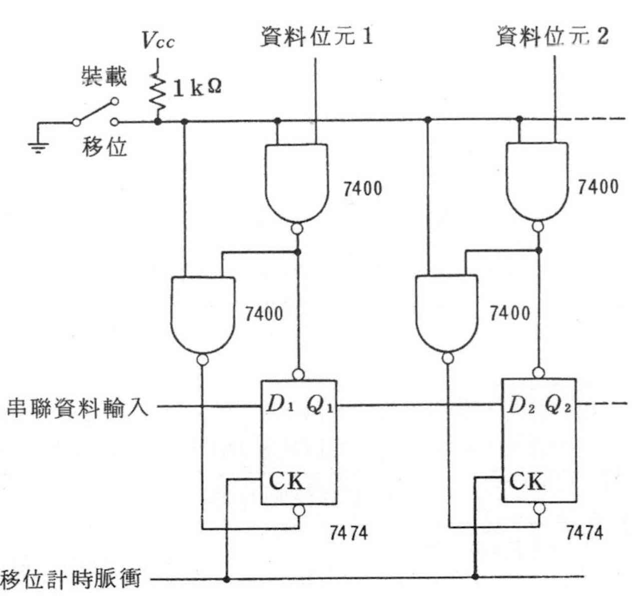

▲ 圖 10-6　具有“移位”及“載入”能力的移位暫存器

10-2-2 IC 型移位暫存器

在數位 IC 中已有許多移位暫存器，而這些移位暫存器之主要特性如下：

1. 移位暫存器之位元數：若需要更多位元數的移位暫存器，可將幾個 IC 串聯起來。
2. 並聯載入：同時將資料並聯載入移位暫存器中的能力。
3. 串聯輸入：將資料以串聯方式移進移位暫存器中之能力。
4. 並聯輸出：以並聯方式，同時獲得移位暫存器中所有輸出位元之能力。
5. 串聯輸出：從移位暫存器中獲得串聯輸出之能力。
6. 移位頻率：移位計時脈波可容許的最高頻率。
7. 左——右移位暫存器：移位暫存器可將資料左移或右移之能力。

▼ 表 10-1　一般的移位暫存器裝置

串聯輸入，串聯輸出		
7491A	8位元串聯輸入，串聯輸出	TTL
4006	18級可程式化的串聯輸入，串聯輸出	CMOS
串／並聯輸入，串聯輸出		
74164	8位元串聯輸入，並聯輸出含CLEAR	TTL
4 015	2個4位元串聯輸入，並聯輸出含RESET	CMOS
串／並聯輸入，串聯輸出		
74165	8位元串／並聯輸入，串聯輸出含CLOCK INHIBIT	TTL
74166	8位元串／並聯輸入，串聯輸出含CLOCK INHIBIT及CLEAR	TTL
通用型移位暫存器		
74195	4位元串／並聯輸入，並聯輸出含CLEAR	TTL
74199	8位元串／並聯輸入，並聯輸出含CLOCK INHIBIT及CLEAR	TTL
通用型移位暫存器		
74194	4位元通用型含CLEAR	TTL
74198	8位元通用型含CLEAR	TTL

1. 7491 爲 8 位元串聯輸入，串聯輸出之移位暫存器，其接腳如圖 10-7 所示。圖 10-8 爲內部結構圖，係執行向右移位。兩輸入 A 及 B 經由 AND，此系統因此正常的經由暫存器傳遞邏輯“1”，僅可由 IN A = IN B = 1 而進入邏輯“1”，準位將正確的出現在八個時序脈波之後的 Q_H，而它的“0”互補在 $\overline{Q_H}$，無清除(clear)裝置。

7491A，74LS91

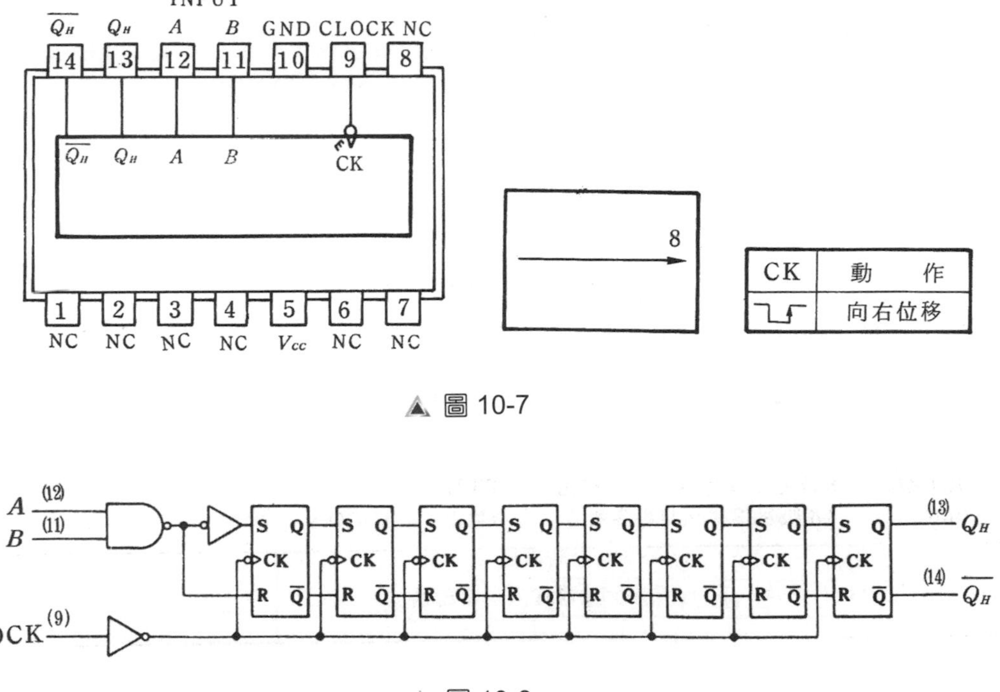

▲ 圖 10-7

▲ 圖 10-8

2. 4006 爲一 18 級可程式化的串聯輸出之移位暫存器，圖 10-9 爲其接線及眞值表 4006 爲 4 個移位暫存器所構成，在 18 級的移位中，有 2 個 4 級暫存器 2 個可執行 4 級或 5 級的暫存器。

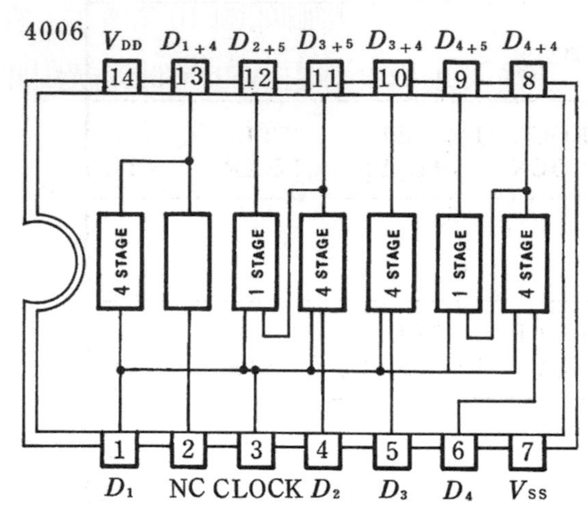

真值表

TRUTH TABLE FOR OUTPUT FROM TERM2

D_{1+4}	CL▲	D_{1+4}'
0	／	0
1	／	1
×	＼	NC

TRUTH TABLE FOR SHIFT REGISTER STAGE

D	CL▲	$D+1$
0	＼	0
1	＼	1
×	／	NC

1 ＝HIGH　　× ＝DON'T CARE
0 ＝LOW　　▲ ＝LEVEL CHANGE
NC＝NO CHANGE

▲ 圖 10-9

觸發信號是在 clock pulse 的負緣，被傳達於下一級，在每段的輸出間連接上的改變可接成串級長度爲 4、5、8、9、10、12、13、14、16、17、18 級的移位暫存器，切忌從 11、8 腳輸入信號。

3. 74164 爲 8 位元串聯輸入，並聯輸出且含 CLEAR 之裝置，其接線圖如圖 10-10 所示，其內部方塊圖如圖 10-11 所示。

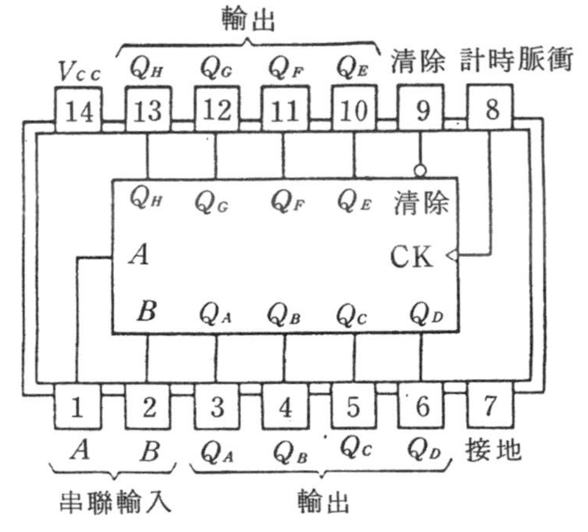

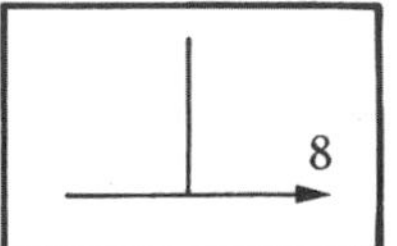

輸入		動作
CLEAR	CK	
H	↑	右移
L	X	CLEAR

▲ 圖 10-10

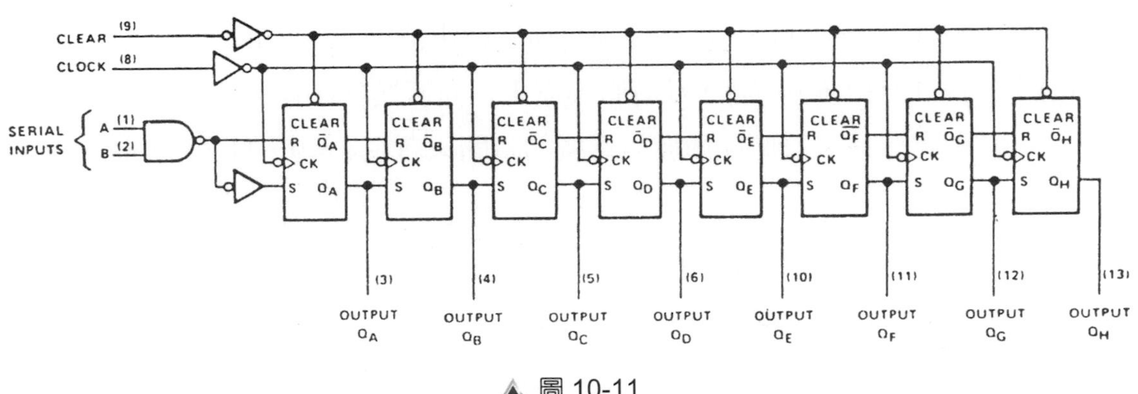

▲ 圖 10-11

74164 爲一 14 腳包裝之 8 位元移位暫存器，8 個輸出均可運用。此 IC 不能使用並聯載入，資料輸入是經由一 AND gate 以串聯方式輸入。欲將“1”載入移位暫存器中，串聯輸入端 *A* 和 *B* 均須爲 Hi，74164 有一端，當其轉換爲 Low 時，將移位暫存器各級全部清除。

74164 的動作可由圖 10-12 的時序圖來說明。

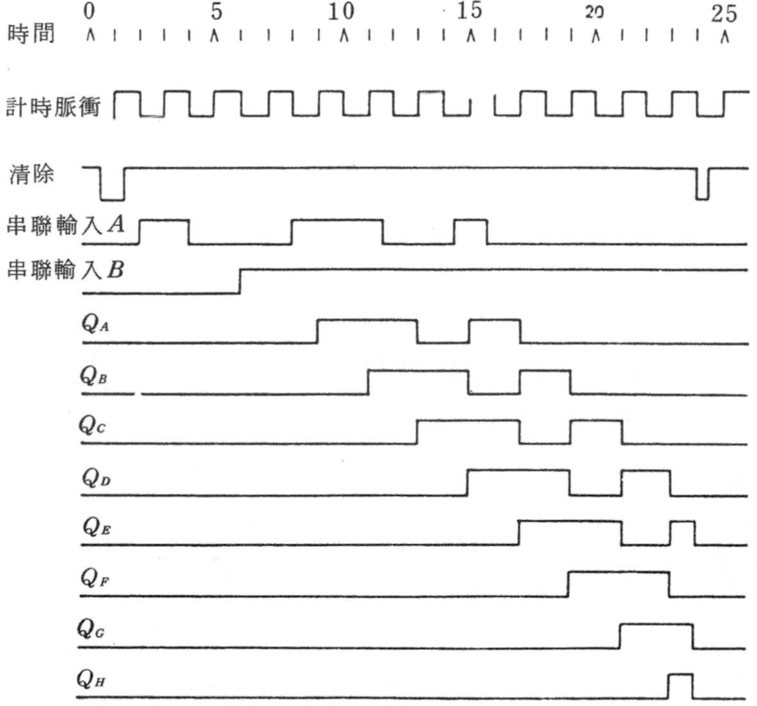

▲ 圖 10-12　74164 之時序圖

(1) 在 $t = 1$ 和 $t = 24$ 時，清除脈衝將所有輸出清除。

(2) 在 $t = 1$，3，5，…時，計時脈衝發生正向轉換(74164 爲正緣觸發)。A、B 輸入皆爲 Hi，計時脈衝發生轉換的時間只有在 $t = 9$，11 和 15 時，Q_A 將變爲 Hi。

(3) 在 Q_A 爲 Hi，當計時脈衝發生正向轉換，即 $t = 11$，13 和 17 時，Q_A 的輸出被移到 Q_B，Q_B 轉換爲 Hi。

(4) 接下去的計時脈衝，資訊不斷地經移位暫存器向右移。

(5) 在 $t = 24$ 時，清除脈衝將輸出 Q_A、Q_B、Q_C、Q_D 清除。

4. 4015 爲 2 組 4 位元串聯輸入，並聯輸出，且含 RESET 之裝置其接腳如圖 10-13 所示，其邏輯方塊圖如圖 10-14 所示。RESET 置於 Hi (1)時輸出全部被復置於 0，接於 Low (接地)爲正常工作，DATA 輸入是由 clock pulse 來指揮，係正緣觸發，依時序串聯輸入。

眞值表

CL▲	D	R	Q_1	Q_n
／	0	0	0	Q_{n-1}
／	1	0	1	Q_{n-1}
＼	×	0	Q_1	Q_n (NO CHANGE)
×	×	1	0	0

▲ LEVEL CHANGE

× DON'T CARE CASE

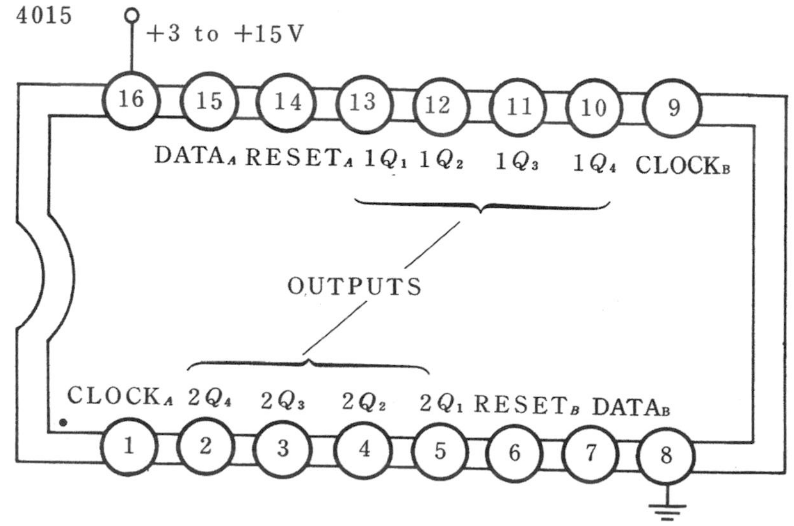

▲ 圖 10-13

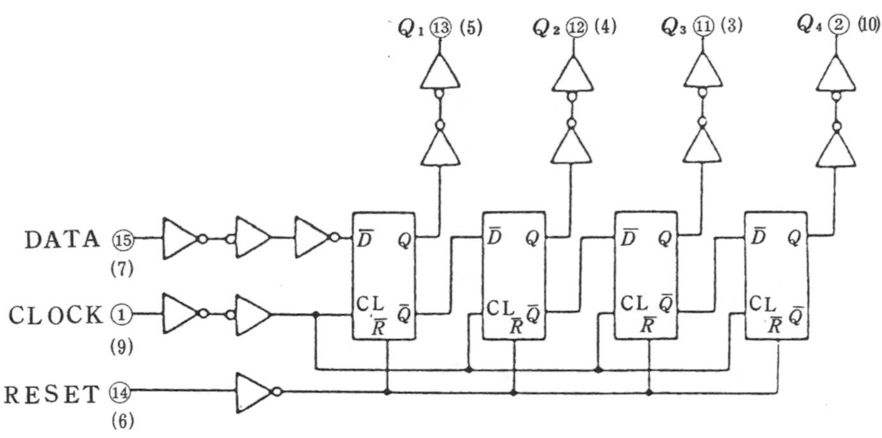

▲ 圖 10-14　4015 之方塊圖

5. 74165 爲串／並聯輸入，串聯輸出含 clock INHIBIT 之裝置，接線圖如圖 10-15 所示，其結構方塊圖如圖 10-16 所示。

74165, 74LS165

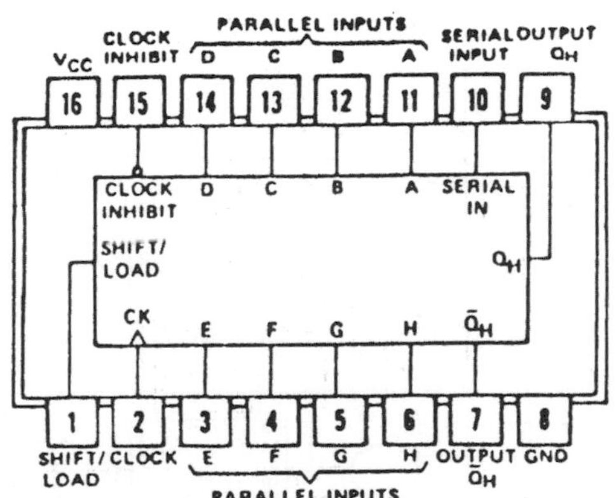

輸入			動作
shift/load	CK	CK inhibit	
H	⎍↑	L	右移
⎍ L	X	X	DATA SET
H	X	H	Hold

* CK＝L的期間中CK Inhibit是H
時DATA是1 bit shift且hold
CK＝H的期間是這樣hold

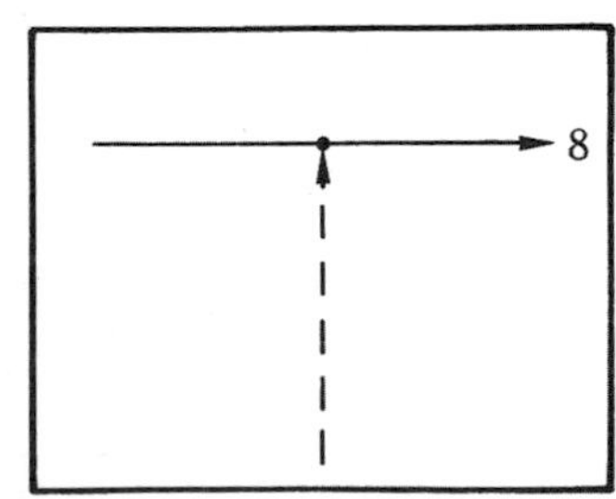

▲ 圖 10-15

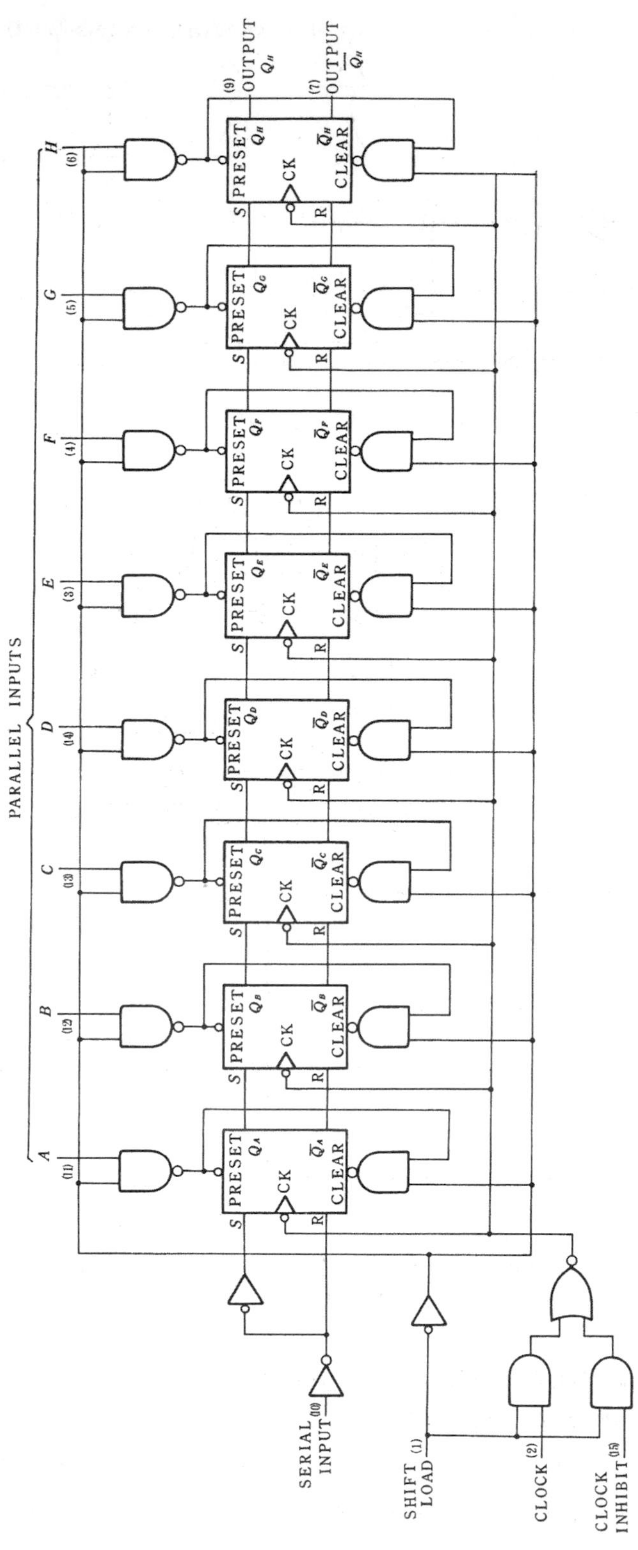

▲ 圖 10-16　74165 方塊圖

正常工作時，clock INHIBIT = 0，load = 1，clock 由負變正，瞬間使資料向右移一位，欲作並聯輸入時，可將數據接於輸入 $A \sim H$，將 1oad 接地，即可存入資料 clock INHIBIT = 1，則處於停止狀態，不再執行移位。

6. 74195 爲 4 位元串／並聯輸入，並聯輸出且含 CLEAR 之裝置，其接腳及方塊圖分別爲圖 10-17 及圖 10-18 所示。

當 clear = H，shift/load = H，clock pulse 由負變正時執行右移動作，clear = H，shift/load = L，clock 由負變正時，執行 load 之工作。

當 clear = Low 時爲將輸出全部清除爲“0”。

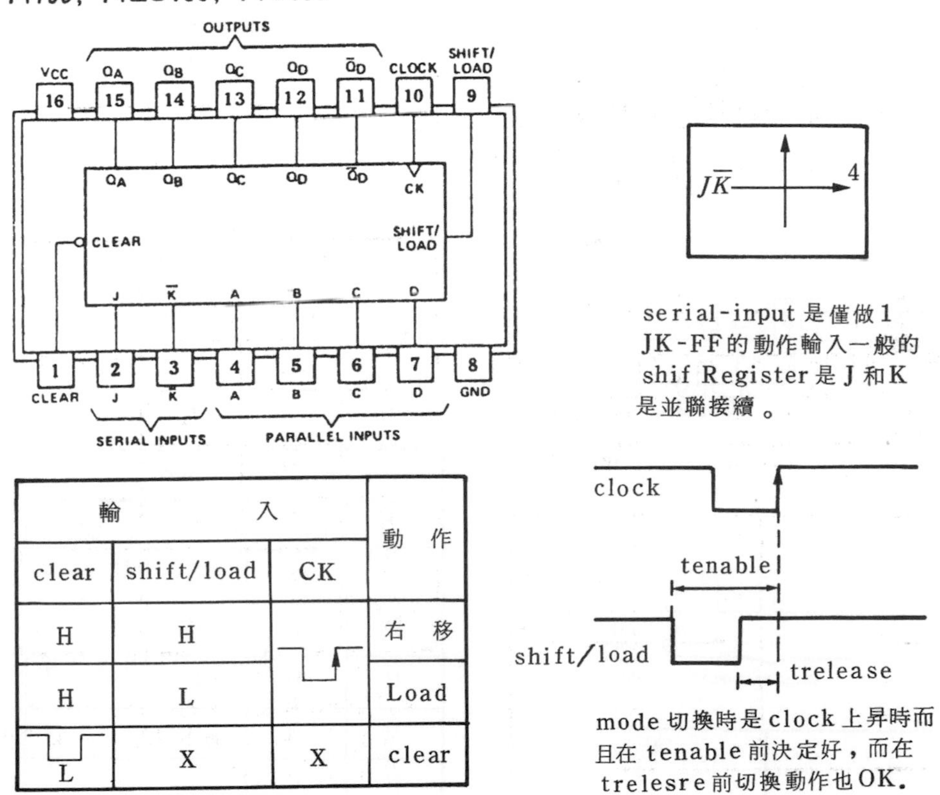

輸入			動作
clear	shift/load	CK	
H	H	↑	右移
H	L	↑	Load
L	X	X	clear

▲ 圖 10-17

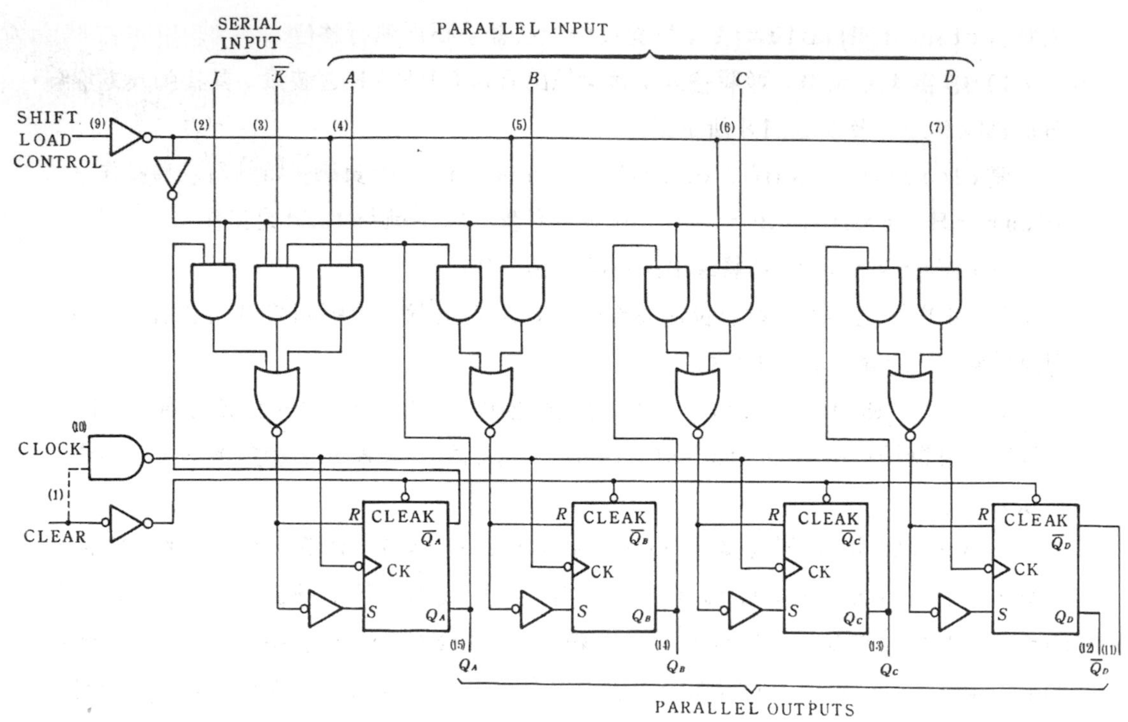

▲ 圖 10-18　74195 之方塊圖

74194。74LS194，74S194

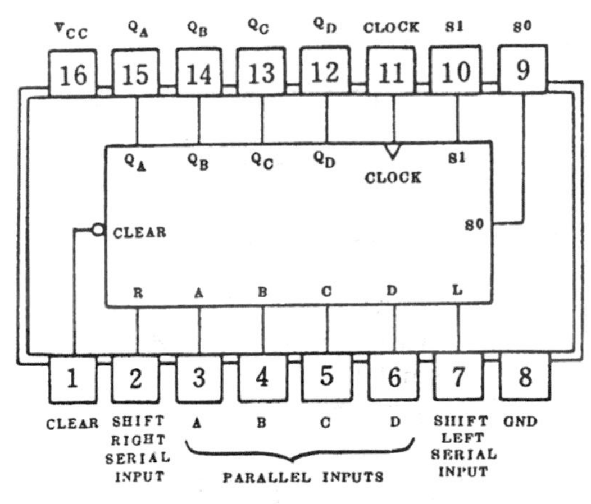

LS.S　4　　N　4

輸入					動作
clear	mode control		CK		
	S_1	S_0	N	LSS	
H	L	H			右　移
H	H	L			左　移
H	H	H			Load
H	L	L	X		Hold
L	X	X	X	X	Clear

＊N type 是 clock 的期間中 $S_1 = S_0 = L$ 和在 1 bit shift 做 hold. clock H 的期間中是這被 hold.

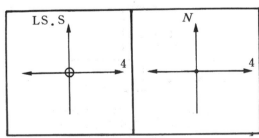

▲ 圖 10-19

7. 74194 爲四位元通用型移位暫存器含 clear 之裝置，接腳如圖 10-19 所示，邏輯圖及眞値表，如圖 10-20 所示。

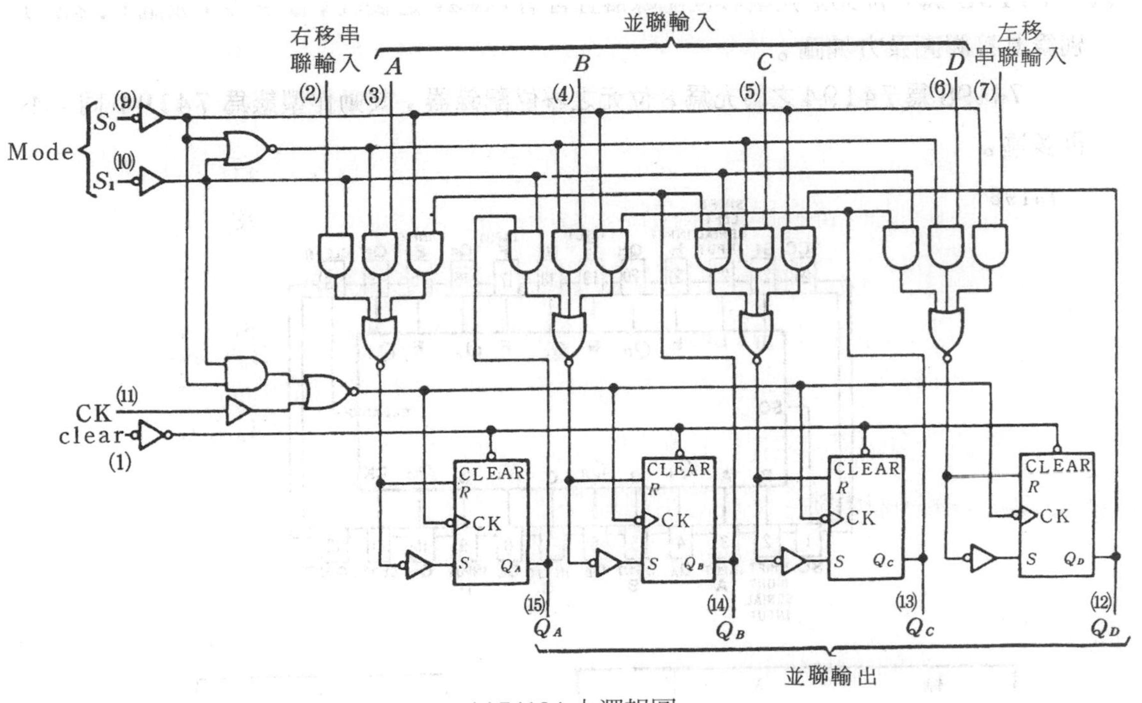

(a)74194 之邏輯圖

CLEAR	MODE		CLOCK	SERIAL		PARALLEL	OUTPUTS			
	S_1	S_0		LEFT	RIGHT	A B C D	Q_A	Q_B	Q_C	Q_D
L	X	X	X	X	X	X X X X	L	L	L	L
H	X	X	L	X	X	X X X X	Q_{A0}	Q_{B0}	Q_{C0}	Q_{D0}
H	H	H	↑	X	X	a b c d	a	b	c	d
H	L	H	↑	X	H	X X X X	H	Q_{An}	Q_{Bn}	Q_{Cn}
H	L	H	↑	X	L	X X X X	L	Q_{An}	Q_{Bn}	Q_{Cn}
H	H	L	↑	H	X	X X X X	Q_{Bn}	Q_{Cn}	Q_{Dn}	H
H	H	L	↑	L	X	X X X X	Q_{Bn}	Q_{Cn}	Q_{Dn}	L
H	L	L	X	X	X	X X X X	Q_{A0}	Q_{B0}	Q_{C0}	Q_{D0}

(b)74194 之眞値表

▲ 圖 10-20

74194 是通用型(universal)移位暫存器，具有所有移位暫存器應有的特性，此移位暫存器利用兩條控制巴士線，就可控制①右移，②左移，③並聯載入，④禁止時脈。

當第 9 腳與第 10 腳的模態控制為 $S_0 = 1$，$S_1 = 0$，將送入第 2 腳的"右移串列輸入"的資料向右移，當 $S_0 = 0$，且 $S_1 = 1$，將送入第 7 腳的"左移串列輸入"的資料向左移，當 $S_0 = S_1 = 1$ 時，並聯輸入上的資料可載入暫存器。要禁止時脈控制，必須 $S_0 = S_1 = 0$，此時資料即儲存在暫存器中，外面的輸入不再影響暫存器的內容。

右移的輸出從 Q_D 獲得，左移的輸出從 Q_A 獲得，欲將串聯的的資訊轉換成並行資訊，可以將資訊數元串聯移位進入移位暫存器，然後再將這些資訊數元整個並行輸出；同樣的並行資訊也可轉換成串聯資訊，這可以利用並行輸入至移位暫存器，然後將資訊串聯移出。此類的資訊轉換常用於電腦和電腦週邊設備，因為資訊的傳送在電腦和週邊設備常用串聯格式，而在電腦內的資訊處理則常用並行格式。

8. 74198 為 8 位元通用型移位暫存器且含有 clear 之裝置，圖 10-21 及圖 10-22 分別為其接腳圖及方塊圖。

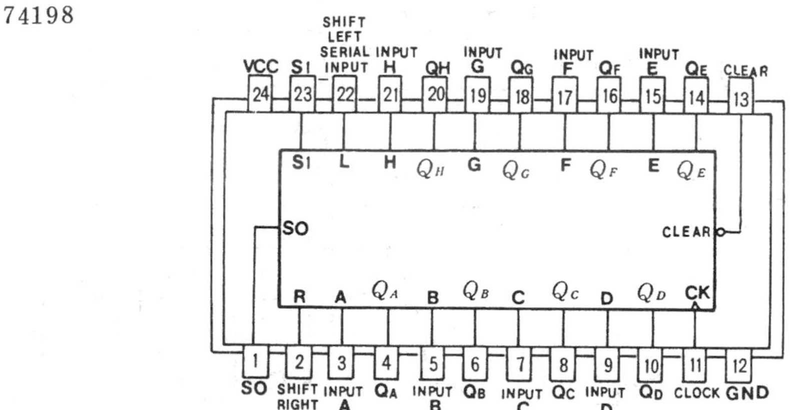

▲ 圖 10-21

輸入				動作
clear	mode control		CK	
	S_1	S_2		
H	L	H	↑	右　移
H	H	L	↑	左　移
H	H	H	↑	Load
H	L	L	X	Hold
L	X	X	X	Clear

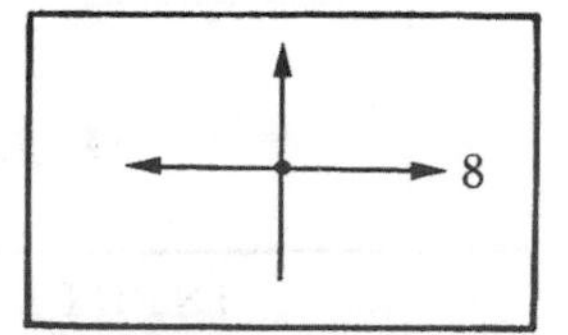

74194的 8 bit 型其他相同

* Clock L的期間 $S_1=S_0=$ L時則 1 bit 的 shif 是被 hold 而 clock H的期間均是被 hold.

▲ 圖 10-21　(續)

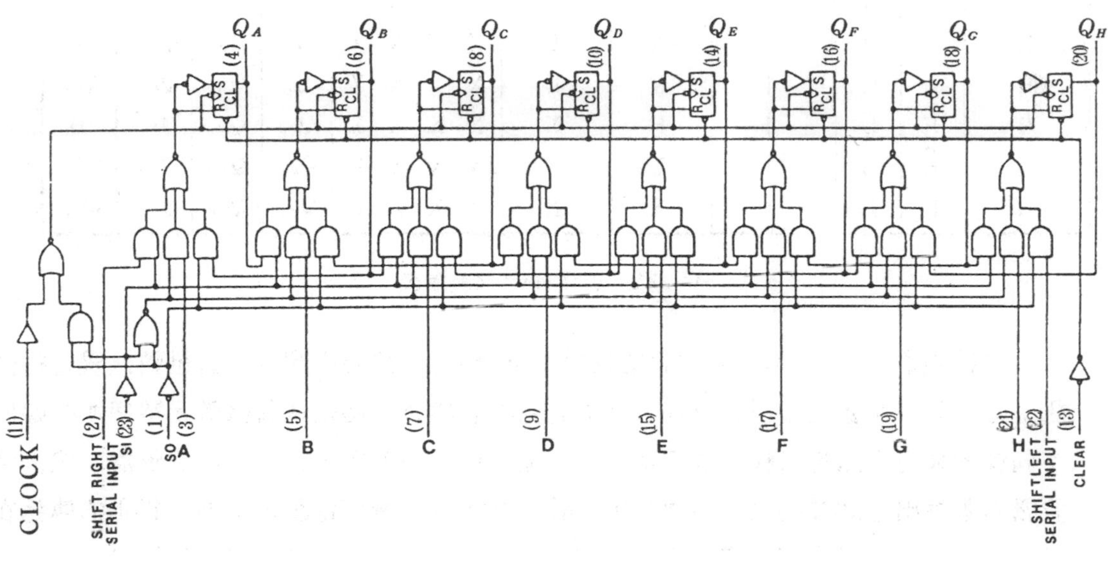

▲ 圖 10-22　74198 之方塊圖

74198 為 74194 之擴充為 8 位元之移位暫存器，其動作型態為 74194 同，故不再多述。

10-2-3　移位暫存器之應用

移位暫存器與計數器一樣，常出現於數位系統中，其應用範圍相當廣泛，諸如資訊的暫存、數位延遲、環形計數器、時序產生電路、亂數產生器等。

移位暫存器用於當作計數器時，一般型式如圖 10-23 所示。舉例來說，當欲設計一個除 3 計數器時，依據一般之規則可知，兩級的移位暫存器即可滿足需要。其狀態表如表 10-2 所示。

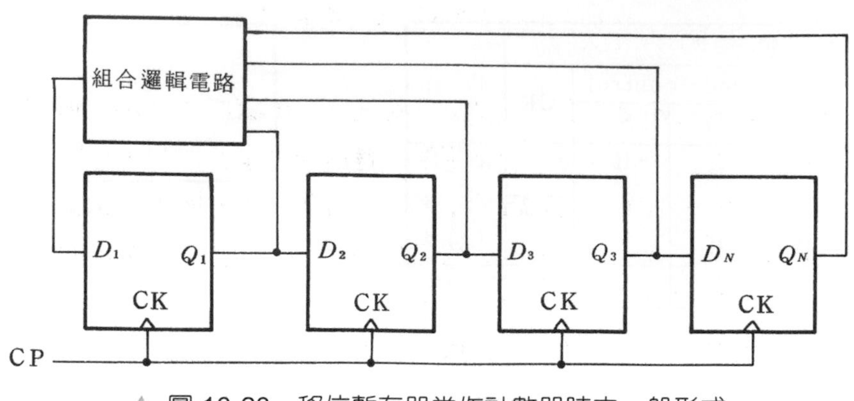

▲ 圖 10-23　移位暫存器當作計數器時之一般形式

▼ 表 10-2

計數狀態，K	Q_1	Q_2
1	0	1
2	1	0
3	1	1
1	0	1

▼ 表 10-3

計數狀態，K	$D_{1(k)}$	$Q_{1(k)}$	$Q_{2(k)}$
1	1	0	1
2	1	1	0
3	0	1	1
1	1	0	1
⋮	⋮	⋮	⋮

由移位暫存器之特性得知：Q_2 與 Q_1 之值相差一個時脈的時距，即

$$Q_{2(k+1)} = Q_{1(k)}$$

其中 k 爲計數狀態。上式之意即爲：正反器 1 在 k 時脈之輸出 Q_1 與正反器 2 在 $k+1$ 時脈之輸出 Q_2 相同。另外由正反器輸入與輸出之關係可知：

$$D_{1(k)} = Q_{1(k+1)}$$

由此式之關係，表 10-3 很容易由表 10-2 中得到。

依據表 10-3 之眞値表，可知當 $Q_1 = 1$ 且 $Q_2 = 1$ 時 $D_1 = 0$，故

$$D_1 = \overline{Q_1 Q_2} = \overline{Q_1} + \overline{Q_2}$$

因此電路執行如圖 10-24 所示，利用一 NAND 閘將兩正反器之輸出 Q_1 與 Q_2 回授至 D_1，而構成除 3 計數器。

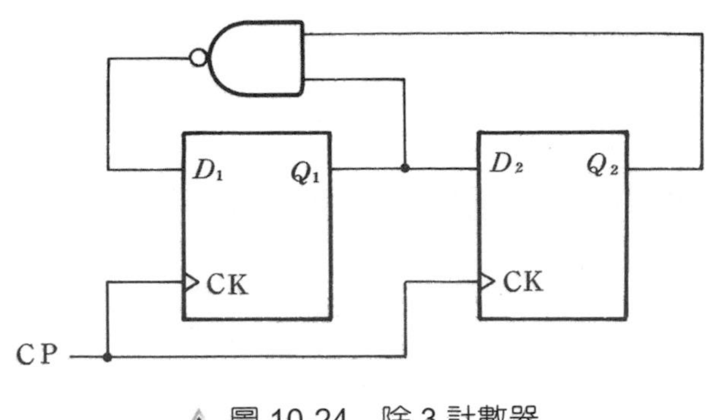

▲ 圖 10-24　除 3 計數器

移位暫存器的另外一種簡單之應用是將之接成環形計數器型式的時序產生器，如圖 10-25 所示。此種電路通常將最後一級正反器之輸出回授至第一級正反器之輸入上。同時在正常工作時，首先須將第一級預置為 1 (Q_0 = 1)；其餘各級清除為 0。因此，每一時脈到來時，將之向右移一數元位置，依次先到 Q_1、而後 Q_2、再到 Q_3，然後回到 Q_0，依次循環，構成一環路。

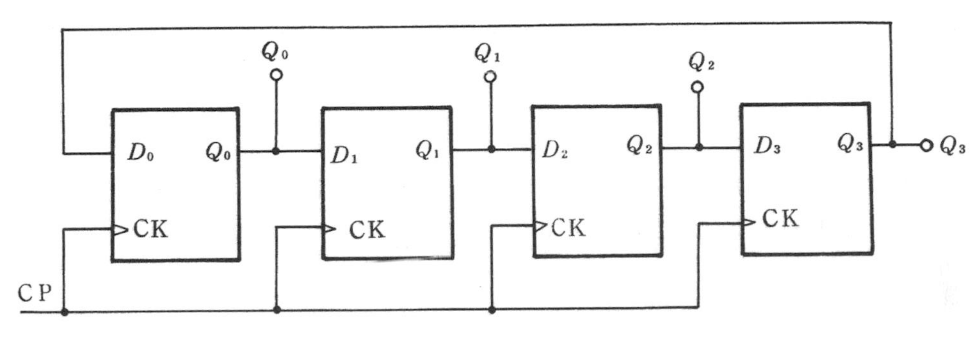

▲ 圖 10-25　環形計數器

圖 10-26 是利用 D 型正反器做成的 4 數元左右移位暫存器，當 mode 輸入為 0 時，責料從左邊輸入，向右移動，當 mode 輸入為 1 時，資料從右邊輸入向左移動。

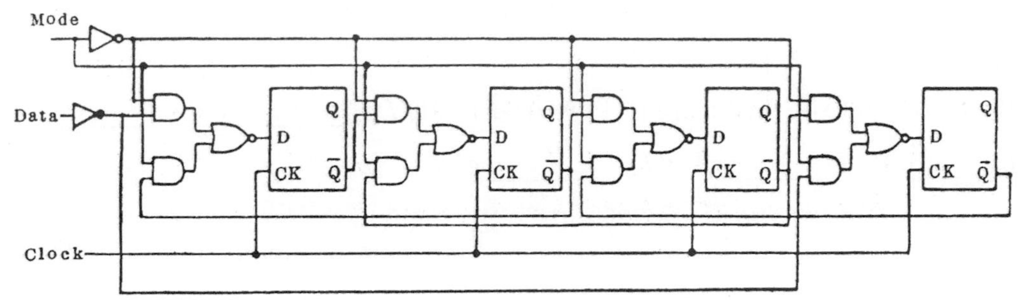

▲ 圖 10-26　4 位元左右移位暫存器

10-3 實習項目

工作一：4 位元串聯輸入並聯輸出移位暫存器

工作程序：

1. 取兩個 7474 按圖 10-27 接妥電路。

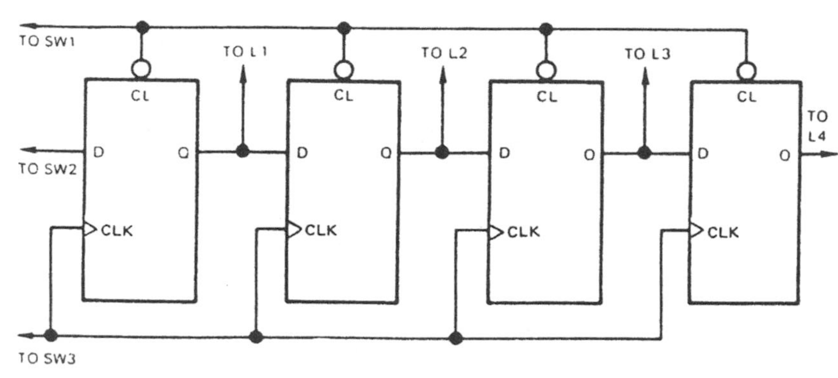

▲ 圖 10-27

2. SW_1、SW_2 和 SW_3 分別接實驗器 Hi/Low 輸出，SW_1 接 Low 清除所有正反器。
3. 扳動開關使 SW_1、SW_2 處於 Hi，SW_1 接 Hi 清除作用移去，SW_2 接 Hi 則將第一組 FF 的 D 輸入設定為 Hi。
4. 扳動開關使 SW_2 CK 的輸入變化為 Low → Hi → Low (7474 為正緣觸發)，觀察第一組 FF 輸入資料已被移到輸出端，即 L_1 為________。
5. 重複程序 4.，將第 2 個 Hi 資料移入移位記憶器，此時 L_1 ________，L_2 ________。
6. 設置 SW_2 的輸入資料為 Low，即第一組 FF 的 D 輸入為 Low。
7. 重複程序 4.，第一級 FF 的 D 輸入資料被移到輸出端，即 L_1 ________，L_2 ________，L_3 ________。
8. 重複程序 4. (SW_3 輸入維持在 Low 不變)，則 L_1 ________，L_2 ________，L_3 ________L_1 ________，L_4 ________。

工作二：IC 移位暫存器

工作程序：

1. 74164 爲一常用的移位暫存器 IC，是一 8 數元串聯輸入，並聯輸出的移位暫存器。
2. 按圖 10-28 接妥電路，首先扳動開關使 SW_1、SW_2、SW_3 處於 Low，SW_2 爲 Low 清除所有 FF。

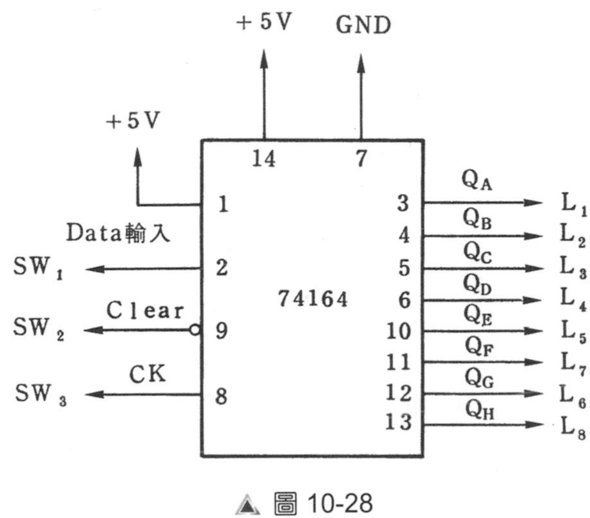

▲ 圖 10-28

3. 設定 SW_1 在 Hi，即第一級 FF 輸入端 D 接 Hi，SW_3 的輸入變化爲 Low → Hi → Low。(SW_2 亦可接在 pulse 輸出，按 pulse 輸出按鈕，即產生一脈衝輸出)，則第一級 FF，Hi 輸入資訊即被移至輸出端，即 L_1 爲 Hi。
4. 重複 SW_3 的 CK 輸入變化 Low → Hi → Low，觀察資料在移位暫存器的傳送。
5. 圖 10-29 是利用 74164 移位暫存器，將單一負向脈衝重複循環，只要 74164 Q_A 至 Q_G 之輸出有一個爲 Low，則串聯輸入爲 Hi。當負向脈衝移到 Q_H 時，則所有 74164 的輸入均爲 Hi，而加到 74164 的串聯輸入變爲 Low，時脈輸入後將輸入 Low 移至 Q_A，而使 7430 的輸出爲 Hi，Q_A～Q_H 中只有一個輸出爲 Low，而此 Low 的輸出每經一時脈即向右移動一位。輸入之時脈頻率應設定爲線路之基本時序。

6. 讀者可按圖 10-29 接妥電路，Q_A～Q_G 接至 L_1～L_7 以觀察負向脈衝在移位暫存器中的傳送。

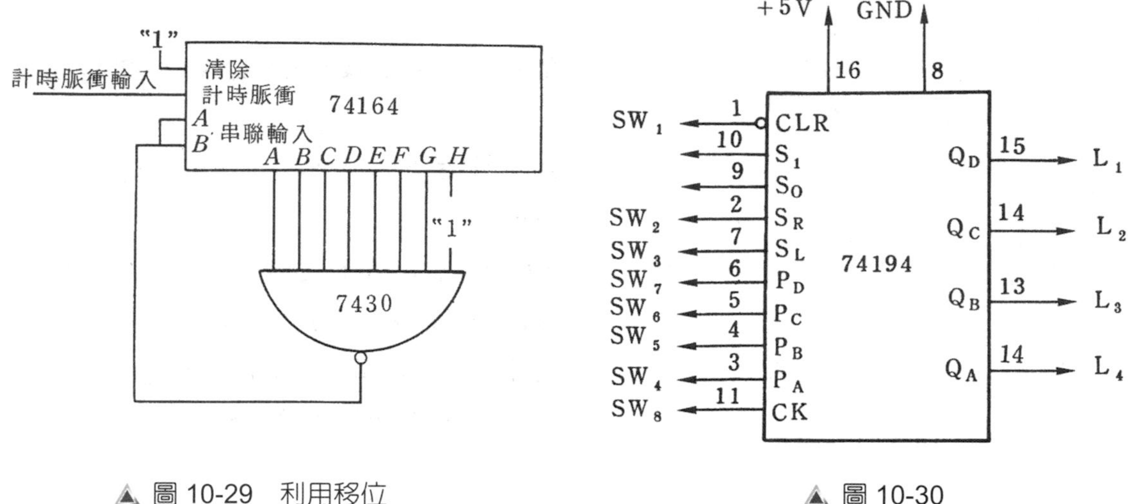

▲ 圖 10-29　利用移位

▲ 圖 10-30

7. 74194 為一通用型移位暫存器，可控制①左移，②右移，③並聯載入，④禁止時脈。
8. 按圖 10-30 插妥電路，首先清除所有輸出，即 SW_1 由 Hi → Low → Hi，置 $S_0 = 1$、$S_1 = 0$，$SW_3 = 0$，$SW_2 = 1$，而 SW_8 (時脈輸入)由 Low → Hi → Low，連續動作 4 次，從 L_1～L_4 可觀察到資訊(Hi 輸入)在移位暫存器中從左到右移入的情形。
9. 清除所有輸出即 SW_1 由 Hi → Low → Hi，置 $S_0 = 0$，$S_1 = 1$，$SW_2 = 0$，$SW_3 = 1$，SW_8 由 Low → Hi → Low 連續動作 4 次，從 L_1～L_4 可觀察到資訊在移位暫存器從右到左移入情形。
10. 清除所有輸出即 SW_1 由 Hi → Low → Hi。置 $S_0 = 1$，$S_1 = 1$，$SW_2 = 0$，$SW_3 = 0$，並聯輸入端 SW_4～SW_7 置 1110。SW_8 由 Low → Hi → Low，則為 P_A～P_D 的輸入資訊將分別出現在 Q_A～Q_D 的輸出端。然後再重新置 $S_0 = 1$，$S_1 = 0$ (右移)，SW_8 由 Low → Hi → Low 連續動作 4 次，觀察所載入(load)的資訊將移出暫存器。

11. 圖 10-31 是利用 3 個 74194 組成的 12 位元的移位暫存器。

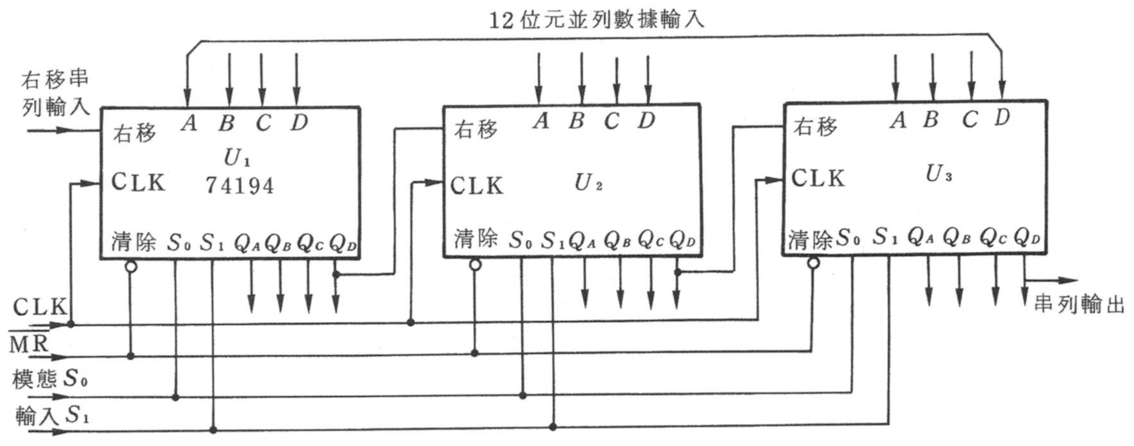

▲ 圖 10-31　4 位元移位暫存器串接而成的 12 位元移位暫存器

註 欲將串聯的資訊轉換成並行資訊，可以將資訊位元串聯移位進入移位暫存器，然後再將這些資訊位元整個並行輸出；同樣的並行資訊也可以轉換成串聯資訊，這可以利用並行輸入至移位暫存器，然後將資訊串聯移出。此類的資訊轉換常用於電腦和電腦週邊設備，因為資訊的傳送在電腦和週邊設備常用串聯格式，而在電腦內的資訊處理則常用並行格式。

10-4　問題

1. 移位暫存器數元的多寡由何決定？
2. 移位暫存器可分爲哪些類型？
3. 試分析說明四位元移位暫存器之工作原理。
4. 在 IC 型移位暫存器中，其主要特性如何？
5. 試利用 *JK* flip-flop 組成一環形計數器。
6. 如何以一移位暫存器當做計數器來使用？
7. 試分析用 *D* filp-flop 組成四位元左右移暫存器。

Note

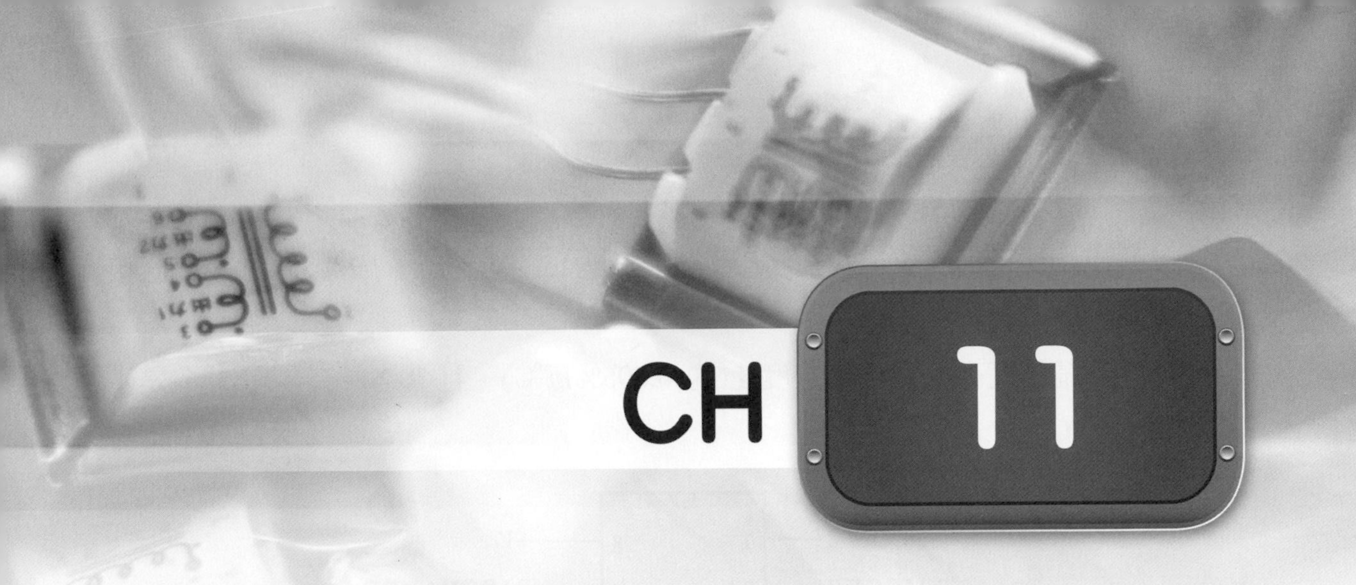

555 定時積體電路

11-1 實習目的

1. 認識定時積體電路 555 的特性與基本電路。
2. 瞭解 555 的應用電路。

11-2 相關知識

555 定時器是今日市場上多種序向邏輯裝置中的一種。它的控制輸入與輸出可直接與 TTL 及 CMOS 邏輯電路並用,且可連接成單穩態或雙穩態變化的操作模式。

因之 555 定時器成為一種普遍化的產品，很多廠商生產這種定時 IC，555 本不屬 54/74 系列的元件，甚至有的廠商資料中將它列入線性 IC 的範圍，但是 555 可和 TTL 及 CMOS 互相交連，在數位電路也常用到它，在工業控制電路中 555 是一種很有用的元件。其包裝為 8 個接腳的 DIP 包裝。電源供給範圍可由 4.5V～16V。

555 具有下列之優點：

1. 只需簡單的電阻器、電容器，即可完成特定的振盪延時作用。且其延時範圍極廣，可由幾微秒(μs)到幾小時之久。
2. 它所能操作的電源範圍甚大，可與 TTL、CMOS 等邏輯閘配合，亦即其輸出準位及輸入觸發準位，均能與這些邏輯系列的高、低態配合。

3. 其輸出端沈入(sink)或供給電流大(當電源是 15 伏特時，約 200 毫安)，可直接推動多種自動控制的負載。
4. 其計時精確度高、溫度穩定度佳(約 0.005%每℃)，且價格便宜。NE556 是兩個 555 IC。

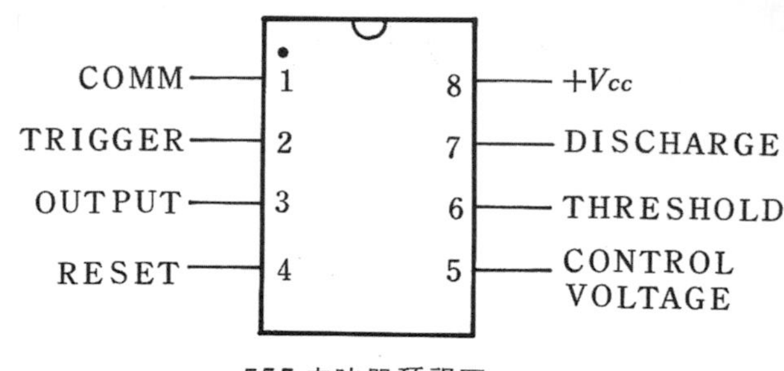

555 定時器頂視圖

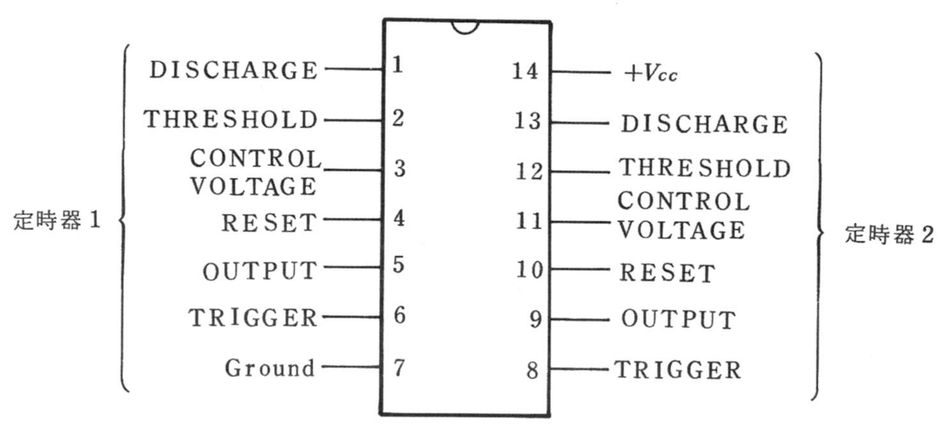

556 雙定時器

供給電壓（$+V_{cc}$）　18 V 最大值 +5 V to +15 V 典型值
輸出電壓　邏輯 0　0.35 V 最大值 V_{cc} = 5 V @ 10 mA
0.75 V 最大值 V_{cc} = 15 V @ 50 mA
2.5 V 最大值 V_{cc} = 15 V @ 200 mA
輸出電壓　邏輯 1　12.5 V 典型值 V_{cc} = 15 V @ 200 mA
3.3 V 典型值 V_{cc} = 5 V @ 100 mA
最小的 TRIGGER 脈波期間是 1 μs
參看製造商的資料簿，可得到更完整且詳細的資料。

▲ 圖 11-1　555 與 556 定時器的外部接腳與通常的規格說明

11-2-1　555 定時 IC 的特性

圖 11-2 為 555 定時 IC 的構成電路，圖 11-3 為經過簡化的 555 IC 基本內部結構圖，可分為 5 個主要部份。

1. 下比較器(Lower comparator)。
2. 上比較器(upper comparator)。
3. 內部正反器(FF)。
4. 放電電晶體(discharge transistor)。
5. 輸出驅動器(output driver)。

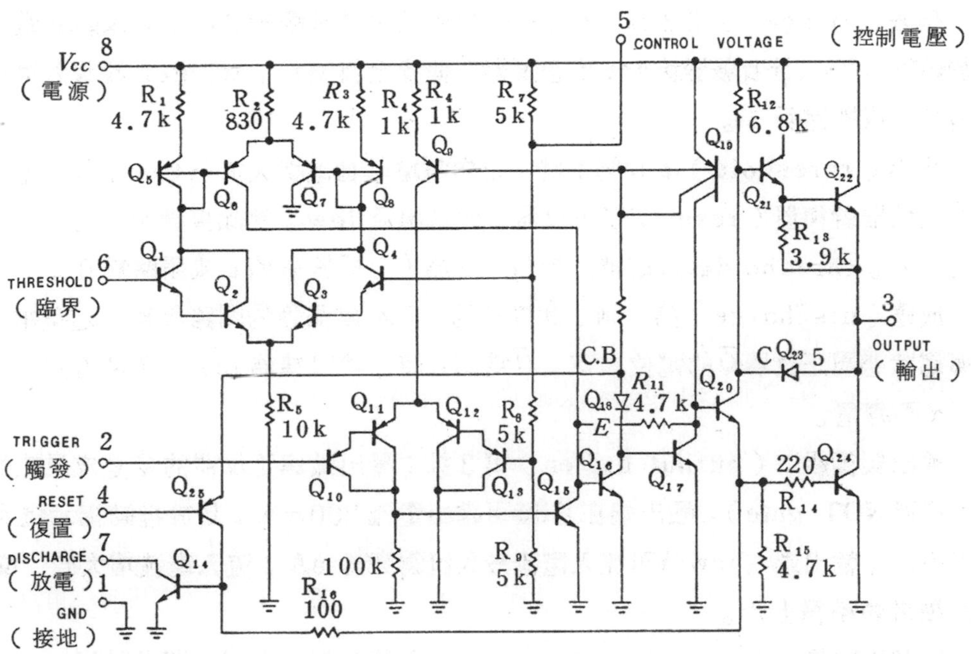

▲ 圖 11-2　555 定時 IC 的構成電路

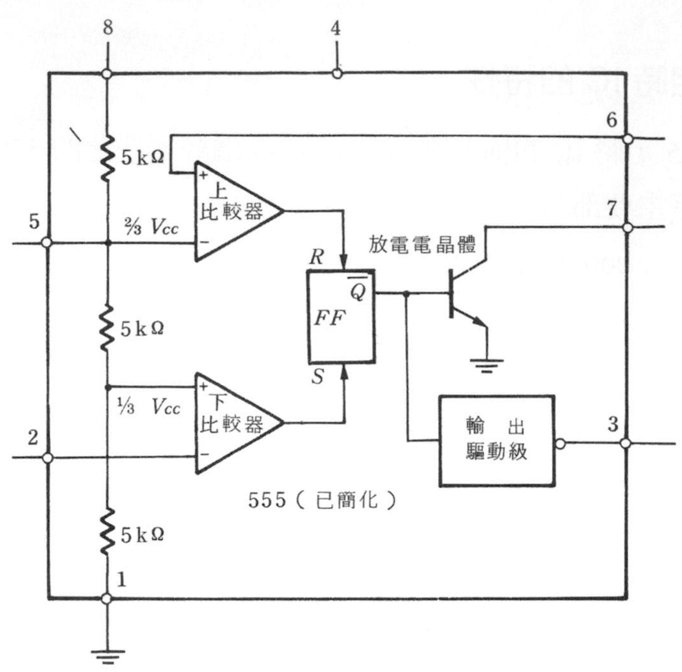

▲ 圖 11-3　555 內部結構

以下說明 555 各腳的功能

1. 復置(reset)第 4 腳：reset 以低態動作，接 Low 使輸出端為 Low。reoet 端接地或輸入電壓低於 0.4V 為 0，reset 端開路或輸入電壓大於 1V 為邏輯 1。
2. 觸發(triggcr)第 2 腳：trigger 以脈波之負緣觸發動作，trigger 端電壓低於電壓 1/3 V_{CC}，下比較器就 set 了正反器，使輸出為 Hi，trigger 端輸入電壓高於 1/3 V_{CC} 或開路為 1。
3. 臨界(threshold)第 6 腳：當一正向電壓，且電壓大於 2/3 V_{CC}，加於臨界端，上比較器就復置(reset)了正反器，使輸出為 Low。當此接腳不用時，通常都接到 V_{CC}。threshold 輸入電壓高於 2/3 V_{CC} 為 1，低於 2/3 V_{CC} 或開路為 0。
4. 放電(discharge)第 7 腳：此接腳為 NPN 電晶體的開路集極，這個電晶體的導電狀態視正反器 $\overline{Q}$ 的電位而定，$\overline{Q}$ 為 Hi 時(輸出端為 Low)TR 導電，反之 TR 不導電。
5. 輸出緩衝級：(output buffer)第 3 腳：輸出端與正反器的 $\overline{Q}$ 是成反態的關係(經過 NOT gate)，輸出端在 Hi 時可輸出電流 200 mA，足於推動指示燈和小型繼電器。輸出端在 Low 時可流入電流最大值為 200 mA。流入電流增大時，輸出端電壓就會稍微上升。

6. 控制電壓輸入(control voltage input)第 5 腳，不用時將此點以 0.1μF 電容器接地、避免交流雜訊等之影響。
7. 電源 V_{CC} 4.5V～16V 第 8 腳。
8. 接地(ground)第 1 腳。

其中，2 腳(trigger)、6 腳(threshold)、4 腳(reset)，皆用以控制正反器的輸出狀態 $\overline{Q}$。如果動作互相衝突時，其輸出的取捨順序為：reset 第一優先，trigger 次之、threshold 最末，例如 reset 和 trigger 同時動作時則取 reset 的動作，如果 trigger 和 threshold 同時動作則取 trigger 的動作。

圖 11-4 是 LM555C 的特性表，由表中資料可知其使用的電源電壓範圍很廣由 4.5V 到 16V，使用較高的電源電壓可推動指示燈或繼電器等其他負載，使用 5 伏電源則可與 TTL 相匹配。

參　數	測　試　條　件	LM555C			單　位
		MIN	TYP	MAX	
電源電壓		4.5		16	V
電源電流	$V_{CC}=5V$ $R_L=\infty$		3	6	mA
	$V_{CC}=15V$ $R_L=\infty$		10	15	mA
觸發電流			0.5		μA
復置電壓		0.4	0.5	1.0	V
復置電流			0.1		mA
臨界電流			0.1	0.25	μA
低態輸出電壓	$V_{CC}=15V$ $I_{SINK}=10mA$		0.1	0.25	V
	$I_{SINK}=50mA$		0.4	0.75	V
	$I_{SINK}=100mA$		2.0	2.5	V
	$I_{SINK}=200mA$		2.5		V
	$V_{CC}=5V$ $I_{SINK}=5mA$		0.25	0.35	V
高態輸出電壓	$V_{CC}=15V$ $I_O=200mA$		12.5		V
	$I_O=100mA$	12.75	13.3		V
	$V_{CC}=5V$	2.75	3.3		V

▲ 圖 11-4　LM555C 的特性

觸發電流 0.5μA 可見所需觸發電力相當低，第 2 腳(trigger 端)在開路狀態時，光是以手指觸發第 2 腳就能觸發使輸出成爲高態。

輸出高態時可推出電流達 200mA，足以推動指示燈和小型繼電器。在推出電流增大時，輸出電壓會降低，如 $V_{CC} = 15$ 伏時，200mA/12.5V，100mA/13.3V 在輸出 200mA 電流時輸出電壓爲 12.5V。輸出功率 $P_0 = 200\text{mA} \times 12.5\text{V} = 2.5\text{W}$。在 $V_{CC} = 5\text{V}$ 時 100mA/2.75V，輸出 2.75V 足以供給 TTL 的邏輯 1 電位。

在輸出低態時也可沈入電流達 200mA，沈入電流增大時，輸出電壓逐漸上升，例如 $V_{CC} = 15\text{V}$ 時。

10mA / 0.1V	100mA / 2V	200mA / 2.5V

$V_{CC} = 5\text{V}$ 時，低態輸出 8mA/0.35V，要維持 0.35V 以下的電壓，沈入電流限 8 mA 以下，是 74 系列低態沈入電流(I_{OL})16 mA 的一半，所以 555 對 54/74 系列的基本閘只能扇出 5 個輸入端。

11-2-2 單穩態電路

圖 11-5 是利用 555 IC 連接成單穩態的電路。當電源接上時，C_T 經 R_T 充電，當充電電壓達到 2/3 V_{CC} 時，上比較器復置(reset) FF，$\overline{Q} = 1$，故電晶體 TR 放電，C_T 對 TR 放電，輸出端爲 Low，電路一直維持在此種穩定狀態，當輸入脈衝負緣進入第 2 腳時，下比較器設定(set)了 FF 使 $\overline{Q} = 0$，TR 不導電，輸出爲 Hi，如圖 11-6 所示，此時電容器 C_T 經 R_T 充電，直至 C_T 端電壓達到 2/3 V_{CC}。C_T 電壓達 2/3 V_{CC} 時，上比較器復置 FF，使 $\overline{Q} = 1$，C_T 對 TR 放電，輸出又回復到原來的低態，直至第 2 個觸發脈衝輸入。

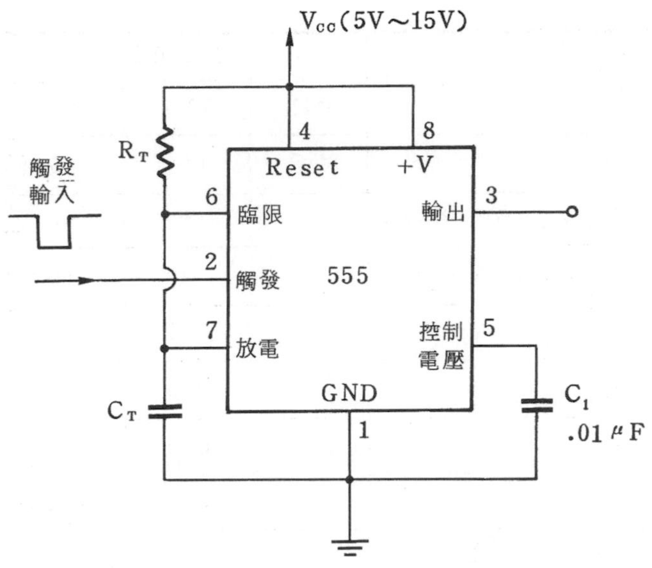

▲ 圖 11-5　單穩態振盪器

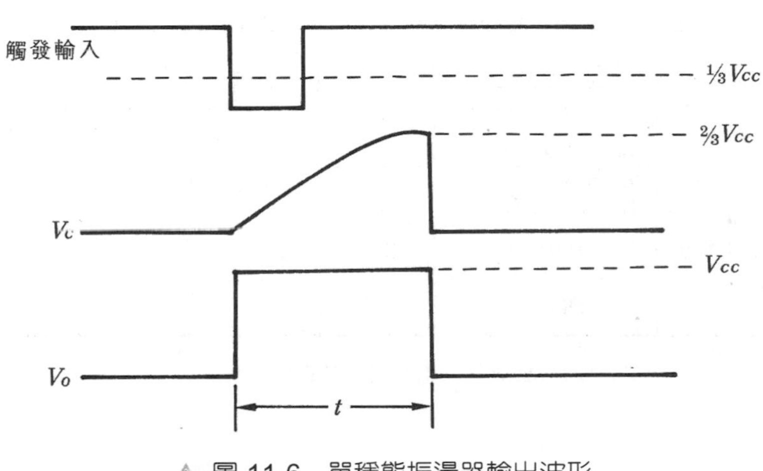

▲ 圖 11-6　單穩態振盪器輸出波形

第 5 腳可以做爲上比較器臨界電壓之控制或充電。正常情形下此腳不用，使其經一 0.01μF 之電容器接地。

設定時間 t：t 爲電容由 0V 電壓充電到 2/3 V_{CC} 所需的時間。

$$V_C = V_{CC} \times (1 - e^{-\frac{t}{RC}}) \qquad t = R_T C_T \ln \frac{V_{CC}}{V_{CC} - V_C}$$

將 $V_C = \frac{2}{3} V_{CC}$ 代入式中

$$t = R_T C_T \ln \frac{V_{CC}}{V_{CC} - \frac{2}{3} V_{CC}} = R_T C_T \ln 3 = 1.1 R_T C_T$$

$$t = 1.1 R_T C_T$$

故計時器單穩態的週期約爲 $1.1 R_T C_T$ 之久。

定時電阻 R_T 的最大值限制：

由特性資料，threshold 所需電流最大值爲 0.25μA，7 腳的漏電流最大爲 100 nA(0.1μA)，可見 V_C 電壓上升達 $\frac{2}{3} V_{CC}$ 時，R_T 流動的電流應大於 0.35μA(若不計電容 C 之漏電)，才能使 threshold 動作輸出才能由高態回到低態，所以 R 的值不能過大。

$$0.35\mu\text{A} = \frac{V_{CC} - \frac{2}{3} V_{CC}}{R_{T\max}} \qquad R_{T\max} = \frac{V_{CC}}{1.05\mu\text{A}}$$

若 $V_{CC} = 5\text{V}$

則 $R_{T\max} = \frac{5}{1.05\mu\text{A}} = 4.7\text{M}\Omega$

若 $V_{CC} = 15\text{V}$

則 $R_{T\min} = \frac{15}{1.05\mu\text{A}} = 14.3\text{M}\Omega$

在 R_T 的值愈大時設定時間誤差愈大，前面的敘述並未考慮電容 C 的漏電電流，非電解質電容漏電很小可不考慮，如果使用電解質電容其漏電電流有時達到數拾μA 以上，則 $R_{T\max}$ 的值大大陣低，而且設定時間不再適用 $t = 1.1\ R_T C_T$ 的公式。

例題 11-1

若電容 C_T 的漏電 50μA，$V_{CC} = 15$V，求 $R_{T\max} = ?$

解 $50\mu A + 0.35\mu A = 50.35\mu A$

$$\frac{V_{CC} - \frac{2}{3}V_{CC}}{R_{T\max}} = 50.35\mu A$$

$$\therefore R_{T\max} = \frac{15V}{3 \times 50.35\mu A} = 99k\Omega$$

11-2-3 無穩態多諧振盪器

圖 11-7 所示爲 555 連接成的不穩態多諧振盪器，此電路兩個比較器的輸入端(第 2 腳和第 6 腳)，均連接到電容器，電源加上之初電容尚未充電所以 2 腳以 0 觸發使輸出成高態，7 腳開路，於是電源經 $R_A + R_B$，對電容 C_T 充電，經 t_H 時間後 V_C 電壓達 2/3 V_{CC}，於是 6 腳(threshold)動作，於是輸出變成低態，7 腳對地短路，於是 C_T 的電荷經 R_B 對地放電，經 t_L 時間後 V_C 電壓降到 1/3 V_{CC}，於是使 2 腳觸發，輸出又成高態，如此往復不息。

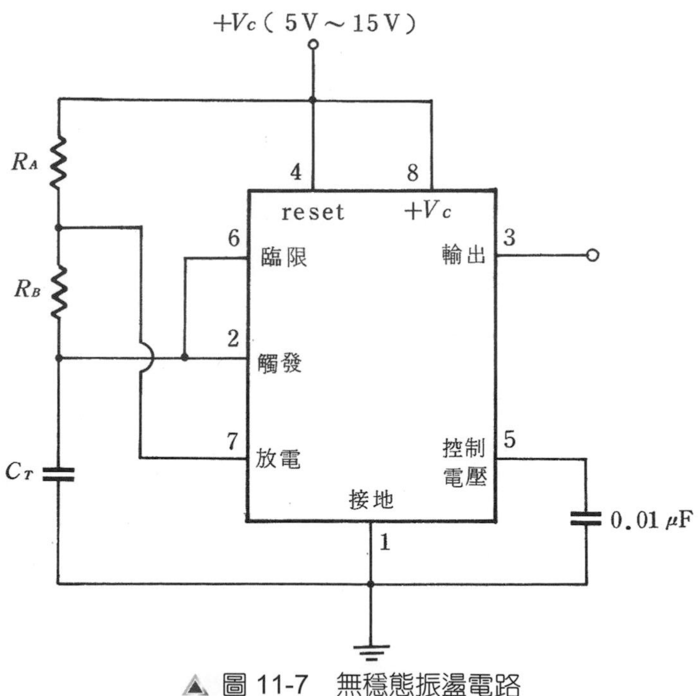

▲ 圖 11-7 無穩態振盪電路

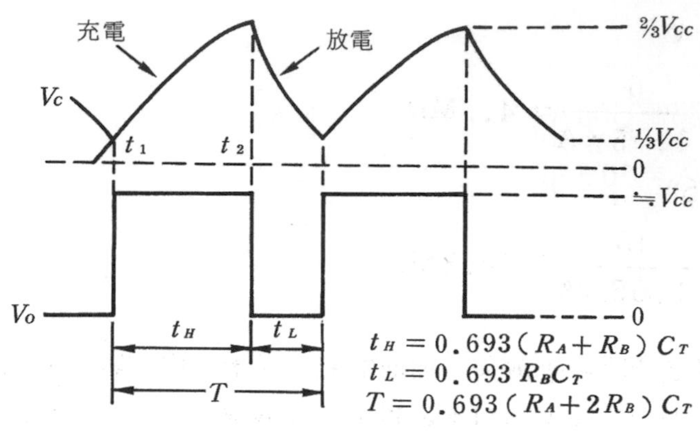

▲ 圖 11-8 無穩態振盪波形

高態時間(t_H)：

高態時間爲電源經 $R_A + R_B$ 對 C_T 充電由 1/3 V_{CC} 充電到 2/3 V_{CC} 所需的時間

$$t_H = t_2 - t_3$$

$$t_1 = (R_A + R_B)C_T \ln \frac{V_{CC}}{V_{CC} - \frac{1}{3}V_{CC}} = (R_A + R_B)C_T \ln \frac{3}{2}$$

$$t_2 = (R_A + R_B)C_T \ln \frac{V_{CC}}{V_{CC} - \frac{2}{3}V_{CC}} = (R_A + R_B)C_T \ln 3$$

$$t_H = t_2 - t_1 = (R_A + R_B)C_T (\ln 3 - \ln \frac{3}{2})$$

$$t_H = (R_A + R_B)C_T \ln 2 = 0.6931\ (R_A + R_B)C_T$$

$$\therefore t_H = 0.693\ (R_A + R_B)C_T$$

低態時間 t：

低態時間 t_L 爲電容 C_T 經 R_B 對地放電，由 2/3 V_{CC} 降至 1/2 V_{CC} 所需之時間。

$$\frac{1}{3}V_{CC} = \frac{2}{3}V_{CC}\, e^{-\frac{t_L}{RC}}$$

$$t_L = R_B\, C_T \ln 2 = 0.6931\, R_B C_T$$

$$\therefore t_L \fallingdotseq 0.693\, R_B C_T$$

全週期 $T = t_H + t_L = 0.693\,(R_A + 2\,RB)\,C_T$

$$f = \frac{1}{T} = \frac{1}{0.693(R_A + 2R_B)C_T} = 1.4\frac{1}{(R_A + 2R_B)C_T}$$

全週期 T 與部份週期 t_1 或 t_2 之比，稱爲週期因數(duty factor DF) $t_H > t_L$ 所以輸出電壓的工作週期(duty cycle)大於 50 %。如果要獲得 $t_H = t_L$，即 50%工作週期可用如圖 11-9 之電路，使充電由 R_1 經 D_1，放電由 R_2、D_2，令 $R = R_2 = R_1$，則 $t_H = t_L = 0.7RC$。其輸出波形如圖 11-10 所示。

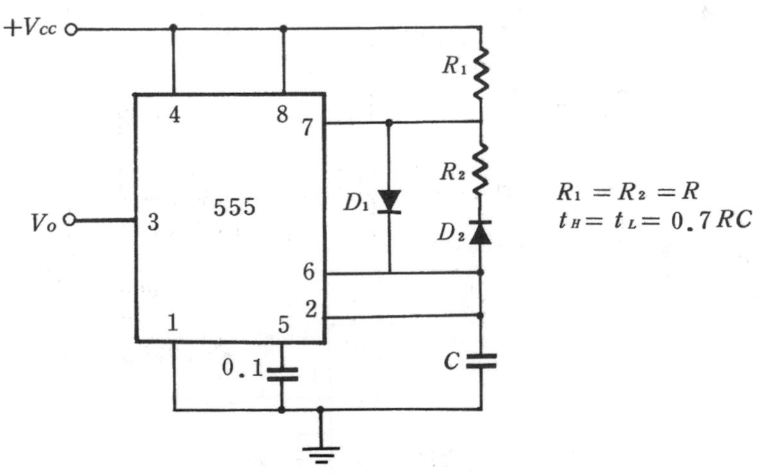

▲ 圖 11-9　50%工作週期多諧振盪

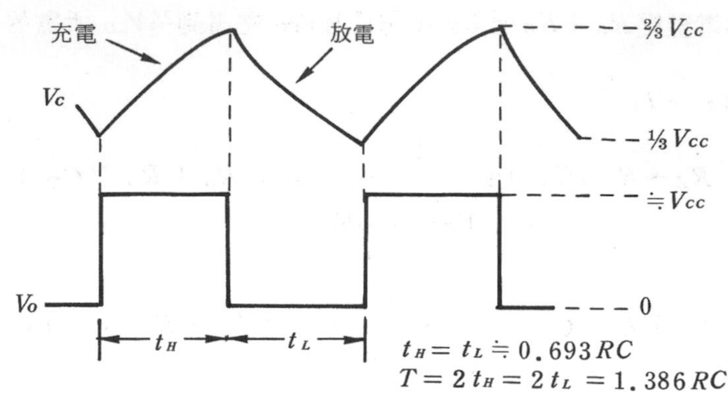

▲ 圖 11-10　無穩態振盪輸出工作於 50%

11-2-4　555 的應用電路

1. 計時警報器(alarm timer)

圖 11-11 爲計時警報器電路以按鈕觸發指示計時開始，計時終了命令動作，可觸發峰鳴器，但應有足夠大的輸出信號。分兩段計時，以開關切換電路，分別爲 220μ，1000μ R_B 用 V_R 1MΩ。

(1) 2 腳輸入爲觸發(trigger)控制用，加上 10kΩ電阻接於電源。

(2) 3 腳輸出接於蜂鳴器(電流約數 mA)；若接於繼電器應加接電晶體放大。

(3) 6.7 腳接電容器 VC 控制電壓。

(4) 計時器動作時間 $t = 1.1 \times R \times C$，電容器漏電電流影響計時時間應加修正。

(5) 計時 RC 參考圖 11-12 設計控制時間。

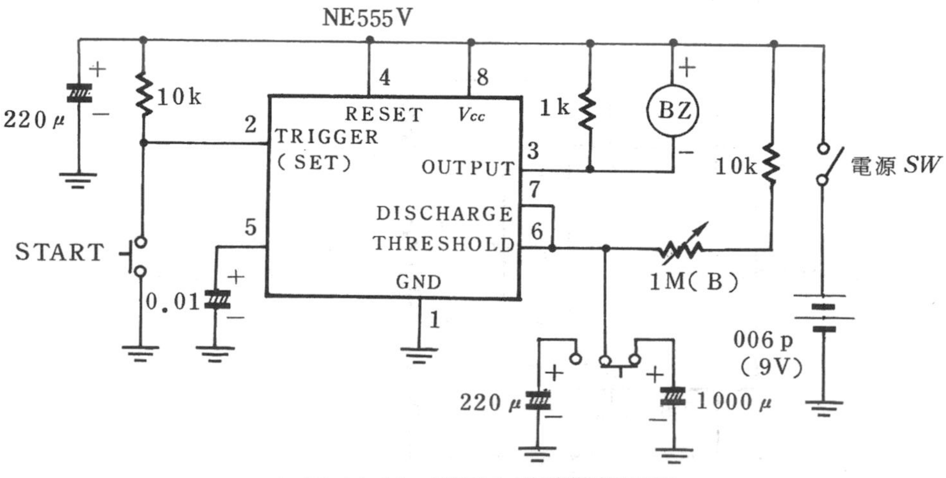

▲ 圖 11-11　實用之計時警報電路

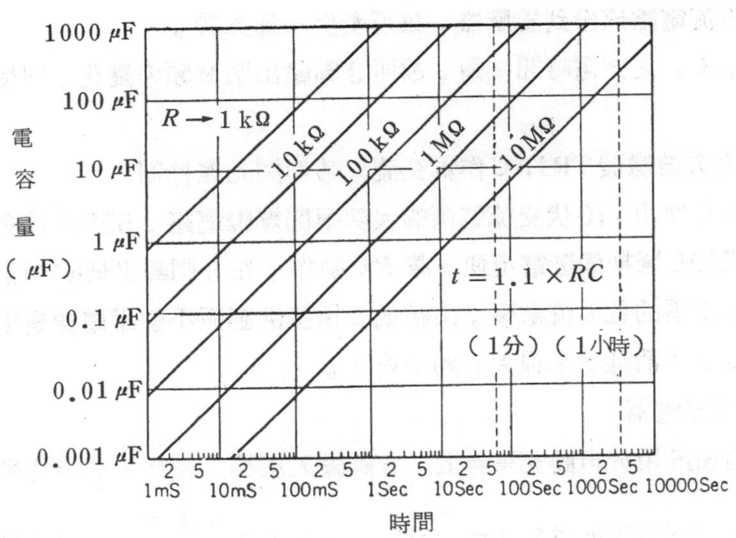

▲ 圖 11-12 NE555 IC 外加 *RC* 值與計時時間之關係

2. 雙音門鈴

圖 11-13 電路之 555 當作振盪器工作，當按鈕按下時，NE555 振盪出一個頻率(音調)，按鈕釋放時變成另一種音調。

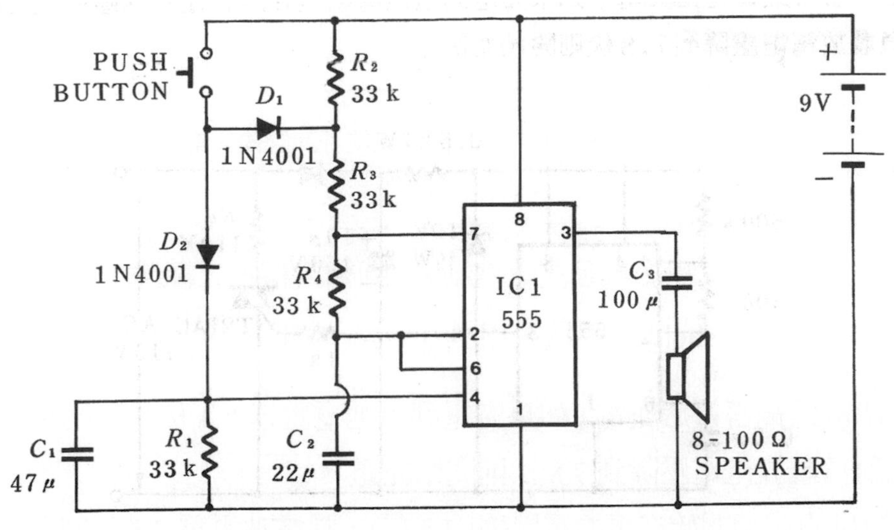

▲ 圖 11-13 雙重音調門鈴的電路圖

按鈕按下前 C_2 經 R_2、R_4、R_3。電阻充電到 9V，當電容器電壓達於 1/3 V_{CC} 則 3 腳輸出爲“0”，故 7 腳接地。C_2 電容器經 R_4 對 7 腳放電，達 3V 時輸出再次變高，7 腳開路，而後 C_2 再經 R_2、R_3、R_4 充電。此過程持續在電容器兩端產生三角波，輸出端爲脈波，脈波輸出從 3 腳經 C_3 交連電容器(coupling capacitor)到揚聲器，電容器 C_3 是防止直流電壓成份到揚聲器，故可產生一種聲音。

按鈕按下後，C_2 之充電時間減短，故而 3 腳輸出脈波頻率變化，即使揚聲器頻率變化。

3. NE555 振盪方波激發 TRIAC 作爲交流大功率閃光燈控制

圖 11-14 電路是使用 110 伏交流電源的大功率閃爍燈電路，555 做爲多諧振盪 3 腳輸出高態時供給 TRIAC 閘極觸發電流使負載 R_L 動作，在 3 腳輸出低態時則 TRIAC 截止 R_L 不動作，555 所需的低直流電壓，由稽納二極體供應而不使用電源變壓器，但所用限流電阻(3.5kΩ)消耗功率很大(約 7W)。

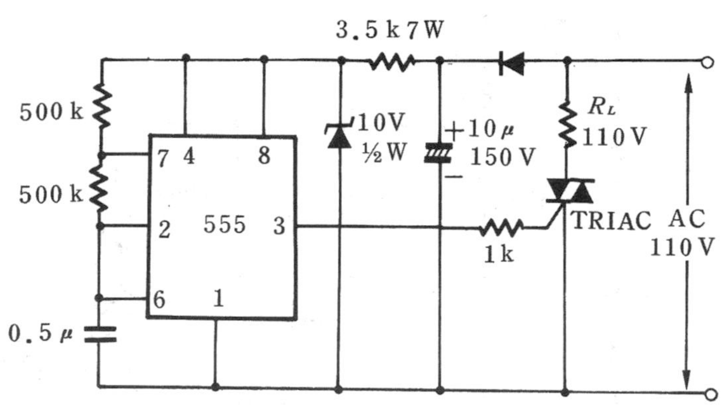

▲ 圖 11-14　使用 110 伏交流電源為閃爍燈電路

4. 555 作爲自動充電器

圖 11-15 使用 555 用於自動充電控制，5 腳輸入稽納二極體所供應的穩定電壓 5.1 伏，使 555 的 threshold 電壓爲 5.1 伏，trigger 電壓在 $\frac{5.1伏}{2}=2.55$ 伏左右，該電路對 6 個串聯鎳鎘蓄電瓶充電，如果充電到電池電壓達 8.4 伏左右則應停止充電，若蓄電池對負載放電電壓降到 7.8 伏則開始充電。

VR_1 的目的在調開始充電的電壓(如 7.8 伏)，當電池電壓 7.8 伏時，調 VR_1 使 2 腳的電壓= 2.55 伏，則電池電壓一低於 7.8 伏就使 2 腳電壓低於 2.55 伏，於是觸發使 3 腳成高態對電池充電，VR_2 的目的在調停止充電的電壓(例如 8.4 伏)電池電壓在 8.4 伏時，調 VR_2 使 6 腳電壓在 5.1 伏，如果電池電壓高於 8.4 伏則石腳電壓高於 5.1 伏(threshold 電壓)使輸出變成低態，使充電中止。

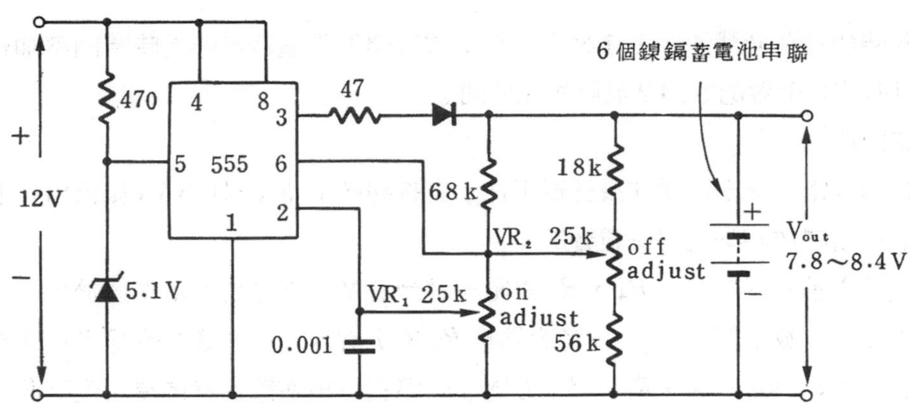

▲ 圖 11-15　以 555 作為自動充電器

5. 車燈警告裝置

有些駕駛朋友，常在下車時忘了把車燈關掉，等回來時卻發現電瓶已耗盡，圖 11-16 電路即在防止此一問題發生之目的。

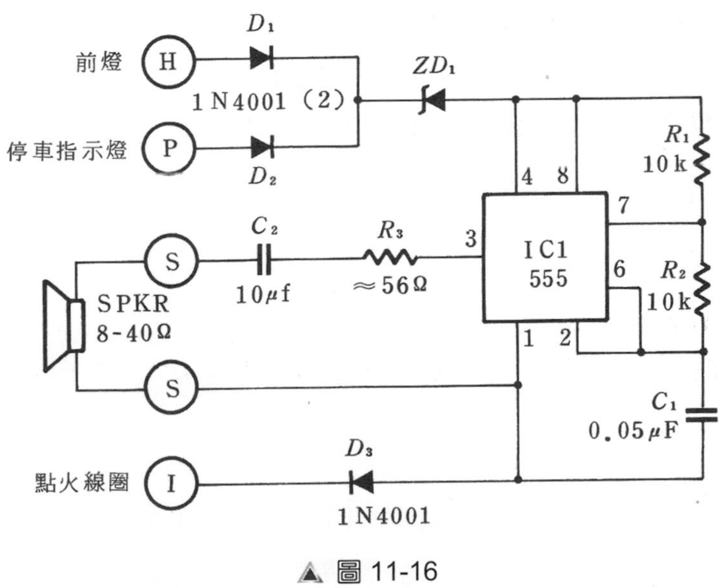

▲ 圖 11-16

本電路主要是一個 555 計時器。二極體 D_1 和 D_2 安排成一個 OR 閘(即 P、H 有任一輸入爲高電位時，在 ZD 端就得到一高電壓)使任一個二極體均可從陽極通過正電壓在 IC，二極體 D_3 阻隔只有點火系統工作時的反向電流，當點火系統和前燈或停車指示燈均在工作時，有小量或無電位差跨於 IC 的電派接腳，因此 IC，仍維持在不工作狀態。

如果前燈或停車指示燈點亮，但點火系統關掉，則 IC，可構成完整的直流回路，此時振盪器開始工作經由喇叭發聲警告。改變 R_1、R_2 或 C_1 的數值可改變音調的頻率，電阻 R_3 設定響度，可隨個人需要而改變。

在正常狀況時，如果在直流供應線路存在小量的電位差，可能需要使用稽納二極體 ZD_1 來提供一個門限電壓，防止警報動作，欲決定 ZD_1 是否需要，和它的數值，可將車燈和點火系統均打開，然後量取 H 點和 D_1 之間的電壓，如果此電壓超過 1.4V 就需要稽納二極體，稽納電壓應稍微大於此過量電壓。低電壓時，可用一個或多個順向偏壓的二極體取代稽納二極體，每個矽質二極體的電壓降大約是 0.7V。

6. 電壓／頻率轉換器(voltage-to-freqency converter)

圖 11-17 爲電壓／頻率轉換器電路，該電路多應用於 A/D 轉換電路、類比資料傳輸(analog data transmission)及 VCO 梯階波產生器等。OP-AMP LM30lA 連接成一積分電路，將負行輸入電壓轉換爲一正行的積分波形，當其上升至 V_{CC} 的 2/3 時，定時器即被觸發，使得第 3 及第 7 腳輸出電壓接近於零，因而 Q_1 導通， C_1 立即放電，其放電時間爲一常數。該電壓／頻率轉換器的線性係由 R_5C_3 時間常數所決定，當第 2 腳的電壓達於先 $\frac{1}{3}V_{CC}$ 時，定時器又被復置，於是使得第 7 腳及第 3 腳輸出回至高電壓狀態，電晶體 Q_1 截流，於是開始次一週之循環。輸出的頻率爲：

$$f=\frac{3V_{IN}}{V_{CC}R_1C_1}$$

7. 玩具琴電路(toy organ)

在圖 11-18 電路中，電位器 RV_1 控制頻率的範圍。頻率的計算可依下式獲得之：

$$f=\frac{1}{0.693(RV_1+2R_1)C}\text{Hz}$$

電容器 C_1……C_n 的選擇原則：

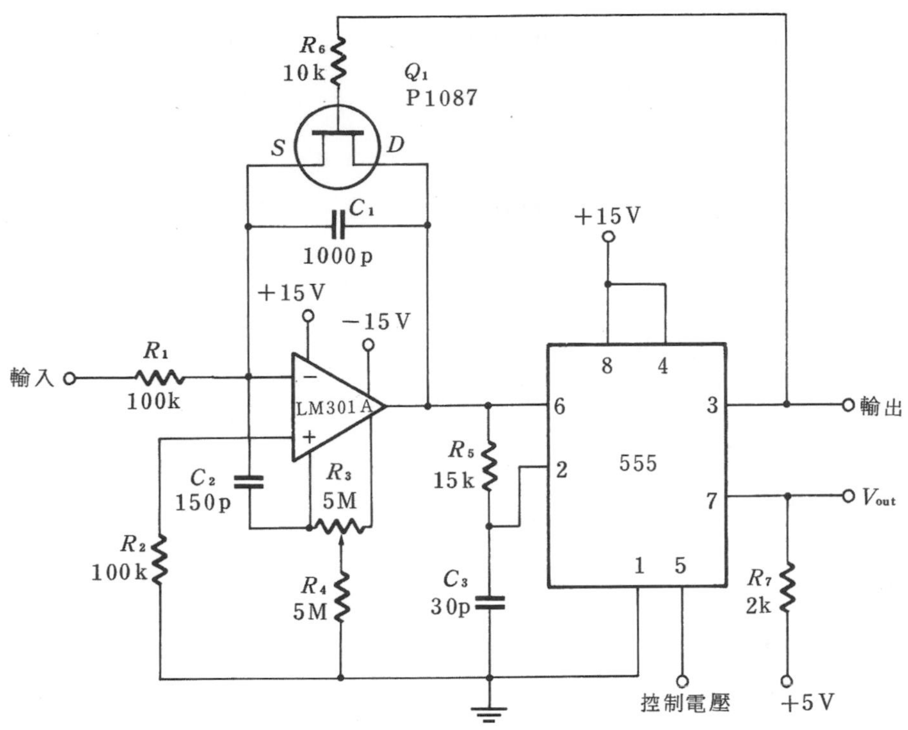

▲ 圖 11-17　電壓／頻率轉換器

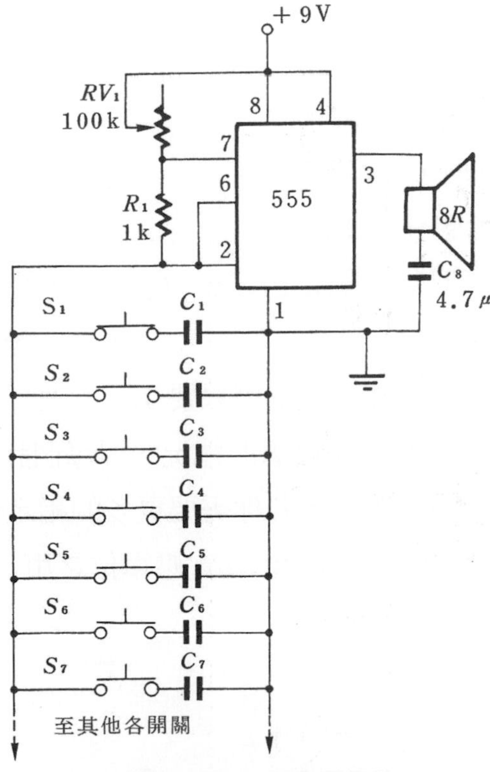

▲ 圖 11-18　玩具琴電路

C_1	0.10μF	144Hz
C_2	0.05μF	288Hz
C_3	0.01μF	1440Hz
C_4	0.005μF	2880Hz
C_5	0.001μF	14400Hz

如覺聲音不適宜，可更換上述之電容器俾使樂音諧和。如輸出聲音太大，可於第 3 腳與楊聲器之間串接一支 100 歐姆電阻器抑制之。各按鈕開關在正常時爲截斷狀態，按下後即將電路接通。

8. 光波檢測器(light detector)

圖 11-19 爲光波檢測器，當光波照射於光電電池(photocell)上時，揚聲器即發出警示音調。可作爲冰箱或冷凍櫃箱門警告器。

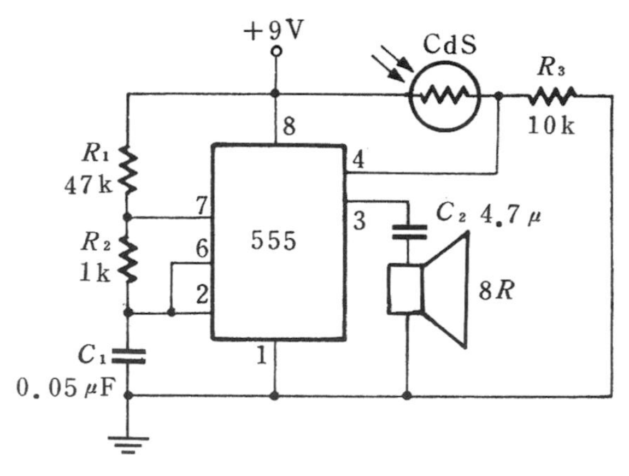

▲ 圖 11-19　光波檢測器

9. 順序控制電路

圖 11.20 是順序指向器之例子，乃利用計時器 IC-555 組成單穩態電路，是指向器的心臟。當 R_7 向 C_1 充電達 2/3 V_{CC}時，T_1 輸出變成低態，C_5 放電，故 T_2 的 PIN 2 呈低態，所以 T_2 輸出是高態，L_2 亮，D_2 導通，C_8 充得高態電位，T_1 輸出仍持在低態，當 R_8 向 C_2 充電達 2/3 V_{CC} 之後，T_2 輸出呈低態，L_2 熄滅，C_6 放電再觸發 T_3，其餘工作原理相同，惟因只要 T_1～T_4 有一輸出高態，T_1 的 PIN 2 即呈高態，使 L_1～L_4 一直於僅一燈亮著的情況。因每個計時器所設定的時間常數均不同，它們將依順序的亮熄不停，若你需要更多的指示燈，則依類似電路串接即可。圖中二極體係爲隔離 PIN 3 與 PIN 2 電壓準位之用。

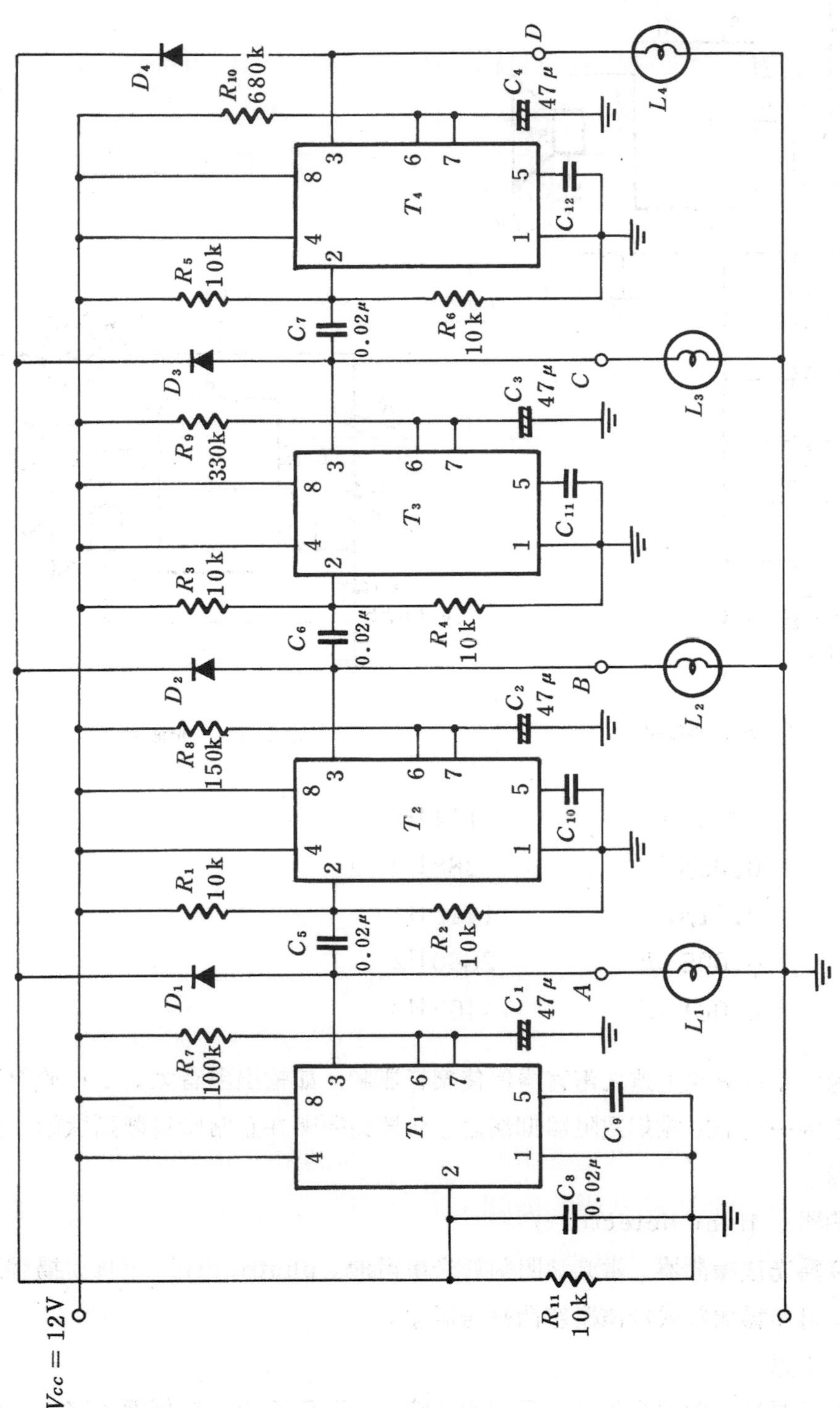

▲ 圖 11-20　555 用於順序控制

10. 紅綠燈號誌序向控制

一般十字路口的交通指示燈有綠、黃、紅兩組燈，其動作時間如圖 11-21 所示。

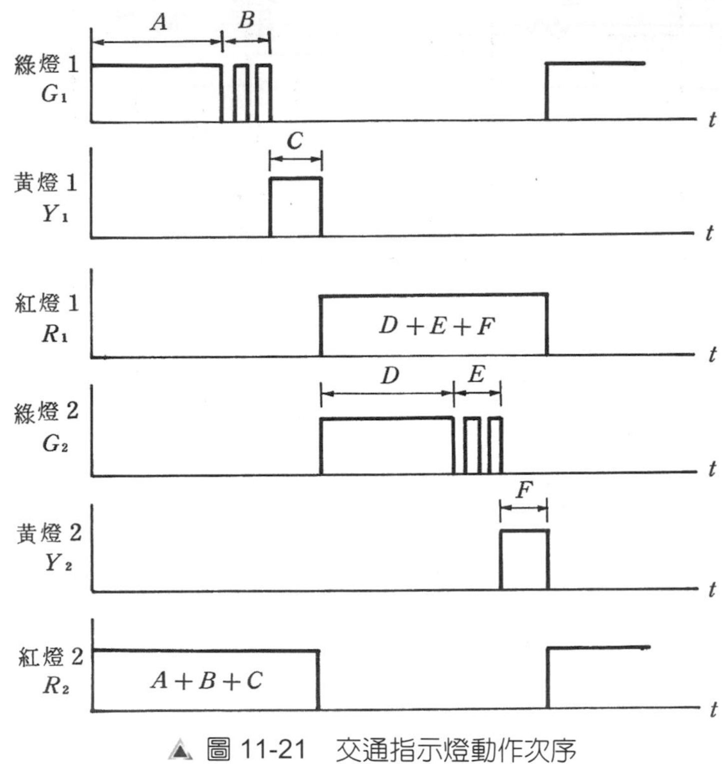

▲ 圖 11-21 交通指示燈動作次序

A 爲綠燈 1 亮的時間，B 爲綠燈 1 閃爍的時間，C 爲黃燈 1 亮的時間在$(A + B + C)$期間內紅燈 2 也亮著，D 爲綠燈 2 亮的時間，E 爲綠燈 2 閃爍的時間，F 爲黃燈 2 亮的時間，在$(D + E + F)$期間內紅燈 1 也亮著。

可用六個單穩態電路各自控制 A、B、C、D、E、F 的時間，利用 A 由動作變成停止瞬間輸出電壓的下降觸發 B，由 B 停止瞬間電壓的下降觸發 C、……、F 停止瞬間觸發 A，如此六個單穩態電路一個接一個連續不斷地動作。

圖 11-22 爲說明電路結構的簡圖，A～F 爲單穩態電路，M 爲產生綠燈閃爍信號的多諧振蘯器。A～F 六個單穩態電路，同時只允許一個動作，動作完畢時觸發下一個。在 B 動作時多諧振盪器 M 的輸出由閘傳到綠燈 1，使綠燈 1 閃爍。E 動作時則使綠燈 2 閃爍。當 A 或 B 或 C 動作時，由或閘使紅燈 2 亮著，D 或 E 或 F 動作時則使紅燈 1 亮著。在電源剛加上之初常有兩個以上的單穩態電路被觸發如果兩個紅燈同時亮起時則使 reset 動作令所有單穩態電路全部歸零。

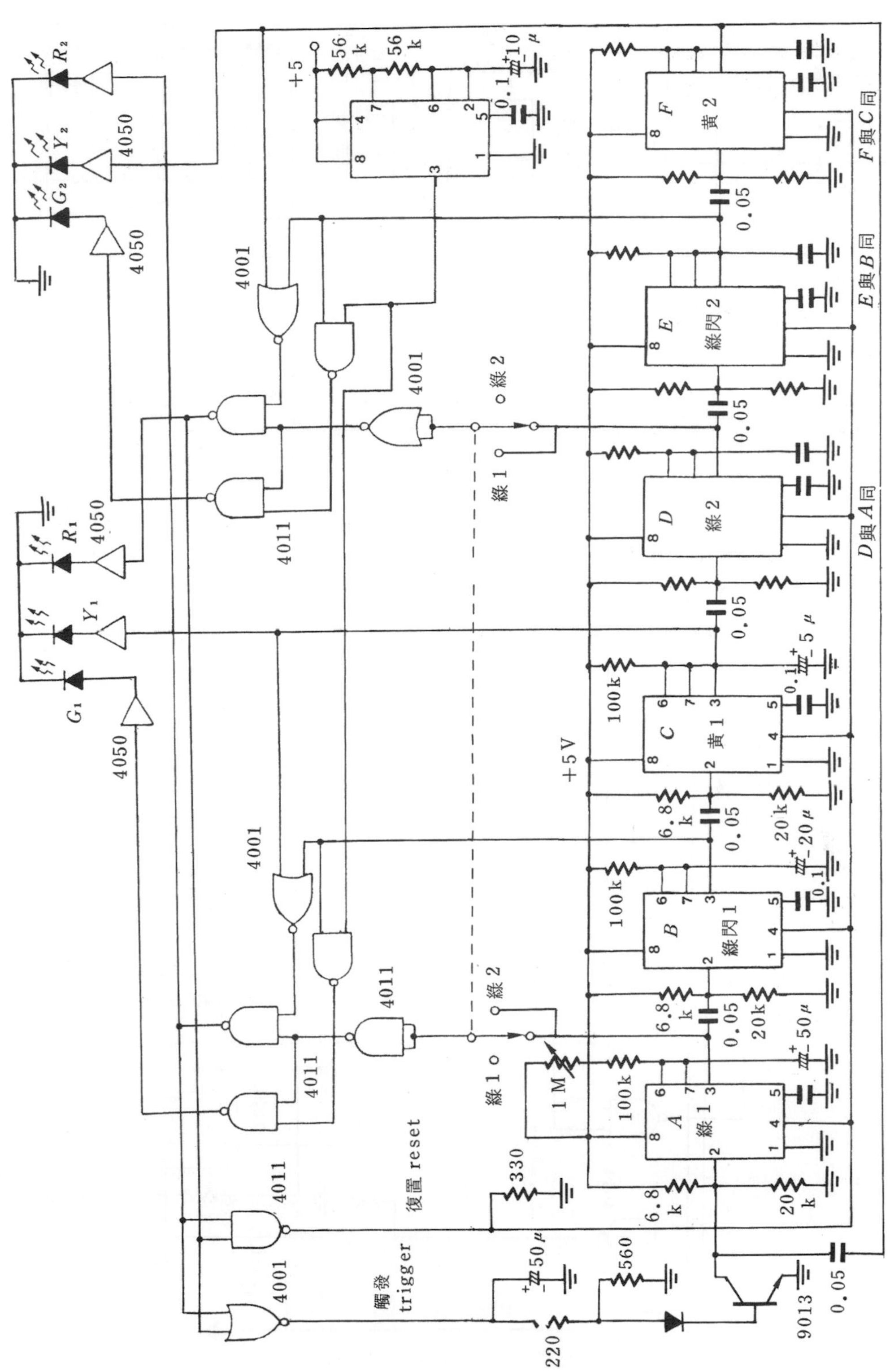

▲ 圖 11-22　交通指示燈電路原理

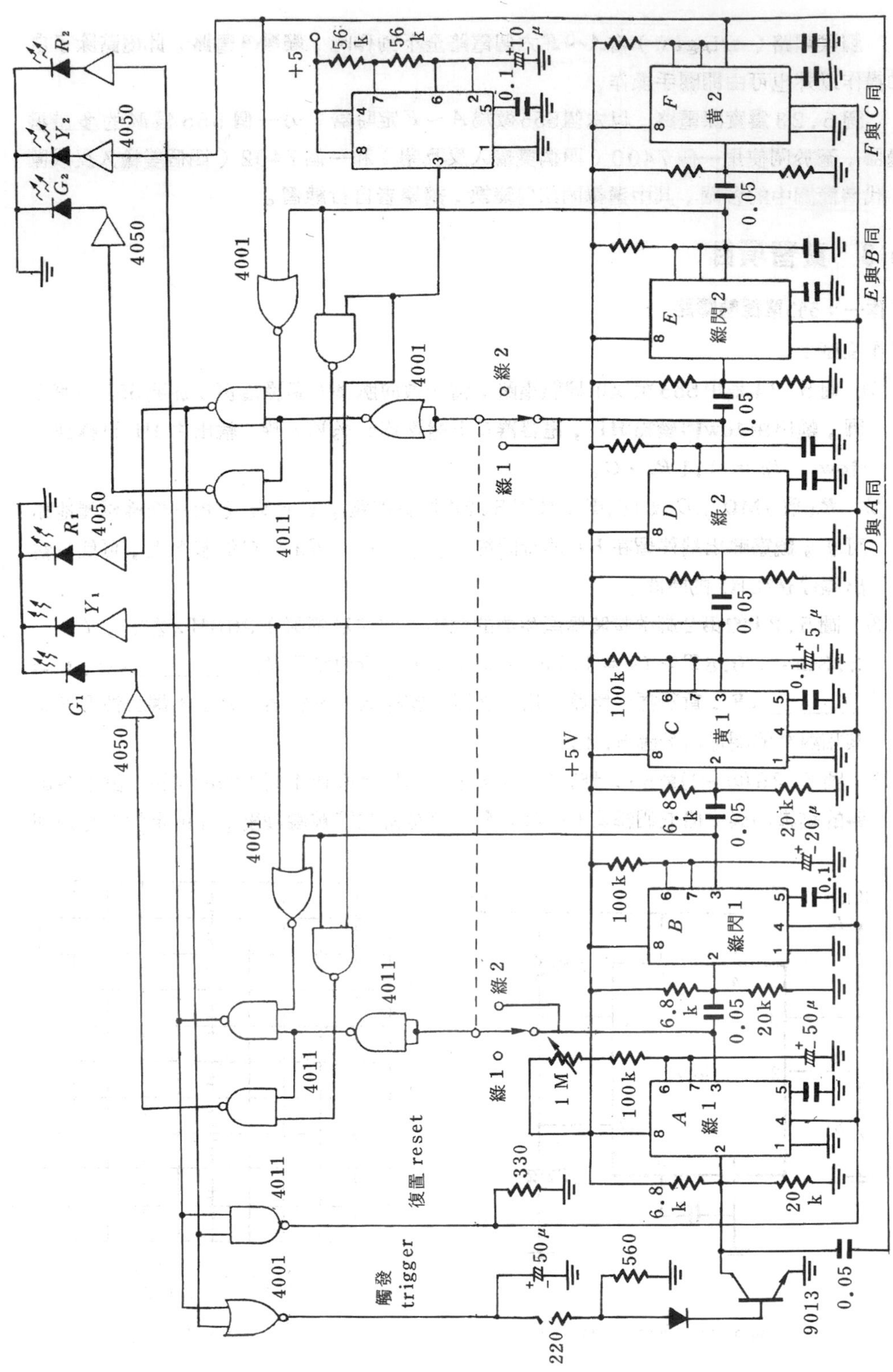

▲ 圖 11-23 紅綠燈序向控制電路全圖

觸發電路(trigger)當 A～F 六個電路全不動作時，觸發 A 電路。此電路除了自動操作以外也可由開關手操作。

圖 11-23 爲實際電路，以六個 555 做爲 A～F 定時器，另一個 555 爲 M 的多諧振盪器，至於閘使用一個 7400 (四個雙輸入反及閘)和一個 7402 (四個雙輸入反或閘)代替簡圖中的各閘，其中邏輯閘如何變換，請學者自行練習。

11-3　實習項目

工作一：555 單穩態電路

工作程序：

1. 圖 11-24 是用 555 組成單穩態電路，當一負向脈衝(負緣觸發)加到 555 的第 2 腳，輸出由 Low 轉變爲 I 腳，電容器 C 上電壓達到 2/3 V_{CC} 時，輸出由 Hi 再轉回 Low，$t_H = 1.1\ R_A \cdot C$。
2. R_A 取 1MΩ，C 取 10μF，按圖 11-24 插妥電路，按下 S_1 (用一條導線觸地亦可)，觀察輸出端停個在 Hi 的時間約________秒。R_A 與 C 的值增大，可延長輸出端停留在 Hi 的時間。

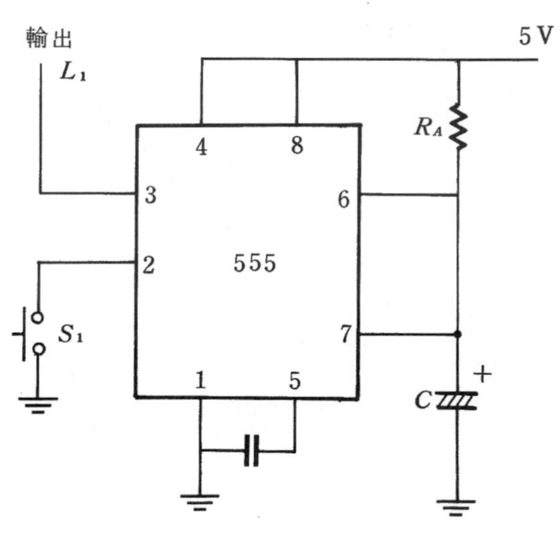

▲ 圖 11-24　單穩態電路

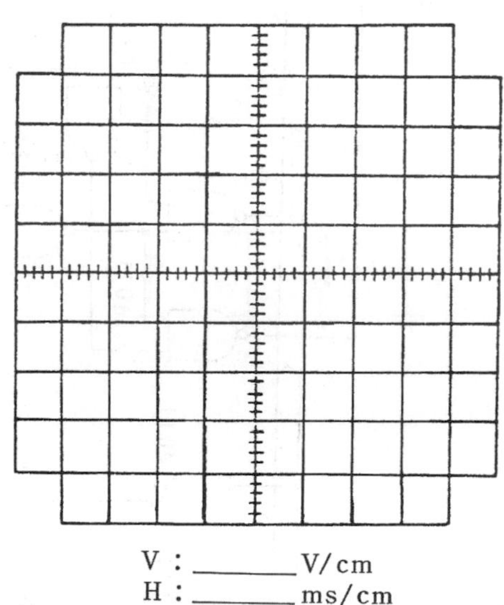

▲ 圖 11-25

3. 圖 11-24 的第 2 腳改接時脈產生器的輸出，脈波頻率調在 300Hz 左右，T ≅ 3.3ms，$0.8T \geq t_H = 1.1\ R_A \cdot C$。讀者自行決定取 R_A =________kΩ，C =________μF，重新插妥電路，用示波器觀察輸入、電容器、輸出端的波形並將其相對應的關係繪於圖 11-25 中。

4. 圖 11-26(a)～(d)是 555 計時 IC 做基本時間延遲數種不同接法的電路。雖然各電路的結構相異，但它們都具有一共同點，那是當電路被觸發後，在所定的計時週期未完成前，第 3 腳上的輸出狀態(電路的工作)是不受任何額外輸入的觸發訊號所影響。

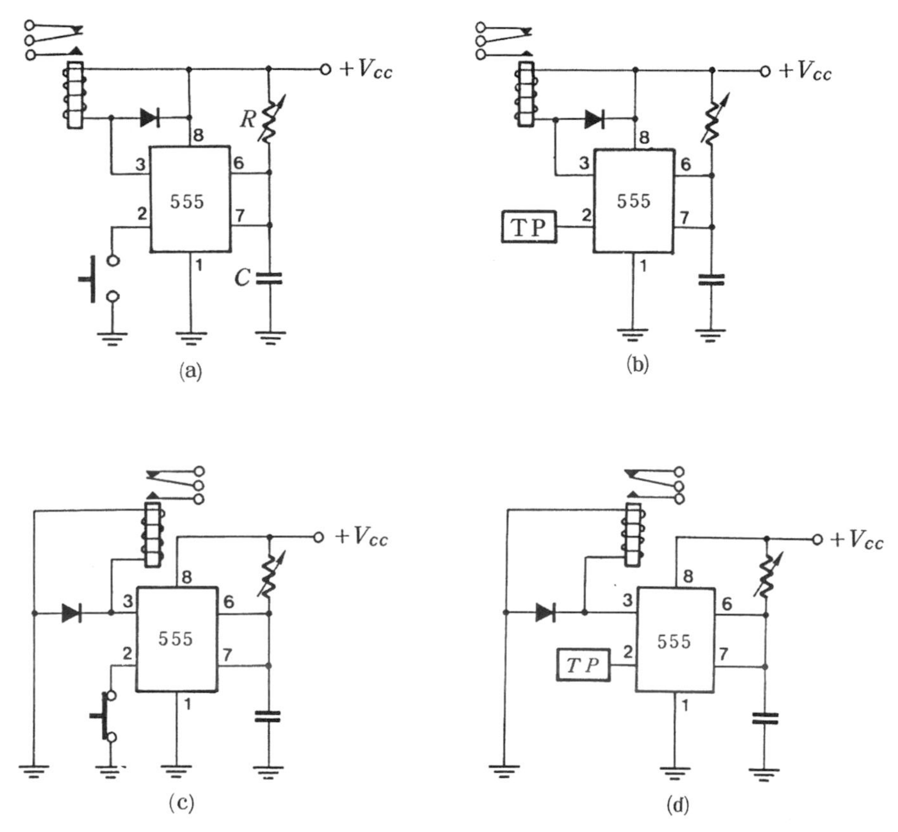

▲ 圖 11-26

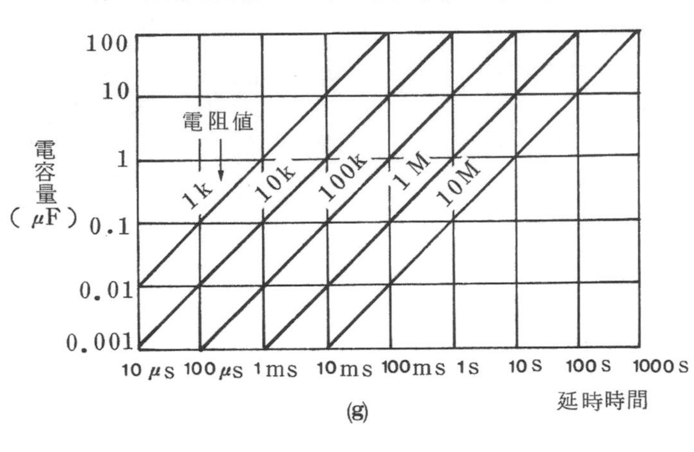

(g)

▲ 圖 11-26　(續)

5. 圖(a)上的繼電器通常是吸下的，當按鈕開關被按下後，電路將開始進行延時工作，並將繼電器釋放，直至延時週期完成為止。圖(b)和圖(c)上的繼電器通常亦是吸下的，前者利用斷開按鈕開關的接點來釋放繼電器，後者則利用與觸模板的接觸來改變 555 的輸出狀態。(d)～(f)圖繼電器之工作與上述三者剛剛相反，繼電器通常是處於釋放狀態，當 555 被觸發後，繼電器將被吸下，直至所定的延時週期完成為止。將上述電路的計時元件之時間常數改變，電路的延時工作可由數微秒至數小時。圖必是各延時時間所需的計時元件數值之計算圖表。
6. 讀者參考圖 11-26 的電路，利用 555 IC 設計一計時電路。

工作二：555 無穩態多諧振盪電路

工作程序：

1. 按圖 11-27(a)插妥電路。在 C 由 1/3 V_{CC} 充電至 2/3 V_{CC} 的期間，輸出為 Hi，此期間 $t_H = 0.7 \times (R_A + R_B) \times C$。當 C 由 2/3 V_{CC} 時，輸出為 Low，此期間為 $t_L = 0.7 \times R_B \times C$。整個振盪週期 $T = t_H + t_L = 0.7 \times (R_A + 2\ R_B) \times C$。
$f = \dfrac{1}{T} = 1.44 \div [(R_A + 2R_B) \cdot C]$，圖(b)的表可做設計的參考。

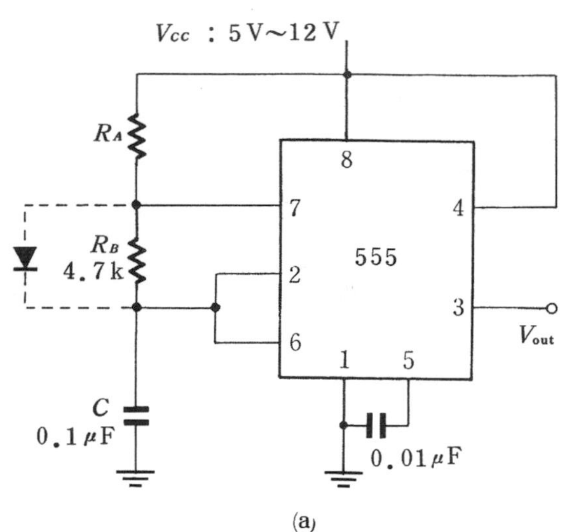

(a)

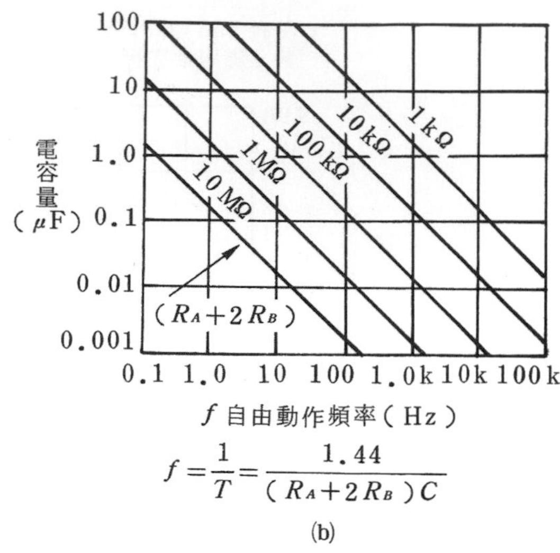

(b)

▲ 圖 11-27

2. 圖 11-27(a)用公式求得 $T=$________ms，$f=1/T=$________kHz，示波器測得的 $T=$________ms，$f=1/T=$________kHz，並將電容器 C 的波形與輸出繪於圖 11-28 中，工作週期=________%。
3. 圖 11-27(a)的 RB，並聯於一 diode，如圖虛線所示，此時輸出用示波器測得的頻率=________kHz，並將電容器 C 的波形與輸出波形繪於圖 11-29 中。
4. 步驟 3.中測得的工作週期=________%，說明其原因：____________________

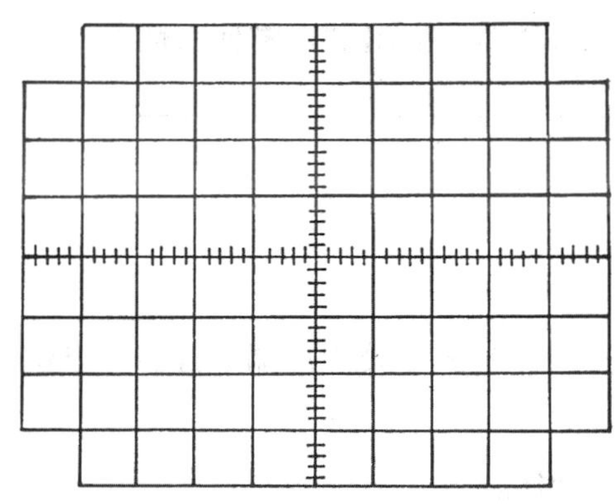

▲ 圖 11-28

V：________V/cm
H：________ms/cm

▲ 圖 11-29

5. 按圖 11-30 插妥電路，用示波器測出脈波頻率=________。改變 VR 100k 觀察對輸出波形、頻率的影響，並說明原因：________________________________。此電路的工作週期最大________%，最小________%。
6. 按圖 11-31 插妥電路，用示波器觀察輸出波形，說明 VR_1、VR_2 的改變對輸出的影響____。

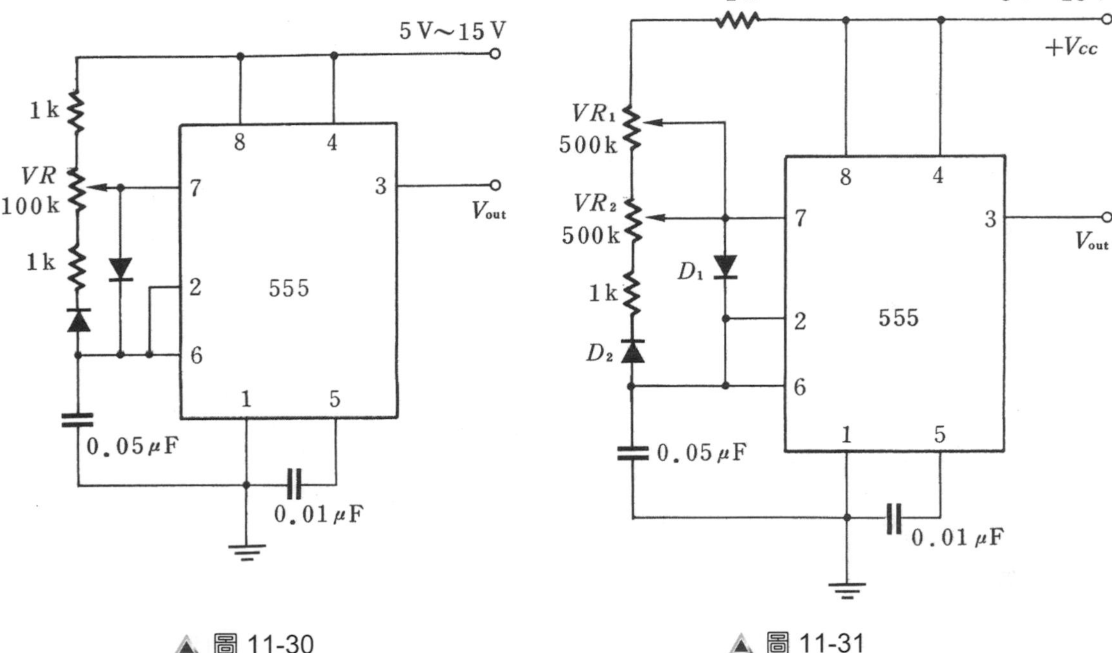

▲ 圖 11-30　　▲ 圖 11-31

7. 圖 11-31 的 VR_1、VR_2 若採用同軸(B 型)電位器，輸出波形有何特性：____。

工作三：線性三角波產生器及脈寬調變電路

工作程序：

1. 連接如圖 11-32 電路。
2. 將信號產生器設置爲 5V，1 kHz 的方波輸出，並加之於 V_T 端，且將可變電阻 R_3 調於 $R_a = R_b$ 的位置。

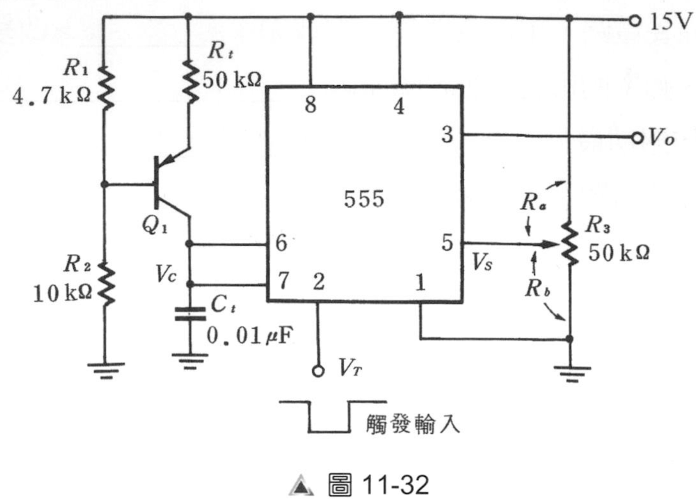

▲ 圖 11-32

3. 觀測 V_C 及 V_0 的電壓波形，並記錄於圖 11-33 中。

測試點 \ 測試情況	V_C	V_O
$V_T = 5V$，1 kHz $R_a = R_b$ $R_t = 50 k\Omega$ $C_t = 0.01 \mu F$		
$V_T = 5V$，1 kHz $R_a = R_b$ $R_t = 50 k\Omega$ $C_t = 0.1 \mu F$		
$V_T = 5V$，1 kHz $R_a = 2R_b$ $R_t = 50 k\Omega$ $C_t = 0.1 \mu F$		

▲ 圖 11-33

4. 於圖中 Q_1 電晶體所組成的電路，其功能何在____________________。
5. 將 C_1 電容改爲 0.1μF。重覆步驟 3.。
6. 改變可變電阻 R_3，V_{CC} 及 V_0 有何變化____________________。

7. 若 $R_a = 2R_b$ 此時 $V_S =$ ________，重覆步驟 3。(註：$T \fallingdotseq \frac{V_S}{V_E} R_t C_t$)

8. 改變圖 11-32 電路為圖 11-34。(只移去 R_3 電阻)

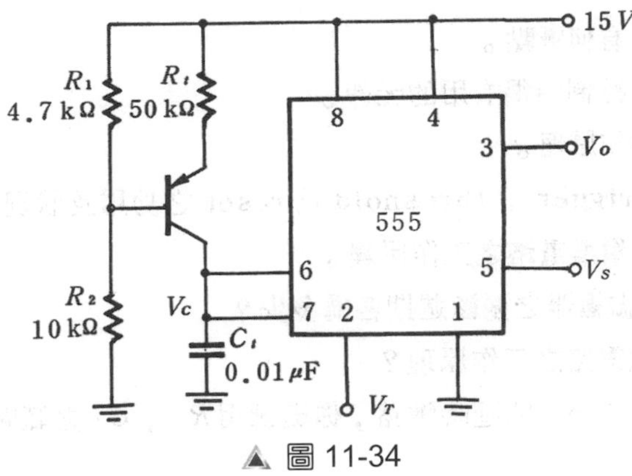

▲ 圖 11-34

9. 並將另設置一信號產生器為 10V，400 Hz 正弦波輸出，並加之於 V_S 端。

10. 觀測 V_S、V_T、V_C、V_0 各點波形，並記錄於圖 11-35 中。

測試情況 / 測試點	$V_T = 1\,kHz$，$5V$ $V_S = 400Hz$，$10V$	$V_T = 1\,kHz$，$5V$ $V_S = 200Hz$，$6V$
V_S		
V_T		
V_C		
V_O		

▲ 圖 11-35

11. 改變 V_S 的頻率，V_C 及 V_0 有何變化＿＿＿＿＿＿＿＿＿＿＿＿＿＿＿＿。

12. 設置 V_S 爲 6V，200 Hz 正弦彼，重覆步驟 9.。

13. 改變 V_T 的頻率，V_C 及 V_0 有何變化＿＿＿＿＿＿＿＿＿＿＿＿＿＿＿＿。

11-4 問題

1. 555 計時器 IC 有何優點？
2. 555 爲何是工業控制中很有用的元件？
3. 試分析 555 的動作原理。
4. 說明 555 接腳 trigger，threshold 及 reset 之功用及狀況及其動作優先順序。
5. 說明 555 構成單穩態電路之工作原理。
6. 單穩態及無穩態振盪器之振盪週期各爲多少？
7. 說明 555 不穩態電路之工作原理？
8. 以 555 設計一個 1 小時的延時電路，你應選用 R_t、C_t 之範圍爲多少？

CH 12

脈波產生器及整形電路

12-1 實習目的

1. 認識脈波的產生方式。
2. 瞭解 gate 組成的振盪電路及晶體振盪電路。
3. 認識單穩態 IC 的特性與應用電路。
4. 整形電路的認識。
5. 順序控制的認識與應用。

12-2 相關知識

在數位電路的實習，使用時脈的場合很多，所謂時脈(c1ock pulse)就是一個需要整形和具有寬度及電壓水準的連續波形。在計數器中，一再發生的脈波代表要被計數的事件，在移位暫存器中，時脈或脈波決定資料在暫存器中被移動一位元位置的時間。需要整形、寬度、計時和重複的脈波必須被產生。

產生脈波的方式很多，但大致上可分爲兩種。一爲自行產生，就像信號產生器一樣，另一種是由外激方式產生，其脈波須由外加電信號控制而產生。此兩種電路均可由一般之電晶體、積體電路(IC)或基本邏輯閘電路來組成。

12-2-1 無穩態多諧振盪器

圖 12-1 是用 TTL gate 組成的無(不、非)穩態多諧振盪，在 NOT gate 的輸入與輸出之間加 1kΩ電阻，使 gate 工作於臨界電壓 V_T附近的動作區。兩個反相放大器類似設計工作於截止與飽和的射極接地放大器，由 C_1-C_2 互相交連就構成無穩態多諧振盪器。振盪頻率主要受控於 C，與頻率有關的電阻在 IC 內部，改變並聯在 gate 的電阻對頻率影響不大。

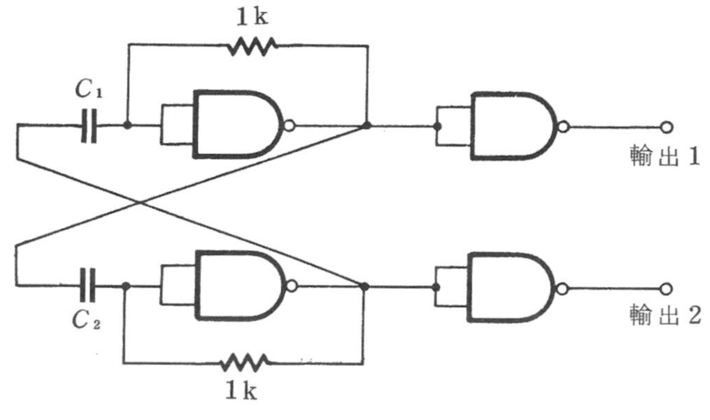

▲ 圖 12-1　TTL 組成無穩態多諧振盪

使用 CMOS gate 的無穩態多諧振盪器，因其輸入阻抗高，故不需使用較大的電容，即可獲得較長的時間常數，且電路結構簡單，加上 CMOS 的一些特性可以構成比 TTL 較佳穩定的多諧振盪器。

圖 12-2 爲使用 CMOS 的無穩態多諧振盪器，電路結構甚爲簡單。首先假設 B NOT gate 的輸出處在 Low，電容器 C 上沒有電荷或電壓，使得 A 輸入端電壓爲 Low，A 輸出②爲 Hi，②處的電壓經由 R 對 C 充電，③處電壓開始上升，經過 0.7RC 時，③點上電壓達 1/2V_{DD}，A NOT gate 開始轉態，使 A NOT gate 輸出爲 Low，點①與③變成 Hi 或 V_{DD}，現在電容器 C 開始經由 R 朝 gate A 輸出端反方向充電，直至臨界電壓值 gate 又開始轉態，如此週而復始不停的動作。

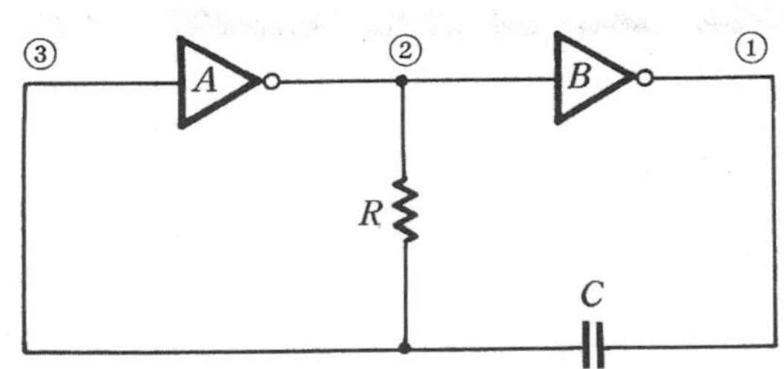

▲ 圖 12-2　CMOS 組成無穩態多諧振盪

上述所提及之無穩態振盪電路，雖然線路構造簡單，可是輸出波形之轉角處會有圓角產生；此乃因 CMOS 內部保護二極體之工作頻率，受到電源電壓之影響所致。

圖 12-3 乃爲了改善此輸出波形之電路。

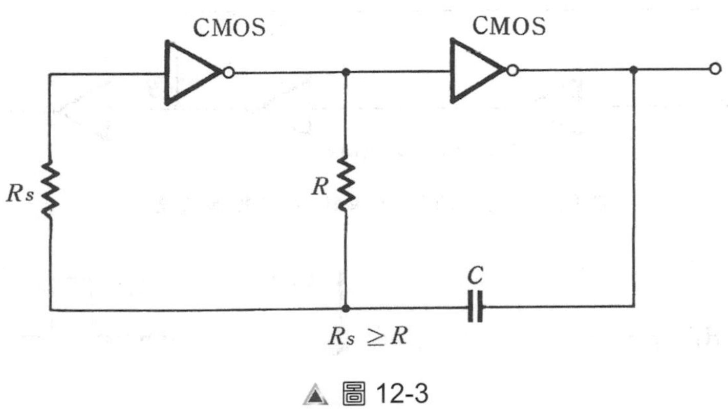

▲ 圖 12-3

R_S 之數值至少要兩倍或大於兩倍 R 之數值，這樣才能使電容器上之電壓提升到 $V_{DD}+V_T$，而波形仍然箝制在 V_{SS} 與 V 之間。電阻器 R_S 提供幾個優點：①整個時間週期因轉換電壓之變動而變化之誤差降低到 5%以下。②使振盪頻率不受電源電壓影響。其波形如圖 12-4 所示。

此外，爲了獲得輸出之工作週期(duty-cycle)能夠對稱或任意之寬度；我們可以依據圖 12-5 之電路，調整電阻器 R_1 上並聯之二極體位置。由於改變二極體時，相對地會使工作頻率發生變化，因此利用調整電阻器 R_3 以便補償偏移之頻率。

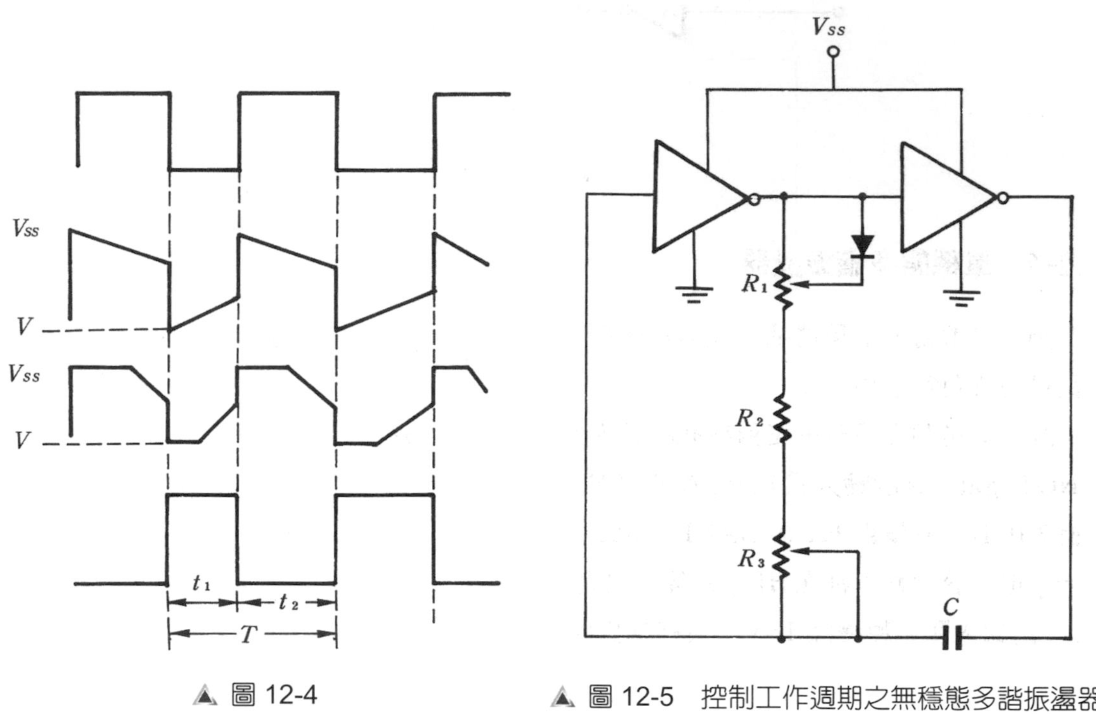

▲ 圖 12-4　　▲ 圖 12-5　控制工作週期之無穩態多諧振盪器

圖 12-6 是將奇數個 NOT gate 串接，再將輸出端直接連接至輸入端即構成振盪器。設 *A* 點為 *H* 時，經過奇數個 NOT gate 後，*B* 點將處於 *L* 狀態。由於 *B* 點與 *A* 點連接，故 *A* 點加上 Hi 經過一定時間(等於 *N* 個奇數組 gate 的動作延遲時間)後將轉變為 *L* 狀態，再經過一定時間後又將轉為 Hi，如此週而復始不停的轉變。

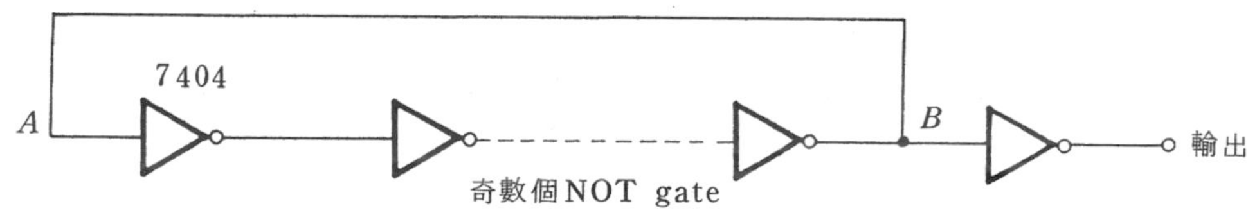

▲ 圖 12-6　奇數個 NOT gate 組成振盪電路

12-2-2　單穩態多諧振盪器

圖 12-7 電路中，是將輸入波形給予微分來產生單發脈衝之電路，輸出之脈衝寬度視 *R* 與 *C* 之時間常數而定。

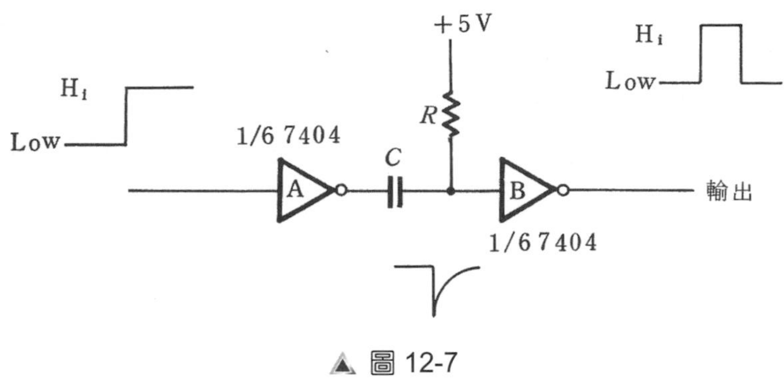

▲ 圖 12-7

圖 12-8 是利用積分電路對變化的輸入信號具有延遲作用，而產生單發脈衝的電路。設 NOT gate *A* 的輸入爲 Low，輸出爲 Hi，積分器的輸出亦爲 Hi，最後輸出爲 Low。當輸入由 Low 轉變爲 Hi 時，NAND gate 的一輸入爲 Hi，積分器的輸入由 Hi 轉變爲 Low，但由於兩輸入都在 Hi，最後輸出爲 Hi。當 *C* 經 *R* 放電至臨界值時，NAND gate 的輸入開始轉變爲 Low，最終輸出變爲 Low 的狀態。

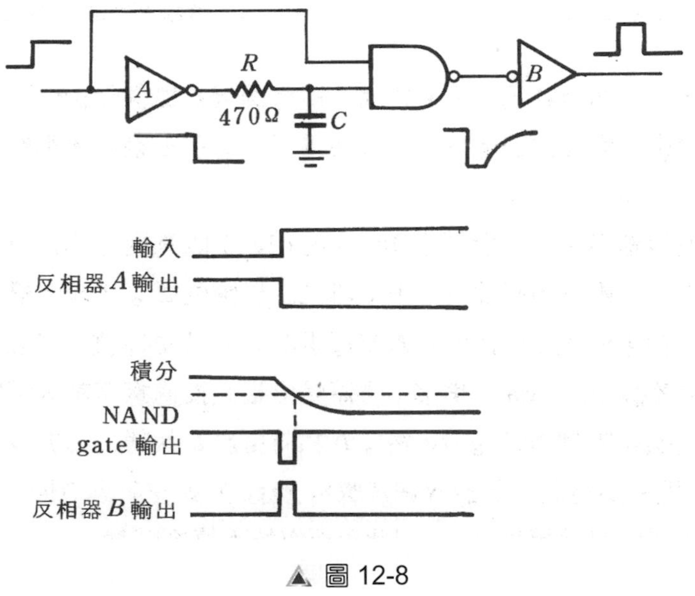

▲ 圖 12-8

圖 12-9 是用 CMOS 組成的單穩態電路，當①之輸入經 C_1 微分後，即形成②之波形，輸入①處由 Hi 變爲 Low 瞬間，C_1 可看成短路，②處在此瞬間形成 Low，然後 C_1 經 R_1 充電，②處電位成指數上升，當②處電壓超過 gate 的臨界電壓，gate 1 輸出的電壓轉變爲 Hi，③處形成具有某一寬度的輸出脈波，此脈波寬度 t_2 由 C_1、

R_1的時間常數決定。③處在 Hi 時經二極體對 C_2 充電，t_2時間過後，C_2開始對 R_2 放電，④處電壓由 Hi 成指數下降，一旦通過臨界值電壓 gate 2 輸出即轉態，由 Low 變爲 Hi。由圖可知⑤處在輸入脈波由 Hi 變 Low 時，輸出一脈波寬度爲 t_3 的脈波。

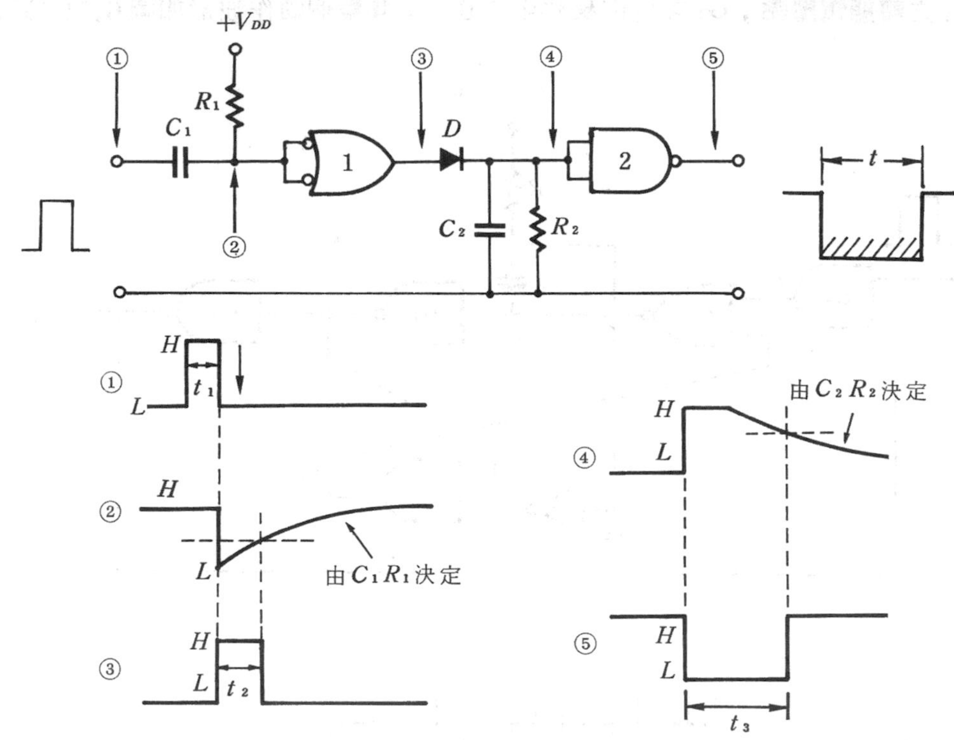

▲ 圖 12-9　CMOS 組成單穩態電路

圖 12-10(a)是利用 TFL IC 所組成之單穩態多諧振盪電路。觸發脈波電路由 G_5 與 G_6 構成；在穩定狀態時，P 點等於"0"狀態，P'亦爲"0"，因此沒有電流流經電容器 C。於是電阻 R 上之電流流入射極接地反相器 G_2 之基極；由於 R 很小，足夠使 G_2 達到飽和，故 $V_2 = 0.75$V。所以 G_3 不導通，造成 V_3 在"0"狀態；而 P' 亦爲"0"狀態，使得 G_4 之輸出爲"1"狀態。結果，Q 爲"0"，$\overline{Q}$ 爲"1"。其詳細之動作波形如圖 12-10(b)所示，t_{pd} 爲閘之傳輸延遲時間。

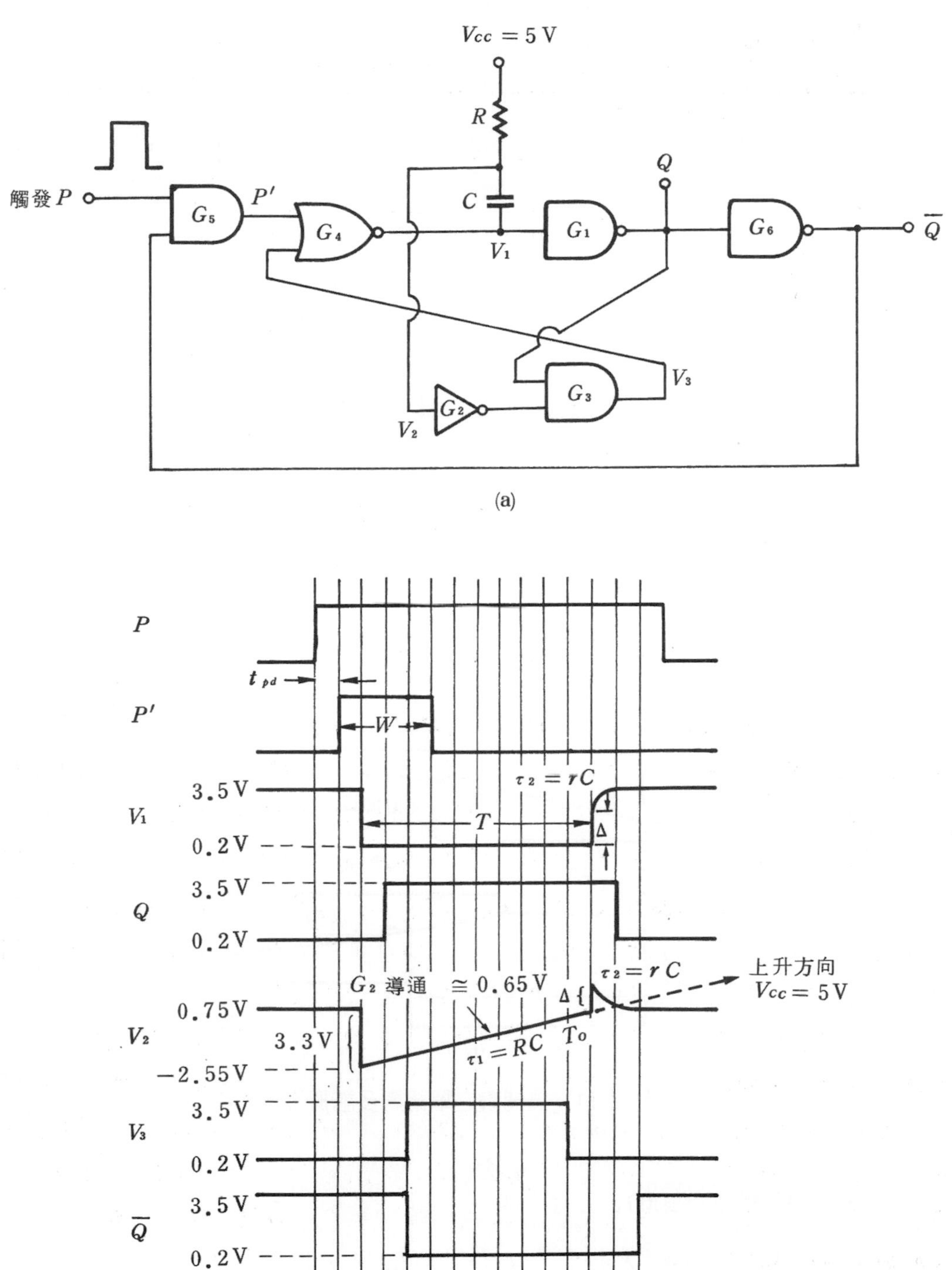

▲ 圖 12-10　由 TTL 閘所組成之單穩態多諧振盪器

圖 12-11(a)爲 CMOS 組成具補償作用之單穩態電路。在靜止狀態時，輸入至 G_1 爲“1”所以 C 點爲“0”，故 G_2 之輸出 E 點爲“1”。當負脈波輸入時(由“1”變成“0”，後緣觸發)，經由 C_1 使 G_1 之輸出爲“1”；所以電容 C_2 充電至 V_{SS}，因此 G_2 之輸出變爲“0”。當電容 C_1 放電時，G_1 保持在“1”狀態，直到 C_1 之電壓到達 G_1 之轉態電壓點，G_1 才立即變化至“0”。其整個動作波形如圖 12-11(b)所示。

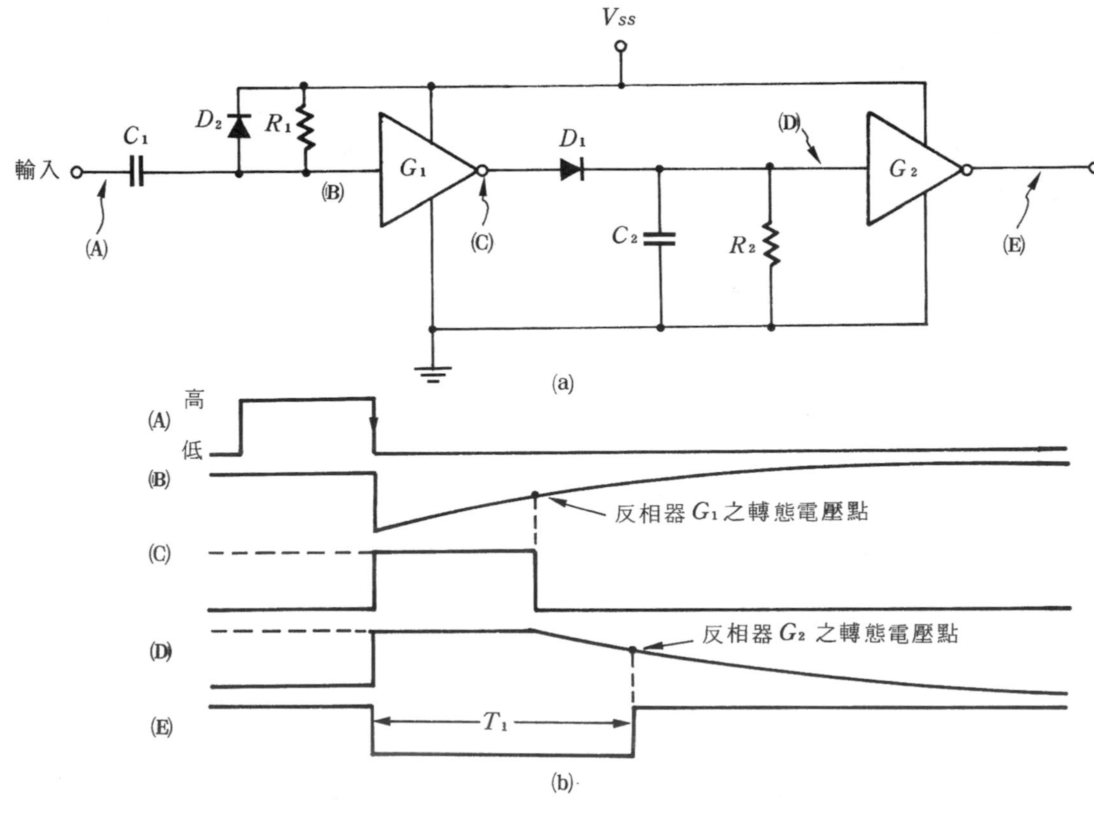

▲ 圖 12-11　具補償之單穩態多諧振盪器

12-2-3　史密特觸發電路

在數位電路中，如果輸入波形之上升時間太長，將會引起閘電路一些困擾。假若輸入波形使得積體電路在動作區(active region)過久，雜音和寄生振盪會使正反器產生錯誤之輸出，而且交連電容也必須使用較大的數值。因此，我們利用一種電路，它能夠把感測到電壓準位緩慢變化的波形，轉換成快速變化的波形，這種電路稱之爲史密特觸電路，其電路如圖 12-12 所示。

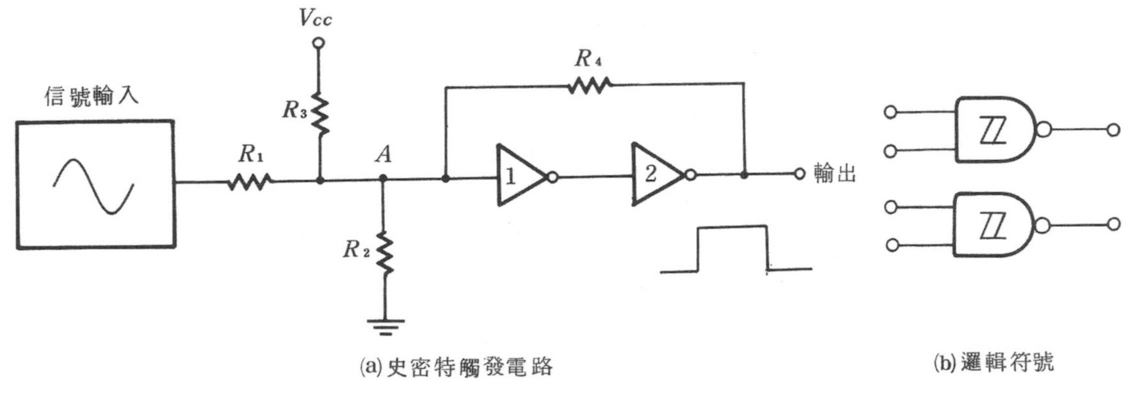

▲ 圖 12-12

當信號電壓是低電位時，A 點之電位低於反相器 1 之切入電壓，所以反相器 2 之輸出亦爲低電壓。當信號電壓上升時，電流流經 R_1，使 A 點之電位上升，達到反相器 1 之切入電壓時，反相器 1 之輸出爲低電位；因此反相器之輸出變爲高電位，所以電流流經 R_4 使 A 點之電位更高，此種作用交互迅速之產生，於是在輸出端得到一迅速變化之電壓準位。

12-2-4　晶體振盪器(crystal oscillator)

圖 12-13 表示石英振盪晶體的等效電路，由圖(a)所代表的晶體等效電路可知有兩種，一種是發生於 RLC 支路的 $X_L = X_C$，這種情況稱爲低阻抗(R)串聯諧振，另一種發生於 RLC 支路的電抗等於 C_M的電抗時，此頻率較高，此種情況稱晶體在並聯諧振，晶體的阻抗與頻率的關係如圖(b)所示。

圖 12-14 是把晶體串接在回授線路上，晶體在串聯諧振時，其阻抗最小而回授最大，晶體振盪爲正弦波，但由於 gate 的關係，所以其輸出波形爲方波，而波形頻率則與晶體頻率相同。

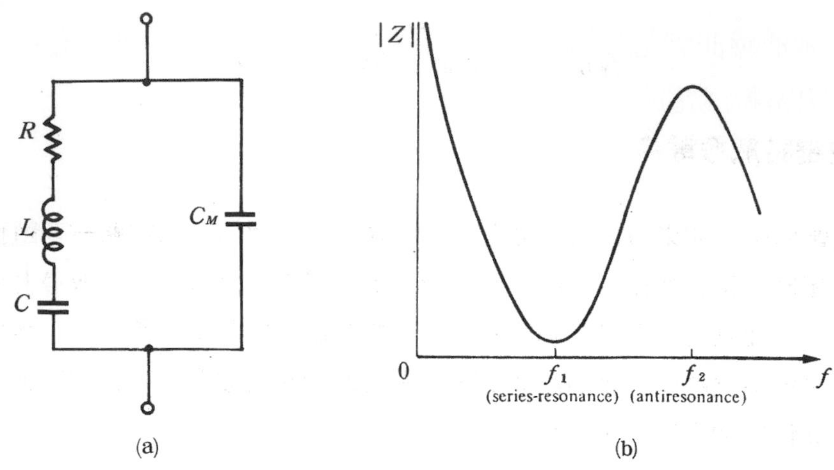

圖 12-13 石英晶體(a)等效電路及(b)阻抗與頻率之關係

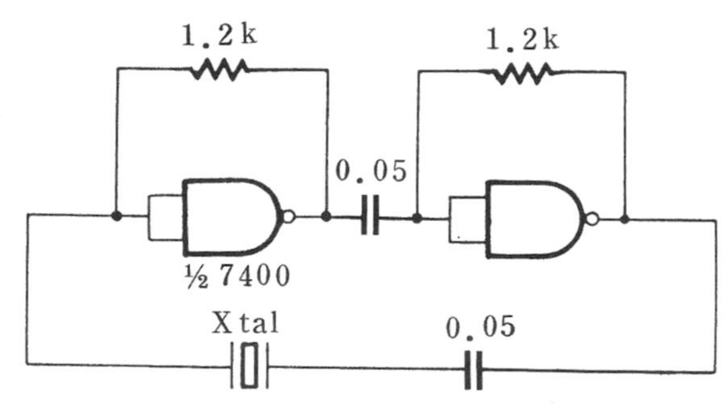

圖 12-14 TTL 晶體振盪器

由於晶體振盪器具有極佳之頻率穩定性，和寬廣之頻率被使用；如再加以 CMOS 作爲元件，則因其消耗功率小，且在寬廣的供給電壓下操作亦很穩定，故廣泛地被採用。

如圖 12-15 爲 CMOS 晶體振盪器，G_1 提供必須之增益及 180°之相移，C_1、C_2 和晶體組成 π 型網路；選擇 C_1、C_2 之數值，使 π 型網路亦有 180°之相移，於是產生 360°之相移滿足振盪器之相位要求。在此晶體有如一電感性元件，與電容 C_1、C_2 產生諧振，其振盪頻率將自動地調整至正確之頻率。圖 12-16 爲回饋式振盪器的石英 PI 網路。

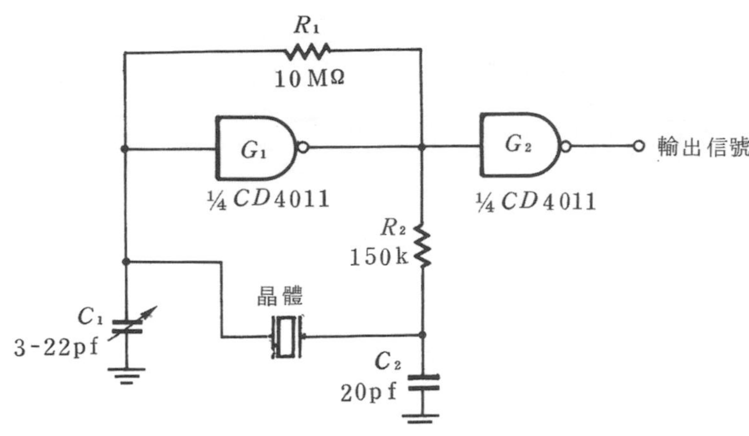

圖 12-15　CMOS 晶體振盪器

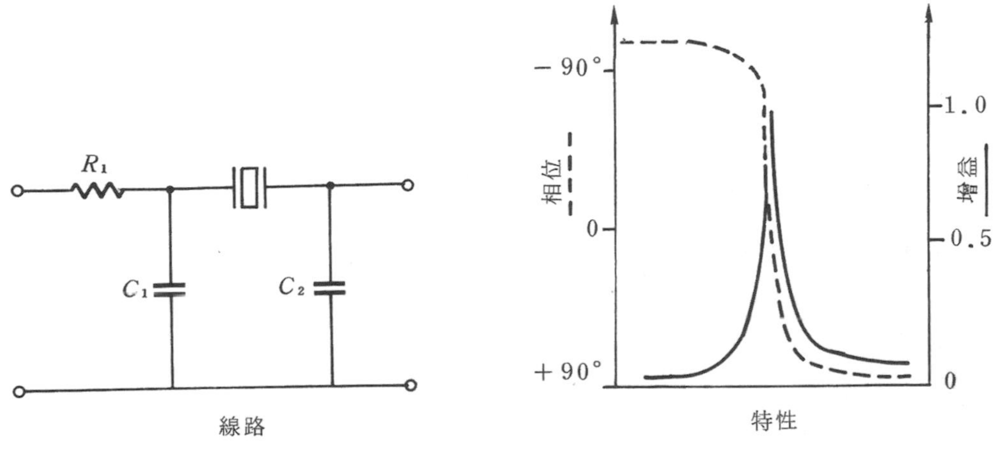

圖 12-16　回饋振盪器的石英 PI 網路

12-3　實習項目

工作一：利用 TTL 閘構成無穩態多諧振盪器

工作程序：

1. 按圖 12-17 接妥電路，7400 的第 2 腳即控制端接 Hi，用示波器觀測輸出波形與頻率，圖 12-17 的頻率 = ________。
2. 7400 的第 2 腳接至 Low，用示波器觀察輸出波形，說明此電路不振盪原因 ____。
3. $C = 0.5\mu F$ 時，由圖(b)查得的 f= ________Hz，示波器測試值= ________Hz。

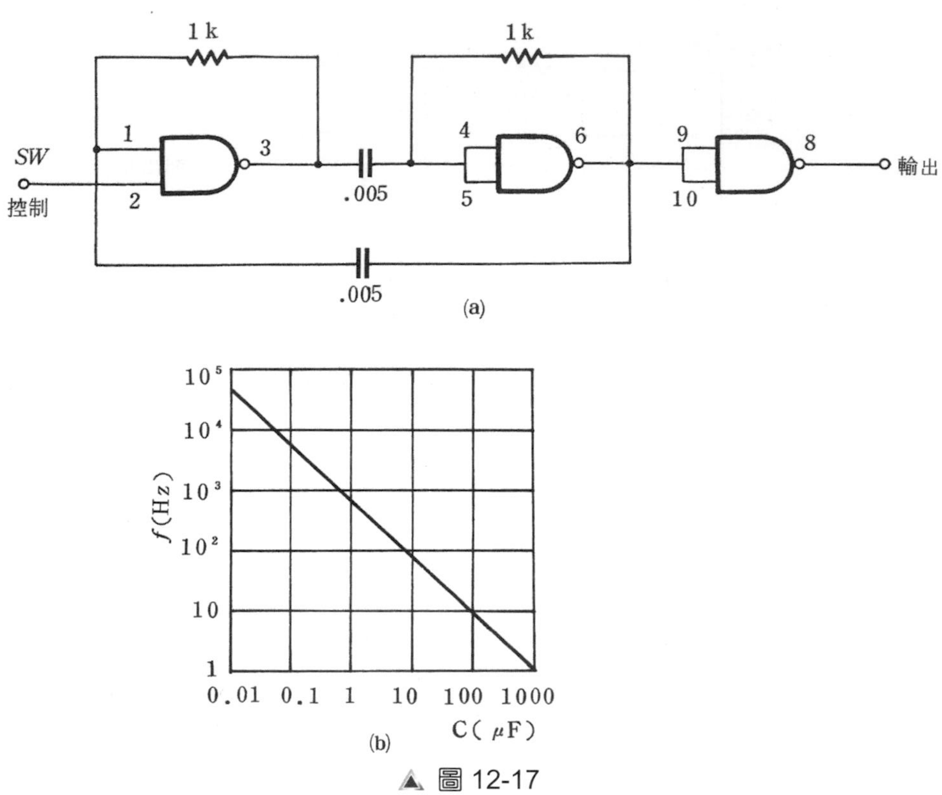

▲ 圖 12-17

4. 讀者可自行更換 C 值測試不同的振盪頻率。
5. 圖 12-18 是用 CMOS NOT gate 組成的無穩態多諧振盪電路(CMOS 延遲時間大)。NOT gate 若採用 TTL IC，振盪頻率高達 16MHz (C 不接)。
6. 讀者可更換不同的 C 值測其振盪頻率，當 $C = 0.005$ 時，振盪頻率= ________ kHz。

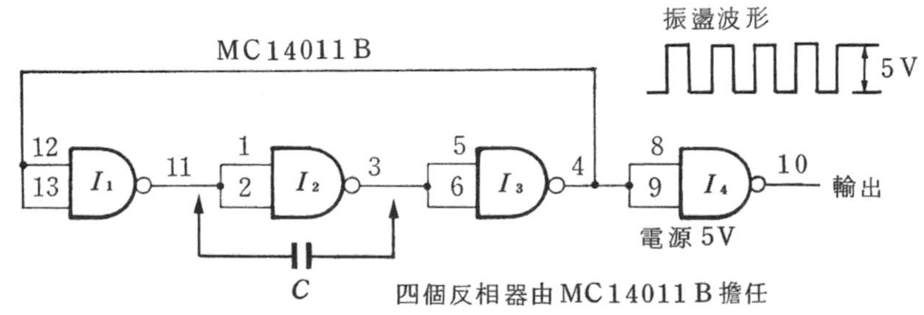

C	振盪頻率
無	3.3MHz
220pF	720 kHz
0.01μF	31 kHz
0.1μF	3.2 kHz

振盪頻率和 C 的關係

▲ 圖 12-18　使用反相器的振盪電路

7. 圖 12-19 是用 TTL NOT gate 組成的無穩態多諧振盪電路，振盪頻率 $f \cong 2C(R_1 + R_2)$，讀者可更換不同的 R、C 值測其振盪頻率。取 $C =$ ________μF，$R_1 = R_2 =$ ________kΩ，$f = 2C(R_1 + R_2) =$ ________。用示波器測得振盪頻率 = ________。

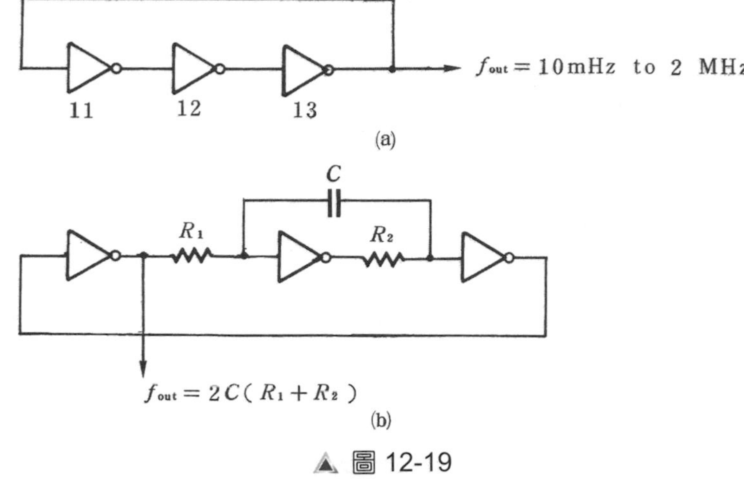

▲ 圖 12-19

工作二：利用 TTL 閘構成單穩態多諧振盪器

工作程序：

1. 按圖 12-20 接妥電路，輸入端接至可調的計時脈波(clock pulse)輸出端。

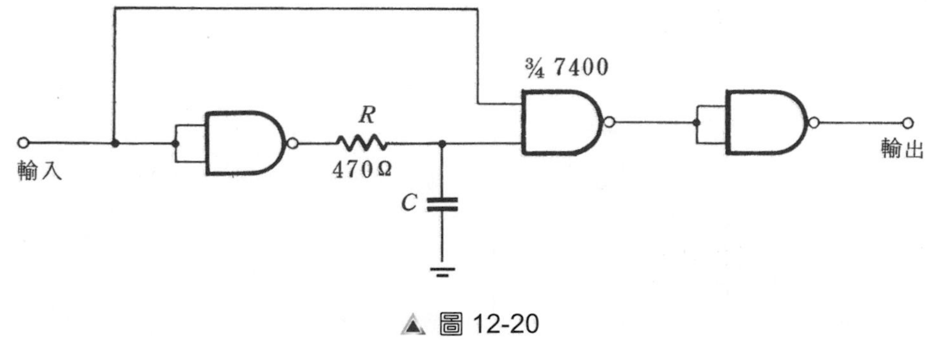

▲ 圖 12-20

2. 改變計時脈波的輸出頻率，示波器接圖 12-20 的輸出端，直至輸出波形的 Hi 與 Low 寬度接近相同，此時輸出波形的週期 $T =$ ________，$T/2$ 即為單穩態電路的輸出脈波寬度。
3. 讀者可更改 C 的電容值而獲得不同的輸出脈波寬度。

4. 圖 12-21 是 TTL 利用微分電路所組成的單穩態電路，圖中 R 的值要小於 470Ω。
5. 輸入端接至可調的 CK 輸出端。更改 C 值而獲得不同的輸出脈波寬度。

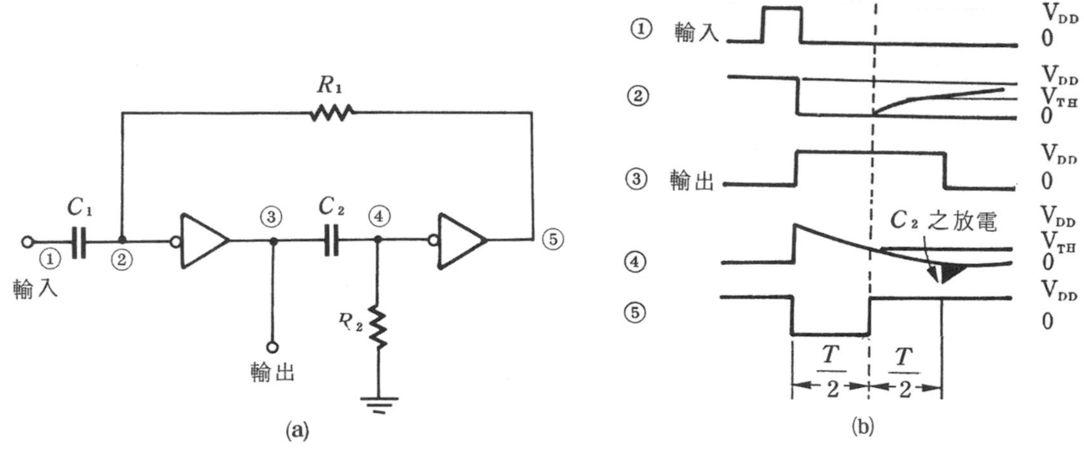

▲ 圖 12-21

工作三：利用 CMOS 閘構成無穩態多諧振盪器

工作程序：

1. 按圖 12-22(a)接妥電路，振盪週期 $T \cong 1.4RC$。

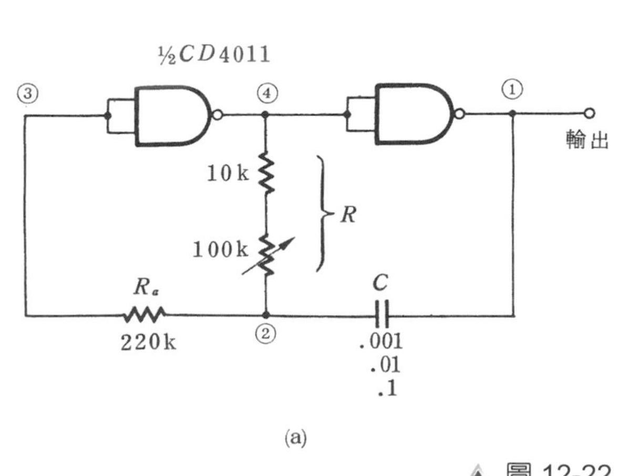

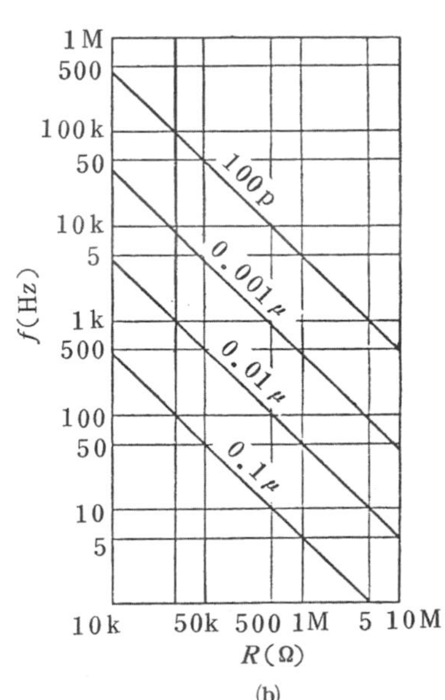

▲ 圖 12-22

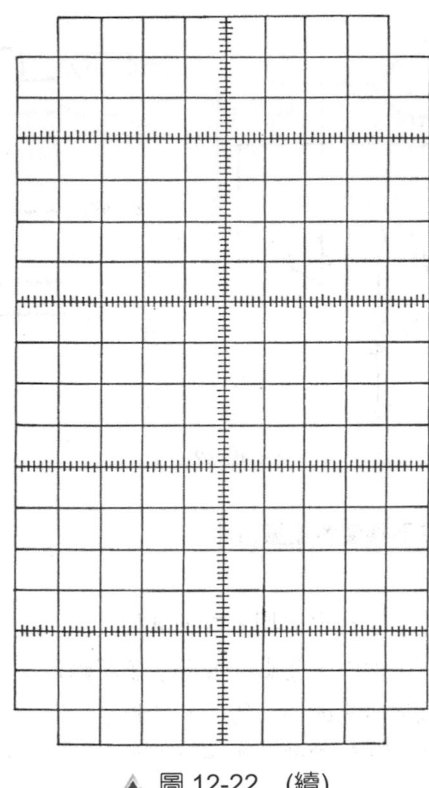

▲ 圖 12-22　(續)

2. 用示波器觀察圖 12-22(a)①～④點的波形，並記錄於圖 12-22(c)。
3. 讀者可按圖 12-22(b)的表更改不同的 R、C 數值，測其輸出頻率。
4. 圖 12-22(a)改成圖 12-23 的電路，控制輸入端接 Hi，電路有正常振盪輸出，控制輸入端接 Low，振盪就停止。
5. 圖 12-24(a)(b)的電路改變 VR_1 可改變輸出方波的 Hi、Low 寬度，讀者可自行用示波器觀察之。

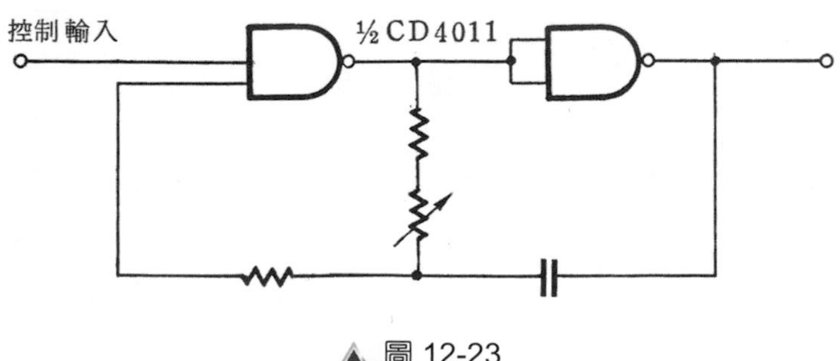

▲ 圖 12-23

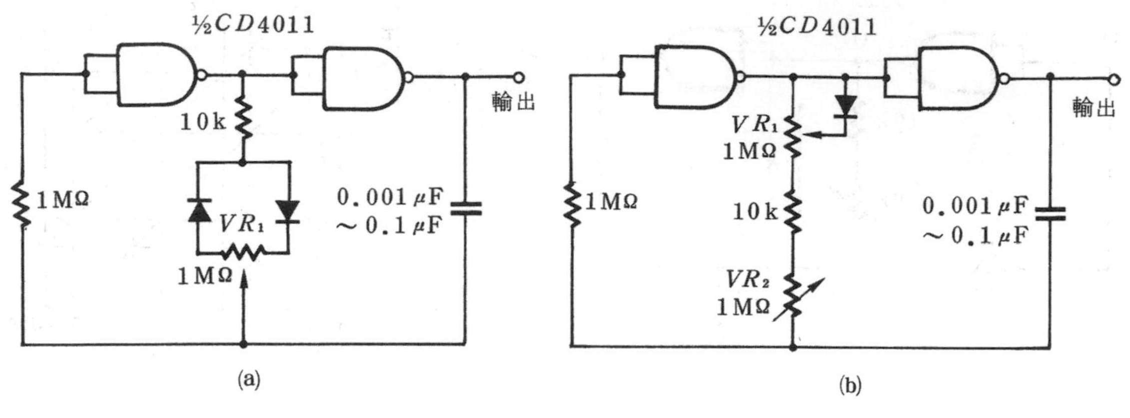

▲ 圖 12-24

工作四：利用 CMOS 閘構成單穩態多諧振盪器

工作程序：

1. 按圖 12-25 接妥電路，gate 採用 CD 4011，gate 1、2 組成無穩態多諧振盪器用以產生適當週期之方形波。

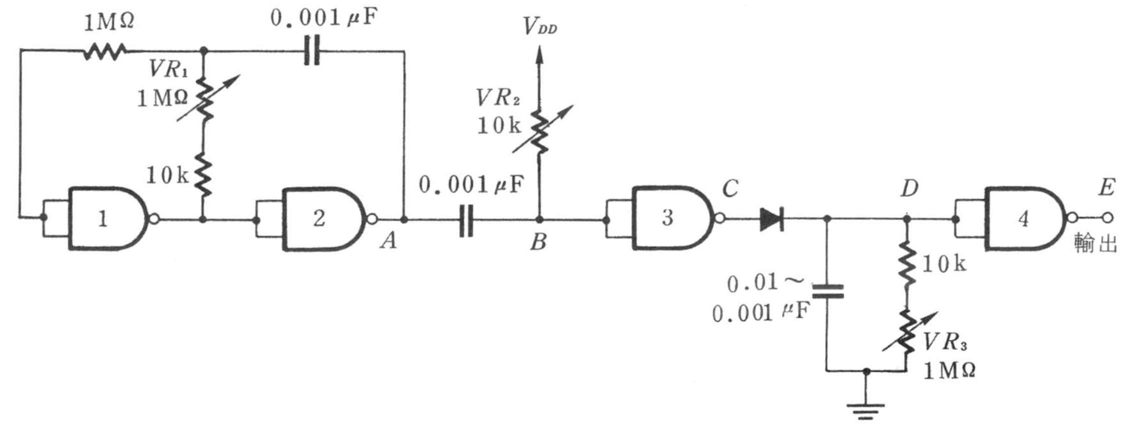

▲ 圖 12-25

2. 用示波器觀察 *A* 點波形，改變 VR_1 改變 *A* 點方波週期，可變電阻不夠時 VR_1 可用 330kΩ的固定電阻代替。
3. 用示波器觀察輸出端 *E* 點波形，看是否與 *A* 點的頻率相同。
4. VR_2、VR_3 用以調整單穩態電路的輸出脈波寬度。調整 VR_2、VR_3 使 *E* 點波形接近 *A* 點波形。

5. 用示波器觀察 A、B、C、D、E 點波形，並記錄於圖 12-26 中。

$f=$ ________、$T=$ ________。

示波器的 $V=$ ________volts/cm，$H=$ ________time/cm。

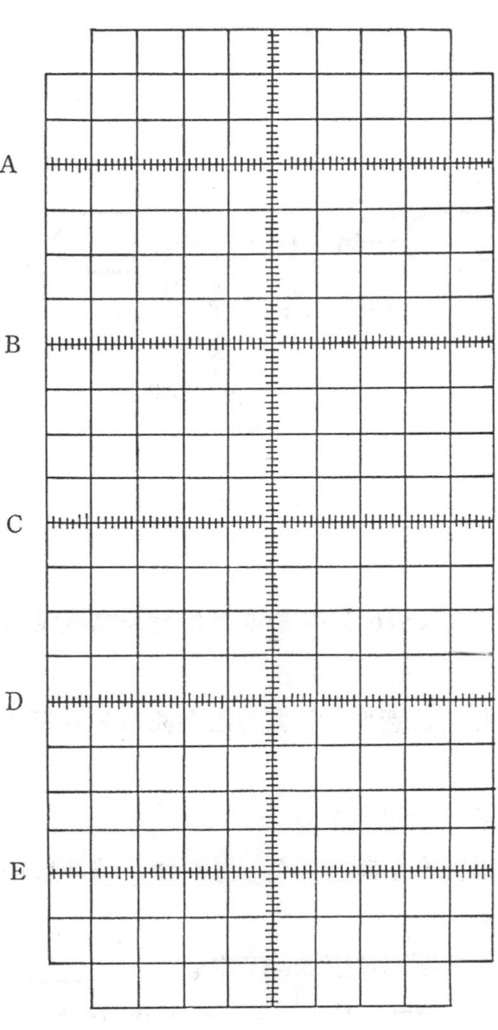

圖 12-26

工作五：利用 GATE 組成的晶體振盪器

工作程序：

1. 圖 12-27(a)(b)是利用 TTL gate 組成的晶體振盪電路，晶體振盪頻率爲了配合示波器的觀測，以勿超過 1MHz 爲佳。

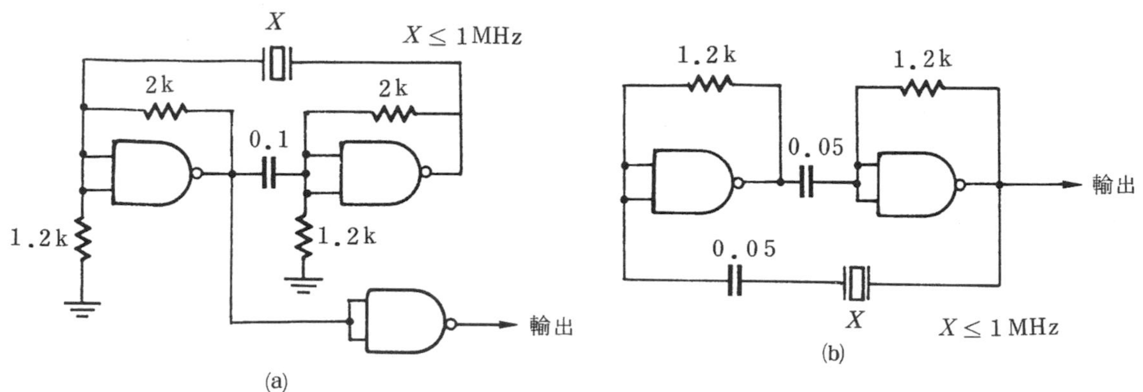

▲ 圖 12-27 TTL gate 之晶體振盪器

2. 圖 12-28(a)(b)是利用 CMOS gate 組成的晶體振盪電路。可變電容可用固定電容串並聯方式，以示波器觀察輸出波形。

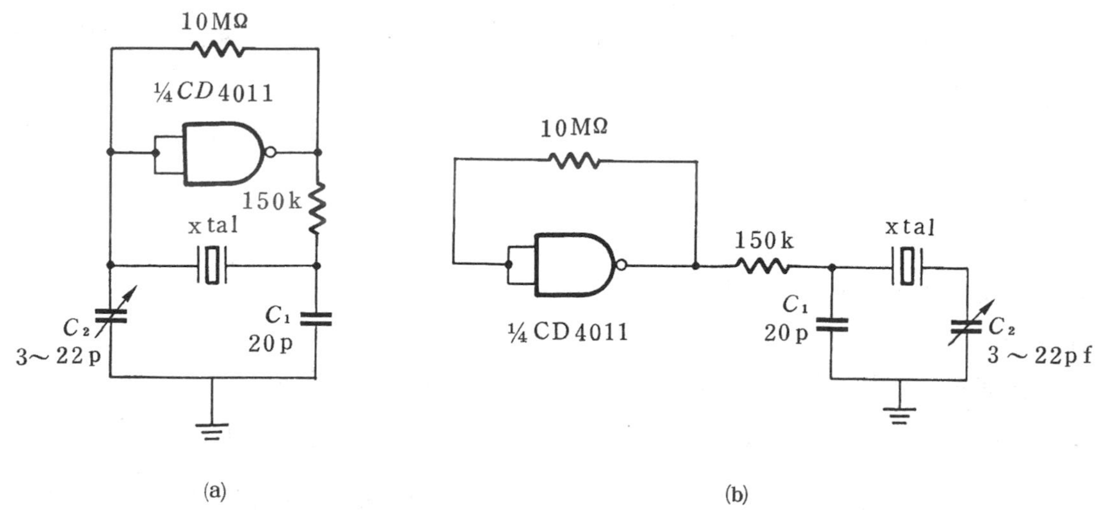

▲ 圖 12-28 CMOS gate 之晶體振盪

3. 讀者自行用示波器觀測振盪頻率與晶體(Xtal)所註明的值是否相同。

12-4　問題

1. 何謂 clock pulse？
2. CMOS 構成之無穩態振盪電路爲何較 TTL 構成之電路爲佳？
3. 試說明邏輯閘組成之無穩態振盪電路之工作原理。
4. 試分辨無穩態與單穩態電路之差異？
5. 何謂史密特電路？有何優點？
6. 晶體振盪之頻率與阻抗的關係爲何？
7. 晶體振盪有何優點？
8. 何謂正向觸發及負向觸發？
9. 說明不可再觸發(74121)與可再觸發(74122)的區別？
10. 說明欲觸發 74121 所需之條件。
11. 74121 之輸出脈波由何而定？
12. 說明 74121 定時元件之接法？
13. 74121 可設定之時間爲多少？原因何在？
14. 74122 與 74123 有何區別？
15. 試說明 CD 4047 之功能？
16. 何謂可程式化振盪器？

Note

TTL IC

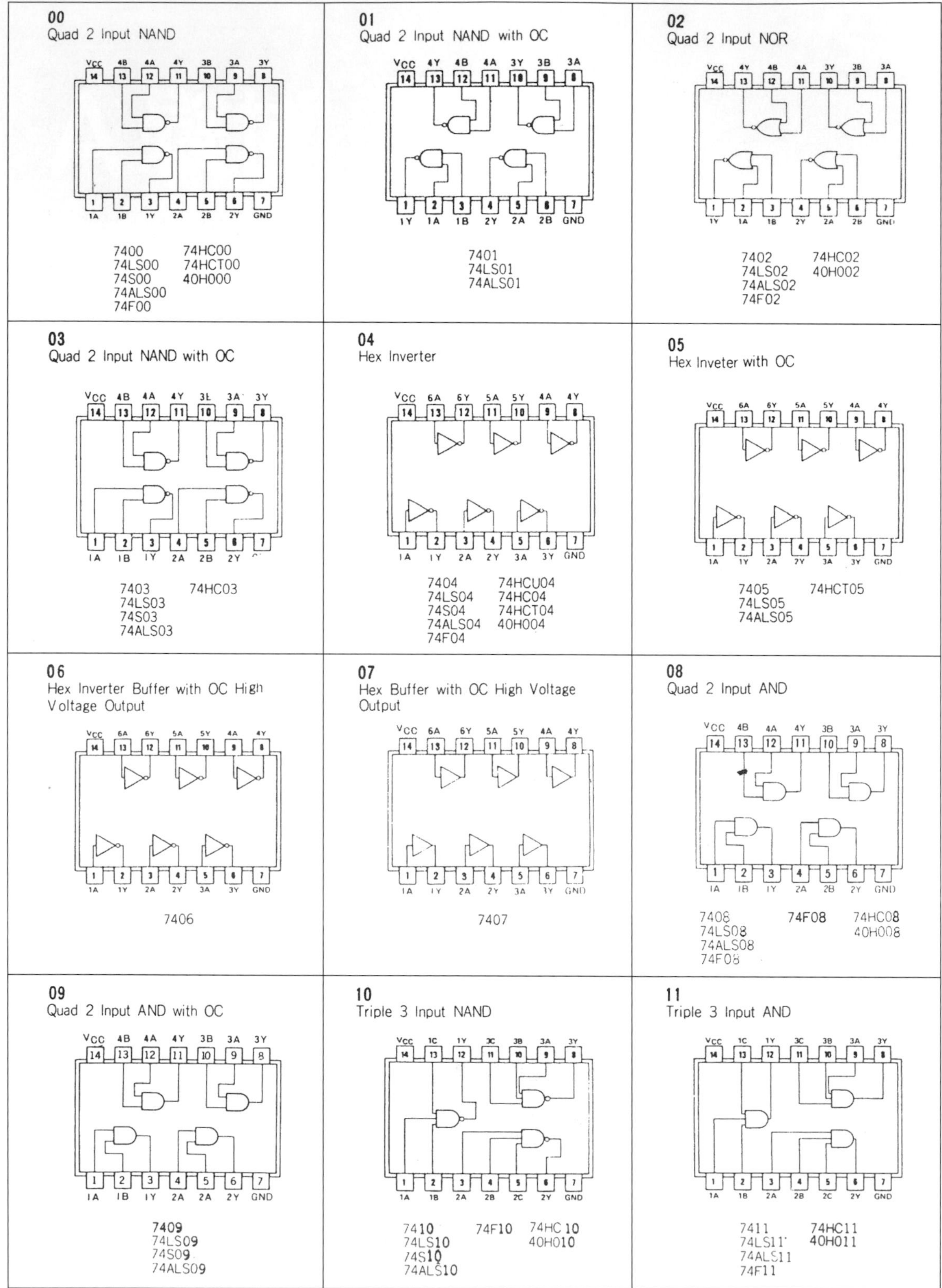
00
Quad 2 Input NAND
VCC 4B 4A 4Y 3B 3A 3Y
1A 1B 1Y 2A 2B 2Y GND
7400 74HC00
74LS00 74HCT00
74S00 40H000
74ALS00
74F00
01
Quad 2 Input NAND with OC
VCC 4Y 4B 4A 3Y 3B 3A
1Y 1A 1B 2Y 2A 2B GND
7401
74LS01
74ALS01
02
Quad 2 Input NOR
VCC 4Y 4B 4A 3Y 3B 3A
1Y 1A 1B 2Y 2A 2B GND
7402 74HC02
74LS02 40H002
74ALS02
74F02
03
Quad 2 Input NAND with OC
VCC 4B 4A 4Y 3B 3A 3Y
1A 1B 1Y 2A 2B 2Y
7403 74HC03
74LS03
74S03
74ALS03
04
Hex Inverter
VCC 6A 6Y 5A 5Y 4A 4Y
1A 1Y 2A 2Y 3A 3Y GND
7404 74HCU04
74LS04 74HC04
74S04 74HCT04
74ALS04 40H004
74F04
05
Hex Inveter with OC
VCC 6A 6Y 5A 5Y 4A 4Y
1A 1Y 2A 2Y 3A 3Y GND
7405 74HCT05
74LS05
74ALS05
06
Hex Inverter Buffer with OC High Voltage Output
VCC 6A 6Y 5A 5Y 4A 4Y
1A 1Y 2A 2Y 3A 3Y GND
7406
07
Hex Buffer with OC High Voltage Output
VCC 6A 6Y 5A 5Y 4A 4Y
1A 1Y 2A 2Y 3A 3Y GND
7407
08
Quad 2 Input AND
VCC 4B 4A 4Y 3B 3A 3Y
1A 1B 1Y 2A 2B 2Y GND
7408 74F08 74HC08
74LS08 40H008
74ALS08
74F08
09
Quad 2 Input AND with OC
VCC 4B 4A 4Y 3B 3A 3Y
1A 1B 1Y 2A 2A 2Y GND
7409
74LS09
74S09
74ALS09
10
Triple 3 Input NAND
VCC 1C 1Y 3C 3B 3A 3Y
1A 1B 2A 2B 2C 2Y GND
7410 74F10 74HC10
74LS10 40H010
74S10
74ALS10
11
Triple 3 Input AND
VCC 1C 1Y 3C 3B 3A 3Y
1A 1B 2A 2B 2C 2Y GND
7411 74HC11
74LS11 40H011
74ALS11
74F11

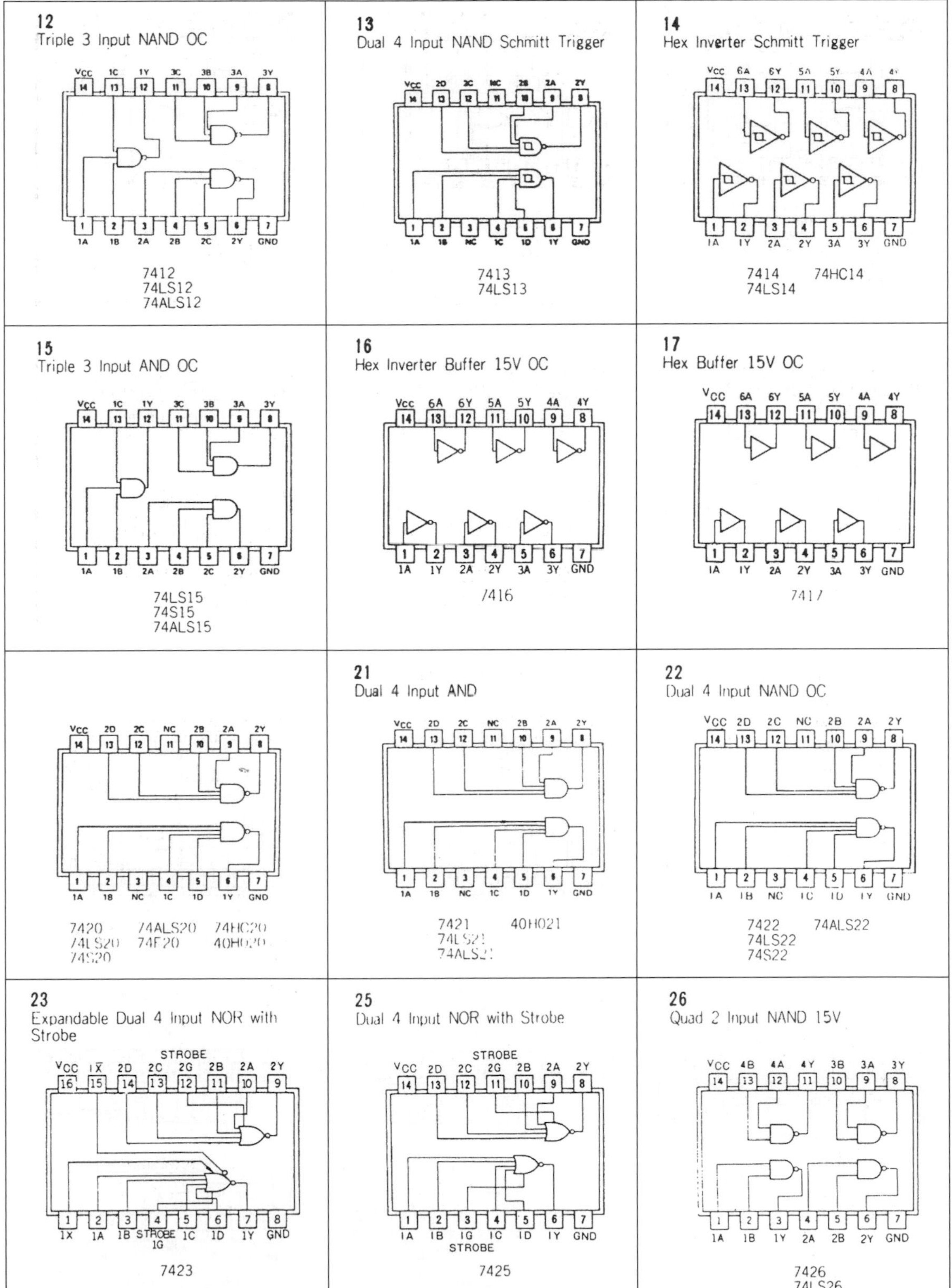
12
Triple 3 Input NAND OC
VCC 1C 1Y 3C 3B 3A 3Y
1A 1B 2A 2B 2C 2Y GND
7412
74LS12
74ALS12
13
Dual 4 Input NAND Schmitt Trigger
VCC 2D 2C NC 2B 2A 2Y
1A 1B NC 1C 1D 1Y GND
7413
74LS13
14
Hex Inverter Schmitt Trigger
VCC 6A 6Y 5A 5Y 4A 4Y
1A 1Y 2A 2Y 3A 3Y GND
7414 74HC14
74LS14
15
Triple 3 Input AND OC
VCC 1C 1Y 3C 3B 3A 3Y
1A 1B 2A 2B 2C 2Y GND
74LS15
74S15
74ALS15
16
Hex Inverter Buffer 15V OC
VCC 6A 6Y 5A 5Y 4A 4Y
1A 1Y 2A 2Y 3A 3Y GND
7416
17
Hex Buffer 15V OC
VCC 6A 6Y 5A 5Y 4A 4Y
1A 1Y 2A 2Y 3A 3Y GND
7417
VCC 2D 2C NC 2B 2A 2Y
1A 1B NC 1C 1D 1Y GND
7420 74ALS20 74HC20
74LS20 74F20 40H020
74S20
21
Dual 4 Input AND
VCC 2D 2C NC 2B 2A 2Y
1A 1B NC 1C 1D 1Y GND
7421 40H021
74LS21
74ALS21
22
Dual 4 Input NAND OC
VCC 2D 2C NC 2B 2A 2Y
1A 1B NC 1C 1D 1Y GND
7422 74ALS22
74LS22
74S22
23
Expandable Dual 4 Input NOR with Strobe
STROBE
VCC 1X̄ 2D 2C 2G 2B 2A 2Y
1X 1A 1B STROBE 1G 1C 1D 1Y GND
7423
25
Dual 4 Input NOR with Strobe
STROBE
VCC 2D 2C 2G 2B 2A 2Y
1A 1B 1G STROBE 1C 1D 1Y GND
7425
26
Quad 2 Input NAND 15V
VCC 4B 4A 4Y 3B 3A 3Y
1A 1B 1Y 2A 2B 2Y GND
7426
74LS26

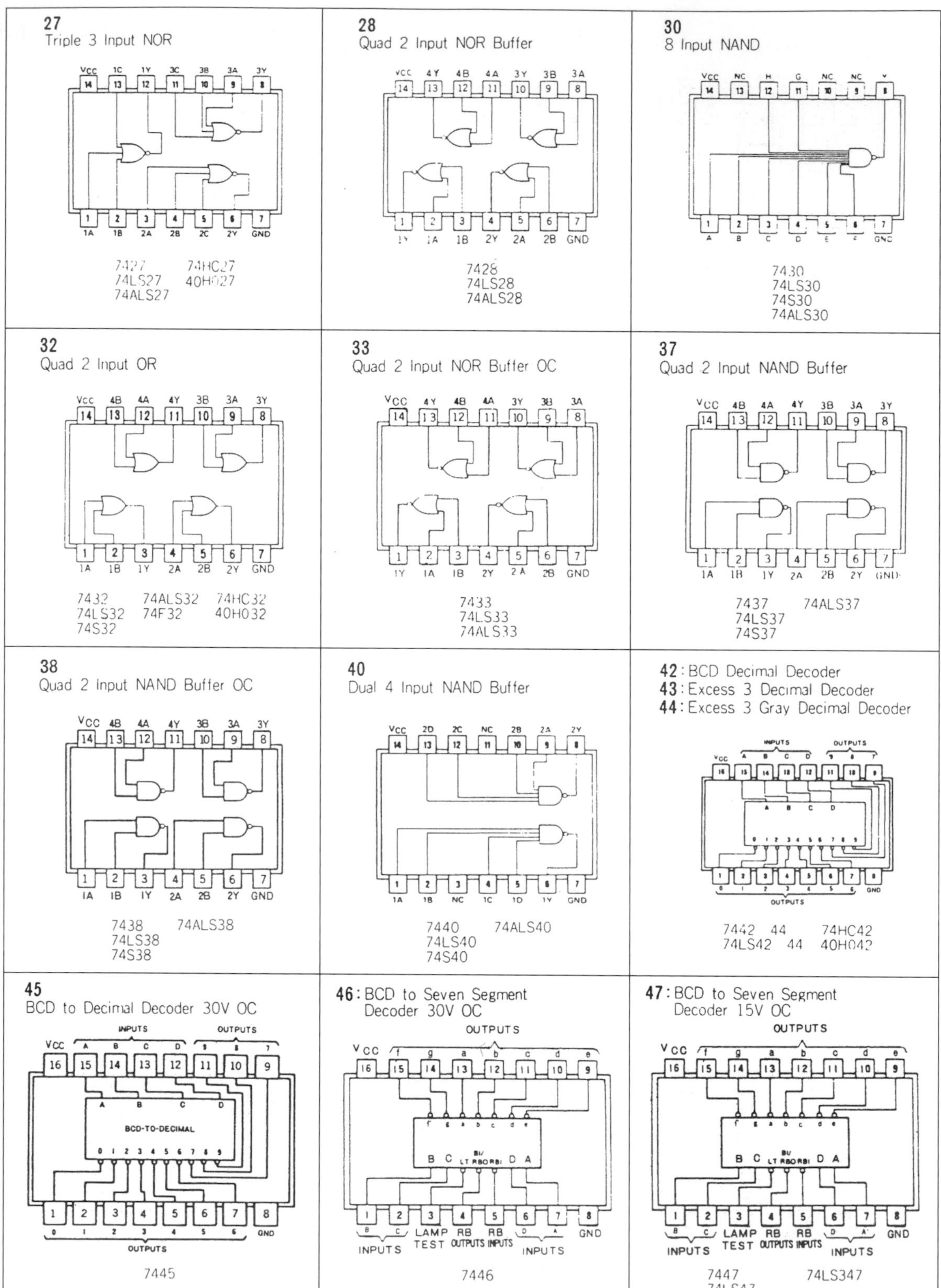
27
Triple 3 Input NOR
7427 74HC27
74LS27 40H027
74ALS27
28
Quad 2 Input NOR Buffer
7428
74LS28
74ALS28
30
8 Input NAND
7430
74LS30
74S30
74ALS30
32
Quad 2 Input OR
7432 74ALS32 74HC32
74LS32 74F32 40H032
74S32
33
Quad 2 Input NOR Buffer OC
7433
74LS33
74ALS33
37
Quad 2 Input NAND Buffer
7437 74ALS37
74LS37
74S37
38
Quad 2 Input NAND Buffer OC
7438 74ALS38
74LS38
74S38
40
Dual 4 Input NAND Buffer
7440 74ALS40
74LS40
74S40
42: BCD Decimal Decoder
43: Excess 3 Decimal Decoder
44: Excess 3 Gray Decimal Decoder
7442 44 74HC42
74LS42 44 40H042
45
BCD to Decimal Decoder 30V OC
BCD-TO-DECIMAL
7445
46: BCD to Seven Segment
Decoder 30V OC
7446
47: BCD to Seven Segment
Decoder 15V OC
7447 74LS347
74LS47

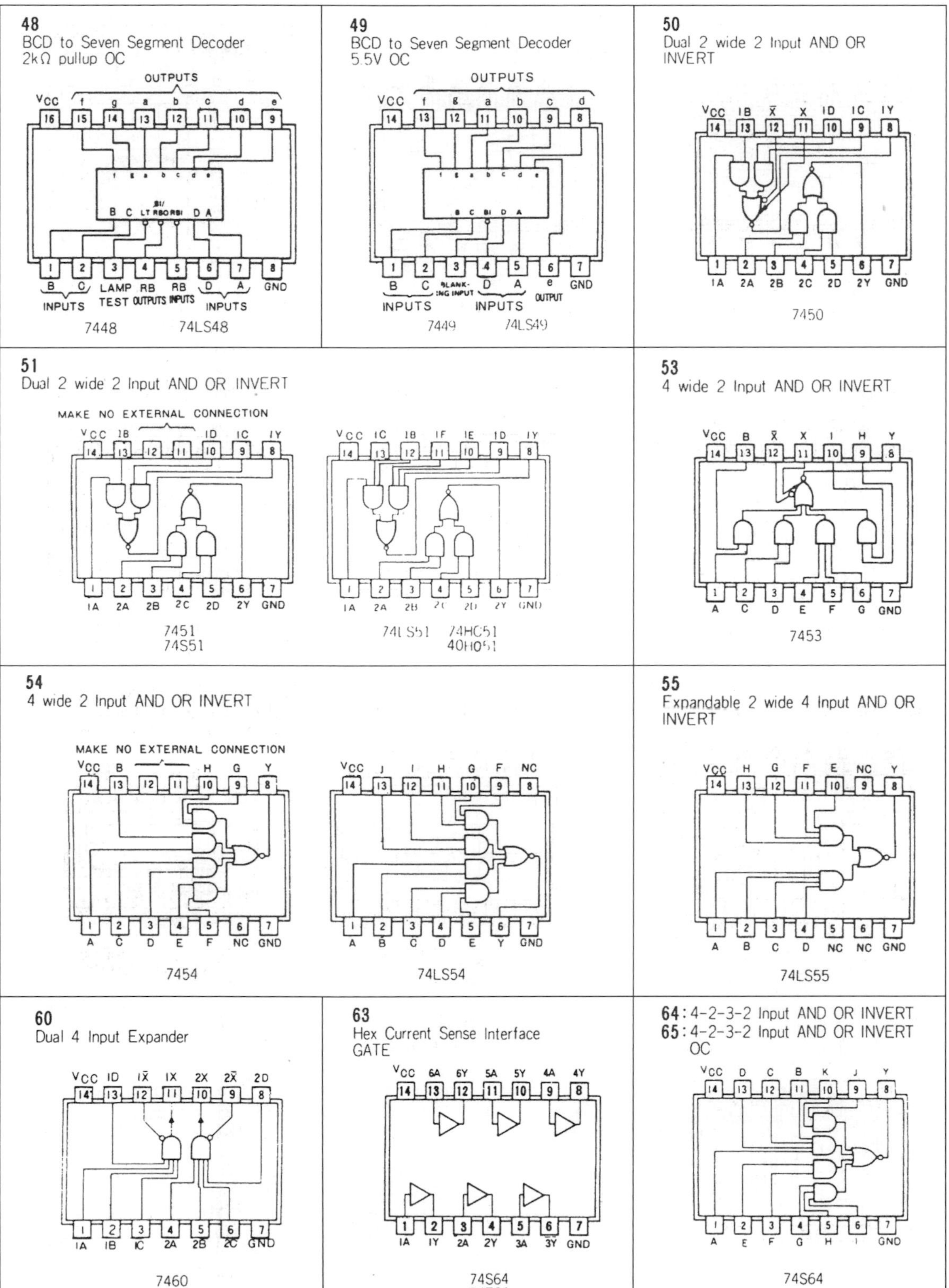
48
BCD to Seven Segment Decoder
2kΩ pullup OC
7448 74LS48
49
BCD to Seven Segment Decoder
5.5V OC
7449 74LS49
50
Dual 2 wide 2 Input AND OR INVERT
7450
51
Dual 2 wide 2 Input AND OR INVERT
MAKE NO EXTERNAL CONNECTION
7451
74S51
74LS51 74HC51
40H051
53
4 wide 2 Input AND OR INVERT
7453
54
4 wide 2 Input AND OR INVERT
MAKE NO EXTERNAL CONNECTION
7454
74LS54
55
Expandable 2 wide 4 Input AND OR INVERT
74LS55
60
Dual 4 Input Expander
7460
63
Hex Current Sense Interface GATE
74S64
74F64
64: 4-2-3-2 Input AND OR INVERT
65: 4-2-3-2 Input AND OR INVERT OC
74S64
74S65

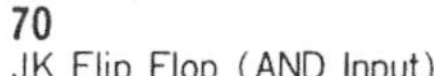

70
JK Flip Flop (AND Input)

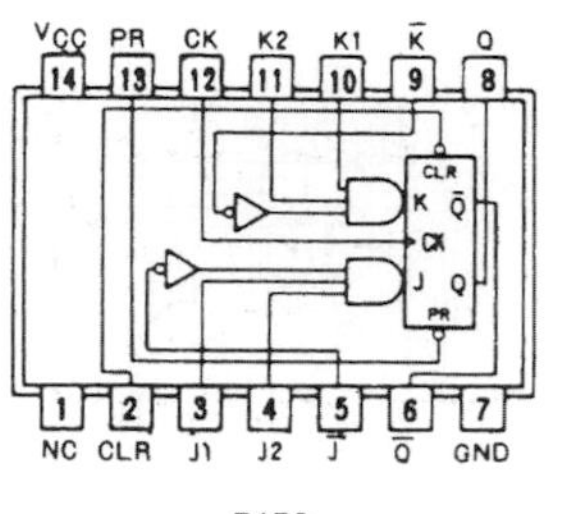

7470

73
Dual J K Flip Flop

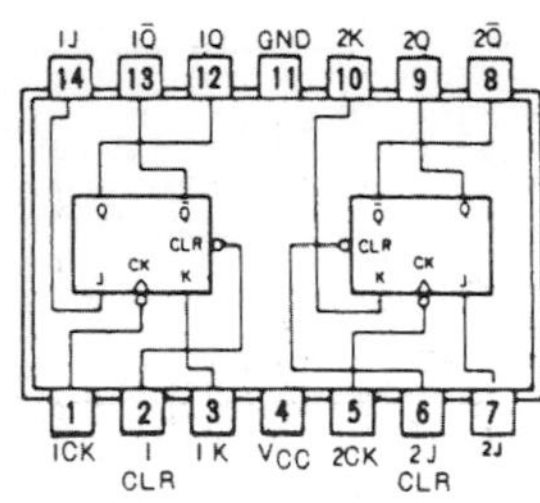

FUNCTION TABLE

INPUTS				OUTPUTS	
CLEAR	CLOCK	J	K	Q	Q̄
L	X	X	X	L	H
H	⎍	L	L	Q_0	$\bar{Q}_0$
H	⎍	H	L	H	L
H	⎍	L	H	L	H
H	⎍	H	H	TOGGLE	

7473

INPUTS				OUTPUTS	
CLEAR	CLOCK	J	K	Q	Q̄
L	X	X	X	L	H
H	↓	L	L	Q_0	$\bar{Q}_0$
H	↓	H	L	H	L
H	↓	L	H	L	H
H	↓	H	H	TOGGLE	
H	H	X	X	Q_0	$\bar{Q}_0$

74LS73

74
Dual D Type Flip Flop

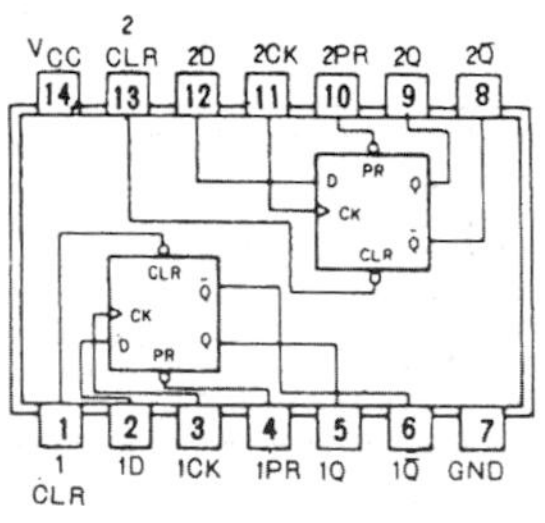

FUNCTION TABLE

INPUTS				OUTPUTS	
PRESET	CLEAR	CLOCK	D	Q	Q̄
L	H	X	X	H	L
H	L	X	X	L	H
L	L	X	X	H*	H*
H	H	↑	H	H	L
H	H	↑	L	L	H
H	H	L	X	Q_0	$\bar{Q}_0$

7474 74S74 74HC74
74LS74 74ALS74 74HCT74
74F74 40H074

76
Dual JK Flip Flop

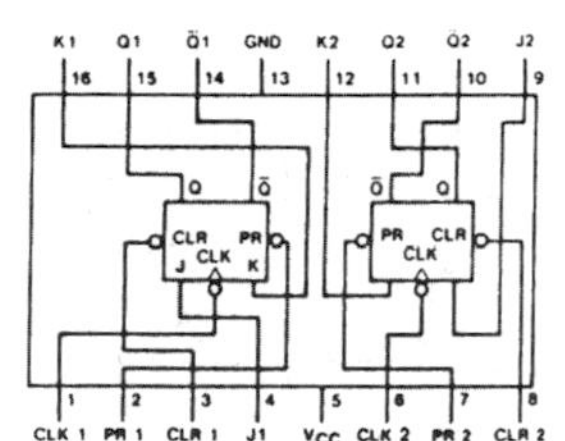

7476[1] 74HC76[1]
74LS76[2] 40H076[2]

FUNCTION TABLE

(1)

Inputs					Outputs	
PR	CLR	CLK	J	K	Q	Q̄
L	H	X	X	X	H	L
H	L	X	X	X	L	H
L	L	X	X	X	H*	H*
H	H	⎍	L	L	Q0	Q̄0
H	H	⎍	H	L	H	L
H	H	⎍	L	H	L	H
H	H	⎍	H	H	TOGGLE	

(2)

Inputs					Outputs	
PR	CLR	CLK	J	K	Q	Q̄
L	H	X	X	X	H	L
H	L	X	X	X	L	H
L	L	X	X	X	H*	H*
H	H	↓	L	L	Q0	Q̄0
H	H	↓	H	L	H	L
H	H	↓	L	H	L	H
H	H	↓	H	H	TOGGLE	
H	H	H	X	X	Q0	Q̄0

75
Quad Latch

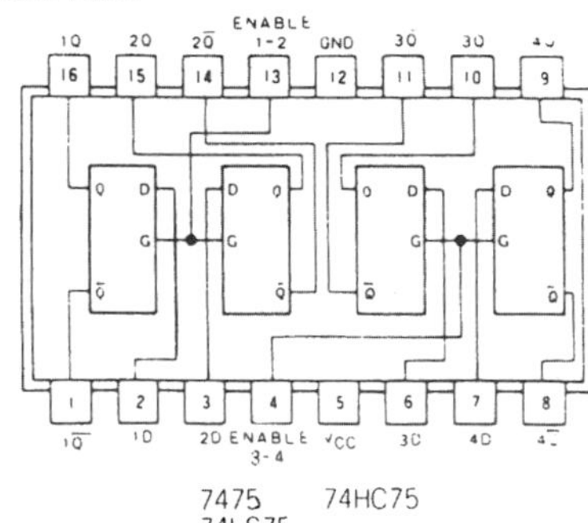

7475 74HC75
74LS75

FUNCTION TABLE
(Each Latch)

INPUTS		OUTPUTS	
D	G	Q	Q̄
L	H	L	H
H	H	H	L
X	L	Q_0	$\bar{Q}_0$

77
4 bit Bistable Latch (Flat Pack Only)

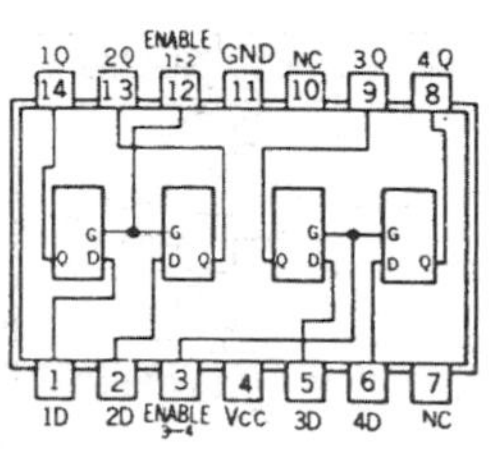

FANCTION TABLE
(Each Latch)

Inputs		Outputs	
D	G	Q	Q̄
L	H	L	H
H	H	H	L
X	L	Q_0	$\bar{Q}_0$

7477
74LS77

78
Dual JK Flip Flop

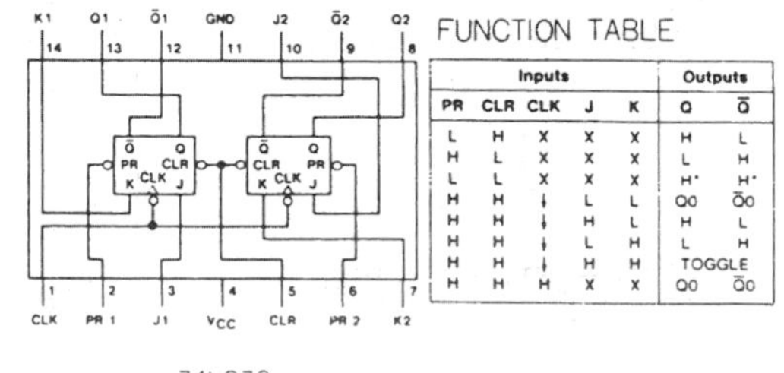

FUNCTION TABLE

Inputs					Outputs	
PR	CLR	CLK	J	K	Q	Q̄
L	H	X	X	X	H	L
H	L	X	X	X	L	H
L	L	X	X	X	H*	H*
H	H	↓	L	L	Q0	Q̄0
H	H	↓	H	L	H	L
H	H	↓	L	H	L	H
H	H	↓	H	H	TOGGLE	
H	H	H	X	X	Q0	Q̄0

74LS78

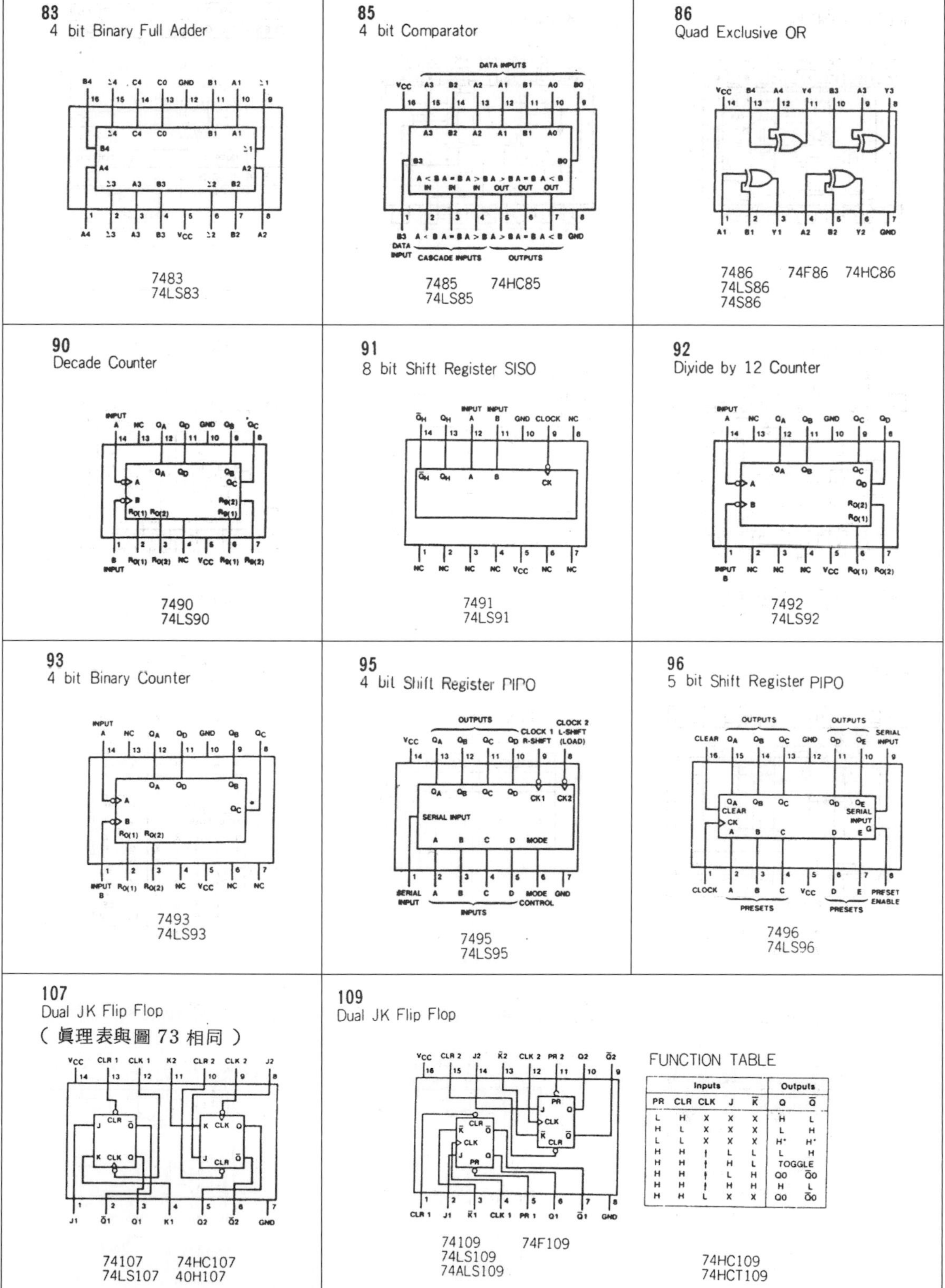

Inputs					Outputs	
PR	CLR	CLK	J	$\bar{K}$	Q	$\bar{Q}$
L	H	X	X	X	H	L
H	L	X	X	X	L	H
L	L	X	X	X	H*	H*
H	H	↑	L	L	L	H
H	H	↑	H	L	TOGGLE	
H	H	↑	L	H	Q0	$\bar{Q}0$
H	H	↑	H	H	H	L
H	H	L	X	X	Q0	$\bar{Q}0$

112
Dual JK Flip Flop
（ 真理表與 LS76 相同 ）

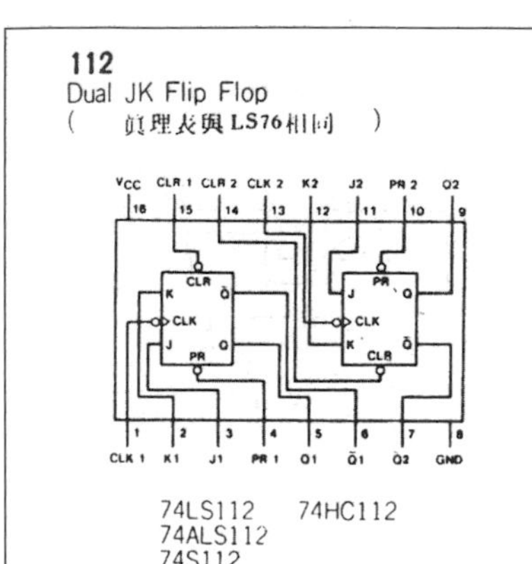

74LS112 74HC112
74ALS112
74S112

113
Dual JK Flip Flop
（ 真理表與圖 73 相同 ）

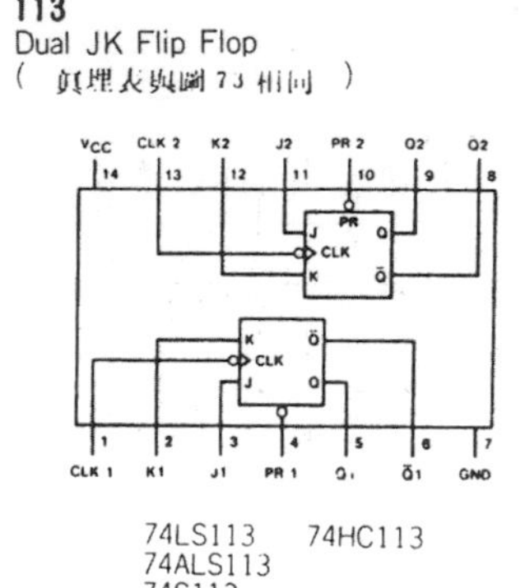

74LS113 74HC113
74ALS113
74S113

114
Dual JK Flip Flop

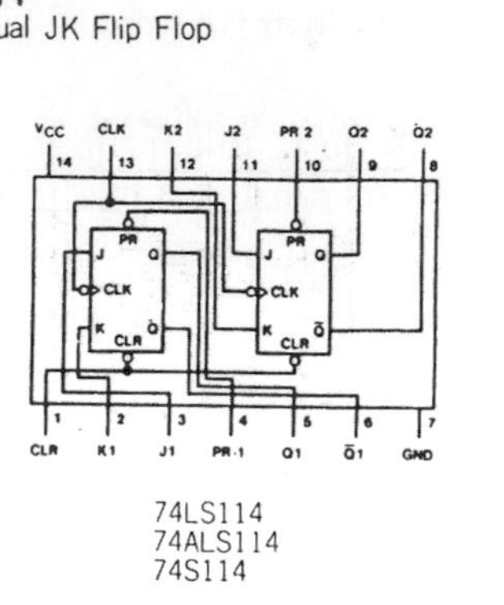

74LS114
74ALS114
74S114

FUNCTION TABLE

Inputs					Outputs	
PR	CLR	CLK	J	K	Q	Q̄
L	H	X	X	X	H	L
H	L	X	X	X	L	H
L	L	X	X	X	H*	H*
H	H	↓	L	L	Q0	Q̄0
H	H	↓	H	L	H	L
H	H	↓	L	H	L	H
H	H	↓	H	H	TOGGLE	
H	H	H	X	X	Q0	Q̄0

121
Monostable Multivibrator

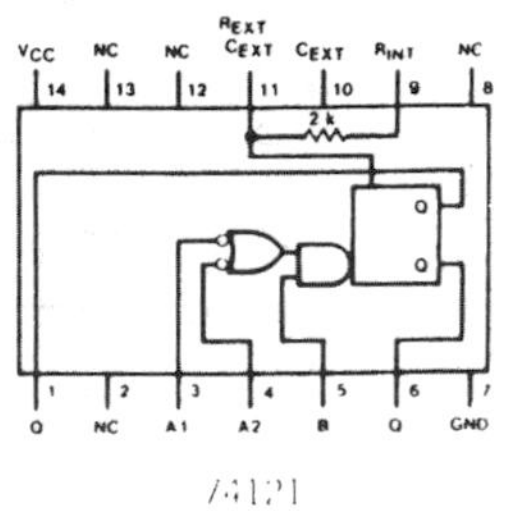

FUNCTION TABLE

Inputs			Outputs	
A1	A2	B	Q	Q̄
L	X	H	L	H
X	L	H	L	H
X	X	L	L	H
H	H	X	L	H
H	↓	H		
↓	H	H		[illegible]
↓	↓	H		[illegible]
L	X	↑		
X	L	↑		[illegible]

122
Monostable Multivibrator

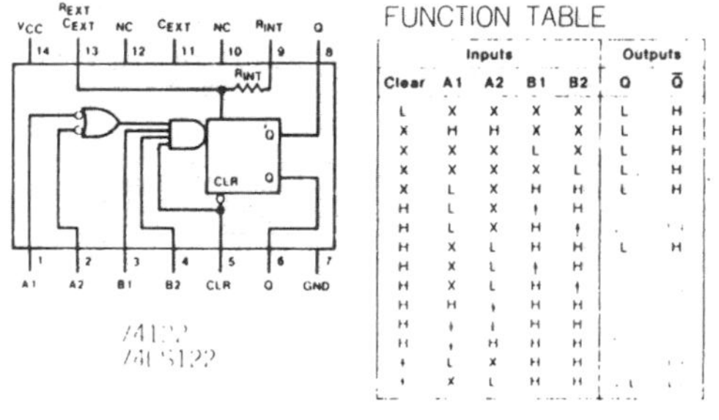

FUNCTION TABLE

Inputs					Outputs	
Clear	A1	A2	B1	B2	Q	Q̄
L	X	X	X	X	L	H
X	H	H	X	X	L	H
X	X	X	L	X	L	H
X	X	X	X	L	L	H
X	L	X	H	H	L	H
H	L	X	↑	H		
H	L	X	H	↑		[illegible]
H	X	L	H	H	L	H
H	X	L	↑	H		
H	X	L	H	↑		
H	H	↓	H	H		
H	↓	↓	H	H		
H	↓	H	H	H		
↑	L	X	H	H		[illegible]
↑	X	L	H	H	[illegible]	[illegible]

123
Dual Monostable Multivibrator

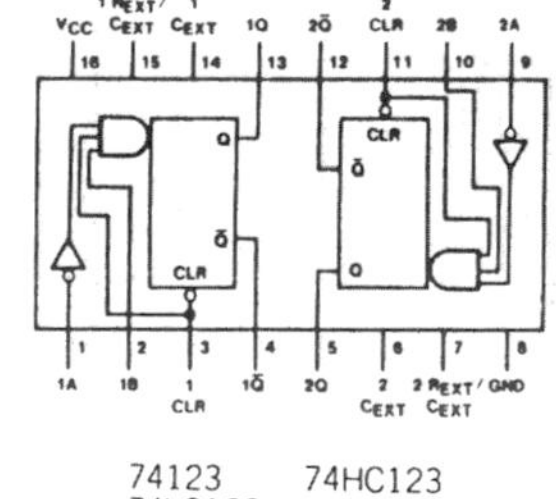

74123 74HC123
74LS123

FUNCTION TABLE

Inputs			Outputs	
Clear	A	B	Q	Q̄
L	X	X	L	H
X	H	X	L	H
X	X	L	L	H
H	L	↑	⎍	⊔
H	↓	H	⎍	⊔
↑	L	H	⎍	⊔

125
Quad 3 State Buffer

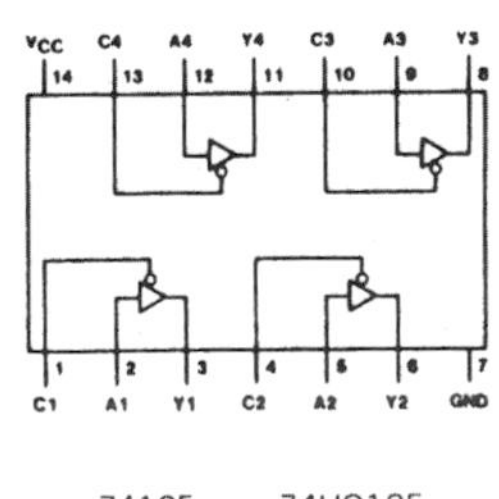

74125 74HC125
74LS125

126
Quad 3 State Buffer

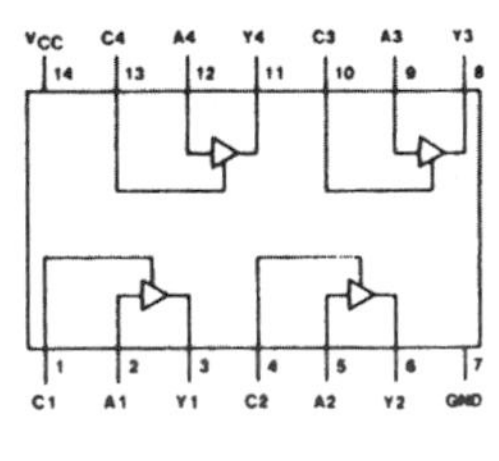

74126 74HC126
74LS126

132
Quad 2 Input NAND Schmitt Trigger

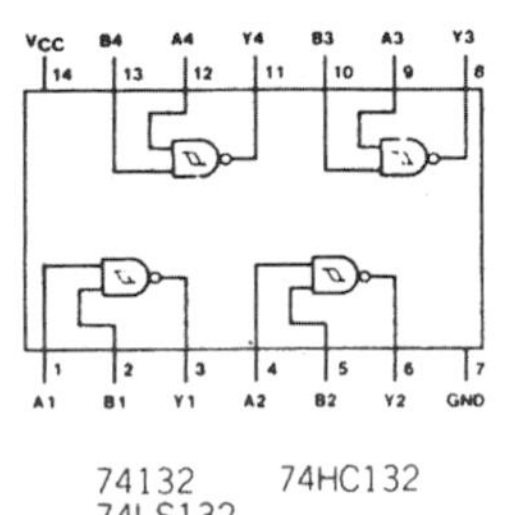

74132 74HC132
74LS132
74S132

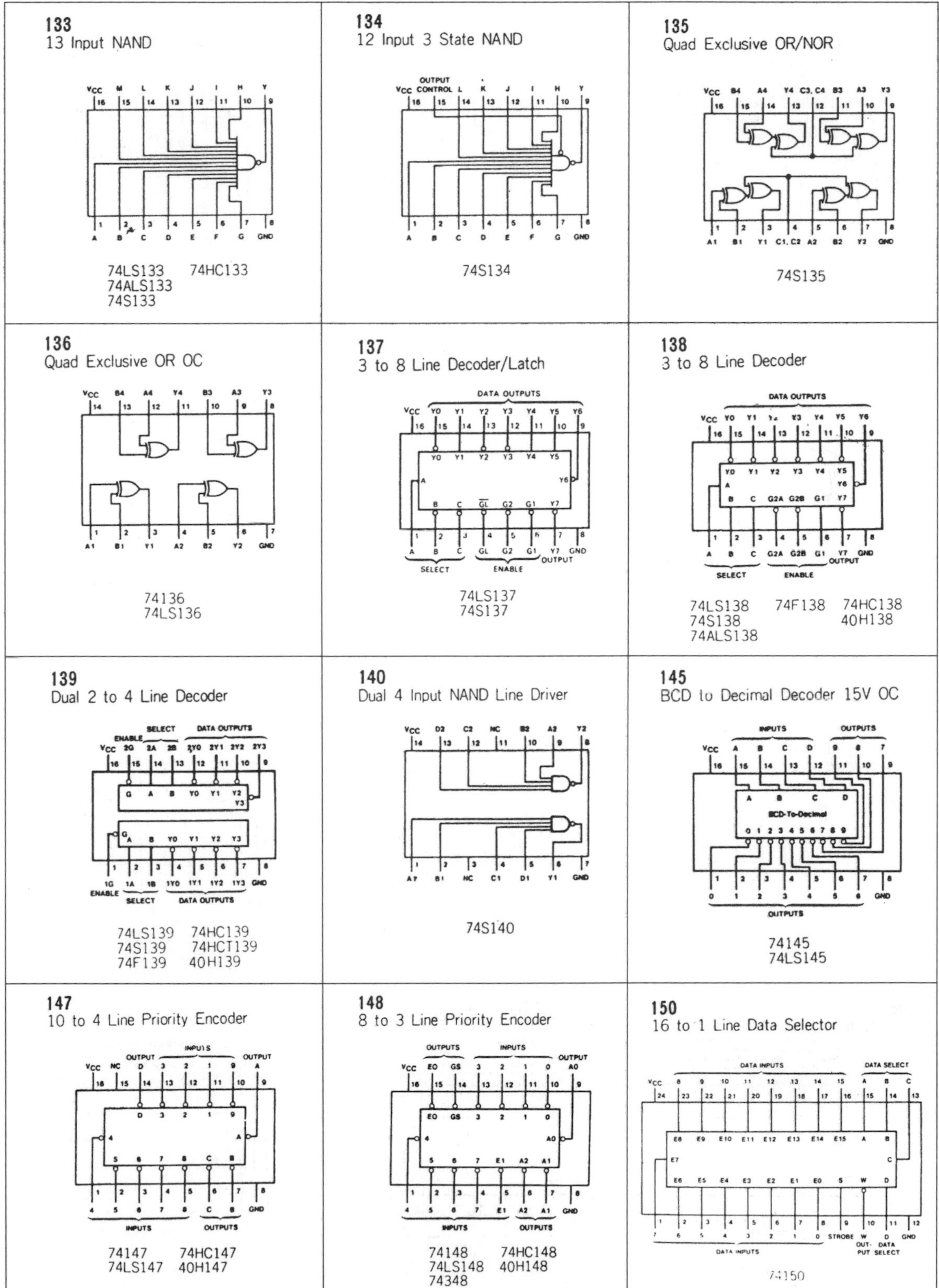
133
13 Input NAND
74LS133 74HC133
74ALS133
74S133
134
12 Input 3 State NAND
74S134
135
Quad Exclusive OR/NOR
74S135
136
Quad Exclusive OR OC
74136
74LS136
137
3 to 8 Line Decoder/Latch
74LS137
74S137
138
3 to 8 Line Decoder
74LS138 74F138 74HC138
74S138 40H138
74ALS138
139
Dual 2 to 4 Line Decoder
74LS139 74HC139
74S139 74HCT139
74F139 40H139
140
Dual 4 Input NAND Line Driver
74S140
145
BCD to Decimal Decoder 15V OC
74145
74LS145
147
10 to 4 Line Priority Encoder
74147 74HC147
74LS147 40H147
148
8 to 3 Line Priority Encoder
74148 74HC148
74LS148 40H148
74348
150
16 to 1 Line Data Selector
74150

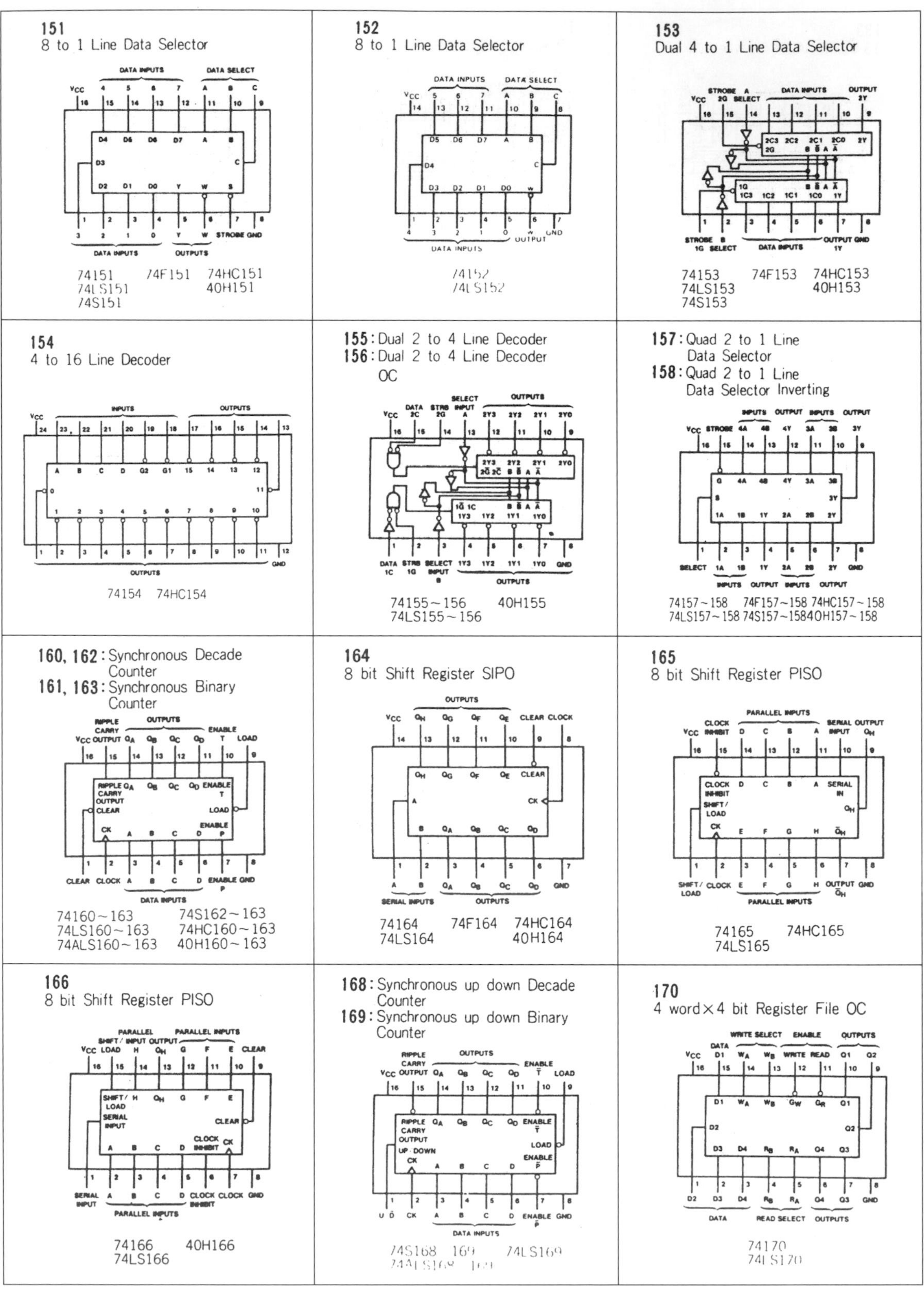
151
8 to 1 Line Data Selector
74151 74F151 74HC151
74LS151 40H151
74S151
152
8 to 1 Line Data Selector
74152
74LS152
153
Dual 4 to 1 Line Data Selector
74153 74F153 74HC153
74LS153 40H153
74S153
154
4 to 16 Line Decoder
74154 74HC154
155: Dual 2 to 4 Line Decoder
156: Dual 2 to 4 Line Decoder OC
74155~156 40H155
74LS155~156
157: Quad 2 to 1 Line Data Selector
158: Quad 2 to 1 Line Data Selector Inverting
74157~158 74F157~158 74HC157~158
74LS157~158 74S157~158 40H157~158
160, 162: Synchronous Decade Counter
161, 163: Synchronous Binary Counter
74160~163 74S162~163
74LS160~163 74HC160~163
74ALS160~163 40H160~163
164
8 bit Shift Register SIPO
74164 74F164 74HC164
74LS164 40H164
165
8 bit Shift Register PISO
74165 74HC165
74LS165
166
8 bit Shift Register PISO
74166 40H166
74LS166
168: Synchronous up down Decade Counter
169: Synchronous up down Binary Counter
74S168 169 74LS169
74ALS168 169
170
4 word × 4 bit Register File OC
74170
74LS170

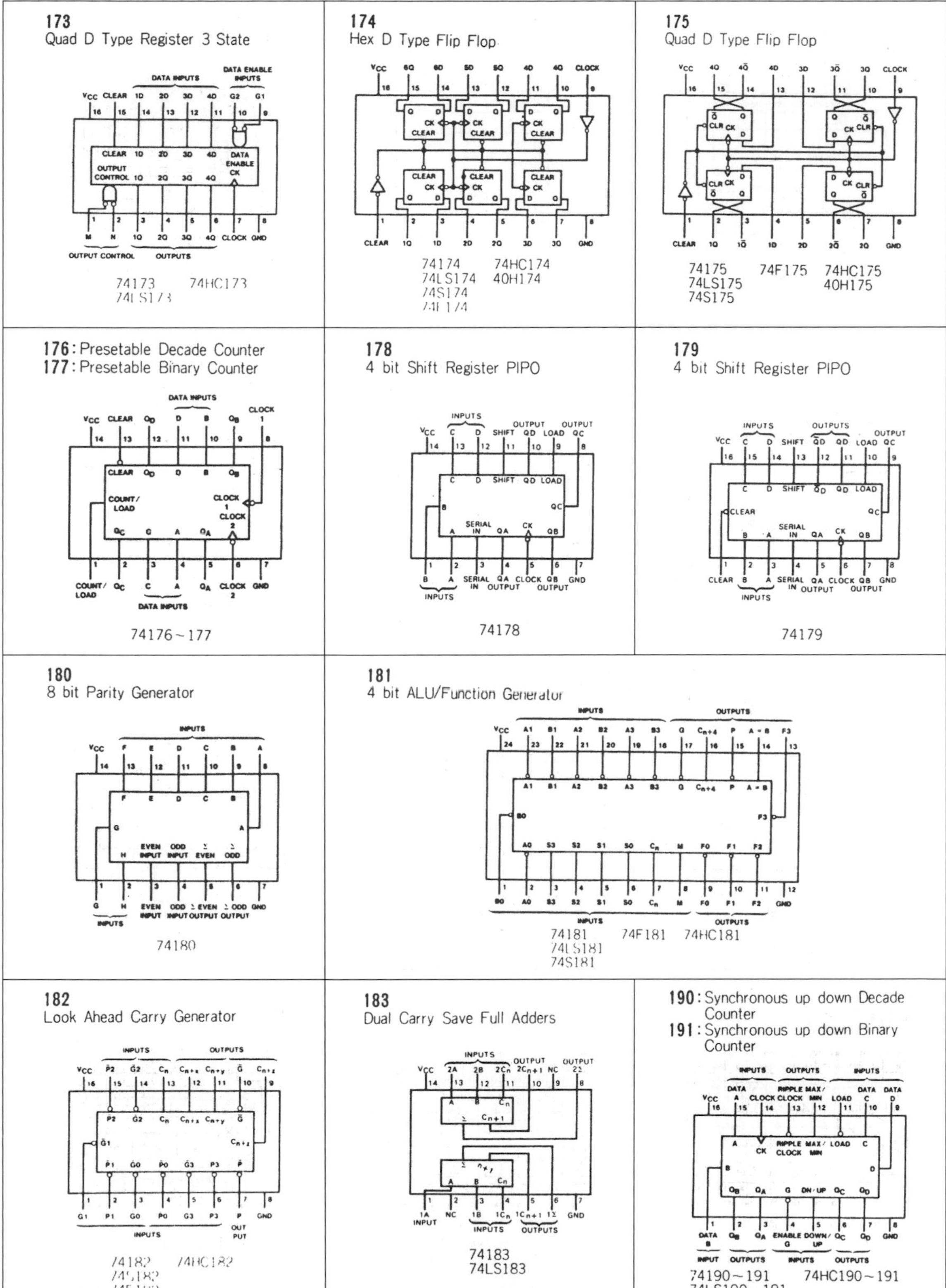
173
Quad D Type Register 3 State
74173 74HC173
74LS173
174
Hex D Type Flip Flop
74174 74HC174
74LS174 40H174
74S174
74F174
175
Quad D Type Flip Flop
74175 74F175 74HC175
74LS175 40H175
74S175
176: Presetable Decade Counter
177: Presetable Binary Counter
74176～177
178
4 bit Shift Register PIPO
74178
179
4 bit Shift Register PIPO
74179
180
8 bit Parity Generator
74180
181
4 bit ALU/Function Generator
74181 74F181 74HC181
74LS181
74S181
182
Look Ahead Carry Generator
74182 74HC182
74S182
74F182
183
Dual Carry Save Full Adders
74183
74LS183
190: Synchronous up down Decade Counter
191: Synchronous up down Binary Counter
74190～191 74HC190～191
74LS190～191

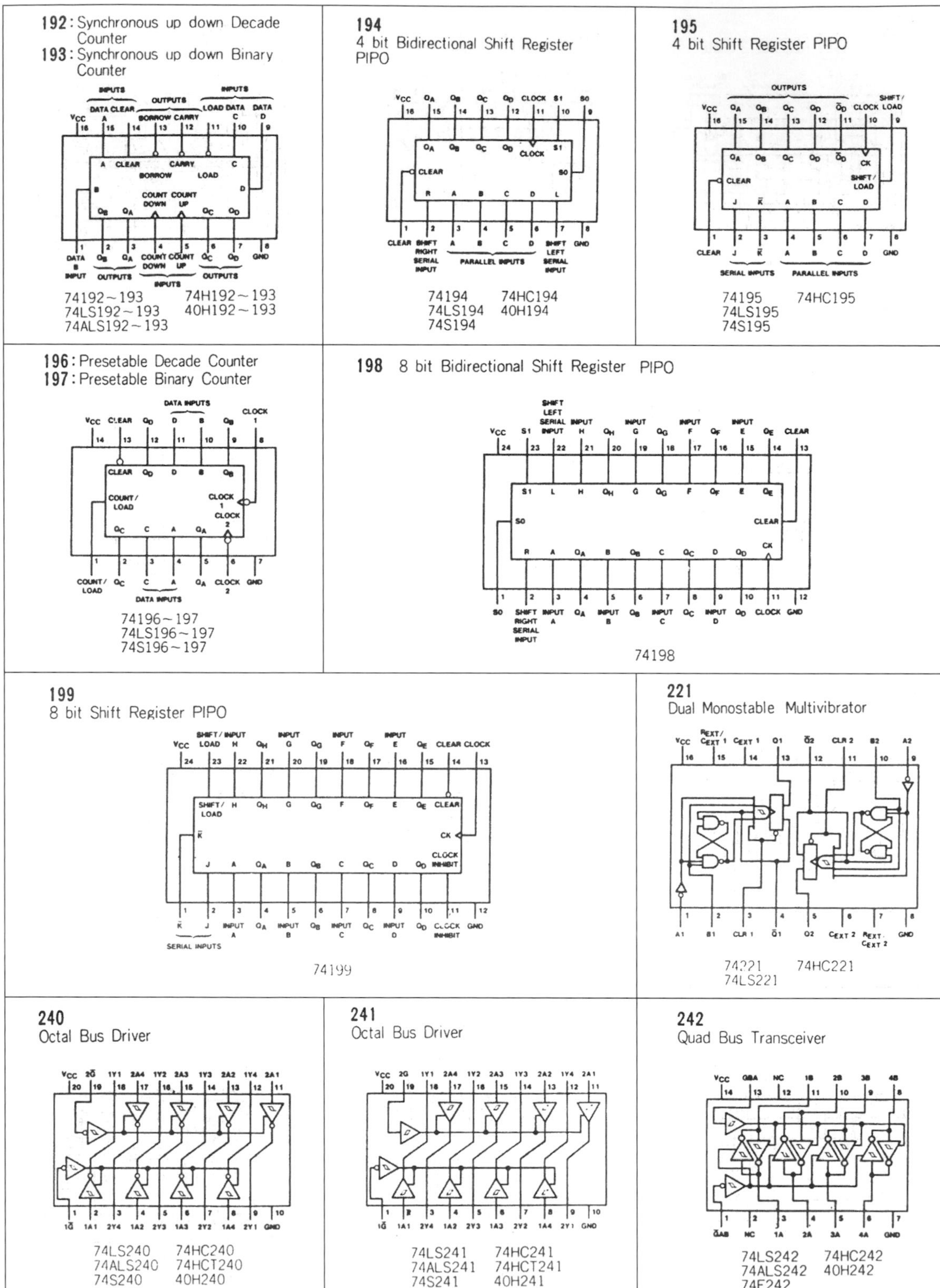
192: Synchronous up down Decade Counter
193: Synchronous up down Binary Counter
74192~193 74H192~193
74LS192~193 40H192~193
74ALS192~193
194
4 bit Bidirectional Shift Register PIPO
74194 74HC194
74LS194 40H194
74S194
195
4 bit Shift Register PIPO
74195 74HC195
74LS195
74S195
196: Presetable Decade Counter
197: Presetable Binary Counter
74196~197
74LS196~197
74S196~197
198 8 bit Bidirectional Shift Register PIPO
74198
199
8 bit Shift Register PIPO
74199
221
Dual Monostable Multivibrator
74221 74HC221
74LS221
240
Octal Bus Driver
74LS240 74HC240
74ALS240 74HCT240
74S240 40H240
74F240
241
Octal Bus Driver
74LS241 74HC241
74ALS241 74HCT241
74S241 40H241
74F241
242
Quad Bus Transceiver
74LS242 74HC242
74ALS242 40H242
74F242

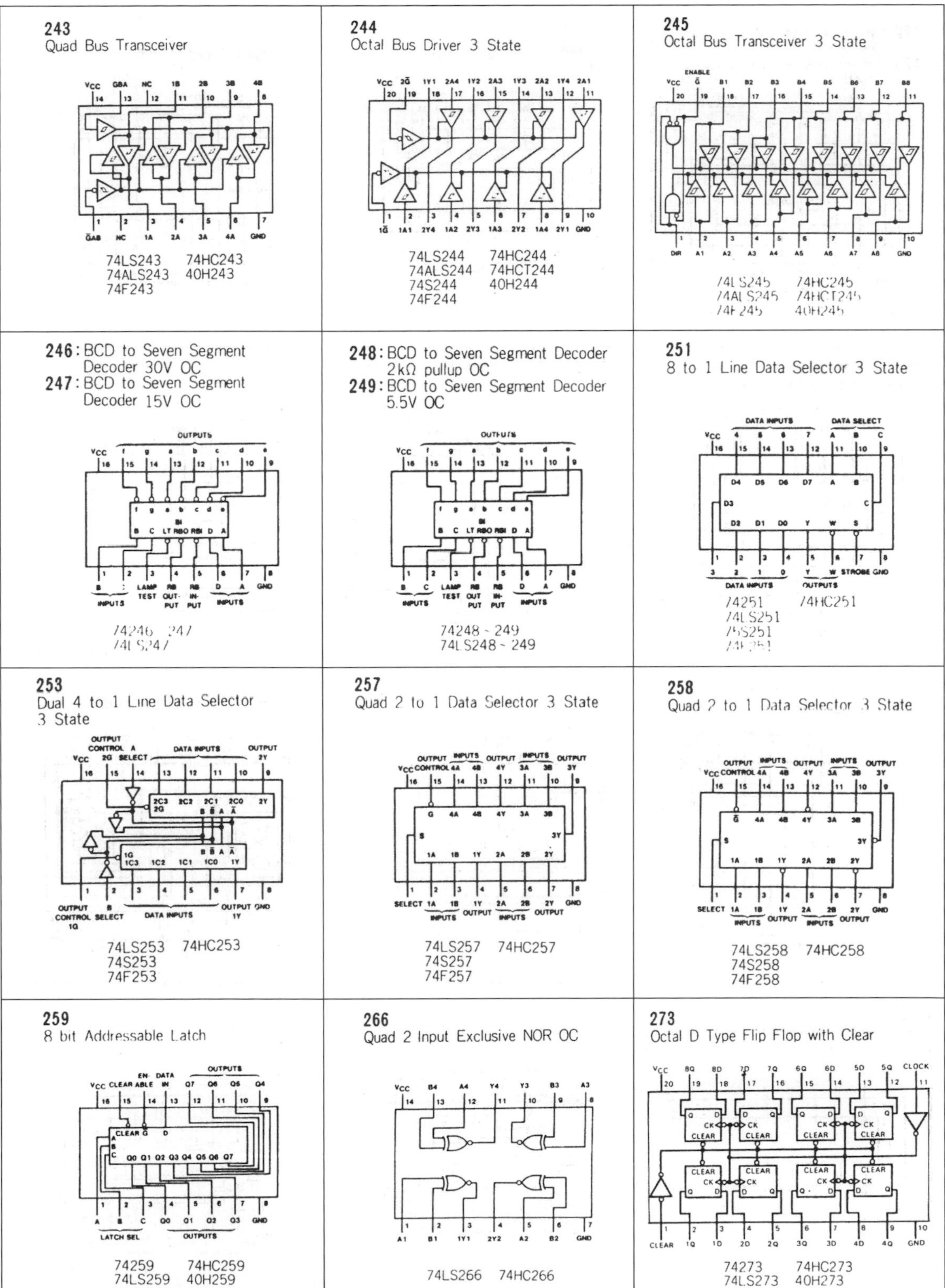
243
Quad Bus Transceiver
74LS243 74HC243
74ALS243 40H243
74F243
244
Octal Bus Driver 3 State
74LS244 74HC244
74ALS244 74HCT244
74S244 40H244
74F244
245
Octal Bus Transceiver 3 State
74LS245 74HC245
74ALS245 74HCT245
74F245 40H245
246: BCD to Seven Segment Decoder 30V OC
247: BCD to Seven Segment Decoder 15V OC
74246 · 247
74LS247
248: BCD to Seven Segment Decoder 2kΩ pullup OC
249: BCD to Seven Segment Decoder 5.5V OC
74248 ~ 249
74LS248 ~ 249
251
8 to 1 Line Data Selector 3 State
74251 74HC251
74LS251
74S251
253
Dual 4 to 1 Line Data Selector 3 State
74LS253 74HC253
74S253
74F253
257
Quad 2 to 1 Data Selector 3 State
74LS257 74HC257
74S257
74F257
258
Quad 2 to 1 Data Selector 3 State
74LS258 74HC258
74S258
74F258
259
8 bit Addressable Latch
74259 74HC259
74LS259 40H259
266
Quad 2 Input Exclusive NOR OC
74LS266 74HC266
273
Octal D Type Flip Flop with Clear
74273 74HC273
74LS273 40H273

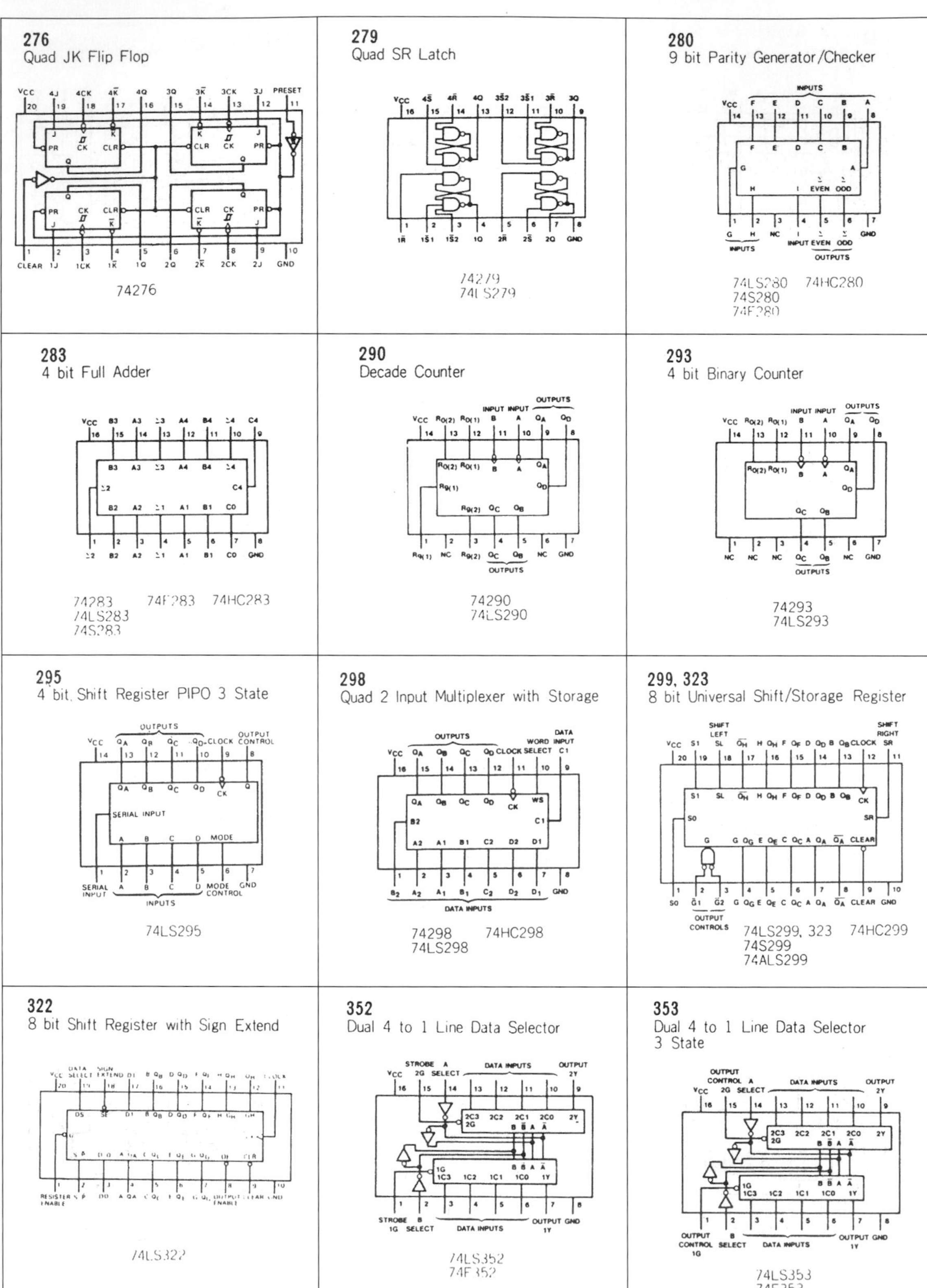
276
Quad JK Flip Flop
74276
279
Quad SR Latch
74279
74LS279
280
9 bit Parity Generator/Checker
74LS280 74HC280
74S280
74F280
283
4 bit Full Adder
74283 74F283 74HC283
74LS283
74S283
290
Decade Counter
74290
74LS290
293
4 bit Binary Counter
74293
74LS293
295
4 bit Shift Register PIPO 3 State
74LS295
298
Quad 2 Input Multiplexer with Storage
74298 74HC298
74LS298
299, 323
8 bit Universal Shift/Storage Register
74LS299, 323 74HC299
74S299
74ALS299
322
8 bit Shift Register with Sign Extend
74LS322
352
Dual 4 to 1 Line Data Selector
74LS352
74F352
353
Dual 4 to 1 Line Data Selector
3 State
74LS353
74F353

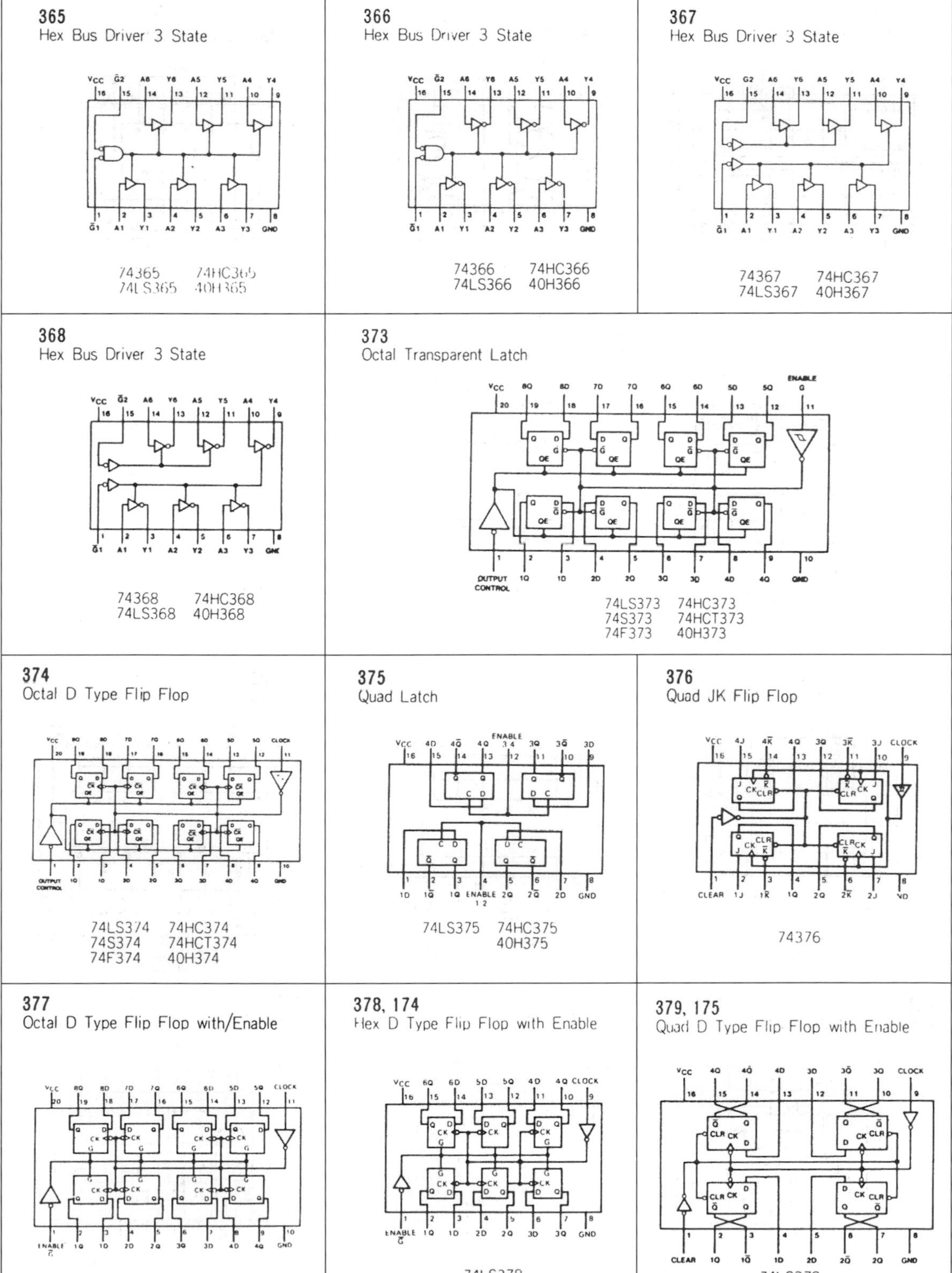
365
Hex Bus Driver 3 State
74365 74HC365
74LS365 40H365
366
Hex Bus Driver 3 State
74366 74HC366
74LS366 40H366
367
Hex Bus Driver 3 State
74367 74HC367
74LS367 40H367
368
Hex Bus Driver 3 State
74368 74HC368
74LS368 40H368
373
Octal Transparent Latch
74LS373 74HC373
74S373 74HCT373
74F373 40H373
374
Octal D Type Flip Flop
74LS374 74HC374
74S374 74HCT374
74F374 40H374
375
Quad Latch
74LS375 74HC375
40H375
376
Quad JK Flip Flop
74376
377
Octal D Type Flip Flop with/Enable
74LS377
378, 174
Hex D Type Flip Flop with Enable
74LS378
74F378
379, 175
Quad D Type Flip Flop with Enable
74LS379
74F379

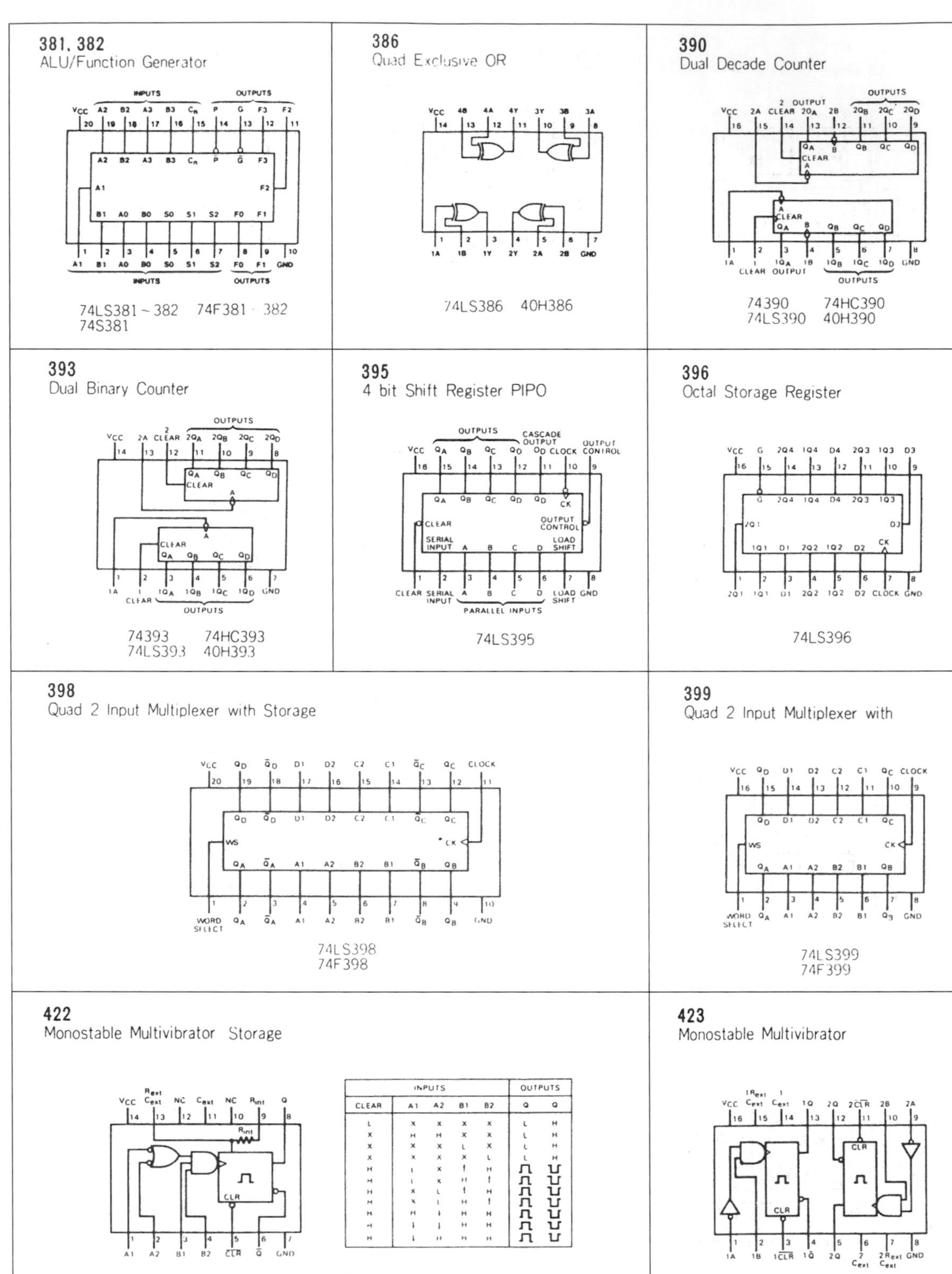

INPUTS					OUTPUTS	
CLEAR	A1	A2	B1	B2	Q	Q
L	X	X	X	X	L	H
X	H	H	X	X	L	H
X	X	X	L	X	L	H
X	X	X	X	L	L	H
H	L	X	↑	H	⎍	⊔
H	L	X	H	↑	⎍	⊔
H	X	L	↑	H	⎍	⊔
H	X	L	H	↑	⎍	⊔
H	H	↓	H	H	⎍	⊔
H	↓	↓	H	H	⎍	⊔
H	↓	H	H	H	⎍	⊔

425
Quad 3 State Buffer

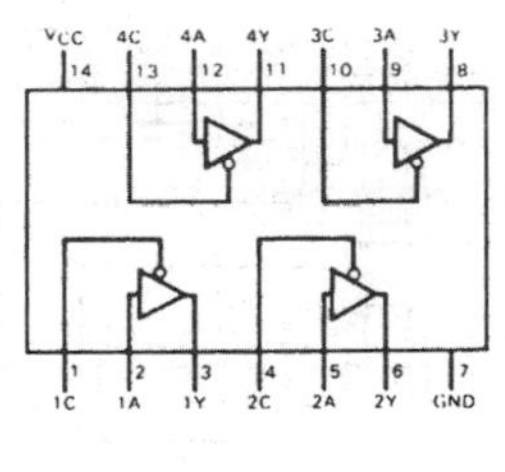

74425

426
Quad 3 State Buffer

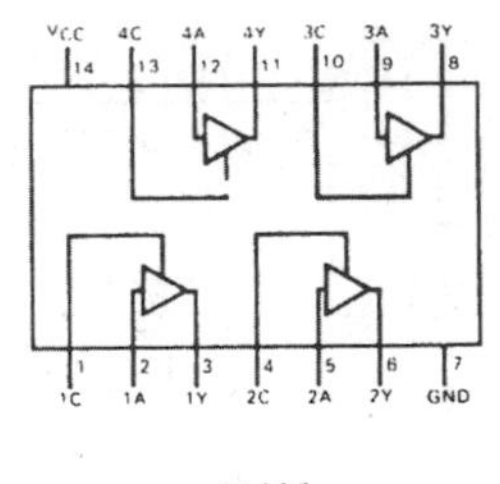

74426

440～444
Quad Tridirectinal Bus Transceiver

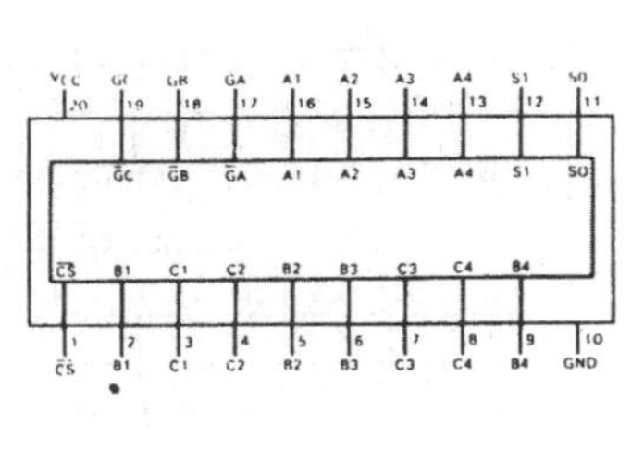

74LS440～444

490
Dual Decade Counter

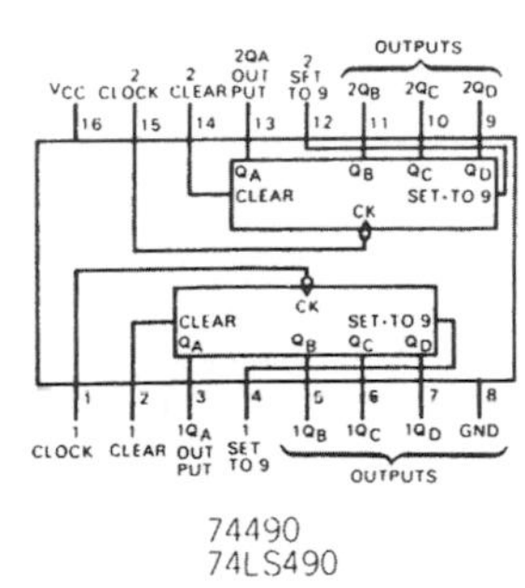

74490
74LS490

620～623
Octal Bus Transceiver

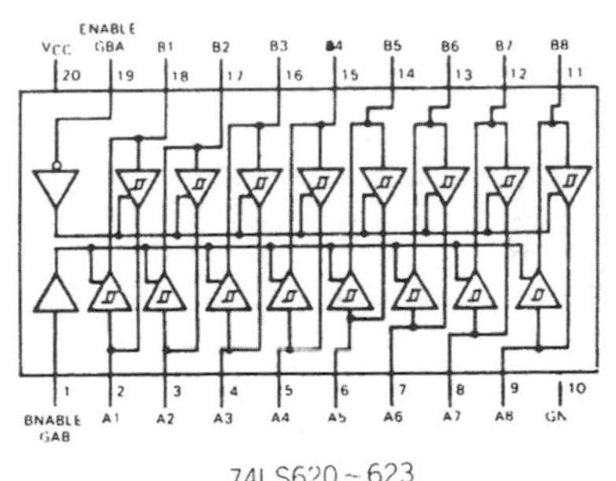

74LS620～623

638
Octal Bus Transceiver

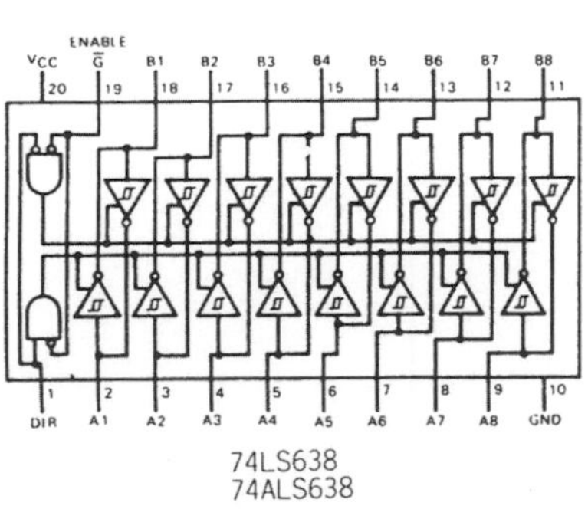

74LS638
74ALS638

639
Octal Bus Transceiver

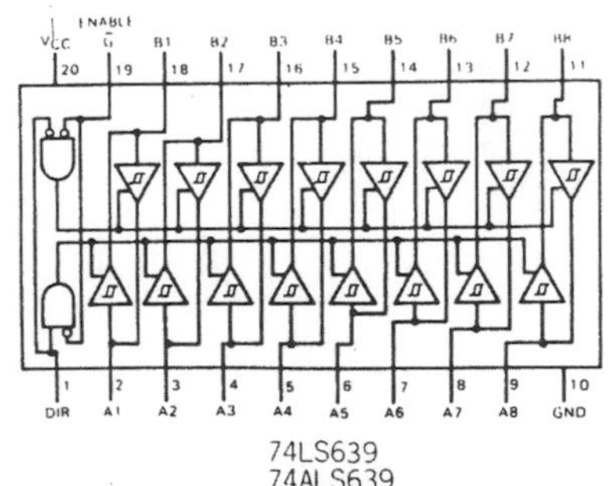

74LS639
74ALS639

640, 642
Octal Bus Transceiver

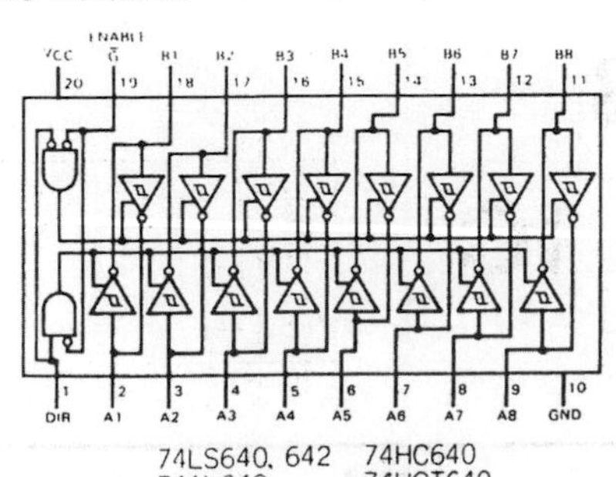

74LS640, 642 74HC640
74AL640 74HCT640

641, 645
Octal Bus Tranceiver

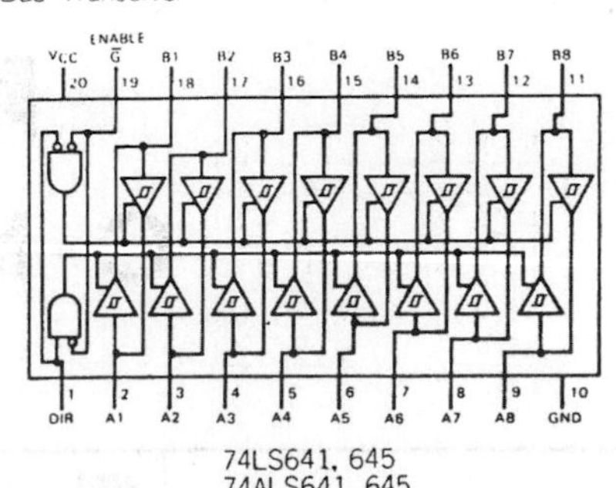

74LS641, 645
74ALS641, 645

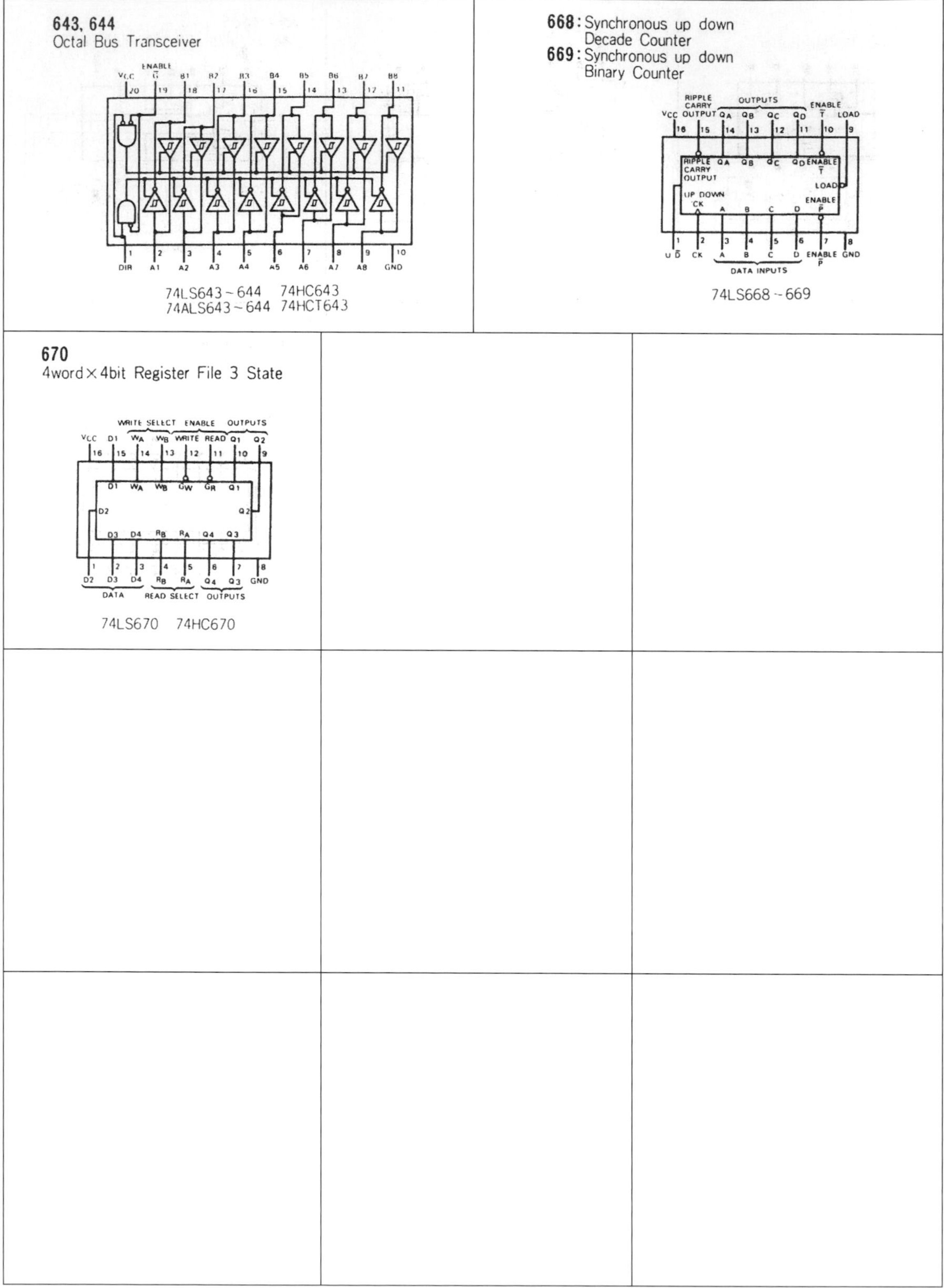
643, 644
Octal Bus Transceiver
ENABLE
VCC G B1 B2 B3 B4 B5 B6 B7 B8
DIR A1 A2 A3 A4 A5 A6 A7 A8 GND
74LS643～644 74HC643
74ALS643～644 74HCT643
668: Synchronous up down
Decade Counter
669: Synchronous up down
Binary Counter
RIPPLE CARRY OUTPUT
OUTPUTS
ENABLE T
LOAD
VCC QA QB QC QD
UP DOWN
CK
ENABLE P
U D CK A B C D ENABLE P GND
DATA INPUTS
74LS668～669
670
4word×4bit Register File 3 State
WRITE SELECT ENABLE OUTPUTS
VCC D1 WA WB WRITE READ Q1 Q2
D1 WA WB GW GR Q1
D2 Q2
D3 D4 RB RA Q4 Q3
D2 D3 D4 RB RA Q4 Q3 GND
DATA READ SELECT OUTPUTS
74LS670 74HC670

C-MOS IC

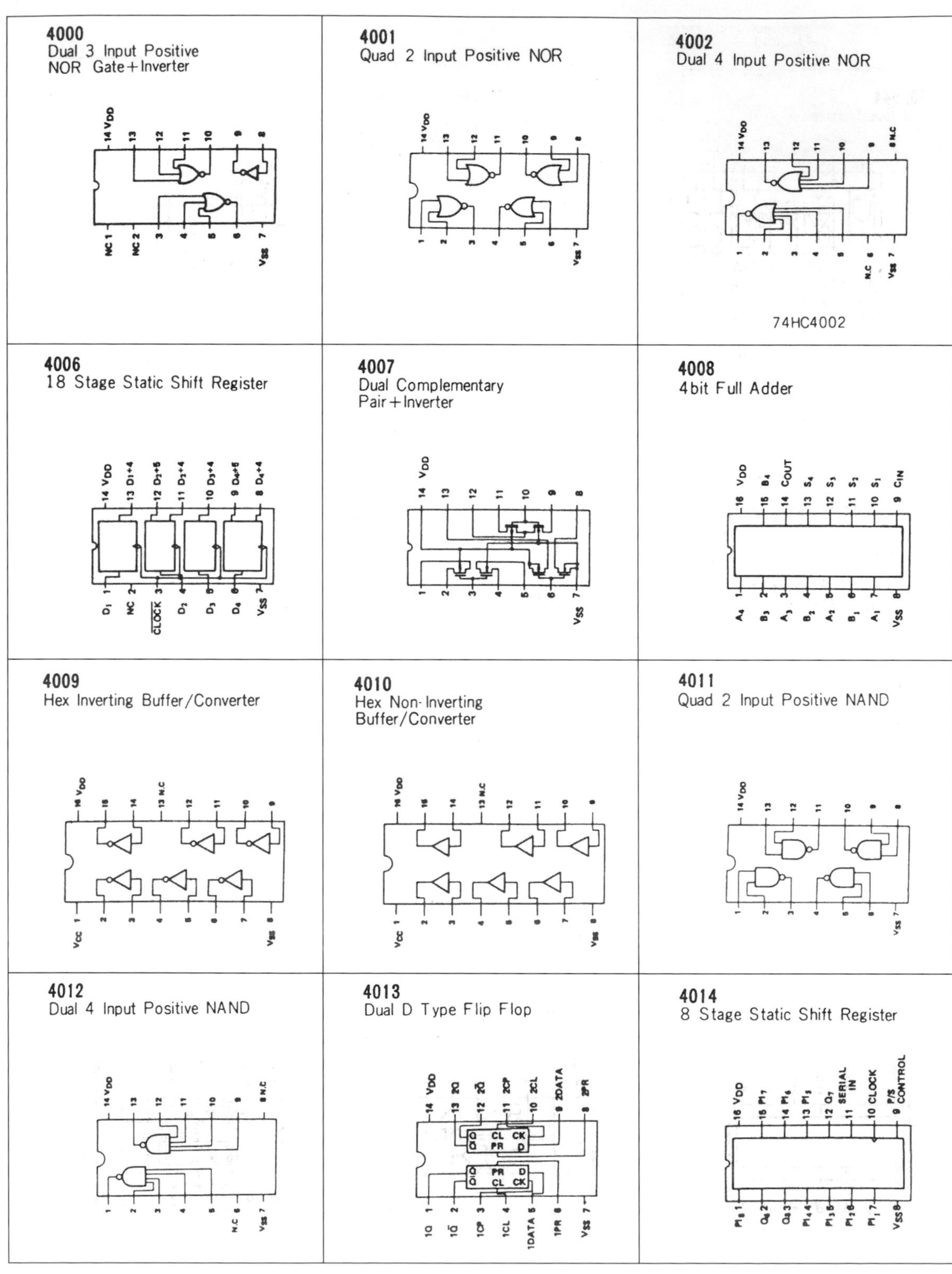
4000
Dual 3 Input Positive
NOR Gate+Inverter
4001
Quad 2 Input Positive NOR
4002
Dual 4 Input Positive NOR
74HC4002
4006
18 Stage Static Shift Register
4007
Dual Complementary
Pair+Inverter
4008
4bit Full Adder
4009
Hex Inverting Buffer/Converter
4010
Hex Non-Inverting
Buffer/Converter
4011
Quad 2 Input Positive NAND
4012
Dual 4 Input Positive NAND
4013
Dual D Type Flip Flop
4014
8 Stage Static Shift Register

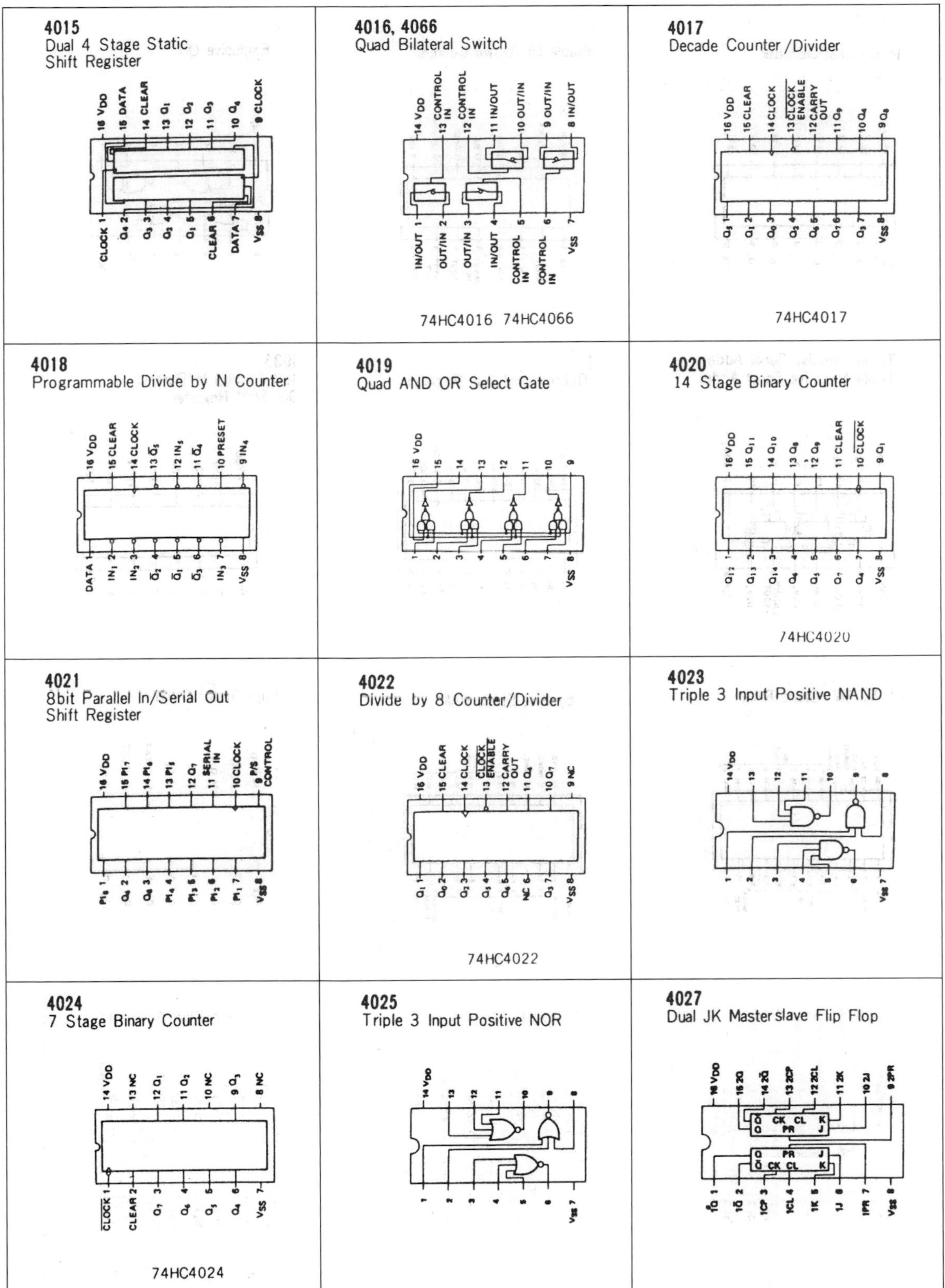
4015
Dual 4 Stage Static Shift Register
4016, 4066
Quad Bilateral Switch
74HC4016 74HC4066
4017
Decade Counter /Divider
74HC4017
4018
Programmable Divide by N Counter
4019
Quad AND OR Select Gate
4020
14 Stage Binary Counter
74HC4020
4021
8bit Parallel In/Serial Out Shift Register
4022
Divide by 8 Counter/Divider
74HC4022
4023
Triple 3 Input Positive NAND
4024
7 Stage Binary Counter
74HC4024
4025
Triple 3 Input Positive NOR
4027
Dual JK Masterslave Flip Flop

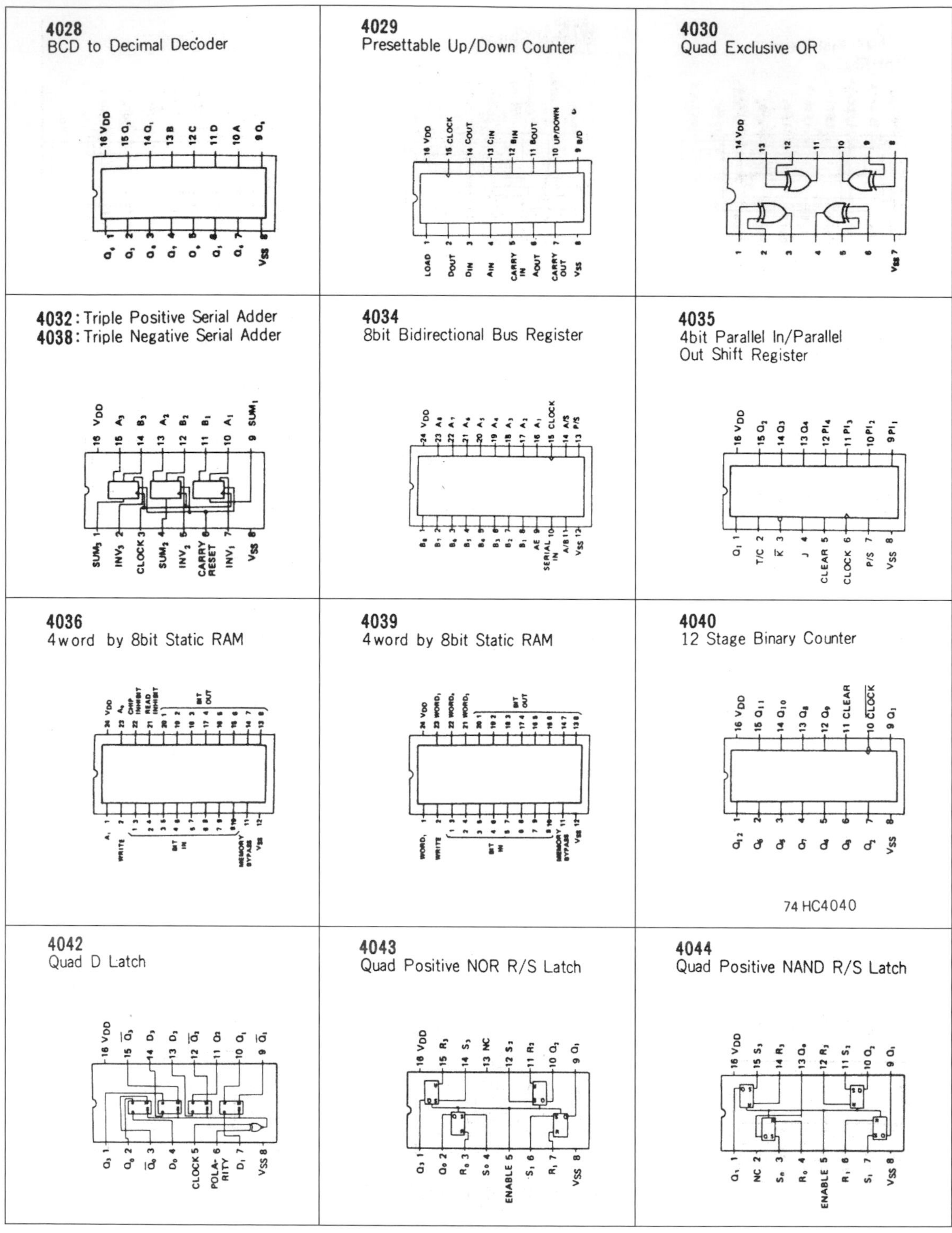
4028
BCD to Decimal Decoder
4029
Presettable Up/Down Counter
4030
Quad Exclusive OR
4032: Triple Positive Serial Adder
4038: Triple Negative Serial Adder
4034
8bit Bidirectional Bus Register
4035
4bit Parallel In/Parallel Out Shift Register
4036
4word by 8bit Static RAM
4039
4word by 8bit Static RAM
4040
12 Stage Binary Counter
74 HC4040
4042
Quad D Latch
4043
Quad Positive NOR R/S Latch
4044
Quad Positive NAND R/S Latch

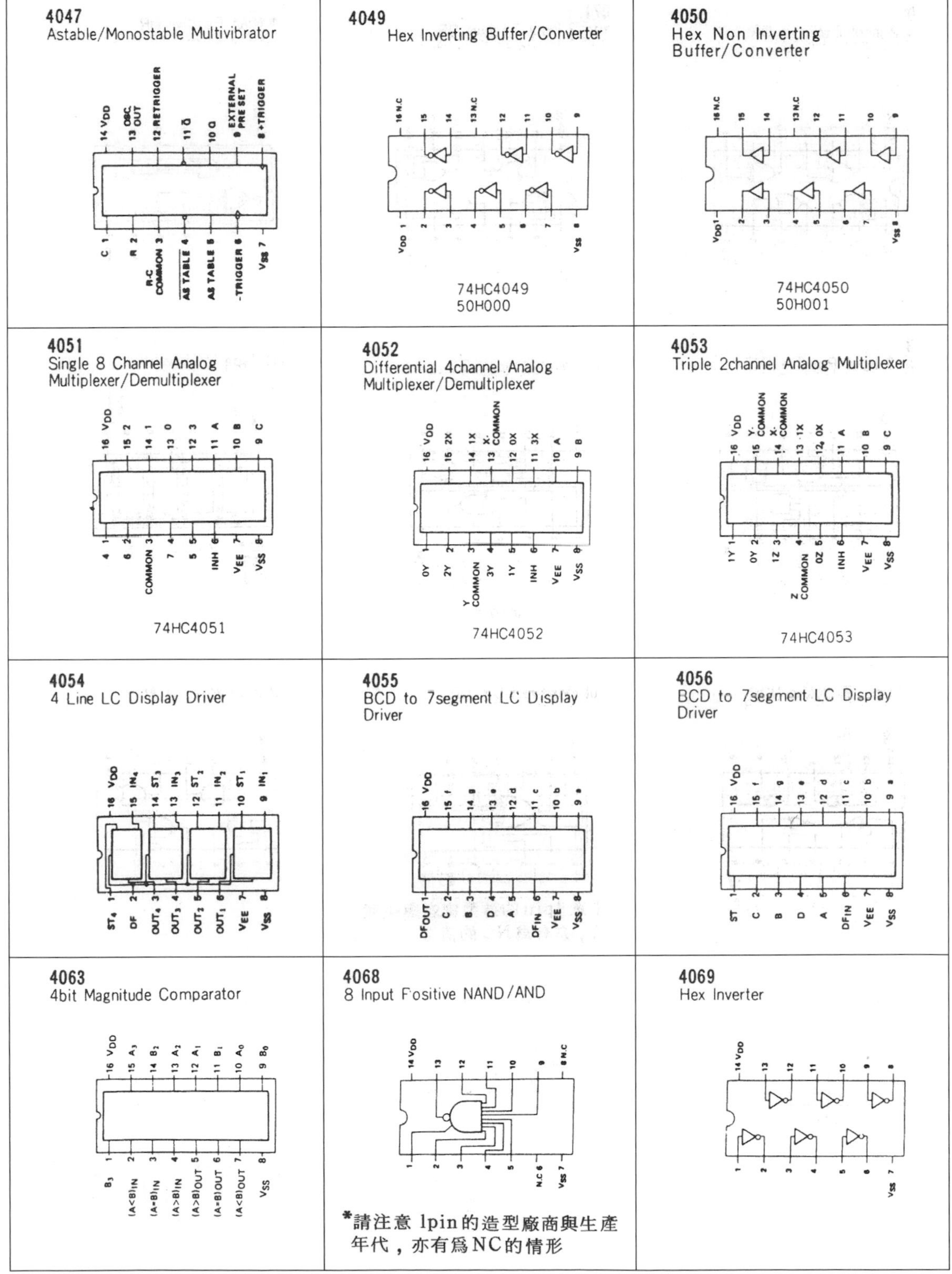

4047
Astable/Monostable Multivibrator
4049
Hex Inverting Buffer/Converter
74HC4049
50H000
4050
Hex Non Inverting Buffer/Converter
74HC4050
50H001
4051
Single 8 Channel Analog Multiplexer/Demultiplexer
74HC4051
4052
Differential 4channel Analog Multiplexer/Demultiplexer
74HC4052
4053
Triple 2channel Analog Multiplexer
74HC4053
4054
4 Line LC Display Driver
4055
BCD to 7segment LC Display Driver
4056
BCD to 7segment LC Display Driver
4063
4bit Magnitude Comparator
4068
8 Input Positive NAND/AND
4069
Hex Inverter

*請注意 1pin的造型廠商與生產年代，亦有爲NC的情形

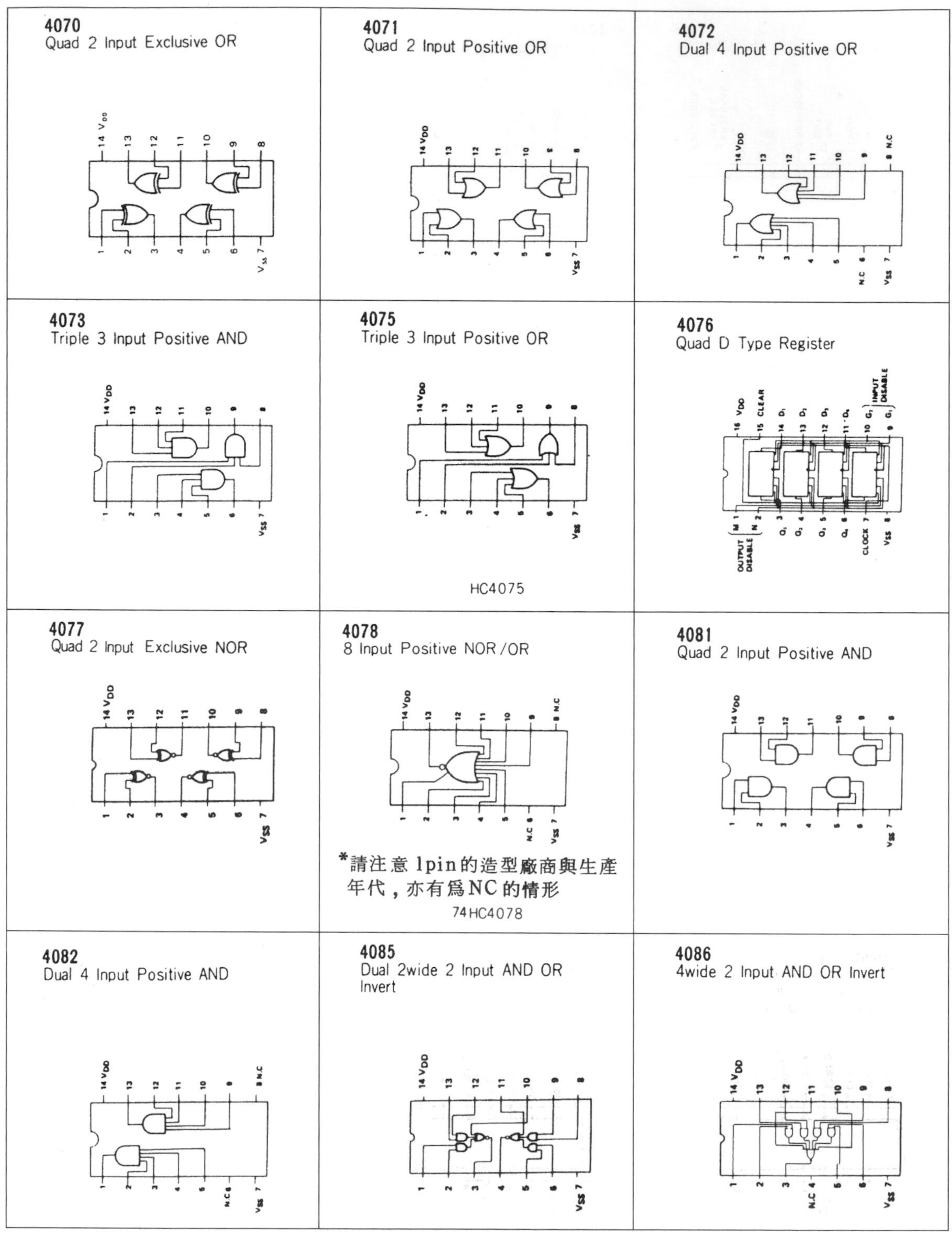
4070
Quad 2 Input Exclusive OR
4071
Quad 2 Input Positive OR
4072
Dual 4 Input Positive OR
4073
Triple 3 Input Positive AND
4075
Triple 3 Input Positive OR
HC4075
4076
Quad D Type Register
4077
Quad 2 Input Exclusive NOR
4078
8 Input Positive NOR/OR
*請注意 1pin的造型廠商與生產年代，亦有為NC的情形
74HC4078
4081
Quad 2 Input Positive AND
4082
Dual 4 Input Positive AND
4085
Dual 2wide 2 Input AND OR Invert
4086
4wide 2 Input AND OR Invert

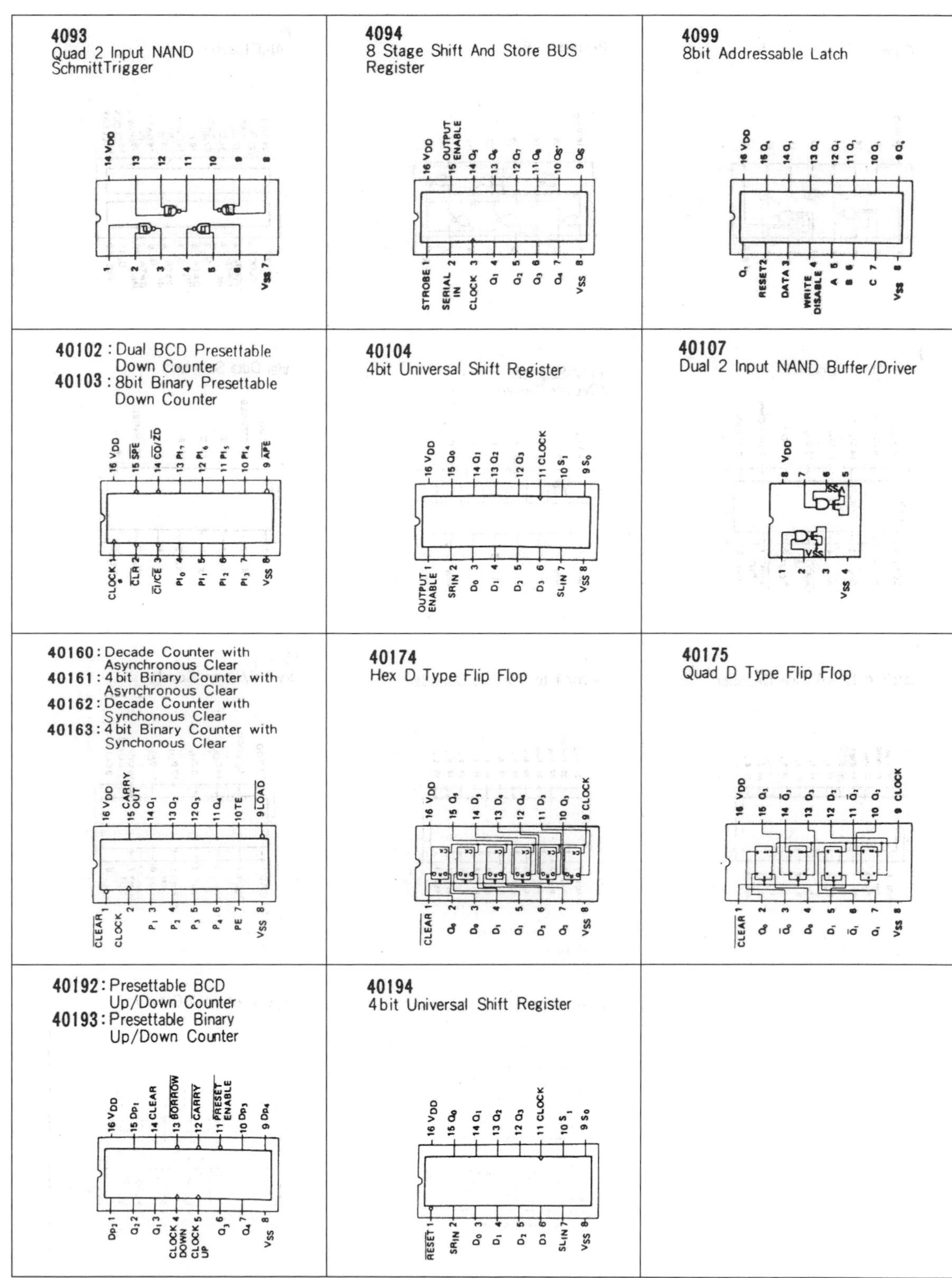
4093
Quad 2 Input NAND SchmittTrigger
4094
8 Stage Shift And Store BUS Register
4099
8bit Addressable Latch
40102 : Dual BCD Presettable Down Counter
40103 : 8bit Binary Presettable Down Counter
40104
4bit Universal Shift Register
40107
Dual 2 Input NAND Buffer/Driver
40160 : Decade Counter with Asynchronous Clear
40161 : 4 bit Binary Counter with Asynchronous Clear
40162 : Decade Counter with Synchonous Clear
40163 : 4 bit Binary Counter with Synchonous Clear
40174
Hex D Type Flip Flop
40175
Quad D Type Flip Flop
40192 : Presettable BCD Up/Down Counter
40193 : Presettable Binary Up/Down Counter
40194
4 bit Universal Shift Register

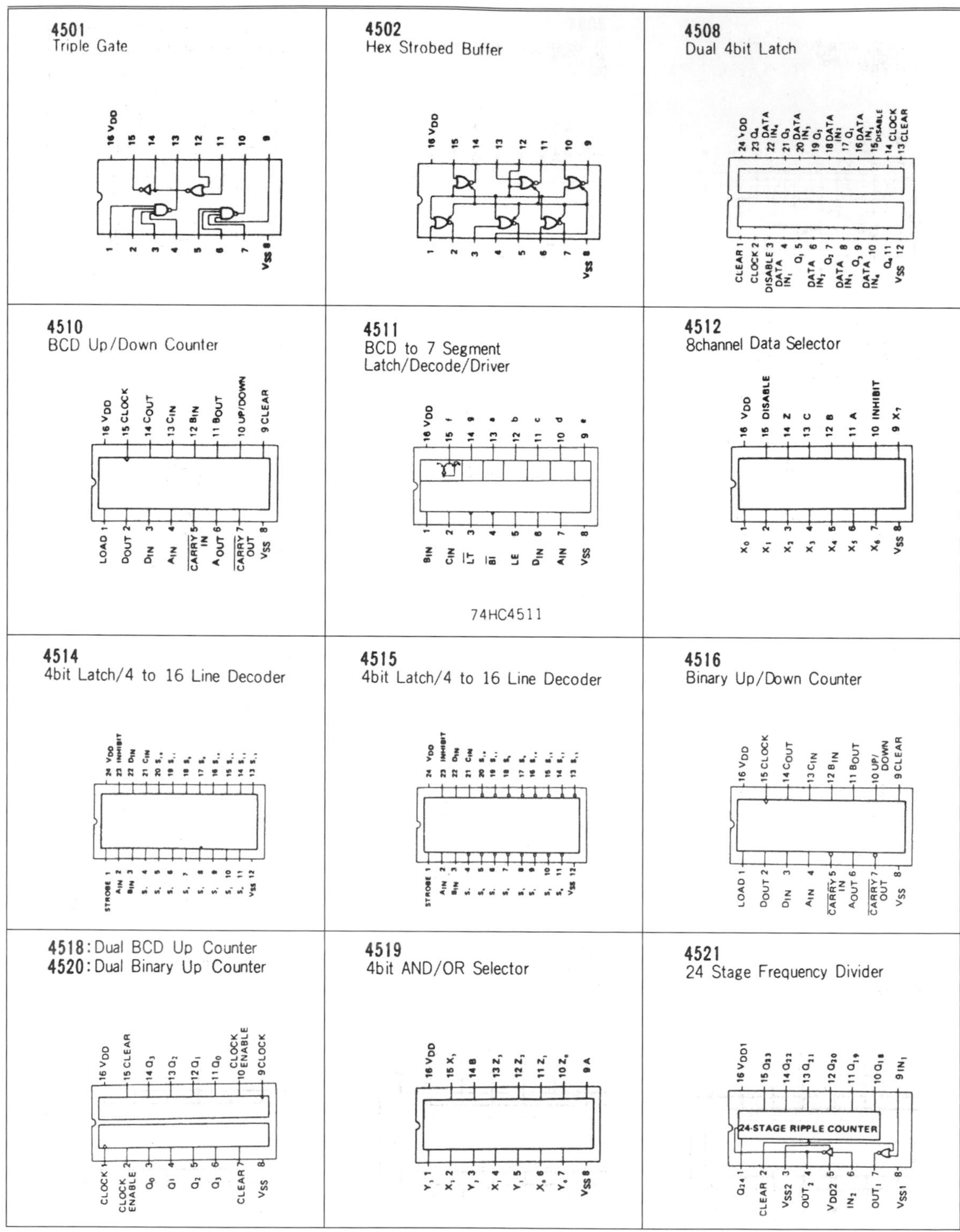
4501
Triple Gate
4502
Hex Strobed Buffer
4508
Dual 4bit Latch
4510
BCD Up/Down Counter
4511
BCD to 7 Segment
Latch/Decode/Driver
74HC4511
4512
8channel Data Selector
4514
4bit Latch/4 to 16 Line Decoder
4515
4bit Latch/4 to 16 Line Decoder
4516
Binary Up/Down Counter
4518: Dual BCD Up Counter
4520: Dual Binary Up Counter
4519
4bit AND/OR Selector
4521
24 Stage Frequency Divider
24-STAGE RIPPLE COUNTER

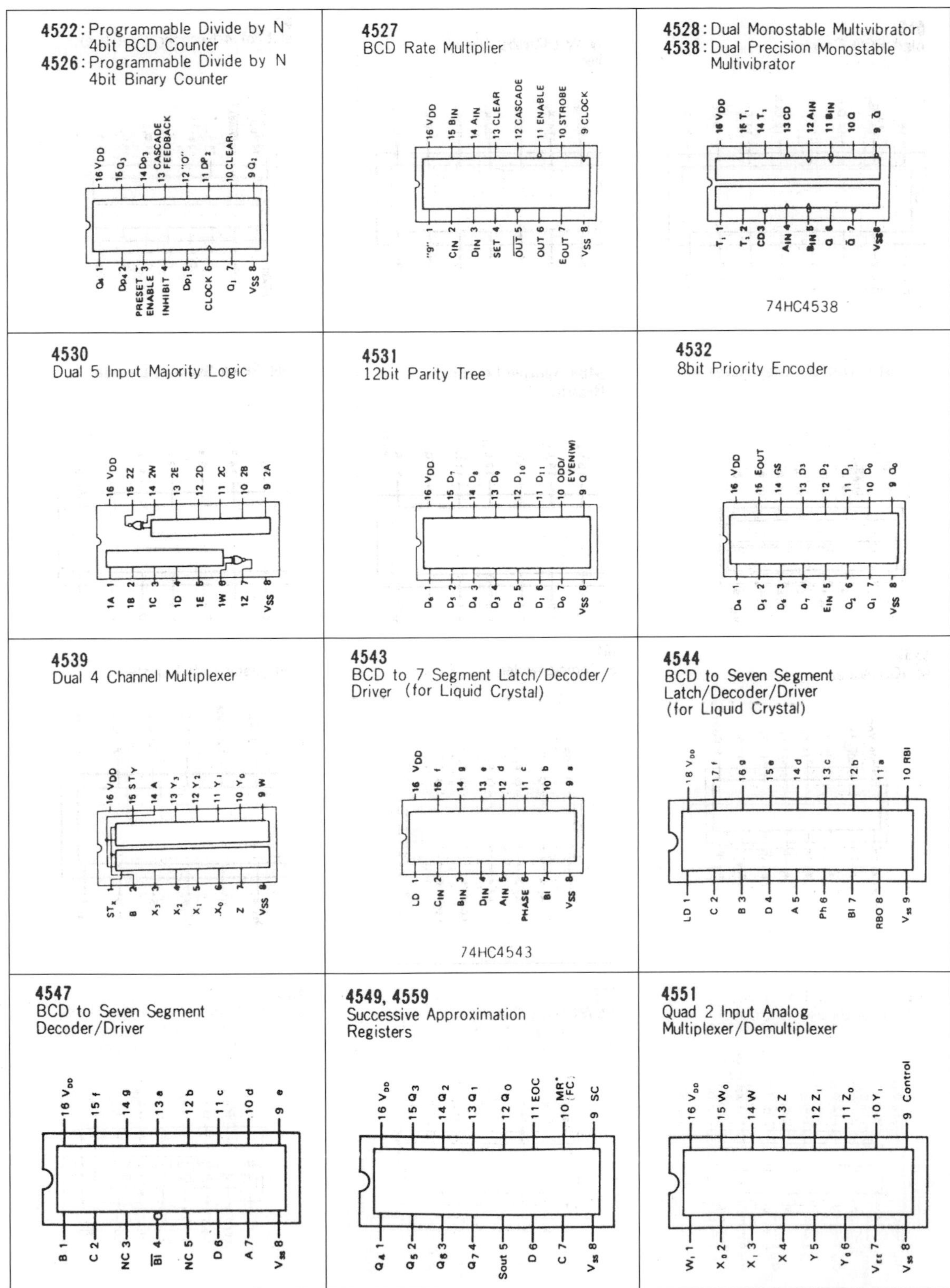

4522: Programmable Divide by N 4bit BCD Counter
4526: Programmable Divide by N 4bit Binary Counter
4527 BCD Rate Multiplier
4528: Dual Monostable Multivibrator
4538: Dual Precision Monostable Multivibrator
74HC4538
4530 Dual 5 Input Majority Logic
4531 12bit Parity Tree
4532 8bit Priority Encoder
4539 Dual 4 Channel Multiplexer
4543 BCD to 7 Segment Latch/Decoder/Driver (for Liquid Crystal)
74HC4543
4544 BCD to Seven Segment Latch/Decoder/Driver (for Liquid Crystal)
4547 BCD to Seven Segment Decoder/Driver
4549, 4559 Successive Approximation Registers
4551 Quad 2 Input Analog Multiplexer/Demultiplexer

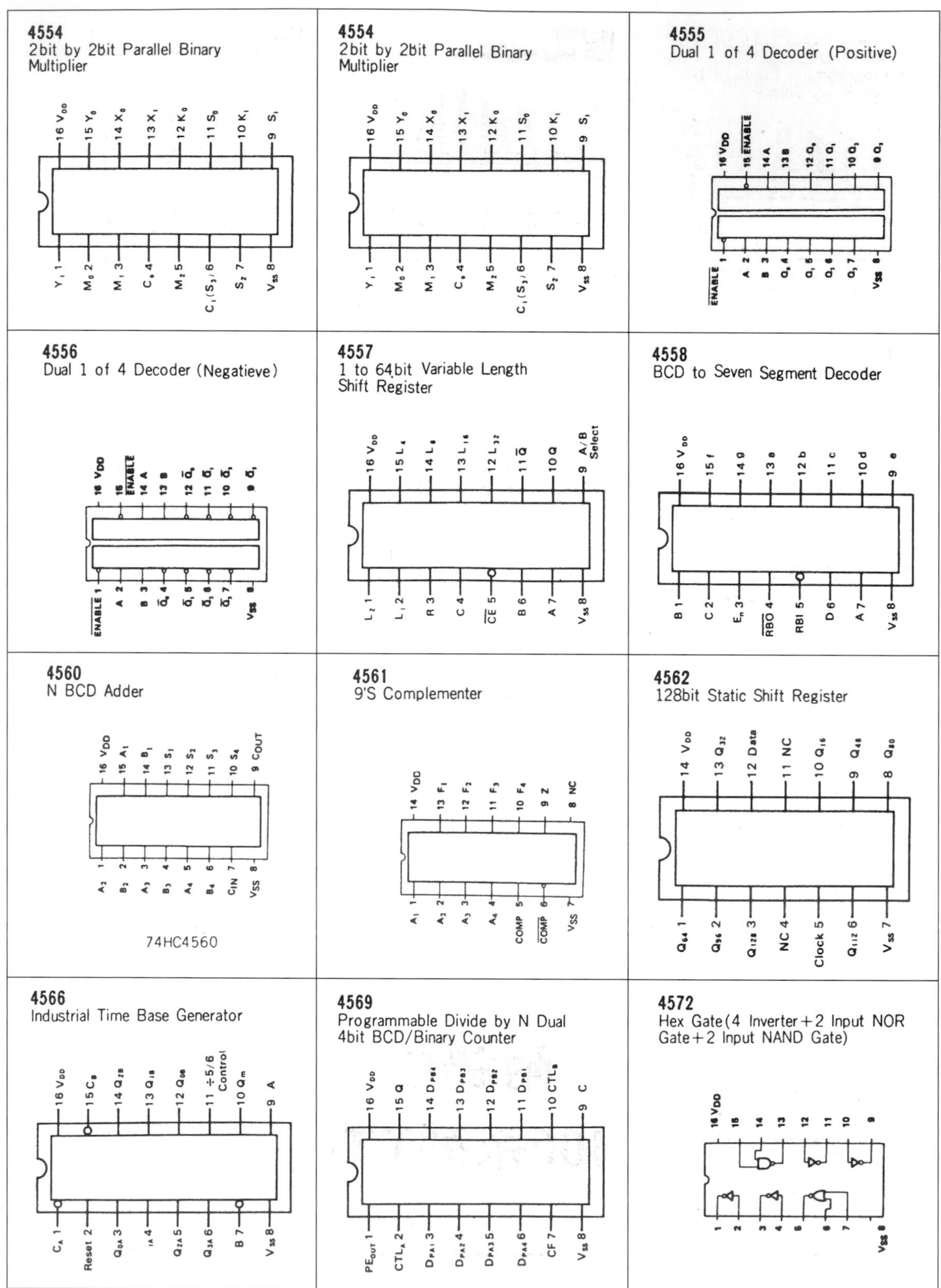
4554
2bit by 2bit Parallel Binary Multiplier
16 VDD 15 Y0 14 X0 13 X1 12 K0 11 S0 10 K1 9 S1
Y1 1 M0 2 M1 3 C0 4 M2 5 C1(S3)6 S2 7 VSS 8
4554
2bit by 2bit Parallel Binary Multiplier
16 VDD 15 Y0 14 X0 13 X1 12 K0 11 S0 10 K1 9 S1
Y1 1 M0 2 M1 3 C0 4 M2 5 C1(S3)6 S2 7 VSS 8
4555
Dual 1 of 4 Decoder (Positive)
16 VDD 15 ENABLE 14 A 13 B 12 Q0 11 Q1 10 Q2 9 Q3
ENABLE 1 A 2 B 3 Q0 4 Q1 5 Q2 6 Q3 7 VSS 8
4556
Dual 1 of 4 Decoder (Negatieve)
16 VDD 15 ENABLE 14 A 13 B 12 Q0 11 Q1 10 Q2 9 Q3
ENABLE 1 A 2 B 3 Q0 4 Q1 5 Q2 6 Q3 7 VSS 8
4557
1 to 64bit Variable Length Shift Register
16 VDD 15 L4 14 L8 13 L16 12 L32 11 Q 10 Q 9 A/B Select
L2 1 L1 2 R 3 C 4 CE 5 B 6 A 7 VSS 8
4558
BCD to Seven Segment Decoder
16 VDD 15 f 14 g 13 a 12 b 11 c 10 d 9 e
B 1 C 2 En 3 RBO 4 RBI 5 D 6 A 7 VSS 8
4560
N BCD Adder
16 VDD 15 A1 14 B1 13 S1 12 S2 11 S3 10 S4 9 COUT
A2 1 B2 2 A3 3 B3 4 A4 5 B4 6 CIN 7 VSS 8
74HC4560
4561
9'S Complementer
14 VDD 13 F1 12 F2 11 F3 10 F4 9 Z 8 NC
A1 1 A2 2 A3 3 A4 4 COMP 5 COMP 6 VSS 7
4562
128bit Static Shift Register
14 VDD 13 Q32 12 Data 11 NC 10 Q16 9 Q48 8 Q80
Q64 1 Q96 2 Q128 3 NC 4 Clock 5 Q112 6 VSS 7
4566
Industrial Time Base Generator
16 VDD 15 CB 14 Q2B 13 Q1B 12 Q0B 11 ÷5/6 Control 10 Qm 9 A
CA 1 Reset 2 Q0A 3 1A 4 Q2A 5 Q3A 6 B 7 VSS 8
4569
Programmable Divide by N Dual 4bit BCD/Binary Counter
16 VDD 15 Q 14 DPB4 13 DPB3 12 DPB2 11 DPB1 10 CTLB 9 C
PEOUT 1 CTLA 2 DPA1 3 DPA2 4 DPA3 5 DPA4 6 CF 7 VSS 8
4572
Hex Gate(4 Inverter+2 Input NOR Gate+2 Input NAND Gate)
16 VDD 15 14 13 12 11 10 9
1 2 3 4 5 6 7 VSS 8

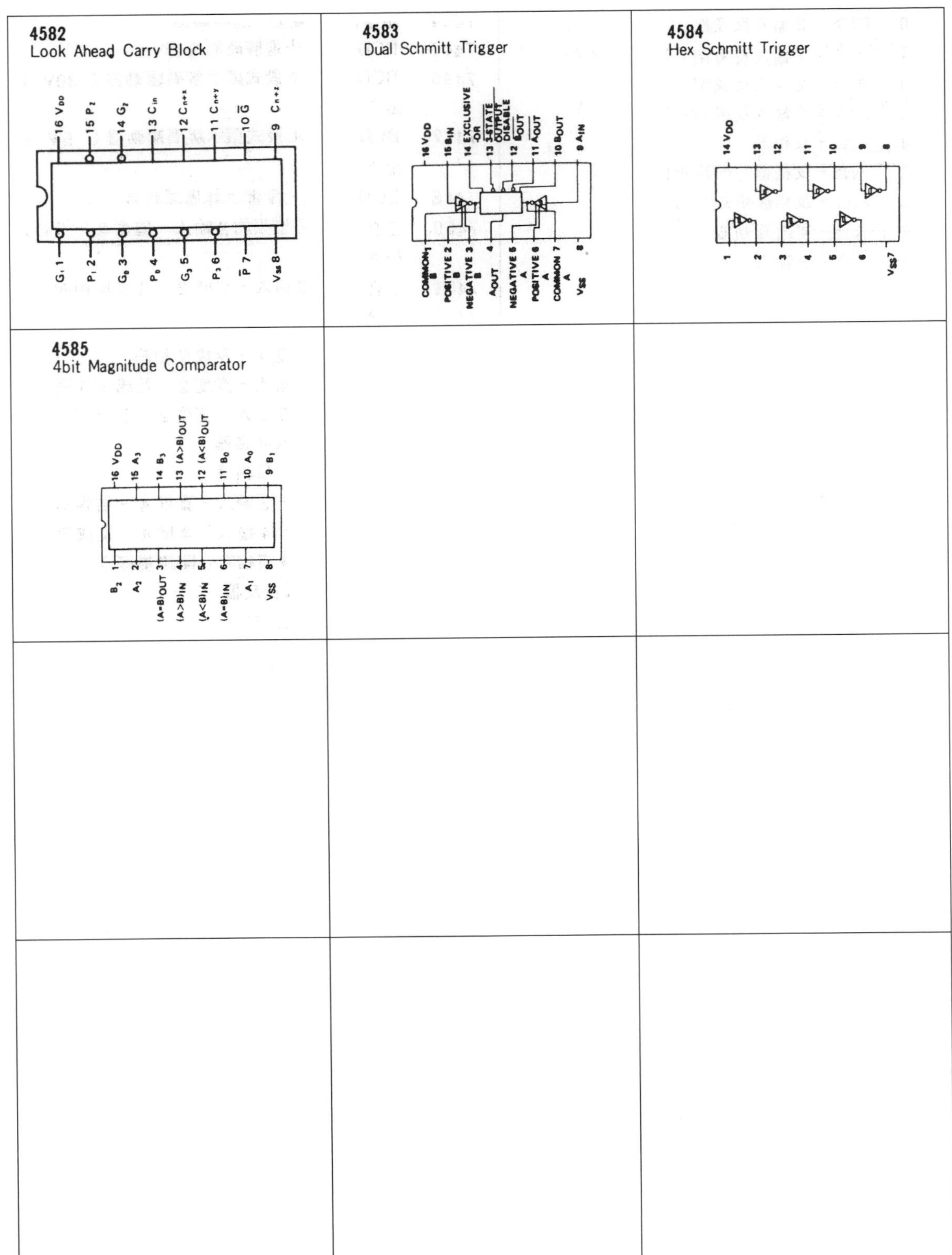
4582
Look Ahead Carry Block
4583
Dual Schmitt Trigger
4584
Hex Schmitt Trigger
4585
4bit Magnitude Comparator

附錄C

7400 系列 TTL

編號	功能	編號	功能
7400	四合 - 2 輸入反及閘	7439	四合 - 2 輸入反及閘緩衝器(開路集極)
7401	四合 - 2 輸入反及閘(關路集極)	7440	二合 - 4 輸入反及閘緩衝器
7402	四合 - 2 輸入反或閘	7441	BCD 至十進解碼器 - 尼克西管驅動器
7403	四合 - 2 輸入反或閉(開路集極)	7442	BCD 至十進解碼器
7404	六合 - 反相器	7443	超三碼至十進解碼器
7405	六合 - 反相器(開路集極)	7444	超格雷碼至十進解碼器
7406	六合 - 反相緩衝驅動器	7445	BCD 至十進解碼驅動器
7407	六合 - 緩衝驅動器	7446	BCD 至七段式顯示解碼驅動器(30V 輸出)
7408	四合 - 2 輸入及閘	7447	BCD 至七段式顯示解碼驅動器(5V 輸出)
7409	四合 - 2 輸入及閘(開路集極)	7448	BCD 至七段顯示解碼驅動器
7410	三合 - 3 輸入反及閘	7450	二合 - 可擴張的 2 輸入 - 寬度 2 - 及或反相閘
7411	三合 - 3 輸入及閘	7451	二合 - 2 輸入 - 寬度 2 - 及或反相閘
7412	輸入反及閘(開路集極)	7452	可擴張的 2 輸入 - 寬度 4 - 及或閘
7413	二合 - 史密特觸發器	7453	可擴張的 2 輸入 - 寬度 4 - 及或反相閘
7414	六合 - 史密特觸發器	7454	2 輸入 - 寬度 4 - 及或反相閘
7416	六合 - 反相緩衝驅動器	7455	可擴張的 4 輸入 - 寬度 2 - 及或反相閘
7417	六合 - 緩衝驅動器	7459	二合 - 2 - 3 輸入 - 寬度 2 - 及或反相閘
7420	二合 - 4 輸入反及閘	7460	二合 - 4 輸入擴張器
7421	二合 - 4 輸入及閘	7461	三合 - 3 輸入擴張器
7422	二合 - 4 輸入反及閘(開路集極)	7462	2 - 2 - 3 - 3 輸入 - 寬度 4 - 擴張器
7423	二合 - 可擴張的 4 輸入反或閘	7464	2 - 2 - 3 - 4 輸入 - 寬度 4 - 及或反相閘
7425	二合 - 4 輸入反或閘	7465	寬度 4 - 及或反相閘(開路集極)
7426	四合 - 2 輸入 TTL 及 MOS 介面反及閘	7470	邊緣觸發 JK 正反器
7427	三合 - 3 輸入反或閘	7472	JK 主從式正反器
7428	四合 - 2 輸入反或閘緩衝器	7473	二合 - JK 主從式正反器
7430	8 輸入反及閘	7474	二合 - D 型正反器
7432	四合 - 2 輸入或閘	7475	四合 - 閂
7437	四合 - 2 輸入反及閘緩衝器	7476	二合 - JK 主從式正反器
7438	四合 - 2 輸入反及閘緩衝器(開路集極)	7480	全加器閘

編號	功能	編號	功能
7482	2 - 數元二進全加器	74150	16 線選 1 線多工器
7483	4 - 數元二進全加器	74151	8 通道數位多工器
7485	4 - 數元數值比較器	74152	8 通道資料選擇多工器
7486	四合 - 互斥或閘	74153	二合 - 4 選 1 多工器
7489	64 - 數元 RAM	74154	4 線對 16 線解碼器 - 解多工器
7490	十進計數器	74155	二合 - 2 對 4 解多工器
7491	8 - 數元移位暫存器	74157	四合 - 2 選 1 資料選擇器
7492	除 12 計數器	74160	具非同步清除功能的十進計數器
7493	4 - 數元二進計數器	74161	4 - 數元司步計數器
7494	4 - 數元移位暫存器	74162	4 - 數元司步計數器
7495	4 - 數元左、右移位暫存器	74163	4 - 數元司步計數器
7496	5 - 數元並列載入並列輸出移位暫存器	74164	8 - 數元串列移位暫存器
74100	4 - 數元雙穩態門	74165	並列載入 8 - 數元串列移位暫存器
74104	JK 主從式正反器	74166	8 - 數元移位暫存器
74105	JK 主從式正反器	74173	4 - 數元 3 態暫存器
74107	二合 - JK 主從式正反器	74174	六合 - D 型工反器(具清除功能)
74109	二合 - 正邊緣觸發 JK 主從式正反器	74175	四合 - D 型工反器(具清除功能)
74116	二合 - 具清除功能的 4 - 數元門	74176	35 MHZ 可預設十進計數器
74121	單穩態多諧振盪器	74177	35 MHZ 可預設二進計數器
74122	單穩態多諧振盪器(具清除功能)	74179	4 - 數元並列接達移位暫存器
74123	單穩態多諧振盪器	74180	8 - 數元奇 - 偶同位產生器 - 檢測器
74125	四合－三態緩衝器	74181	算術邏輯單元
74126	四合 - 三態緩衝器	74182	預見式進位產生器
74132	四合 - 施密特觸發器	74184	BCD 至二進轉換器
74136	四合 - 2 輸入互斥或閘	74185	二進至 BCD 轉換器
74141	BCD 至十進解碼驅動器	74189	64 - 數元三態 RAM
74142	BCD 計數器 - 閂 - 驅動器	74190	前數 - 倒數十進計數器
74145	BCD 至十進解碼驅動器	74191	前數 - 倒數同步二進計數器
74147	10 對 4 優先權編碼器	74192	前數 - 倒數二進計數器
74148	優先權編碼器	74193	前數 - 倒數二進計數器

編號	功能	編號	功能
74194	4 - 數元雙向暫存器	74279	四合 - 防跳器
74195	4 - 數元並列接達移位暫存器	74283	具快速進位的 4 - 數元二進全加器
74196	可預設十進計數器	74284	4 - 數元三態多工器
74197	可預設二進計數器	74285	4 - 數元三態多工器
74198	8 - 數元移位暫存器	74365	六合 - 三態緩衝器
74199	8 - 數元移位暫存器	74366	六合 - 三態緩衝器
74221	二合 - 單擊施密特觸發器	74367	六合 - 三態緩衝器
74251	8 通道三態多工器	74368	六合 - 三態緩衝器
74259	8 - 數元可定址閂	74390	具正反器的獨立時脈
74276	四合 - JK 正反器	74393	二合 - 4 數元二進計數器

廣 告 回 信
板橋郵局登記證
板橋廣字第540號

行銷企劃部　收

23671 新北市土城區忠義路21號
全華圖書股份有限公司

（請由此線剪下）

讀者回函卡

填寫日期：　　/　　/

姓名：＿＿＿＿　生日：西元＿＿年＿＿月＿＿日　性別：□男 □女

電話：（　）＿＿＿＿　傳真：（　）＿＿＿＿　手機：＿＿＿＿

e-mail：（必填）＿＿＿＿

註：數字零，請用 Φ 表示，數字 1 與英文 L 請另註明並書寫端正，謝謝。

通訊處：□□□□□

學歷：□博士　□碩士　□大學　□專科　□高中・職

職業：□工程師　□教師　□學生　□軍・公　□其他

學校／公司：＿＿＿＿　科系／部門：＿＿＿＿

・需求書類：

□ A. 電子 □ B. 電機 □ C. 計算機工程 □ D. 資訊 □ E. 機械 □ F. 汽車 □ I. 工管 □ J. 土木

□ K. 化工 □ L. 設計 □ M. 商管 □ N. 日文 □ O. 美容 □ P. 休閒 □ Q. 餐飲 □ B. 其他

・本次購買圖書為：＿＿＿＿　書號：＿＿＿＿

・您對本書的評價，

封面設計：□非常滿意　□滿意　□尚可　□需改善，請說明＿＿＿＿

內容表達：□非常滿意　□滿意　□尚可　□需改善，請說明＿＿＿＿

版面編排：□非常滿意　□滿意　□尚可　□需改善，請說明＿＿＿＿

印刷品質：□非常滿意　□滿意　□尚可　□需改善，請說明＿＿＿＿

書籍定價：□非常滿意　□滿意　□尚可　□需改善，請說明＿＿＿＿

整體評價：請說明＿＿＿＿

・您在何處購買本書？

□書局　□網路書店　□書展　□團購　□其他＿＿＿＿

・您購買本書的原因？（可複選）

□個人需要　□幫公司採購　□親友推薦　□老師指定之課本　□其他＿＿＿＿

・您希望全華以何種方式提供出版訊息及特惠活動？

□電子報　□ DM　□廣告（媒體名稱＿＿＿＿）

・您是否上過全華網路書店？（www.opentech.com.tw）

□是　□否　您的建議＿＿＿＿

・您希望全華出版那方面書籍？＿＿＿＿

・您希望全華加強那些服務？＿＿＿＿

～感謝您提供寶貴意見，全華將秉持服務的熱忱，出版更多好書，以饗讀者。

全華網路書店 http://www.opentech.com.tw　　客服信箱 service@chwa.com.tw

2011.03 修訂

親愛的讀者：

感謝您對全華圖書的支持與愛護，雖然我們很慎重的處理每一本書，但恐仍有疏漏之處，若您發現本書有任何錯誤，請填寫於勘誤表內寄回，我們將於再版時修正，您的批評與指教是我們進步的原動力，謝謝！

全華圖書　敬上

勘誤表

書號		書名		作者	
頁數	行數	錯誤或不當之詞句		建議修改之詞句	

我有話要說：（其它之批評與建議，如封面、編排、內容、印刷品質等・・・）